中国水利学会勘测专业委员会简介

中国水利学会勘测专业委员会(以下简称"勘测专委会")是中国水利学会的主要专业分支机构,是由中国水利行业地质、测量、勘探、物探、岩土测试、监测等勘测专业科学技术工作者和团体自愿组成的全国性学术团体,是党和政府联系广大水利勘测企事业单位、高等院校、涉水组织和水利勘测科技工作者的桥梁和纽带,接受中国水利学会的业务指导和监督管理。专委会挂靠单位为长江勘测规划设计研究院,秘书处挂靠单位为其下属的长江三峡勘测研究院有限公司(武汉)。

勘测专委会成立于1987年,经过30多年的发展,已发展成为拥有63个会员单位的大型科技社团,会员单位主要是各流域委员会水利水电勘察设计院、省(自治区)和直辖市水利水电勘察设计院,部分为大学和地市水利水电勘察设计院。专委会会员单位参与了长江三峡工程、黄河小浪底工程、南水北调工程、引大济湟工程、淮河入海水道工程、珠江河口综合治理工程等一批关系国计民生的重大水利工程的建设,并圆满地完成了相关勘测工作,积累了丰富的实践经验,创新发展了各类新技术和新方法,已成为发展我国水利勘测科技事业的一支重要社会力量。

勘测专委会始终秉承中国水利学会立会宗旨,坚持围绕水利中心工作,服务大局,积极践行新时期治水思路,充分发挥中国水利勘测行业联系广泛以及知识密集、人才荟萃的优势,不断开拓进取,在学术交流、技术咨询等方面开展工作。专委会作为全国民间水利勘测科技交流的主渠道,每年组织召开学术年会和专题会议,开展形式多样的学术交流和技术合作。随着我国水利事业的发展,勘测专委会将一如既往服务水利勘测科技工作者、服务水利勘测科技创新发展、服务水利行政主管部门科学决策,将为推动我国水利事业繁荣和发展做出了更大的贡献。

长江勘测规划设计研究有限责任公司简介

长江勘测规划设计研究院(简称长江设计院)隶属于水利部长江水利委员会,是从事工程勘察、规划、设计、科研、咨询、建设监理及管理和总承包业务的科技型企业,综合实力一直位于全国勘察设计单位百强,具有国家工程设计综合甲级资质、工程勘察综合甲级、对外承包工程资格等高等级资质证书,是国家高新技术企业。

长江设计院拥有中国工程院院士3人,全国工程勘察设计大师5人,首届全国创新争先奖状获得者2人,国家"新世纪百千万人才工程"2人,全国杰出专业技术人才1人,水利部"5151人才工程"47人,突出贡献中青年专家4人,享受国务院政府特殊津贴专家68人,教授级高工273人,高级工程师1015人,工程师688人,各类注册工程师逾千人次,各类专业技术人员2000余人。下设职能部门10个,子公司11个。所属单位分布在湖北、重庆、上海、广东、西藏、北京、福建、海南、云南、四川等省、直辖市以及厄瓜多尔、秘鲁、巴基斯坦等国家,总部位于武汉。

长江设计院奉行"以科学管理、持续改进,奉献优质产品;用先进技术、诚信服务,超越顾客期望"的质量方针,拥有完善的质量管理体系。

六十余年以来,长江设计院完成了以长江流域综合规划为代表的大量河流湖泊综合规划和专业规划,承担了以三峡工程、南水北调中线工程为代表的数以百计的工程勘察设计,足迹遍布国内和全球45个国家和地区。同时,在工程总承包、工程建设监理、水利信息化以及病险工程治理、输变电工程、新能源工程、交通市政工程、建筑工程、环境工程、生态工程勘察设计等业务领域取得显著业绩。

近年来,长江设计院先后荣获2项国家科技进步特等奖,8项国家科技进步一、二等奖,1项国家技术发明二等奖,7项国家优秀工程勘察设计金奖,共获得省部级以上科技奖励400余项,拥有国家授权专利、软件著作权共364项,其中发明专利62项。承担编制国家、行业标准近100项。

在这个人才辈出、群英荟萃的团队,先后诞生全国劳动模范5人,全国五一劳动奖章10人,获得省部级劳模、先进工作者、五一劳动奖章30余人次。2003年,长江设计院以其卓越的业绩荣获全国五一劳动奖状。2017年,长江设计院荣获全国精神文明建设领域的最高荣誉——全国文明单位称号。

地址:湖北省武汉市解放大道1863号　　网址:http://www.cjwsjy.com.cn
电话:027-82927792　82829202

长江三峡勘测研究院有限公司（武汉）简介

长江三峡勘测研究院有限公司（武汉）（简称"三峡院"）隶属长江勘测规划设计研究院，是从事工程勘察、岩土工程设计、地震研究与监测、科研、咨询、岩土施工、地质灾害评估和治理、地下水资源评估及开发等业务的科技型企业，综合实力位于全国勘察行业前列，1999年首批获得国家 ISO 9001 质量体系认证。

三峡院始建于 1958 年 11 月，当时根据党中央成都会议《关于三峡枢纽工程和长江流域规划的意见》的精神，为加速三峡水利水电枢纽工程勘测和科研工作而成立。其主要任务是为开发和综合利用长江三峡及其周边地区的水力资源，为大、中型水利枢纽工程的规划、设计与施工进行工程勘察，提供测量、地质勘察、地震监测等基础资料与研究成果，为工程的论证、设计及建设提供技术服务。同时，还承担国家和有关部委下达的重大科研任务，承接各类工程勘测、岩土工程等项目。在几十年的历程中，先后曾用"长办三峡指挥部"、"长办505"、"长江委三峡勘测研究院"等名称，为长江水利水电建设事业和行业技术进步做出了巨大贡献。2002 年 3 月，根据国家关于勘测设计单位改企转制的政策要求，由原事业性质的单位改为科技型企业，2005 年 12 月，注册为"长江三峡勘测研究院有限公司（武汉）"。

三峡院下设 3 个职能部门，6 个院属专业单位和 1 个子公司。现有职工 407 人，拥有各类专业技术人员 233 人，其中教授级高级工程师 21 人，享受政府特殊津贴 3 人（5151 人才），高级工程师 100 人，各类注册资质人员 40 余人。拥有地震遥测、大口径钻探、水上钻探、物探、陆地摄像（影）、岩石及土工试验数字化测图、测量机器人等最先进的工程勘测设备及技术手段以及 GPS 系统、计算机成图系统、各种高级分析计算软件。并广泛开展国内外科技交流活动，积极参与国内及国际学术交流和与国外科研机构、专家进行技术咨询、交流与合作。

50 年来，长江三峡勘测研究院有限公司（武汉）在涉及的技术领域内承接了数百个项目，足迹遍布全国 20 多个省、市、自治区。其中葛洲坝工程、隔河岩工程及三峡工程的多个单项工程荣获全国和省部级优秀工程勘察金质奖以及多项科技进步奖。本院还出色地完成了长江中下游堤防隐蔽工程约 1000 公里堤段的地质勘察，完成了忠武输气管道工程、川气东送管道工程、西气东输二线管道工程多个跨江（河）及线路工程勘察，高质量地完成了西陵、夷陵、宜昌、荆沙、军山、荆岳、阳逻、鄂黄、黄石、鄂东、安庆、铜陵、南京二桥、江阴等 14 座长江公路大桥和两座铁路大桥的工程勘察，以及码头、工业与民用建筑、地质灾害防治等工程的勘测设计、治理、施工、监测、监理等任务。

长江三峡勘测研究院有限公司（武汉）以自己的技术优势、精良的技术装备、丰富的工程经验，奉行"以科学管理、持续改进，奉献优质产品；用先进技术、诚信服务，超越顾客期望"的质量方针，本着"用户至上，恪守信誉"的宗旨，竭诚为广大用户提供优质的技术服务，为用户创造品牌、创造价值。

地址：湖北省武汉市东湖开发区创业街 99 号　　网址：http://www.cjwsxy.cn
电话：027-87571910　87531520

环境治理与水资源利用技术前沿学术研究著作丛书

水利勘测技术成就与展望

——中国水利学会勘测专业委员会
2018年年会暨学术交流会论文集

主　编　石伯勋　司富安　蔡耀军　李会中

副主编　路新景　高玉生　杨春璞　陈明清　伍宛生
　　　　彭鹏程　焦振华　陈云长　颜新荣　赵永川
　　　　张本静　王锦国　董金玉　向家菠

武汉理工大学出版社
·武　汉·

图书在版编目(CIP)数据

水利勘测技术成就与展望:中国水利学会勘测专业委员会 2018 年年会暨学术交流会论文集/石伯勋等主编. —武汉:武汉理工大学出版社,2018.8

ISBN 978-7-5629-5894-9

Ⅰ. ①水⋯　Ⅱ. ①石⋯　Ⅲ. ①水利工程-勘测-学术会议-文集　Ⅳ. ①TV221-53

中国版本图书馆 CIP 数据核字(2018)第 213115 号

项目负责人:张淑芳　　　　　　　　　　　　　　　责　任　编　辑:余晓亮
责 任 校 对:张明华　陈　平　夏冬琴　　　　　　封 面 设 计:匠心文化
出 版 发 行:武汉理工大学出版社
社　　　　址:武汉市洪山区珞狮路 122 号
邮　　　　编:430070
网　　　　址:http://www.wutp.com.cn
经　　　　销:各地新华书店
印　　　　刷:武汉市天星美润设计印务有限公司
开　　　　本:787×1092　1/16
印　　　　张:32.25　　插页:3
字　　　　数:814 千字
版　　　　次:2018 年 8 月第 1 版
印　　　　次:2018 年 8 月第 1 次印刷
定　　　　价:220.00 元

序

　　全国水利勘测技术工作者撰写的《水利勘测技术成就与展望——中国水利学会勘测专业委员会 2018 年年会暨学术交流会论文集》，不仅体现了水利工程勘测专业工作特色，同时其承载的专业内容和经验也具有一定普遍意义。

　　水是人类赖以生存和发展的重要资源，人类文明的起源大多都在大河流域，如尼罗河流域的古埃及文明、两河流域的古巴比伦文明、印度河和恒河流域的印度文明以及我国长江黄河流域的中华文明等。我国古代以农耕为主，从古至今即十分重视水利工程，上古大禹治水、古蜀都江堰等都是我国先贤治水和兴水的惊人伟绩。当前我国发展已进入新时代，大江大河水患治理和水资源利用的基础水利工程如长江三峡工程、黄河小浪底工程等已基本建成，解决我国水资源分布不均与经济发展和水资源需求不平衡等问题的长距离调水系统工程正在完善中，如南水北调中线工程已建成发挥效益等，西部大开发基础水利工程建设正在前期研究和建设中，中东部经济较发达地区中小河流流域环境综合治理已纳入新时期发展规划。

　　随着水利、水环境等工程建设事业的蓬勃发展，全球定位和卫星航天、无人机航空遥感遥测技术，计算机和网络信息技术等高科技大量应用，有关水利工程测量、地质勘探、试验等勘测工作取得了长足的进步。水利工程勘测行业作为我国勘测行业的排头兵和主力军，是勘测行业科技力量聚集中心之一，更是勘测工作科技队伍的主要基地，故以水利勘测技术工作者的文章形成的这本论文集，可以反映水利勘测技术应用及发展的基本面貌和最新水平。

　　水利勘测技术属应用自然地理地质科学分支技术，因水利工程建设的需要而兴起，又随水利工程建设的发展而提高。水利勘测技术主要是利用各种手段和方法，研究与水利工程建设相关的水文、地理、地质等自然环境条件，旨在如何更好地利用或改造环境，为水利工程建设谋求最大的工程经济效益，同时如何更好地控制或调整水利工程建设活动，以适应环境并谋求保护环境，实现最大的社会安全效益、经济效益与自然环境效益的统一，以及社会环境、水利工程与自然环境和谐共生。

　　水利勘测技术既包括水利工程地质问题研究方法的探索，也包括勘测手段和技术的研究与应用。本论文集主要汇编了与水利工程地质问题研究方法探索方面的论文和勘测技术手段研究应用方面的论文，同时收录了少量新的水环境水生态治理研究方面的论文，也是出于对水利勘测技术学科的系统发展和新发展方向——水环境水生态治理研究的考虑。

　　本论文集共编入论文 67 篇，内容十分丰富，涉及面比较广，所研究论述的都是水利勘测行业、拟建在建大型水利工程、新兴水利工程所广泛关注的重大问题，并取得了丰硕成果，为水利勘测技术发展提供了许多宝贵案例和独到见解。进一步提升了水利勘测科技技术水平，巩固了水利勘测行业地位，培养了水利勘测工作科技人才；在理论方法上也有不少值得推广之处。

　　总之,这本论文集是从事水利勘测工作的一批老、中、青专家和技术工作者的集体奉献,也有某一时段总结的研究成果,在一定程度上体现了勘测技术在水利工程方面应用和研究的当今发展水平。本书可用于学术交流,也可供有关勘测行业工程技术人员参考。本书对从事有关工作的青年勘测工作者,起到搭桥铺路的作用。最后,祝愿水利勘测事业持续发展、技术成就不断涌现,并衷心感谢对中国水利学会勘测专业委员会 2018 年年会暨学术交流会成功主办做出突出贡献的中水淮河规划设计研究有限公司、安徽省水利水电勘测设计院等相关单位领导和同志们!

编　者

2018 年 1 月

目 录

工程地质·综合

工程地质·水库工程

工程地质·枢纽工程

工程地质·引调水工程

工程地质·其他工程

工程勘探与物探

试验检测

工程监测

国外水利水电工程勘察的几点认识

高玉生　张志恒

中水北方勘测设计研究有限责任公司,天津　300222

摘　要:本文根据近年来国际水利水电工程地质勘察的实践经验,从勘察工作依据的技术标准及参考文献,勘察阶段划分、勘察内容及精度要求,勘察成果审查及修改的程序等与国内水利水电工程勘察显著不同的几个方面,以及勘察工作中应注意的几个问题等进行了简单的归纳总结,供有兴趣的同行参考。

关键词:国际　水利水电工程　勘察　综述

A Few Points for Investigation of Foreign Water Conservancy and Hydropower Projects

GAO Yusheng　ZHANG Zhiheng

China Water Resources Beifang Investigation Design & Research Co. Ltd. , Tianjin 300222, China

Abstract: According to the practical experience of engineering investigations of international engineering water conservancy and hydropower projects for recent years, considering the technical standards and reference documents used in engineering investigations; the division of reconnaissance stage, content and precision; the procedures for reviewing and modifying investigation results; and significantly different from hydropower projects investigation in China, as well as several issues that should be paid attentions to in the investigation, a rough summary is made and can be referenced by interested peers.

Key words: international; water resources and hydropower engineering; investigation; review

1　勘察工作使用的技术标准及参考文献

国际工程使用的技术标准主要包括英国、美国、澳大利亚、ASTM 等国家或协会标准,其中以英国、美国标准使用最为普遍,分述如下:

(1) 英国标准:场地勘察规范 Code of Practice for Site Investigation (BS 5930)。

(2) 美国陆军工程师团:工程和设计岩土勘察规范 Engineering and Design-Geotechnical Investigations(EM1110-1-1804)。

(3) 澳大利亚标准:场地勘察标准(AS 1726)。

(4) 现场勘察岩芯钻探和取样标准:Standard Practice for Rock Core Drilling and Sampling of Rock for Site Investigation(ASTM D2113)。

(5) 物探勘察规范:Engineering and Design-Geophysical Exploration for Engineering and Environmental Investigations(EM1110-1-1802)。

作者简介:

高玉生,男,教授级高工,天津市工程勘察设计大师,主要从事水利水电工程地质勘察研究。

（6）土的试验方法标准：Methods of Test for Soils for Civil Engineering Purposes（BS1377）。

（7）骨料试验标准：Testing Aggregate（BS 812）。

（8）天然骨料标准：Specification for Aggregates from Natural Sources for Concrete（BS 882）。

（9）巴顿的 Q 分类法（1974 年及更新版）：Engineering Classification of Rock Masses for the Design of Tunnel Support；Barton N. R. ，Lien R. and Lunde J. Rock Mech. 6（4），189-239，1974。

（10）Bieniawski，Wiley 的 RMR 岩体分类方法（1989 年）：Engineering Rock Mass Classifications，Z. T. Bieniawski，Wiley，New York，1989。

（11）节理面粗糙度和节理面强度的评估方法（1990 年）：Review of Predictive Capabilities of JRC-JCS Modeling Engineering Practice. Barton N. R. and Bandis S. C，In Rock joints，Proc. Int. Symp. On Rock Joints. Eds. N. Barton and O. Stephansson，603-610，1990。

（12）ISRM 建议的岩体特征试验和监测方法（1981 年）：Rock Characterization Testing and Monitoring，ISRM Suggested Methods. E. T. Brown（ed. ），Pergamon Press，1981。

（13）Marinos P. and Hoek E. 的 GSI 岩体强度评估方法（2000 年）：GSI-A Geologically Friendly Tool for Rock Mass Strength Estimation；Marinos P. and Hoek E. ，Proc. Geo Eng Melbourne，2000。

（14）霍克-布朗破坏准则（2002 年）：Hoek-Brown failure criterion—2002 edition. Hoek E，Carranza-Torres Corkum B. （2002）. Proc. North American Rock Mechanics Society Meeting in Toronto，2002。

此外，如果合同约定，也可使用中国的水电工程技术标准，如《水力发电工程地质勘察规范》（GB 50287—2016）、《水电水利工程边坡工程地质勘察技术规程》（DL/T 5337—2006）等。但即便是"业主要求"中允许使用中国标准，勘察策划文件以及勘察报告中也需注明相对应的英、美规范。

2 勘察阶段、内容及精度的差异性

英国标准：场地勘察规范 Code of Practice for Site Investigation （BS 5930）将勘察阶段分为：室内研究与场地查勘、详细勘察、施工复查（包括施工期补充勘察和对前期勘察工作的评价）3 个阶段。

美国陆军工程师团：岩土勘察规范 Engineering and Design - Geotechnical Investigations（EM1110-1-1804）的勘察阶段划分：其中民用工程分为踏勘与可行性研究、施工前工程设计研究、施工阶段 3 个阶段；军事工程分为预方案设计及选址研究、方案设计研究、最终设计研究、施工期工作 4 个阶段。

与中国标准相比，国际勘察标准在勘察前期工作策划中，对勘探点的间距、深度、测试及试验组数等没有明确的规定，主要取决于地质工程师对勘察场地的基本判断，灵活性较强。

这种前期策划的要求的不明确性，也有利于承包商根据合同的性质，提出更为经济、主动的勘察工作量。但勘察工作量一旦提出,一般应按策划文件要求完成,尤其是 EPC 项目,业主工程师对其执行要求更为严格。

所浏览过的国际工程勘察报告或地质章节,即使同一勘察阶段,不同的项目勘察成果包含的内容、深度参差不齐。比如可行性研究阶段勘察成果,可以是十几页,也可以是上百页,基础资料内容往往占有更多的篇幅。内容以基本地质条件为主,有针对性的工程地质评价内容较少,主要是对承载力、渗漏、边坡方面的简要评价。一般不提供地质参数建议值(要求按中国规范提供勘察报告的除外)。不像中国规范要求的几大工程地质问题的评价那么严谨。

此外,国际工程更注重施工期的地质工作,根据施工期揭露的地质情况提出或调整地基处理方案,进而优化设计、施工方案。所以,相比国内项目而言,地质工程师的压力相对较小。

3　勘察成果审查及修改的程序

主要根据合同的要求确定,目前的合同性质主要包括 EPC(Engineering Procurement Construction)/交钥匙工程(工程设计、采购、施工)、DB(Design Construction)(设计、建造)、BOT(Build-Operate-Transfer)(建设、经营、转让)等形式。

合同规定了哪些成果在规定的时间节点必须提交业主工程师审查。有些项目还包括策划文件也需业主工程师审查、批准,然后才能实施。因合同性质的不同,在实施过程中,业主工程师对勘察工作关注的程度也不相同。

业主工程师对勘察文件的批复形式一般包括同意、带意见性批复、重新编制三种,相当于国内的同意、基本同意、原则同意。

实施过程中,经常遇到的是带意见性批复。要求对工程师提出的内容进行补充、修改,然后再次提交审查,修改版本可能不止一次,直至工程师同意为止。回复时,一般要求逐条回答,陈述坚持原版内容的理由或此次修改的内容、结论。

4　与中国显著不同的几个方面

(1)地质灾害危险性评估一般没有明确规定。

(2)地震安评工作。

国际项目对地震安评成果审查没有中国大陆的市场准入资格问题。只要经过业主工程师的审查通过即可,不像中国必须由国家地震部门承担。因此,若项目的区域地质、地震等基础资料较为翔实,且有这方面的人才,承包商可自行完成此项工作;若项目的区域地质、地震等基础资料相对匮乏,宜尽早将此项工作委托中国地震部门或当地公司、院校等单位实施。

5　应注意的几个问题

(1)现场考察与策划文件编制

① 勘察工作实施之前的现场考察工作,是近距离了解工程项目基本地质条件以及工作

条件的好机会。并结合初步的工程总体布置等,提出地质专业的初步判断,以便规避地质专业风险,其重要性不言而喻,本应认真实施,但实际工作中,由于查勘队伍组成人员复杂,加上现场条件的限制,一般行程仓促,走马观花,效果不佳。

② 现场查勘最重要的一项工作就是搜集资料。亚洲国家的区域地质资料相对较丰富,且容易收集到,而非洲国家普遍属于经济、文化发展落后地区,基础地质资料多是殖民时代由英国或法国视专门性需要而编制的,不系统,且后期管理混乱,只能部分收集到,甚至无功而返。

资料收集:除通过当地地震、地质、测绘等部门收集相关资料外,还应注重网上信息查询以及国内出版文献资料收集等。此外,尚应注重网上国际现行技术标准发布、更新与下载等工作。

③ 编制策划文件之前,应及时了解本工程将要执行的技术标准,并按其基本要求提出相应的技术要求和计划工作量。

④ 计划工作量应与工程项目签订的合同要求相匹配,既满足规范和设计要求,同时也要注意规避地质专业风险。

(2)设备进场周期

不算国内准备周期,仅重型勘探设备装箱离岸到抵达目的港,一般需要 3~4 月,甚至更长时间;而且还要充分考虑从港口到工地的交通条件,尤其非洲国家,沿线交通不便。

(3)现场气候特点

公司承担的项目多属亚洲和非洲项目。非洲项目的工程场地多地处热带,一般只有旱季和雨季之分,应充分重视雨季对现场地勘工作的影响,包括质量、工期、交通以及后勤补给等方面。若场区交通条件差,则大雨季基本无法实施外业工作。

(4)用工问题

受英、法国家文化的影响,亚洲、非洲国家颁布的《劳动法》对工人的权利保护相当重视,而且当地人员基本没有节假日加班工作的习惯。此外,当地用工需由我方提供劳保用品、劳动工具等。偏僻地区项目甚至还需提供食宿条件,工作效率低,且难以管理。

此外,现场勘察各专业均需要招聘当地民工。项目负责人或经理需充分了解和熟悉当地的法律法规和习俗,根据其劳动效率合理安排工作、计划工期。

(5)火工材料使用

亚洲、非洲等国家对火工材料控制极其严格,审批手续烦琐,且周期较长,而且现场管理难度大。因此,应考虑尽量避免使用炸药。

(6)试验工作对成果和工期的影响

在具备条件时,试验工作以委托当地实验室实施为宜,但应考虑所在国家实验室的技术能力能否满足工作需求。尤其在非洲国家,岩、土实验室的人员素质与试验设备大多比较落后,仅能承担一些常规的试验项目,应提前考虑应对措施(在现场建立简易实验室,或者考虑将样品运回国内);同时,考虑其对勘察成果提交时间的影响。

(7)服务对象观念的转变

国际工程项目多属 EPC 或 DB、BOT 合同性质,勘察设计的服务对象由国内的"建设单位"变成了"施工单位"或投资单位,有时成为施工单位的分包商,而且对外方而言还是一个整体。所以,勘察工作人员应改变旧有观念或习惯,在充分了解合同性质,明确自身的责、权、利的基础上,与设计人员一道既满足委托方合理要求,又不违反技术标准,力争项目经济利益最大化。

（8）翻译工作的重要性

所有成果均要翻译成英文或法文才能提交业主,翻译水平对勘察成果是否能尽快通过工程师的审批影响较大。因此,培养专业翻译人才或选择合适的翻译合作单位很重要。

（9）人身安全与现场医疗卫生保障

有些国家政局不稳,恐怖袭击、捣乱抢劫时有发生。因此,现场勘察工作期间须密切关注当地政局稳定、当地治安情况,并做好相关应急预案。

有些国家,尤其非洲国家是疟疾、艾滋病、埃博拉、登革热等疾病高发地区,部分国家还有黄热、丝虫病流行,进场人员对此应高度重视,并密切关注当地疾病发生状况,做好相关的预防和保健措施。

有些场地是原始森林,还存在野生动物的威胁。

6 结语

综上所述,从事国际工程勘察,从前期策划到现场实施、通过业主审查,进场工作人员须身体健康、年富力强,具备良好的外语能力、协调能力和技术水平,能够独立地完成多项工作。

国外水电项目工程地质条件评估要点分析

——以墨西哥某大型水电站为例

毛会永

中国电建集团西北勘测设计研究院有限公司,陕西 西安　710065

摘　要:目前国内尚无针对国外水电项目工程地质条件评估的研究,亦没有现行的规范、成熟的理论体系及评估方法进行借鉴。针对此空白,文章以墨西哥某大型水电工程为例,结合多年国外水电项目评估经验,概括总结了国外水电项目评估时应重点关注的内容及采用的方法,列举了国外水电项目工程地质条件评估的要点,分析各种不利地质因素对项目的影响,提出相应的避险措施、地质结论和建议,供类似国外水电项目评估参考。

关键词:国外水电项目　地质评估　地质风险　评估经验

Analysis of Essentials of Engineering Geological Condition Evaluation for Foreign Hydropower Projects

——Take a large hydropower project in Mexico as an example

MAO Huiyong

Power China Northwest Engineering Corporation Limited,Xi'an 710065,China

Abstract:At present,there is no research on the assessment of the engineering geological conditions of hydropower projects in foreign countries,and there is no existing normative,mature theoretical system and evaluation methods for reference. Listed the key points of the assessment of engineering geological conditions for hydropower projects in foreign countries,analyze the influence of various unfavorable geological factors on the project,and propose corresponding risk avoidance measures,geological conclusions and recommendations. For similar foreign hydropower project evaluation reference.

Key words:foreign hydroelectric projects;geological assessment;geological risk;assessment experience

　　近年来,为响应国家实施"走出去"战略号召,水电行业积极开拓海外市场。与国内项目不同,国外项目特别是大型水电项目的立项建设,由于种种原因,往往立项时间短,评估仓促,面对不确定性因素和风险较多[1]。因此,规范国外项目的前期评估工作显得尤为重要。

　　目前国内尚无针对国外水电项目工程地质条件评估的研究,亦没有现行的规范、理论体系和评估方法进行借鉴。针对此空白,文章以墨西哥某大型水电工程为例,结合多年国外水电项目评估经验,概括总结了评估时应重点关注的内容和方法,分析不利地质因素,提出相应避险措施,得出地质结论和建议。

作者简介:

　　毛会永,1981 年生,男,高级工程师,主要从事水利水电工程地质勘察方面的研究。E-mail:mhuiy2008@qq.com。

1 前期资料收集和分析评估

资料收集是项目地质评估的前提,收集资料不局限于项目前期成果,还应收集项目所在国或所在地的规划、区域地质、矿产、环境、地震等各方面资料。工程前期工作背景是资料分析的前提。

墨西哥某大型水电项目前期工作始于 1982 年,历经规划、可行性研究和基本设计阶段。2010 年,完成了项目论证和坝址比选;2011 年确定了坝型坝高。

2012—2014 年间,勘察工作集中展开,完成了基本设计地质报告和天然建筑材料、地震危险性、碾压混凝土配合比等十余个专题报告。工作采用了遥感、地质调查与测绘、钻探、物探、坑探、科研试验等技术手段,前期地质成果合计 3467 页,用全西班牙文编制。

从上述工作背景和前期资料可以看出:本项目前期工作深入扎实,勘察手段多样,勘探、试验资料互相印证,成果可靠,基本查明了工程区地质情况。建议以消化吸收现有资料为主,立项后适当补充必要的现场地质调查和勘探试验。

2 工程地质条件评估

2.1 工程概况

了解工程概况,是把握工程项目和现场勘察内容的前提。

该水电项目位于墨西哥太平洋沿岸的 Nayarit 州中部 San Pedro 河上。项目距下游 Nayarit 州首府 Tepic 市公路里程约 98.5 km,交通条件一般。

项目主要建(构)筑物有碾压混凝土(RCC)大坝、左岸导流洞、左岸溢洪道、坝后式厂房等。最大坝高 185 m,设计水头 142.59 m,引用流量 91.80 m^3/s,装机功率 2×120 MW。工程具有高坝大库、设计水头高、泄洪规模大等特点。

2.2 区域地质条件评估

根据收集的区域资料,对前期研究成果进行论证。区域地质评估应包括工程所在区域的区域地质概况、区域地质构造、构造稳定性和地震危险性等内容。

2.2.1 区域地质概况

项目所在区域属中山峡谷地貌,地势起伏,高差较大,地层主要由火山喷发物质组成,覆盖层有第四系崩坡积物、残坡积物、洪冲积物等;基岩主要有安山岩、流纹岩、凝灰岩、熔结凝灰岩等。

2.2.2 地质构造及地震

本区位于一级构造单元墨西哥造山带上,二级构造单元西马德雷-南马德雷岛弧带中间部位[2]。工程区位处 Jalisco 板块边界洼地,地震活动受 Jalisco 板块活动影响。

工程区断裂构造发育,整体以 NW 向为主,倾向 NE 或 SW,以逆冲型和张裂型为主。区内未发现与地震相关的活动断层。

工程区附近有地震台网,监测到项目附近地震活动低,震级一般小于 4 级。

根据地震专题资料,研究认为工程区位于一个重要的地震构造活动区域。以工程区与区域断裂为研究对象,采用概率方法,分别取重现期 144 年、500 年、1000 年进行计算,得出地震峰值加速度分别为 0.08 g、0.13 g、0.17 g,地震动加速度反应谱最大分别为 0.17 g、0.29 g、0.38 g。

2.3 水库区工程地质条件评估

水库区工程地质评估应根据水库的规模和地质特点,在地形地貌、地层岩性、地质构造、物理地质作用、水文地质等方面论述,最终要对水库渗漏、库岸稳定、水库淹(浸)没、固体径流、水库诱发地震等库区主要地质问题进行评估[3]。

2.3.1 库区基本地质条件

本工程在最高运行水位时,库区回水长约 50 km。库区两岸山势连绵,支流发育,岸坡陡缓交替,局部呈陡崖、峭壁地貌,河床一般宽浅,漫滩发育。

库区基岩主要为渐新世-早中新世安山岩、凝灰岩,中新世熔结凝灰岩等。基岩一般表部风化严重,小规模断层裂隙发育。第四系松散堆积物遍布全区。

库区地质构造基本符合区域断裂走向,断裂以正断层为主,性质以张裂为主,顺长大断裂的破碎带和接触带岩体抗剪强度低,形成不利岸坡稳定的各种结构体,易出现塌滑或变形。

坝址上游约 15 km 范围内,辨识各类不稳定体 5 处,其中 2 处为滑坡体,3 处为松动岩体。滑坡体蓄水后位于库水位下,在蓄水抬升过程中,局部可能会发生坍塌;松动体均位于最大运行水位以上,规模不大,影响小。

2.3.2 库区主要地质问题

(1)水库渗漏

库区两岸山体雄厚,组成库盆的基岩透水性差,Bordones 断层顺山脊走向,通向坝址下游,初步判断断层破碎带及断层影响带风化程度深,透水性强,可能存在绕坝渗漏问题,推测深部断层破碎带,母岩岩体相对完整,透水性差。

库区无低邻谷,在 San Pedro 河西侧有 San Juan 河,流向基本相同,两河最近距离约 4.8 km,资料认为两条河流之间没有互通的可能性。

(2)库岸稳定性

第四系覆盖层岸坡,坡缓且植被茂密,天然条件下稳定性较好。

河谷局部裸露山体有悬崖、陡坎,基岩岸坡局部有不稳定或欠稳定结构体,随着水位的升降,可能会发生变形而失稳,初判其规模、厚度较小,不会对库水运行造成重大影响。

(3)淹没浸没

库区村落稀少,且位于蓄水位以上,水库蓄水后,主要淹没大量山林和少量耕地。库区沿淹没线上部将有宽度不等的长条状浸没带。由于地质资料未见到库区其他淹没内容(矿产、文物等),建议下阶段对该问题进一步调查。

(4)水库诱发地震

水库整体为宽谷型,电站蓄水后库水抬升幅度大,区域地质资料未见有明显新构造运动记录,区域构造应力不大,库区出露的基岩相对不透水。综合考虑认为,水库蓄水后诱发地震的可能性小,诱发地震数据将不超过地震设防参数。

总体来看,本项目具备成库条件,库区无重大制约性不良地质问题。

2.4 工程区工程地质条件及评估

一般来说,中方得到的国外水电项目,前期多进行了不同程度的勘察,坝址范围已经圈定,工程规模有所倾向,积累了一定的前期资料。在业主或委托方没有特殊要求的情况下,对该项目的地质评估应以工程区基本地质条件为主要评估对象,对挡水、泄水、引水、厂房等主要建筑物开展具体工程地质评估,对天然建材进行论证。有条件的,应对工程区岩土体物理力学性质及岩体质量作出评估[4]。工程区工程地质条件评估一般应包括以下内容。

2.4.1 基本地质条件

本项目工程区河流流向 NE 至 SW,两岸岸坡较陡,河谷呈 V 形。

(1)地层岩性

区内地表缓坡覆盖第四系残坡积物,河床漫滩及阶地分布洪冲积物。坝址区基岩主要为 2 套火成岩地层:①Las Cruces 地层,岩性主要为熔结凝灰岩;②Corapan 地层,覆于 Las Cruces 地层上,主要岩性为凝灰岩。

(2)地质构造

工程区地质构造以走向 NW、倾向 SW、倾角约 60°的断层为主。区内主要发育的断层,归纳为三组(f1、f2、f3),见图 1[4],均为正断层。f1、f2 组断层一般规模较大,延伸长,f3 组断续状延伸,局部被 f1、f2 组切割。坝址区裂隙走向与区域断层大体一致,裂隙面一般平直、粗糙,裂隙面多闭合、干燥和无充填。

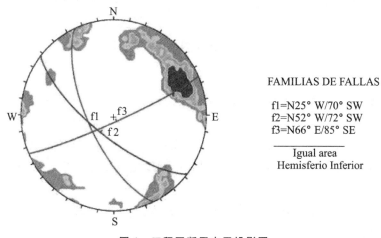

图 1 工程区断层赤平投影图

(3)岩体风化及卸荷

根据勘探资料,工程区强风化岩体垂直厚度为 0～5 m,弱风化岩体垂直厚度较大,推测为 10～25 m,弱卸荷岩体水平深度为 15～25 m。

（4）水文地质条件

工程区地表水主要为 San Pedro 河及其支流流水，地下水主要包括基岩裂隙水和松散堆积层孔隙性潜水。根据压水试验成果，初判区内强风化岩体及断层破碎带、裂隙密集带为中等-强透水，弱风化岩体为中等-弱透水，微新岩体为弱-微透水。

2.4.2　岩土体物理力学性质试验及岩体质量评估

前期各阶段在现场进行了大量试验，主要试验项目有岩体弹性波测试、抗剪试验、结构面现场大型剪切试验和室内岩体、土工试验等。

采用 RMR 岩体地质力学分类法对工程区岩体进行了分级评价，工程区岩体质量整体为中等～好。

2.4.3　主要建筑物工程地质条件评估

主要建筑物包括 RCC 大坝、左岸导流洞、左岸溢洪道、坝后式厂房等。

（1）RCC 坝基工程地质条件及评价

RCC 大坝最大坝高 185 m，坝顶长度 830 m。其基本地质条件见图 2。

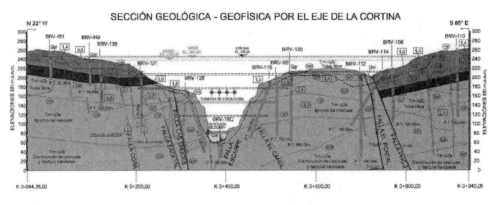

图 2　RCC 大坝轴线工程地质剖面图

① 河床坝基

河床覆盖层主要为洪冲积砂砾石，夹少量大孤石。覆盖层厚为 15～20 m，结构松散，属中等-较强透水。

基岩为熔结凝灰岩，块状构造，新鲜岩体致密坚硬，强度高。岩体强风化层垂直厚度为 0.5～4.5 m，其下弱风化层垂直厚度为 5～15 m，弱风化岩体具中等-弱透水特征；微新岩体具弱-微透水特征。

河床坝基穿过两条较大规模断层，走向同坝轴线斜交，应考虑对坝基部位断层破碎带必要的工程处理措施。

② 左岸坝基

该处中下部基岩裸露，为悬崖地貌；上部地势略缓，植被覆盖，基岩为熔结凝灰岩。岩体强风化层厚 0.5～5.5 m，其下弱风化层厚 5～20 m；中低高程弱卸荷水平深度 10～35 m，高处达 50 m 左右。弱风化以下坝基，完整性较好，岩体物理力学指标较好，能满足 RCC 大坝坝基各项参数要求。

左岸溢洪道垭口部位岩体厚度薄,应进一步查明其渗透特征,防止绕坝渗漏。

③ 右岸坝基

右岸地形地貌、坝基岩性、风化卸荷等基本同左岸,评价基本相同。

总体上,RCC 大坝基岩为熔结凝灰岩,强度满足设计要求。坝基岩体总体透水性弱,可能发育顺河向构造裂隙、挤压带或小断层,透水性较强,但防渗处理难度不大。两岸坝肩边坡较陡,存在卸荷,建议支护。

(2)导流建筑物工程地质条件

包括位于坝址左岸的两条导流洞,其工程地质剖面示意见图 3,沿导流洞轴线共完成 10 个钻孔。

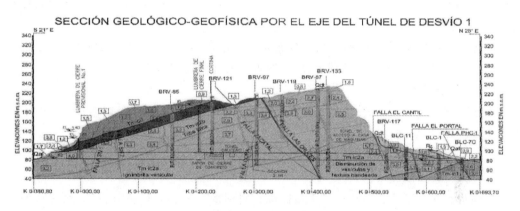

图 3 左岸导流洞工程地质剖面示意

引水明渠和隧洞出口段,最大开挖边坡高度为 45~60 m,覆盖层以残坡积碎石土为主,该段岸坡基础地质条件较好,满足设计要求。

两条隧洞全长分别为 524 m 和 648 m,穿过中新世四个地层单元,主要岩性为凝灰岩、熔结凝灰岩等,隧洞围岩以 Ⅱ、Ⅲ 类为主,进出口洞段及断层穿过段,风化较强、岩体破碎,围岩一般为 Ⅳ~Ⅴ 类。

(3)泄水建筑物

溢洪道横切左岸山梁,该处为山梁垭口。引渠段自然岸坡坡角为 25°~35°,泄流区岸坡自然坡角为 38°~45°。

基岩岩性以凝灰岩为主(地质剖面见图 4),溢洪道渠底板基础多在弱风化-微新岩体上,岩体完整,强度较高,总体满足设计要求。

沿溢洪道开挖形成约 40 m 的边坡,多次穿过规模较大的断层,边坡岩体受结构面切割,易形成潜在不稳定体,建议做稳定性计算,对不稳定块体采取加固支护措施。泄流冲刷区由于出口高于河床,挑流消能后易形成雨雾,对溢洪道出口边坡稳定不利,需采取必要的加固设施。

(4)坝后厂房

厂房位于河床中部,砂砾石层厚度 10~16 m,局部厚达 21 m;厂房地基位于凝灰岩上,

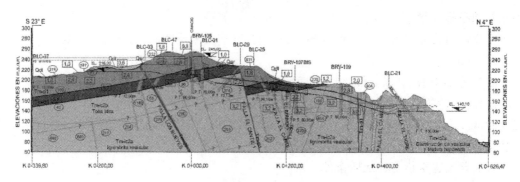

图 4　左岸溢洪道工程地质剖面图

整体处于弱风化岩体中,压水试验结果显示属弱-轻微透水岩体,承载变形特性能满足基建需求,工程地质条件良好。

厂房右侧边坡发育 3 条断层,对岩体稳定产生潜在不利影响;穿过右侧 1♯机组部位有断层通过,可能影响机组地基承载力,应采取置换或加固处理措施。

(5)上下游围堰

围堰两侧岸坡坡度不大,围堰处河床覆盖层厚 5～18 m,基岩同大坝坝基。整体上围堰基础条件较好,但应结合较厚的河床松散层,进行必要的防渗处理。

2.5　天然建筑材料评估

本项目存在大型块石料料源和天然砂砾石料料源。从已有资料分析,天然建材的勘察精度较深,分列了块石料、砂砾石骨料、防渗土料等三个勘察报告,同时进行了人工骨料碾压混凝土配合比试验。

(1)人工骨料

在大坝下游 1.7 km 范围内选择了 4 处人工骨料场。勘察成果显示,骨料强度满足要求,吸水率略大(约 5%),储量满足设计要求。同时对开挖料进行了评价,认为有部分开挖料(坝基、洞室开挖料)可进行利用。

(2)天然砂砾料

沿河床共选择了 10 处天然砂砾石料场。

勘察成果表明,料源质量较好,但可用料总方量不能满足设计要求。建议部分使用大坝开挖料和人工骨料。目前个别料场仅有勘探道路通行,施工期需修筑运输道路。

(3)防渗土料

取样并对样品进行了室内试验。调查和试验结果表明,工程区附近防渗土料质量好,储量足够。

总之,本项目所需的各种天然建材料源充足,运距较近,质量满足设计要求。

3　评估结论和主要工程地质风险

在对项目前期资料熟悉掌握的基础上,对项目进行宏观分析,应从中抓住重点,明确认识主要工程地质问题,发现勘察或前期工作的不足[5],提出项目存在的主要地质风险,得出综合评估结论。

3.1 主要工程地质风险

3.1.1 区域构造稳定性及场地地震安全性

工程区位于重要的地震活动区,前期开展了地震危险性专题研究,结论明确。但由于工程区区域构造复杂,地震活跃,建议进一步收集并研判区域地震、地质资料,复核区域构造稳定性和地震安全性。

3.1.2 库坝区边坡稳定风险

主要是高陡岩坎的稳定性,由于工程区断层裂隙发育,局部组合易形成不稳定块体,在开挖、地震或暴雨作用下,局部边坡有潜在的失稳风险。

3.1.3 泥石流地质灾害风险

工程区局部沟谷岸坡陡峭,延伸长、坡降大,初步判断存在泥石流灾害风险,建议对近坝冲沟逐条调查,评估可能带来的潜在危害。

3.1.4 库区浸、淹没问题

库区人烟稀少,初步判断库区浸、淹没问题不严重。前期报告未提及工程区重要遗迹及矿产分布,下阶段应对其有所评价。

3.1.5 库区渗漏风险

San Juan 河近平行发育在 San Pedro 河西侧,报告认为两条河流之间没有互通的可能性。但在坝线上游 15 km 范围内 San Juan 河河床高程低于水库最高运行水位,需注意库区此范围内右岸区域断裂组成及其渗透特征;库区左岸无低邻谷,但近坝段库岸断裂构造发育,溢洪道左侧冲沟垭口正常蓄水位高程、山体厚度有限,可能有产生水库渗漏的风险,需要进一步复核。

3.1.6 坝基抗滑稳定风险

从已有资料看,对该问题研究较深,但仍不能轻视,应对穿越大坝坝基的断层及缓倾角裂隙组合进行必要的抗滑(倾覆)稳定计算,确保坝基稳定。

3.1.7 坝肩边坡稳定风险

右坝肩层面裂隙缓倾河床偏上游,其与陡倾角断层组合,施工中易发生局部失稳或掉块;右坝肩上部岸坡的松动失稳岩块,影响施工及运行期建筑物安全,应提前进行工程处理。

3.1.8 导流洞围岩稳定风险

导流洞穿越 7 条断层,设计轴线应尽可能与其走向大角度相交。Cantil 断层走向同导流洞出口洞脸边坡走向,应考虑其对洞脸边坡岩体稳定的潜在不利影响。

3.1.9 骨料潜在碱活性风险

前期资料未见骨料潜在碱活性反应试验。应进一步收集和补充完善该试验资料,明确骨料的碱活性反应情况。

3.2 综合评估结论

据项目前期地质资料初步分析:本工程地质条件较好,地质问题虽然较为复杂,但初判没有制约工程建设和建筑物体型布置的重大地质问题,附近天然建材质量较好,储量丰富,满足设计要求,个别料场需修筑开采运输道路。

4 结语

国外水电项目工程地质条件评估的主要目的是为业主、设计服务,为业主在项目立项、设计方案论证、投资估算中避险。因此,作为项目总体评估中的一个关键专业,应在纷繁复杂的前期外语资料中,抓住主要细节,突出重点,找到关键,对项目可能存在的主要地质问题和重大工程风险有个清醒认识,不能为单纯立项而工作,应交给业主和设计者一个客观公正的项目地质评估。

参 考 文 献

[1] 蔡斌. 国外流域梯级水电站开发风险与防范[J]. 科技传播,2013(9):139-140.

[2] 王磊,柳玉龙,李丰收,等. 墨西哥成矿分带及与侵入岩相关矿床分布规律[J]. 矿产勘查,2014(4):663-671.

[3] 中华人民共和国住房和城乡建设部. 水力发电工程地质勘察规范:GB 50287—2016[S]. 北京:中国计划出版社,2017.

[4] 姜彤,杜国倩,李海华. 赤平投影在某边坡稳定分析中的应用[J]. 华北水利水电学院学报,2011,32(6):110-112.

[5] 钟华,杨火平,苏昊. 涉外水电工程总承包项目地质勘察实践与探索[J]. 人民长江,2013,44(8):15-18.

中国海上风电工程勘察现状与展望

黄斌彩

福建省水利水电勘测设计研究院,福建 福州 350001

摘 要:影响海上风电工程勘察的质量与精度的因素众多,本文从海上风电工程勘察的阶段划分、对象分类、勘探平台的选择、勘探技术手段的选用,对我国海上风电工程勘察的发展现状进行粗略归纳,并简述海上风电产业发展状况及产业高速发展给勘察行业带来的机遇与挑战。

关键词:海上风电工程勘察 自升式平台 地球物理勘探 静力触探 海床覆盖层

Present situation and prospect of engineering investigation in China offshore wind farm

HUANG Bincai

Fujian Provincial Investigation Design & Research Institute of
Water Conservancy & Hydropower, Fuzhou 350001,China

Abstract:There are many factors of quality and accuracy in offshore wind farm investigation. Based on stage division, dynamic classification, choice of exploration platform and selection of technical means for exploration,this paper summarized the current situation of engineering investigation in China offshore wind farm. Moreover, this article briefly introduced the opportunity and challenge of investigation industry brought by the rapid development and present situation of offshore wind farm industry.

Key words:offshore wind farm investigation;jack-up platform;geophysical exploration;cone penetration test;seabed overburden

0 前言

"十三五"以来,我国海上风电工程建设进入了高速发展期,成为我国工程建设的重要热点领域之一。《能源发展"十三五"规划》中指出"积极开发海上风电,推动海上风电技术进步";《可再生能源发展"十三五"规划》中指出"积极稳妥推进海上风电开发,到 2020 年开工建设 1000 万千瓦,确保建成 500 万千瓦";《风电发展"十三五"规划》中指出"重点推动江苏、浙江、福建、广东等省的海上风电建设,到 2020 年四省海上风电开工建设规模均达到百万千瓦以上"。

工程勘察是工程设计和施工的重要基础,工程勘察的质量与精度对工程建设影响巨大。影响海上风电工程勘察的质量与精度的因素众多,本文拟从海上风电工程勘察的阶段划分、对象分类、勘探平台的选择、勘探技术手段的选用,对我国海上风电工程勘察的发展现状进行粗略归纳;并简述海上风电产业发展状况及产业高速发展给勘察行业带来的机遇与挑战。

作者简介:

黄斌彩,男,1973 年生,高级工程师,主要从事海上风电工程地质勘察方面的研究。E-mail:362959355@qq.com。

1 勘察阶段划分

1.1 相关规范规定

《陆地和海上风电场工程地质勘察规范》(NB/T 31030—2012)中规定:风电场工程地质勘察分为规划、预可行性研究、可行性研究、招标设计和施工详图设计五个阶段。各设计阶段勘察工作应内容明确、重点突出,与各阶段的设计工作深度相适应。

《岩土工程勘察规范(2009 年版)》(GB 50021—2001)中规定:建筑物的岩土工程勘察宜分阶段进行,可行性研究勘察应符合选择场址方案的要求;初步勘察应符合初步设计的要求;详细勘察应符合施工图设计的要求;场地条件复杂或有特殊要求的工程,宜进行施工勘察。

1.2 现状

目前海上风电场的工程勘察基本按《陆地和海上风电场工程地质勘察规范》(NB/T 31030—2012)中的规定进行,并且在必要时进行施工阶段勘察。但在实际工作中,常把招标设计和施工详图设计阶段合并为详细勘察阶段,详细勘察阶段带有较强烈的岩土工程勘察特点。

《岩土工程勘察规范(2009 年版)》(GB 50021—2001)总则第二款中规定:本规范适用于除水利工程、铁路工程、公路工程和桥隧工程以外的工程建设岩土工程勘察。由于水利水电工程、铁路工程、公路工程、港口码头工程等一般比较重大、投资造价及重要性高,国家分别对这些类别的工程勘察进行了专门的分类,编制了相应的勘察规范、规程和技术标准等,通常这些工程的勘察称工程地质勘察。而风电工程勘察的技术规范脱胎于水利工程,因而亦被称为工程地质勘察。而通常所说的"岩土工程勘察"主要指工业、民用建筑工程的勘察,勘察对象主体主要包括房屋楼宇、工业厂房、学校楼舍、医院建筑、市政工程、管线及架空线路、岸边工程、边坡工程、基坑工程、地基处理等。因此,工程地质勘察和岩土工程勘察两个提法,主要是工程研究对象的区别以及勘察工作中侧重点有所不同。

根据目前国内海上风电工程建设的实际情况,规划、预可行性研究、可行性研究三个项目前期阶段的研究对象以风电场区为主,可称为工程地质勘察;而招标设计和施工详图设计两个阶段的研究对象以具体风机机组基础地基及配套建筑物地基为主,称为岩土工程勘察更贴切。目前在海上风电工程勘察中出现实际运行的详细勘察阶段有较强的合理性。海上风电工程勘察分为:规划、预可行性研究、可行性研究、详勘四个阶段,并在必要时进行施工勘察,是适应我国海上风电工程建设现状的。

2 勘察对象分类

拟建场区(机位)的地质条件特点及拟选用(拟建)基础形式,两个影响因素之间存在密切联系,海上风电工程勘察要解决的主要问题是风电机组基础与地基岩土体的关系,其勘探的最主要对象是场区(机位)的上覆沉积层(一般为海积地层,偶见冲洪积、残坡积地层)及下卧的基岩。风电机组基础的影响范围是勘察需要查明并研究的范围,不同海域的上覆沉积层厚度差别较大,是拟建场地条件中对勘察方案影响最大的因素之一。因此,在海上风电工程勘察中可根据拟选用基础形式的影响深度范围与海床覆盖层厚度的关系将勘察对象分成深厚覆盖层及浅薄覆盖层两类。

2.1 深厚覆盖层

深厚覆盖层指场区(机位)上覆沉积层相对深厚,拟选用(拟建)基础形式对地基岩土体的影响仅在上覆沉积层中,与下卧基岩不发生关系。深厚覆盖层的代表是江苏海域,该海域的大部分海上风电场具有深厚的覆盖层,基础形式多选用摩擦桩,工程勘察的主要研究对象是海积地层。

2.2 浅薄覆盖层

浅薄覆盖层指场区(机位)上覆沉积层相对浅薄,拟选用(拟建)基础形式对地基岩土体的影响不仅在上覆沉积层中,与下卧基岩也发生关系。浅薄覆盖层的代表是福建海域,该海域的大部分海上风电场覆盖层厚度相对浅薄,基础型式多选用端承摩擦桩、摩擦端承桩、嵌岩桩及重力式等,工程勘察的主要研究对象包括海积地层、基岩(基岩风化层),在很多时候基岩(基岩风化层)甚至成为主要研究对象。

3 勘探平台

海上风电工程一般位于风资源优良的海域,拟建工程区普遍海况复杂,浪高涌大,勘探作业环境恶劣、作业窗口期短。勘探平台的选择对工程勘探的质量、效率、安全有着决定性的影响。目前我国海上风电工程勘察中使用的勘探平台,主要可分为漂浮式与固定式两种。

3.1 漂浮式平台

漂浮式平台有船式平台、浮筏式平台等。船式平台多用于较深水域,浮筏式平台多用于滩涂潮间带区域。目前应用于海上风电工程勘探的主要是船式平台。船式平台主要分为两大类:专用勘探船和改装船。

3.1.1 专用勘探船

它主要指定制或特型改装的专用于海上勘探作业的船舶,与普通船舶相比最主要特点是配备船舶动态定位系统及波浪补偿装置,具备悬停作业及抵消一定波浪作用的能力,是目前欧美国家应用较多的海上勘探平台。国内仅中海油的"海油707"近年在海上风电工程勘察中投入使用,因成本较高而较难实现规模使用。

3.1.2 改装船

改装船指对工程船、货船或其他多用途船舶进行简单改装,使之能安装勘探设备并进行勘探作业,采用锚定作业方式,是目前国内应用最多的海上风电工程勘探平台。改装船作业平台主要有单船、双船两种模式,海上风电工程勘探中大多使用单船平台,设备安装主要有侧边安装及中间开孔两种。

3.1.3 船式平台的优缺点

（1）优点：适用水深范围较大，目前国内已有 50 m 水深的应用案例；移动方便，进出场（转场）一般自航进行，速度快，对海况适应能力强；选择范围广，可根据工程区的实际海况和勘探作业的实际需要选择不同的船舶；定位精度高，目前实际工程勘探中，通过锚泊定位能将勘探点的定位精度控制在 2 m 以内。

（2）缺点：难以抵御恶劣海况对勘探作业的影响，作业窗口期短；作业过程中无法完全避免平台的起伏影响，钻探的取芯率、不扰动土样的采取、原位测试的精度等均无法保障，无法有效控制勘探作业的质量。

3.2 固定式平台

固定式平台主要有桁架式平台、自升式平台两大类。目前的应用实例中，桁架式平台主要适用于滩涂潮间带等水深小于 5 m 的区域，自升式平台主要适用于 5～50 m 水深的区域。目前应用于海上风电工程勘探的主要是自升式平台。

3.2.1 桁架式平台

桁架式平台指通过将多组独立桁架式平台经桁架式栈道连接成整体，人员和设备通过栈道进入平台进行勘探工作，通过栈道的延伸搭建至下一勘探点，从而克服了因水深太浅船舶不能进场施工的困难。桁架式平台在滩涂潮间带区域应用比较成熟，国内临港工程勘探中有丰富的应用案例。

3.2.2 自升式平台

自升式平台指能满足勘探施工需要，适用于拖航，配备支腿并能自主升降的平台，勘探作业时平台升出海面，不受海况影响。

国内使用自升式平台勘探的历史较长，早在 1984 年东北院在营口鲅鱼圈码头勘察中就已经使用简易的浅海平台进行勘探作业，其后因其平台适应水深有限未能在海上大规模推广。近年来自升式平台在我国海洋工程勘探中应用案例较少，2015 年以前的案例主要集中于水深 12 m 以内，目前国内外成熟应用的案例也少有超过 30 m 水深的案例。

目前国内在海上风电工程勘探使用的平台主要有：华勘院的"华东院一号"（最大适用水深约 10 m，2014 年投入使用）、"华东院二号、华东院三号"（最大适用水深约 35 m，2017 年投入使用）、福建水电院的"凯旋壹号"（最大适用水深约 25 m，2015 年投入使用）、"凯旋贰号"（最大适用水深约 15 m，2016 年投入使用）。随着海上风电工程建设的提速，我国具有自主知识产权的可适应 50 m 水深的自升式勘探平台也已经开始建造，预计在 2019 年前投入使用。

3.2.3 自升式平台的优缺点

自升式平台勘探作业时不受海况影响，工作效率高，勘探作业设备可采用陆域设备，作业场地基本等同陆地，基于钻孔的原位测试、孔内测井、不扰动土样采取等作业可高质量实现，大幅提高钻探取芯率，实现陆域静力触探等原位测试设备的海域使用。目前华东院在江苏海域，福建院在福建海域均有成功应用自升式平台进行海上风电工程勘探的案例。

（1）优点：定位精度高；作业期间海况适应能力强；能够在海域实现陆域勘探作业环境，大幅提高勘探质量与精度；可进行静力触探等原位测试，取得设计需要的原位参数。

（2）缺点：适应水深有限，目前国内尚无能适用于 50 m 以上水深勘探作业的自升式平台；进出场（转场）依靠拖航进行，速度慢；国内现有自升式勘探平台数量有限，不能满足海上风电工程勘探的需求。

3.3　船式平台与自升式平台对比

目前国内海上风电工程勘探中主要使用船式平台与自升式平台两种勘探平台，在此根据目前海上风电工程勘探中两种平台应用的实际情况，从环境适应性、勘探质量、效率与安全三大方面对两种平台进行粗略对比，见表 1。

表 1　船式平台与自升式平台对比分析

类别	细项	船式平台	自升式平台	备注
环境适应性	最大水深	一般吨位越大的船舶适用的水深越深，目前在 50 m 以上水深目前只能选用船式平台	目前国内采用的自升式平台最大能适应 30 m 水深，预计 2019 年可适应 50 m 水深	船式优
	最小水深	视选用船舶不同可适应 0～3 m 水深，趁潮施工；一般不具备坐滩施工能力	视选用平台不同可适应 0～3 m 水深，趁潮就位	自升式优
	风	作业期间需 6 级及以下风力条件	作业期间需 8 级及以下风力条件	
	浪、涌	受浪、涌影响极大，0.5 m 以上的起伏难以作业	不受浪、涌影响	
勘探质量	采取率	受海况影响巨大，难以进行全断面取芯作业；砂层、基岩风化层采取率普遍低于 50%	受海况影响小，可以进行全断面取芯作业；砂层、基岩风化层采取率普遍高于 80%	自升式优
	取样	一般无法采取Ⅰ级不扰动土样，可采取Ⅱ、Ⅲ、Ⅳ级土样	可采取Ⅰ级不扰动土样及Ⅱ、Ⅲ、Ⅳ级土样	
	标贯、重Ⅱ	受船式平台晃动的影响大，试验所得数据信度低	无晃动影响，试验所得数据信度高	
	综合测井	受船式平台晃动的影响较小，试验所得数据信度较高		
	预钻旁压	受船式平台晃动的影响较小，试验所得数据信度较高		
	静探	无法进行	可行，等同陆域测试	
	十字板	无法进行		
	扁铲侧胀	无法进行		
	渗透试验	注水、抽水、压水试验受平台晃动影响，难以达到水密性要求		

续表 1

类别	细项	船式平台	自升式平台	备注
效率与安全	作业时间	作业时间受海况和气候条件影响，正常平潮期间作业条件较好，无法实现 24 小时不间断作业	作业时间不受海况影响，但也受气候条件影响，可实现 24 小时不间断作业	自升式优
	航速及转场	船式平台一般为自航式，航速一般 3～12 kn。转场及回港避风时速度快，对海况适应能力强	自升式平台一般为拖航式，拖航航速一般 1～6 kn。转场及回港避风时速度慢，对海况适应能力较差	船式优
	作业抗风	6 级以上停止作业，8 级以上回港避风	8 级以上停止作业，10 级以上回港避风	自升式优
	作业人数	含勘探作业人员、船员合计 12～15 人，其中钻探班组人员一般 6～10 人	含勘探作业人员、船员合计 10～12 人，其中钻探班组人员一般 4～8 人	自升式优

从表 1 中可以看出，在三大类 18 个细项的对比中，船式平台仅在 2 个细项中占有优势。因此，在项目条件许可时，海上风电工程勘探应优先使用自升式平台进行。

4 勘探技术手段

我国海上风电工程的勘探历史较短，从最早的东海大桥海上风电场工程至今也仅十余年。《陆地和海上风电场工程地质勘察规范》(NB/T 31030—2012)在发布之前，没有细分行业规范；该规范发布之后，因我国海域辽阔，各海区地形地质条件差异性大，该规范对地形地质条件复杂的海上风电场工程勘察的适应性也较差。

近年来在不断的工程实践中，从业人员主要根据相关海洋勘探规范、设计要求及类似工程勘探经验，探索使用各种勘探技术手段，目前采用的勘探技术手段主要有：地球物理勘探，钻探及基于钻孔的取样与原位测试、孔内测井等，静探及基于静探的各种原位测试，室内试验及专项试验等。这里主要对目前在海上风电工程勘探中使用的外业勘探技术手段进行不完全的初步归纳，分为地球物理勘探、钻探及取样、原位测试三部分进行阐述。

4.1 地球物理勘探

地球物理勘探是目前海上风电工程勘探中的常用手段，以下对目前在海上风电工程勘探中主要推荐使用的浅地层剖面探测、海域地震探测、水域高密度电法探测、海洋磁力探测、钻孔综合测井五种技术手段进行分述。

4.1.1 浅地层剖面探测

2013 年起该技术广泛应用于海上风电工程勘察的前期阶段，特别在海缆路由勘探中得到普遍应用，近年来相关研究人员建立了较为完善的浅地层剖面探测正演模型数据库，大大提高了浅地层剖面探测内业反演解释工作的效率与准确率，使得该技术的工程应用水平得到较大的提高。海上浅地层剖面勘探成果直观，表部地层可信度高与钻孔资料结合后反演解释精度高,而且高效快速,适合大面域普查。

该技术的主要优点为:外业工作效率高;垂直分辨率高;工程经验丰富,反演准确率高,海积地层界限清晰。主要缺点为:水深较浅时受海底二次(三次、多次)反射影响较大;地层适应性较差,砂土层探测深度有限,无法穿越深厚基岩风化层。

4.1.2 海域地震探测

2016年起该技术开始应用于海上风电工程勘察的前期阶段,特别在浅覆盖场区的可行性研究阶段得到业内的一致认可。海域地震探测系统的主要技术指标取决于人工震源,一般而言,电火花式震源分辨率高但探测深度小,而机械式震源分辨率低但探测深度大。

该技术的主要优点为:外业工作效率高;垂直分辨率高;探测深度大,基岩面界限清晰。主要缺点为:海积地层界限不清晰;水深较浅时受海底二次(三次)反射影响较大。

4.1.3 水域高密度电法探测

目前水域高密度电法探测尚无大规模应用,但在跨江隧道、海湾清淤等淡水或海水的浅水水域中均已有成功案例。工程实践表明,高密度电法可用于浅海工程探测,但目前在海上风电工程中尚未收集到水下应用案例。

该技术的主要优点为:探测数据不受海底反射影响;可在浅水处作业;解译快捷,成果直观。主要缺点为:探测深度受测线长度及电流强度限制;水深较大处和水动力条件复杂处准确布置电极的难度很大。

4.1.4 海洋磁力探测

海洋磁力探测指使用磁力仪,按预设路径在场区中进行连续的走航式磁力探测,测量测线上各点的磁力值,并据此编制磁力异常图。海洋磁力探测在目前海上风电工程中应用较多,在欧洲海上风电工程中更是普遍应用,磁力探测在排查海底异物(沉船、炮弹、管道等金属物)时效果良好,在确定火成岩分布和区域地质结构上也有较好的效果。

4.1.5 钻孔综合测井

在海上风电工程勘探中的综合测井技术随着海上风电工程的发展也不断发展。目前在海上风电工程勘探中比较成熟的综合测井技术是指综合应用剪切波测试和电阻率测试技术,不但取得钻孔地层的剪切波速及视电阻率,并且能够根据这两种物性指标提高地层划分的准确性和地层建议地质参数的精度。

2011年起福建水电院率先在海上风电工程勘探中使用综合测井技术,目前同时利用剪切波测试和电阻率测试技术的综合测井技术已经得到业内认可,在福建海域有着丰富的应用案例。在使用漂浮的船式平台时,钻探岩芯采取率很难满足相关技术要求,钻孔综合测井技术能较好地提高地质分层精度并获取所需参数;建议在使用船式平台进行海上风电工程勘探时配套应用该技术。

4.2 钻探及取样

目前海上风电工程勘探中利用船舶或自升式平台使用工程钻机在水上采用回转钻进方法进行钻探为主;利用船舶的钻探一般采用单管钻进,而利用自升式平台的钻探可采用单管或双管钻进(绳索取芯),其中利用平台的钻探质量优于利用船舶的钻探质量,而平台双管的质量又优于单管的质量。

4.2.1 目前常用的两种钻探方式的主要优缺点

利用船舶及自升式平台两种钻探方式的主要优缺点在船式平台与自升式平台的对比中已经体现,在此主要补充表 1 中未涉及的部分。

(1)对工程勘探需重点查明的部位(滑动带、软弱夹层等)要求采用双层岩芯管连续取芯;这一点在利用船舶施钻时极难做到,而利用自升式平台可以实现;重点部位的查明与否对工程勘察设计的质量影响巨大。

(2)当需确定岩石质量指标 RQD 时,应采用 75 mm 口径(N 形)双层岩芯管和金刚石钻头;这一点在利用船舶施钻时极难做到,而利用自升式平台可以实现;目前海上风电工程勘探中尚无对 RQD 的明确要求。

(3)利用船舶无法实现斜孔的定向钻进,而利用自升式平台可以实现斜孔的定向钻进并达到精度要求;未来随着大斜率的斜桩勘探精度要求的提高,进行海上斜孔定向钻进的要求可能出现。

4.2.2 取样

基于钻孔的取样主要有三类:不扰动土样、扰动土样和岩样。

不扰动土样是指Ⅰ级土样,取样对象主要为淤泥、淤泥质土、粉质黏土等黏性土,一般采用薄壁取土器在孔内采用静压采取。

扰动土样是指Ⅱ、Ⅲ、Ⅳ级土样,取样对象主要为砂、砂质黏土等砂性土;Ⅱ级土样,一般采用厚壁取土器在孔内采用锤击法采取;Ⅲ、Ⅳ级土样,一般在标贯器中采取或在岩芯中直接采取。

岩样的取样对象为岩石,一般在岩芯中直接采取。

在使用漂浮的船式平台进行勘探作业时,Ⅰ级土样的采取极其困难。因此,在取样要求较高的海上风电工程勘探中,推荐采用固定的自升式平台。

4.3 原位测试

原位测试技术在目前海上风电工程勘探中应用广泛,在国内已进行的海上风电工程勘探中各种原位测试技术均有丰富的案例,以下对目前主要使用的静探、动探、标贯、十字板、旁压、扁铲侧胀试验进行分述。

4.3.1 静力触探试验

静力触探试验是工程勘探中最常用的原位测试手段之一,目前在海上风电勘探中应用的主要有:海床式静力触探、交替式静力触探及平台式静力触探三种模式。

(1)海床式静力触探

海床式静力触探指利用绞绳将沉底式静探设备沉放至海床,在海床上直接进行静探试验。海床式静力触探测试系统的特点是探头通过探杆从海底面连续贯入土中,当在计划深度范围内遇无法贯入或锥阻力达到额定贯入力、锥端部载荷达到锥承载力的 100% 或套筒摩擦阻力数据超过锥轴向承载力的 15% 时终止试验。海床式静力触探设备可在配有合适的吊车或吊架上的小型船只上使用。另外一种操作模式是把海床式静力触探设备安装在遥控水下机器设备上以便在复杂的海床环境下作业。

海床式 CPT 测试系统的不足在于,探测深度存在局限性,而且对关联设备依赖性较高,需要配套使用遥控水下机器设备等,操作相对复杂,成本较高。

（2）交替式静力触探

交替式静力触探系统又称钻机-静力触探综合测试系统,即钻探与静力触探交替进行的勘探方式,一般采用 1.5 m 静力触探推进,1.5 m 钻孔取芯交替进行。使用交替式静力触探测试系统只有 50% 的原位数据覆盖率,但是在没有静力触探数据的深度处,样品被取出用于描述和测试。

交替式静力触探测试系统克服了海床式静力触探测试系统探测深度局限性的缺点,但自身的缺陷明显,一是 50% 的覆盖率相对较低,二是操作过程相对复杂。

（3）平台式静力触探

平台式静力触探将静探设备直接固定于自升式平台之上,利用平台所提供的反力将探头垂直地压入土中进行静力触探试验。当在计划深度范围内遇无法贯入或锥阻力达到额定贯入力、锥端部载荷达到锥承载力的 100% 或套筒摩擦阻力数据超过锥轴向承载力的 15% 时终止试验,采用平台钻机对该深度进行清孔并下套管,穿过硬阻层后继续贯入,直至到达计划深度。

平台静力触探测试系统与另外两种静力触探测试系统相比设备更加简便,对关联设备的依赖性较小,操作难度较小,维修保养简易。同时专门为海上勘探研发的大推力静力触探测试系统在复杂地层中的贯入深度大,钻机的无缝配合保障了试验深度,更适合复杂的地质背景,并克服了海床式静力触探系统探测深度有限的缺点及交替式静力触探系统数据不连续的缺点。

4.3.2　圆锥动力触探试验

圆锥动力触探试验的类型可分为轻型、重型和超重型三种,重型圆锥动力触探试验,通常简称为"重Ⅱ",在国内有丰富的应用案例,但国外少有。

目前在海上风电工程勘探中通常采用重型圆锥动力触探试验,测试对象通常为砂土、砂卵石、碎石土、基岩风化层等,是国内常见的孔内原位测试技术手段。

目前国内在海上风电工程勘探中进行的重型圆锥动力触探试验,通常在船式平台的钻孔中进行。因船式平台漂浮特点很难克服起伏及晃动,试验时触探杆偏斜度较大,探杆倾斜和侧向晃动难以避免,试验所得数据的信度较低。按目前的工程经验,在船式平台上进行的重型圆锥动力触探试验锤击数普遍偏大,甚至偏大较多。因此,推荐在固定的自升式勘探平台上进行重型圆锥动力触探试验。

4.3.3　标准贯入试验

与重型圆锥动力触探试验一样,目前国内在海上风电工程勘探中进行的标准贯入试验,通常也在船式平台的钻孔中进行。试验时探杆倾斜和侧向晃动难以避免,试验所得数据的信度较低。按目前的工程经验,在船式平台上进行的标准贯入试验锤击数也是普遍偏大,甚至偏大较多。因此,推荐在固定的自升式勘探平台上进行标准贯入试验。

4.3.4　十字板剪切试验

十字板剪切试验广泛应用于软土勘探,但在目前国内海上风电工程勘探中因勘探平台的限制较少应用。在复杂地层勘探中,十字板剪切试验需要静探或钻探配合进行,而且测试中十字板插入试验深度后有静止 2~3 min 的要求,对勘探平台的晃动十分敏感,对勘探平台的稳定性要求较高,应在固定的自升式勘探平台上进行。

4.3.5　旁压试验

旁压试验分为预钻式和自钻式两种,适用于黏性土、粉土、砂土、碎石土、残积土、极软岩和软岩等。目前国内海上风电工程勘探中主要采用预钻式旁压试验,采用船式勘探平台进行;根据已有工程经验,效果较好。而自钻式旁压试验对勘探平台的晃动则较为敏感,对勘探平台的稳定性要求较高,推荐在自升式勘探平台上进行。

4.3.6　扁铲侧胀试验

扁铲侧胀试验适用于软土、一般黏性土、粉土、黄土和松散~中密的砂土。目前在海上风电工程勘探中应用较少。与十字板剪切试验类似,在复杂地层勘探中,扁铲侧胀试验需要钻探配合进行,而且测试中对勘探平台的稳定性要求较高,推荐在自升式平台上进行。

4.3.7　原位渗透试验

原位渗透试验是工程勘探中常见的水文地质现场测试手段,其主要目的是为工程设计提供岩土层的渗透指标,在海上风电工程中部分需采用隔水施工的工法中尤为重要。但在目前国内海上风电工程勘探中尚未收集到进行原位渗透试验的案例。

目前的岩土层渗透指标主要通过室内试验结合地区经验提供,对需要进行精确渗透计算的工程设计精度不足,建议在需要时进行原位渗透试验。

根据目前风电海上工程勘探的实际情况,推荐对高渗透性地层进行钻孔注水或抽水试验,工程需要时可对岩体进行钻孔压水试验。因原位渗透试验对试段的止水有着较高的要求,从而对勘探平台的稳定性要求也较高,建议在固定的勘探平台上进行相关试验。

5　各阶段勘探技术手段的选用

5.1　规划阶段

海上风电工程建设规划阶段工程地质勘察的主要目的是了解规划区域的基本工程地质条件,对近期开发工程进行地质分析,提供工程地质资料。其主要任务是了解规划海域的区域地质和地震概况,了解规划区各风电场的工程地质条件和主要工程地质问题,分析建设风电场的适宜性。

本阶段的勘察对象是规划区域及规划区各风电场,勘察工作深度以了解为主,勘察手段以内业收集资料为主,一般不进行外业勘探工作。

5.2　预可行性研究阶段

海上风电工程建设预可行性研究阶段工程地质勘察的主要目的是在规划确定的风电场

进行勘察和工程地质初步评价,为选定场址提供工程地质资料。其主要任务是补充收集场址区地震资料,依据《中国地震动参数区划图》(GB 18306—2015)确定场区的地震动参数,对场区的区域稳定性做出初步评价;初步查明场区的工程地质条件和主要工程地质问题,并对影响场址选择的主要工程地质问题做出评价;初步查明场区的地层组成、分层厚度及风电机组基础持力层的埋藏深度,对风电机组基础形式和地基处理提出初步建议。

本阶段的勘察对象是规划的风电场区,勘察工作深度为初步查明并作出初步评级和提出建议,勘察手段除进一步收集资料外,还应进行必要的外业勘探工作。

建议本阶段除对场区进行少量钻探及取样与原位测试之外,还应对场区进行海洋磁力探测、浅地层剖面探测、多通道地震探测,利用相对快捷的物探手段对场区进行排查和初步查明场区的基本工程地质条件。有条件时可构建场区的粗略三维地形地质模型,更好地明确场区的建设适宜性并为风电机组的初步布置提供三维地质资料。

5.3 可行性研究阶段

海上风电工程建设可行性研究阶段工程地质勘察的主要目的是:在预可行性研究阶段工程地质勘察的基础上,查明场区的工程地质条件并进行工程地质评价,为风电机组布置提供地质资料。其主要任务是复核并确定场区的地震动参数,补充并明确场区的区域稳定性评价;查明场区的工程地质条件和主要工程地质问题,并对影响风电机组布置的主要工程地质问题做出评价;查明场区的地层组成、分层厚度、特殊岩土体的分布特征、风电机组基础持力层的埋藏深度及其物理力学指标,对风电机组基础形式和地基处理提出建议。

本阶段的勘察对象是选定的风电场区及主要配套建(构)筑物,对风电场区的勘察工作深度要求为查明并作出评级与建议,对主要配套建(构)筑物的勘察工作深度要求为调查了解,勘察手段转入以外业勘探工作为主的阶段。

本阶段的重点勘探对象是拟建场区,建议结合机位的初步布置对深厚覆盖层的场区进行以静力触探及原位测试为主,钻探及取样为辅的勘探工作;而对浅薄覆盖层的场区进行以钻探及取样为主,静力触探及原位测试为辅的勘探工作。如预可行性研究阶段未对场区进行海洋磁力探测、浅地层剖面探测、多通道地震探测的,应在静探、钻探前结合机位的初步布置先行进行;如预可行性研究阶段已对场区进行海洋磁力探测、浅地层剖面探测、多通道地震探测工作但较为粗略,或与机位的初步布置结合度较差,应在静探、钻探前结合机位的初步布置加密进行,以更好地指导静探、钻探等工作。有条件时应构建拟建场区的三维地形地质模型,为风电机组的布置提供三维地质资料。

可行性研究阶段的勘察工作是整个海上风电工程勘察的最重要节点,该阶段的勘察成果不仅是风电机组布置确定的主要边界条件之一,还是风电机组基础形式选择的重要依据。该阶段应用的工程勘探技术手段是海上风电工程勘察全程中最丰富的阶段,通过该阶段对各种勘探技术手段的实际应用效果验证,对详勘阶段大量的勘探工作有着良好的指导作用。但目前因为各种因素,在国内海上风电工程中对可行性研究阶段勘探工作的投入不足,各种勘探技术手段对工程的适用性无法得到充分验证。因此,建议各参与方能群策群力加大对可行性研究阶段勘探工作的投入,使得该阶段的勘察成果能更好地发挥节点作用。

5.4　详勘阶段

　　海上风电工程建设详勘阶段岩土工程勘察的主要目的是在风电机组布置确定后,在可行性研究阶段工程地质勘察的基础上,查明场区每台风电机组基础、升压站(变电站)、集电线路及场内道路等建(构)筑物的工程地质条件,进行地基工程地质评价,为风电场招标文件编制和施工图设计提供地质资料。其主要任务是查明每台风电机组基础地基的工程地质条件和主要工程地质问题;查明风电机组基础形式地基的持力层的埋藏深度,提出其物理力学建议值;对风电机组基础地基的主要工程地质问题做出评价,提出处理措施及建议;查明陆地或海上升压站(变电站)的工程地质条件,进行工程地质问题评价;查明场内道路的工程地质条件,进行工程地质问题评价;查明集电线路的工程地质条件,进行工程地质问题评价。即对每台风电机组基础及主要配套工程建(构)筑物基础的工程地质条件、工程地质问题、地基岩土层的物理力学建议值和地基处理措施等提出明确并尽可能定量的建议。

　　本阶段的勘察对象是布置确定的机位及主要配套建(构)筑物,对机位的勘察工作深度要求为查明及提出参数建议,并作出评级与建议,对主要配套建(构)筑物的勘察工作深度要求为查明并作出评级与建议,勘察手段以外业勘探工作为主。

　　本阶段的重点勘探对象是机位,建议对深厚覆盖层的机位进行以静力触探及原位测试为主,钻探及取样为辅的勘探工作;而对浅薄覆盖层的机位进行以钻探及取样为主,静力触探及原位测试为辅的勘探工作。有条件时应构建机位的三维地形地质模型,为风电机组基础的优化设计提供三维地质资料。

　　详勘阶段的勘察工作是整个海上风电工程勘察工作中勘探工作量最大的阶段,该阶段的勘察成果是风电机组基础设计(优化设计)的重要依据。根据可行性研究阶段对各种勘探技术手段的实际应用效果,选择适用于各机位的工程勘探技术手段至关重要。

6　海上风电工程勘察展望

6.1　国内外海上风电工程勘察的差异

6.1.1　技术路线

　　源于工程地质学科的国内外发展历程与背景的不同,目前国内外海上风电工程勘察技术路线有着明显差别。

　　我国风电工程技术归口水规总院,海上风电工程勘察带有强烈的水利水电工程地质专业技术路线的特色。具体为在项目前期阶段(可研之前),工程勘探以收资为主辅以少量实务工作(钻探为主,少量物探,少有静探),工程勘察的目的以对拟建场区做出定性评价为主(少有定量),为工程的可行性提供工程地质边界条件,可称为工程地质勘察。项目实施阶段(施工图),工程勘探实施以风机基础为对象的具体直接勘探手段(钻探、静探根据场区特点分别选用),工程勘察的目的以对拟建机位做出定量评价为主,为风机基础的设计和施工提供地质资料,可称为岩土工程勘察。综合十余年我国海上风电工程勘察的进程而言,它具有较强烈的通用工程勘察的特点,在发展之初就受经费限制、研究对象限制,可归类为通用工程勘察,以区别于海油勘探等以解决问题为先导的专门性勘察。

国外的海上风电工程勘察可以说在项目全过程都是岩土工程勘察,一般结合项目的进度对项目的具体岩土工程问题从初步定量到具体定量(从场区到机位),前期以物探为主辅以静探(钻探),后期以静探为主辅以钻探。国外(以欧洲国家为主)的海上风电工程勘察已有三十余年的发展进程,经费与研究对象一般从工程的实际需要出发,以解决工程地质问题为先导,可归类为专门性勘察。

6.1.2 勘探技术与装备的差距与展望

曾经国内海上风电工程勘探的物探技术与装备和国外先进公司相比有着较大差距,经过十余年的发展,目前常用的浅剖、多道地震、磁力仪等技术与装备已经不再落后。目前主要还有如下几个方面存在较明显差距。

(1)勘探船

国外勘探公司在进行海上风电场勘探作业时,勘探平台一般选用带动力定位系统及波浪补偿装置的专业勘探船。而国内的勘探作业中一般采用改装船。两者的最大区别在于船舶的专业,动力定位系统及波浪补偿装置的配备。

2015年后,专业勘探船"海油707"开始介入海上风电工程勘探。目前国内类似"海油707"的勘探船是与国外最高技术水平相当的。

但是专业勘探船要实现普遍应用还受制于以经费为主要原因的诸多因素。随着越来越多以海油为代表的海洋专业勘探单位进入海上风电工程勘探市场,这方面差距将会进一步缩小,但也仍将长期存在。

(2)自升式平台

国外勘探公司在进行海上风电场勘探作业时,勘探平台除了选用综合勘探船外,还常见选用自升式勘探平台,特别在对钻探取样要求较高时,自升式勘探平台成为首选。

2015年起,华勘院在江苏海域,福建水电院在福建海域开始使用自升式勘探平台。2017年底,华勘院的"华东院二号、三号"两个自升式勘探平台下水,也意味着国内自升式勘探平台的最高技术水平与国外基本相当。随着国内各勘察单位对自升式勘探平台投入的不断加大,越来越多以"华东院二号、三号"为代表的先进水平自升式勘探平台下水入列,这方面的差距将会快速缩小。自升式平台的数量在近期预计将快速增加,其普遍应用主要受制于经费因素。

(3)静力触探

我国静力触探技术与装备一直在跟随国外先进水平的发展,也就是一直处于相对落后状态。这方面的技术与装备的跟随状态短期内不会改变,但这方面的技术水平与装备的差距也不明显。

具体到海上风电工程勘探中国外普遍应用的沉底式(海床式)CPT,目前国内仅有两台套,分别为华勘院(200 kN)、中交四航院(100 kN)。沉底式CPT要实现普遍应用,主要受装备数量、经费等因素限制。

2015年福建水电院在国内首先提出了平台CPT的解决方案,目前在国内海上风电场勘探中已有数个成功使用案例。平台CPT设备门槛低,应用技术水平与国外相当,随着平台CPT的发展,静力触探技术和装备与国外的差距将快速缩小。平台CPT的数量与自升式平台数量等同,其普遍应用主要受制于经费因素。

6.2　国内的产业发展及对工程勘察的要求

6.2.1　我国海上风电产业发展已驶入快车道

海上风电的发电时间长,设备利用率比陆上风电高了一倍,且有一定规律性,有利于峰谷调配,可发展区域主要集中在我国东部沿海地区紧邻我国电力负荷中心,消纳前景非常广阔,是我国发电行业的未来发展的重要方向。

截至 2017 年底,我国已建成约 200 万千瓦的海上风电场。根据《风电发展"十三五"规划》提出的要求,到 2020 年,全国海上风电累计并网容量力争达到 500 万千瓦以上。据彭博新能源财经预计,到 2020 年之前中国的海上风电累计装机容量可以达到 800 万千瓦,2020—2030 年每年新增容量将达到 200 万～300 万千瓦。

在煤炭、石油、光伏及陆上风电等一次能源出现过剩的情况下,海上风电犹如一个尚未开掘的宝藏,成为能源产业投资新"风口"。我国海上风电的发展空间广阔,潜力巨大,对我国能源结构的安全、清洁、高效转型具有十分重要的意义。海上风电是我国新能源开发的重大战略,是中国继高铁之后在全球又一张亮丽名片,是国家竞争力在全球的展现。

6.2.2　海上风电产业对工程勘察的要求

2018 年 5 月 18 日,国家能源局发布《关于 2018 年度风电建设管理有关要求的通知》,从 2019 年起,各省(自治区、直辖市)新增核准的集中式陆上风电项目和海上风电项目应全部通过竞争方式配置和确定上网电价。电价"铁饭碗"的打破给海上风电产业带来了新的挑战,对海上风电产业的主要参与方——开发商、整机商、勘察单位、设计单位、施工单位等提出了更高的要求。随着风电机组技术的进步,海上风电机组的制造成本逐步降低。非机组成本的下降,如精细化施工组织、一体化支撑结构设计以及高效吊装方案设计带来的成本下降对海上风电尤为重要。

精细化施工组织、一体化支撑结构设计的重要基础是海上风电工程勘察的质量与精度。推动高精度的工程地质边界条件获取,用更精确的工程地质条件,更准确的岩土工程参数,为精准设计、精确施工提供基础条件,以达到缩短工期、降低费用的目的,是当前海上风电工程勘察行业的主要任务及发展方向。

7　结语

无论是在可开发的资源量上,还是技术、政策层面,我国海上风电目前已基本具备大规模开发的条件。随着海上风电产业的快速发展,海上风电工程勘察面临巨大的发展机遇,如何为海上风电工程建设提供更精确的工程地质条件、更准确的岩土工程参数,是当前海上风电工程勘察行业的主要任务及发展方向。

在现阶段为了进一步提高我国海上风电工程勘察质量与精度,进一步发挥工程勘察在海上风电工程建设中的作用,做如下几点建议:

(1)海上风电工程勘探技术手段的选用是海上风电工程勘察质量与精度的主要决定性因素,应根据各种勘探技术手段本身的特点、拟建工程场区的特点以及项目的阶段要求等因素选择合适的勘探技术手段。

（2）优先选用自升式平台进行海上风电工程勘探工作；固定的自升式平台与漂浮式的船式平台相比，优越性明显，是现阶段我国提高海上风电工程勘察质量与精度的有效途径。

（3）应重视并推进以静力触探为代表的原位测试在海上风电工程勘察中的应用；原位测试是目前我国海上风电工程勘探中的短板，推进静力触探、十字板、扁铲侧胀、旁压等原位测试技术手段的应用，是现阶段海上风电工程勘察的重要任务。

（4）各参与方应尽可能加大对可行性研究阶段勘探工作的投入力度；可行性研究阶段的勘察成果具有重大节点作用，目前该阶段的勘探工作量投入明显不足。

（5）推进三维地形地质模型在复杂地形地质条件的海上风电工程勘察设计中的应用；实践表明，三维地形地质模型在提高风电机组的布置精度以及优化风电机组基础设计中应用效果良好。

（6）加大科研力度，以解决工程地质问题为先导，拓展经费来源、拓宽研究对象范围，形成介于专门性勘察与通用工程勘察之间的带有时代特征及行业特点的海上风电工程勘察技术路线。

滇中引水工程深埋长隧洞勘察关键技术与应用

王旺盛[1,2]　王家祥[1,2]　李银泉[1,2]

1. 长江勘测规划设计研究有限责任公司,湖北 武汉　430010;
2. 长江三峡勘测研究院有限公司(武汉),湖北 武汉　430074

摘　要:滇中引水工程香炉山深埋长隧洞具有线路长、埋深大、勘察研究范围广、地质构造背景与岩溶水文地质条件复杂,且地下水环境影响敏感,勘察工作难度大、可靠度要求高的特点。隧洞自 2003 年项目规划到目前已完成初步设计并全面招标施工。通过大范围线路比选和综合勘察研究,逐步深化选定了隧洞线路并基本查明其工程与水文地质条件和关键地质问题。本文归纳总结了香炉山深埋长隧洞多年勘察研究过程中采用的基于 3S 技术地质遥感解译与地质调查和测绘、EH4 大地电磁测深、深孔勘探、勘察试验性工程施工支洞开挖验证、综合测试特别是深孔测试技术、气象与水文地质长期观(监)测等综合勘察关键技术的应用情况,对施工期隧洞超前地质预报等关键技术工作进行了规划设计。相关勘察技术代表了当前国内外深埋隧洞勘察主要技术手段和先进技术水平,对类似工程勘察研究具重要参考借鉴价值。

关键词:滇中引水工程　深埋长隧洞　勘察关键技术　应用　隧洞超前地质预报

Key Survey Technology and Application on the Deep-buried Long Tunnel of Water Diversion Project in Central Yunnan

WANG Wangsheng[1,2]　WANG Jiaxiang[1,2]　LI Yinquan[1,2]

1. Changjiang Survey Planning Design and Research Co. ,Ltd. ,Wuhan 430010,China;
2. Three Gorges Geotechnical Consultants Co. ,Ltd. ,Wuhan 430074,China

Abstract:The Xianglushan Tunnel of water diversion project in Central Yunnan have the characteristic of long lines and deep burial,the exploration and study range is wide,the geological tectonic setting and the karst hydrogeological conditions are complex,and the groundwater environment is sensitive,the exploration work is difficult and the reliability is high. Since 2003,the tunnel has completed the preliminary design and comprehensive bidding construction. Through the wide range line selection and comprehensive investigation and research,the tunnel line has been gradually deepened and its engineering and hydrogeological conditions and key geological problems have been basically ascertained. In this paper,the 3S technology geological remote sensing interpretation and geological survey and mapping,EH4 magneto telluric sounding,deep hole exploration,investigation and experimental engineering construction support tunnel excavation verification, comprehensive testing,especially deep hole testing technology,meteorological and hydrogeological long term view are summarized in the course of multi-year investigation and research in the deep buried long tunnel in Xiang furnace mountain. The application of key technologies,such as (monitoring),three-dimensional numerical simulation,and so on,is used to plan and design the key technical work,such as the advance geological forecast of the tunnel during the construction period. The related survey technology represents the main technical means and advanced technology level of the deep buried tunnel survey at home and abroad,and has important reference value for similar engineering investigation and research.

Key words:water diversion project in Central Yunnan;the deep-buried long tunnel;key survey technology;application;advance geological prediction of the tunnel

基金项目:本文为国家重点研发计划资助项目(项目编号 2016YFC0401803)。

作者简介:
　　王旺盛,1983 年生,男,硕士研究生,从事工程地质勘察与研究工作,高级工程师。E-mail:313732112@qq.com。

0 引言

深埋长隧洞具有线路长、埋深大、勘察研究工作范围广、地形高陡等复杂技术和自然环境特点,一方面,工程地质勘察研究工作难度大,其中深钻孔、长探洞等主要勘探手段受交通条件、勘察经费和勘察工期等限制,工作量往往有限。而另一方面,一些深孔测试技术要么探测深度有限,要么技术不成熟或勘察期不具备条件,如深孔地应力测试、高压压水试验、深部岩体工程特性测试等。

近些年来,随着我国经济社会发展和国家西部大开发战略实施,水利水电、铁路、公路等行业相继规划设计和修建了一批深埋长隧洞工程。总体上看,受一些勘探测试技术限制,以及有关理论还不够完善,目前深埋长隧洞工程地质勘察还处于探索和积累经验阶段,不仅需要工程地质分析、评价理论的丰富与完善,还需要勘察技术与方法的突破与创新[1]。

从有关深埋长隧洞勘察技术探索研究和工程实践上看[1-5],深埋长隧洞工程地质勘察体现"综合勘察"思路是行业共识,传统的工程与水文地质调查和测绘仍是最重要的基础工作,合理的物探、勘探、综合测试与观测等是必要勘察手段,其中深钻孔、长探洞、大地电磁测深、深孔综合测试等是深埋长隧洞勘察的关键技术,基于 3S 技术地质遥感解译、大范围大地电磁测深地面物探、三维数值模拟等新技术、新方法的综合应用是提高勘察工作效率和成果可靠性的有益探索。

滇中引水工程输水总干渠香炉山隧洞是滇中引水工程最典型深埋长隧洞,是滇中引水控制性工程,自项目规划到初步设计阶段共进行了长达 15 年的勘察研究,通过大范围线路比选和综合勘察研究,逐步深化选定了隧洞线路并基本查明其工程地质与水文地质条件和关键地质问题。项目勘察积极应用新技术、新方法,在深孔综合测试等方面均有所突破和创新,对施工期隧洞超前地质预报等关键技术工作也进行了规划设计等,可为类似工程勘察研究提供重要参考借鉴价值。

1 工程特点与难点

1.1 滇中引水工程概况

滇中引水工程是云南省经济社会可持续发展的战略性基础工程,拟从金沙江干流石鼓河段取水,工程多年平均引水量 34.03 亿 m³,渠首流量 135 m³/s,末端流量 20 m³/s。水源工程采用一级提水泵站无坝取金沙江水,最大提水净扬程 219.18 m,共安装 12 台离心式水泵机组,总装机容量 492 MW;输水工程自石鼓渠首起,经滇西北至滇中、滇东南地区,终点为蒙自新坡背,总干渠全长约 664 km,沿途受水区包括丽江、大理、楚雄、昆明、玉溪、红河六个州(市)的 35 个县(市、区),国土面积 3.69 万 km²。

滇中引水工程自 2003 年正式规划设计至 2018 年 3 月水利部批复初步设计报告,目前已全面进入招标技施阶段(2017 年 8 月 4 日举行了正式开工仪式)。

1.2　香炉山深埋长隧洞工程特点与难点

香炉山隧洞总长 62.596 km,最大埋深约 1450 m,埋深大于 600 m 洞段占隧洞总长的 67.38%,属于典型的深埋长隧洞,也是滇中引水工程的控制性工程。香炉山隧洞地处横断山脉与滇中高原交接部位,跨越金沙江与澜沧江分水岭,地形起伏较大,区域构造背景和地质条件复杂,穿越 3 条宽厚区域性活动断裂(F10、F11、F12)、多条近东西向和南北向断裂、7 个向斜蓄水构造、穿越有多段岩溶地层和多个岩溶水系统,以及泥质岩、泥页岩等软弱地层。香炉山隧洞普遍深埋,具中等~极高地应力场背景,存在硬岩岩爆、软岩大变形(穿越 T_3sn、T_2b^{1-1}、T_1q、P_2h 等泥质岩为主地层及宽厚断裂破碎带)问题、高地下水头条件下断裂破碎带及向斜构造等蓄水体穿越洞段的涌水突泥及高外水压力问题,处置不当还会给当地造成严重的地下水环境影响问题。总体看来,香炉山隧洞区构造背景及岩溶水文地质条件均极其复杂,涉及的工程地质、水文地质及环境地质问题多,工程技术难点多,施工难度大等。

目前无论是国内还是国外,深埋长隧洞的工程地质勘察技术还不成熟,还存在不少困难,是水利水电工程地质勘察突出的难点之一。香炉山隧洞作为滇中引水工程的控制性工程,勘察精度要求高,但是工程区地面海拔高,交通困难,勘探设备甚至技术人员难以到达洞线位置,同时受到勘察经费和勘察周期等因素影响,勘察工作量布置和现有的勘察方法选择受到明显限制。香炉山隧洞的地质勘察工作可以借鉴的工程实例不多,要在摸索中寻求勘察技术与方法的突破与创新。

2　综合勘察总体思路

针对工程地质问题复杂的深埋长隧洞,本次综合勘察总体思路是:重点收集区域地形、地质、构造与地震背景资料,以地面地质调查为主,交通不便的地区充分利用地质遥感;优先应用如大地电磁测深(EH4)等先进的物探,辅以电法查明松散层、破碎带的范围及地下水位分布高程等;尽量采用直观可视的勘察与测试手段(勘探斜洞、勘探钻孔、高清晰彩电、压水试验、微水试验、连通试验、钻孔 CT、地应力测试、地温及有害气体测试、地下水长观等),真实揭示、研究其各类工程地质问题;针对隧洞穿越岩溶强烈发育、活动断裂、软岩、深埋等特殊岩土段采取专门勘探和综合测试并进行专题研究(图 1)。此外,考虑到香炉山隧洞深埋特点,深孔测试的局限性,勘察过程中也注重地质建模及数值分析,进行应力场、位移场、渗流场等数值模拟与反演,分析和研究涉及隧洞围岩变形与稳定、高地应力、涌水、高外水压力及地下水环境影响等关键工程地质问题等。综合上述各种勘察方法和手段,进行综合地质分析,最终提交高质量的工程地质勘察成果。

3　关键勘察技术应用

3.1　基于 3S 技术的地质遥感解译与大范围多比例尺地质调查和测绘

遥感是区域地质勘察的一个重要手段,随着遥感手段和解译技术的不断提高,对了解地

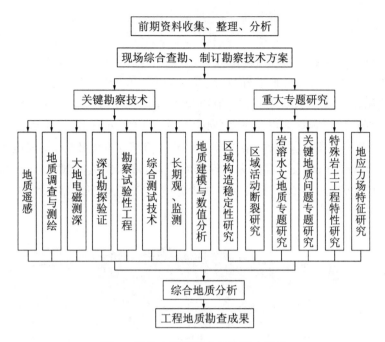

图 1 香炉山隧洞勘察总体研究思路

层岩性、地质构造、滑坡、泥石流、新构造及水文地质等起到事半功倍的效果,特别是交通不便的地区,地质遥感更为重要[6]。在遥感影像上,本次勘察区域地形地貌特征、河流、泉水、滑坡、泥石流、线状构造等地质现象均有清晰的表现,通过遥感解译,可以对勘察区地质背景形成形象清晰的宏观认识。即使受覆盖和视野局限影响有时在地面看不到的一些构造,也可以在遥感影像上分析出来。

大范围多比例尺地质调查和测绘工作是长大深埋隧洞工程的前提与基础条件,地质调绘工作的优劣直接关系到长大深埋隧洞工程地质勘测的质量。香炉山隧洞区地层岩性、地质构造、岩溶与水文地质条件相当复杂,测绘工程重点是把握线路区工程地质与水文地质条件基本规律,对涉及建筑物稳定与施工安全,以及可能造成重大地下水环境影响的关键工程地质、岩溶与水文地质条件进行重点调查和测绘工作。本次地质调绘工作属于从宏观至微观、现象至本质、定性至定量的勘测方法,以实际勘测的地质条件为依据,以相关地质理论为指导,实现调绘地质资料去伪存真、去粗取精的过程,并同时对获取的地质条件数据进行归纳、整理、分析。地质调绘方法主要是垂直地界路线穿越法,特殊地质条件中采用沿线追踪地质调绘法。调绘路线:以长大深埋隧洞中心线两侧各 500 m 处为重点调绘点,500～1000 m 范围内为辅助调绘点,局部适当外延。

3.2 大地电磁测深(EH4)技术

大地电磁测深(EH4)是研究地壳和上地幔构造的一种地球物理探测方法。它是以天然交变电磁场为场源,当交变电磁场以波的形式在地下介质中传播时,由于电磁感应作用,地面电磁场的观测值将包含有地下介质电阻率分布的信息。探测深度一般在地下 1 km 以内,具有抗干扰能力强、横向分辨率高、高阻屏蔽作用小、勘探深度范围大等特点。在一般情况下存在断层、岩性发生变化、岩溶、裂隙发育、岩石破碎含水时视电阻率会呈现相对低阻状态,岩体完整、贫水状态下会表现为高阻反映,一些物探异常区域可以以此辅助来判定,具体情况应结合实际地质测绘资料来进行判断。

香炉山隧洞区开展了大量 EH4 大地电磁物探剖面测试工作,各勘察阶段累计总长 397.86 km。据统计分析,探测电阻率低值区(55~400 Ω·m)一般对应断裂破碎带、影响带及富水区、岩体破碎带及富水区、岩溶中等至强烈发育等部位(图 2);探测电阻率值一般至较高区(400~1500 Ω·m)表明岩体完整性相对较好,富水性为一般至较差;探测电阻率为高至极高值区(1500~7500 Ω·m)表明岩体较完整至完整、地下水富水性差。

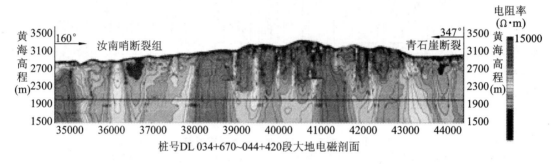

桩号DL 034+670~044+420段大地电磁剖面

图 2　香炉山隧洞断层部位大地电磁测深视电阻率等值图

3.3　深孔勘探技术

通过深孔勘探能够了解深部隧洞部位地层岩性、地质构造、岩体完整性、地下水位、深部岩溶等基本地质条件,了解岩体放射性及有害气体的赋存特征;通过岩芯观察判断隧洞围岩类别,分析岩爆的可能性;通过钻孔能够进行试验与测试工作,以了解地应力量值、方向,了解恒温层深度、地温梯度,获得深部岩体物理力学参数等。因此,即使是深埋隧洞工程,深孔勘探仍是不可替代的勘察手段之一,香炉山隧洞常规深孔勘探孔深 600 m 以上钻孔完成 8 个,最大孔深达到 950.43 m(XLZK16 钻孔)。

在钻探工艺上,香炉山隧洞深孔勘探采用了普钻技术与绳索取芯技术相结合。绳索取芯钻进采用大直径的钻杆,在钻具里面套装一根取芯管,在钻进过程中,岩芯缓慢地装在取芯管内。当回次进尺终了,岩芯装满取芯管时,采用带绳索的打捞器,从钻杆中将取芯管提出,提取岩芯后,又从钻杆中把取芯管放到孔底,继续钻进。绳索取芯与普通钻进取芯相比,具有可控制钻孔偏斜度、提高钻进效率、降低工程成本、提高岩芯采取率(弱风化岩岩芯采取率普遍达到 90％以上)、减少孔内事故等优点;尤其在钻穿复杂地层方面,有着其他取芯技术无可比拟的优点[7]。绳索取芯技术在香炉山深埋隧洞勘探中被广泛应用(如 XLZK13 钻孔采用绳索取芯技术,孔深也达到 942.50 m),保证了勘探成果,满足勘察要求。

3.4　结合勘察试验性工程施工支洞的勘察研究

由于深埋长隧洞工程地质勘察具有特殊性,工程地质勘察中采用长探洞的实例还不多,前期工作以能基本判明工程地质条件为主,对关键的工程地质问题做出较明确的评价和预测后,应重点加强施工期的地质勘察。但在工程建设初期,结合勘察试验性工程施工支洞进行一些试验、测试是必要的。本次勘察利用勘察试验性工程香炉山隧洞1♯、2♯、5♯施工支洞进行了深部岩体变形、物理力学特性等方面的测试和试验工作,并对施工过程中的揭露的地质条件与前期勘察资料进行对比分析,在断层及富水洞段针对性进行地质超前预报。上述勘察研究与分析成果均反馈到主体工程后续勘察,促进了深埋隧洞勘察的思路和勘察手段不断发展与完善。

3.5 综合测试技术

（1）地应力测试

对于深埋隧洞而言,地应力是隧洞工程中最重要的荷载。隧洞的轴线走向选线、隧洞稳定性评价、开挖方式、支护设计等工作,都需开展地应力测试及研究。香炉山隧洞地形地质条件复杂,构造活动强烈,发育多条区域性大断裂,并分布有3条全新世活动断裂,应力场极其复杂。勘察阶段均选取部分深钻孔(项目建议书阶段4个钻孔,可研阶段7个钻孔,初设阶段3个钻孔,普遍深度600～800 m)采用水压致裂法获得测区的应力状态、最大(最小)水平主应力量值、方向及其沿孔深的变化趋势。

根据钻孔地应力测试成果,香炉山隧洞区最大水平主应力方向测试结果分布频度如图3所示,显示测区最大水平主应力方向分布较为集中,主要分布区间为NNE～NE向,反映测区主要断裂走向。综合分析地应力测试结果,以埋深400 m为分割点,统计所有完整测段水平主应力均值为拟合系数,得到围岩水平主应力量值拟合式(1),垂直应力为自重应力($\sigma_z = \gamma H$)。

$$\left. \begin{array}{l} \sigma_H = 1.40\gamma H, \sigma_h = 1.02\gamma H, H < 400 \text{ m} \\ \sigma_H = 1.20\gamma H, \sigma_h = 0.74\gamma H, H < 400 \text{ m} \end{array} \right\} \tag{1}$$

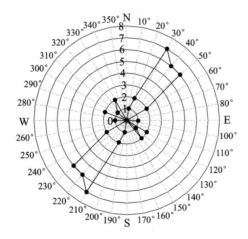

图3 香炉山隧洞最大水平主应力方向分布频度

注:N向轴旁数值为最大水平主应力方向次数。

香炉山隧洞深埋洞段应力量级主要为中等～高地应力水平,局部为极高地应力水平。

（2）高压压水试验

在水利水电工程的地质勘察中,为研究岩体的透水性,往往需要进行压水测试。但深埋隧洞总是处在数百米甚至上千米水头的高压作用下,岩体中的原生软弱结构面,诸如节理、裂隙等,在高压作用下有可能张开、扩展或挤密,从而改变了岩体的透水性。常规的压水试验已不能真实反映工程岩性透水性,低压下不透水的岩层,在高压下往往是漏水的。

根据香炉山隧洞具有试验孔深度大、岩体破碎、地应力环境复杂、孔内地下水位低、钻探工艺与浅孔的差异大等特点,勘察阶段开发研制了深孔双塞高压压水试验系统,该系统适合深孔钻探工艺与干孔等情况,可进行千米级的高压压水试验。试验结果表明,深孔的 P-Q 曲线多为充填型,少量的为层流、紊流或冲蚀型,说明在不同压力与岩性条件下,受围岩性质与地应力环境的影响,压水试验岩体的渗流机理有所差异。从钻孔的透水率计算看,透水率多在 1～10 Lu 之间,属弱透水,少量测段渗透率大于 10 Lu,属中等透水,试验成果精度满足勘察要求。

（3）微水试验

水文地质参数是研究地下水运动问题的重要参数。常规确定水文地质参数的主要方法是抽水试验,其缺陷是周期长,耗费人力、物力多,受约性大。测定水文地质参数的另外一种方法是微水试验,该方法是一种简便获取水文地质参数的野外试验方法,其实质是通过瞬时向钻孔注入一定水量（或其他方式）引起水位突然变化,观测钻孔水位随时间恢复的规律,与标准曲线拟合确定钻孔附近水文地质参数。微水试验在国外已经做了大量研究,并在生产中广泛应用,形成了完整理论[9]。本次勘察中选取了 15 个钻孔进行微水试验,最大试验深度 446 m。对现场试验结果采用两种微水试验的 Kipp（1985）模型和 Cooper（1967）模型进行计算分析,获得可靠的岩体渗透系数。

（4）物探综合测井

深埋隧洞应在勘探钻孔内进行必要的物探综合测井,用以掌握深部地层岩性及岩体状况,查明地下水位、有害水质及有害气体;了解恒温层深度、地温增温梯度及地温随深度的变化情况等;掌握深部岩体物理力学参数;通过岩芯状况分析岩爆的可能性,判断隧洞围岩类别等。

本次香炉山隧洞勘察物探综合测井主要包括孔内声波、孔内彩电、孔间 CT、地温测试、有毒有害气体及放射性测试等。测试成果为隧洞岩体风化程度的确定、围岩类别的划分、岩土体物理力学指标的选取、隧洞风险评估等提供依据,并为设计和施工安全预警提供准确的资料。物探综合测井对隧洞深部岩体勘察具有很好的效果,能够克服单一测井方法的不足,并能进行有效互补,相互验证。

（5）连通试验

地下水连通试验是在地下水系统的某个部位投放能随地下水运移的物源,在预期能到达的部位对其进行接收检测,根据检测结果,来获取系统天然流场的水动力属性的探测方法。尤其在岩溶发育较为复杂的香炉山隧洞地区,连通试验对地下水分水岭的划分、地下水的补给、径流、排泄条件的分析能提供极有力证据。本次在较深入了解研究区岩溶水文地质条件的基础上,在线路对地下水环境影响较大的区域进行连通试验,通过试验不仅较清晰地查清了地下水运移通道,而且较为准确地查明了研究区地下分水岭,为最终线路的选择提供了合理、准确、可行的依据。

（6）岩石试验

香炉山隧洞穿越地层众多,岩性复杂,断层破碎带等岩体以及泥岩等软岩在高应力下会发生挤压变形,膨胀岩在水环境改变时会发生胀缩变形,一些中硬岩甚至硬岩在高应力下也存在快速蠕变的可能。勘察各阶段对隧洞穿越各地层主要岩石类型采取了大量岩样进行试验,包括不同围岩条件下、高地应力条件下的岩石力学试验、非线性强度试验以及 TBM 施工段的岩石强度、矿物分析、摩擦性试验等。通过岩石的不同围压三轴压缩试验模拟围岩岩体的工作环境,了解岩体蠕变条件和特征,解决施工期哪些围岩在什么条件下会发生快速蠕变变形问题,为施工方法选择、掘进机选型等提供基础资料。

3.6　长期观（监）测

工程区地下水环境条件复杂,施工过程中不仅可能带来隧洞施工突涌水导致的安全隐患问题,而且还存在影响或疏干地下水而导致的环境影响问题及社会稳定问题。为了掌握工程区地下水特征,明确施工对地下水环境的影响程度及范围,动态评估地下水受影响程度,控制施工对地下水的影响,科学指导施工,优化隧洞防排水设计,研究区对隧洞排水影响范围内可能存在施工影响的地表水体（泉、井、库塘、河流等）、地下水体进行系统的长期动态监测,特别是重要水文地质单元、地下水敏感隧洞段和岩溶管道段。通过升级改造利用现有的勘探长观孔或新增水文观测孔进行钻孔地下水位的长期自动监测,对重要的岩溶大泉（或井）、河流布设流量长期自动监测点。在香炉山隧洞段还建设了小型气象站收集区域内的气象资料,记录研究区的降雨量和蒸发量等信息。

4　综合地质分析

本次深埋隧洞勘察在充分搜集、分析研究既有地质资料的基础上,以遥感解译为先行,以大面积地质调查为基础,以综合物探和适量的深孔钻探为主要勘探手段,并辅以必要的孔内综合测试技术等综合性的勘察方法,有效地控制和查明研究区工程地质和岩溶水文地质等问题。此外,由于深孔测试技术的局限性,本次勘察十分注重地质建模及数值分析,在相关地质资料分析及地质理论的基础上,采用 GOCAD、CATIA 建立三维地质模型,为典型工程三维设计提供平台,并根据香炉山深埋长隧洞特点,建立三维数值概化地质模型（采用 FLAC3D、ANSYS、MODFLOW 等软件）,进行应力场、位移场、渗流场等数值模拟与反演,分析和研究涉及变形与稳定、高地应力、涌水、高外水压力及地下水环境影响等关键工程地质问题。

勘察过程中选择多种切实有效的研究手段,注重新理论、新思路与新方法、新工艺的应用与研发,采用多学科渗透与联合、多种手段相互验证的工作思路;勘察工作中及时分析、整理野外勘察、试验资料,根据勘察中发现的问题,及时对勘察工作量进行优化、调整,并与设计相关专业保持密切沟通,根据需要及时组织专家进行研讨、技术咨询和决策。同时,在地质资料整理过程中,保证地质资料的全面性、准确性,并利用综合性分析的方式,对不同地质资料进行对比分析、相互验证、扬长避短,最终达到事半功倍的效果[10]。

5　施工期超前地质预报规划与信息化平台系统管理

在隧洞和地下工程施工过程中,对掌子面前方地质条件的认知和掌握程度,是确保施工快速、安全进行的关键性因素之一。由于地质体客观的复杂多变性,以及当前勘察技术手段和方法技术的局限性,期望在施工前完全查明工程岩体的状态、特性,准确地预测隧洞施工中可能发生地质灾害的位置、规模和性质十分困难,特别是岩溶水文地质问题的研究目前还是世界性难题。而超前地质预报则是解决这些难题的关键技术,世界各国隧洞工程界都十分重视超前地质预报工作。

香炉山隧洞勘察将地质超前预报纳入施工工序管理,在专项经费和工期上予以保障,做到"先地质预报、后决策施工",坚持"隧洞内探测与洞外地质勘探结合、地质勘探方法与物探方法结合、长距离探测与短距离探测结合",开展多层次、多手段的综合地质超前预报,并贯穿整个施工过程,将在减少或消除地下工程的地质灾害方面发挥巨大作用。此外,也可以通过计算机信息系统综合分析隧洞施工中的地质信息、监测信息、物探检测信息与超前钻孔验证信息,计划建立一套完整的隧洞地质超前预报实施流程与管理体系、超前预报方法体系和技术决策支持体系,为隧洞的动态、信息化掘进提供科学依据与智力支持。

6　结语

长大深埋隧洞地质勘察工作中具有工作难度较大、工程地质问题复杂、勘探工期较长、费用较高的特点。因此,勘察宜采取整体构思、逐步加深的勘察方式,并充分利用高科技勘探手段,适当采用综合性勘察技术,结合实际现场情况,对勘察成果进行系统化的数据分析与研究,并对其研究成果进行合理阐述,保证地质勘察资料的全面性和准确性。

香炉山隧洞勘察十分重视地面地质工作,详细开展了工程地质、水文地质测绘,查明工程区各地层岩组的分布及特征,特别是大的岩溶水系统、汇水、储水构造、区域性断裂、活动断裂空间展布、性状与运动学特征及其与线路的交切关系等,为物探、勘探工作布置与优化提供可靠地质资料。针对隧洞存在的主要工程地质问题,布置针对性勘探和测试工作,尽量采用直观可视的勘察与测试手段,为研究其工程地质问题提供有利条件。此外,结合重大科研,开展隧洞超前地质预报系统专题研究,指导后续施工地质工作。

总之,通过对香炉山隧洞综合勘察研究,逐步选定了隧洞线路并基本查明其工程地质与水文地质条件和关键工程地质问题,取得了较好的经济、社会效益。本次勘察积极应用新技术、新方法,并在深孔综合测试等方面有所突破和创新,文章对其综合勘察技术思路和关键技术应用情况进行了归纳、总结,希望能为水利水电类似深埋隧洞的勘察提供重要参考借鉴价值。

参 考 文 献

[1] 司富安,贾国臣,高玉生.水利水电工程深埋长隧洞勘察技术方法[J].中国水利技术创新与应用,2010(20):69-71.

[2] 贾国臣,刘康和.深埋长隧洞勘察技术与思考[J].工程勘察,2006(s1):70-74.

[3] 李国和,许再良,王子武.长大隧道综合勘察技术应用研究[J].现代隧道技术,2009,46(增1):105-111.

[4] 谭远发.长大深埋隧道工程地质综合勘察技术应用研究[J].铁道工程学报,2012,29(4):24-31.

[5] 崔宏文.长大深埋隧道工程地质综合勘察技术应用实践[J].山西建筑,2016,42(23):173-174.

[6] 宋嶽,贾国臣.深埋长隧洞主要工程地质问题与勘察[J].工程地质学报,2004,12(z1):218-222.

[7] 武孟元,王险峰.绳索取芯钻探施工技术[J].水科学与工程技术,2006(3):5-6.

[8] 郭启良,安其美,丁立丰.高水头电站钻孔高压压水的作用和意义[C]//地壳构造与地壳应力文集.北京:地质出版社,2000:148-154.

[9] 鞠晓明,何江涛,王俊杰,等.抽水试验与微水试验在确定水文地质参数中的对比分析[J].工程勘察,2001(1):51-63.

[10] 蔺如生.深埋长隧洞工程地质勘察工作的探讨[J].陕西水利水电技术,2004(1):57-58.

新疆水利水电工程中的活动断层与深厚覆盖层问题

廖建忠　颜　昊

新疆水利水电勘测设计研究院，新疆 乌鲁木齐　830091

摘　要：活动断层和深厚覆盖层问题，是水利水电枢纽工程选址时原则上应尽量躲避的工程地质问题，但新疆地区所建和待建的水利水电枢纽工程与这两个问题大多有着密切联系。特别是活动断层问题，在新疆的水利水电工程中普遍存在，往往也无法规避。新疆水利水电勘察设计工作者在这两个问题上，在勘察、评价、设计方案和处理对策上积累了较丰富的经验，也值得同行们学习和借鉴。

关键词：活动断层（裂）　深厚覆盖层　水利水电工程　地质勘察

The Problems on the Active Faults and Deep Overburden for the Engineering of Water Conservancy and Hydropower in Xinjiang

LIAO Jianzhong　YAN Hao

Hydro and Power Design Institute of Xinjiang，Urumqi 830091，China

Abstract：The problems of active faults and deep overburden is an engineering geological problems，We should be avoided these problems during the site choose for the projects of water conservancy and hydropower. However，the water conservancy and hydropower projects built and to be built in Xinjiang are closely related to these two problems. In particular，the active fault problem is common in Xinjiang's water conservancy and hydropower projects，and there is often no circumvention. Xinjiang water conservancy and hydropower survey and design workers have accumulated on these two issues on survey，evaluation，design schemes and treatment strategics. Rich experience is also worth learning and borrowing from peers.

Key words：active fault（crack）；deep overburden；water conservancy and hydropower engineering；geological investigation

新疆地域辽阔，"三山夹两盘"是其明显的地形地貌特征，造成这种地形地貌特征的主要原因是新构造长期运动。新疆地区的新构造运动及特殊的地形地貌与地质条件，使得新疆地区的水利水电工程大多具有其特殊的工程地质问题。现就新疆水利水电枢纽工程中经常遇到的活动断层与深厚覆盖层这两个主要工程地质问题及相应的勘察方法简要介绍如下。

1　活动断层问题

本文中所说的活动断层，是根据《水利水电工程地质勘察规范》（GB 50487—2008）规定的"晚更新世（10万年）以来有活动的断层"。

新疆地处欧亚板块中部，新构造活动发育，区域性活动大断裂及其次级活动断层在新疆境内广泛分布于昆仑山北坡、阿尔泰山南坡和天山南、北坡，这些区域性大断裂往往也是山

作者简介：

廖建忠，1968年生，男，高级工程师，从事水利水电工程勘察方面的研究。E-mail：liaojianzhong123@sina.com。

区与平原地貌的分界控制线,它们不仅控制着新疆地形地貌的特征,同时也控制着疆内河流水系的分布。断层活动的结果也造就了许多地形条件优越的水利水电枢纽工程场址,诸如宽阔的库盘、狭窄的坝址等。

新疆的许多水利水电枢纽工程都修建在山区河流出山口附近(其名称常称作某某石门或某某龙口),这些水库、水电站的坝址或拦河闸、拦河渠首与山前断裂一般都相距很近,为了安全起见,在坝(闸)址比选时,会尽量选择离山前活动断裂及其次级活动断层较远的场地,但还是有些水利水电枢纽工程的坝(闸)址距离活动性断层不超过 1 km,甚至有些坝址的副坝或其他建筑物——如引(输)水隧洞或管道必须穿过活动性断层。据不完全统计,新疆有不少于 5 座大坝跨活断层修建或修建在活动断层带内,其中规模较大且较有名的是克孜尔水库,它的右副坝坝肩下有一条顺河向、长度大于 110 km、破碎带总宽10 m 左右、至今仍在活动的克孜尔活断层(F_2)穿过,坝外 1.5 km 处还有一条与 F_2 平行、延伸长度约 264 km 的秋立塔格活断层(F_1)。新疆在活断层附近修建大坝工程的案例就更多了,表 1 所列是新疆 21 世纪初已建或正在兴建的几个水利水电枢纽工程,这些工程的坝线与活动断层相距大多较近,但活断层均未穿过大坝轴线,实在难以规避时,也是让活断层从坝体坡脚或从坝肩稍远处的基岩内穿过。

表 1　新疆某些水利枢纽工程坝线与活动断层最近距离统计

水利枢纽 工程名称	工程规模	活动断层名称	坝线到活动断层 的最短距离(km)	备注
哈拉吐鲁克水库	中型Ⅲ等	阿拉套山前活动断裂(F_4)	0.067	在建中
小石峡水电站	中型Ⅲ等	迈丹～沙伊拉姆断裂(F_1)	1.2～1.6	2012 年 已建成
		小石峡 F_2 活动断层(F_1 的分支断层)	0.5～0.8	
特克斯山口水电站	大(2)型Ⅱ等	巩留南断裂(区域性活动断裂)	2.3	2018 年 已建成
		次级活动断层 F_{35}、F_{101} 等	0.3～1	
下天吉水利枢纽	中型Ⅲ等	水文站北断层 F_{23} (属于博罗科努北坡断裂的分支断层)	1	2008 年 已建成
卡拉贝利水利枢纽	大(2)型Ⅱ等	卡兹克阿尔特活动断裂	1.45	在建中
吉音水利枢纽	中型Ⅱ等	柯岗断裂(区域性活动断裂)	2	已建成
大石门水利枢纽	大(2)型Ⅱ等	阿尔金断裂(区域性活动断裂)	3.5	在建中

另外,新疆 20 世纪 50 年代所建的西克尔水库和可可托海水电站,80 年代所建的阿克苏西大桥水电站,90 年代初所建的特克斯山口引水渠首和阿克苏协合拉引水渠首等,它们也都处在区域性活动大断裂带附近,安全运行至今。

根据《水利水电工程地质勘察规范》(GB 50487—2008)中 5.2.8 条内的第 2 小条或《水力发电工程地质勘察规范》(GB 50287—2016)中 5.2.10 条内的第 2 小条——大坝等主体建筑物不宜建在活动断层上。因此,在规划选址或坝址比选中,对于活动断层,我们尽量采取回避的原则,避免在活断层上或其附近修建水利水电工程。但是,在新疆地区修建水利水电工程,对于活断层总是难以回避的,就不说在建的北疆某超长输水线路工程,其隧洞需穿越四条区域性活动断裂;即使一些水库大坝也因无法找到远离活断层的理想场址,而不得不靠近活断层选址,甚至让活断层从次要的建筑物基础下穿过。

有活断层问题的水利水电工程,按照活断层与水利水电枢纽的位置关系,大致可分成以下三类:

① 活断层直接穿过坝体等工程部位。如克孜尔水库的右副坝、哈拉吐鲁克水库的左坝体坡脚、西大桥电站调节水库的 3 号和 6 号副坝等。这类工程的活断层问题比较复杂,应主要考虑断层活动引起坝体错断的直接破坏和地震影响。

② 活断层在坝前或库区内通过。这类情况在新疆比较多,如可可托海水库、吉音水库,区域性活动断裂从库区内穿过;小石峡水电站、特克斯山口水电站,活动断层从坝前近距离穿过。这类工程应重点查明坝基下是否存在次生或相关联的活动断层,并应进行近震和水库诱发地震问题的评价。

③ 活断层远离库坝区一定的距离通过。在《水电工程区域构造稳定性勘察规程》(NB/T 35098—2017)关于区域构造稳定性分级规定中,其中重要的一条是"坝址 5 km 以内是否存在活断层或是否存在长度大于 10 km 的活断层"。因此,查明与坝址相距最近的活断层位置,在前期地质勘察中十分重要,它是判断区域构造稳定性分级的重要依据。对于坝址 5 km 以外才存在活动断层的水利水电枢纽工程,在新疆已算是场地条件相当好的了。而实际上,新疆已建或在建的水利水电枢纽工程大多处于区域构造稳定性差的地区。

新疆所建的水库大坝在数量和规模上虽然比不上其他省区,但在与活断层打交道方面的经验应是最丰富的,在勘察、评价、监测及应对方案上也积累了宝贵的经验,为新疆水利水电事业的发展做出了巨大贡献。

新疆地区由于气候干旱少雨、地表植被稀少,深山戈壁荒漠人迹罕至,原始地形地貌破坏程度低,活断层等构造活动遗迹保存得较完好,航卫片显示的构造形迹也十分清晰,使得新疆很多活断层位置往往可以一目了然;加之坑槽探揭露,更易于对其活动特性进行分析与研究。因此,在新疆地区调查研究活断层具有得天独厚的优势。

对于活断层的研究,除根据地形地貌、地质构造、地层岩性切错情况及古地震遗迹等常用的宏观地质调查方法外,在室内常辅以热释光、C^{14} 和电子自旋共振等方法进行断层最新活动的绝对年龄监测,其次还可采用静电 α 卡、地球物理特征和地球化学特征等物探测试方法,进行活动断层的综合分析和判定。

水利水电工程上针对活断层的研究,不能仅停留在判断断层是活动还是不活动的层面上,当判定是活动断层以后,应进一步对断层的活动特性及其活动规律进行深入研究,以便按受活动断层的影响程度有针对性地采取一定的工程措施。断层的活动特性主要包括:①活动方式;②活动速率、活动周期及活动安全期;③断层的分段活动性。工程地质对活断层的调查研究,目的总是希望在活动构造区内找出相对稳定的地段或"安全岛"。

断层的活动方式有两种:粘滑型和蠕滑型。

粘滑是间歇性突发快速的弹性错动,并伴随大地震的发生,是一种非平稳滑动现象,是一种有瞬时应力降的滑动。对工程来说,断层的粘滑活动包含抗断和抗震两个方面的工程意义。

蠕滑是沿断层面缓慢滑动,是一种缓慢释放应变能的平稳滑动现象。这种滑动常产生微震,不易产生震级 $M_s>6$ 的强震。与粘滑活动突然发生的破坏作用相比,断层蠕滑所造成的灾害小得多,但以人的力量去阻止其活动性是不可能的。也就是说,蠕滑活动对跨越它的建筑物造成的破坏力量是不可硬性抗御的,但这种破坏作用是缓慢进行的,且其破坏仅限于断层带内。对工程来说,断层蠕滑活动主要考虑断层带内的抗断问题,抗震处于次要地位,其与粘滑活动的抗断有着质的区别。蠕滑活动容易监视,并可采取一些工程措施去适应蠕滑作用力对工程的影响。因此,蠕滑型活动断层的工程地质条件优于粘滑型活动断层的工程地质条件。

新疆境内的山前活动断裂带内,往往既可见到古地震遗留的一系列断层陡坎,也可见到阶地砂卵砾石层或基岩产生规模很大的挠曲变形,这表明这些活动断层存在粘滑与蠕滑交替活动的特点,粘滑活动的间歇期往往表现为蠕滑特征。

新疆克孜尔水库右坝肩下的克孜尔断层(F_2)通过调查和勘察,虽已查明其是较典型的蠕滑断层,且仍在继续活动,按当时所计算出的蠕动变形速度推测该断层未来 $100\sim200$ 年内的累计垂直活动量为 $30.7\sim61.4$ mm,但具体设计时为安全起见,还是按具有一定强度的粘滑活动位移量来进行抗断设计的。根据 F_2 断层的规模与天山南麓地震断裂类比,推测其一次粘滑错动量应在 1 m 以内。

克孜尔水库右副坝坝体设计时,为了适应 F_2 断层的蠕动变形,并考虑到非常不利情况下 F_2 断层可能会发生断距 1 m 的错动,为保证坝肩不至于溃决设计上采取了多种设防措施,具体设计要点如下:

① 坝顶加宽,坝坡放缓,坝体适当加高。

② 采用特宽型心墙,心墙两侧坡比放缓。

③ 增加防渗体的柔性,采用坝区土料场内黏粒含量较大、塑性较大的土料填筑心墙,减轻 F_2 断层活动对心墙的破坏。

④ 延长渗径,降低渗流比降。心墙上游岸坡进行一定长度的黏土贴坡,以延长通过 F_2 断层带的渗径。

⑤ 心墙上、下游及上游岸坡贴坡,下游岸坡增设双层反滤,当心墙因 F_2 断层活动发生裂缝时,反滤层内的砂随渗透水流冲填裂缝,促使裂缝愈合。双层反滤及上游贴坡的厚度,均按 F_2 断层发生 1 m 错动而不致完全错断失去效用考虑。

⑥ 采取措施保证防渗体与基岩面接触良好,不被渗流破坏。

⑦ 加大帷幕防渗体厚度,坝肩范围内普遍进行固结灌浆处理。

⑧ 在右副坝下游设置第二道副坝(简称二道坝),二道坝是应付险情的预防性工程措施,二道坝在水库正常运行时不起挡水作用,处于干燥状态,其抗震性能要求优于处在工作状态的副坝右坝肩(即一道坝),当发生较强地震或 F_2 断层发生量值较大的突发性粘滑活动导致一道坝的防渗体被破坏,二道坝可以顶替起临时挡水的作用。

⑨ 坝后设置可靠的排水系统,保证一、二道坝之间处于干燥状态。

⑩ 建立 F_2 断层活动情况及地震的监测系统。

上述为预防 F_2 断层活动对水库可能造成的破坏而采取的一系列工程措施,已考虑到即使一道坝在溃坝情况下也能为放空水库进行抢修赢得一段相对安全的时间。

2 深厚覆盖层问题

断块间明显的差异性升降运动是新疆地区新构造运动的主要特征之一,在地貌上主要表现为山区持续上升隆起,山前冲洪积平原和盆地持续下降沉陷。断块间的这种差异性升降运动,使得山区大量的冲洪积物在山前及出山口后大量堆积,以致形成巨厚的覆盖层。新疆的许多山区水利水电枢纽工程,由于其位置大多处在山前地带或在出山口附近,因此,深厚覆盖层往往是其主要工程地质问题之一。下面以几个已建和在建的水利水电枢纽工程为例,对新疆深厚覆盖层的工程地质特性进行简单的介绍。

2.1 大石门水利枢纽

大石门水利枢纽位于南疆阿尔金山脉北坡山脚与山前冲洪积平原的分界部位,坝址处于车尔臣河出山口附近,水库总库容 1.27 亿 m^3,坝型为沥青混凝土心墙砂砾石坝,最大坝高 128.8 m,属大(2)型 Ⅱ 等工程。坝址区现代河床宽 30 m 左右,河床覆盖层厚 5~10 m,为第四系全新统冲积砂卵砾石层。坝址两岸基岩裸露,但左岸存在宽阔且具有深厚砂卵砾石层的古河槽,据钻孔揭露,古河槽内覆盖层最厚达 295 m,该覆盖层大致分为上、下两层,上部为第四系上更新统(Q_3)冲积砂卵砾石层,厚 34~40 m,青灰色,全部位于正常蓄水位以上;下部为第四系中更新统(Q_2)冲积砂卵砾石层,泥质半胶结,呈土黄~棕黄色,厚 20~255 m,渗透系数为 3.73×10^{-3} cm/s,为中等透水地层。Q_2 砂卵砾石层中局部存在架空结构,通过对左岸边坡及钻孔内的架空结构层进行统计分析,架空结构约占 Q_2 砂卵砾石层断面面积的 15%,架空结构层的渗透系数为 1×10^{-2} cm/s,属强透水地层。正常蓄水位时,左岸古河槽宽 2.6 km,古河槽底部低于正常蓄水位最大深度约 205 m。

本工程在地质勘察过程中,除进行大型原位探坑注水试验和钻孔注水试验外,还专门委托中国水利水电科学研究院对库坝区左岸的古河道进行了三维渗漏分析计算。根据计算成果,左岸古河道渗漏量对库容而言影响不大,因此,设计上也没有采取全断面防渗措施。但为了保证坝下游地面厂房等建筑物的安全,在左岸沿坝轴线方向向古河道内设计了 570 m 长的帷幕灌浆段,帷幕灌浆孔共 2 排,排距为 3 m,孔间距为 2 m,按梅花桩形布置,帷幕灌浆最大深度达 203.6 m,是国内目前深覆盖层内灌浆第一深度。

2.2 下坂地水利枢纽

下坂地水利枢纽工程处于新疆昆仑山南麓帕米尔高原的塔什库尔干河上,属于大(2)型 Ⅱ 等工程,坝型为心墙堆石坝,最大坝高 78 m。工程所在地海拔 2900 m 以上,河谷狭窄、两岸山高坡陡,坝址覆盖层最厚达 150 m。地质勘探查明下坂地坝基深厚覆盖层由上至下可划分为五层,分别为:①崩坡积块石、碎石层;②冲洪积砂卵砾石层;③湖积淤泥质黏土及软黏土层;④冰水沉积砂层;⑤冰碛含漂石、块石碎石层及冰水沉积含块石卵砾石层。总体来看,该工程河床坝基覆盖层结构复杂,主要以漂石、块石、砂砾石及砂层透镜体组成,其物质组成既有两岸崩坡积物,也有河流冲积物,还有冰碛物和堰塞湖期沉积下来的湖积相软黏土或淤泥质黏土,结构杂乱,岩相变化大,最大漂石达 10 m 以上,粒径大小悬殊,均一性差。

该河床覆盖层主要为第四系上更新统(Q_3)地层,全新统(Q_4)地层薄,仅分布于河床表面,河床内未见下更新统(Q_1)和中更新统(Q_2)地层。河床覆盖层由于无胶结,中间夹有砂层透镜体、大孤石及架空结构,渗透性强。针对大坝深厚覆盖层的特点,在前期工程论证方面,设计单位开展了大量的勘探和试验工作,对坝基防渗措施进行了多方案论证比选,最终选用混凝土防渗墙加砂砾石灌浆帷幕相结合的上墙下幕垂直防渗形式,即 85 m 深的混凝土防渗墙＋65 m 深的灌浆帷幕。防渗墙厚 1 m,其下接 4 排灌浆帷幕全部截断覆盖层的渗流。

2.3 阿尔塔什水利枢纽

阿尔塔什水利枢纽位于西昆仑山北坡、叶尔羌河中游河段上,坝址区处于中低山区,工程等别为大(1)型Ⅰ等,坝型为混凝土面板砂砾石坝,最大坝高 164.8 m。

据 34 个河床钻孔揭露和物探测试成果,坝址区河床基岩面呈基本对称的宽"V"形,河床深槽位于中部偏右岸,深槽宽 15～45 m,钻孔揭露的砂卵砾石覆盖层最大厚度为 104 m,向两侧覆盖层厚度逐渐减小,一般厚 20～76 m。该覆盖层总体划分为 Q_4^{al}(Ⅰ岩组)和 Q_2^{al}(Ⅱ岩组)两个岩组,其分界面以河床普遍分布的一层砂卵砾石胶结层为标志。

① 全新统冲积(Q_4^{al})含漂石砂卵砾石层(Ⅰ岩组):处于河床覆盖层上部,厚度 4.7～17.0 m,骨架颗粒呈密实状态交错排列,开挖断面上取出的大颗粒能保持凹面形状,开挖的坑壁稳定,稍有坍塌现象。组成物以漂石、卵砾石为主,局部夹砂层透镜体。漂卵砾石以花岗岩、花岗片麻岩、凝灰砂岩等硬质岩为主,磨圆度较好。漂石含量约占 8.8%,直径一般为 20～40 cm,个别达 60 cm;卵石含量约占 29.7%;砾石含量占 41.3%,平均含砂率 17.96%,以中细砂为主,不均匀系数 C_u 为 335.3,平均有效粒径 0.20 mm,曲率系数 C_c 为 19.7,颗粒级配不连续,属不良级配。

② 中更新统冲积(Q_3^{al})砂卵砾石层(Ⅱ岩组):分布于河床覆盖层下部,以砂卵砾石为主,夹多层缺细粒充填的卵砾石层,底部夹杂崩坡积块石和孤石,厚度 36～93 m,颗粒磨圆度中等。漂石含量约占 1.2%,卵石含量约占 26.3%;砾石含量占 51%,平均含砂率 20.5%,以中细砂为主,不均匀系数 C_u 为 368.0,平均有效粒径 0.13 mm,曲率系数 C_c 为 35.7,颗粒级配不连续,属不良级配。另外,坝址河床覆盖层 11 个钻孔揭露,Ⅱ岩组中有 7.5%左右的卵砾石层,卵石含量约占 19.6%;砾石含量占 75%,平均含砂率 4.7%,属不良级配粗粒土,层厚一般 0.6～2.5 m。由于该层主要为砾石,含砂率较少,因此渗透性强。

河床深厚覆盖层可能引发的地质问题主要有:坝基渗漏及渗透变形、坝基不均匀沉降变形、坝基抗滑稳定、坝基砂土地震液化等。

河床覆盖层采取混凝土防渗墙进行全断面垂直防渗形式。

2.4 大河沿水库

大河沿水库处于吐鲁番市北部、东天山南麓山前峡谷出口段,该地区属于典型的干旱缺雨地区,大河沿河的河水主要依靠高山区冰雪融水补给。该水库总库容 3024 万 m³,坝型为沥青混凝土心墙砂砾石坝,最大坝高 75 m,工程等别为中型Ⅲ等。

由勘察资料可知,河床坝基覆盖层最大厚度达 174 m,岩性主要为含漂石的砂卵砾石层,未胶结,局部夹泥质、砂质壤土条带。经现场试验,表部 0～3.5 m 深的含漂石砂卵砾石层天然干密度 1.90～2.15 g/cm³;3.5 m 以下天然干密度一般大于 2.20 g/cm³,相对密度大于 0.81,属密实状态,局部具架空结构,级配不良,透水性强～中等。坝址两岸发育 I～IV 级阶地,其中 IV 级阶地堆积的冲洪积砂卵砾石层厚 30～50 m。

该工程坝基深厚砂卵砾石层采用混凝土防渗墙进行全断面垂直防渗,防渗墙厚 1 m,进入基岩内的深度为 1 m,防渗墙最大深度 186 m,基本上是国内外目前防渗墙施工的第一深度。

2.5 河床深厚覆盖层的主要勘察方法

对于河床深厚覆盖层,由于其成分、结构的不均一性及采取原状样进行室内试验的难度非常大,为了查明覆盖层的成因、物质组成、空间分布、结构特征及物理力学性质等,往往需要采取多种勘察方法,目前常用的勘察方法有:钻探、坑探、井探、物探、现场原位试验和室内试验等。

钻探:对于深厚砂卵砾石层,常规的小孔径钻具取芯效果往往较差,一般都要求采用 SD 系列金刚石钻具配合 SM 植物胶进行回转钻进取芯。SD 系列金刚石钻具由于具有双管单动性,加之 SM 植物胶具有良好的护壁作用,在岩芯表面还可形成一层保护膜,使岩芯保持原状结构。该钻进方法能使覆盖层采取率达 90% 以上,不仅能准确划分地层,还可从岩芯中看出覆盖层有无架空结构或有无胶结现象等特性。特别对于结构密实的砂层和颗粒较细的砂卵砾石层,所取岩芯可以像基岩一样呈完整的长圆柱状,此时可直接取岩芯样进行颗分试验,甚至可以求取天然状态下的干密度。

采取 SM 植物胶和 SD 系列金刚石钻具钻进一定深度后,须跟进厚壁套管护壁。在跟管时若遇大漂石、孤石,套管拍不下去时,不能再用吊锤硬打,此时必须起拔套管使管底距孔底一定高度,然后采用爆破跟管法,以穿透大孤石跟入套管,这样也可大大提高钻探效率。另外,采取该钻进方法时,钻探工艺非常重要,在没有异常的情况下,尽量做到"钻速开高不开低,压力能小不能大,泵量也应尽可能小,只要不烧钻即可",这样钻进一般都有较高的岩芯采取率。

坑探和井探:可直观地观察覆盖层的结构、粒组成分等工程特性,也有利于采取试样或进行现场原位试验,但勘探深度有限。

物探:一般有电测深法、地震波测深法、单孔声波测井、放射性密度测井、跨孔地震波测试等。

用地震波勘探技术可以较为准确地测定覆盖层的纵、横波速度。如果孔内是钢套管护壁,会对用地震法测定覆盖层的纵、横波波速产生很大的干扰。因此,最好在孔内套入 PVC 管,并在套管和孔壁之间灌浆,使两者紧密接触,以保证孔内振源、检波器与地层间处于更好的耦合状态。然后采用地震波单孔或跨孔测试法做覆盖层的纵、横波波速测试。

现场原位试验:主要有铁环注水试验、简易抽水试验、超重型动力触探试验、标准贯入试验(针对砂层或细粒土层)、现场载荷试验、钻孔旁压试验。

室内试验:由于砂卵砾石难以取得原状样,在室内大多采用模拟试验。室内试验除颗分、压缩、渗透、直剪、三轴剪等常规的土工试验外,还有热释光测年等。

参 考 文 献

[1] 彭敦复.新疆水利水电工程活断层处理的工程实践[M].乌鲁木齐:新疆人民出版社,2005.

[2] 中华人民共和国住房和城乡建设部,中华人民共和国国家质量监督检验检疫总局.水利水电工程地质勘察规范:GB 50487—2008[S].北京:中国计划出版社,2009.

[3] 中华人民共和国住房和城乡建设部.水力发电工程地质勘察规范:GB 50287—2016[S].北京:中国计划出版社,2017.

[4] 国家能源局.水电工程区域构造稳定性勘察规程:NB/T 35098—2017[S].北京:中国电力出版社,2018.

[5] 廖建忠,张明,关志伟.新疆小石峡水电站工程初步设计阶段工程地质勘察报告[R].乌鲁木齐:新疆水利水电勘测设计研究院,2008.

[6] 黄晓宁,覃新闻,彭立新,等.深厚覆盖层坝基防渗设计与施工[M].北京:中国水利水电出版社,2011.

[7] 邓铭江,吴六一,汪洋,等.阿尔塔什水利枢纽坝基深厚覆盖层防渗及坝体结构设计[J].水利与建筑工程学报,2014,12(2):149-155.

[8] 陈晓,姬永尚,杨学亮,等.新疆水利水电勘测设计研究院.新疆阿尔塔什水利枢纽工程初步设计阶段工程地质勘察报告[R].乌鲁木齐:新疆水利水电勘测设计研究院,2011.

[9] 马军,李刚,李泽发.新疆水利水电勘测设计研究院.新疆车尔臣河大石门水利枢纽工程初步设计阶段工程地质勘察报告[R].乌鲁木齐:新疆水利水电勘测设计研究院,2015.

水库岩溶渗漏勘察经验总结

李择卫　黄玉清

湖南省水利水电勘测设计研究总院，湖南 长沙　410007

摘　要：我国碳酸盐岩分布面积约 340 万 km^2 [1]，岩溶区水利水电资源十分丰富，开发岩溶区的水电资源有极其重要的意义，但岩溶水库的渗漏问题对工程的危害极大，往往关系到工程建设的成败。水库岩溶渗漏问题的勘察是水电工程地质的重点及难点，需采用综合手段，方法多而复杂，有些方法成本较大。本文对多座岩溶水库工程勘察经验进行了总结，说明了在从事水库岩溶渗漏勘察时，如何遵循由宏观到微观、由简单到复杂的思路，采取地质调查、地下水示踪试验、钻孔、地下水位观测等循序渐进的勘察方法，达到查明水库岩溶渗漏问题的目的。

关键词：水库　岩溶　勘察方法

Summary of the Survey Experience of Reservoir Karst Ieakage

LI Zewei　HUANG Yuqing

Hunan Institute of Water Resources & Hydropower Engineering Investigation Design and Research, Changsha 410007, China

Abstract：The distribution area of carbonate rock in China is about 3.4 million km^2. The water conservancy and hydropower resources in karst area are very rich, so it is of great significance to develop hydropower resources in karst area, but the leakage problem of karst reservoir is very harmful to the project. Often relates to the project construction success or failure. The investigation of reservoir karst leakage problem is the key and difficult point of hydropower engineering geology. It is necessary to adopt comprehensive means, the methods are many and complex, and some methods are expensive. This paper summarizes the experience of engineering investigation of several karst reservoirs, and explains how to follow the train of thought from macro to micro, from simple to complex, to take geological survey, groundwater tracer test, drilling, and so on. Groundwater level observation and other progressive investigation methods are used to find out the karst leakage of reservoir.

Key words：reservoir；karst leakage；investigation method

0　前言

我国在岩溶地区有大量已建和在建的水电工程，通过这些工程的实践和理论研究，取得了不少成功的经验，但也存在不少疑难问题，有待今后逐步解决。因岩溶水文地质条件极为复杂，很难用一般的水文地质学概念来阐明，也难以用一般的勘察方法和手段查明，而应采用岩溶工程地质学的理论和方法进行勘察和分析研究。针对水库岩溶渗漏

作者简介：

李择卫，1969 年生，男，高级工程师，主要从事水文地质、工程地质勘察方面的研究。E-mail：lzww@sina.com。

勘察方法较多,对单个工程的勘察也多见总结及论述[2-6]。本文对多座岩溶水库的工程勘察经验进行了总结,期望在地质勘察工作中,能够使用合理的勘察方法,以较低的成本查明水库岩溶渗漏问题。

1　判断水库存在岩溶渗漏问题的依据

岩溶是指水对可溶性岩石进行的以化学溶蚀作用为主的综合地质作用以及由此产生的各种现象,岩溶渗漏就是在岩溶地区产生的渗漏。岩溶渗漏也是岩溶地区兴建水库工程时最常遇到的问题。判断一座水库是否存在岩溶渗漏问题,只需要将水库不产生岩溶渗漏问题的条件列出来,若有不符合的,就存在水库岩溶渗漏问题。不会产生水库岩溶渗漏问题的判别条件如下[7]:

① 地貌判别依据

若水库两岸邻谷河水位高于水库正常蓄水位,则不存在侧向岩溶渗漏问题。

② 岩性判别依据

若水库两岸分布有连续的、稳定的可靠隔水层或相对隔水层封闭时,则不存在水库岩溶渗漏问题。

③ 地下水位判别依据

若水库两岸存在地下水分水岭,且地下水分水岭高于水库正常蓄水位,则不存在水库岩溶渗漏问题。

④ 水库两岸地下水分水岭虽低于水库正常蓄水位,但若水库正常蓄水位以下岩溶不发育,且无通向库外的贯通性岩溶管道发育,则水库也不会产生大的岩溶渗漏问题。

如果水库不满足上述四个条件之一,则该水库就存在岩溶渗漏问题,有必要进一步详细查明渗漏通道及渗漏量。

2　水库岩溶渗漏勘察方法

水库岩溶渗漏勘察方法主要有:地表调查、地下水示踪试验、水量均衡法、钻探、地球物理勘探、地下水位观测等,各种勘察方法简介如下[8]:

(1) 地表调查

地表调查是一种综合性的岩溶地质测绘工作,主要进行地貌调查、岩性调查、构造调查、地表水调查、泉井调查、岩溶形态调查等。

(2) 地下水示踪试验

在岩溶区应用地下水示踪试验,可了解岩溶地下水运动特征及岩溶管道的连通情况等,其方法较多,如染色法、离子示踪法、放射性同位素法等,其中染色法应用较广,它是复杂岩溶水文地质环境条件下有效的勘察方法。

(3) 水量均衡法

岩溶水均衡是指在圈定的均衡圈内,地表水、地下水的流入量与流出量随时间而变化的相互关系。通过流入量与流出量的关系,判断是否存在岩溶渗漏问题及漏水量。

(4) 钻探

钻探不仅能直接获取地层岩性、地质构造及岩溶水文地质等资料,还能进行压水试验、抽水试验、示踪试验、地下水位观测,利用钻孔也能进行电磁波透视、孔内摄像等测试工作,其功能强大,是水库岩溶渗漏勘察的有效手段,但其成本费用较高,应尽量达到一孔多用。

(5)地球物理勘探

该方法是通过天然的和人工的物理场的各种参数,来进行地质解释的一种勘探方法,具有透视性、勘察工期短、效率高等优点。当前常用的物探方法有电法勘探、地质雷达、钻孔CT 等。因受地质体复杂性的影响,其探测成果往往具有多解性,解释精度亦有待提高,最好能与钻孔、平硐结合使用。

(6)地下水位观测

通过地下水位观测可以分析岩溶地下水的水动力特征,河间地块是否存在地下水分水岭及地下水分水岭的位置与高程,从而判断水库是否存在岩溶渗漏问题,该方法常常结合钻孔进行。

另外,还有一些其他的勘察方法,如地下水水质分析、水温观测、可溶岩石的物理化学成分分析、遥感遥测技术等,多作为水库岩溶渗漏勘察的辅助手段。

3 水库岩溶渗漏勘察工程实例

针对水库岩溶渗漏的勘察方法较多,那么,应如何合理地运用上述勘察方法,来有效地查明水库岩溶渗漏问题呢?以下通过四个中、小型水库岩溶渗漏勘察工程实例,由浅入深说明选择岩溶勘察方法的过程。

3.1 八公山水库岩溶渗漏勘察

拟建的八公山水库位于湖南省凤凰县山江镇境内,水库正常蓄水位 560 m,相应库容 360 万 m^3,为一座小型水库,库盆长度约为 1.7 km,两岸山体雄厚,地形封闭条件好[9]。水库地质简图见图 1。

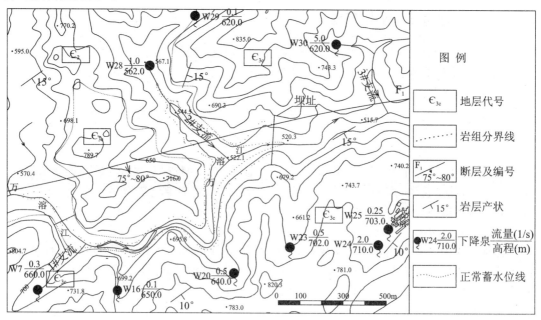

图 1 八公山水库地质简图

通过平面调查,库区两岸分布寒武系中统～上统($\in_2$、$\in_{3c}$ 岩组)灰岩、泥质条带灰岩,夹少量薄层泥质灰、白云质灰岩等,均为可溶岩。左岸有顺河向的 F_1 断层自坝址区通过。通过泉井及地表水调查发现,水库右岸上游见有 1# 支流发育,长年流水不断,水库右岸山坡沿线见有 6 处岩溶泉出露,出露高程在 640～710 m,流量 0.1～2.0 L/s,由此分析,水库左岸地下水分水岭高程应高于 640 m;水库左岸坝址上、下游见有 2#、3# 支流发育,长年流水不断,左岸近库区见有 3 处岩溶泉出露,出露高程 562～620 m,流量 0.1～5.0 L/s,由此分析,水库右岸地下水分水岭高程在 562 m 以上。因此,水库两岸地下水分水岭均高于水库正常蓄水位 560 m。根据水库产生岩溶渗漏问题判别依据③(若水库两岸存在地下水分水岭,且地下水分水岭高于水库正常蓄水位,则不存在水库岩溶渗漏问题)判断,水库蓄水后,不存在向两岸的岩溶渗漏问题。至于左岸近河部位有顺河向的区域断层 F_1 通过,断层附近岩体破碎,岩溶相对较发育,可能形成岩溶渗漏通道,形成绕坝渗漏的问题,可通过坝址区帷幕灌浆处理解决。

可见,本工程仅通过水文地质调查的方法,即快速判断出水库不会产生向两岸外侧的岩溶渗漏问题,方法简单,成本低廉。

3.2 吉辽河水库岩溶渗漏勘察

吉辽河水库工程位于湖南省花垣县酉水水系中,正常蓄水位 542 m,相应库容 910 万 m³,水库回水长度 2.3 km。左岸山岭高程 575～765 m,右岸山岭高程 575～630 m,分水岭宽 500～1200 m,自然封闭条件较好。水库左岸外侧分布一处规模较大的老天坪岩溶洼地,洼地最低地面高程 583 m。坝址左侧塘茶村有一小面积岩溶洼地,洼地最低地面高程 542.5 m。右岸外侧沙碧村附近亦分布一处规模较大的岩溶洼地,洼地最低地面高程 536.8 m,位于落水洞 X8 处,三处洼地地表均见有地表水流,地表水流自洼地底部分布的多处消水洞流入地下[10]。三处低矮洼地可看作是吉辽河水库的 3 个周边邻谷,库区地质简图见图 2。

地质调查及平面地质测绘表明,水库两岸岩性主要为寒武系中上统的娄山关组($\in_{2+3}$)白云岩、灰质白云岩及奥陶系下统(O_1)的灰岩,均为可溶岩,无相对隔水层分布。库区岩层总体走向 NE,倾向 NW 或 SE,倾角 20°～25°,NE 向的断层构造极发育,其中 F_1、F_2、F_5 断层均切过库区,通向库外,F_6 断层切过右岸沙碧洼地。水库岩溶渗漏勘察需要查明库水是否存在沿构造向库外的岩溶渗漏问题及库水与左、右岸 3 处岩溶洼地处地下水的补排关系。

泉井调查工作表明,库区范围主要分布 5 处较大的泉井,因各泉井的出露高程较低,不能据此判断水库蓄水后是否存在岩溶渗漏问题。为此,在库区左、右岸的三处岩溶洼地消水洞处进行了多次地下水示踪试验,由各次示踪试验得出的地下水补排关系如图 3 所示。

从示踪试验成果可以看出,自 3 处岩溶洼地地表流入地下的水流最终均流向吉辽河水库库内,各岩溶洼地地表高程大多高于正常蓄水位,仅沙碧岩溶洼地局部低于正常蓄水位,但附近有较大的岩溶泉 W20 出露,出露高程 542.1 m,稍高于水库正常蓄水位,其水流通过连通试验证实向库内排泄。

从以上分析可以得出:吉辽河水库周边三处岩溶洼地(相当于 3 处周边邻谷)地表水流

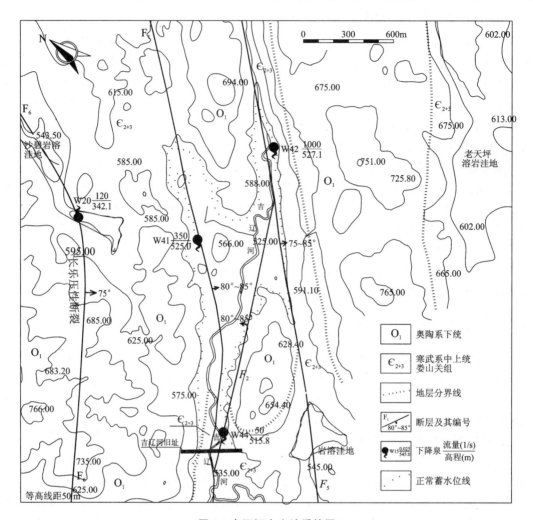

图 2　吉辽河水库地质简图

高于水库正常蓄水位,且自洼地底部的消水洞流入地下后,最终都向吉辽河库内排泄,根据水库产生岩溶渗漏问题判别依据①(若水库两岸邻谷河水位高于水库正常蓄水位,则不存在侧向岩溶渗漏问题)判断,吉辽河水库不存在向两侧的岩溶渗漏问题,至于沿 F_1、F_2 断层向下游方向的岩溶渗漏问题,可通过坝基帷幕防渗一并解决。

从以上分析可以看出,虽然吉辽河水库周边岩溶极其发育,两岸分水岭均被岩溶管道贯通,但在岩溶渗漏勘察时,也只采取了地表调查、地下水示踪试验的勘察方法,就查明了水库与周边邻谷的水流关系,以较低的成本,取得了预期的勘察效果。

3.3　五龙冲水库岩溶渗漏勘察

拟建的五龙冲水库位于湖南省花垣县麻栗场镇,水库正常蓄水位约 723 m,正常库容 $760×10^4$ m³,是一座小(1)型水库,库盆长度约 2.7 km,两岸山体雄厚,地形自然封闭条件好[11]。库区左岸有低矮邻谷石栏杆河分布,库区右岸无低矮邻谷分布,但库首右岸北侧有

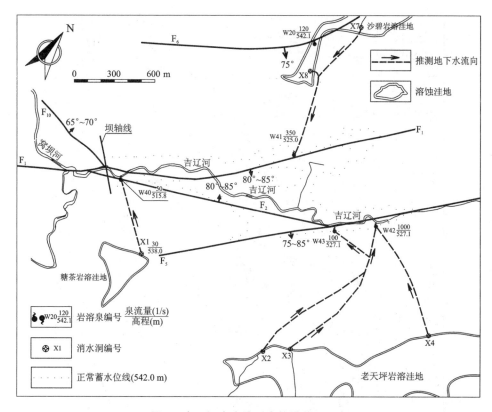

图 3　吉辽河水库地下水补排关系示意

低矮邻谷广车水分布,库首右岸外侧还分布一向下游方向延伸的田家寨垭口。仅从地貌上分析,可能存在向左岸低矮邻谷、库首右岸北侧低矮邻谷及库首下游冲沟方向的岩溶渗漏问题。水库地质简图见图4。

平面调查及收集相关资料表明,库区两岸主要分布寒武系中上统娄山关组($\in_{2+3}$)的灰白色、浅肉红色白云岩夹灰质白云岩等,为构成库盆的基本地层,水库右岸外围分布寒武系下统清虚洞组($\in_{1q}$)泥质条带灰岩、灰岩等。区域性的水田河——地所坪压性断裂(F_1)自库区右岸外围通过,因其未穿过库区,对水库渗漏影响小。库首右岸有 F_3、F_4 断层通过,其中 F_4 断层部分通过库首,需论证其对水库渗漏的影响。

通过泉井及地表水调查发现,水库左、右岸有多处岩溶泉出露,其高程均在 730 m 以上,故判断库区两岸现状地下水高程应在 730 m 以上,均高于水库正常蓄水位 723 m。根据产生岩溶渗漏问题判别依据③判断,库区不存在向库区两岸的侧向岩溶渗漏问题。库首右岸北侧广车水一带有 W14、W15 等流量较大的岩溶泉出露,均属永久泉,高于或基本位于正常蓄水位附近,并且库区至广车水距离超过 1.2 km,无断层构造直接连通库水,因此,库水向库首右岸北侧低矮邻谷广车水渗漏的可能性也较小。库首右岸内侧有 W4 岩溶泉出露,右岸下游侧冲沟中有 W1 岩溶泉出露,两岩溶泉出露高程均低于水库正常蓄水位 723 m,水库仅可能存在沿库首右岸 F_4 断层及田家寨垭口向下游冲沟(W1 岩溶泉所在冲沟)方向的岩溶渗漏问题。

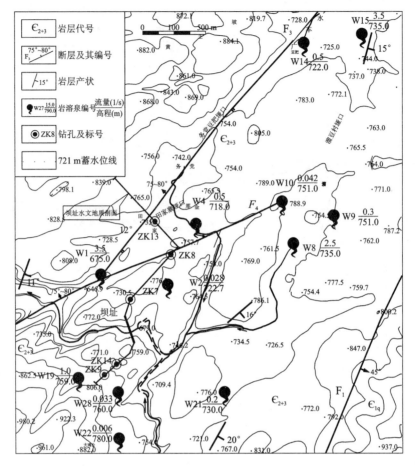

图 4　五龙冲水库地质简图

　　为查明是否存在渗漏问题，在两个可能的渗漏方向布置了 ZK8、ZK13 钻孔，并对两钻孔地下水位进行了长期观测，作出了库首右岸的水文地质剖面图，见图 5。

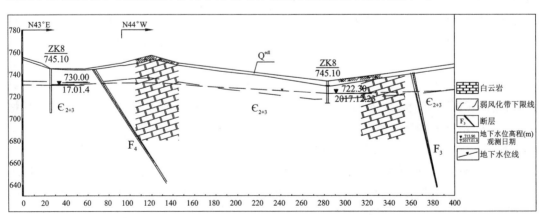

图 5　五龙冲水库库首右岸水文地质剖面图

从水文地质剖面图可以看出,沿 F_4 断层方向的地下水位已高于水库正常蓄水位,但田家寨垭口的地下水位略低于水库正常蓄水位,据此判断,五龙冲水库蓄水后,不存在沿 F_4 断层方向的岩溶渗漏问题,但可能存在沿田家寨垭口方向向下游冲沟的岩溶渗漏问题,因地下水位仅稍低于正常蓄水位,渗漏问题不严重,通过采取适当的防渗处理,渗漏问题是可控的。

本工程从地貌上分析,可能存在多个方向的岩溶渗漏问题,通过地质调查及少量钻孔的勘察方法,结合地下水位长期观测,成功论证了水库的岩溶渗漏问题。

3.4　龙潭河水库岩溶渗漏勘察

3.4.1　基本地质条件

龙潭河水库位于湖南省龙山县酉水河支流——小河上游,水库正常蓄水位 638 m,最大坝高为 58 m,总库容约为 498 万 m³,为一座小(1)型水利工程[12]。

水库两岸属低中山溶丘洼地峡谷地貌类型,山顶高程多在 1000 m 以上,地形封闭条件较好。小河在坝址区稍上游段分为两支,较大的一支(右支)名为狮刀河,较小的一支(左支)名为小龙河。

水库在坝址区右岸有 NW 向的 F_3 断层发育,断层在库盆中部与狮刀河相交,往下游延伸则与上河冲沟相交,从地形上看,坝址右岸由狮刀河、小河、上河冲沟及 F_3 断层共同构成了一相对独立的河间地块。坝址区地质简图见图 6。

库区地层岩性为寒武系中统～奥陶系下统的灰岩、白云质灰岩、灰质白云岩等,无相对隔水层分布,岩层倾向上游,倾角较平缓。F_3 断层位于右岸山坡处,断层产状:N50°W·NE∠80°～85°,破碎带宽 3～5 m,局部达 10 m,断层带内充填方解石脉,沿断层及其影响带分布多处落水洞,沿断层方向形成凹槽状条带地形。

3.4.2　岩溶勘察方法

通过对龙潭河水库库区地形、岩性、构造及岩溶水文地质条件的调查,证明水库左岸地下水分水岭明显高于水库正常蓄水位。因此,水库左岸不会产生渗漏问题,但水库右岸分布一相对独立的河间地块,并有较大规模的顺层向断层构造在河间地块发育,需查明沿右岸河间地块产生岩溶渗漏问题的可能性。

因右岸河间地块附近无泉井点出露,无法通过泉井调查获知该区域的地下水位,而在坝址区勘察时,在右岸钻孔中观测到的地下水位均较低。为此,在岩溶渗漏勘察中,采取了地下水示踪试验及钻孔的勘察方法,并在终孔后,对钻孔水位进行长期观测。

示踪试验的示踪剂投放点选在右岸大独堡落水洞处,高程约 1000 m,连通试验表明,自该处流入地下的水向库内径流。但示踪试验仍然不能排除沿 F_3 断层附近是否存在地下水凹槽,以及在水库蓄水后沿凹槽产生岩溶渗漏的可能性。

经过综合考虑,决定在坝址区右岸河间地块区布置两个地下水位长观孔,其中 ZK22 钻孔布置在坝址附近,目的是查明坝址区附近地下水位高程。另一钻孔 ZK24 布置在 F_3 断层与右岸山脊线的相交位置附近,目的是查明河间地块是否存在地下水凹槽。在钻孔过程中,实时观测孔内水位变化,以确定合适的终孔深度。在钻孔终孔后,再对钻孔地下水位进行长期观测,以确定河间地块的稳定地下水位,最终作出右岸河间地块水文地质横剖面简图,见图 7。

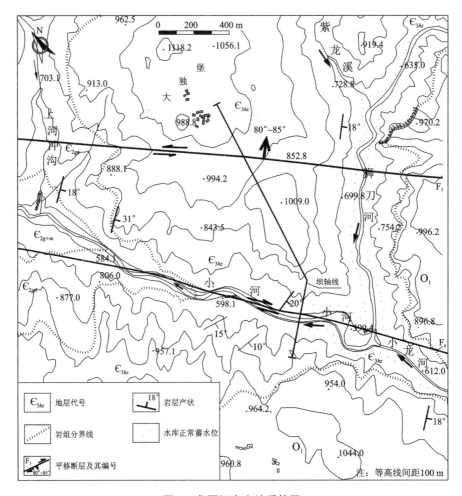

图 6　龙潭河水库地质简图

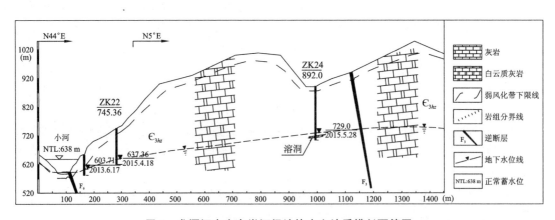

图 7　龙潭河水库右岸河间地块水文地质横剖面简图

　　从图 7 可以看出,自坝址往右至 ZK24 钻孔处,地下水位呈逐渐升高的趋势,水力坡降 12%～31%,右岸河间地块无低于水库正常蓄水位 638m 的地下水位凹槽带分布,且河间地下水分水岭高程亦高于正常蓄水位 638m。据此判定,右岸河间地块在水库蓄水后,仅在近坝区存在绕坝渗漏问题,岩溶渗漏问题不严重,可通过坝址区帷幕灌浆的方式解决。

龙潭河水库右岸河间地块附近泉井出露少,岩溶地质条件复杂,普通地质调查无法确定右岸地下水分水岭与正常蓄水位的关系。因此,在本工程岩溶渗漏勘察工作中,采取了地质调查、地下水示踪试验、钻孔、地下水位观测等综合勘察方法,最终取得满意的效果。

4　结束语

(1)针对水库岩溶渗漏勘察方法较多,对中、小型水库的岩溶渗漏问题进行勘察时,应根据工程区岩溶发育的复杂程度,遵循由浅入深、由宏观到微观、由简单到复杂的勘察思路,采取针对性的勘察方法,尽可能以相对低廉的成本,达到预期的勘察目的。

(2)工程实践表明,地表调查是一种基本的勘察方法,大量基础的地质资料可以从地表调查中获取,对于简单的岩溶区水库渗漏问题,有时仅仅采取单一的地质调查勘察方法,就可达到预期的勘察效果。地下水示踪试验是查明岩溶地下水补排关系的有效手段,其他勘察方法根据岩溶发育复杂程度选择使用。

(3)讨论:对于复杂的岩溶区,根据勘察目的及勘察深度,仍需采用综合性的勘察方法,各种方法相互补充,相互印证,才能全面查清岩溶渗漏问题。笔者在从事的另一项工程——湖南省涟源市塞海湖水库,亦处于强岩溶区,岩溶地质条件复杂,勘察工作中采取了地表调查、地下水示踪试验、岩溶地下水均衡、地质钻探、物探等综合手段,最终查明了塞海湖水库库首的岩溶水文地质条件,论证了塞海湖水库的主要岩溶渗漏问题。详细情况参见笔者写的《塞海湖水库库首岩溶渗漏问题研究》[13]。

参 考 文 献

[1] 邹成杰,张汝清,徐福兴,等.水利水电岩溶工程地质[M].北京:水利电力出版社,1994.
[2] 刘承君.盖下坝水电站库区岩溶管道渗漏勘察研究方法探讨[J].资源环境与工程,2008,22(S1):8-9.
[3] 徐福兴,陈飞.水库岩溶渗漏问题研究[J].西部水利水电开发与岩溶水文地质,2004.
[4] 樊长华,罗兴建,陈残云.江口水电站水库岩溶渗漏问题研究[J].人民长江,2001,32(3):13-15.
[5] 宋汉周,王建平.边坑水库岩溶渗漏问题研究[J].中国岩溶,1992(1):15-20.
[6] 宋林华,王长富.北京牛口峪污水水库喀斯特渗漏问题研究[J].云南地理环境研究,1998(2):70-79.
[7] 昆明勘测设计研究院.水电水利工程喀斯特工程地质勘察技术规程:DL/T 5338—2006[S].北京:中国电力出版社,2006.
[8] 肖万春,等.水库岩溶渗漏勘察技术要点与方法研究[J].水力发电,2008,34(7):52-55.
[9] 湖南省水利水电勘测设计研究总院.八公山水库工程成库论证水文地质勘察报告[R].2017.
[10] 湖南省水利水电勘测设计研究总院.吉辽河水库工程初步设计工程地质勘察报告[R].2012.
[11] 湖南省水利水电勘测设计研究总院.五龙冲水库工程初步设计工程地质勘察报告[R].2018.
[12] 湖南省水利水电勘测设计研究总院.龙潭河水库工程初步设计工程地质勘察报告[R].2013.
[13] 李择卫,等.塞海湖水库库首岩溶渗漏问题研究[J].人民长江,2016,47(23):55-59.

工程地质系统若干基本概念

李宁新　陈　杰

中水珠江规划勘测设计有限公司,广东 广州　510611

摘　要:系统工程地质勘察把勘察对象(与工程有关的地质体)作为系统加以考察,首先需要的基本概念是自然地质系统和工程地质系统。本文通过解读自然系统基本概念,在读取自然系统实体及其相关概念的基础上,建立起自然地质系统与自然地质体、工程地质系统与工程地质体等基本概念,并与工程地质勘察相关基本概念进行对接解读,据此获得对工程地质勘察对象更全面而深入的认识。

关键词:自然系统实体　自然地质系统　自然地质体　工程地质系统　工程地质体

Several Basic Concepts of Engineering Geological System

LI Ningxin　CHEN Jie

China Water Resources Pearl River Planning Surveying & Designing Co. ,Ltd.,
Guangzhou 510611,China

Abstract:Systematic engineering geological survey treats the object of investigation (the geological body related to engineering) as a system,the basic concept that needs first is the natural geological system and the engineering geological system. Based on the interpretation of natural system entities and their related concepts, this paper establishes the basic concepts of natural geological systems and natural geological bodies,engineering geological systems and engineering geological bodies. These concepts are compared with the basic concepts of engineering geological survey,and then,a more comprehensive and in-depth understanding of engineering geological survey objects can be obtained.

Key words:natural system entity; natural geological system; natural geological body; engineering geological system;engineering geological body

0　前言

笔者曾提出,把工程地质勘察工作的对象(与工程有关的地质体)作为系统加以考察,把"先建假设模型,后做勘察验证"作为系统工程地质勘察的基本思路[1]。开展系统工程地质勘察,首先需要的基本概念是工程地质系统及其相关基本概念。

与工程有关的地质体首先是自然地质体,它属于自然系统。但哲学层面的自然系统概念高度抽象,难以普及运用。本文通过解读自然系统基本概念,在读取自然系统实体及其相关概念的基础上,建立起自然地质系统与自然地质体、工程地质系统与工程地质体等基本概

作者简介:

李宁新,1963年生,男,教授级高级工程师,主要从事水利水电岩土工程勘察方面的研究。E-mail:13926029692@vip.163.com。

念,并与工程地质勘察相关基本概念进行对接解读,据此获得对工程地质勘察对象更全面而深入的认识。

1　自然系统若干基本概念及其解读

1.1　自然系统的定义

所谓自然系统就是相互联系和相互作用着的自然物质元素的统一整体。自然界的每一个客体都是一个系统,都有自己的组成元素,这些元素之间都发生相互联系和相互作用,从而出现组成元素所不具有的整体性质和整体功能。[2]

笔者采用涵盖自然系统四个构成要素的定义:自然系统是指由若干相互联系、相互作用的自然物质元素组成,具有一定结构,并在一定环境中具有特定功能的整体。

1.2　自然系统的基本要素

任何自然系统都有四个基本因素:组成、结构、功能和环境[2]。笔者认为自然系统的组成、结构、环境和功能是构建和研究任何一个自然系统不可或缺的要素,称为自然系统的四个构成要素。

1.2.1　自然系统的实体、边界与环境

既然"任何一个自然系统都是组成与结构的统一体"[2],笔者把由自然系统的组成和结构这两个构成要素整合称为自然系统的实体。

界定系统离不开系统的边界。文献[3]将系统的边界定义为"把系统与环境分开来的某种界限"或隔离系统与其环境的边界,隐含着系统与环境各自独立。但环境本身就是系统的四个构成要素之一,离开环境的系统是残缺系统。

建立起"自然系统实体"概念,系统残缺的问题迎刃而解:自然系统边界可以理解为自然系统实体"存在到消失的"的边界或隔离自然地质系统实体与其外部环境的边界,简称为自然系统实体边界。

有了自然系统实体边界的概念,自然系统的环境就可以区分为自然系统实体的内、外部环境。

自然系统实体的内部环境是指自然系统实体边界以内的组成与结构的赋存或工作环境。自然系统实体外部环境是指自然系统实体边界以外的环境。

自然系统的环境系统是由外部环境和内部环境共同组成的整体。外部环境(改变)一般要通过内部环境(变化)而对自然系统实体起作用;内部环境变化也可能会引起外部环境变化。

1.2.2　自然系统的功能

自然系统的功能是指系统在与环境的相互关系中表现出来的系统总体的行为、能力和作用的总称[2]。

但上述定义仍然存在系统与环境各自独立而导致的系统残缺问题,采用"自然系统实体"概念,自然系统的功能转化为自然系统实体的功能。

不太严格的意义下，可以将行为、性能与功能等合称为功能或性能[2]。笔者认为，对于自然系统实体，有必要参照文献[3]区分其性能、行为与功能。

自然系统实体的性能是指自然系统实体在外部环境作用下表现出来的特性和能力。

自然系统实体的行为是指自然系统实体相对于它的外部环境做出的任何变化。自然系统实体的行为虽然属于系统实体自身的变化，但这种变化是可以从外部探知的。

自然系统实体的功能是指自然系统实体的行为所引起的外部环境中某些事物的变化。

1.3 自然系统的基本规律

1.3.1 整体突现规律[2]

自然系统是由各组成部分（元素）按一定的结构在某种环境下形成的一个整体。整体对于部分来说，在性质上是有得、有失、有保留三种关系。

（1）有得

整体出现了组成部分所不具有的性质，这就是自然系统的（整体）突现性质。

（2）有失

整体丧失了或改变了其组成部分所具有的某些性质。元素在整体中不再处于自由状态，受到了整体结构的制约，它的性质和行为也受到影响或制约。

（3）有保留

整体又保留了其组成部分单独存在时所具有的某些性质。以至于在质上，整体中的元素可以分辨；在量上，整体的某些性质的量是它的部分的量的加和，如符合质量守恒定律。

整体突现规律反映的是整体与部分之间的相互关系：虽然整体出现了组成部分所不具有的性质（非加和关系），但同时存在加和关系（第三种）。

在系统形成过程中，到处都存在着由加和关系发展为非加和关系的情况。系统内部的联系愈紧密，非加和关系就愈占统治地位，反之亦然。

根据文献[3]的理解，整体突现性是系统的组分之间相互作用、相互激发而产生的整体效应，即结构效应或结构增殖。系统的有序性是在其形成过程中通过对组分的（差异）整合建立起来的。差异整合既包括被整合者的相互协调，也包括对被整合者的限制、约束甚至压制。差异整合才是系统论的基本原理。

笔者进一步解读，整体突现性是系统（存在差异）的组分之间经过差异整合而产生的结构效应。那么，组分之间的差异越大，结构效应越明显，整体突现性越突出，非加和（即非线性）关系就愈占统治地位，反之亦然。

1.3.2 结构功能规律[2]

自然系统的性状与功能，主要是由结构决定的。一定的结构是一定性状功能的内在基础，而一定性状功能是一定的结构的外在表现。这个规律叫作自然系统的结构功能规律。

结构决定功能，但结构与功能的关系是辩证的。这种辩证关系，可以用两个原理来表达：

第一，特定的结构产生特定的功能。对于某种结构来说，总有确定的功能与之相对应，即在环境一定的情况下，由确定的元素与确定的结构能独一无二地确定系统的发生性状与功能的方式。

利用这个原理,科学方法论提出所谓结构解释的方法。所谓结构解释的方法就是运用系统元素、结构规律解释自然系统的功能。

第二,系统的性状功能有相对的独立性。对于某种功能而言,总有多种结构与之相对应,即存在"异构同功"现象。性状功能的相对独立性是使用黑箱方法和功能模型方法的基础。

采用"自然系统实体"概念,上述第一原理可以理解为"特定的实体产生特定的功能",笔者称为自然系统的实体功能规律。即在环境一定的情况下,由确定自然系统实体能独一无二地确定系统的性能与行为。

1.3.3　自然系统的等级层次原理

（1）自然系统的层次结构

任何一个物质系统都是一个具有层次结构的系统。所谓层次结构,就是层次之间按高低层次组成的有序结构[2]。根据文献[4],复杂系统是层级系统。

笔者综合二者理解,把自然系统具有的层次结构特征理解为自然系统的层次性,即任何一个自然系统都是一个多层次且分层级的系统。相应地,自然系统的四个构成要素（组成、结构、环境及功能）都有相应的层次性,即各个层级自然系统有各自层级的四个构成要素（组成、结构、环境及功能）。

（2）近可分解的系统

根据文献[4],在自然界的演化过程中,各层级一定不是转瞬即逝的,总处在相对的稳定性中,这是创造性进化中的"中间稳定态"。这种层级"中间稳定态"为人们观察和处理系统提供了基本条件。此外,层级内系统联系的强弱是不同的,层级内联系具有较强的作用力,层级间几乎没有作用力。因此,大多数具有层级的复杂系统可视为"近可分解的系统"。

笔者进一步理解,既然大多数具有层级的复杂系统可视为"近可分解的系统",那么就可以采用层次分析法对复杂系统进行系统分析:先近似地分解为各层级进行分析,再整合各层级成为整体进行综合分析。

（3）自然系统的基本层次系统

人们研究某一层次问题时,重点关注的是某一特定层次的系统。笔者把这一特定层次系统称为基本层次系统,把基本层次系统的上一层次系统称为母系统,把基本层次系统的下一层次系统称为子系统。

与基本层次系统对应的基本层次系统四个构成要素（组成、结构、环境及功能）,笔者简称为四个基本构成要素（基本组成、基本结构、直接环境及基本功能）。

根据对文献[5]的理解,按系统的层级理论（hierarchy theory）划分出层级以后,小尺度上表现为非稳定性、时空的异质性（不均匀性）可以转化为大尺度上的相对稳定性和均质性;低层级行为过程的多样性和随机性在高层级上被平均化,呈现出一定的统计规律以及行为过程的单一性。

笔者认为,这种理解为我们认识系统复杂性提供了良好的思路:把需要研究的基本层次系统作为大尺度上的高层级系统,重点研究其相对稳定性、均质性和行为过程的规律性、单一性,把基本层次的子系统作为小尺度上的低层级系统,"屏蔽"其非稳定性、时空的异质性（不均匀性）和行为过程的多样性和随机性。

2　自然地质系统

2.1　自然地质系统的定义

工程地质勘察工作的首要对象是自然地质体。既然自然界的一切物质客体都是系统[2]，自然地质体也不例外。

笔者采用涵盖四个构成要素对自然地质系统进行定义：自然地质系统是指由若干相互联系、相互作用的自然地质元素组成，具有一定地质结构，并在一定环境中具有特定功能的整体。

2.2　自然地质系统的实体、边界与环境

自然地质系统是实体系统。把由自然地质系统的组成和结构这两个构成要素整合称为自然地质系统的实体。

建立起"自然地质系统实体"概念，自然地质系统边界可以理解为自然地质系统实体"存在到消失的"的边界或隔离自然地质系统实体与其外部环境的边界，简称为自然地质系统实体边界。

有了自然地质系统实体边界的概念，自然地质系统的环境就可以区分为自然地质系统实体的内、外部环境。

自然地质系统实体的内部环境是指自然地质系统实体边界以内的组成与结构的赋存或工作环境。自然地质系统实体外部环境是指自然地质系统实体边界以外的环境。

自然地质系统的环境系统是由外部环境和内部环境共同组成的整体。外部环境（改变）一般要通过内部环境（变化）而对自然地质体起作用；内部环境变化也可能会引起外部环境变化。

自然地质系统的实体及其内部环境再整合称为自然地质体，与常用的地质体或岩土体含义相近。自然地质体（包含内部环境）与外部环境可以相互独立，共同构成自然地质系统。

勘察研究某一层级的自然地质（岩土）体与其外部环境就是勘察该层级的自然地质条件；研究自然地质系统的功能实质上是研究自然地质（岩土）体与其外部环境的相互作用关系。

2.3　自然地质系统的性能、行为与功能

建立起"自然地质体"概念，自然地质系统的性能、行为和功能转化为自然地质体的性能、行为和功能。

自然地质体的性能是自然地质体对外部环境产生反作用的能力，或者说是自然地质体抵抗外部环境作用的能力。与工程地质勘察基本概念对接，自然地质体的性能就相当于自然地质体的力学性质和渗透性能。

自然地质体的行为是外部环境作用下自然地质体自身产生的变化。与工程地质勘察基本概念对接，自然地质体的行为就相当于自然地质体在自然环境作用下的变形、渗漏乃至失稳等现象，可以通过外部观测探知。

自然地质体的功能是自然地质体的行为对外部自然环境的影响。即外部自然环境作用

下自然地质体自身产生的行为(变形、渗漏乃至失稳等),反过来对外部自然环境产生影响(地面变形、岩溶塌陷等),受自然地质体行为影响到的环境对象是自然地质体的功能对象(建筑物、农田等)。

显然,自然地质体的性能是自然地质体行为的基础,外部环境作用是外因,自然地质体的性能(优劣)才是决定自然地质体行为(大小)的内因。

2.4　自然地质系统基本规律

2.4.1　自然地质体的整体突现规律

有了自然地质体概念,自然地质系统的整体突现性转化为自然地质体的突现性。

如岩体的性质(承载力或稳定性)既不是岩块或结构面的性质,也不是岩块和结构面性质的简单加和,而是两者经过差异整合产生的结构效应。

岩块或结构面之间的性质差异越大,结构效应越明显,整体突现性越突出,非加和关系就愈占统治地位,岩体的性质(承载力或稳定性)与岩块的性质差异就越大。如存在软弱夹层的岩体。

再如多层组合构成的土体,性质差异不大的土层组合土体的性质与土层的性质差异不明显,而性质差异明显的土层组合土体的性质与土层的性质差异明显。前者如近似均质堤基,后者如双层堤基、上硬下软堤基等。

2.4.2　自然地质体的功能规律

采用"自然地质体"概念,自然地质系统的功能规律可以理解为"特定的地质体产生特定的功能",笔者称为自然地质系统的实体功能规律。即在环境一定的情况下,由确定的自然地质体能独一无二地确定自然地质系统的性能。

2.4.3　自然地质系统的等级层次原理

(1)多层次分层级的自然地质系统

自然地质系统也是一个多层次分层级的系统。参照岩体工程地质力学,与工程有关的地质体可以分为巨观层次的地块系统、宏观层次的山体系统或(笔者增加的)河谷地质系统、中观层次的岩土体或岩土层系统、细观层次的岩土块和结构面系统及微观层次的岩土颗粒系统。

(2)近可分解的自然地质系统

自然地质系统层级内系统联系的强弱是不同的,层级内联系具有较强的作用力,层级间几乎没有作用力。因此,大多数自然地质系统可视为"近可分解的系统"。

如中观层次的岩土体系统,由若干岩土层系统组合构成。研究岩土体系统可以先近似地分解为各岩土层进行分析,再整合各土层成为整体进行综合分析。

(3)自然地质系统的基本层次系统

研究某一层次的工程地质问题时,把对应的特定层次自然地质系统作为基本层次系统,重点分析研究其四个基本构成要素(基本组成、基本结构、直接环境及基本功能)。

如为了评价坝基岩体的性能(物理力学性质),可以把中观层次的岩体系统作为基本层次系统。虽然可能需要研究连续几级的组成和结构,如岩性描述至微观层次的岩石颗粒组成及其颗粒结构,细微的结构面岩芯编录也会描述,但是除特殊岩体(如膨胀岩)或软弱夹层以外,一般岩体只需要把细观层次的岩块(子系统)和结构面(子系统)作为基本组成,不再深究岩石颗粒和细微的结构面系统;把岩体结构(如次块状还是碎裂状)作为基本结构,而不再深究岩石的颗粒结构。

3　工程地质系统

3.1　工程地质系统的定义

同样采用涵盖工程地质系统四个构成要素的定义:工程地质系统是指由若干相互联系、相互作用的工程地质元素组成,具有一定工程地质结构,并在一定环境中具有特定功能的整体。

显然,工程地质系统是自然地质系统的上一层级系统,其组成元素是自然地质子系统和工程子系统。

但是,对巨观层次的地块系统,工程区范围太小,把工程子系统作为对地块系统自然环境子系统的改变更为合适。如水库诱发地震研究,地块系统实体不变,因外部环境改变而改变了地块系统的性能、行为。

对宏观层次的山体系统或(笔者增加的)河谷地质系统,如果工程不是直接改造(开挖)山体或河谷地质体,只是因工程建设改变了它们的外部环境,如水库区,把工程子系统作为对山体系统或河谷地质系统自然环境子系统的改变也是合适的。如水库岸坡稳定性、水库浸没等工程地质问题研究,山体或河谷地质系统实体不变,因外部环境改变而改变了山体系统的性能、行为。

对工程子系统直接叠加或改造作用下的中观层次的岩土体系统和细观层次的岩土块和结构面系统,它们作为工程地质系统的基本组成,与工程子系统共同构成工程地质系统。

对微观层次的岩土颗粒系统,本来就是细观层次的岩土块和结构面系统的下一层次系统,一般不作为工程地质系统的基本组成。只有对特殊岩土体(如膨胀岩土等),才需要研究该层次系统。

3.2　工程地质体、边界与环境

如上所述,中观层次的岩土体系统与细观层次的岩块和结构面系统,它们作为工程地质系统的基本组成,与工程子系统共同构成工程地质系统。理论上,它们的实体与工程建(构)筑物实体可以共同构成工程地质系统的实体。但实际上,考虑到工程建(构)筑物实体设计与工程地质勘察的分工,这种理论上的工程地质系统实体可以作为土木工程的整体分析对象(如软土地基土石坝抗滑稳定分析),而不宜称为工程地质(岩土)体。

工程地质系统的边界实质是工程地质(岩土)体边界,任何地质体都以自然地面作为首要天然边界,与工程建(构)筑物实体的分界可称为工程地质(岩土)体的工程边界。

据此,应该把工程建(构)筑物实体直接叠加或改造作用后的自然地质体称为工程地质(岩土)体,而把工程建(构)筑物实体作为工程地质(岩土)体的外部环境作用。这样,工程地质(岩土)体都是处于地面以下的,与地质工程和岩土工程研究的对象基本一致。如建筑物地基(尤其是复合地基)、基坑边坡及隧洞围岩等。

工程地质(岩土)体包含的内部环境,包括被工程改变了的自然地质体内部环境。工程地质系统环境实质是工程地质(岩土)体外部环境,既包括因工程建设而改变的外部环境(如抬高水位、改变地下水渗流边界等),称为外部环境条件(变化),也包括工程边界以外的工程建(构)筑物实体作用,称为外部环境作用。

勘察研究某一层级的工程地质(岩土)体与其外部环境就是勘察该层级的工程地质条件;研究工程地质系统的功能实质上是研究工程地质(岩土)体与其外部环境的相互作用关系。

3.3 工程地质体的性能、行为与功能

工程地质体的性能就是工程地质(岩土)体抵抗外部环境条件(变化)和外部环境作用的能力。与工程地质勘察基本概念对接,就相当于工程地质(岩土)体的力学性质和渗透性能。工程地质(岩土)体的力学参数就是工程地质(岩土)体的力学性质和渗透性能的定量描述。

工程地质体的行为就是工程地质(岩土)体在外部环境条件(变化)和外部环境作用下的自身产生的变化。与工程地质勘察基本概念对接,就相当于工程地质(岩土)体在工程荷载或渗流作用下的变形、渗漏乃至失稳等现象,可以通过外部观测探知。工程地质问题分析主要就是对工程地质体的行为的预测性分析。

工程地质体的功能就是工程地质(岩土)体的行为对外部环境的影响。即外部环境作用下工程地质(岩土)体自身产生的行为(变形、渗漏乃至失稳等),反过来对外部环境产生影响(建筑物变形、浸没等),受工程地质(岩土)体行为影响到的环境对象是其功能对象(建筑物、农田等)。与工程地质勘察基本概念对接,相当于工程环境地质问题。

根据自然地质系统的实体功能规律,在环境一定的情况下,由确定的元素与确定的结构整合而成的确定的自然地质体,能独一无二地确定自然地质系统的性能。

把工程作用作为对工程地质(岩土)体的外部环境作用,设计采用的工程作用(荷载、作用方向、速度等)确定,勘察工作把地质基本组成元素与基本地质结构确定,由此整合而成的工程地质(岩土)体也基本确定,则工程地质(岩土)体的性能及行为就能对应地基本确定。因此,工程岩土体性能(性质)的不可知论不成立,工程岩土参数随机论也并不科学。

3.4 工程地质系统的等级层次原理

工程实践中已经在运用工程地质层次等级原理。如工程岩体分级、围岩分类等方法,获得的工程岩体的级别、类别相当于对工程岩体进行(剖面)分层,实质是一种系统角度上的性能分层,再通过岩体现场变形试验、直剪试验进行验证,就是研究中观层次的岩体系统的相对稳定性、均质性和行为过程的规律性、单一性,"屏蔽"了细观层次的岩块和结构面的非稳定性、时空的异质性(不均匀性)和行为过程的多样性、随机性。

整体突现性是系统(存在差异)的组分之间经过差异整合而产生的结构效应。那么,组分之间的差异越大,结构效应越明显,整体突现性越突出,非加和(即非线性)关系就愈占统治地位,反之亦然。工程地质(岩土)体经常是多层(按力学分层)组合体。层与层之间是否存在明显的力学性质差异,可以作为评判非加和(即非线性)关系是否占统治地位,工程地质

（岩土）体是否属于复杂系统的基本依据。据此，大部分工程地质（岩土）体并不属于复杂地质系统。

4 结语

建立起自然地质系统和工程地质系统概念，勘察研究某一层级的工程地质（岩土）体与其外部环境就是勘察该层级的工程地质条件；研究工程地质系统的功能实质上是研究工程地质（岩土）体与其外部环境的相互作用关系。

工程地质评价首先是对工程地质（岩土）体性能的评价，工程地质（岩土）体的力学参数就是工程地质（岩土）体的力学性质和渗透性能的定量描述；工程地质问题分析主要就是对工程地质体行为的预测性分析；环境工程地质问题分析就是对工程地质体功能的预测性分析。

参 考 文 献

[1] 李宁新.工程地质勘察理论若干问题探讨[C] //中国水利学会勘测专业委员会 2004 年年会论文集.
[2] 张华夏,等.现代自然哲学与科学哲学[M].广州:中山大学出版社,1996.
[3] 苗东升.系统科学精要[M].北京:中国人民大学出版社,1998.
[4] [美]司马贺.人工科学[M].武夷山,译.上海:上海科技教育出版社,2004.
[5] 徐恒力,等.环境地质学[M].北京:地质出版社,2009.

水利标准翻译难点与技巧

杨　静　李会中　王团乐　李园园

长江三峡勘测研究院有限公司,湖北 武汉　430074

摘　要："一带一路"总体战略部署是机遇也是挑战,为了让中国水利实现"走出去",水利技术标准就必须先"走出去",形成完善的水利标准外文版体系。本文对我国水利技术标准翻译现状进行了介绍,并针对翻译过程中遇到的常见问题进行了举例分析,最后对水利标准翻译一般技巧进行了简单介绍,希望能对水利标准翻译工作者有所帮助,为推进我国水利标准国际化提供技术支持。

关键词:一带一路　水利标准　翻译　难点　技巧

Difficulties and Skills in Translation of Water Conservancy Standards

YANG Jing　LI Huizhong　WANG Tuanle　LI Yuanyuan

Three Gorges Geotechnical Consultants Co. ,Ltd. , Wuhan 430074,China

Abstract:The overall strategic plan of "the Belt and Road" is both an opportunity and a challenge. In order to achieve "going out" of China's water conservancy, the water conservancy technical standards must first "go out" and form a perfect foreign language version system of the water conservancy standard. This paper introduces the present situation of the translation of water conservancy technical standards in China, and gives an example analysis of the common problems encountered in the translation process. Finally, it briefly introduces the general skills of the translation of water conservancy standards, hoping to be helpful to the translators of water conservancy standards and to provide technical support for the promotion of China's water conservancy standards international.

Key words:the Belt and Road; water conservancy standards; translation; difficulty; skill

0　引言

"一带一路"建设是我国新时期开展对外合作的总体战略部署[1]。近年来,中国水利积极落实国家"走出去"战略和"一带一路"战略,全面加强水利政策、管理、技术、标准等方面合作,水利企事业单位积极走出国门承揽海外项目,大力开拓国际市场,不仅为自身发展赢得了空间,也极大程度地促进了项目所在国经济社会发展,扩大了中国水利的国际影响,为国家外交做出了积极贡献[2]。例如长江勘测规划设计研究院完成了"一带一路"丝路基金首单投资项目——巴基斯坦卡洛特水电站,也是"中巴经济走廊"首个动工项目。

我国是一个水利大国,三峡、小浪底、南水北调等一批大型工程建设使我国在水利技术领域处于世界领先水平,但国际市场上只有极少部分国家采用我国的技术和标准。究其原

作者简介:

杨静,1981 年生,女,高级工程师,博士,主要从事水利水电工程地质勘察方面的研究工作。E-mail: 344122087@qq.com。

因:一是从标准体系来看,我国水利水电技术标准体系与欧美标准体系相差较大,独立的标准很难进行国际化推广,必须以一个完整的体系出现;二是从理念来看,我国水利水电技术标准形成时期较早,大多侧重于工程建设,而对于生态、环境等方面因素考虑较少,与当前全球对于生态环境重视程度的日益提高不相适应;三是从标准国际化进程来看,我国水利技术标准正式翻译出版数量偏少、推广途径单一、难以被世界各国普遍了解或接受[3]。

近年来,我国学者对水利标准化进行了研究。韩育红[4]、邵愠修[5]从翻译的技巧方面对水利技术标准英文翻译工作进行了分析;吴浓娣[2,3]对我国水利技术标准国际化进程相对滞后进行了分析;李青[6]对国内外水利技术标准的差异进行了对比分析。齐莹[7]提出通过发布水利技术标准权威外文版、积极参与国际标准化组织活动等途径推进我国水利技术标准的国际化进程。

1 我国水利技术标准翻译现状

我国水利技术标准化工作起步较晚,为解决语言障碍,让我国的水利技术标准被世界各国认可,为适应中国企业"走出去"的市场要求,推广中国标准在国外市场的使用,水利部组织翻译了一批水利技术标准,并起草了《水利技术标准英文版翻译出版工作管理办法(试行)》《水利技术标准英译本翻译规定(试行)》等规范性文件,对技术规范英译本的格式体例、语法、术语等提出了详细要求,进一步规范了水利技术标准的翻译工作[4]。

目前,我国水利技术标准翻译工作正在稳步推进。截至2018年6月,我国出版英文版《中国水电行业标准》共计73项。其中英文版《中国水电行业标准》(一)30项已于2013年8月面市;英文版《中国水电行业标准》(二)20项已于2016年5—12月陆续出版;2018年5月有23项标准正式出版发行。尽管如此,翻译出版数量仍然偏少,标准体系仍然不够健全。

2 水利技术标准翻译难点分析

水利标准具有专业性强、逻辑性强、结构严密、术语繁多等特点。在翻译过程中,翻译人员除了要有英语基础,还需要具备专业知识,才能翻译得准确。

笔者有幸参与了《水利水电工程天然建筑材料勘察规程》(SL 251—2015)的翻译工作,针对翻译过程中遇到的普遍问题或难点举例分析如下:

2.1 无人称

技术标准最显著的特点是无人称,不掺杂任何个人的主观意见,因此,在翻译过程中应采用正式规范的无人称句式,避免使用人称以反映客观性和自然性。

2.2 标准用词

水利标准中标准用词的翻译一定要准确无误。"必须"表示很严格,非这样做不可,翻译为must;"应"表示严格,在正常情况下均应这样做,翻译为shall;"宜"表示允许稍有选择,在条件许可时首先应这样做,翻译为should;"可"表示有选择,在一定条件下可以这样做,翻译为may be。

例：土料勘察宜按普查、初查、详查分级进行，视需要可合并进行。

原译文：Investigation of soil materials shall be carried out step by step，i. e. reconnaissance study，preliminary investigation and detailed investigation，which should be done together if applicable.

原译文对"宜"和"可"的翻译都出现了错误，本来"在条件许可时应做的"翻译成"必须要做的"，本来"建议做的"翻译成"在条件许可时应做的"，这样翻译很容易产生误导。

修改后为：Investigation of soil materials should be carried out step by step，i. e. reconnaissance study，preliminary investigation and detailed investigation，which may be done together if applicable.

2.3　准确简洁

翻译工作应尽量避免繁杂，应该在准确的基础上尽可能用词简洁。

例：地形完整、平缓，料层岩性单一、厚度变化小，没有无用层或有害夹层。

原译文：An area with integrated and flat landform，sole genetic type and structure of soil layers，there is steady useful layer，there is no unusable layer or deleterious interlayer.

原译文中重复出现了"there is……"句式，显得不够简洁。

修改后为：The landform is integrated and flat. The targeted stratum is of uniform compositions，steady thickness and no unusable or deleterious interlayers.

2.4　专业词语

在翻译中会遇到大量专业性较强的专业名词、术语等，如果缺乏专业知识，只按字面含义翻译，往往容易误译。

例："料场"。

规范中频繁出现该词，如果按字面含义会翻译为 material field，仔细阅读规范会发现，第 5 章主要讲土料勘察，第 6 章主要讲石料勘察，因此在翻译中要了解该料场是针对土料还是石料，土料料场应翻译为 borrow area，石料料场应翻译为 quarry area。

2.5　理解含义

翻译工作一定要在深入了解句子含义的基础上完成，特别是规范中没有详细解释说明的部分，翻译时要把问题翻译透彻。

例：勘探深度应揭穿有用层。有用层厚度较大时，勘探深度应大于开采深度 2.0 m。

原译文：Exploration shall go through the usable layer. If useful layer is relatively thick，the exploration shall be taken to the depth of 2 m below the base of borrow.

原译文对"勘探深度应大于开采深度 2.0 m"并没有表达清晰，让人无法理解勘探深度到底要达到什么要求。

该句经过仔细推敲后修改为：The exploratory depth shall be adequate to go through the usable layer. In the case of thick usable layer，the exploratory depth shall be a minimum of 2m beneath the lower excavation boundary.

3 水利标准翻译技巧介绍

3.1 增减法

在长期的翻译实践中,"英译汉"与"汉译英"常常实行不同的标准。在"汉译英"中,译者为了完整表达和描述清楚原文的含义,就不能"一字不漏"地翻译,译者应该根据情况对没有解释清楚的词句(特别是中国特色的术语或者名词)可以进行适当解释说明。

例:通过管道输送到指定地点进行填筑的土料(吹填料定义)。

翻译为:Soil materials being transported in pipeline to the designated filling area.

如果翻译标准过程中不仔细推敲,或者译者对专业知识不够了解,很容易将指定地点翻译为 designated area,就完全体现不出这是事先设计好的用于填筑的地点。

3.2 语序转换

汉语通常以时序、因果顺序来表述,重点后置,而英语通常重点前置[4]。因此,在水利标准翻译过程中,需要对句子的结构关系进行梳理,以原文为基础,必要时可以对语序进行适当调整,以满足使用者的阅读习惯,避免造成误解。

例:各勘探点所取样品均应进行简要分析。

翻译为:Regular analysis shall be performed on all samples taken from exploratory points.

3.3 长短句

我国水利标准逻辑性强,有时一句话经常由几个短句或词组成,根据英文特点,在翻译时应尽量用长句、被动语态等表达。

例:勘探点宜先疏后密,逐步增加,呈网格状或三角形状布置。

翻译为:Exploratory points should be arranged in the form of grid or triangle in a way from wide to close spacing with increasing amount step by step.

4 结论

(1)借力"一带一路"战略实现中国水利(企业)"走出去",水利技术标准国际化必须先行,并形成完善的水利技术标准外文版体系。

(2)我国水利标准国际化任重道远,需要加大力度推进翻译与出版工作,翻译工作者应在工作实践中多学习、勤思考、善总结,不断积累经验与储备知识,以保证译文更准确、更专业。

(3)本文是《水利水电工程天然建筑材料勘察规程》(SL 251—2015)翻译工作总结提炼,其难点分析与技巧介绍可供从事水利标准翻译工作者借鉴。

参 考 文 献

[1] 李明亮，李原园，侯杰，等. "一带一路"国家水资源特点分析及合作展望[J]. 水利规划与设计，2017 (1):34-38.

[2] 吴浓娣，王建平，夏朋，等. 中国水利"走出去"的成效与机遇——水利贯彻落实"一带一路"战略系列 研究之一[J]. 水利发展研究，2017，17(11):82-84.

[3] 吴浓娣，王建平，夏朋，等. 中国水利"走出去"的成效与机遇——水利贯彻落实"一带一路"战略系列 研究之二[J]. 水利发展研究，2017，17(11):85-88.

[4] 韩育红，吕亮球，李建国. 浅谈水利技术标准英文翻译[C]// 中国水利学会 2016 学术年会论文集. 2016:1002-1006.

[5] 邵愠修. 水利水电专业英汉翻译的技巧[J]. 浙江水利水电学院学报，2008，20(2):96-98.

[6] 李青，郑寓，方勇. 国内外水利技术标准简要比对分析[C]// 中国水利学会 2016 学术年会论文集. 2016:1033-1038.

[7] 齐莹. 我国水利技术标准"走出去"有效模式初探[C]//第一届工程建设标准化高峰论坛论文集. 2013: 685-690.

陆水水库 8 号副坝渗漏分析及防渗工程处理

刘高峰[1]　彭　江[2]　何　涛[1]

1.长江岩土工程总公司,湖北 武汉　430010;2.长江水利委员会 陆水试验枢纽管理局,湖北 赤壁　437302

摘　要:陆水水库8号副坝为均质黏土坝,是陆水水利枢纽工程规模最大的一座副坝,坝基坐落在第四系更新统冲洪积层上。大坝自20世纪60年代建成挡水以来,历经多次除险加固处理,渗漏问题一直没有得到很好的解决。近期结合大坝岩土层结构及其特性、大坝渗漏分析再次进行了防渗工程处理,之后大坝渗漏得到有效遏制,近年来运行效果良好。成功的实践经验对类似工程的勘察设计施工具有一定的借鉴和参考价值。

关键词:防渗墙　均质黏土坝　陆水水库

Leakage Analysis and Seepage Control Engineering for No. 8 Sub Dam of Lushui Reservoir

LIU Gaofeng　PENG Jiang　HE Tao

1. Changjiang Geotechnical Engineering Corporation(Wuhan),Wuhan 430010,China;

2. Changjiang Water Resources Commission Lushui Test Hub Authority,Chibi 437302,China

Abstract:No. 8 sub dam of Lu Shui reservoir is a homogeneous clay dam,it is the largest scale auxiliary dam of Lushui hydro junction project,the dam foundation is located on the alluvial horizon of the quaternary system. Since the dam was built in the 1960s, the leakage problem has not been well solved after several reinforcements. In recent years,combined with the structure and characteristics of the rock and soil layer of the dam and the analysis of dam seepage,the anti—seepage engineering treatment has been carried out again. After that,the dam seepage has been effectively curbed,and the operation effect is good in recent years. The successful practice experience has certain reference and reference value for similar engineering survey and design construction.

Key words:cut-off wall;homogeneous clay dam;Lushui Reservoir

0　引言

　　陆水水库8号副坝位于主坝左侧,为均质黏土坝,坝顶全长1543 m,坝顶高程约59 m,最大坝高26 m,上游坝坡坡度为1:3.0,下游坝坡坡度为1:2.5～1:3.0,设2级马道。8号副坝是陆水水利枢纽工程最大的一座副坝,曾被誉为亚洲最大的黏土坝。枢纽工程于20世纪50年代开工兴建,60年代建成蓄水,70年代完工,80年代以后相继进行了竣工验收、多次安全鉴定和除险加固。数十年运行期间,大坝存在不同程度渗漏现象,渗漏稳定问题较

作者简介:
　　刘高峰,男,1973年生,高级工程师,主要从事水利水电工程地质勘察方面的研究。E-mail:392403569@qq.com。

突出,并进行了多次有针对性的防渗加固处理,特别是近期完成的混凝土防渗墙施工,建成运行期间防渗效果明显。大坝下游为赤壁市主城区、火力发电厂及南北交通大动脉——京珠高速、京广铁路,大坝工程位置及意义十分重要。

1 坝址地质概况

大坝横跨陆水古河床,其中北坝段坐落在一级阶地上,台面高程 38 m;南坝段除坝肩为三级阶地外,主要坐落在二级阶地上,台面高程 47 m。

大坝岩土层结构及其性状分述如下:

(1)坝体填土

北坝段采用第四系上更新统冲积黄色黏性土,南坝段采用第四系中更新统冲洪积网纹状红色黏性土。由于分段施工,进度不一,两段接头处碾压不够,影响填筑质量;高程 48 m以上的二期填土,碾压不均匀,局部架空;南坝段网纹状黏土胶结密实,填筑时土块不易碾碎,存在空隙。

(2)坝基土

北坝段为第四系上更新统冲积层(Q_3^{al}),上部为棕黄色粉质黏土、粉质壤土和分布不稳定的砂壤土,厚度为 5~9 m,局部 2 m 左右;下部为含黏粒的中细砂夹卵砾石层,厚度为1.5~5.0 m。南坝段除坝肩部位属第四系下更新统冲洪积(Q_1^{al+pl})卵砾质土外,坝基为第四系中更新统冲洪积层(Q_2^{al+pl}),上部为网纹状红色含少量砾黏土、粉质黏土,厚度为 4~8 m;下部为砂砾质土和含黏粒砂卵砾石层,厚度为 4~6 m。

坝体及坝基土的物理力学参数建议值见表 1。

表 1　坝体及坝基土的物理力学参数建议值

地层代号	岩性	相对密度 G_s	含水量 w (%)	干重度 γ_d (kN/m³)	孔隙比 e	压缩系数 $\alpha_{0.1\sim0.2}$ (MPa⁻¹)	压缩模量 E_s (MPa)	黏聚力 c (kPa)	内摩擦角 φ (°)
Q^s	坝体填土	2.73	27.5	15.1	0.806	0.236~0.327	5.3~7.5	24~35	20~23
Q_3^{al}	含少量砾黏土、粉质黏土及壤土	2.74	25.6	15.9	0.730	0.213~0.293	6.1~8.0	26~35	21~24
	砂壤土	2.73	23.6	16.2	0.688	0.230	7.3	15	25
Q_2^{al+pl}	含少量砾黏土、粉质黏土及壤土	2.73	27.3	15.5	0.761	0.212~0.272	6.5~9.1	45	18
	砂壤土	2.71	19.9	17.4	0.555	0.150	10.4	15	32

(3)下伏基岩

下伏基岩为志留系中下统(S_{1-2})泥质粉砂岩、页岩,易风化,岩层陡倾南,岩体强风化层厚度为 5～10 m,裂隙发育,岩体较破碎。

2 坝体及坝基各层透水性

坝体填筑主要为黏性土,坝基上部为含少量砾黏性土夹砂壤土、下部为卵砾石和卵砾质土层,下伏基岩为泥质粉砂岩、页岩。岩土层结构及透水性分区见图1。

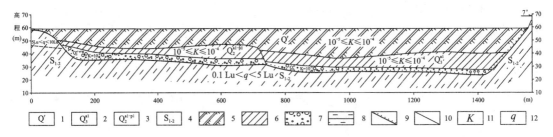

图 1 坝体及坝基岩土层结构及透水性分区

1—人工堆积层;2—第四系上更新统冲积层;3—第四系中更新统冲洪积层;4—志留系中下统;

5—坝体填筑黏性土;6—坝基黏性土层;7—坝基卵砾石层;8—泥质粉砂岩、页岩;9—第四系与基岩分界线;

10—地层岩性分界线;11—渗透系数(cm/s);12—透水率(Lu)

根据钻孔注水及压水试验、室内渗透试验成果,坝体及坝基各岩土层透水性分述如下:

(1)坝体填筑黏性土渗透系数为 2.64×10^{-5}～1.17×10^{-4} cm/s,具弱～中等透水,其中中等透水多集中在高程 45 m 以上。

坝体填筑土渗透破坏类型为流土型,临界水力比降 $[J_{cr}]=(G_s-1)(1-n)$,其中 $G_s=2.73$,孔隙率 $n=0.446$,计算得出临界水力比降 $[J_{cr}]$ 为 0.96,建议安全系数为 2,允许水力比降 $[J_{允许}]$ 为 0.48。

(2)北坝段坝基上部黏性土渗透系数为 1.60×10^{-5}～3.27×10^{-4} cm/s,具弱～中等透水,砂壤土渗透系数为 1.52×10^{-4}～8.20×10^{-4} cm/s,具中等透水;下部卵砾石层渗透系数由北向南逐渐减小,为 2.3×10^{-3}～2.9×10^{-2} cm/s,具中等～强透水,并构成本区主要承压含水层。南坝段坝基上部黏性土除表层 1～2 m 由于蚁类活动、树根腐烂和高岭土中有微细小孔以致渗透性较强外,其余部位渗透系数为 1.58×10^{-6}～1.00×10^{-4} cm/s,以弱透水为主;下部卵砾质土渗透系数为 1.4×10^{-4}～2.3×10^{-4} cm/s,具中等透水,与北坝段下部卵砾石层构成本区统一承压含水层。

(3)下伏泥质粉砂岩、页岩强风化层透水率为 3.3～9.9 Lu,具弱透水;弱～微风化层透水率为 0.4～3.2 Lu,以弱透水为主,局部微透水。

3 大坝渗漏分析及前期处理

(1)大坝产生渗漏的主要原因

根据勘探、试验揭露坝体及坝基岩土层结构及其性状,结合对工程前期施工的了解,初步分析大坝产生渗漏的原因主要包括以下三个方面。

① 坝体填筑土均一性差,以两个钻孔为例,其中一孔孔深 7～12 m 段含较多砾石,结构

疏松;另一钻孔孔深 11.5~17.9 m 段岩性复杂,由网纹状红土、淤泥质土、粉质壤土和耕植土组成。高程 48 m 以上的二期填土,碾压不均匀,局部架空,标准贯入试验击数为 7~11 击,密实度远低于下部一期填筑土,注水试验多孔段渗透系数为 $i×10^{-4}$ cm/s,属中等透水。坝体分南北两个坝段施工,进度不一,两段接头处碾压不够,影响填筑质量,南坝段网纹状黏土胶结密实,填筑时土块不易碾碎,存在空隙。总之,坝体存在填土均一性及碾压质量较差等隐患,致使坝体产生渗漏。

② 坝基存在清基不彻底现象,一级阶地表层局部范围分布的淤泥、腐殖土未予清除,二级阶地清基较浅,地基土表层由于蚁类及其他虫类活动分布较多孔洞,导致沿坝体与坝基接触面产生渗漏。

③ 坝基卵砾石承压含水层上覆相对隔水黏性土层厚度较薄,为 4~9 m,局部仅 2 m 左右,坝后局部坝段由于人类活动造成该黏性土层被破坏,致承压水溢出产生渗漏。

(2)运行前期主要渗漏现象

蓄水初期曾出现坝体裂缝,下游坝坡大面积散浸,坝后有沼泽化,坝基渗漏,尤以南坝段渗水泉眼较多等险情。据长期观测资料,北坝段坝后承压水位随库水位上升而增高,且 4 个观测孔见砂及小砾石涌出;南坝段 1 个观测孔出现孔水位突升 1.3 m 的渗变现象。根据 20 世纪 60 年代的实测资料推算,库水位 55 m 时,北坝段下游坝脚的出溢比降大于设计允许值 0.5;南坝段网纹状红土表层局部段的出溢比降亦超过设计允许值,基础抗浮系数小于 2。

(3)前期防渗处理措施及效果

20 世纪 60 年代和 70 年代在北坝段和南坝段分别设置了减压井,其后当库水位达 55.97 m 时,坝脚承压水上升变幅减小,渗透稳定性提高,抗浮系数大于 2;对坝体和南坝段坝基表层 1~2 m 进行了灌浆处理,由于灌浆不连续且深度较浅,除部分渗水泉眼被堵外,散浸依然存在,效果不理想;在坝前网纹状红土中平行坝线方向挖槽回填黏土堵塞孔洞,坝后设排水沟;对坝后水塘进行回填,并修筑压浸台以增加盖重,延长渗径,防止坝脚渗透破坏。

自 20 世纪 90 年代末开始,各类观测孔相继失效,减压井大部分废弃,少数出水不畅,有限的监测资料表明,坝基仍存在渗水现象,尤其是南坝段坝脚渗水范围较大,南端长期观测孔承压水位一直偏高;北坝段坝脚处的鱼塘汛期水位上涨,淹及压浸台和减压井口,对坝脚稳定不利。

综上所述,坝体填土均一性差,土体密实程度不均,渗透系数差异性较大;坝基清基不彻底,防渗处理效果不理想,存在渗流变形稳定问题。

4 近期防渗工程处理

(1)防渗处理工程措施

近期除险加固在坝顶防浪墙上游侧 1.5 m 处设置混凝土垂直防渗墙,桩号 K1+471 以前段墙厚 60 cm、以后段墙厚 80 cm,防渗墙深入基岩 0.5~1.0 m;对左坝肩坝基进行了防渗帷幕灌浆,帷幕底线深入 5 Lu 线以下不小于 3.0 m;上游坝坡高程 48 m 以上采用现浇 15 cm 厚混凝土护坡,高程 44~48 m 采用厚 15 cm 水下模袋混凝土护坡,下游结合坡面修整和设置浆砌石排水沟进行草皮护坡。同时安装了监测自动化系统。

（2）防渗处理质量检测

根据防渗墙质量物探检测报告，8 号副坝 9 个检测孔声波测试显示防渗墙总体质量良好或好，骨料分布基本均匀，混凝土胶结密实，声波 V_p 分布范围为 3448～4762 m/s，$V_p \geqslant$ 4000 m/s 以上的测点数占总数的 97.6%。孔内录像显示一般混凝土底部与基岩面接触紧密或较好，墙底基岩多较完整。电磁测深结果表明防渗墙墙体连续性较好，未见明显质量缺陷。根据防渗工程验收鉴定，12 个灌浆检查孔压水试验帷幕透水率均小于设计值 5 Lu；防渗墙前水位接近库水位，墙后坝体渗流位势值一般为 60%～80%，坝基渗流位势值较低，渗流量明显减小。

（3）防渗处理水位分析

为进一步验证防渗处理效果，防渗墙施工完成并运行 5 年后，在防渗墙后平距约 3 m 的坝顶上游侧布置了 3 个钻孔进行水位分析，钻孔揭露坝基下部卵砾石厚度、基岩面高程及水位关系，见表 2 和图 2。钻孔终孔稳定水位 37.10～39.36 m，均位于坝基黏性土层上部，较坝前库水位低 13.48～15.38 m，水位差较大，且与库水位升降不具正相关性；钻孔终孔稳定水位高出坝下游坡脚外侧水塘（约 200 m 以上）水位 1.30～3.56 m，符合地下水运移位势特征。水位分析显示防渗墙防渗效果较好。

表 2　防渗墙后坝顶钻孔水位分析表

钻孔编号	桩号	砂砾石厚（m）	砂砾石底基岩面高程（m）	坝前库水位（m）	终孔稳定水位（m）	库水位与钻孔水位差	坝下游坡脚外侧水塘水位（m）
1#	K0+159	6.20	23.06	53.49	39.36	14.13	约 35.80
2#	K0+379	2.90	26.25	52.48	37.10	15.38	约 35.80
3#	K0+699	5.30	25.41	51.19	37.71	13.48	约 35.80

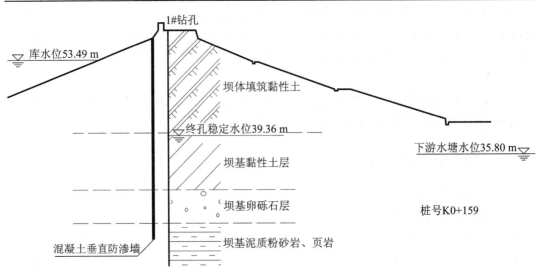

图 2　防渗墙前后水位关系分析示意（以 1# 钻孔为例）

5 结语

近年来,根据陆水水库 8 号副坝大坝变形及渗漏观测资料,下游坝坡及纵、横排水沟均未见明显渗水,上、下游坝坡均未见变形破坏迹象。近期防渗工程措施有利于大坝稳定,有效地控制了坝体及坝基渗漏。

国内有很多与该副坝类似的土石坝需进行除险加固,这些大坝普遍存在建设时间早、施工周期长、前期勘察深度有限、施工工艺落后、质量控制欠佳、大坝渗漏等问题。本文通过充分收集工程前期勘察设计施工资料,结合现阶段补充钻探、物探、现场及室内岩土试验,进一步查明大坝岩土层结构及其水文地质特性,对大坝进行渗漏分析,为大坝防渗除险加固设计施工提供地质依据,并取得良好效果,对类似工程的勘察设计施工具有一定的借鉴和参考价值。

参 考 文 献

[1] 刘高峰,万尧科.陆水蒲圻水利枢纽除险加固工程初步设计工程地质勘察报告[R].武汉:长江水利委员会长江勘测规划设计研究院,2003.

[2] 刘高峰,何涛,张少峰.湖北省赤壁市陆水水库大坝安全评价(第三次)工程地质勘察报告[R].武汉:长江勘测规划设计研究有限责任公司,2014.

[3] 张起和,夏洪华,李伟.陆水水利枢纽 8 号副坝防渗墙施工[J].人民长江,2009,40(11):26-28.

东庄水库水化学及同位素特征研究

孙　璐　曾　峰　卜新峰　蔡金龙

黄河勘测规划设计有限公司,河南 郑州　450003

摘　要:为了研究东庄水库地下水补给来源与径流特征,应用水文地球化学理论,取样分析了研究区内地下水水化学组成和同位素特征。结果表明,研究区内基岩裂隙水与泾河水和岩溶水之间无明显水力联系;岩溶水接受泾河水的直接补给量很小,主要由大气降水入渗补给,并接受深部循环地下水补给,其中坝址区及东部裸露区岩溶水与泾河河水存在一定的水力联系。

关键词:东庄水库　水化学特征　同位素特征

Research on Hydro-chemical and Isotopic Characteristics in Dongzhuang Reservoir

SUN Lu　ZENG Feng　BU Xinfeng　CAI Jinlong

Yellow River Engineering Consulting Co. ,Ltd. ,Zhengzhou 450003,China

Abstract:In order to study the groundwater supplying resources and runoff characteristics of Dongzhuang reservoir,hydrogeochemical method are used in analyzing the hydro-chemical composition and isotopic characteristics of the study area. Research results show that the bedrock fissure water in the study area exist no significant hydraulic connection between the karst groundwater and Jinghe river. The karst groundwater rarely accept direct river recharge,they are mainly supplied by atmospheric precipitation infiltration,and accept the deep circulation of groundwater recharge. The karst groundwater in the dam site and eastern exposed area exist certain hydraulic connection with Jinghe river.

Key words:Dongzhuang reservoir;hydro-chemical characteristics;isotopic characteristics

1　研究区概况

泾河东庄水利枢纽工程地处渭北中部,位于陕西省礼泉县与淳化县交界泾河下游峡谷段,东庄坝址上游约 2.7 km 范围内为碳酸盐岩地层,地表及地下一定深度范围内存在岩溶现象,且碳酸盐岩河谷段地下水位低于河水面 30～50 m,形成悬托型河谷,水库蓄水后存在岩溶渗漏问题[1]。

研究区内水文地质条件复杂,区内分布有大气降水、地表水以及地下水三种水体,各类水体混合程度高,本文应用水文地球化学方法,以研究区岩溶地下水补-径-排条件为主线,开展东庄水库各水体之间的水力联系、岩溶地下水的补给来源与径流特征等相关水文地质问题研究。

作者简介:

孙璐,1987 年生,女,工程师,主要从事水利水电工程地质勘察与水文地质方面的研究。E-mail:sunlu@yrec.cn 。

2 样品采集

为了分析研究区不同水体的水文地球化学特征,在区域岩溶水文地质调查的基础上,采集区内地下水和地表水水样共63组,水样涵盖研究区内大气降水、河水、第四系-新近系(Q-N)松散岩类孔隙水、三叠系-二叠系(T-P)基岩裂隙水、奥陶系上统唐王陵组-奥陶系中统平凉组(O₃t-O₂p)基岩裂隙水以及碳酸盐岩类岩溶水等不同水体,采样位置见图1。为研究地下水同位素特征,共采集同位素样品60组,其中,大气降水样3组,泾河水样8组,地下水样49组,测试因子包括δD、δ¹⁸O。

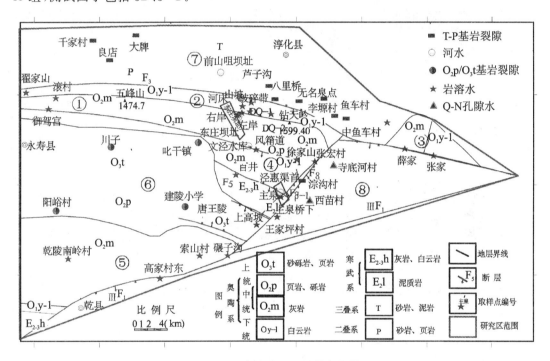

图 1 研究区分区及采样点位置

注:①筛珠洞泉域岩溶水(西北部滚村一带);②筛珠洞泉域岩溶水(坝址裸露岩溶区);③东部铜韩区岩溶水;
④筛珠洞泉域岩溶水(筛珠洞主泉区);⑤龙泉寺泉域岩溶水;⑥唐王陵向斜 O₃t-O₂p 基岩裂隙水;
⑦老龙山断裂以北 T-P 基岩裂隙水;⑧山前 Q-N 松散岩类孔隙水

3 水化学特征

根据所取全部水样点的水化学测试数据,绘制出研究区水样点水化学成分 Piper 三线图(图 2)与水化学指纹图(图 3)。从图 2、图 3 中可以看出:研究区内大气降水、河水、第四系-新近系(Q-N)松散岩类孔隙水、三叠系-二叠系(T-P)基岩裂隙水、唐王陵向斜内奥陶系上统唐王陵组-奥陶系中统平凉组(O₃t-O₂p)基岩裂隙水以及碳酸盐岩类岩溶水等不同水体的水化学特征存在一定的差异,具有各自的水文地球化学特征[2]。

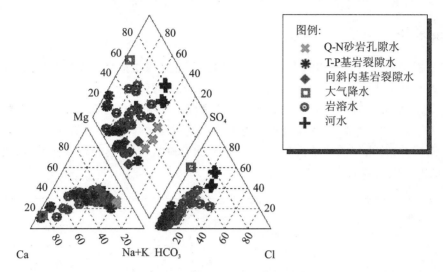

图 2　研究区水样点水化学成分 Piper 三线图

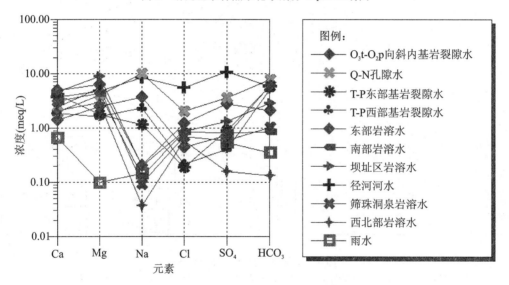

图 3　研究区各种水样点均值水化学指纹图

3.1　大气降水及地表水

研究区内大气降水具有明显的低矿化特征,总溶解性固体(TDS)与七大离子浓度值为区内最低,水化学类型为 $HCO_3 \cdot SO_4$—Ca 型。

受到渭北地区气候条件及人类活动影响,泾河水经历着强烈的蒸发作用,与大气降水水化学特征差异显著,泾河水的七大常规离子浓度与 TDS 明显高于研究区内其他水体,水化学类型为 $HCO_3 \cdot SO_4 \cdot Cl$—Na 型或者 $HCO_3 \cdot SO_4 \cdot Cl$—Na $\cdot$ Mg 型。

3.2　松散岩类孔隙水

松散岩类孔隙水主要分布于山前冲洪积平原,具有高矿化度、高 HCO_3^- 和 Na^+ 特征,水

化学类型主要为 HCO_3—$Na \cdot Mg$ 型或 $HCO_3 \cdot SO_4$—$Na \cdot Mg$ 型,水化学特征的明显差异可以从一定程度上反映松散层孔隙水与其他类型地下水体补给来源的不同。从指纹图中可以看出,松散岩类孔隙水水样点基本均处于岩溶水与河水样点之间,表明其与泾河河水、岩溶水关系密切。

3.3 基岩裂隙水

基岩裂隙水包括唐王陵向斜内 $O_3 t$-$O_2 p$ 基岩裂隙水和老龙山断层以北的 T-P 基岩裂隙水两类。$O_3 t$-$O_2 p$ 基岩裂隙水具有高 Na^+ 特征,水化学类型单一,为 HCO_3—$Na \cdot Mg$ 型。T-P 基岩裂隙水具有高 Ca^{2+} 和低矿化特征,水化学类型为 HCO_3—Ca 型或 HCO_3—$Na \cdot Ca \cdot Mg$ 型。$O_3 t$-$O_2 p$ 基岩裂隙水和 T-P 基岩裂隙水的阴离子都以 HCO_3^- 为主,SO_4^{2-}、Cl^- 含量较低,这与泾河水和岩溶水的水化学组成存在明显的差异,表明基岩裂隙水与泾河水、岩溶水之间无明显水力联系。

3.4 碳酸盐岩类岩溶水

根据划分的区域岩溶地下水系统,对比不同岩溶地下水系统岩溶水与泾河水的化学成分表明(表1),泾河水与区域岩溶地下水的水化学成分差异显著。总体来看,泾河水表现出高矿化度,高浓度的 SO_4^{2-}、Cl^-、Na^+,弱碱性的特点;而区域岩溶地下水的 TDS 均小于 1000 mg//L,SO_4^{2-}、Cl^-、Na^+ 等离子含量也都远低于泾河水的,根据地下水化学的补排规律,说明二者的水力联系不大,即区域岩溶水接受泾河水的直接补给量很小。其中筛珠洞泉域坝址区与东部裸露区岩溶水样点水化学特征相似,SO_4^{2-} 和 Cl^- 浓度以及 TDS 高于其他区域岩溶水的,推测其为接受泾河河水补给所致,表明该区域岩溶水与泾河河水之间存在一定的关系。

表 1 泾河水与不同区域岩溶地下水化学成分均值对比表(mg/L)

岩溶水系统	pH 值	TDS	HCO_3^-	Cl^-	SO_4^{2-}	Ca^{2+}	K^+	Mg^{2+}	Na^+
筛珠洞泉域系统(西北部)	7.80	279.92	286.80	8.51	9.13	39.08	0.71	19.08	40.01
筛珠洞泉域系统(坝址区)	7.38	699.99	347.51	65.41	194.76	150.00	3.77	21.27	55.62
筛珠洞泉域系统(主泉区)	7.70	464.74	329.82	37.40	89.82	66.23	2.31	28.07	57.98
龙岩寺泉域岩溶水系统	7.73	393.05	341.72	28.01	33.14	49.00	2.05	25.88	61.42
东部岩溶水系统	7.50	680.43	325.54	135.25	129.21	77.76	4.74	43.38	98.31
坝址区泾河水	8.30	1273.12	396.63	203.48	428.43	85.57	6.38	68.77	246.1

研究区内岩溶地下水水化学类型比较复杂,局部具有相对独立特征,未形成统一的水化学场。根据阴离子含量的差异可将研究区水化学类型划分为 HCO_3 型(I 区)、HCO_3—Cl—SO_4 型(II 区)和 HCO_3—SO_4 型或 SO_4—HCO_3 型(III 区)三类(图4)。I 区地下水以 HCO_3 型水为主,TDS 普遍较低,具有典型的补给区特征;坝址附近泾河沿线的裸露碳酸盐岩地区(III 区),岩溶地下水中 SO_4^{2-} 浓度明显增大,水化学类型演化为 HCO_3—SO_4 型;自坝址区向东至口镇—关山断裂带(II 区)逐渐演变为 HCO_3—Cl 型水,II 区和 III 区岩溶水 TDS

明显增大(图5),表现为排泄区特征。总体来看,研究区的筛珠洞泉域内自西北部覆盖型岩溶区至坝址裸露岩溶区以及筛珠洞泉方向,岩溶水水化学类型具有由简单至复杂的演化趋势,TDS 由小逐渐增大,这在一定程度上揭示了地下水径流方向[3]。

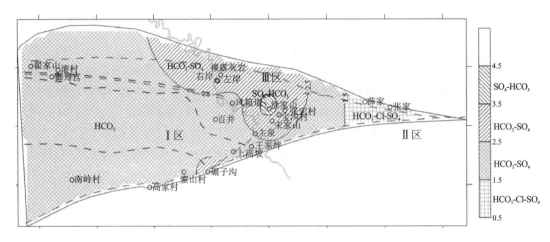

图 4　研究区岩溶水水化学类型分区

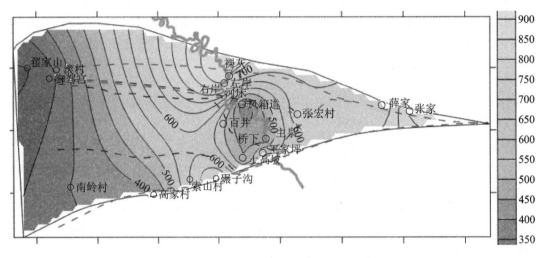

图 5　研究区岩溶水 TDS 等值线

4　岩溶水同位素特征

在区域岩溶水文地质条件约束下,开展了研究区岩溶水同位素特征研究,运用稳定氢氧同位素(^{2}H、^{18}O)技术,为岩溶地下水的补给来源等相关的水文地质问题提供同位素证据,并对进一步认识岩溶地下水的补-径-排规律起到了一定指示作用[4-7]。

4.1　研究区 δD-δ^{18}O 大气降水方程

由于研究区缺乏系统的大气降水同位素资料,而本次研究工作时段内采集的降雨样品数量有限,达不到研究精度。本次研究大气降水方程参考陕西省地调院成果,即陕西渭北中部地区的大气降水方程:$\delta D = 8.103\delta^{18}O + 10.16$[8]。为了进一步表征样点偏离大气降水线的程度,引入氘剩余值 d,计算公式为:$d = \delta D - 8\delta^{18}O$。

4.2 岩溶水同位素特征

研究区内不同地区、不同类型的岩溶水呈现出不尽相同的 δD、$\delta^{18}O$ 同位素特征,图 6 为研究区岩溶水 δD 与 $\delta^{18}O$ 同位素关系图,从图中可以看出:研究区内岩溶水样点均分布于全球大气降水线与当地降水线附近,氘剩余值 d 均大于 0,表明其均主要由大气降水入渗补给[9]。本区岩溶水样点基本可划分为两类,一类为坝址区裸露岩溶水,其样点靠近并位于当地大气降水线右上方,具有高 δD、$\delta^{18}O$ 特征,表明其与现代大气降水联系密切。另一类为西北部滚村一带覆盖型及南部龙岩寺泉域埋藏型岩溶水,其样点偏离大气降水线,具有中等 δD、$\delta^{18}O$ 特征,表明其与现代大气降水联系相对较差[10]。

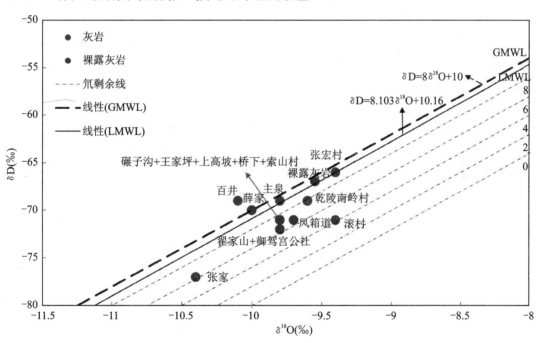

图 6 研究区岩溶水 δD 与 $\delta^{18}O$ 同位素关系

4.3 补给高程计算

在利用同位素的高程效应,用 δD 估算地下水和地表水补给高程时,参照渭北东部岩溶区大气降水 δD 高度梯度 K,取研究区 δD 高度梯度为:$K_{\delta D} = -0.0785$(‰/m)。

根据 δD 同位素推算出坝址区附近部分岩溶水点的降水补给高程见表 2,从计算结果看,坝址区内岩溶水补给高程为 686～1021 m,其中筛珠洞主泉补给高程为 686 m,风箱道补给高程为 829 m,明显高于东庄坝址处标高 590 m 及坝址区岩溶水水位 550～570 m,说明岩溶水有来自更高补给高程的深部地下水与之混合[11]。结合区域岩溶地下水等水位线分析,筛珠洞主泉主要接受来自西北部五峰山一带及南部龙岩寺泉域深层岩溶水的补给,风箱道泉主要接受来自西北部翟家山、滚村一带岩溶水补给。

表 2　利用 δD 值计算坝址区岩溶水样点补给高程结果

样点	高程(m)	水位埋深(m)	δD(‰)	推算补给高程
风箱道	559	0	−71	829
筛珠洞主泉	441	0	−69	686
筛珠洞主泉(桥下)	438	0	−71	708
坝址左岸	773	201.7	−65	765
徐家山	840	0	−64	1021

5　小结

通过对研究区内各类水体水化学特征以及岩溶地下水同位素特征的研究,得出以下结论:

(1) 大气降水与泾河河水分别具有明显的低矿化与高矿化特征;Q-N 松散岩类孔隙水具有高矿化度,高 Na^+、HCO_3^- 特征,为泾河河水与岩溶水二者的混合结果;基岩裂隙水的阴离子以 HCO_3^- 为主,SO_4^{2-}、Cl^- 含量较低,与河水及岩溶水存在明显的差异;研究区的筛珠洞泉域内自西北部覆盖型岩溶区至坝址裸露岩溶区以及筛珠洞泉方向,岩溶水水化学类型具有由简单至复杂的演化趋势,TDS 由小逐渐增大,这在一定程度上揭示了地下水径流方向,区域岩溶地下水与泾河水的水化学成分差异显著,表明区域岩溶水接受泾河水的直接补给量很小,其中坝址区及东部裸露区岩溶水与泾河河水存在一定的水力联系。

(2) 根据同位素组成分析结果,研究区内岩溶水主要由大气降水入渗补给,根据 δD 同位素推算出坝址区内岩溶水补给高程为 686~1021 m,高于坝址区岩溶水水位 550~570 m,说明坝址区岩溶水有来自更高补给高程的深部地下水与之混合。

参 考 文 献

[1] 万伟锋,邹剑锋,曾锋,等.陕西省泾河东庄水利枢纽工程可行性研究阶段岩溶渗漏专题研究报告[R].郑州:黄河勘测规划设计有限公司,2014.

[2] 沈照理,朱宛华,钟佐燊.水文地球化学基础[M].北京:地质出版社,1993.

[3] 王大纯,张人权,史毅红,等.水文地质学基础[M].北京:地质出版社,1986.

[4] 马致远,钱会.环境同位素地下水文学[M].西安:陕西科技出版社,2004.

[5] 陈宗宇,齐继祥,张兆吉,等.北方典型盆地同位素水文地质学方法应用[M].北京:科学出版社,2010.

[6] 万军伟,刘存富,晁念英,等.同位素水文学理论与实践[M].武汉:中国地质大学出版社,2003.

[7] 张应华,等.环境同位素在水循环研究中的应用[J].水科学进展,2006,17(5):738-744.

[8] 陕西省地质调查院.陕西渭北中部岩溶地下水勘察报告[R].2002.

[9] 何渊,李亮,黄金廷,等.渭北东部奥陶系岩溶地下水环境同位素特征分析[J].地下水,2005,27(6):454-456.

[10] 侯晨.泾河东庄水利枢纽工程岩溶地下水同位素水文地球化学特征[D].西安:长安大学,2013.

[11] 曾贤薇,李晓,于静.金沙江某水电站坝址区水化学特征研究[J].广东微量元素科学,2009,16(2):46-51.

萝卜寨滑坡稳定性评价

唐运刚　柳晓宁

云南省水利水电勘测设计研究院,云南 昆明　650021

　　摘　要:本文以红谷田水库右岸的萝卜寨滑坡群中 HP2 为例,通过对滑坡体的分布特征、岩土体结构、滑动带物质结构特征等进行分析,利用地质测绘、钻孔及平硐勘探、取样进行分析,分析滑坡最有可能的变形破坏为沿松散堆积体中软弱结构面及岩土分界面发生深层的蠕动滑移,滑带为基本连续的弧形,滑动体为近似均值的碎块石角砾土。选取滑坡区岩土体物理力学参数,经 SLOP 专业软件数值模拟 HP2 在不同工况下计算边坡安全系数,确定了 HP2 在各种工况下均满足规范规定的安全系数应大于 1.15 的要求,天然状态下处于安全稳定状态,总体评价坡体基本稳定;在施工期雨季加动荷载最不利工况下,原滑坡体因土体饱和带有所上升,安全系数稳定性略有降低。为增强水库正常蓄水后各种工况下大坝下游右岸坡的安全稳定,提出对边坡采取综合防护措施的建议。为工程下一步顺利、安全地开展提供了可靠的技术支撑。

　　关键词:滑坡　变形破坏　稳定性分析 安全系数 综合防护措施

Stability Evaluation of Landslides in the Radish Village

TANG Yungang　LIU Xiaoning

Yunnan Institute of Water Resources & Hydropower Engineering Investigation Design and Research ,
Kunming 650021,China

　　Abstract:This paper takes the HP2 of the Radish Village landslide group on the right bank of the Red Valley Reservoir as an example. Through the analysis of the distribution characteristics of the landslide body,the structure of rock and soil and the material structure of the sliding belt,the most possible deformation and failure of the landslide is analyzed by geological surveying,drilling and adit exploration and sampling,and the most likely deformation and failure of the landslide is to be soft in the loose accumulation body. The deep structural creep and slip of the weak structural plane and the interface between the rock and soil are the basic continuous arc. The physical and mechanical parameters of rock and soil soil in the landslide area are selected,and the safety coefficient of slope is calculated under different working conditions by SLOP software numerical simulation HP2. The requirement that the safety factor of HP2 should be more than 1. 15 under various working conditions is determined. In the natural state,it is in a safe and stable state,and the overall evaluation of the slope is basically stable; in the construction, the construction is basically stable. In the rainy season, under the most unfavorable loading conditions, the original landslide mass rises with the saturation of soil,and the safety factor decreases slightly. In order to enhance the safety and stability of the right bank slope of the downstream dam under various conditions after the normal reservoir impoundment,the comprehensive protection measures for the slope are put forward. It provides reliable technical support for the smooth and safe development of the project.

　　Key words:landslide;deformation and failure;stability analysis;safety factor;comprehensive protective measures

作者简介:

　　唐运刚,1965 年生,男,高级工程师,主要从事工程地质及水文地质勘察方面的研究。E-mail:360037869@qq.com。

1 研究区概况

1.1 工程概况

红谷田水库位于施甸县城北东保场乡红谷田村附近的红石岩河下游河段。工程区距县城约 16 km，交通便利。水库正常蓄水位 1676.5 m、坝高 85.7 m，总库容 1190.3 万 m³。水库主要功能以农村人畜饮水和农业灌溉为主。建筑物由大坝、溢洪道、导流输水隧洞和输水干渠组成。

大坝设计开挖轮廓线外右岸下游坝脚以下发育萝卜寨滑坡群，因此，溢洪道和导流输水隧洞均布置在大坝左岸。

1.2 基本地质条件

工程区处于横断山脉南段，青、藏、滇、缅、印尼巨型歹字形构造体系与川滇经向构造体系的复合部位南侧，位于经向构造体系的保山—施甸南北向构造带之水寨—丙麻—木老元南北向构造亚带内，带内断裂广泛发育。北北东向及南北向区域断裂多具有传承性活动特征，表现在沿断裂附近地震频繁，温泉以线状出露在活动断裂带上——柯街河断裂最为典型，新生代形成的断陷盆地—蒲缥煤田中泥盆系的灰岩逆掩于新生代煤系上[1]。

根据《中国地震动参数区划图》(GB 18306—2015)和《建筑抗震设计规范》(GB 50011—2010)，工程区地震动峰值加速度为 $0.2g$，地震动反应谱特征周期 0.45 s，抗震设防烈度为 8 度，区域构造稳定性较差[1,2]。

2 萝卜寨滑坡基本地质条件

2.1 基本概况

萝卜寨滑坡群位于红谷田水库坝址下游 0～350 m 的红石岩河右岸，滑坡区及周边属于河谷侵蚀堆积地貌，冲沟较发育。滑坡区总体上部为构造侵蚀地貌，下部为河谷阶地堆积地貌。两岸坡相对河流高差 300～400 m。滑坡区相对河流高差 150～165 m，地形坡角最小为 5°，最大为 53°，平均为 20°，滑坡中上部为宽达 100～200 m 的缓坡台地。右岸分水岭较狭窄，分布高程 2020 m 左右，滑坡区汇水面积呈扇形，约 1.5 km²，年径流量约 60 万 m³，具山区暴雨特征(图 1、图 2)。

萝卜寨滑坡区地表大面积分布第四系地滑堆积及残坡积松散层(Q^{del})碎石角砾砂壤土，坡脚及河漫滩主要堆积第四系冲洪积层和阶地堆积(Q^{pal})卵砾石混漂石砾砂土。下伏基岩主要为奥陶系中统施甸—下蒲缥组(O_2s—O_2p)砂岩夹页岩、钙质页岩，厚约 100 m。其次为志留系中统上仁和桥组(S_2r)灰岩夹页岩，厚度大于 200 m。奥陶系上统上蒲缥组(O_3p)泥灰岩夹钙质页岩，厚度约 60 m。滑坡区位于上坝址近坝右库岸的大石头倒转背斜的北西翼，受褶皱构造的影响，岩体破碎，风化强烈。滑坡区地下水类型主要为第四系孔隙水和基岩裂隙水。地下水主要接受大气降水和上游河水补给，沿地表入渗和基岩裂隙下渗，

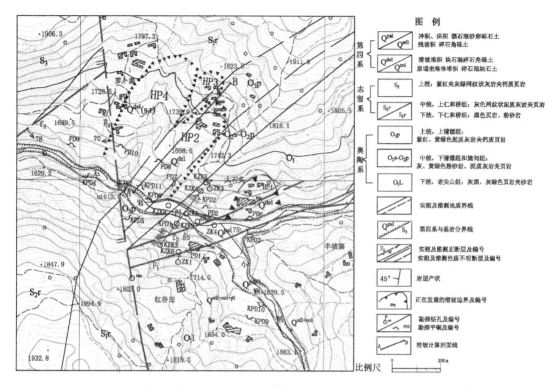

图 1　滑坡体平面示意

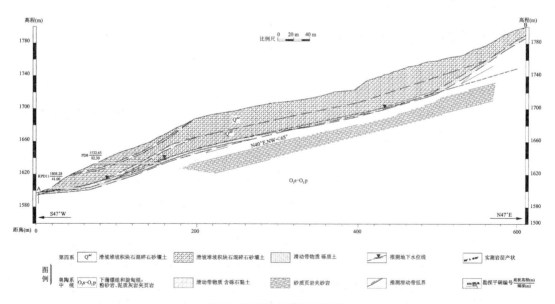

图 2　滑坡体计算剖面示意

向区内最低排泄基准面(河床)散浸排泄[2,3]。

2.2 滑坡区岩土体结构

萝卜寨滑坡群主要由 3 个次级滑坡组成,坡体上部形成宽缓平台,萝卜寨村庄建于坡体上部,据现场调查,坡体多为后期改造的坡耕地,仅有的几株百年以上的大树未发生明显的倾斜、歪倒现象,民居房屋、地基变形、拉裂现象较少,说明该滑坡群形成年代较久,为一古(老)滑坡。3 个滑坡中对枢纽区建筑物影响较大的是其中的 HP2 和 HP4。在 HP2 和 HP4 坡底靠近坝轴线位置布置了勘探平硐 KPD4、KPD6、KPD11、PD7、PD8、PD10,进一步查明该滑坡群中的 HP2 和 HP4 的岩土体结构、规模及其对水库工程建设的影响。萝卜寨滑坡群滑动变形总方量约 267 万 m^3,其中,HP2 位于坝轴线下游 80~160 m,红石岩河右岸的萝卜寨村南东,宽 100 m 左右,长 270 m 左右,厚 20~80 m,平均厚度约 30 m,分布高程 1600~1778m,方量约 85 万 m^3;HP3 位于萝卜寨村附近,宽 80m 左右,长 130m 左右,厚 10~30 m,平均厚度约 20 m,分布高程 1710~1815 m,方量约 73 万 m^3,因其所处位置较高,距大坝建筑物较远,失稳后对大坝安全影响性不大,可不处理;HP4 位于坝轴线下游 160~320 m,红石岩河右岸萝卜寨村南,宽 166m 左右,长 300 m 左右,厚 20~40 m,平均厚度约 30 m,分布高程 1589~1807 m,方量约 109 万 m^3,设计溢洪道出口直接冲刷岸坡坡脚,长期淘蚀坡脚,可能诱发 HP4 再次滑动,对溢洪道建筑物安全有一定影响,但离大坝较远,不会危及大坝建筑物安全。根据滑坡所处位置与大坝建筑物关系密切程度,本文选择 HP2 进行稳定性分析。

据勘探平硐揭露,滑坡体物质组成主要为一层第四系坡积夹崩积层物质组成(Q^{dl+col}),为褐黄色碎块石角砾砂壤土混少量碎块石砾质土,碎块石含量 5%~30%,粒径以 3~10 cm 为主,少量 10~20 cm,成分为强风化砂岩、页岩,杂乱堆积,分布于整个滑坡区,总体上滑坡中下部碎块石含量较高,可达 20%~30%,上部以角砾砂壤土为主,碎块石含量不大于10%,分布具一定分选性。堆积松散~稍密实,透水性强~中等。据平硐揭露,堆积水平厚度 20~80 m,垂直厚度 13~45 m,平均厚度 40 m 左右(图 2)。其变形破坏原因较为复杂,主要为边坡上部松散体重力作用,加之区域断裂 F9 斑鸠寨断裂活动和地震、雨水综合作用下产生自上而下推移式滑移,同时不排除因河流侵蚀切割加深后,引起坡脚失稳再次产生的牵引式滑动。

2.3 滑动带物质结构特征

据勘探平硐 PD8、KPD11 和 KPD6 揭露,滑动带主要由灰黑色含砾黏土组成,砾石含量 5%~20%,黏土呈硬可塑~软塑状,属泥型或泥夹岩屑型,局部纯泥,厚 1~5 m,遇水易软化,力学性质较差。最深部滑动带主要由灰色、褐黄色砾石土组成,属碎块石夹泥型,岩屑多为粒径 5~10 cm 的页岩、砂岩颗粒,少量大于 10 cm,呈棱角状,含量 20%~50%,颗粒间无充填~少量岩屑充填,局部架空,较松散,强透水,滑动带厚 0.5~2.5 m,与基岩直接接触。根据滑坡体物质组成分析可知,滑动带沿碎裂散体结构的碎块石土中的泥化软弱夹层和岩土分界面发生,滑动带呈基本连续的圆弧形,其附近地下水活动性较强。

3　滑坡区稳定性分析

3.1　岩土体物理力学特性及计算参数的选取

根据不同的勘探平硐中分层取滑动带代表性原状样和环刀样进行室内物理力学试验。

滑动带取原状样试验成果:(1)滑动带黏土段:干容重 1.90 g/cm³,天然容重 2.16 g/cm³,饱和抗剪强度 $C=46.6$ kPa,$\varphi=22.20°$;(2)滑动带砾石土段:干容重 1.76 g/cm³,天然容重 2.10 g/cm³,饱和抗剪峰值强度 $C=18.1$ kPa,$\varphi=23.20°$,饱和抗剪残余强度 $C=13.0$ kPa,$\varphi=18.00°$(需要说明的是,限于环刀规格,试样截面面积仅 30.0 cm²,而现场滑动带内砾石含量可达 5%～30%,粒径 5～10 cm,少量大于 10 cm,未能客观反映滑动带物理力学性状,试验值比实际值偏低,因此该段的计算参数选取参考类似工程经验取值)[4,5]。萝卜寨滑动带计算建议参数具体见表1。

表1　萝卜寨滑动带主要物理力学参数建议表

类别	容重(g/cm³)			峰值强度		残余强度	
岩性	天然	饱和	干	C(kPa)	φ(°)	C(kPa)	φ(°)
碎石土(滑坡体)	2.0	2.2	1.96	40～50(40)	24～26(25)		
黏土段(滑动带)	2.10		1.86	30～50(45)	17～20(19)	10～15	15～17
砾石土段(滑动带)	2.10		1.85	15～30(26)	22～25(23)	13～24	16～18

注:括号内为天然状态下计算具体取值。

3.2　滑坡稳定性计算工况及计算成果分析

经使用 SLOP 专业软件数值模拟 HP2 在不同工况下计算边坡安全系数,结果如下:

(1)数值模拟工况一

HP2 天然状态下稳定性计算,如图 3 所示。

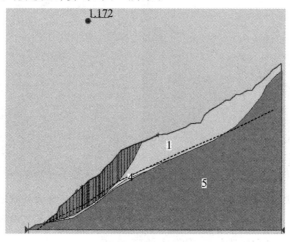

图3　计算安全系数 $F_s=1.172$

（2）数值模拟工况二

HP2 水库施工期非正常运用期工况（即水库施工期遇到雨季加上部 200 kN 的运输动荷载的极端工况下、考虑地震荷载）稳定性计算（图 4～图 6）。

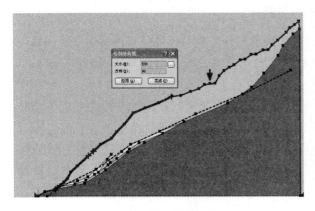

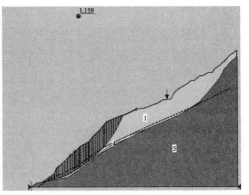

图 4　稳定性计算剖面

图 5　施工期遇到雨季加荷载工况下计算安全系数 $F_s = 1.159$

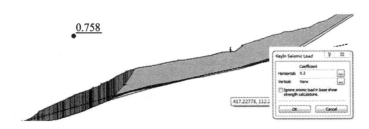

图 6　施工期遇到雨季加荷载、考虑地震荷载工况下计算安全系数 $F_s = 0.758$

（3）数值模拟工况三

HP2 进行压脚处理后水库运行期稳定性计算（图 7～图 9）。

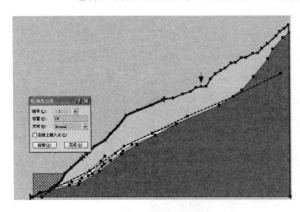

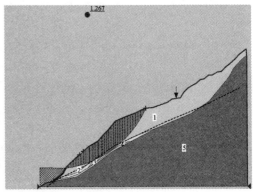

图 7　稳定性计算剖面

图 8　水库运行期、压脚处理工况计算安全系数 $F_s = 1.267$

施工期不利工况下 SLOP 软件计算得安全系数 $F_s = 1.159$，满足规范允许的边坡稳定

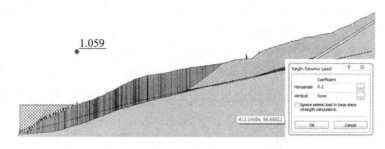

图9　水库运行期、考虑地震荷载、压脚处理工况下计算安全系数 $F_s=1.059$

的最小值 1.15，边坡基本稳定；施工期不利工况下、考虑地震荷载工况下，安全系数 $F_s=0.758$。

水库运行期：在通过坡脚设置反压平台进行护坡处理后，计算得安全系数 $F_s=1.267$；考虑地震荷载工况下压脚处理计算安全系数 $F_s=1.059$。可显著增强其稳定性。

3.3　稳定性分析

由不同工况下计算成果中可看出，在天然状态下，HP2 边坡原滑动带 $F_s=1.172$，处于基本稳定状态，满足规范规定水利水电 3 级工程边坡的天然状态 F_s 应大于 1.15～1.2 的要求，在施工期雨季加动荷载最不利工况下，原滑坡体因土体饱和带有所上升（考虑土体透水性中等～强，水位升幅按上限 1 m 取值），计算原滑动带 $F_s=1.159$，也可满足规范要求（1.10～1.15），只是稳定性略有降低。在施工期雨季加动荷载、考虑地震荷载最不利工况下，计算原滑动带 $F_s=0.758$，不能满足规范要求（1.05～1.10）。

当水库为正常蓄水位时，因大坝经过防渗帷幕灌浆后，右岸坡渗径增长，绕坝渗漏量较小，加之坡体碎石土透水性较强，地下水位抬升壅高有限，对下游 HP2 的稳定性影响很小，计算原滑动带 F_s 值时不再考虑，再通过压脚处理，考虑地震荷载工况，计算安全系数 $F_s=1.059$ 也可满足规范要求（1.05～1.10）。综上所述，HP2 在各种工况下均满足规范规定的安全系数应大于 1.05 的要求，处于安全稳定状态，总体评价坡体基本稳定[6,7]。

4　处理建议

为增强水库正常蓄水后各种工况下大坝下游右岸坡的稳定性，建议对大坝枢纽建筑关系密切的 HP2 进行防护处理：

（1）清除开挖轮廓线范围内的滑坡一角，开挖方量约 1 万 m³，挖后及时回填压实。

（2）建议将大坝清基弃渣沿河床在坡脚阻滑区设置反压平台加载压脚，反压平台高程在不影响水库下游河道正常运行情况下尽可能高一些，设计计算为 1607 m。应特别注意，回填压脚渣料前，必须沿坡脚先回填一定高度的强透水的砂砾石反滤层，以保证坡体的排水通畅。

（3）建议进场道路选择在滑坡体后部，1720 m 以上平台，对中部以下尽量不扰动[8]。

5　结论

通过对萝卜寨滑坡群进行的地质勘察工作和定量稳定分析，得出如下结论：

（1）萝卜寨滑坡群成因复杂，为现状稳定的厚层松散层滑动的古（老）滑坡群，滑坡方量用平行断面法计算约 267 万 m^3，规模为大型。

（2）其变形破坏原因较为复杂，主要为边坡上部松散体重力作用，加之区域断裂 F9 斑鸠寨断裂活动和地震、雨水综合作用下产生自上而下推移式滑移，同时不排除因河流侵蚀切割加深后，引起坡脚失稳再次产生的牵引式滑动。目前处于基本稳定状态，水库建成蓄水后，边坡处于基本稳定。

（3）为增强水库正常蓄水后各种工况下大坝下游右岸坡的安全稳定，建议对边坡采取综合防护措施。

参 考 文 献

[1] 中华人民共和国水利部. 中小型水利水电工程地质勘察规范：SL 55—2005[S]. 北京：中国水利水电出版社，2005.

[2] 陈南祥. 工程地质及水文地质[M]. 北京：中国水利水电出版社，2007.

[3] 杨维，张戈，张平，等. 水文学与水文地质学[M]. 北京：机械工业出版社，2008.

[4] 工程地质手册编委会. 工程地质手册[M]. 4 版. 北京：中国建筑工业出版社，2007.

[5] 中华人民共和国建设部. 岩土工程勘察规范：GB 50021—2001[S]. 北京：中国建筑工业出版社，2004.

[6] 程庆超，童富果，刘刚，等. 考虑孔隙气压力影响的边坡稳定分析[J]. 水利水电技术，2017，48（7）：136-143.

[7] 魏云杰，邵海，朱赛楠，等. 新疆伊宁县皮里青河滑坡成灾机理分析[J]. 中国地质灾害与防治学报，2017，28（4）：22-26.

[8] 陈仲超. 对广东肇庆河岸滑坡应急治理工程的思考[J]. 中国地质灾害与防治学报，2017，28（4）：89-94.

关于河谷水平构造岩体卸荷的探讨

梅稚平　郑　维　肖　强

中国电建集团成都勘测设计研究院有限公司,四川 成都　610072

摘　要:水电建设者们新修水利电力建筑设施,总希望大坝等建筑物地基选在新鲜完整的岩体上,然而岩体形成后浅表部往往受不同程度的风化卸荷,于是人们开始研究利用部分的风化卸荷岩体。卸荷包括侧向卸荷和垂向卸荷,河谷边坡岩体中发育有近于平行岸坡的陡倾角构造,易向河谷的临空方向卸荷,即侧向卸荷岩体,而当岩体近水平状构造发育时,当河谷遭剥蚀,造成垂向卸荷,岩体近水平状构造卸荷非常普遍,其形式多样,往往在河床以下近水平状构造垂向卸荷强烈,更为隐蔽,处理措施适当可以节省工期和工程建设费用,笔者结合工程实例,探讨的对象为后者,即近水平状构造发育的岩体垂向卸荷,对其从力学机制、可利用的开挖岩体以及处理方式加以探讨。

关键词:岩体　近水平状构造垂向卸荷　软弱带

A Discussion on the Unloading of the Horizontal Tectonic Rock Mass in the Valley

MEI Zhiping　ZHENG Wei　XIAO Qiang

Power China Chengdu Engineering Corporation Limited,Chengdu 610072,China

Abstract:Hydroelectric builders have newly built the construction facilities of water conservancy and electric power. It is hoped that the foundation of the dam and other buildings should be selected in the fresh and intact rock mass. However,the shallow surface of the rock mass is often unloaded by different degrees of weathering after the rock formation,so people begin to study and utilize the weathered unloading rock mass. The unloading includes lateral unloading and vertical unloading. There are steep dip structures near the parallel bank slope in the valley slope rock. It is easy to unload to the direction of the river valley,that is, lateral unloading rock. When the near water flat structure is developed,when the valley is eroded,the vertical unloading is caused,and the unloading of the near water flat structure is very common. In the form of various forms,the vertical unloading of near water flat structure below the riverbed is very strong and more concealed. The appropriate treatment measures can save time and construction cost. The excavated rock mass and the way of treatment are discussed.

Key words:rock mass;horizontal unloading;soft stratum

1　边坡侧向卸荷的规律

要弄清近水平状构造垂向卸荷的力学机制等,先总结一下岸坡侧向卸荷的规律。

河谷总是上宽下窄,边坡岩体侧向卸荷往往也是上部水平深度较深,临近河谷水平深度较浅(图 1)。传统观念认为边坡顶部暴露时间较早,河谷低高程下切时间较晚,边坡卸荷是

作者简介:

梅稚平,1982 年生,男,高级工程师,主要从事水电地质与岩土勘察方面的研究。E- mail:648008149@qq.com。

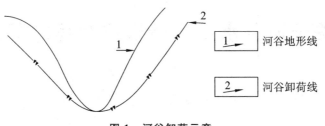

图 1 河谷卸荷示意

一个时间流变的问题。

河谷下切的形成史远远超过人类历史,动辄上万年,河谷的高高程与低高程虽然下切形成时间相差很多,但卸荷完成的时间不需要那么长,哪怕是低高程形成的河谷时间,云南省境内澜沧江上的小湾水电站坝基开挖完后不到一个月的时间,坝基出现宽大的卸荷就是一个很好的例证。

笔者更愿意从力学机制加以解释。河谷在未形成之前,河谷岸坡部分有岩石支撑[图 2(a)],河谷岸坡部分受岩石(体)支撑反力[图 2(b)]。

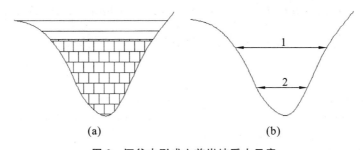

图 2 河谷未形成之前岸坡受力示意

(a)河谷形成之前;(b)河谷形成之前的受力等效图

当河谷形成以后,支撑的反力消失了[图 3(a)],岸坡受力等效图[图 3(b)],表明边坡的力受到了调整(当然边坡实际应力调整演化要复杂得多)。

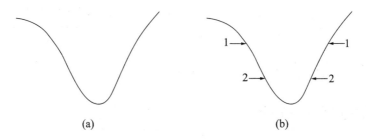

图 3 河谷形成之后岸坡受力示意

(a)河谷形成之后;(b)河谷形成之后的岸坡受力等效图

为了清楚地研究岸坡侧向卸荷规律,取左岸岸坡岩体为脱离体[图 4(a)]研究不同高程水平深度一样的点受力情况,由于习惯的原因,将脱离体旋转使其岸坡近水平[图 4(b)],图 4(a)第 1 点铅直深度比第 2 点小,第 1 点受铅直方向力,用 $1v$ 表示,水平方向受力用 $1h$ 表示;同样,第 2 点受铅直方向力,用 $2v$ 表示,水平方向受力用 $2h$ 表示,显然,$2v$ 比 $1v$ 大。

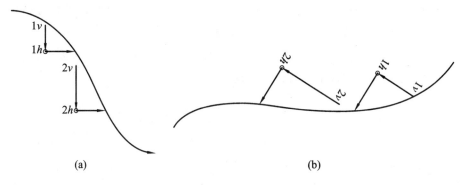

图 4　河谷形成之后左岸岸坡受力

(a)左岸岸坡 1、2 两点受力;(b)左岸岸坡 1、2 两点受力

把图 4(b)中 1、2 两点受力分解到垂直岸坡的方向(图 5),第 1 点受力 $F_1 = F'_{1h} - F'_{1v}$,第 2 点受力 $F_2 = F'_{2h} - F'_{2v}$。不难看出,F'_{2v} 比 F'_{1v} 大,F_2 比 F_1 小(图 6)。也就是说,在岸坡岩石(体)强度一样的条件下,在河谷下切后,边坡应力要调整,当 F_1 达到第 1 点岩石(体)强度,岩体松弛破坏,此时第 2 点 F_2 还未达到岩石(体)的破坏强度,岩体就保持完整状态,由于高高程岩体侧向卸荷水平深度较低高程岸坡岩体大,空气和水容易渗透到卸荷岩体加剧风化作用,所以其风化规律也与卸荷规律一致。

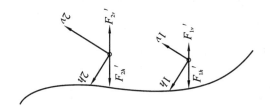

图 5　河谷形成之后垂直左岸岸坡方向受力

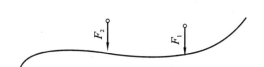

图 6　河谷形成之后垂直左岸岸坡方向受力合成

笔者要说明的一点,河谷演化史比较复杂,各种数字模拟河谷岸坡应力的方法和软件比较多,笔者的分析只是大致用来说明其岸坡岩体风化卸荷的规律。

2　河谷近水平状构造垂向卸荷的规律

河谷下切后,其河床受力必然发生变化,在河床一定深度的岩石(体)中产生应力包,河床岩体容易松弛变形,特别是宽谷(U 谷)。图 1~图 6 分析岸坡侧向卸荷的成因机制,把岸坡当作板梁求解,岸坡高高程一端为自由端,而河床底部岩石(体)则是两段固定,河床岩体中的构造向上突起,形似背斜构造(图 7)。强调一点的是,近水平状构造卸荷方向为铅直方向。王兰生教授等把近水平状构造的垂向卸荷在浅生改造归类为隆起弯曲破裂型[1]。

在两岸岸坡相对河谷高程不高时,则岸坡近水平状的构造在剖面上显示,两岸产状不一致(图 7)。

用数学的方法能否预判其近水平状构造垂向卸荷的深度,不同的工程有不同的边界条件和岩体的力学参数。河床下切改造与地下洞室开挖类似,只不过河床下切改造的轮廓颠倒了 180°,改造后的河床成了一个巨大的天然"洞室",此时河床成了"洞室"的顶拱(图 8),河床的近水平状构造垂向卸荷深度变成了"洞室"顶拱的安全埋高。有关安全埋高,请参阅《水平岩层隧洞顶拱安全埋高的工程地质问题》[2]。

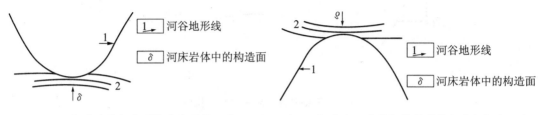

| 图 7　河床岩体卸荷后构造表现的示意 | 图 8　河床水平岩体卸荷数学模拟求解假定示意 |

3　岩体近水平构造卸荷的工程实例

3.1　工程实例 1

该工程坝址左右两岸高程 480 m 左右,河床 370 m 高程左右,坡顶与河床相对高差 100 m 左右。地层主要为三叠系上统须家河组(T_3xj)砂岩、泥岩夹煤线,产状一般为 N25°~30°E/SE∠22°~28°,其构造形式主要表现为顺层发育的层内挤压带(j),其挤压带宽度一般为 5~30 cm,主要由角砾岩、糜棱岩和断层泥组成。该工程为混凝土重力坝,混凝土重力坝需查明坝基软弱带,对软弱带的勘探调查非常重视。坝轴线剖面(图 9)表明,两岸软弱夹层和层面界线不在一条直线上,而该地区和坝基下无大的断裂通过,笔者认为是岩体近水平状构造的垂向卸荷造成的,而软弱带的形成可能又是岩体卸荷造成的。

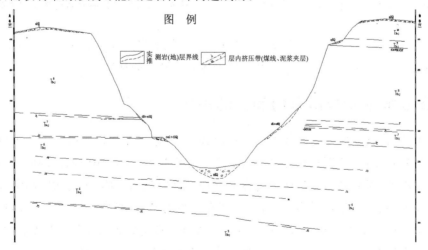

图 9　实例 1 工程坝轴线剖面的近水平状构造垂向卸荷现象

3.2 工程实例 2

该工程出露的地层主要为二叠系上统玄武岩组（$P_2\beta$），属海相喷发，地层倾向右岸，产状为 N10°～20°W/SW∠70°～80°，与坝基有关构造主要为错动带和节理。

为查明缓倾角结构面的空间展布方向，前期进行了钻孔定向取芯和物探电视全景图像拍摄，该工程为混凝土重力坝，勘探揭示表明，在左岸 8#、9# 坝段 1175 m 高程附近结构面向河床两岸倾斜，形似背斜状，显示该处为卸荷松弛区（图 10）。卸荷松弛的机理参见《有关火山破裂构造的工程地质问题——谈官地电站坝基主要的工程地质条件》一文[3]。

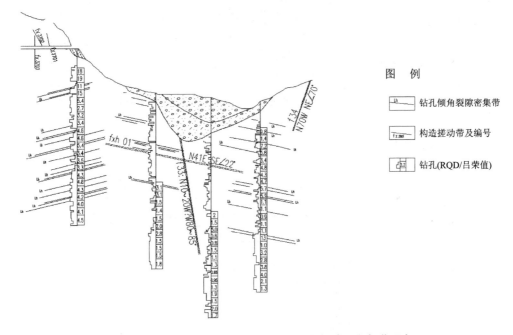

图 10 工程实例 2 坝轴线剖面的近水平状构造垂向卸荷现象

3.3 工程实例 3

该工程两岸坝肩相对较缓的斜坡高程为 750～800 m。

工程区岩性由二叠系上统峨眉山玄武岩 $P_2\beta_1$～$P_2\beta_{14}$ 层组成，岩流层下部由玄武质熔岩组成（简称玄武岩），岩性主要为致密状玄武岩、含斑玄武岩；上部为玄武质角砾（集块）熔岩及凝灰质角砾熔岩，上下岩性渐变过渡。岩流层产状总体倾向下游偏左岸，产状平缓，倾角 5°～15°。

主要结构面为层间错动带（C）、层内错动带（Lc）和节理裂隙。层内错动带较发育，主要随机分布在各层中下部玄武岩内，一般延伸长 20～60 m，主错面波状起伏、粗糙，主错带宽 5～15 cm，由角砾、岩屑和石英绿帘石条带组成，错动带普遍夹泥。

坝轴线剖面（图 11）表明两岸高高程 650～700 m 岩流层不成一条直线，河床 330～360 m 高程岩流层面界线、层间错动带、层内错动带呈"背斜"状（图 12）。

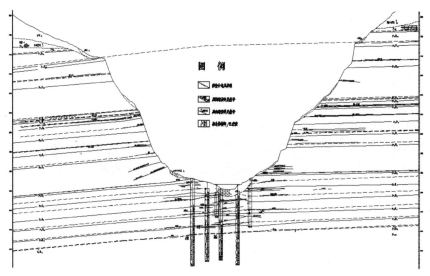

图 11　实例 3 坝轴线剖面的近水平状构造垂向卸荷现象

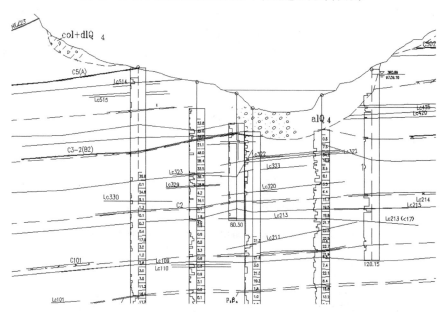

图 12　工程实例 3 坝轴线剖面河床部位的近水平状构造垂向卸荷现象

4　近水平状构造垂向卸荷的勘察策划与分析

近水平状构造垂向卸荷意味着结构面中普遍夹泥,必须弄清河谷近水平状构造垂向卸荷的深度,软弱夹层的分布等,因此勘察过程中应注意以下几个方面:

(1)地质调查以现象为主要线索,判断与分析近水平状构造垂向卸荷问题。在地质调查中应注意岸坡两岸是否有近水平状构造垂向卸荷现象,比如,两岸近水平的构造、长大软若绵、沉积岩(包括负变质岩)中岩层层面、喷出岩的岩流层层面,火山构造的节理面产状是否有变化。进一步通过调查,分析与判断该部位的近水平状构造垂向卸荷问题及其程度。

（2）针对性地选择勘探方法与手段。在理解设计意图的情况下，勘探布置应进行合理宏观策划与把控，如河床及其附近针对性布置勘探孔，查明其近水平构造的分布规律，勘探查明具体手段则包括对单孔近水平结构面采取定向取芯手段，物探中采用全景摄像的电子罗盘确定其层面的产状等。

（3）勘察成果的分析与工程运用。近水平状构造垂向卸荷程度的不同直接关系到其相应工程的处理方式。宏观上，应结合工程建筑物地基要求特点及现状近水平状构造垂向卸荷现象进行卸荷程度分区与分段，必要时应开展分类条件下各区段的岩体工程地质特性研究，并分析预测开挖条件下对各区段岩体工程性状或条件的影响。原则上对于近水平状构造垂向卸荷程度较强～强烈的坝址选择应尽量避开这些卸荷松弛区域；在不能避让时，应尽量考虑少开挖加其他处理措施的方案，对于近水平状构造垂向卸荷程度轻微的区段，应侧重于预测其开挖条件下相应的工程处理措施研究，达到工程既安全又经济的效果。

5 施工的处理措施及其探讨

岩体条件是一个客观实际，我们对之研究得比较透彻，认识了卸荷规律，就可以充分利用尽可能利用的岩体，减少工程投资和节约工期。

近水平状构造垂向卸荷意味着岩体松弛，岩体中充填有次生泥。岩体卸荷松弛将降低岩体类别，进而降低岩体的力学指标，须采取有关的处理措施。

5.1 处理措施工程实例

不同的情况需要处理的方式不同，在实例1中，两岸山体相对河床坝基高程不高，近水平状构造垂向卸荷程度轻微。坝基处理主要针对软弱夹层的刻槽，混凝土充填置换夹层。

实例2中开挖验发育的断层和错动带有 F8、fx3706、fxh10-4、fxh10-5、fx8-3、fx7-6、f7-3、fx10-6 等，其岩类及错动带分布见图13。

图13 工程实例2近水平状构造垂向卸荷区开挖揭示的错动带

左岸8#、9#坝段处于近水平状构造垂向卸荷的地应力释放区,其断层的特点如下:

fxh10-4,产状 N20°～40°E/SE∠10°～20°,坝 0＋60～下游段出露,面波状起伏,断层面上具有明显的擦痕,擦痕方向 S15°～20°E。错动带宽度 5～20 cm,局部可达 30 cm,带内主要物质为青灰色断层泥、岩块、岩屑及少量糜棱岩,部分段分布有黄色次生泥,断层泥及次生泥处于饱水状态,具有隔水作用,沿错动带顶面局部有地下水渗出,错动带类型为泥夹岩屑型。

fxh10-5,性状同 fxh10-4(fxh10-5、fxh10-4 可能为同一条错动带),坝 0-20～0＋60 m 出露。其中,0-20～0-04 m 段分为两条,产状 N70°E/SE30°,带宽 10～20 cm,主要由次生泥、岩屑组成,带内物质松散,错动带类型为泥夹岩屑型。0-04～0＋8 m 段,错动带产状 EW/S∠10°～15°,带宽 5～15 cm,主要由次生泥、岩屑组成,带内物质松散,错动带类型为泥夹岩屑型。0＋8～0＋60 m 段,错动带产状 EW/S∠10°～15°,带宽 10～30 cm,最宽达 50 cm,主要由次生泥、岩屑组成,带内物质松散,错动带类型为泥夹岩屑型。

陡倾角错动带有 fx8-3、fx7-6、fx7-3、fx10-6,其产状 N5°～30°W/SW∠70°～85°,带宽 20～50 cm 不等,局部 5～10 cm,主要有压碎岩、角砾糜棱岩、岩屑及次生泥,错动带力学类型为岩屑夹泥型、岩块岩屑型两类。

这些错动带的共同特点就是张开夹次生泥,显示岩体存在明显的卸荷松弛,属弱卸荷岩体。

该工程坝基处理措施主要是对不满足大坝对地基要求的岩体部分进行下挖处理,对其他错动带进行刻槽处理,对影响坝体稳定的不利组合块体进行清除或加强处理,对地基岩体进行固结灌浆处理。

特别针对 9#坝段发育有 fxh10-4、fxh10-5 缓倾角错动带,延伸较长,性质较差,抗滑稳定问题突出,对 9#坝段采取了由原设计的 1186.00 m 高程整体下挖至 1175.00 m 高程。8#坝段建基面高程 1200.00 m,坝高虽大于 100 m,且 fxh10-4、fxh10-5 在坝基下通过,考虑到下游有山体作为抗力体(图 13),仅对不满足坝基抗滑稳定的 III₂ 类岩体进行了挖除,对 7#、8#、9#坝段在高程 1245 m 以下并缝,9#、10#坝段在高程 1214 m 以下采取并缝处理措施。

fx8-3、fx7-6、fx7-3、fx10-6 其间的岩类虽为 III₁ 类,但其间节理及其小错动带发育,对岩体强度起着决定性的控制作用,受其错动带影响,5#、6#、7#、8#坝段 fx8-3 上游坝踵部位岩体不满足建坝要求。因此,进行了缺陷槽开挖处理。

工程实例 2 中所揭露的近水平状构造垂向卸荷不在河床中间部位,原来左岸构造较发育,岩体强度较低,应力集中。

工程实例 3 中,原定于坝基开挖深度为 332 m 高程,技施阶段开挖至设计高程后,岩体卸荷回弹、松弛,进一步下挖 6.5 m,岩体继而产生新的卸荷松弛,岩体条件未见明显提高与改善,后经多次研究论证,最终坝基采取了固结灌浆处理。

5.2 处理措施有关探讨

对于河床近水平状构造垂向卸荷强烈的岩体开挖,有时开挖后,容易造成新的人为卸荷,一旦产生了新的卸荷岩体,即使灌浆也达不到天然岩体的强度,而强卸荷岩体必须挖除,那么要采取既要挖除不满足建坝要求的岩体,又要做到使其下部岩体不能产生卸荷回弹。笔者有如下的建议,以供参考。

(1)大型巨型工程如溪洛渡电站、向家坝电站前期进行了河床基覆界面以下的过河隧洞勘探,可利用前期勘探的隧洞进行锚固处理后,再进行开挖。锚固力当然等于建基面上覆岩体(包括覆盖层和河水)的重力,再适当加以安全系数即可。

(2)对于没有进行河床底部以下的过河隧洞勘探,那么,可否在坝基开挖前,在河床建基面松弛岩体内预先实现锚索孔钻孔,在大坝开挖后即时进行锚索支护,该方法的优点是施工简便,减少卸荷回调的时间,这正如多级马道边坡开挖在开挖一两级马道先进行支护后方能开挖下一级马道一样,避免边坡整体松弛后再支护的弊端。

此外,针对近水平状构造垂向卸荷岩体开挖应采用适宜的施工工艺,如采用小药量的爆破控制技术,并及时实施预应力锚杆系统等。

6 结束语

随着一带一路的水电建设规模扩大,世界上很多河流亟待开发,还有很多水库、电站需要修建,我们不仅要认识边坡侧向卸荷规律和掌握对边坡卸荷岩体的处理措施,还要全面地认识河谷岩体垂向卸荷规律和掌握对此处理的措施,在国际竞争的舞台上更有优势。在合同签订中注意到要怎样勘探,由此产生怎样的费用,在勘探中应该运用什么方法与手段,在施工中遇到该现象怎样采取最优的和最可靠的处理措施,以确保工程建设的安全与经济。

笔者写此文的目的在于对后来者有一个警示,本文未对近水平状构造垂向卸荷岩体处理措施的适宜性、开挖与支护时机等进行深入研究,对于水平构造很发育河谷岸坡及河床,垂向卸荷现象很明显,地质勘察中很容易发现。由于河流下切,河床以下普遍存在应力包,相似的河谷,其风化卸荷深度不一样,在某种情况下是垂向卸荷影响的结果。对水平构造不发育的河谷,前期怎样认识水平构造垂向卸荷,工程建设中河床何时下挖,垂向卸荷有怎样的表现,等等,希望后来者在工程中对这些问题能够更深入和广泛地研究与探索,以更好地服务于工程建设。

参 考 文 献

[1] 王兰生,李天斌,赵其华.浅生时效构造与人类工程[M].北京:地质出版社,1994:12-13.

[2] 肖强,周晓清,袁小萍.水平岩层隧洞顶拱安全埋高的工程地质问题[J].华北水利水电学院学报,2005(12),26(4):73-78.

[3] 肖强,刘立强.有关火山破裂构造的工程地质问题——谈官地电站坝基主要的工程地质条件[J].水利水电科技进展,2012(12):70-73.

寒区某水库卸荷岩体边坡融雪状态稳定性评价

林万胜[1]　张发明[2]　蔡瑞春[1]　周一枫[2]　纪　南[2]

1. 青海省水利水电勘测设计研究院,青海 西宁　810008;2. 河海大学工程地质与灾害研究所,江苏 南京　210011

摘　要:卸荷岩体是西部大型水利水电工程中常见的工程地质问题之一,尤以青藏高原深切峡谷中分布最为广泛。近年来,青海省内多处水利水电工程边坡存在深卸荷、张拉裂缝特征,严重影响了水利水电工程边坡施工安全与设计。本文以青海省某水电工程左岸近坝库岸为例,在分析寒区卸荷岩体成因的基础上,根据寒区环境特征采用多种方法对卸荷岩体边坡稳定性进行对比分析,提出了融雪渗流对边坡稳定性的影响机制。研究表明,影响寒区卸荷裂缝形成的主要因素在于岩体强度、岸坡地质结构及卸荷应力大小。寒区融雪对卸荷岩体边坡稳定性的影响主要在于缓慢渗流导致卸荷岩体饱和、岩体物理力学性质软化及裂隙水压力作用显著降低边坡的稳定性。

关键词:寒区　卸荷岩体　边坡　融雪　稳定性分析

Evaluation of Unloading Rock-Mass Reservoir Bank Slope Stability on Considering Snowmelt in Cold Region

LIN Wansheng[1]　ZHANG Faming[2]　CAI Ruichun[1]　ZHOU Yifeng[2]　JI Nan[2]

1. Qinghai Survey and Design Institute of Water Conservancy and Hydropower,Xining 810008,China;

2. Engineering Geology and Geohazards Institute of Hohai University,Nanjing 210011,China

Abstract:Unloading rock mass is one of the common engineering geological problems in the large-scale conservancy and hydropower project in west China,especially in the deep canyon of Yunnan-Guizhou plateau. For the small water conservancy engineering and hydropower project in Qinghai Province,many deep unloading tension cracks have been found in recent years,and the safety of water conservancy and hydropower project are seriously affected by the stability of the unloading rock-mass slope. Taking one hydroelectric project in Qinghai province as an example,based on researching the mechanics of the unloading cracks in cold region,the stability of the unloading rock slope is compared and analyzed according to the environmental characteristics of the cold region. it shows that the main reason for the formation of the unloading cracks in cold region is the rock strength,the geological structure of the slope and the unloading stress,the effect of snowmelt on the stability of the unloading rock slope is mainly due to the slow percolation,which leads to the saturation of unloading rock mass and the softening effect of rock mass.

Key words:cold region;unloading rock- mass;slope;snowmelt;stability analysis

---

作者简介:

林万胜,1963 年生,男,高级工程师,主要从事水利水电工程地质勘察方面的研究。E-mail:lws603@126.com。

1 概述

卸荷裂隙是由地质作用或人工开挖使岩体应力释放、调整而形成的裂隙,属于次生结构面的一种类型。自然卸荷裂隙往往受重力、风化及岸坡的物理地质作用进一步张开或位移。对于自然斜坡,卸荷裂隙多数是在高地应力地区、处于深切河谷的岸坡中发育的一种地质现象。由于卸荷裂隙的存在,岩体的完整性受到破坏,斜坡稳定性削弱,对水利水电工程建设带来不利条件。近年来,在我国青藏高原地区的大中型水利水电工程建设中,遇到了大量自然深卸荷问题,如澜沧江小湾、黄登、乌弄龙、古水等水电站,金沙江溪洛渡、西藏尼洋河多布水电站坝址区就发育有斜坡强卸荷问题。因此,国内外许多学者对卸荷岩体开展了深入的研究[1-6]。

尽管青藏高原地区降雨量较小,降雨对边坡的稳定性影响较小,但边坡受降雪融雪的影响较大,融雪时间较长,且以垂直入渗为主,特别对于存在卸荷拉张裂隙的岸坡,融雪水直接进入卸荷裂隙,不仅加快卸荷裂隙的冻融速度,同时也增加卸荷裂隙中水压力和冰压力。因而如何评价融雪条件下的边坡稳定性,是寒区边坡稳定性研究的重要内容[7-9]。

2 寒区某水库左岸边坡工程地质条件

研究区属大陆性高原凉温、冷温半干旱气候,其特点是温度垂直变化明显,地区差异显著,气温日差较大年平均降雨量 401.4 mm,其中 5—10 月降雨量 355.1 mm,占全年的88.8%。年平均相对湿度 56%,最小相对湿度为 0。无霜期短,年平均无霜期 134 d,积雪厚度最大达 25 cm。

2.1 地形地貌

拟建的某水库位于青海省同仁县境内的浪加沟内,河道平均比降为 35.8‰。坝址区为峡谷形河段,岸坡呈"V"形,左岸岸坡陡峻,右岸地形略开阔,有县道从右岸通过。左岸坝肩山体较雄厚。

2.2 地层岩性

边坡区岩性主要为白垩系河口组(K_1^{hk})紫红色、暗紫红色厚层砾岩。

白垩系河口组(K_1^{hk}):砾岩,紫红色、暗紫红色厚层砾岩,以泥质胶结为主,具有铁锰质胶结特性,为一套内陆湖相沉积地层。砾石成分复杂,分选性较差,具有多物源、近距离搬运并快速堆积的特点,岩体节理不发育,岩体完整,但易风化,遇水易软化,饱和抗压强度小,属较软岩。

2.3 地质构造

坝址处为白垩系地层,受构造运动影响较小,坝址处岩体总体较完整,未见较大的地质构造。坝址处岩体产状变化小,总体为单斜层状构造,岩层产状:NE9°NW∠15°,层理面胶结较好。

2.4 风化与卸荷特征

坝址区左岸强风化岩体厚度 8～14 m,弱风化岩体厚度 16～20 m;右岸强风化岩体厚度 2～4 m,弱风化岩体厚度 7～10 m。左岸岩体风化程度明显大于右岸。现代河谷谷底强风化岩体厚度 6～8 m,弱风化岩体厚度 14～16 m。

根据钻孔声波测试,坝址区强风化岩体的纵波波速 1010～1230 m/s,弱风化岩体的纵波波速 1579～1879 m/s。

坝址区左岸岸坡岩体卸荷裂隙发育,其走向为 NW 和 NE,大多为陡倾角发育。宽度为 0.1～1.8 m 不等,其最大可见深度一般为 0.25～20 m 不等,延伸长度为 0.9～50 m 不等。坝址左岸山体中发现一强卸荷裂缝,宽约 1.5 m,张开 30～40 cm,延伸长度大于 10 m,卸荷深度达几十米,呈陡倾角状发育,上游左坝肩山体由于受岩体卸荷作用而发生滑动,并在滑动面形成小沟壑(图 1),宽度达 5 m。

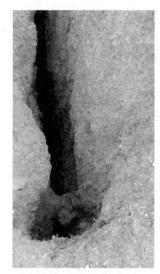

图 1　左坝肩卸荷裂隙

2.5　岩土体物理力学参数

根据钻孔揭露的岩性及其在地表风化后的特性,参照坝基岩体强度参数,考虑边坡岩体的卸荷特征,经工程类比,本次稳定性计算采用的边坡岩土参数见表 1。

表 1　天然状态岩体强度计算采用值

岩土体类型	天然状态			饱和状态		
	黏聚力 c (kPa)	内摩擦角 φ (°)	容重 γ (kN/m³)	黏聚力 c (kPa)	内摩擦角 φ (°)	容重 γ (kN/m³)
残坡积物	31.00	24.5	26.0	30.50	24.0	26.1
强风化岩体	130.0	28.8	26.2	115.0	27.5	26.3
弱风化岩体	260.0	33.0	26.4	250.0	29.0	26.5
微风化岩体	400.0	35.0	26.5	380.0	32.0	27.0
结构面	30.0	25.0		29.0	24.0	

3　融雪渗流简化模型及垂直入渗量的模拟

（1）融雪渗流模拟

在寒区，年降雨量较小，降雨对边坡稳定性的影响不及融雪时对边坡稳定性的影响大，与降雨入渗相比，融雪雪水以垂直入渗为主，沿地表径流可以忽略不计。因此，融雪入渗量的模拟是卸荷岩体边坡稳定性分析的关键。研究区坡底高程 2720 m，根据 1962—2012 年青海省降雪初始终止日期和降雪日数时空变化特征分区[10]，该水库 2 号坡处于柴达木盆地区，每年降雪从 10、11 月份开始，到 4、5 月份结束。参照相关文献中的数据，结合维基百科数据，此次评价取当地积雪厚度为 5 mm[11]。

（2）融雪入渗分析

采用雪水当量，即降雪折合成水层的深度——降雨量，以 mm 计。等效降雨强度可由公式（1）得出：

$$W = \rho \cdot d \qquad (1)$$

式中　　d——雪深（m）；

ρ——新雪密度（kg/m³）。

参照文献[13]，此次评价采用新雪平均密度值为 100 kg/m³ 来计算，并根据中国西部冰川度日因子的空间变化特征[12]，度日因子是该模型的重要参数，反映了单位正积温产生的冰雪消融量，其空间变化特征对于不同模型模拟冰雪消融过程的精度有较大影响。雪的平均度日因子取值为 4.1 mm·℃⁻¹·d⁻¹，日气温变化多超出 1 ℃，即当日积雪便能全部消融。

（3）融雪入渗模型

模型一：按日照因子 4.1 mm·℃⁻¹·d⁻¹ 选取，因日变化温度大多超过 1 ℃，所以积雪一日内消融完，取 2 号坡边坡等效降雨强度为 0.005 m/d。此次评价应用 Geo-studio 有限元软件的渗流分析模块 Seep/W 和边坡稳定性分析模块 Slope/W 耦合分析某水库 2 号坡在融雪条件下稳定性，所建模型见图 2。

模型二：按日照因子 4.1 mm·℃⁻¹·d⁻¹ 选取，则积雪按小时计算，气温升高 1 ℃积雪融化 0.17 mm。经查询，工程区一月份积雪最厚，按照一月份温度变化，太阳升起后 10 点前温度变化多为 1℃/h，到 15 点温度多变化为 2 ℃。故模拟时，取 1~7 h 等效降雨强度为 0.00017 m/h、0.00034 m/h、0.00051 m/h、0.00068 m/h、0.00102 m/h、0.00136 m/h、0.00170 m/h。此次评价应用 Geo-studio 有限元软件的渗流分析模块 Seep/W 和边坡稳定性分析模块 Slope/W 耦合分析某水库 2 号坡在融雪条件下稳定性，所建模型见图 3。

4　左岸卸荷岩体边坡融雪状态下的稳定性分析

4.1　极限平衡法边坡稳定性分析

采用极限平衡法对剖面 2—2 进行融雪状态下的稳定性计算，其中设置模型右边界和低边界为固定边界，卸荷裂隙按照实测参数加入模型参与计算。结果见表 2，最小稳定系数滑动面位置见图 4。

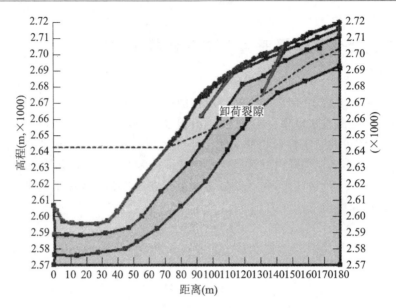

图 2　某水库 2 号坡模型(一)

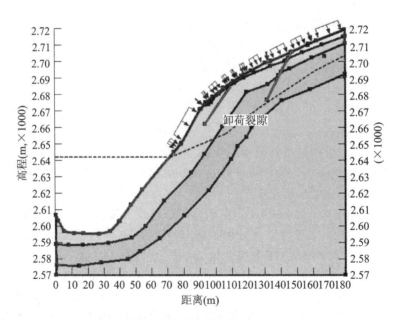

图 3　某水库 2 号坡模型(二)

表 2　融雪状态下的边坡稳定性分析结果

计算工况	最小稳定系数			
	Ordinary	Bishop	Janbu	Morgenstern-Price
模型一	1.030	1.108	1.055	1.096
模型二	0.997	1.274	1.257	1.098

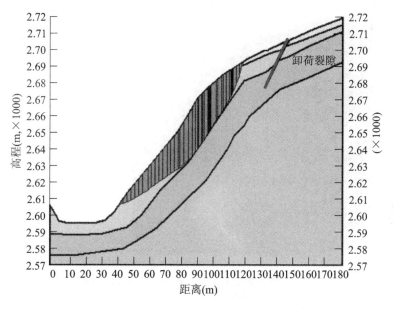

图 4 剖面 2—2 融雪状态稳定性分析结果

4.2 融雪条件下边坡应力应变数值模拟

模型底面高程 2525 m,顶面高程最高 2721 m。边坡底面高程 2604 m,坡顶高程最高 2721 m,边坡沿走向方向长度为 96 m,沿倾向坡长 196 m。模型自下而上分为 4 组,分别是微风化岩体、弱风化岩体、强风化岩体以及边坡表面的残坡积体。共有 19098 个单元,4114 个节点。计算表明,融雪状态下 2 号边坡最大主应力及最小主应力均为层状分布,边坡最大主应力值为 4.3 MPa,方向指向坡脚。

（1）塑性区

通过计算,在融雪状态下 2 号边坡的塑性区主要集中在浅表层,深度范围为 10～15 m。

（2）剪切应变及稳定系数

融雪状态下,采用强度折减法计算得到 2 号边坡的整体稳定系数 F_s 为 1.15。通过剪切应变分布图及速度矢量图可得,边坡 2604～2680 m 段发生失稳。图 5 剖面中可以看出塑性贯通区位于边坡中部,存在滑动的可能。滑面位置在 2604～2650 m 之间。

4.3 考虑卸荷裂隙积雪冰涨的边坡整体稳定性分析

采用能量法上限解边坡稳定分析程序,对后缘拉裂缝积雪冰涨时的稳定性进行分析。分析时考虑卸荷裂隙积雪状态冰涨力的计算,选择 2 号边坡典型剖面 D—D 作为计算剖面,拉裂缝深度考虑为向下延伸 20 m,考虑蓄水后融雪状态后缘拉张裂缝充水结冰的冰涨力,见图 6。计算表明,考虑边坡后缘卸荷张拉裂缝充水时的稳定性,在水库蓄水融雪工况下边坡稳定系数仅为 1.078,稳定性不能满足规范要求。

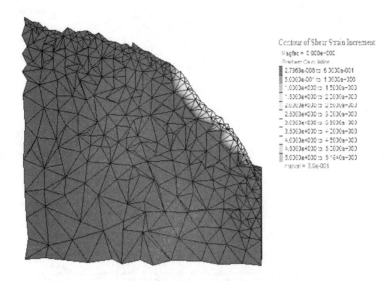

图 5　融雪状态下 2 号边坡坡面剪切应变增量

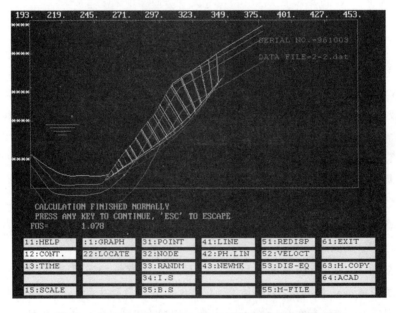

图 6　左岸 2 号边坡剖面 D—D 拉裂缝积雪冰涨时稳定性

5　结论

本文通过对寒区某卸荷边坡的地质条件分析,尤其对融雪情况下边坡的稳定性展开研究,得到融雪情况下寒区卸荷边坡稳定性变化情况。

综上研究得出,寒区融雪效应确实对卸荷边坡稳定性产生不利影响,考虑融雪入渗后经耦合渗流场计算卸荷边坡的稳定性显著降低,最小稳定性系数为 0.997。在融雪状态下,卸荷边坡塑性区主要集中于浅表层10~15 m深度,并在边坡中部发生贯通,存在局部滑动的可能。

采用能量法计算分析得出,考虑卸荷裂隙边坡积雪冰涨影响,边坡的稳定性降低为1.078,已经不满足设计规范要求。可以得出积雪冰涨状态下卸荷裂隙充水严重影响了卸荷边坡的稳定性。

因而在对寒区卸荷边坡稳定性进行评价时,融雪情况是必须加以考虑的重要因素,其对卸荷边坡的稳定性产生较大的影响。

参 考 文 献

[1] 黄润秋,林峰,陈德基,等.岩质高边坡卸荷带形成及其工程性状研究[J].工程地质学报,2001,9(3): 227-232.

[2] 王小群,王兰生,徐进.西南某电站岸坡深裂缝形成机制的物理模拟试验[J].岩土工程学报,2004,26 (3): 387-392.

[3] 沈军辉,王兰生,王青海,等.卸荷岩体的变形破裂特征[J].岩石力学与工程学报,2003,22(12): 2028-2031.

[4] 王小群,王兰生,等.西南某电站坝址区岸坡深裂缝分布规律[J].重庆大学学报,2003,26(9): 14-17.

[5] 王兰生,李文纲,孙云志.岩体卸荷与水电工程[J].工程地质学报,2008,16(2):145-151.

[6] 何刚,辛国平,雷英成,等.高地应力条件下岩体卸荷松弛特征分析研究[C]//中国水力发电工程学会第五届地质及勘探专业委员会第二次工程地质学术研讨会论文集.2014.

[7] 钱晓慧,荣冠,黄凯.融雪入渗条件下边坡渗流计算及稳定性分析[J].中国地质灾害与防治学报,2010, 21(4):27-33.

[8] 付宏渊,谢琳,曾铃.融雪入渗条件下边坡渗流分析[J].公路与汽运,2014(3):132-136.

[9] 杨启贵,林学锋,郭志华.极端冰雪灾害对边坡工程稳定性影响分析研究[J].人民长江,2010,41(24): 67-71.

[10] 朱小凡,张明军,王圣杰,等.1962—2012年青海省降雪初始终止日期和降雪日数时空变化特征[J]. 生态学杂志,2014,33(3):761-770.

[11] 李凡,侯光良,鄂崇毅,等.基于乡镇单元的青海高原果洛地区雪灾致灾风险评估[J].自然灾害学, 2014,23(6):141-148.

[12] 张勇,刘时银,丁永建.中国西部冰川度日因子的空间变化特征[J].地理学报,2006,61(1):89-98.

[13] 高培,魏文寿,刘明哲,等.天山西部季节性积雪密度及含水率的特性分析[J].冰川冻土,2010,32(4): 786-790.

碱水沟泥石流特征及其危险度研究

徐　峰　姚振国　李国权

黄河勘测规划设计有限公司,河南 郑州　450003

摘　要:泥石流危险度的研究,对于沟谷流域内重大工程设计及施工方案的确定及泥石流治理、减灾防灾等都具有重要意义。以兰州市安宁区碱水沟为例,充分分析了沟谷的地形地貌特征、构造特征以及泥石流形成的物源和水源条件等因素,结合泥石流形成区、流通区和堆积区的特征,选取了内在因子泥石流规模 m 和发生频率 f,外在环境因子流域面积 s_1、主沟长度 s_2、流域相对高差 s_3、流域切割密度 s_6 和不稳定沟床比例 s_9 等七个因素分析各因子对泥石流危险度的贡献度,并由此对安宁区碱水沟的危险度做了定量化的评价。为碱水沟的防治治理工程设计提供了必要的依据。

关键词:泥石流　危险度　地质灾害　内在因子　防治措施

Study on Debris Flow Characteristics and Risk Assessment Model of Jianshui Gully

XU Feng　YAO Zhenguo　LI Guoquan

Yellow River Engineering Consulting Co. ,Ltd. ,Zhengzhou 450003,China

Abstract:Research of debris flow risk is of important significance to the major engineering design and determination of construction scheme of the valleys in the basin. It is also of great significance to the landslide governance and disaster prevention and reduction. Take Jianshui gully in Anning district Lanzhou city as an example,fully analyzed geomorphic and tentonic characteristics of the gully,evaluated debris flow formation factors of source and water conditions. Combining with characteristics of the debris flow formation area,circulation area and accumulation area,we picked seven factors,the internal factors,such as debris flow scale m and frequency of occurrence f,and the external environmental factors,such as drainage area s_1,main channel length s_2,relative relief of the valley s_3,cut value of the valley s_6,unstable gully bed proportion s_9. Analyzed the contribution of each factor to the debris flow risk,then quantitative evaluated debris flow risk degree of Jianshui gully in Anning district. Provided the necessary basis to prevention engineering design.

Key words:debris flow;hazard degree;geological hazard;internal factor;prevention and control measures

0　引言

泥石流危险度(Debris flow risk degree)指在泥石流流域范围内所有人或物所遭受的泥石流损害可能性的大小,是泥石流危险性的定量表达(刘希林等,1995)[1]。泥石流危险度是泥石流本身所固有的特性,泥石流危险度评价是将产生泥石流的基础条件、引发泥石流的外界因素以及泥石流的综合特征通过数学模型进行分析,定量或半定量地评价区域内泥石流

作者简介:

徐峰,1988年生,男,工程师,主要从事地质灾害、工程地质方面的研究。E-mail:515363568@qq.com。

沟道的危险度等级。泥石流危险度评价是目前国内外灾害科学研究的热点之一,也是灾害预测预报和减灾防灾工作中的重要内容[2-8]。

20 世纪 90 年代,泥石流危险度评价工作在全国范围内展开,成为泥石流灾害研究的热点。王礼先(1995)[9-10]采用荒溪分类法对北京山区泥石流进行分类和危险区制图;孙广仁等(1997)[11]以泥石流形成的地质环境背景为基础,应用模糊数学综合评判法对泥石流沟进行判别与危险程度评价;刘希林等(1993)[12-15]运用灰色系统理论中的灰色关联度分析,在各危险因子等级划分的基础上得出了泥石流危险度的定量计算公式;刘涌江等(2001)[16]针对影响泥石流危险度的因素复杂且具有随机和模糊特性,建立了相应的评价泥石流危险度的神经网络模型;铁永波等(2006)[17]运用层次分析法构建了单沟泥石流危险度评价的层次指标系统,建立起单沟泥石流危险度评价模型。

本文采用中国科学院水利部成都山地灾害与环境研究所刘希林于 1995 年提出的单沟泥石流危险度评价方法[1]。以兰州市安宁区碱水沟为例,在充分分析了沟谷的地形地貌特征、构造特征以及泥石流形成的物源和水源条件等因素外,结合泥石流形成区、流通区和堆积区的特征,还选取了内在因子泥石流规模 m 和发生频率 f,外在环境因子流域面积 s_1、主沟长度 s_2、流域相对高差 s_3、流域切割密度 s_6 和不稳定沟床比例 s_9 等因素分析各因子对泥石流危险度的贡献度,并由此对安宁区碱水沟的危险度做了定量化的评价。根据评价结果提出了对泥石流沟谷的相应防治措施及建议。

1 泥石流形成条件概述

1.1 流域位置及特征

碱水沟位于黄河流域中上游,属黄河左岸的一级支流,发源于安宁区的北山地带,海拔高度在 1710～1530 m 之间,沟道流向为由西北向东南穿越山间丘陵,经安宁区沙井驿街道河湾村的山前河谷地带,在汽车齿轮厂下游约 300 m 处注入黄河。流域面积 5.75 km²,主沟长 4.37 km,沟源最大高程为 1697 m,沟口高程为 1568 m,高差达 129 m,纵坡坡度为 24.5‰,流域平均宽度为 1.4 km。沟道总体较为顺直,沟谷较窄,沟道宽窄变化与缓陡变化相对应。沟道纵坡整体上具有下缓上陡的特征。沟源处两侧坡度较陡,坡角一般为 30°～40°,沟底处边坡多呈直立,沟道断面呈深"V"形;沟源与支沟交汇处断面呈宽"U"形,两侧坡角一般为 20°～30°;沟道底部宽为 10～20 m,沟口处地形宽阔,呈"扇形",沟道宽约 300 m,两侧坡角一般为 10°～20°。流域形态及地势特征见图 1。

1.2 物源条件

碱水沟泥石流松散固体物源较丰富,且物源分布较为集中。物源类型主要包括崩坡积堆积物、沟道堆积物两类。主要分布于主沟中上游两岸及 4♯支沟上游。沟道两侧有多处小型崩塌发育,多分布于沟道底部,崩塌类型为黄土-基岩崩塌;在沟道中下游分布有多处堆土场,均有可能成为泥石流的物质来源。碱水沟泥石流物源分布见表 1。

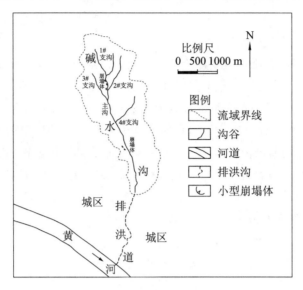

图 1　流域形态及地势特征

表 1　流域物源分布量（m³）

沟道	崩坡积堆积物	沟道堆积物	合计
主沟	24600	26700	51300
4＃支沟	5500	12800	18300

1.3　气象及水文条件

工程区多年平均气温 10 ℃，极限最高气温 39.8 ℃，最低气温－19.7 ℃。年平均降雨量 303.1 mm，且多集中在 6～9 月份，占全年降雨量的 80％。年平均蒸发量 1446 mm，蒸发量是降雨量的 5 倍。风向主要为 WNW，年平均风速为 0.9 m/s，最大风速为 16 m/s，最大积雪深度为 9 cm，最大冻土深度为 98 cm。工程区气象资料详见图 2。

沟道为季节性沟谷，雨季沟道内多有暂时性洪水，并夹杂有大量泥砂。黄河Ⅱ、Ⅲ级阶地埋藏有孔隙潜水，地下水较为丰富，水位埋深 2.5～20 m，局部有地下水出露。上部为第四系孔隙潜水，下部为第三系微承压水，水量丰富，水质好。

1.4　植被及人类活动

碱水沟流域内植被稀少，多为矮草，沟底有芦苇，局部有果树林种植，生态环境脆弱，水流面蚀和侧蚀作用强烈，主沟道总体下切严重，局部堵塞和侵蚀严重，总体流域植被覆盖率低于 10％。

沟道沿岸分布有多个采砂场和小企业，在生产过程中填沟造地活动造成了行洪沟道的缩窄或堵塞。附近居民在砂厂取土、堆土，导致沟道内坑坑洼洼，严重阻碍了行洪。碱水沟亦无完整的防洪体系，仅在铁路桥及公路桥上下游进出口段修建了浆砌石护坡、涵洞，但治理宽度不够，过洪能力不足，均不能满足沟道防洪要求。除此之外工程区内河道两岸均无防洪设施。

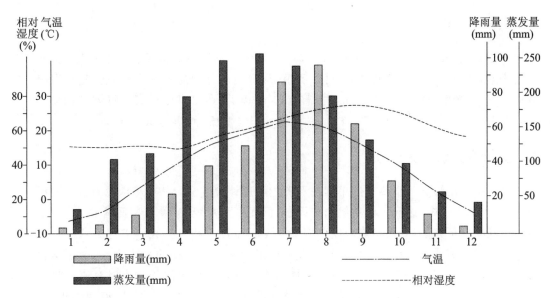

图 2　多年平均逐月气象要素

2　沟谷特征

2.1　形成区特征

　　形成区属高山峡谷地貌,切割较深,相对最大高差为 1620 m,两侧及后缘山体较陡,沟道两侧斜坡平均坡度约为 36.5°,其汇水面积为 32.8 km²。泥石流沟道以冲刷为主,沟道总体顺直,纵坡坡度约 19.26%。在形成区范围内,发育两条支沟(2♯ 和 3♯),其中 2♯ 支沟较发育,高差为 65 m,两侧斜坡平均坡角约为 36.5°。沟道总体顺直,纵坡坡度约 37.34%,以冲刷下切主沟为主,侧岸沟蚀为辅。

　　沟床内地质灾害发育,有一处中型的滑坡和一处崩塌体,总方量约为 35.35 万 m³。堆积物主要为黄土及风化的碎屑及块石等,上述堆积物可为泥石流进一步补充物源,对引发泥石流起到非常重要的作用。沟道内主要以块石、碎石土为主,最大块径为 3.2 m。

2.2　流通区特征

　　流通区沟道长约 2.1 km,宽 50～150 m,沟道总体顺直、平坦,纵坡坡度约 20‰,两侧岸坡较陡,呈"U"形谷。流通区坡面水土流失及沟岸松散层较发育,岩土体工程地质条件较差。

　　泥石流冲积物对主沟道主要以冲刷下切为主,对侧岸主要以沟蚀为主。整个沟段沟床内有多处小型崩塌发育,多为基岩崩塌,沿沟道底部分布较多,崩坡积物堆积于坡脚。多系人工采沙开挖、道路修坡以及沟道冲刷形成。上述堆积物为泥石流进一步补充物源。区内分布有乡村道路、厂房、仓库以及部分耕地等。

2.3 堆积区特征

泥石流堆积区主要位于出山口以外 $300\sim500$ m 范围内。由于沟谷总体变宽，泥石流流至该段时骤然散开，流体的动能降低，所携带的块石、泥沙的固体物质很容易在沟床中淤填堆积下来，淤填厚度可达 $2\sim5$ m，局部在 10 m 以上，在出口处形成泥石流堆积扇。堆积扇向出山口外凸出，半径为 $300\sim500$ m，前缘堆积扇弧长为 $500\sim800$ m。

3 泥石流危险度评价

该评价方法为进一步改进的单沟泥石流危险度评价方法。从与单沟泥石流危险度有关的 14 个候选因子中，选取 2 个主要内在因子，即泥石流规模 m 和发生频率 f。然后采用双系列关联度分析方法，分别将剩余候选因子与泥石流规模和发生频率进行关联度分析。再根据每个候选因子与泥石流规模和发生频率得出的两个关联度的平均值，来确定是否与主要因子关系密切，从而决定取舍。我们选择相关性较好的环境因子作为泥石流危险度评价的次要因子。由此得到单沟泥石流危险度评价的 5 个次要因子，分别是：流域面积 s_1、主沟长度 s_2、流域相对高差 s_3、流域切割密度 s_6 和不稳定沟床比例 s_9。这 5 个次要因子可从流域地形图上比较准确地获取。

各评价因子的权重数和权重系数见表 2。

表 2　单沟泥石流危险度评价因子的权重系数

评价因子	m	f	s_1	s_2	s_3	s_6	s_9
权重	10	10	5	3	2	4	1
权重系数	0.29	0.29	0.14	0.09	0.06	0.11	0.03

单沟泥石流危险度计算公式如下：

$$H_单=0.29M+0.29F+0.14S_1+0.09S_2+0.06S_3+0.11S_6+0.03S_9 \tag{1}$$

式中，M、F、S_1、S_2、S_3、S_6、S_9 分别为 m、f、s_1、s_2、s_3、s_6、s_9 的转化值。按照单沟泥石流危险度评价因子的转换函数（表 3），计算可得相应的转换值。

表 3　危险度评价因子和转换函数及其转换值

评价因子	初始值	转换函数	转换因子	转换值
泥石流规模 m（$\times10^3$ m^3）	12.4	$m\leqslant1$ 时，$M=0$；$1<m\leqslant1000$ 时，$M=\lg m/3$；$m>1000$ 时，$M=1$	M	0.364
泥石流发生频率 f（次/100a）	3	$f\leqslant1$ 时，$F=0$；$1<f\leqslant100$ 时，$F=\lg f/2$；$f>100$ 时，$F=1$	F	0.239
流域面积 s_1（km^2）	5.40	$0<s_1\leqslant50$ 时，$S_1=0.2458s_1^{0.3495}$；$s_1>50$ 时，$S_1=1$	S_1	0.443
主沟长度 s_2（km）	4.37	$0<s_2\leqslant10$ 时，$S_2=0.2903s_2^{0.5372}$；$s_2>10$ 时，$S_2=1$	S_2	0.641
流域相对高差 s_3（km）	1.47	$0<s_3\leqslant1.5$ 时，$S_3=2s_3/3$；$s_3>1.5$ 时，$S_3=1$	S_3	0.98
流域切割密度 s_6（km/km^2）	1.30	$0<s_6\leqslant2$ 时，$S_6=0.5s_6$；$s_6>2$ 时，$S_6=1$	S_6	0.65
不稳定沟床比例 s_9	0.336	$0<s_9\leqslant0.6$ 时，$S_9=s_9/0.6$；$s_9>0.6$ 时，$S_9=1$	S_9	0.56

根据式(1),对碱水沟进行危险度定量评价,并按照分级标准[极低危险($0<H\leqslant0.2$)、低度危险($0.2<H\leqslant0.4$)、中度危险($0.4<H\leqslant0.6$)、高度危险($0.6<H\leqslant0.8$)、极高危险($0.8<H\leqslant1$)],得出该泥石流沟的危险度评分结果为 0.409,危险度分级为中度危险。这一危险度评价结果与现场实地调查结果基本一致,见表 4。

表 4　碱水沟泥石流危险度评价结果

沟道名称	危险度计算值	危险度分级
安宁区碱水沟	0.409	中度危险

4　防治措施建议

针对碱水沟的地形地质特征,沟谷多呈"V"形,沟道中上游大面积黄土覆盖,中下游出露新近系砂岩、黏土岩,流域坡面侵蚀较重,松散堆积物较多,泥石流危险度为中度危险。建议碱水沟的治理方案主要以排导工程为主,采用沟道排洪或者排导沟等排导工程措施,在主支沟中、上游建设少量谷坊坝用以削减泥石流洪峰流量,加强两侧谷坡护岸防护。对满足不了过流断面需求的沟道进行疏通清理,保持沟道畅通。同时,辅以生态工程措施,进行大面积植树造林。

5　结论

本研究对兰州市安宁区碱水沟的流域特征、沟道特征以及物源、水源条件等进行分析后,得出泥石流的发生条件、基本性质、活动规律、分布规律及活动特征。认为碱水沟切割强烈的特殊丘陵地貌,巨厚层的黄土覆盖层,植被稀疏,水土流失严重等因素均是导致碱水沟可能发生泥石流的主要原因。结合碱水沟沟谷的特征,选取了七个内在因子等因素分析各因子对泥石流危险度的贡献度,并由此对安宁区碱水沟的危险度做了定量化的评价,危险度分级评价结果为中度危险。

该沟在极端气象条件下,仍有可能间歇性地发生中等至大规模暴雨泥石流。根据沟谷特征、活动规律等提出了工程措施、生物措施和疏导措施相结合的防治措施体系。希望有关部门做好该沟的监测预警,完善群防群测体系,采取必要的工程治理措施。

参 考 文 献

[1] 刘希林,唐川. 泥石流危险性评价[M]. 北京:科学出版社,1995.

[2] 谭炳炎. 泥石流沟严重程度的数量化综合评判[J]. 水土保持通报,1986,6(1):51-57.

[3] 匡乐红,等. 基于可拓方法的泥石流危险性评价[J]. 中国铁道科学,2006,27(5):1-6.

[4] 刘章军. 基于模糊概率方法的泥石流危险性评价[J]. 三峡大学学报:自然科学版,2007,29(4):295-298.

[5] HARDEN BICKER V. Hangrutschungen in Bonner Raum,ihrenaturraeum lichenund anthropogenic vrsachen[J]. Arb. Z. Rhein,1994,64(2):105-112.

[6] ALEXANDER D E. Natural Disasters[M]. London:UCI Press Limited,1993.

［7］CARRARA A. GIS techniques and statistical models in evaluating landslide hazard［J］. Earth Surface Processes and Landforms,1991,16(1):427-445.

［8］DIKAU R. Derivatives from detailed geoscientific maps using computer methods［J］. Z. Geomorphology,1990,80(s1):45-55.

［9］王礼先,于志民.山洪及泥石流灾害预报［M］.北京:中国林业出版社,2001.

［10］王礼先.北京山区荒溪分类与危险区制图［J］.山地学报,1995,13(3):141-146.

［11］孙广仁,毕海良.模糊数学综合评判法在泥石流沟判别与危险度评价中的应用［J］.青海环境,1997,7(2):72-77.

［12］刘希林,莫多闻.泥石流风险评价［M］.成都:四川科学技术出版社,2003.

［13］刘希林.我国泥石流危险度评价研究:回顾与展望［J］.自然灾害学报,2002,11(4):1-8.

［14］刘希林.泥石流危险度判定的研究［J］.灾害学,1988,3(3):10-15.

［15］刘希林.泥石流危险区划的探讨［J］.灾害学,1989,4(4):3-9.

［16］刘涌江,胡厚田,白志勇.泥石流危险度评价［J］.水土保持学报,2000,8(1):84-87.

［17］铁永波,唐川.层次分析法在单沟泥石流危险度评价中的应用［J］.中国地质灾害与防治学报,2006,17(4):79-84.

水库浸没影响程度分级标准探讨与实践

王家祥[1,2]　李会中[1,2]　柳景华[1,2]　曹伟轩[1,2]

1.长江勘测规划设计研究有限责任公司,湖北 武汉　430010;2.长江三峡勘测研究院有限公司(武汉),湖北 武汉　430074

摘　要:浸没问题是水库区常遇工程地质问题,为了节省工程投资,当浸没影响范围较大时,应对其影响程度进行分级,采取相应的差异性处理。本文基于目前国内水利水电行业尚无成熟或统一浸没影响程度分级标准,笔者分析了现行规范(程)发现在相关工程实践中其可操作性局部有欠缺,针对这一现状提出了"地基安全影响深度"概念并对建筑区安全超高值的界定进行了修正,再以预测水库蓄水后潜水回水位高度是否到达安全超高值范围或建筑物(地下室)地面为其分界标准将农业区、建筑区(功能性、安全性)浸没影响程度划分为严重、轻微二级,并将其对应界定为影响处理区、待观区以采取差异性措施处理。本浸没影响程度分级标准系统、合理、规范且便于操作,已成功应用于重庆长江小南海水电站工程实践,其水库区建筑物影响程度划分轻微浸没区合计 27.9 万 m²,占建筑区总影响面积 60.7%,采取待观处理,可节省大量工程投资。因此,在浸没影响面积较大或影响范围内建筑物密集时,此浸没影响程度分级标准具重要推广应用价值。

关键词:水库浸没　地基安全影响深度　影响程度分级标准　严重浸没　轻微浸没

Discussion and Practice of the Classification Standard for the Influence Degree of Reservoir Immersion

WANG Jiaxiang[1,2]　LI Huizhong[1,2]　LIU Jinghua[1,2]　CAO Weixuan[1,2]

1. Changjiang Survey Planning Design and Research Co. , Ltd. , Wuhan 430010,China;
2. Three Gorges Geotechnical Consultants Co. , Ltd. , Wuhan 430074, China

Abstract:Immersion is a common engineering geological problem in the reservoir area. When the impact range is large, in order to save project investment, the evaluation of its influence should be graded and corresponding difference treatment should be adopted. In this paper, based on the current domestic water and water conservancy and hydropower industry has no mature or unified immersion influence degree classification standard, the author analyzed the current norms and found its operability is partly deficient in the relevant engineering practice. In view of this situation, the concept of "foundation safety influence depth" is put forward, and the definition of the safety value of building area is revised. The influence degree of the agricultural area and building area is divided into serious and slight by predicting the height of the water level of the dive water and the boundary of the building ground as its dividing standard, and it is defined as the influence treatment area and the view area to take the difference measures. This standard is systematic, reasonable, standard and easy to operate. This standard of immersion influence degree grading has been successfully applied in engineering practice of Xiaonanhai hydropower station in Chongqing. The influence degree of the buildings in the reservoir area is divided into 279 thousand square meters, which accounts for 60. 7% of the total impact area of the building area. A large amount of project investment can be saved by the treatment of waiting to be treated. Therefore, this immersion classification standard has a very important application value when the structure is denser in the immersion area or in the influence range.

Key words:reservoir immersion;influence depth of foundation safety;classification standard for the influence depth;serious immersion;slight immersion

---

作者简介:

王家祥,1973 年生,男,高级工程师,从事工程地质勘察方面的研究。E-mail:591047491@qq.com。

0 引言

浸没问题是水库区常遇工程地质问题。对于浸没影响区面积较大的水库工程,根据浸没的不同影响程度,采取差异性工程措施处理,有望节省大量工程投资,这可能直接影响到宽谷型或平原型浸没问题突出的水库工程的论证或决策。

然而,对浸没影响程度如何进行分级,现今水利水电行业尚无成熟或统一标准,《水利水电工程地质勘察规范》(GB 50487—2008)附录 D.0.9 条虽规定:"当复判的浸没区面积较大时,宜按浸没影响程度划分为严重和轻微两种浸没区",但却未给出相应划分方法或标准。

国内水利水电行业有关浸没影响程度分级研究的文献较少,一些生产单位依据规范[1,2]确定浸没临界地下水埋深公式[式(1)]进行了初步研究和应用;国外有关浸没问题研究文献[3-5]也是国内技术人员以式(1)为判别方法进行的浸没分析预测内容,仅文献[4]涉及浸没危害性分级。

$$H_{cr} = H_k + \Delta H \tag{1}$$

式中　H_{cr}——浸没的临界地下水位埋深(m);

H_k——地下水位以上,土壤毛细管水上升带的高度(m);

ΔH——安全超高值(m),对于农业区,该值即根系层的厚度,对于城镇和居民区,该值取决于建筑物荷载、基础形式、砌置深度。

郑新、魏祥江等依据水库蓄水后地下回水位埋深 h 与 H_k、H_{cr} 的关系,将浸没影响程度分为严重、中等、轻微三级[6,7]:$h < H_k$ 时影响程度为严重,$h \approx H_k$ 时影响程度为中等,$H_k < h < H_{cr}$ 时影响程度为轻微。李恩宏等也将浸没影响程度分为严重、中等、轻微三级,该研究利用模糊综合评价法直接给出各级影响程度浸没临界地下水埋深值[8];国外文献[4]则根据现场调查浸没实际影响程度将浸没危害性分为严重、中等、轻微三级并直接给出各级浸没临界地下水埋深值。

上述分级方法存在两个方面的问题:

(1)前者,影响程度中等界定标准 $h \approx H_k$ 在具体应用中很难把握和划分;后者,采用分析或实地调查直接给出各级浸没影响程度临界地下水埋深值的方法不便操作,难以推广应用。

(2)两者均将影响程度分为严重、中等、轻微三级,与现行规范[9]水库影响区处理界定分为影响待观区和影响处理区两级无法对应。

因此,根据宽谷型或平原型水库浸没问题研究论证现实需要和水利水电行业技术标准发展进步之需要,开展水库浸没影响程度分级标准的探索研究,具有重要工程意义。

本文基于前述尚无成熟或统一浸没影响程度分级标准的行业现状和可操作性之局部欠缺,分析研究提出"地基安全影响深度"概念并对建筑区安全超高值的界定进行修正,提出根据预测水库蓄水后地下潜水回水对农作物根系层、建筑物地基安全持力层(或使用功能)产生的淹没影响或毛细管水影响相应将浸没影响程度划分为严重、轻微二级,并将其对应界定为影响处理区、影响待观区以采取差异性措施处理。该分级标准合理且便于操作,并已成功应用于重庆长江小南海水电站工程实践。

1　浸没影响程度分级标准提出

浸没判别方法仍采用水利水电工程地质勘察规范方法，即式(1)。

1.1　建筑区安全超高值修正与地基安全影响深度的提出

关于安全超高值 ΔH，规范中对农业区有明确的规定，该值即根系层的厚度；而对建筑区(城镇和居民区)则指出，该值取决于建筑物荷载、基础形式、砌置深度，未考虑基底面以下一定深度范围地基土强度软化对地基安全的影响。

众所周知，有些建筑物地基土强度对含水率的变化较为敏感，含水率增大或饱水后强度出现显著甚至大幅度下降，从而导致地基持力层承载力不足、建筑物出现沉陷甚至倒塌。因此，在这种情况下建筑物安全超高值只考虑基础埋置深度显然不准确、不可靠，为此提出了"地基安全影响深度"概念并纳入建筑物安全超高值，即建筑区安全超高值 $\Delta H =$ 基础砌置深度＋地基安全影响深度。

"地基安全影响深度"是指地下水位上升对地基安全构成影响的临界深度值，应根据建筑物荷载、基础形式、地基持力层特性，依据《建筑地基基础设计规范》(GB 50007—2011)等规定要求，根据建筑物设计等级分别按地基承载力、变形或稳定性的计算方法进行验算确定。根据该规范，地基基础设计应符合下列规定[10]：建筑物地基计算均应满足承载力计算的有关规定；设计等级为甲级、乙级的建筑物，均应按地基变形设计；设计等级为丙级的建筑物在一定情况下应作变形验算；对经常受水平荷载作用的高层建筑、高耸结构和挡土墙等，以及建造在斜坡上或边坡附近的建筑物和构筑物，尚应验算其稳定性。

勘察过程中应加强研究区建筑物设计所依据的地基土天然含水量与强度资料的收集，加强地基土天然含水状态、毛细管水上升带代表性含水率状态以及完全饱和状态下强度参数的试验及分析研究，为计算确定地基安全影响深度值提供可靠依据。

1.2　浸没影响程度分级标准

结合《水利水电工程地质勘察规范》(GB 50487—2008)，将浸没影响程度划分为严重、轻微两级，以预测水库蓄水后潜水回水位高度是否到达安全超高值范围或建筑物地面(地下室地面)为其分界标准，到达则受地下水淹没、影响程度为严重，反之仅受毛细管水影响、浸没程度为轻微。

（1）农业区浸没影响程度分级标准

浸没对农业区的危害主要表现为农作物生长不良、减产、甚至死亡、绝收。农业区浸没影响程度分级可根据预测的潜水回水地下水位分布情况，将影响程度划分为轻微浸没影响区(Ⅰ)和严重浸没影响区(Ⅱ)两级，分级标准见图 1。

轻微浸没影响区(Ⅰ)：预测潜水回水地下水位位于图 1 中下部 H_k 深度范围，未到达农作物根系层，农作物受土壤毛细水影响，主要表现为生长不良、减产。

严重浸没影响区(Ⅱ)：预测潜水回水地下水位位于图 1 中上部 ΔH 深度范围，到达农作

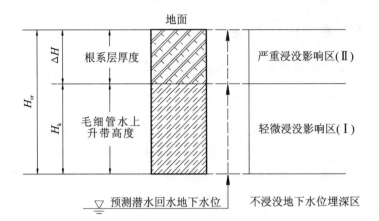

图 1　农业区浸没程度分级标准示意

物根系层,农作物将受地下回水淹没,对农作物生长影响严重,一般导致农作物死亡、绝收。

(2) 建筑区浸没影响程度分级标准

浸没对建筑区的影响分为两类:一为功能性影响,主要表现为地面潮湿、墙体返潮等对使用功能和生活环境造成的危害;二为安全性影响,主要表现为地基承载力下降、基础下沉,进而导致建筑物沉降、开裂甚至倒塌等对建筑物安全构成的危害。建筑区浸没影响程度分级亦根据预测潜水回水地下水位分布情况,划分为轻微浸没影响区(Ⅰ)和严重浸没影响区(Ⅱ)两级。

① 功能性影响程度分级标准

功能性影响程度分级评判标准见图 2。

图 2　建筑物功能性影响程度分级标准示意

轻微浸没影响区(Ⅰ):地下回水位未到达地面(或地下室地面),建筑物使用功能和生活环境受土壤毛细水一定影响,如地面或地下室潮湿、墙体返潮等。

严重浸没影响区(Ⅱ):地下回水位上升达到地面(或地下室地面),导致地面大量浸水、积水,严重影响建筑物正常使用。

② 安全性影响程度分级标准

安全性影响程度分级评判标准见图 3。

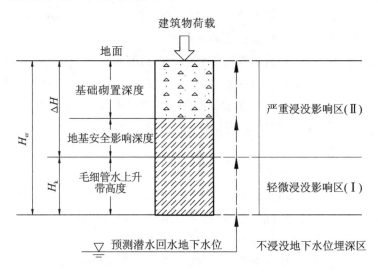

图 3 建筑物安全性影响程度分级标准示意

轻微浸没影响区（Ⅰ）：预测潜水回水地下水位未到达建筑物地基安全影响深度范围，建筑物地基受土壤毛细水影响，基础持力层部分原始状态发生变化，地基强度相对下降，承载力及抗变形性有所降低，但对上部建筑物的稳定或安全一般无明显影响。

严重浸没影响区（Ⅱ）：预测潜水回水地下水位到达建筑物地基安全影响深度范围，地基安全持力层受地下水淹没，其原始状态发生明显变化，地基强度显著降低，地基稳定与建筑物安全受到严重威胁，易造成建筑物过量沉降、开裂甚至倒塌。

2 不同程度浸没影响区的处理对策

根据多个工程实践的经验，结合《水电工程建设征地处理范围界定规范》（DL/T 5376—2007）的规定[9]，不同程度浸没影响区的处理对策总体原则是将轻微浸没影响区界定为影响待观区，将严重浸没影响区界定为影响处理区，特殊情况另行专门性研究。具体对策如下：

（1）浸没影响待观区

设计阶段应预留适量工程费用。水库运行期以观测、巡视为主，对重要建筑物建立形变及地下水位监测网（点），视监测、影响情况再做进一步处理措施。

（2）浸没影响处理区

设计阶段应提出明确处理方案，如土地征用、移民搬迁、地基加固、地下室防渗（潮）、防护工程等处理措施，农业区还可采取防护垫高、降排地下水等工程处理措施。

3 工程应用案例

小南海水电站位于长江干流宜宾至重庆河段，坝址位于重庆市城区上游约 40 km，为一低水头径流式电站,水库正常蓄水位 197 m,共安装 12 台轴流式发电机组,总装机容量 2000 MW。

小南海水电站水库区部分库段地形宽缓低平,分布城集镇或农业区,水库蓄水后浸没问题突出,是影响工程投资的重要因素之一,大量的移民搬迁还会造成不良社会影响,因此需加强库区浸没问题研究,合理界定浸没影响区范围。

水库区属低山丘陵地貌,库区长江河谷宽缓,部分河段分布长江 I 级阶地宽缓台地,沿江呈不等宽带状分布,这些部位是水库蓄水后潜在浸没影响区,其中珞璜镇、花铺村、德感镇及几江镇是水库区主要浸没库段,因而前期即开展了浸没专题研究,下文简要阐述其浸没专题研究主要成果与本浸没分级标准应用情况。

3.1　基本地质条件

四库段主要位于长江 I 级阶地区,地形平缓,宽度一般 100~600 m,水库正常蓄水位 197 m 的回水位于各阶地前缘地带。阶地物质一般具二元结构特征,上部以低液限黏土为主,厚度 5~15 m,具弱透水性,下部为砂卵砾石层,厚度 15~30m,具强透水性,部分地段表层分布人工填土层、中部分布低液限粉土(厚度 0.5~8 m)、粉细砂薄层或透镜体,具中等至强透水性,组合形成双层及多层非均质水文地质结构,其中珞璜镇中后部缓坡地带、江津几江镇及部分德感镇库段沿江地带分别为单一人工填土或砂卵石、具强透水性的均质结构土层。

地下水类型主要为潜水,接受大气降雨及外围地表、地下来水等补给。长江为区内最低侵蚀基准面,地表、地下水通过地表沟系、地下孔隙、裂隙等径流网络向长江运移并最终排入长江内。

根据气候特征、土壤盐分、地下水矿化度等资料综合分析,工程区不存在浸没盐渍化问题。

3.2　不同浸没类型及影响程度界定标准建议值

根据调查,工程区影响对象分为农业区耕地和居民点、城镇区工业与民用建筑物等。

（1）农业区

由于农业影响区呈带状、影响范围较小,故未进行浸没影响程度分级,在浸没处理界定时,均界定为影响处理区。根据专题勘察研究确定的农业区浸没临界地下水埋深建议值见表 1。

表 1　农业区浸没临界地下水埋深建议值

土层名称	毛细管水上升带高度 H_k 建议值(m)	根系层厚度 ΔH(m)	浸没临界地下水位埋深 H_{cr}(m)
低液限黏土	1.3	0.5	1.8
低液限粉土	1.0	0.5	1.5

（2）建筑区

四个重点浸没库段花铺村居民点和珞璜镇、德感镇、几江镇建筑物密集，浸没影响建筑物较多，按本文标准进行了浸没影响程度分级，根据专题勘察研究确定的低～中高层建筑物不同浸没影响程度临界地下水埋深建议值见表2，高层建筑物均采用深基础，以砂卵砾石或基岩为持力层，经分析研究只考虑浸没对建筑物使用功能的影响。浸没问题处理界定时，将轻微浸没影响区界定为影响待观区，严重浸没影响区界定为影响处理区[11]。

表 2　建筑区浸没临界地下水位埋深建议值

建筑物类型		土层名称	毛细管水上升带高度 H_k(m)	安全超高值				浸没临界地下水埋深 H_{cr}(m)	浸没影响程度分级	
				基础宽度（m）	基础埋深（m）	地基安全影响深度(m)	安全超高 ΔH(m)		Ⅰ（轻微浸没影响区）	Ⅱ（严重浸没影响区）
考虑建筑物安全性	中高层（7～9层）	低液限黏土	1.3	2.0	2.5	0.7	3.2	4.5	3.2～4.5	0～3.2
		低液限粉土	1.0			0.5	3.0	4.0	3.0～4.0	0～3.0
		土夹碎块石	0.8			0.5	3.0	3.8	3.0～3.8	0～3.0
	多层（4～6层）	低液限黏土	1.3	2.0	2.0	0.7	2.7	4.0	2.7～4.0	0～2.7
		低液限粉土	1.0			0.5	2.5	3.5	2.5～3.5	0～2.5
		土夹碎块石	0.8			0.4	2.4	3.2	2.4～3.2	0～2.4
	低层（1～3层）	低液限黏土	1.3	0.8	0.8	0.4	1.2	2.5	1.2～2.5	0～1.2
		低液限粉土	1.0			0.4	1.2	2.2	1.2～2.2	0～1.2
		土夹碎块石	0.8			0.4	1.2	2.0	1.2～2.0	0～1.2
考虑建筑物功能性	建筑物	冲积砂卵石	0.2					0.2	0.0～0.2	0.0
		回填砂卵石	0.3					0.3	0.0～0.3	0.0
	一层地下室	回填砂卵石	0.3		3.5	0.0	3.5	3.8	3.5～3.8	0～3.5

其中，低～中高层建筑物地基安全影响深度验算方法简述如下[12]：

水库区受浸没影响建筑物主要为低层、多层结构，以居住属性为主，设计等级一般为丙级，按规范规定主要是复核地基承载力是否满足建筑物要求，复核标准分别为：

地下水位位于基底面处时承载力满足：

$$P_k \leqslant f_a \tag{2}$$

式中　P_k——相应于作用的标准组合时，基础底面处的平均压力值(kPa)；

　　　f_a——修正后的地基承载力特征值(kPa)。

地下水位上升对地基安全影响深度值判定标准（按地基受力层范围内有软弱下卧层）：

$$P_z + P_{cz} \leqslant f_{az} \tag{3}$$

式中 P_z——相应于作用的标准组合时,软弱下卧层顶面处的附加压力值(kPa);

P_{cz}——软弱下卧层顶面处土的自重压力值(kPa);

f_{az}——软弱下卧层顶面处经深度修正后的地基承载力特征值(kPa)。

低液限黏土力学特性试验结果表明,其力学强度对含水率及相应饱和度敏感,但黏聚力和内摩擦力的敏感程度相差很大,饱和状态下黏聚力较天然状态总体下降约 26%,而内摩擦角较天然状态总体下降仅 5%。

根据主要地基土层-低液限黏土天然和饱和状态下物理力学性质试验研究成果(表3),经上述方法分析验算确定低层(1~3 层)、多层(4~6 层)及中高层(7~9 层)建筑物地基安全影响深度取值 0.4~0.7 m(表2)。

表 3　低液限黏土主要物理力学指标建议值

土体状态	容重 (g·cm⁻³)	压缩模量 E_{s1-2} (MPa)	快剪		固结快剪	
			c (MPa)	$\varphi(°)$	c(kPa)	$\varphi(°)$
天然	1.91	5.8~6.8	16	12	5~7.5	22~24
饱和	1.96	4.3~5.6	13	8	3.9~5	18~20

3.3　浸没分析预测结果

根据四库段水文地质结构和钻孔地下水位长期观测成果,采用地质类比法、解析法和有限元法等进行水库蓄水回水壅高分析预测,再根据不同浸没类型及影响程度界定标准值(表1、表2)进行对比确定浸没影响区范围。最终分析预测小南海水电站库区四处重点库段浸没影响区预测成果见表4,代表性库段浸没影响区分布见图4。

表 4　重庆长江小南海水电站库区重点库段浸没影响区预测成果表

序编号	库段名称	浸没库段长度(km)	浸没宽度 (m)	农业浸没区面积(万 m²)	建筑区浸没面积(万 m²)			浸没影响区面积合计(万 m²)
					Ⅰ轻微	Ⅱ严重	小计	
01	珞璜镇	1.6	20~80	0	3.11	4.56	7.67	7.67
02	花铺村	3.3	60~220	20.98	1.71	4.12	5.83	26.81
03	德感镇	1.3	50~250	0	10.89	6.31	17.20	17.20
04	几江镇	2.35	15~89	0	8.84	0.25	9.09	9.09
合计		8.55		20.98	24.55	15.24	39.79	60.77

3.4　应用总结

本浸没影响程度分级标准从小南海水电站工程实践看,其仍是在常规浸没勘察研究工

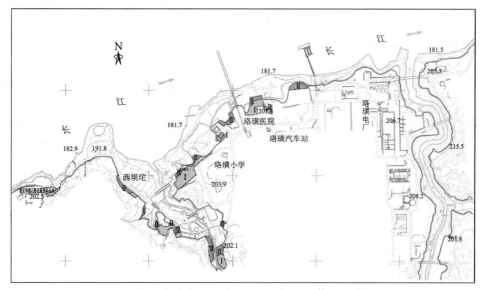

图例 ▨1 ▨2 ▨3 ▨4 ▯5 ▨6 ▧7 ▨8

图4 重庆长江小南海水电站珞璜镇库段浸没预测成果图

1—长江水边线；2—多年平均流量回水位线(197.01 m)；3—人口迁移线(198 m)；4—浸没预测范围线；

5— 建筑区轻微浸没影响区；6— 建筑区严重浸没影响区；7—严重浸没影响区充填色；8—轻微浸没影响区充填色

作基础上进行应用,不存在新的技术问题,也便于操作,重点需加强建筑物地基持力土层天然、饱和等状态下力学特性的试验研究,并与设计专业共同分析确定各类建筑物地基安全影响深度值。

小南海水电站库区建筑物浸没影响程度分轻微与严重两级,其中轻微影响区采取待观处理,最终水库区全库段建筑物影响程度划分为轻微浸没区合计 27.9 万 m^2,占建筑区总影响面积的 60.7%,可为工程节省大量投资、减小工程实施的社会影响。

4 结语

(1)浸没问题是水库区常遇工程地质问题,对宽谷型或平原型水库等浸没问题较为突出的水利工程而言,进行浸没影响程度分级评价并采取差异化措施处理,将有利于降低工程投资并便于工程决策。

(2)基于浸没影响分级研究现状,结合现行规范(程)规定,提出了"地基安全影响深度"概念并对建筑区安全超高值进行了修正,以预测水库蓄水后潜水回水位高度是否到达安全超高值范围或建筑物(地下室)地面为其分界标准将农业区、建筑区(功能性、安全性)浸没影响程度划分为严重、轻微二级,并将其对应界定为影响处理、影响待观区,以采取差异性处理措施。

(3)本文提出的水库区浸没影响程度分级标准具有系统性、合理性、规范性和可操作性,已成功应用于重庆长江小南海水电站等工程实践并节省了工程投资,因而具有重要的推广应用价值。

参 考 文 献

[1] 中华人民共和国住房和城乡建设部,中华人民共和国国家质量监督检验检疫总局.水利水电工程地质勘察规范:GB 50487—2008[S].北京:中国计划出版社,2009.

[2] 中华人民共和国住房和城乡建设部.水力发电工程地质勘察规范:GB 50287—2016[S].北京:中国计划出版社,2017.

[3] ZHANG S Y,LI A G,YAN G C. The Study of Reservoir Immersion of a Hydropower Station [A]. 2017 2nd International Conference on Architectural Engineering and New Materials (ICAENM 2017) [C]. 2017,48-56.

[4] WANG Y,QIN X R,FENG X. Analysis on the Effect of Reservoir Immersion in Yanqing New Town [A]. Advanced Materials Research [C]. 2014,1010-1012:1317-1321.

[5] CHEN J,HUANG Y,YANG Y M,et al. Evaluation of the Influence of Jiangxiang Reservoir Immersion on Corp and Residential Areas [J/OL]. https:// doi. org / 10. 1155 /2018/9720970. 2018-04-28.

[6] 郑新,张丙先,邓争荣,等.丹江口水库浸没区判别方法及浸没程度评价[J].人民长江,2011,42(7):19-23.

[7] 魏祥江.平原水库浸没区分析评价与勘察方法的应用[J].价值工程,2017,27:146-147.

[8] 李恩宏,冷特,潘俊.辽河石佛寺水库蓄水引发浸没影响评价研究[J].安徽农业科学,2013,41(5):2208-2210.

[9] 中华人民共和国国家发展和改革委员会.水电工程建设征地处理范围界定规范:DL/T 5376—2007[S].北京:中国电力出版社,2007.

[10] 中华人民共和国住房和城乡建设部.建筑地基基础设计规范:GB 50007—2011[S].北京:中国计划出版社,2012.

[11] 汪斌,白呈富,贾建红.水库浸没对建筑物区的影响与处理方案研究[J].人民长江,2013,44(2):75-78,81.

[12] 喻振林,郭晓,张雄.小南海水库浸没对建筑物的影响探讨[J].人民长江,2014,45(3):47-50.

武宣盆地红黏土浸没问题分析与评价

孙 政 李占军 于景宗 史海燕 佘小光

中水东北勘察设计研究有限责任公司,吉林 长春 130021

摘 要:大藤峡水库蓄水后武宣盆地在正常蓄水位附近及支流一级阶地平缓地段存在浸没问题,以浸没区基本特征为判断依据,在对水库浸没区进行初步判别和复判后,利用野外观察和室内原状样试验取得可靠的红黏土毛细水上升高度值,对武宣盆地进行了分区评价。

关键词:武宣盆地 红黏土 毛细水上升高度 浸没评价

Analysis and Evaluation of Red Clay Immersion in Wuxuan Basin

SUN Zheng LI Zhanjun YU Jingzong SHI Haiyan SHE Xiaoguang

China Water Northeastern Investigation,Design & Research Co. ,Ltd. ,Changchun 130021,China

Abstract:After the impoundment of the Datengxia reservoir,there was a submergence problem in the Wuxuan Basin near the normal water level and in the gentle section of the first terrace of the tributary. The basic characteristics of the immersion area were used as the basis for judgment. After initial discrimination and re-judgment of the immersion area of the reservoir,the reliable capillary water elevation of red clay was obtained by field observations and laboratory undisturbed sample test,and the zoning evaluation of the Wuxuan Basin was carried out.

Key words:Wuxuan Basin;red clay;capillary water height;immersion evaluation

1 工程背景及研究意义

大藤峡水利枢纽是红水河梯级规划的最末一个梯级,位于广西境内的黔江河段上,是一座大(1)型水利枢纽工程。水库设计正常蓄水位 61.00 m,相应库容 28.13×10^8 m³。武宣盆地位于水库上库段的黔江,包括三里、武宣、二塘等城镇,长约 30 km,宽 2~10 km,是武宣县居民和耕地比较集中的地段。水库蓄水后造成地下水位抬升,对承压水头高于黏土底板的地段产生浸没影响。

评价水库区浸没与否一个关键指标就是临界地下水位埋深,进行浸没初判时一般临界地下水位埋深按毛细水上升高度加上安全超高值;浸没复判时农作物区及建筑物区都需要考虑土层毛细水上升高度。由此可见,水库浸没评价的一个重要指标是土的毛细水上升高度值。武宣盆地地表覆盖层基本为残积红黏土或次生红黏土,取得可靠的红黏土毛细水上升高度值,对水库区的浸没评价具有重要意义。

作者简介:

孙政,男,高级工程师,主要从事水利水电工程地质勘察方面的研究。E-mail:358667861@qq.com。

2　地质概况

武宣盆地以黔江为界分为两个地貌类型,左岸为溶蚀平原,地势平缓,地面高程一般为 65~70 m,覆盖层一般由两层组成:残积红黏土、次生红黏土(Q_3^{el}),厚度一般为 4~18 m,最厚处 26 m,最薄处 1.4 m,属于渗透性极微弱的高液限黏土;灰白色含碎石的风化砂,厚度一般为 1.7~2.5 m,最厚处达 5.9 m,属中等~强透水层。七星河、三里河、东乡河等三条黔江一级支流在武宣盆地左岸汇入黔江。右岸为峰丛谷地,地形平坦,孤峰、残丘和洼地等岩溶地貌分布广泛,地面高程一般为 54~70 m。覆盖层为冲洪积和残积黏土层,厚度一般为 4.5~6.6 m。两条黔江一级支流濠江和武来河流经峰丛谷地汇入黔江。

本区地下水类型主要为岩溶裂隙水,盆地的前部和中部地下水位在基岩内,至盆地后缘地下水位高于基岩面,局部呈承压状态,在三里、马王附近基岩面较低,黏土层较厚,承压水头较高,如在 ZK107 孔和 T267 孔都发现有承压水,T267 孔承压水头达 11.29 m。岩溶裂隙水坡降平缓,一般为 3‰~6‰,向黔江排泄,据长期观测资料,地下水年变幅为 5~10 m。

3　浸没初判

根据《水利水电工程地质勘察规范》(GB 50487—2008)的规定进行初判。

武宣盆地黔江右岸为溶蚀峰丛谷地,地层结构为残积红黏土(Q_3^{el})、次生红黏土直接覆盖于基岩面上,且黏土层均较厚,渗透系数小,为相对不透水层,一般都大于 5 m,其顶板高程高于水库正常蓄水位,预测在水库蓄水后地下水仍为裂隙岩溶潜水,即使局部承压,也不会产生浸没现象。濠江与武来河发育于谷地之内,两岸地层结构均为残积红黏土(Q_3^{el})、次生红黏土直接覆盖于基岩面上,且黏土层均较厚,一般都大于 5 m,不透水层(黏土)顶板高程高于水库正常蓄水位,预测在水库蓄水后地下水仍为裂隙岩溶潜水,即使局部承压,也不会产生浸没现象。

武宣盆地黔江左岸地层结构均为双层结构,表部为黏土,黏土下为强透水砂砾石层、含泥砂砾石层、风化砂层。从地层结构分析,水库蓄水后这片区域易发生浸没。针对这一地区,笔者进行了详细的勘察和进一步的评价工作。

4　浸没评价复判方法及标准

根据《水利水电工程地质勘察规范》(GB 50487—2008)的规定,浸没评价采用地下水埋深临界值。评价范围内地下水埋深小于临界值,判定为浸没区;地下水埋深大于临界值,判定为不浸没。

4.1　地下水埋深临界值的确定方法

根据《水利水电工程地质勘察规范》(GB 50487—2008)的规定,在确定地下水埋深临界值时,应向当地农业管理部门、农业科研部门和农民进行调查,收集相关资料,根据需要开挖试坑验证。

(1)经走访广西水电设计院,广西已建成水库按 1 m 确定浸没评价地下水埋深临界值,预测的浸没范围,当地农民从来没有提意见。水田按 0.5 m 实际也是没有问题的,但存在一定风险。走访当地农民认为:水田只要水不到地面就无影响;旱田水不淹没种子就无影响。

(2) 根据调查情况,2014 年在武宣县三里镇马王防护区内的甘蔗地上,开挖探坑进行了验证,地下水位埋深 0.5 m 时不会对农作物产生影响,验证数据详见表 1。

表 1　野外验证探坑一览表

探坑编号	探坑深度(m)	水位埋深(m)	土层
TKm1	5.0	0.82	黏土
TKm5	1.5	0.50	黏土
TKm6	1.2	0.75	黏土
TKm7	2.5	0.90	黏土

当地农作物主要为水稻和甘蔗,根据验证结果结合走访情况,初步确定地下水埋深临界值为:水稻 0.8 m,甘蔗 1.5 m。

(3) 根据现场勘察取样试验成果,采用土层毛细水上升高度＋农作物根系层厚度(采用 0.5 m),对调查走访初步确定的地下水埋深临界值进行了调整。基本原则是:旱田小于 1.5 m 的区片,采用 1.5 m;大于 1.5 m 的区片采用土层毛细水上升高度＋农作物根系层厚度。水田采用调查值 0.8 m。

(4) 根系层厚度,现场探坑表明,甘蔗的根系层主要在 0.3 m 深度内,深度在 0.3～0.5 m 很少有甘蔗根,深度在 0.5 m 以下见不到甘蔗根。

4.2　毛细水上升高度的确定

评价水库区浸没与否的一个关键指标就是临界地下水位埋深,进行浸没初判时一般临界地下水位埋深按毛细水上升高度加上安全超高值;浸没复判时农作物区及建筑物区都需要考虑土层毛细水上升高度。由此可见,水库浸没评价的一个重要指标是土的毛细水上升高度值。

(1) 现场观测

实践中注意到,在坑内积水面以上的坑壁存在一定高度的土体浸湿现象,究其原因是毛细水上升现象,水面以上浸湿土的厚度代表了大部分毛细水的上升高度。利用人工开挖的天然基坑(基坑已挖至地下水位)和开挖的竖井现场观测毛细水上升高度。天然基坑观测值为 0.50～0.90 m,平均值为 0.69～0.72 m;竖井观测值较基坑观测值稍高,为 0.70～0.90 m,平均值为 0.78 m。

现场观测基坑毛细水上升高度见图 1。

(2) 室内试验

室内试验测试依据《土工试验规程》(SL 237—1999)采用卡明斯基毛细仪法,探坑试样一般采用现场毛细上升高度环环刀采集土层原状样品,钻孔采用取土器采集原状土样。经统计,红黄相间红黏土②室内毛细水上升高度值为 0.19～1.21 m,平均值为 0.76 m;黄褐色红黏土③室内毛细水上升高度值大于 1.0 m,平均值大于 1.70 m。测试结果详见表 2。

(a)　　　　　　　　　　　　(b)

图 1　现场观测基坑毛细水上升高度

表 2　室内毛细水上升高度试验成果统计一览表

名称	土层代号	土层名称	深度（m）	数值（m）
SJ02	②		2.0～2.2	0.25
SJ03	②		1.8～2.0	0.19
SJ05	②		1.7～1.9	89.5
TZKM1	②		1.55～1.75	1.07
TZKM2	②	红黄相间黏土	1.50～1.70	0.97
TZKM3	②		3.50～3.70	0.88
TZKM4	②		2.10～2.30	1.06
TZKM5	②		1.35～1.55	1.19
TZKM5	②		1.35～1.55	1.21
组数			—	9
最大值			—	1.21
最小值			—	0.19
平均值			—	0.76
SJ04	③		3.0～3.2	1.12
SJ05	③		4.0～4.2	＞2.0
TZKM1	③		7.4～7.60	1.0
TZKM2	③		6.0～6.20	1.87
TZKM3	③	黄褐色黏土	6.85～7.00	1.65
TZKM3	③		10.2～10.4	＞2.0
TZKM4	③		6.3～6.5	1.83
TZKM5	③		5.85～6.05	＞2.0

名称	土层代号	土层名称	深度（m）	数值（m）
组数			—	9
最大值			—	>2.0
最小值			—	1.00
平均值			—	>1.70

（3）红黏土毛细上升高度确定

通过野外观察，室内原状样试验及含水量用塑限图法等方法确定，分析认为现场观察毛细水上升高度值的方法缺少理论支持，只作为参考值使用。室内毛细水上升高度值较为精确，但取得的数值是毛细力，没有毛细水量的因素，是最大毛细上升高度，高于农田浸没意义上的毛细上升高度。结合当地农业种植特点和安全性，红黏土浸没评价毛细水上升高度取 0.72 m。

4.3　地下水位壅高值的确定

4.3.1　地下水位壅高值的初始计算

（1）干流岸边溶蚀平原，以地表黏土层为弱透水层，以基岩表面不连续的风化砂为强透水层，以完整基岩面为不透水层。考虑到含水层底板（风化砂）高于现状黔江水位，而岸边基岩内的地下水坡降不能代表上部含水层坡降，故采用双层结构水平岩层公式，即：$2k_1M(h_1-h_0)+k_2(h_1^2-h_0^2)=2k_1M(y_1-y_0)+k_2(y_1^2-y_0^2)$。

（2）支流一级阶地，将地表冲积黏土层、砂砾石（含泥砂砾石）作为统一含水层，以完整基岩面为不透水层。含水层底板低于现状支流河水位。故采用均一含水层水平岩层公式，即：$y=\sqrt{h_2^2-h_1^2+H^2}$。

4.3.2　壅高水位的折减

（1）上部黏土层厚度大于 5 m 的地方，采用黏土层的初始比降对壅高水位进行了折减，$T=H_0/(I_0+1)$。

（2）折减水位低于正常蓄水位，采用正常蓄水位；折减水位高于正常蓄水位，采用折减水位。

（3）现场通过观察钻孔初见水位和终孔水位，计算得出 I_0，并根据钻孔 I_0 计算值与室内试验 I_0 值成果比较后，确定 I_0 建议值，详见表 3。

表 3　I_0 地质取值

防护区名称	建议值	防护区名称	建议值
武宣盆地溶蚀平原（Q_3^{el}）	1.50	三里河一级阶地（Q_4^{pal}）	0.30
七星河一级阶地（Q_4^{pal}）	0.15	东乡河一级阶地（Q_4^{pal}）	0.15

5 浸没评价

5.1 分区评价

（1）黔江干流左岸：覆盖层主要为残积红黏土（Q_3^{el}）、次生红黏土，属于渗透性极微弱的高液限黏土，黏土层在洼地、沟谷处，白云岩表部分布有不连续的风化砂，属强透水层。毛细水上升高度综合取值 72 cm，旱田。地下水埋深临界值旱田采用 150 cm，水田采用 80 cm。

（2）支流一级阶地：地形平坦开阔，具有二元结构。上部为冲洪积黄褐色、棕黄色黏土（Q_4^{pal}），属弱透水性；下部为含泥砂卵砾石（Q_4^{pal}），属中等～强透水性。根据现场调查，一级阶土质松软，水源丰富，适宜种植水稻。农作物主要为水稻，故浸没评价地下水埋深临界值采用 80 cm。

5.2 浸没评价结果

武宣盆地黔江左岸在无防护和有防护情况下，总的浸没评价结果见表 4。

表 4 武宣盆地浸没面积汇总表

浸没分类	浸没面积（$\times 10^4 m^2$）	
	按水田浸没标准	按旱田浸没标准
无防护工况浸没面积	565.60	871.01
防护浸没面积	493.63	733.79
净浸没面积	71.97	137.22

6 结语

（1）大藤峡水库区武宣盆地浸没预测，对浸没地下水临界埋深取值相关的地下水毛细上升高度的取值，参考现场观测到的毛细上升高度，对室内试验成果结合当地农业种植特点进行折减后综合取值，在国内应用不多，缺乏实践经验，本次工作中对数值折减量较为慎重，仅做浸没研究的一次尝试。旱田作物的根系深度 0.5 m，是取现场实际观察甘蔗成熟期的最大深度，安全性较高。

（2）在预测地下水位壅高值时，考虑红黏土具有一定的隔水性，采用黏土层的初始比降 I_0 折减后的壅高水位，弥补了传统壅高计算方法用壅高水头代替壅高水位的缺陷。

（3）武宣盆地地处多雨区，浸没区不会产生土地的盐碱化，但若地表排水不畅，则可能产生沼泽化而形成湿地。建议对浸没区采用风化土料垫高及设置排水沟进行排涝处理。

参 考 文 献

[1] 大藤峡水利枢纽初步设计报告（工程地质）[R].2016.

[2] 中华人民共和国住房和城乡建设部,中华人民共和国国家质量监督检验检疫总局.水利水电工程地质勘察规范：GB 50487—2008[S].北京：中国计划出版社,2009.

[3] 水利电力部水利水电规划设计院.水利水电工程地质手册[M].北京：水利电力出版社,1985.

阿岗水库诱发地震研究

米 健 李锐锋

云南省水利水电勘测设计研究院，云南 昆明 650021

摘 要：本文归纳总结了水库诱发地震的特点和类型，全面分析了水库诱发地震的主要影响因素，并以阿岗水库工程为例，首先从水库规模、库区岩性、渗漏条件、库区地震背景以及应力条件等方面分析了阿岗水库诱发地震的可能性，然后利用工程类比和构造类比法分析了水库诱发地震的可能性，并进行了水库诱发地震可能性的概率预测。综合分析认为，阿岗水库具有岩溶塌陷型或气爆型诱发地震的可能性。最后根据阿岗水库岩溶发育的特征，分析了水库诱发地震的震中位置、最大震级及震中烈度，并分析了水库诱发地震在坝址区产生的地震烈度。

关键词：水库诱发地震 岩溶塌陷型 气爆型 最大震级 地震烈度

A study of Reservoir Induced Earthquake of Agang Reservoir

MI Jian LI Ruifeng

Yunnan Institute of Water Resources & Hydropower Engineering Investigation Design and Research ，
Kunming 650021，China

Abstract：The characteristics and types of reservoir induced earthquake are summarized in this paper，the main influence factors of reservoir induced earthquake are comprehensively analyzed，taking the project of Agang reservoir as an example，firstly，the possibility of reservoir induced earthquake in Agang reservoir is analyzed from aspects of reservoir size，reservoir lithology，leakage condition，seismic background and stress condition. And then，the possibility of reservoir induced earthquake is analyzed by engineering analogy and tectonic analogy，probability prediction of reservoir induced earthquake is carried out. It was considered by integrated analysis that Agang reservoir has the possibility of karst collapse type or gas explosion type reservoir induced earthquake. Finally，according to the characteristics of the karst development of Agang reservoir，the epicenter location，the maximum magnitude and the epicentral intensity of the reservoir induced earthquake are analyzed，and the seismic intensity generated by the reservoir induced earthquake in the dam site is analyzed.

Key words：reservoir induced earthquake；karst collapse type；gas explosion type；maximum magnitude；seismic intensity

0 前言

水库诱发地震是由于水库蓄水或水位变化而引发的地震。水库诱发地震机理复杂，与普通天然地震有不同的活动特征，具有反复性、群发性、震源浅、地震动高频信息丰富等特点，往往较低震级可造成较大破坏[1]。不仅能给工程建筑物和设备等财产造成破坏，还可能

作者简介：

米健，1982 年生，男，高级工程师，主要从事水利水电工程地质勘察方面的研究。E-mail：34870195@qq.com。

诱发滑坡等地质灾害,引起水库涌浪。

20 世纪 60 年代,世界上先后发生了 4 次震级大于 6 级的水库诱发地震[2],即中国的新丰江水库诱发地震(6.1 级,1962 年 3 月),赞比亚的卡里巴水库诱发地震(Kariba,6.1 级,1963 年 9 月),希腊的克瑞马斯塔水库诱发地震(Kremasta,6.3 级,1966 年)和印度的柯依纳水库诱发地震(Koyna,6.5 级,1967 年)。此后,水库诱发地震就成为工程界和地震界高度关注的话题,并将其作为水库建设中的一个重要问题加以研究。

1 水库诱发地震的特点

全世界科学技术人员通过对已有的水库诱发地震震例进行不断探索研究,对水库诱发地震的活动特点已经有了一些基本的认识,概括起来主要有以下三点[3]:

(1)空间上多位于水库附近

空间分布上主要集中在水库及其周边几千米至十几千米范围内,或者发生于水库最大水深处及其附近。

(2)时间上与工程活动密切相关

主震发震时间和水库蓄水过程密切相关。在水库蓄水早期阶段,地震活动与库水位升降变化有较好的相关性。较强的地震活动高潮多出现在前几个蓄水期的高水位季节,且有一定的滞后,并与水位的增长速率、高水位的持续时间有一定关系。

水库蓄水所引起的岩体内外条件的改变,随着时间的推移,逐步调整而趋于平衡,因而水库诱发地震的频度和强度,随时间的延长呈明显的下降趋势。

(3)震级小、震源浅

水库诱发地震的震级绝大部分是微震和弱震,一般都在 4 级以下,据统计,$M_L \leqslant 4.0$ 级的水库诱发地震占总数的 70%～80%,震级在 6.1～6.5 级的强震仅占总数的 3%。

震源深度极浅,绝大部分震源深度在 3～5 km,直至近地表。由于震源较浅,与天然地震相比,具有较高的地震动频率、地面峰值加速度和震中烈度。但极震区范围很小,烈度衰减快。

2 水库诱发地震的类型

2.1 构造型

由于库水触发库区某些敏感断裂构造的薄弱部位而引发的地震,发震部位在空间上与相关断裂的展布相一致。这种类型的水库诱发地震强度较高,对水库工程的影响较大。三峡工程库区巴东高桥断层南西段发生的构造型水库诱发地震,最大震级 3.3 级,是三峡工程库区记载的最大地震。

2.2 岩溶型

发生在碳酸盐岩分布区岩溶发育的地段,通常是由于库水升高突然涌入岩溶洞穴,高水压在洞穴中形成气爆、水锤效应及大规模岩溶塌陷等引起的地震活动。这是最常见的一种类型的水库诱发地震,中国的水库诱发地震 70% 属于这一类型。但这类地震震级不高,多为 2~3 级,最大也只在 4 级左右。三峡工程库区巴东楠木园—巫山培石地区、巴东神农溪西岸岩溶台地区发生的岩溶型水库诱发地震,最大震级 2.5 级。

2.3 重力型

在库水作用下引起浅表部岩体调整性破裂、位移或变形而引起的地震,多发生在坚硬性脆的岩体中或河谷下部。这一类地震震级一般很小,多小于 3 级,持续时间不长。三峡工程库区巴东雷家坪地区由于库岸岸坡地带地表局部卸荷变形而发生的重力型水库诱发地震,最大震级 1.7 级。

此外,库水抬升淹没废弃矿井造成的矿井塌陷、库水抬升导致库岸边坡失稳变形等,也都可能引起浅表部岩体振动而导致"地震",且在很多地区成为常见的一种类型,此类地震的震级一般小于 2 级,最大也可能达到 4 级左右。三峡工程巴东火焰石、巴东宝塔河、麂子岩矿区以及秭归黄阳畔—盐关地区因矿井塌陷而发生的重力型水库诱发地震,最大震级 2.5 级。

3 水库诱发地震条件分析

3.1 水库规模

国内外大量的统计资料表明,水库诱发地震的概率随水库规模(主要为库深和库容)的增大而增加。据统计[4],我国小型水库的发震概率小于万分之一,中型水库的发震概率小于 1‰,大(2)型水库的发震概率为 1% 左右,大(1)型水库发震概率为 14%。但当坝高大于 100m 时,水库的发震概率可以占到同类水库的 1/3。库容相近的水库,诱发地震概率有随坝高增加而增大的趋势。

Baecher 等[5]对世界范围内 29 座已发生水库诱发地震和 205 座未发生地震的水库,从库深、库容、应力状态、断层活动性和岩性条件等五个因素进行了统计,结果显示:在这 5 个诱震因素中,库深和库容与水库诱发地震发生概率呈正相关,且库深的影响更显著。

3.2 区域地质构造

由于水库诱发地震的条件是多种多样的,使得区域地质构造与水库诱发地震的关系变得更加复杂。对岩溶塌陷型或重力型水库诱发地震而言,它们主要与库区及坝址区附近的地质条件和岩性特征等因素有关,而与区域地质构造关系不密切,对构造型和混合型的水库诱发地震,则与区域地质构造有关。

我国大陆的水库诱发地震,多数发生在华南弱震区,其中 1973 年 11 月丹江口地震达 4.7 级,余者皆小于 4.0 级。1962 年 3 月新丰江 6.1 级地震和 1974 年 12 月参窝 4.8 级地震分别发生在东南沿海和华北的地震区带上。对全球 $M_s \geq 5.6$ 级的 6 例水库诱发地震的分析表明,除埃及阿斯旺水库诱发地震之外,震级较大的水库诱发地震均位于板缘地震带或板内活动的地震构造带。

3.3 构造应力场及断裂构造

研究表明,库区及附近的断裂产状、性质、活动性和区域构造应力场与水库诱发地震有一定关系。在挤压环境下,水库的附加荷载和孔隙压力对逆断层的破裂不起促进作用;相反,由于正应力增加,使得破裂更难发生。在拉张环境中,水库的附加荷载和孔隙压力将增加发生正断层破裂的可能性。走滑断裂则受水库孔隙压力的影响,附加荷载不起作用。

地壳上部发育的正断层和走滑断层,多为高角度的破碎带,可以形成一定切割深度的地下水渗透通道,有利于发生水库诱发地震;而低角度的逆断层或逆掩断层则不是向深部渗透的良好通道,不利于发生水库诱发地震。

断层活动性虽然是判断水库诱发地震可能性的一个重要条件,但对我国大陆已建大型水库的统计表明,有活动断层存在的水库仅有 7% 发生诱发地震,而发生过水库诱发地震的不都有活动断层。因此,活动断层不是水库诱发地震的必要条件。

3.4　库区地层岩性

库区地层岩性的力学和水化学性质在一定程度上决定着水库诱发地震的可能和强度。力学性质脆硬的岩体因断裂、节理发育,有较好的水渗透通道,易发生水库诱发地震。我国大陆已知的 21 次水库诱发地震,17 次发生在碳酸盐岩区,4 次发生在花岗岩类之中。而一些软岩具有一定的塑性,不利于水的渗透,又不能积累一定的弹性应变,多不具备水库诱发地震的条件。夏其发等[6]对国内外水库震例的统计表明,碳酸盐岩的发震比例较高,为 46.7%,除此之外的其他三大类岩石,沉积岩、变质岩和火成岩分别为 15%、16.7% 和 21.7%。我国大陆已知的水库诱发地震中,发生在碳酸盐岩的占有很大的比重,发震部位多与其中的岩溶发育地段相符。

3.5　库区水文地质条件

库区存在着库水向一定深度渗透的通道以及一定的封存条件使水积聚形成高压的异常区是水库诱发地震的主要水文地质条件。有利于库水渗透的条件有:峡谷和基岩裸露的地段、张性结构面、强岩溶化地段。

渗透条件在一定程度上与诱发地震的类型和强度有关。松软岩体为主的库段,地下水以水平循环为主,不易向深部渗透,不利水库诱发地震发生,在我国,目前还没有发生过此类水库诱发地震。断裂或构造破碎带的存在是库水集中向深部渗透的通道,发生的地震强度较大,震源深度也大,可达 7~8 km。裂隙带是库水在浅层渗透的通道,引起的浅层岩石破裂,震源浅且震级低,没有发生过 5 级以上地震。岩溶也是库水在浅部渗透的通道,其引发的地震震源浅,一般在 1 km 左右,震级低,个别震级较大的可达 4 级。

实际上,水库的渗透条件往往是上述几种类型的组合,可分为断裂破碎带和岩溶裂隙带两大类。据统计,断裂破碎带的存在与较强的水库诱发地震有关。

4　阿岗水库诱发地震分析

4.1　工程地质概况

拟建阿岗水库总库容 1.30×10^8 m³,最大坝高 61.5 m,属大(2)型水库。库区河谷形态为 U 形或箱形,河床平均纵坡降为 $1.3‰\sim2‰$。地层岩性主要为灰岩、白云岩等碳酸盐岩,局部间夹砂岩、页岩及玄武岩等。区域地处云南"山"字形构造前弧东翼,场地西距小江断裂带约 100 km,水库工程区夹持于弥勒—富源断裂和师宗—晴隆断裂之间,近场区内师宗—晴隆断裂具备发生 6 级左右地震的构造条件,其他断裂均不具备发生 6 级以上地震的构造条件[7]。库区冲沟长度超过 1 km 的有 8 条,长度不超过 1 km 的冲沟,仅在雨季才有地表水;常流水冲沟向篆长河排泄,说明在库区地形分水岭以内,地下水位较高。

研究区内记有 $M{\geqslant}4.7$ 级历史强震 108 次,$3.0\sim4.6$ 级仪测地震总计 572 次,近场区没有破坏性地震记载。近场区内没有地震震源机制解的记录,结合区域构造应力场综合分析认为,近场区地震构造应力场为南东东~南东向,以水平作用为主的压应力场。

库坝区地震动峰值加速度为 $0.10g$,相应抗震设防烈度为 7 度。

4.2　水库诱发地震可能性分析

（1）水库规模

据资料统计,我国已建水库蓄水后诱发地震的 21 座水库中,坝高超过 100 m 的水库有10 座,坝高 $50\sim100$ m 的水库有 7 座,坝高 50 m 以下的水库 4 座;库容大于 20 亿 m^3 的水库有 9 座,库容为 10 亿～20 亿 m^3 的水库只有 2 座,而库容在 10 亿 m^3 以下的水库有 10 座。

拟建阿岗水库总库容 1.30×10^8 m^3,最大坝高 61.5 m,属大（2）型水库。因此,从水库坝高、库容分析,阿岗水库存在诱发地震的可能。

（2）库区岩性与渗漏条件

我国的 21 例水库诱发地震震例中,有 17 例发生在碳酸盐岩类中,其余 4 例发生在花岗岩中[8]。这类岩层在变形过程中易产生节理、裂隙等张性结构面,为库水的渗漏提供了极好的通道,这可能是灰岩、花岗岩地区容易发震的一个重要因素。在国外还有玄武岩等其他岩性中发生水库诱发地震的例子。

阿岗水库库区地层岩性主要为灰岩、白云岩等碳酸盐岩,局部间夹砂岩、页岩及玄武岩等。库区河谷形态为 U 形或箱形,河床平均纵坡降为 $1.3‰\sim2‰$;库区冲沟长度超过1 km 的有 8 条,长度不超过 1 km 的冲沟,仅在雨季才有地表水。常流水冲沟向篆长河排泄,说明在库区地形分水岭以内,地下水位较高。从库区岩性及水文地质条件分析,阿岗水库存在水库诱发地震的可能。

（3）库区地震背景和应力条件

水库区域共计有 $M{\geqslant}4.7$ 级历史强震 108 次,其中 $4.7\sim4.9$ 级或 $I_0{\geqslant}VI$ 的 15 次,$5.0\sim5.9$ 级 70 次,$6.0\sim6.9$ 级 16 次,$7.0\sim7.9$ 级 6 次,8.0 级 1 次。$M_L=3.0\sim4.6$ 级的地震总计为 572 次,其中 $3.0\sim3.4$ 级 375 次,$3.5\sim3.9$ 级 140 次,$4.0\sim4.4$ 级 48 次,$4.5\sim4.6$ 级 9 次。

近场区没有破坏性地震记载,1965 年至 2012 年 3 月,近场区内记录有 $2.0{\leqslant}M_L{\leqslant}4.1$ 的地震 35 次,其中:$2.0\sim2.9$ 级 30 次、$3.0\sim3.4$ 级 3 次、3.9 级 1 次、4.1 级 1 次,没有记录到 4.1 级以上仪测小地震。从近场区小震震中分布来看,小震活动分布较为零散。

根据对 24 个震源机制解 2 节面倾角和 3 个主应力主轴仰角作统计分析,区域地震构造应力显示以水平作用为主的特征。绝大多数地震破裂面相当陡立或比较陡立,在接近水平的区域构造压应力作用下,绝大多数地震破裂面具有以水平走滑为主的错动性质。

近场区内没有地震震源机制解的记录,结合区域构造应力场综合分析认为,近场区地震构造应力场为南东东～南东向,以水平作用为主的压应力场。

从现代构造应力场的分析结果看,不利于诱发水库诱发地震。

（4）与其他水库诱发地震条件类比分析

云南鲁布革水库坝高 103 m,总库容 1.1 亿 m^3。水库基本沿北东向雄武背斜核部展布,发育北东向和北西向断裂和节理,地层岩性主要有砂岩、页岩及白云岩、灰岩。水库诱发地震主要位于灰岩分布区,最大震级 3.1 级,震中烈度 6 度[9]。

贵州乌江渡水库坝高 165 m,库容 21.4 亿 m^3。库区处于娄山褶皱和黔中北东向构造所挟持的地块上,发育一系列北东向舒缓褶皱,库区岩溶地层占库区面积的 90% 以上。水库诱发地震最大震级 3.5 级,震中烈度 6 度[7]。

阿岗水库和邻近的鲁布革水库、乌江渡水库比较,具有如下特点：①水库总库容 1.3 亿 m^3,最大坝高 61.5 m,与鲁布革水库规模相当；②库区有北东向早第四纪压扭性断裂通过；③库区地层以碳酸盐岩为主,与鲁布革水库、乌江渡水库相似。

（5）构造类比综合评价

水利部水利水电规划设计研究院根据对已发震水库资料分析,归纳出水库诱发地震的主要条件和判别标志：①坝高大于 100 m,库容大于 10 亿 m^3；②库坝地区有活断层且呈张性或张扭性；③库坝地区为中、新生代断陷盆地或其边缘,新构造升降运动明显；④深部存在重力梯度异常带；⑤岩体深部裂隙发育、透水性强；⑥库坝地区有温泉分布；⑦库坝地区历史上发生过地震。对比这些标志,结合上述分析,阿岗水库蓄水后有一定的诱发地震可能性。

4.3 水库诱发地震可能性的概率预测

前人按水库诱发地震的几个主要条件和状态统计了世界上 39 座发震水库和 173 座不发震水库 5 个因素条件、3 个不同状态下发生地震的概率和不发生地震的概率,详见表 1 和表 2。

表 1　水库诱发地震的条件与状态

条件	状态		
	1	2	3
库深 d	$d_1>150$ m	$d_2=92\sim150$ m	$d_3<92$ m
库容 V	$V_1>100$ 亿 m^3	$V_2=12$ 亿～100 亿 m^3	$V_3<12$ 亿 m^3
应力状态 s	$s_1=$ 拉张	$s_2=$ 挤压	$s_3=$ 剪切
断层活动性 f	$f_1=$ 活动	$f_2=$ 不活动	
地质条件 g	$g_1=$ 沉积岩	$g_2=$ 火成岩	$g_3=$ 变质岩

表 2　发震（RIS）与不发震（R̄IS）概率

诱震因素	水库数目		状态 1		状态 2		状态 3	
	RIS	R̄IS	RIS	R̄IS	RIS	R̄IS	RIS	R̄IS
d	39	173	0.31 (12)	0.13 (23)	0.56 (22)	0.73 (126)	0.13 (5)	0.14 (24)
V	39	173	0.23 (9)	0.21 (36)	0.41 (6)	0.21 (37)	0.36 (14)	0.58 (100)
s	37	173	0.54 (21)	0.64 (111)	0.20 (8)	0.21 (36)	0.26 (10)	0.15 (26)
f	7	6	1.00 (7)	0.67 (4)		0.33 (2)		
g	39	173	0.41 (16)	0.36 (62)	0.26 (10)	0.25 (44)	0.33 (13)	0.39 (67)

给定了因素状态集 $m_i (m = d, V, s, f, g; i = 1, 2, 3)$，若各因素相互独立，则可以利用贝叶斯公式，估计其诱发地震的条件概率，$P(\text{RIS}/m_i) = P(\text{RIS}) P(m_i/\text{RIS}) / [P(\text{RIS}) P(m_i/\text{RIS}) + P(\overline{\text{RIS}}) P(m_i/\overline{\text{RIS}})]$，其中，$P(\text{RIS})$ 和 $P(\overline{\text{RIS}})$ 分别为发生水库诱发地震的和不发生水库诱发地震的先验概率，$P(m_i/\text{RIS})$ 和 $P(m_i/\overline{\text{RIS}})$ 为因素状态集 m_i 下的发震和不发震的概率。

阿岗水库有关参数选取如下：①库深 61.5 m，取 d_3 状态；②库容 1.3 亿 m³，取 V_3 状态；③应力状态为 s_2（挤压）状态；④断层活动性取 f_2（不活动）状态；⑤地层主要为碳酸盐岩，取 g_1 状态。

根据上述因素状态组合（d_3, V_3, s_2, f_2, g_1）查表得到有关数据，代入公式计算，获得该组合的水库诱发地震概率为 0.3926，发震概率的临界值 $P_c = 0.3172$，水库诱发地震概率大于发震概率临界值，说明阿岗水库蓄水后可能诱发地震。

4.4　水库诱发地震评价

（1）水库诱发地震类型

从库坝规模、库区岩性上看，阿岗水库蓄水后具有发生诱发地震的可能性；通过与其他水库诱发地震条件类比，结合构造类比及概率分析结果，阿岗水库具有一定的诱发地震可能性。因此，分析认为阿岗水库具有岩溶塌陷型或气爆型诱发地震的可能性。

（2）震中位置及震级预测

根据鲁布革水库和乌江渡水库诱发地震的最大震级分析，阿岗水库诱发地震的最大震级不超过 3.5 级，可能诱发地震的位置主要位于库区岩溶发育强烈的右岸库首、槽盆箐—戈维、高桥—挪者大寨—阿市里等区域。

（3）震中烈度及坝址区影响烈度预测

水库诱发地震最大震级按 3.5 级进行估算，震源深度一般小于 5 km，参照《水利水电工程地质手册》震中烈度与震级和震源深度关系表,查得震中烈度为5.75度。

地震烈度随震中距的增加而衰减,地震烈度(I)衰减公式为$I=I_0-2S\lg(r/h)$。其中,S为衰减系数,r为震中距,h为震源深度。计算结果见表3。

表3 水库诱发地震在坝址区地震烈度计算

发震位置	S	r(km)	h(km)	I_0(度)	I(度)
右岸库首、阿市里、戈维	2.1	<5.0	5.0	5.75	5.75
高桥	2.1	7.4	5.0	5.75	5.03
槽盆箐	2.1	10.5	5.0	5.75	4.40

计算结果表明:阿岗水库诱发地震震级不超过3.5级,震中烈度不超过5.75度,在坝址区产生地震烈度为4.40～5.75度,均低于水库的抗震设防烈度(7度)。因此,阿岗水库诱发地震对工程建筑物无影响,也不会对当地人民的生命财产造成大的危害。

5 结论

(1)水库诱发地震空间上多位于水库附近,时间上与工程活动密切相关,且震级小、震源浅。

(2)水库诱发地震主要有构造型、岩溶型和重力型三类。

(3)阿岗水库具有岩溶塌陷型或气爆型诱发地震的可能性。

(4)阿岗水库诱发地震的最大震级不超过3.5级,可能诱发地震的位置主要位于库区岩溶发育强烈的右岸库首、槽盆箐—戈维、高桥—挪者大寨—阿市里等区域。

(5)阿岗水库诱发地震的震中烈度不超过5.75度,在坝址区产生地震设防烈度为4.40～5.75度,均小于水库的抗震设防烈度(7度)。

参 考 文 献

[1] 李碧雄,田明武,莫思特.水库诱发地震研究进展与思考[J].地震工程学报,2014,36(2):380-386.

[2] 陈德基,汪雍熙,曾新平.三峡工程水库诱发地震问题研究[J].岩石力学与工程学报,2008,9(8):1513-1524.

[3] 靳建市,黄鹏,李丽.水库诱发地震的研究综述[J].中国科技博览,2014(1):409.

[4] 马文涛,蔺永,苑京立,等.水库诱发地震的震例比较与分析[J].地震地质,2013,35(4):914-929.

[5] GREGORY B BAECHER,RALPH L KEENEY. Statistical Examination of Reservoir induced Seismicity[J]. Bulletin of the Seismological Society of America,1982,72:553-569.

[6] 夏其发,汪雍熙.水库诱发地震的地质分类[J].水文地质工程地质,1984(1):13-16.

[7] 杨向东,常祖峰,文雯,等.罗平阿岗水库工程场地地震安全性评价报告[R].昆明:云南省地震工程研究院,2012.

[8] 伍保祥,常兴旺.两河口水电站水库诱发地震震级评价[J].山西建筑,2008,34(2):99-100.

[9] 欧作畿.水库诱发地震的研究[J].云南水力发电,2005,21(3):18-21.

某拟建水库坝址选择方案分析

张丽艳　韩治国　赵　林

中水北方勘测设计研究有限责任公司，天津　300222

摘　要：某拟建水库位于西南地区，地形条件复杂。为了拟建优选坝址，从工程规模、区域地质条件、库区地质条件等方面，并结合枢纽布置、施工条件，对拟选中、下坝址方案进行了对比。结果表明，下坝址优于中坝址，故推荐下坝址为该水库坝址。

关键词：工程地质条件　坝址比选

Alternative Study of Dam Site for Proposed Hydropower Project

ZHANG Liyan　HAN Zhiguo　ZHAO Lin

China Water Resources Beifang Investigation Design & Research Co. , Ltd. , Tianjin 300222, China

Abstract：A proposed reservoir is located in Southwest China. The terrain condition is complex. In order to optimize the proposed dam site, the comparation analysis is carried on the two proposed dam sites, the upper one and the lower one, from several respects such as the project scale, regional geology, reservoir geology, the structure layout and construction condition. The results indicate that the lower one is recommended.

Key words：engineering geological condition; dam site comparison

1　工程概况

　　拟建工程包括枢纽和灌区两部分，水库正常蓄水位 4325.00 m，总库容约 3.75 亿 m³，大坝为沥青混凝土心墙砂砾石坝，最大坝高 108.0 m，坝长 613.5 m。电站装机容量为 58 MW。该工程为大(2)型水利工程，工程等别定为Ⅱ等。

　　工程区主体属高原山区，以剥蚀地貌为主，次为堆积地貌。地貌单元区由北向南依次为：冈底斯山地剥蚀地貌区、多雄藏布谷地堆积地貌区、浆当山地剥蚀地貌区。地表植被覆盖程度很低，大部分为裸露区。区内河流发育有Ⅰ～Ⅴ阶地。

　　区域内主要出露三叠系、侏罗系、白垩系、古近系、新近系和第四系地层，石炭系及二叠系地层零星出露。岩浆岩十分发育，分布广泛，岩石类型多样，包括超基性～酸性侵入岩，基性～酸性火山岩，区域内岩浆活动强烈。

　　拟建工程场址位于冈底斯—念青唐古拉褶皱系(Ⅰ)和喜马拉雅褶皱系(Ⅱ)这两个二级大地构造单元分界线附近。主要断裂大多呈近东西向展布，次为北东、北北东(近南北)和北西向，与大地构造单元发育演化有密切关系。区域内发育的规模较大的区域性褶皱有吉

作者简介：

张丽艳，1967 年生，女，高级工程师，主要从事水利水电工程地质勘察方面的研究。E-mail:bly102@126.com。

定一直岗复式向斜及其翼部伴生的次级背、向斜。

拟建水库位于西南某河段,在河段 3 km 范围内初选了两个坝址,上坝址河底高程约 4246.00 m;下坝址距上坝址 2.2 km,河底高程约 4235.00 m。

2 上、下坝址工程地质条件比较

拟建水库上、下坝址的工程地质条件比较如下所述。

2.1 区域地质及库区工程地质比较

区域地质及库区工程地质条件比较见表 1。

表 1 上、下坝址区域地质及库区工程地质条件比较

坝址	工程规模		区域地质条件	库区		
				库岸稳定	库区浸没	水库诱发地震
上坝址	坝高 107 m,正常高水位 4340 m,总库容 5.39 亿 m³	坝址区 50 年超越概率 10% 基岩动峰值加速度 136.3 gal	区域性断层冈底斯断裂(F₃)距坝址直线距离 0.92 km	水库坍岸长度约 1.4 km,坍岸面积约 0.13 km²,主要分布于上坝址至中坝址峡谷段无人区,范围较小,危害性小。中坝址至上坝址右岸有 3 处坡积(Q₄ᵈˡ)碎石土,水库蓄水后存在滑坡的可能性	可能产生浸没的面积约 27.8 × 10⁴ m²	水库诱发地震对上坝址的影响烈度为Ⅷ度
下坝址	坝高 108 m,正常高水位 4325 m,总库容 3.72 亿 m³	坝址区 50 年超越概率 10% 基岩动峰值加速度 137.8 gal	区域性断层冈底斯断裂(F₃)距坝址直线距离 2.6 km	水库坍岸长度约 14 km,坍岸面积约 1.29 km²,主要分布于卡尔琼村北侧多雄藏布Ⅲ级阶地前缘约 100 m 范围内,其余坍岸部位分布于上坝址至中坝址峡谷段无人区,范围较小,危害性小	可能产生浸没的面积约 22.1 × 10⁴ m²	水库诱发地震对下坝址的影响烈度为Ⅶ度

上坝址方案水库正常蓄水位高程为 4340.0 m,水库迴水长约 15.8 km;下坝址方案水库正常蓄水位高程为 4325.0 m,水库迴水长约 15.1 km,上坝址方案库盆为下坝址方案库盆的一部分。库区河谷大部分为峡谷地形,多呈"V"形河谷,两岸山体宽厚。库区出露地层包括中生界白垩系、古近系~新近系、第四系松散堆积物及少量岩脉。冈底斯断裂(F₃)在工程区穿过,该断裂属区域性断裂,区内该断裂为早、中更新世活动断裂。

水库蓄水后右岸支流库尾段库水沿①号垭口覆盖层及①号~⑤号垭口基岩存在向昂仁金错的渗漏问题,须根据渗漏计算成果考虑相应的处理措施。

初步预测,下坝址方案正常蓄水位 4325.0 m 时,库区坍岸长度约 14 km,坍岸面积约 1.29 km²;上坝址方案正常蓄水位 4340.0 m 时,库区坍岸长度约 1.4 km,坍岸面积约 0.13 km²。预测下坝址方案正常蓄水位 4325.0 m 时,库水位附近的农田可能产生浸没的面积约 22.1×10⁴ m²;上坝址方案正常蓄水位 4340.0 m 时,库水位附近的农田可能产生浸没的面

积约 27.8×10^4 m^2。水库诱发地震对各场址的影响烈度分别为：上坝址 Ⅷ 度，下坝址 Ⅶ 度。

上、下坝址方案枢纽工程规模相差不大，从区域地质条件相比，下坝址较优。

从库岸塌岸角度看，上坝址较优，从库区浸没、水库诱发地震两方面看，下坝址优于上坝址。

总体比较，下坝址库区地质条件较优。

2.2 坝址工程地质条件比较

坝址工程地质条件比较见表 2。

表 2 上、下坝址工程地质条件对比

坝址	地形条件	地质构造	坝基岩体条件	坝基岩体渗透性	坝肩边坡
上坝址	上坝址为两岸不对称"V"形河谷，正常蓄水位 4340 m 处河谷宽约 352 m	构造变动强烈，硬岩层呈透镜状分布	上坝址两岸岩性对称分布，坝基可利用岩体为薄层泥质粉砂岩夹粉砂质泥岩、厚层状岩屑长石砂岩，薄层泥质粉砂岩为软岩	河床及左岸阶地部位砂卵砾石属中等透水性土体，需采取截渗措施。河床及左岸阶地坝基岩体属弱～微透水性；左坝肩岩体属弱～微透水性；右坝肩岩体属弱～微透水性。以岩体透水率 $q < 5$ Lu 为防渗控制标准，并结合高坝防渗帷幕深度按坝高的 1/3 深度控制	两岸边坡均存在不利结构面组合，边坡整体稳定性较差，局部岩体存在崩坍的可能
下坝址	下坝址河谷为"U"形河谷，河道比上坝址、中坝址河道宽阔，正常蓄水位 4325 m 处河谷宽约 574 m	构造发育相对较弱	下坝址两岸可利用岩体为薄层状粉砂岩、中厚层细砂岩、岩屑长石砂岩，坝基岩体多以薄层为主，为较软岩～坚硬岩	河床、左岸阶地及右岸漫滩部位漂卵砾石层属中等透水性，如作为坝基应采取截渗措施。河床、左岸阶地及右岸漫滩部位坝基岩体属弱～中等透水性；左坝肩岩体属弱透水性；右坝肩岩体属弱～中等透水性。以岩体透水率 $q < 5$ Lu 为防渗控制标准	左岸边坡整体稳定性较好，右岸边坡存在不利结构面组合，边坡稳定性较差

从地形条件看，上坝址为"V"形河谷，两岸坝肩山体雄厚，具备建坝的地形条件；下坝址河谷为"U"形河谷，河道比上坝址河道宽阔，两岸坝肩山体雄厚，具备建坝条件，2 个坝址地形均可满足方案布置。但上坝址地形条件优于下坝址。

从坝基可利用岩体角度，上坝址两岸岩性对称分布，薄层泥质粉砂岩为软岩，强度低，抗变形性能力差，因此该坝址不宜修建高混凝土坝，宜修建当地材料坝；下坝址两岸可利用岩体为薄层状粉砂岩夹细砂岩、中厚层岩屑长石砂岩、砾岩，坝基岩体多以薄层为主，为较软岩～坚硬岩。该坝址具备修建高坝的岩体条件。相比较，下坝址岩体质量优于上坝址。

从坝基岩体渗透性来看，下坝址优于上坝址。

从坝肩边坡稳定来看，上坝址两岸边坡存在不利结构面组合，边坡整体稳定性较差，局部岩体存在崩坍的可能;下坝址左岸边坡整体稳定性较好,右岸边坡存在不利结构面组合,边坡稳定性较差。总体而言,下坝址坝肩边坡稳定性优于中坝址。

综上所述,下坝址工程地质条件明显优于上坝址,故从地质角度选择下坝址为本阶段推荐坝址,根据地形地质条件,下坝址适宜修建当地材料坝。

2.3 施工条件比较

从枢纽布置上看,上下坝址均可满足挡水、发电、泄洪、生态放水等任务要求,且各种建筑物布置较紧凑。上坝址河谷较窄,左岸多级阶地,为利于施工场地布置与交通要求,主要建筑物靠右岸布置。下坝址场地地形开阔,具备布置表孔溢洪道的条件,超泄能力强,有利于坝体行洪安全。总体分析下坝址布置条件更优越一些。

上坝址距离下坝址 2.2 km,就施工而言不存在方案性的制约因素,上、下坝址均可行。

上坝址推荐沥青混凝土心墙砂砾石坝,下坝址推荐沥青混凝土心墙砂砾石坝。根据施工条件,两个坝址总工期均为 6 年,坝体填筑强度最高为下坝址。

综上所述,根据施工交通、料场分布、施工导流、施工总布置和施工进度等综合条件,下坝址较优。

3 结语

综上所述,上、下坝址均具备建坝的地形地质条件。从区域地质及库区工程地质条件看,上坝址较下坝址构造变动强烈;下坝址边坡稳定性优于上坝址。综合比较,下坝址地质条件优于上坝址。在枢纽布置上,下坝址具有更大的灵活性,在施工条件方面,下坝址优于上坝址。因此,下坝址为推荐坝址。

参 考 文 献

[1] 彭毅坚,等.长潭电站坝址方案的勘察优选[J].西部探矿工程,2003,15(7):4-5.
[2] 易杜靓子,郑岳琼.恩施某水库坝址选择方案分析[J].人民长江,2011,42(22):62-64.
[3] 张丽艳,等.戈兰滩水电站坝址比选[J].水利水电工程设计,2007,26(3):41-43.

西藏某水电站坝基可利用岩面优化

吴运通[1]　王宝文[1]　许蕴宝[1]　汪洋[2]

1.中水东北勘测设计研究有限责任公司,吉林 长春　130021;

2.西藏开投金河流域水电开发有限公司,西藏 昌都　854000

摘　要:坝基可利用岩面优化,以前期勘察资料及实际开挖揭露的坝基地质条件为基础,通过对坝基出露的弱风化岩体取样进行抗压、抗剪强度试验、原位抗剪试验,提出适宜的坝基岩体力学参数建议值。其次,布设超前物探声波检测,确保优化后的坝基岩体风化程度及完整性满足建基要求。再结合实际揭露的坝基岩体情况、坝基岩石强度试验成果、灌浆声波检测成果验证优化的正确性。成果表明,优化后的坝基承载变形和抗滑稳定满足混凝土重力坝中坝基的要求。

关键词:可利用岩面优化　坝基　岩体力学参数　声波检测

The Available Rock Surface Optimization of Dam Foundation of a Hydropower Station in Tibet

WU Yuntong[1]　WANG Baowen[1]　XU Yunbao[1]　WANG Yang[2]

1. China Water Northeastern Investigation,Design & Research Co. ,Ltd. ,Changchun 130021,China;

2. Tibet Development Investment Group Co. ,Ltd. ,Changdu 854000,China

Abstract:The rock surface optimization of dam foundation is based on the preliminary investigation data and the geological conditions of the dam foundation by the actual excavation. In this paper,the recommended values of rock mass mechanical parameters of dam foundation are put forward by using the sample of weakly weathered rock mass in the dam foundation to test the compressive strength,shear strength and in-situ shear strength. Secondly,the advanced geophysical detection is equipped to ensure the degree of weathering and integrity of the dam foundation. After that,the correctness of the optimization design is verified by the actual exposure of the dam foundation rock mass,the test results of the rock strength of the dam foundation and the results of the grouting sound wave detection. The optimization results show that the dam foundation bearing deformation and anti-sliding stability meet the requirements of the dam foundation of the concrete gravity dam.

Key words:available rock surface optimization;dam foundation;mechanical parameters of rock mass; sound waves detection

1　工程概况

　　某水电站位于西藏自治区昌都县卡若区,澜沧江右岸一级支流金河上。库容 1383×

作者简介:

　　吴运通,1988 年生,男,助理工程师,主要从事水电工程地质勘察方面的研究。E-mail:785784226@qq.com。

10^4 m^3,初拟电站装机 3 台,总装机容量 50 MW,最大坝高 70 m。枢纽由混凝土重力坝、左岸当地材料坝、坝后式厂房等建筑物组成。坝基岩体为侏罗系下统查朗嘎组(J_1ch)泥质砂岩、细砂岩。河床覆盖层厚 0~2.0 m,为冲积混合土漂石,结构松散,局部地段基岩裸露。左岸表部为冲积卵石混合土所覆盖,厚度一般为 5.0~40.0 m,结构中密~密实,右岸基岩裸露。可行性研究报告拟定建基面位于较完整~完整的弱卸荷弱风化岩体的中、上部,即左岸Ⅰ级阶地部位坝基由基岩面向下开挖 10~25 m,河床部位坝基由基岩面向下开挖 8~10 m,右岸坝基由基岩面向下开挖 10~23 m。

2 坝基基本地质条件

坝基岩性分为两组:①侏罗系下统查朗嘎组泥质砂岩与细砂岩互层岩组(J_1ch^1),细砂岩占 5%~10%,泥质砂岩与细砂岩互层占 90%~95%,坝址区出露宽度大于 390 m;②细砂岩夹泥质砂岩组(J_1ch^2),细砂岩占 70%~75%,泥质砂岩占 25%~30%,坝址区出露宽度约 40 m。

坝址区处于小索卡向斜南东端的北东盘并位于俄洛桥断裂带内,小索卡向斜在库区出露,轴迹 N60°~70°W,向 SE 倾覆。坝址区共发育 57 条断层,走向分为 N~N45°W 和 N20°~50°E 两组,以 NW 向为主,倾角总体较陡,层延伸长度一般 30~300 m,破碎带宽一般 0.1~0.4 m,由角砾岩、碎裂岩及断层泥组成,断层泥多不连续,断层胶结紧密。其中 F$_3$ 断层(吉塘断裂的一条分支)为坝址区发育规模最大的一条断层破碎带,总体走向 N10°~30°W,倾向 NE,倾角 70°~80°,由多条小断层组成,断层斜穿左岸坝段北东侧。坝址区层理发育,为互层~中厚层状结构,走向与坝轴线小角度斜交,倾向上游,陡倾角。坝基发育多条断层和软弱夹层,多为陡倾角且规模不大,未发现顺河断层。坝址区缓倾角裂隙不发育,并且延伸短,裂隙连通率低,约为 35%。

坝址区地势开阔,右岸岩质边坡岩体质量主要受卸荷控制,河床及左岸坝基岩体卸荷特征不明显,岩体质量主要受风化程度控制,根据前期地质测绘、钻孔取芯及导流洞开挖情况,坝址区岩体的弱风化带厚度左岸部位为 22.0~38.0 m,河床部位为 25.0~41.0 m。

3 坝基可利用岩面优化

前期建基面的确定,主要以岩体风化卸荷程度、岩体强度和完整性为依据。因坝址区地质条件复杂,构造发育,且风化卸荷界线划分一定程度上受主观判断影响,仅从以上因素考虑开挖深度,依据较欠缺[1]。随着对坝址区地质条件认识的提高,结合导流洞开挖实际情况,对河床及左岸坝基开挖揭露的弱风化细砂岩、泥质砂岩取样进行抗压、抗剪强度试验,为坝基建基面选择提供了更可靠的数据支撑。同时布设超前物探声波检测,保证优化后的坝基风化程度及完整性达到建基要求[2]。再将实际揭露的坝基岩体情况与坝基岩石强度试验成果相结合,辅以灌浆声波检测成果,评价优化结果的合理性。因坝址区右岸基岩裸露,风化及卸荷判断较准确,同时开挖量较小,优化可能性较低,本次优化工作主要针对左岸及河床坝段。

3.1 岩石与岩体物理力学特性

（1）岩石单轴抗压强度试验

为了更加准确测定坝基岩石强度，对左岸及河床坝段开展了补充勘察工作，取芯 6 组进行单轴抗压强度试验，试验结果见表 1，按岩性比例采用加权平均法计算得弱风化泥质砂岩与细砂岩互层岩组（J_1ch^1）饱和抗压强度平均值为 45.23～45.85 MPa，弱风化细砂岩夹泥质砂岩岩组（J_1ch^2）饱和抗压强度平均值为 49.33～49.63 MPa。坝基岩体均属于中硬岩范围。

表 1　左岸及河床坝基岩石抗压强度试验汇总表

岩组	岩石名称	试样编号	风化状态	饱和抗压强度（MPa）				总平均值（MPa）
				岩块 1	岩块 2	岩块 3	平均值	
泥质砂岩与细砂岩互层岩组（J_1ch^1）	泥质砂岩	1	弱风化	24.6	47.6	32.0	34.7	44.6
	泥质砂岩	2	弱风化	73.0	32.6	58.3	54.6	
	细砂岩	3	弱风化	48.9	53.3	69.2	57.1	57.1
细砂岩夹泥质砂岩岩组（J_1ch^2）	细砂岩	4	弱风化	46.1	44.5	71.9	54.1	51.1
	细砂岩	5	弱风化	57.8	55.8	30.5	48.0	
	泥质砂岩	6	弱风化	37.8	47.7	50.2	45.2	45.2

（2）岩石直剪试验

补充勘察工作按岩组，取弱风化状态岩样进行了力学性质试验，泥质砂岩和细砂岩互层岩组（J_1ch^1）与细砂岩夹泥质砂岩岩组（J_1ch^2）抗剪（断）试验结果见表 2。考虑坝基岩体层理与坝轴线小角度斜交，倾角较大，倾向上游，坝基抗滑稳定性受层理影响相对较小。预设破坏面按静水压力方向，设为水平向，与岩性界面相关性较小。

表 2　岩石直剪试验成果汇总表

抗剪（断）参数	f	c'（MPa）	f	c（MPa）
泥质砂岩与细砂岩互层岩组（J_1ch^1）	3.92	4.79	3.80	5.07
细砂岩夹泥质砂岩岩组（J_1ch^2）	4.22	9.24	3.84	4.98

（3）岩体原位抗剪试验

在坝轴线左岸 Ⅰ 级阶地部位进行了泥质砂岩与细砂岩互层岩组（J_1ch^1）、细砂岩夹泥质砂岩岩组（J_1ch^2）的混凝土与岩石的原位抗剪（直剪）试验。剪切方向与坝体受力方向相同。J_1ch^1 岩组直剪试验中剪切破坏以混凝土破坏为主，局部为岩体剪切破坏。J_1ch^2 岩组直剪试验中剪切破坏以混凝土破坏为主，局部为岩体剪切破坏。原位抗剪试验成果见表 3，根据试验成果，将坝基岩体划分为 Ⅲ 类。

表 3　岩体原位抗剪试验成果汇总表

抗剪（断）参数	f'	c'(MPa)	f	c(MPa)
泥质砂岩与细砂岩互层岩组（J_1ch^1）	1.571	0.983	0.758	0.474
细砂岩夹泥质砂岩岩组（J_1ch^2）	1.539	0.730	0.696	0.507

3.2　坝基岩体物理力学参数选取

根据岩石直剪试验结果及岩体原位抗剪试验成果，结合坝址区岩体的层理产状和结构面的发育状况及连通情况，综合考虑给出坝址区左岸及河床岩体相关的力学参数建议值见表 4。

表 4　坝基岩体力学参数建议值表

岩体分类	部位	抗剪（断）强度					
		岩体/岩体			混凝土/岩体		
		f'	c'(MPa)	f	f'	c'(MPa)	f
泥质砂岩与细砂岩互层（J_1ch^1）	左岸	1.25～1.30	1.10～1.20	0.70	1.25～1.30	1.05～1.10	0.65
细砂岩夹泥质砂岩（J_1ch^2）	河床	1.25～1.30	1.10～1.20	0.70	1.25～1.30	1.05～1.10	0.65
水力发电工程地质勘察规范		0.80～1.20	0.70～1.50	0.60～0.70	0.90～1.10	0.70～1.10	0.55～0.65

表 4 中岩体力学强度参数值虽略大于《水力发电工程地质勘察规范》（GB 50287—2016）[3]中相应岩体分类界定值，但在参照原位试验数据基础上，因原位试验部位高程较同岩组建基面高 12 m，坝基建基面岩体受风化、卸荷及构造等因素的影响相对原位试验部位较弱；同时原位试验部位加工过程中采用爆破开挖，未预留保护层，较建基面受爆破影响大。上述因素致使原位抗剪试验数值较实际坝基岩体物理力学参数偏小。坝基岩体波速测试资料亦表明坝基岩体以Ⅲ类为主，点荷载试验成果显示坝基岩体为中硬岩。综合以上试验成果及实际情况，坝基岩体抗剪（断）参数建议值与实际情况差异性较小。

3.3　建基面优化选择

（1）建基面选择建议

坝基建基面置于较完整的弱卸荷弱风化岩体的上部较为适宜，同时对坝基开挖出露的断层、软弱夹层等Ⅴ类岩体需适当深挖置换处理，并加强固结灌浆。河床坝段建议挖除基岩深槽和基岩面表部严重锈染的风化扩张裂隙。坝基较完整岩体波速为 3530～4010 m/s，因此，采用波速 3500 m/s 作为建基面的标准。

（2）超前声波检测

根据前期勘察资料，坝基岩体在 3270 m 高程以下时，基本达到弱风化、较完整状态。当坝基开挖至约 3270m 高程时，进行声波检测工作，确定优化后建基面。各坝段声波检测成果见表5。根据声波资料,选取坝基岩体声波波速普遍大于3500 m/s时作为建基高程。优化后建基高程与前期对比如表所示,建基面较之前提高4.5～12 m,优化成果显著。优化后建基面如图1所示,建基面位于弱风化带上,坝基岩体多为较完整,基本满足建基要求。

表5　各部位建基面声波测试成果统计表

部位	左岸重力坝段					河床坝段	
	♯10	♯9	♯8	♯7	♯6	♯5	♯4
原建基高程(m)	3262.0	3262.0	3262.0	3268.0	3256.0	3256.0	3256.0
优化建基高程(m)	3266.5	3268.0	3268.0	3268.0	3268.0	3262.0	3262.0
孔内平均波速(m/s)	4056	3952	4080	4005	3945	3923	3856
坝基岩体与新鲜岩块纵波波速之比	0.78	0.76	0.78	0.77	0.76	0.75	0.75
风化程度	弱风化	弱风化	弱风化	弱风化	弱风化	弱风化	弱风化
岩体完整性系数 K_v	0.61	0.58	0.61	0.59	0.58	0.56	0.56
岩体完整程度	较完整	较完整	较完整	较完整	较完整	较完整	较完整

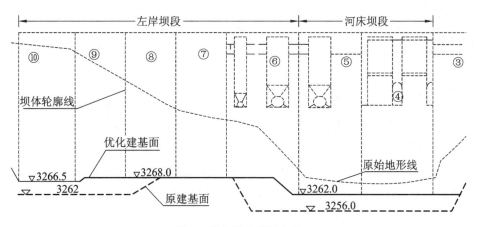

图1　优化后建基面高程

4　坝基实际开挖情况验证

(1) 开挖揭露情况

实际开挖情况表明,坝基岩体较完整,局部断层部位完整性差。岩体为弱风化状态,与超前声波检测资料基本一致。左岸及河床部位坝基主要发育两组节理,一组走向与坝轴线小角度斜交,倾向上游,为陡倾角;另一组走向与坝轴线大角度斜交,倾向上游,为陡倾角。裂隙连通率为20%～45%。出露断层多为陡倾角,规模较小,对坝基稳定性影响不大。因所揭露坝基岩体结构面多为陡倾角,连通率不高,且未发现影响坝基稳定性的不利组合,坝基抗滑稳定性满足建基条件[4]。

（2）岩石点荷载试验

为配合坝基优化设计，验证坝基优化后的建基面岩石强度与前期岩石抗压强度试验是否存在差异，对坝基建基面岩体进行点荷载强度试验。试验结果与前期岩石抗压强度试验成果对比见表 6，两者计算结果基本一致，坝基岩石均定性为中硬岩。

表 6　点荷载强度试验成果与岩石抗压强度试验成果对比表

分组对比	岩性		岩组	
	泥质砂岩	细砂岩	J_1ch^1	J_1ch^2
点荷载试验（MPa）	43.86	58.49	47.41～48.14	54.70～55.41
抗压强度试验（MPa）	44.83	53.07	45.23～45.85	49.33～49.63

（3）固结灌浆声波测试

坝基固结灌浆后声波检测成果见表 7，较灌浆前坝基岩体波速提高约 10%，灌浆效果较好，提高了坝基岩体的完整性，达到建基要求[5]。

表 7　固结灌浆声波检测成果

部位	平均波速（m/s）	岩体完整性系数	岩体完整程度
左岸坝基	4480	0.74	较完整
河床坝基	4385	0.71	较完整

5　主要工程地质问题评价

（1）坝基承载变形稳定分析

根据点荷载试验及岩石抗压强度试验成果，坝基岩体饱和单轴抗压强度为 45～55 MPa，属中硬岩类。超前声波检测及固结灌浆检测结果均表明坝基岩体较完整。前期资料表明坝基岩体变形模量在 3～8 GPa。以上成果表明坝基岩体可满足大坝对坝基承载力及变形稳定的要求。

（2）结构面抗滑分析

根据地表地质测绘、钻孔资料及孔内电视成果，坝址区缓倾角结构面以刚性或岩块岩屑型为主，缓倾角结构面波状起伏粗糙，在同一水平面的连通性不强。根据钻孔取芯及数字成像揭露坝基发育 1 条断层 f_{44}，由碎裂岩、岩屑、角砾岩等组成，宽约 1.0 m，产状为 N46°E，倾向 NW，倾角 43°，倾向上游偏左岸，对坝基抗滑稳定存在一定影响。但实际开挖后，该断层延伸长度及宽度均较小，经固结灌浆后，对坝基抗滑稳定无大的不利影响。

6　结论

坝基可利用岩面优化以实际地质条件为基础，结合试验、检测成果提出合理的优化方案，优化后的坝基满足混凝土重力坝中坝建基要求。优化过程中坝基力学参数的提出基于充分试验数据及实测资料支撑,满足大坝对地基强度及抗滑稳定的要求。坝基优化节省了工程量,缩短了工期,经济效果显著。

参 考 文 献

[1] 游健,金葵,李木凤.五一水库大坝优化设计的探讨[J].云南水力发电,2015,31(04):30-33,37.

[2] 黄春华,叶建群,李应辉,等.龙开口水电站大坝建基面优化研究[J].水力发电,2013,39(02):36-38.

[3] 中华人民共和国住房和城乡建设部.水力发电工程地质勘察规范:GB 50287—2016[S].北京:中国计划出版社,2017.

[4] 程庭凤.金安桥水电站坝基优化选择及主要地质缺陷处理[J].云南水力发电,2015,31(01):67-70.

[5] 薛兴祖,程玉辉.老龙口水利枢纽工程大坝优化设计[J].水利规划与设计,2008(05):59-61.

某水电站隧洞围岩稳定性分类研究

梁为邦　张　钧

云南省水利水电勘测设计研究院，云南 昆明　650021

摘　要：大跨度地下洞室围岩的分类除采用 HC（水电围岩工程地质分类）分类外，宜采用其他国家标准综合评定，还可采用国际通用的围岩分类（如 Q 系统分类）对比使用。某水电站大跨度导流洞围岩稳定性采用了 HC、[BQ]、RMR、Q 系统进行分类研究，四种方法具有很好的相关性，可以相互验证、相互补充。大型地下洞室岩体质量影响因素较多，导致围岩分类相对复杂，应基于岩体物理力学特性、岩体结构特征，充分考虑岩体尺寸效应，采用多种方法进行围岩稳定性对比研究、综合评定围岩分类。

关键词：大跨度隧洞　围岩分类　对比研究　综合评定

Study on Stability Classification of Surrounding Rock of Large Span Tunnel of a Hydropower Station

LIANG Weibang　ZHANG Jun

Yunnan Institute of Water Resources & Hydropower Engineering Investigation Design and Research, Kunming 650021, China

Abstract：In addition to HC（Hydropower Engineering Geological Classification）classification of surrounding rock in large span underground caverns, it is appropriate to adopt other national standards for comprehensive evaluation, as well as to adopt international general surrounding rock classification（such as Q system classification）. The stability of the surrounding rock of a large span diversion tunnel in a hydropower station is studied by using HC、[BQ]、RMR、Q system classification. The four methods have good correlation and can be verified and supplemented by each other. There are many influencing factors on rock mass quality in large underground caverns, which lead to relatively complex classification of surrounding rocks. Based on the physical and mechanical characteristics of rock mass, the structural characteristics of rock mass and the size effect of rock mass, the stability of surrounding rock is studied comparatively by various methods. The classification of surrounding rock is evaluated comprehensively.

Key words：large span tunnel；classification of surrounding rock；comparative study；comprehensive evaluation

0　引言

地下建筑物围岩稳定性的工程地质评价是水利水电工程勘测、设计、施工开挖中的主要问题之一。随着对水利水电工程越来越多的地下工程实践，经验的积累和深化，业内人士深刻认识到地下洞室的围岩也是一种具有自稳能力的结构体，而不再是单纯的荷载来源，围岩结构的观点极大地促进了岩石力学学科的发展，也带来了围岩稳定性工程地质评价的进展。

作者简介：

梁为邦，男，教授级高级工程师，主要从事水利水电工程地质勘察方面的研究。E-mail：641513129@qq.com。

HC 分类以勘察研究围岩岩石强度、岩体完整程度、结构面状态、地下水活动情况、主要结构面层产状为基本判据,围岩强度应力比为限定判据,综合定量评价围岩岩体的质量,划分不同的围岩类别。目前,围岩分类已发展到采用多个指标复合,即岩体质量复合指标定量评分的方法进行分类并指导开挖与支护的阶段。国际上较为通用的是以巴顿(Barton)岩体质量 Q 系统分类、比尼奥斯基(Bieniawaki)地质力学 RMR 分类[1]。

我国水电工程采用《水力发电工程地质勘察规范》(GB 50287—2016)规定的"围岩工程地质分类"(简称为 HC 分类)方法,其参考了《工程岩体分级标准》(GB/T 50218—2014)的有关规定,并结合 20 世纪 80 年代以来我国已建、在建的数十个大型地下工程的实际分类编制而成,该分类方法已广泛成功地应用于我国水电、水利地下工程的勘察与设计中。围岩工程地质分类是对地下工程岩体工程地质特性进行综合分析、概括及评价的方法,是对相当多的地质工程的设计、施工与运行经验的总结,故分类的实质是广义的工程地质类比,目的是对围岩的整体稳定程度进行判断,并指导开挖与系统支护设计。当存在特定软弱结构面的不利组合,影响围岩的局部稳定性时,则应采取特殊的加固处理措施。大跨度地下洞室围岩的分类除采用 HC 分类外,宜采用其他国家标准综合评定,还可采用国际通用的围岩分类(如 Q 系统分类)对比使用[2]。

大型地下洞室具有大跨度、高边墙等特点,围岩塑性松动区的厚度随洞室跨度的增加而增加。相同条件下,跨度越大的洞室围岩条件越差,单独采用一种方法易使围岩分类结果产生较大误差。因此,对于大型地下洞室而言,结合现场围岩初步分类及其工程特性,综合利用多种方法,经过相互对比和验证,最终得出围岩综合分类结果的工作手段可有效降低各方法的缺陷,使围岩质量评价更加接近实际情况[3]。缅甸某水电站导流洞设计为 12 m×15 m 圆拱直墙型断面,按国际隧道协会(ITA)定义的隧道断面的大小划分标准分类,属超大断面隧道(净空断面面积大于 100 m²)。本文从工程地质角度,对导流洞采用 HC、[BQ](工程岩体级别)、RMR、Q 系统分类等方法进行围岩分类对比研究,综合评定大跨度隧洞围岩稳定性。

1 工程概况

某水电站位于缅甸联邦曼德勒东北部 ND 河上,电站坝址汇水面积 6820 km²,多年平均流量 200 m³/s,河道平均坡降 2.5 ‰。电站采用坝后式开发方式(坝内厂房),设计坝型为混凝土重力坝,最大坝高 114.0 m,正常蓄水位高程 492.00 m,总库容 2.72×10⁸ m³,电站装机容量 210 MW,多年平均发电量为 103042 万 kW·h,年利用小时数 4907 h,保证出力 36.2 MW,工程等别为二等,工程规模为大(2)型。

施工导流隧洞布置在坝址右岸,进口底板高程为 403.00 m,出口底板高程为 400.44 m,设计底坡为 1/250。隧洞全段由进口明渠段、闸室段、洞身段、出口明渠段组成,总长 746.5 m,洞身段长 640.0 m。在隧洞里程 0+102.484～0+149.640 m 和 0+423.550～0+453.919 m 两处布置平面转弯段,其转角分别为 45°、29°,其转弯半径均为 60 m。洞轴线方向:自进口 S20.2°W,转为 S19.8°E,再转为 S48.8°E 至出口。导流隧洞选用 12m×15m 圆拱直墙型断面,最大泄流量为 2358 m³/s。

2 隧洞工程地质条件

2.1 地层岩性

坝址位于 ND 河下游陡峻"V"形峡谷段上,河谷呈 S18~27°E 方向展布,宽 25~55 m,施工导流隧洞布置在右岸,最大埋深 95 m。隧洞穿越地区地层为志留系中统(S_2)、下统($S_1^{1~8}$)基岩地层,岩性主要为石英砂岩夹泥质粉砂岩、页岩、白云岩,页岩与砂岩等接触处发育泥化夹层。按单层岩层厚度分级大致可分为五种:①中厚层~厚层状石英砂岩或长石石英砂岩,岩组主要为 S_1^2、S_1^4、S_1^5、S_1^8,约占洞长的 39%;②薄层~中厚层状石英砂岩,岩组为 S_1^7、S_2,约占洞长的 20%;③中厚层~厚层状石英砂岩与薄层~极薄层状页岩、泥岩互层,岩组为 S_1^6,约占洞长的 11%;④薄层~极薄层状白云岩,岩组为 S_1^3,约占洞长的 8%;⑤薄层~极薄层状泥质粉砂岩、页岩,岩组为 S_1^1,约占洞长的 22%。隧洞进口段 0+000~0+030 m、出口段 0+590~0+640 m,为强风化岩体;洞身段 0+050~0+590 m,以弱风化岩体为主,局部夹微风化岩体。

2.2 地质构造

坝址区地质构造不甚发育,总体上为单斜地层,岩层产状 N15°~20°E/SE∠33°~41°,倾向下游偏左岸。隧洞沿线仅发育有两条断层,断层宽度小于 1 m,属于Ⅲ级结构面。F_3(里程 0+585.7 m)为正断层,产状 N3°~5°E/NW∠78°~82°,与洞轴线呈 45°相交,断层破碎带宽度 0.4~0.8 m;F_4(里程 0+468.5 m)为一左旋正断层,产状 N74°E/NW∠82°~85°,与洞轴线呈 25°相交,断层破碎带宽 0.2~0.5 m,带内构造岩为泥钙质胶结角砾岩、压碎岩、构造片状岩。

岩体主要发育三组节理:① N15°~20°E/SE∠33°~41°,层面节理,呈闭合或微张开状,开度 0~1 mm。节理面呈平直形或平滑的波状形,无充填或充填岩粉、岩屑及钙质膜、方解石脉。力学性质为剪切性,延伸长度大于 30 m,节理间距 0.1~0.5 m。②N0°~15°E(W)/SW(NW)∠62°~81°,呈闭合或微张开状,开度 0~2 mm。节理面呈平滑的平直形或粗糙的波状形,无充填或充填泥质物、岩屑及钙质膜、方解石脉。力学性质为张性,延伸长度一般大于 10 m,节理间距 0.1~1 m。③N60°~90°E/SE(NW)∠80°~87°,呈闭合或微张开状,开度 0~1 mm。节理面呈平滑的平直形或平滑的波状形,无充填或充填泥质物、岩屑及钙质膜、方解石脉。力学性质为张扭性,延伸长度大于 10 m,节理间距 0.2~1 m,此组节理一般较不发育。

2.3 水文地质

隧洞穿越地段地下水类型主要为基岩裂隙潜水,以大气降水入渗补给为主,主要赋存于基岩卸荷裂隙、风化裂隙、构造裂隙内。卸荷裂隙岩体一般透水性中等~强,风化裂隙岩体透水性中等,深部岩体透水性弱微。进口段 0+000~0+050 m、出口段 0+600~0+640 m,隧洞处于地下水位之上;洞身段 0+050~0+600 m,隧洞处于地下水位之下,地下水位高出洞顶板最大高度约 50 m。

2.4 岩体特性

岩性不同、岩体结构差异,围岩力学性质差别较大,岩体指标统计见表1。

表1 岩体指标统计

岩组、岩性、岩体结构	岩体纵波速 V_P(m·s^{-1})		岩体完整性系数 K_v	RQD (%)	岩石单轴饱和抗压强度 R_b(MPa)	岩石动弹模 E_d(GPa)	
	范围值	均值				范围值	均值
S_1^2、S_1^4、S_1^5、S_1^8 中厚~厚层石英砂岩	2530~4620	3350	0.70	80	70~100	6.27~7.31	6.74
S_1^7、S_2 薄层~中厚层石英或长石砂岩	2380~4970	3260	0.56	65	45~70	3.28~6.54	4.99
S_1^6 中厚与薄层状互层石英砂岩	1630~5470	2850	0.45	60	40~60	3.05~6.42	4.70
S_1^3 薄层~极薄层白云岩	1770~4060	2480	0.20	53	35~50	6.30~6.74	6.56
S_1^1 薄层~极薄层泥质粉砂岩、页岩	1250~2500	1870	0.12	23	5~10		

石英砂岩强度高,力学性质好,为坚硬岩;长石石英砂岩强度较高,为较坚硬岩~坚硬岩;薄层~极薄层白云岩属较坚硬岩,力学性质较差,岩体力学性质具各向异性,垂直和平行层面方向岩体力学参数差别较大;泥质粉砂岩、页岩强度低,属软岩,力学性质差。

3 隧洞围岩的变形、破坏

地下洞室开挖,往往使围岩的性状发生明显的变化,能促使围岩性状发生变化的因素主要是卸荷回弹和应力重分布及周围地下水的重分布。围岩变形破坏的形式与特点,除与岩体内的初始应力状态和洞形有关外,主要取决于围岩的岩性和结构。脆性围岩的变形破坏主要是与卸荷回弹及应力重分布相联系,围岩中的水分重分布对其有一定影响,但不起主要作用。塑性围岩的变形破坏除与应力重分布有关外,围岩中水分重分布对其有重要影响[4]。

本工程导流洞围岩为石英砂岩、长石石英砂岩、白云岩等脆性围岩,也有泥质粉砂岩、页岩等塑性围岩;岩体结构有厚层、中厚层、薄层、极薄层结构;地质条件较为复杂,围岩的变形、破坏形式具有多样性。

(1)脆性围岩变形破坏形式主要有:①剪切滑动或剪切破坏。厚层状结构岩体中开挖地下洞室是在切向压应力集中较高,在有斜向结构(断裂)面发育的洞顶或洞壁部位,往往发生剪切滑动破坏。另外,围岩表部的应力集中有时会使围岩发生局部剪切破坏,造成顶拱的坍塌或边墙失稳。岩组 S_1^2、S_1^4、S_1^5、S_1^8,易发生此类型破坏。②弯折内鼓,在层状、特别是薄层状岩层中开挖洞室,卸荷回弹和应力集中使洞壁处的切向压应力超过薄层状岩层的抗弯折强度,围岩发生弯曲、拉裂和折断,最终挤入洞内而坍倒。岩组 S_1^3、S_1^6、S_1^7、S_2,易发生此类型破坏,其中 S_1^3 薄层～极薄层结构,极易发生折断,导致滑动、塌落。

(2)塑性围岩破坏形式主要为挤出、缩径、底鼓、塌方,洞室开挖后,当围岩应力超过塑性围岩的屈服强度时,软弱的塑性物质就会沿最大应力梯度方向消除了阻力的自由空间挤出,岩组 S_1^1 泥质粉砂岩、页岩为薄层～极薄层结构,岩质软弱、岩层多为强风化,为极易被挤出的岩体,易发生缩径、底鼓、塌方等破坏。

4 HC、[BQ]、RMR、Q 系统围岩分(级)类

由于不同类型围岩变形破坏形式不同,加之本工程导流洞为大跨度地下洞室,故在评价围岩稳定性时,宜采用不同的判据,多种分类方法进行研究,对比使用、综合评定。

4.1 HC(水电工程围岩工程地质)分类

可分为围岩初步分类和详细分类,初步分类主要依据岩质类型和岩体结构类型或岩体完整程度,适用于规划和预可研阶段;详细分类以控制围岩稳定的岩石强度、岩体完整程度、结构面状态、地下水状态和主要结构面产状五项因素之和的总评分为基本判据,围岩强度应力比为限定判据。结合围岩初步分类,按照总评分确定洞室的围岩类别,主要用于可研、招标和施工详图设计阶段[2]。围岩稳定性初步分类见表 2,详细分类见表 3。

表 2 HC 围岩工程地质初步分类

围岩岩组	岩质类型	岩体结构类型	岩体完整程度	围岩类别
S_1^2、S_1^4、S_1^5、S_1^8	硬质岩(坚硬岩)	中厚～厚层状结构	较完整	Ⅱ
S_1^7、S_2	硬质岩(中硬岩)	薄层～中厚层状结构	较完整	Ⅲ
S_1^6	硬质岩(中硬岩)	中厚层与薄层状互层结构	完整性差	Ⅳ
S_1^3	硬质岩(中硬岩)	薄层～极薄层结构	较破碎	Ⅳ
S_1^1	软质岩(软岩)	薄层～极薄层状结构	破碎	Ⅴ

表 3 HC 围岩工程地质详细分类

围岩岩组	岩石强度(MPa)/评分	完整程度 K_v/评分	结构面条件/评分	地下水状态/评分	结构面产状交角、倾角/评分		围岩总评分	围岩强度应力比 S	围岩类别
S_1^2	85/26	0.70/28	平直粗糙、闭合、无充填/18	湿/-1	0°、35°	洞顶 -12	59	>4	Ⅲ
						边墙 -5	66		Ⅱ
S_1^4、S_1^5、	85/26	0.70/28	平直粗糙、闭合、无充填/18	湿/-1	38°、35°	洞顶 -10	61	>4	Ⅲ
						边墙 -2	69		Ⅱ
S_1^8	85/26	0.70/28	平直粗糙、闭合、无充填/18	湿/-1	69°、35°	洞顶 -5	66	>4	Ⅱ
						边墙 -2	69		Ⅱ

围岩岩组	岩石强度(MPa)/评分	完整程度 K_v/评分	结构面条件/评分	地下水状态/评分	结构面产状交角、倾角/评分		围岩总评分	围岩强度应力比 S	围岩类别
S_1^7、S_2	57/19	0.56/23	平直粗糙、微张、岩屑/14	湿/−3	69°,35°	洞顶 −5	48	>4	Ⅲ
						边墙 −2	51		
S_1^6	50/16	0.45/18	平直粗糙、微张、泥质/9	湿/−6	38°,35°	洞顶 −10	28	>4	Ⅳ
						边墙 −2	36		
S_1^3	42/14	0.20/7	平直粗糙、微张、泥质/9	湿/−8	38°,35°	洞顶 −10	12	—	Ⅴ
						边墙 −2	20		
S_1^1	7.5/7	0.12/3	平直光滑、微张、软充填/4	湿/−11	0°,35°	洞顶 −12	−9	—	Ⅴ
						边墙 −5	−2		

注:结构面延伸长度大于 10 m 时,硬质岩的结构面状态评分减 3 分,软岩减 2 分。

4.2 ［BQ］工程岩体分级

影响工程岩体稳定性的诸因素中,岩石坚硬程度和岩体完整程度是岩体的基本属性,是各种岩石工程类型的共性,反映了岩体质量的基本特征。根据岩石单轴饱和抗压强度 R_b、岩体完整性系数 K_v,按计算式:$BQ = 100 + 3R_b + 250K_v$,[5]确定岩体基本质量指标 BQ。根据地下水状态、初始应力状态、洞轴线与主要结构面产状的组合关系等修正因素,确定各类围岩工程岩体级别见表 4。

表 4　围岩工程岩体分级

围岩岩组、岩性	岩体结构分类	选用计算指标		岩体基本质量指标 BQ	修正系数 $K_1 + K_2 + K_3$	工程岩体质量指标 ［BQ］	工程岩体级别
		K_v	R_b(MPa)				
S_1^2、S_1^4、S_1^5、S_1^8 石英砂岩、长石石英砂岩	中厚～厚层状	0.70	85	530	0.30	500	Ⅱ
S_1^7、S_2 石英砂岩、长石石英砂岩	薄层～中厚层状	0.56	57	411	0.34	377	Ⅲ
S_1^6 石英砂岩、长石石英砂岩	中厚层与薄层状互层	0.45	50	362	0.39	323	Ⅳ
S_1^3 白云岩	薄层～极薄层	0.20	42	276	0.55	221	Ⅴ
S_1^1 泥质粉砂岩、页岩	薄层～极薄层状	0.12	7.5	152	1.38	14	Ⅴ

由表 4 看出,岩组 S_1^2、S_1^4、S_1^5、S_1^8 中厚层～厚层状石英砂岩或长石石英砂岩,工程岩体级别为Ⅱ;岩组 S_1^7、S_2 薄层～中厚层状石英砂岩,工程岩体级别为Ⅲ;岩组 S_1^6 中厚层～厚层状石英砂岩与薄层～极薄层状页岩、泥岩互层,工程岩体级别为Ⅳ;岩组 S_1^3、S_1^1 薄层～极薄层

状白云岩、泥质粉砂岩、页岩,工程岩体级别为 V。

4.3 RMR 围岩分类

Z. T. Bieniawski 的 RMR 系统又称之为岩体权值系统,考虑了岩石强度、RQD(岩石质量指标)、结构面间距、结构面条件(包括粗糙度、充填物、张开度、延伸长度、岩石风化程度)、地下水条件、结构面产状与洞轴线关系等 6 个方面的影响因素。RMR 是定性为主,定量为辅的分级方法,在综合特征值的确定上,偏重于定性观察,突出结构面对岩体稳定性的影响,所以又称之结构面化岩体地质力学分类[6]。RMR 围岩级别划分见表 5。

表 5 RMR 围岩级别划分

围岩岩组	岩石强度(MPa)/评分	RQD(%)/评分	结构面间距(cm)/评分	结构面条件/评分	地下水状态/评分	结构面产状与洞线关系折减分	总得分	围岩级别
S_1^2、S_1^4、S_1^5、S_1^8	85/7	80/17	20~50/10	微粗糙、闭合、无充填/20	潮湿/10	−5	59	Ⅲ(一般)
S_1^7、S_2	57/7	65/13	6~20/8	微粗糙、微张、硬充填/14	潮湿/10	−5	47	Ⅲ(一般)
S_1^6	50/7	60/13	6~20/8	微粗糙、微张、软充填/12	湿/7	−10	37	Ⅳ(差)
S_1^3	42/4	53/13	<6/5	微粗糙、微张、软充填/12	湿/7	−5	36	Ⅳ(差)
S_1^1	7.5/2	23/3	<6/5	光滑、微张、软充填/6	湿/7	−5	18	V(极差)

4.4 Q 系统围岩分类

20 世纪 70 年代,挪威岩土工程研究所的 Barton 等人在研究了 212 个地下洞室工程实例的基础上,提出反映隧洞围岩稳定性的岩体质量指标 Q 系统。工程实例的实践表明,隧洞永久支护的数量和类型与围岩的 Q 值有密切的关系[7]。采用了六个参数:RQD、J_n(结构面组数)、J_r(结构面粗糙度系数)、J_a(结构面蚀变系数)、J_w(结构面水降低系数)和 SRF(应力降低系数)。6 个参数可以根据实际地质条件,由专门制定的参数取值表查出,然后利用关系式:$Q=(RQD/J_n)\cdot(J_r/J_a)\cdot(J_w/SRF)$,计算 Q 值。Q 值的范围为 0.001~1000,代表着围岩的质量从极差的挤压性岩石到极好的坚硬完整岩体,分为 9 个质量等级,并可划分出围岩类别,见表 6。导流洞岩体质量指标 Q 值计算结果见表 7。

表 6 岩体质量指标 Q 值围岩分类

Q 值	0.001	0.1	1	4	10	40	100	400	1000
岩体质量等级	特别差	极差	很差	差	一般	好	很好	极好	特别好
围岩类别[8]	0.001~1			1.1~4	4.1~10	10.1~40	>40		
	V			Ⅳ	Ⅲ	Ⅱ	Ⅰ		

表7　导流洞岩体质量指标 Q 值计算结果

围岩岩组	$RQD(\%)$	J_n	J_r	J_a	J_w	SRF	Q	围岩类别	岩体质量等级
S_1^2、S_1^4、S_1^5、S_1^8	80	9	3.0	1.0	1.0	1.5	17.7	Ⅲ	一般
S_1^7、S_2	65	9	3.0	2.0	1.0	1.5	7.2	Ⅲ	差
S_1^6	60	12	2.0	3.0	1.0	1.5	6.7	Ⅲ	差
S_1^3	53	12	2.0	3.0	0.66	5.0	0.4	Ⅴ	极差
S_1^1	23	12	1.0	4.0	0.66	5.0	0.06	Ⅴ	特别差

4.5　各分类方法指标的相同点与区别

Q 系统分类方法除了 RQD 外，其余5项指标都是根据现场调查的描述查表得出，它基本上是一个定性的分类方法；RMR 分类方法有3个基本参数是定量的，另外3个基本参数是定性的，它是一个半定量、半定性的方法；[BQ]分级是一个定性与定量相结合、经验判断与测试计算相结合的方法，定性分级只需进行现场调查，定量分级需测试单轴抗压强度、岩体与岩块弹性波波速[8]；HC 分类考虑的因素较为全面具体，初步分类只需现场调查，详细分类须测试单轴抗压强度、岩体与岩块弹性波波速等；[BQ]、HC 分类关于初始地应力修正，均引用了围岩强度应力比。

上述四种分类方法采用的指标既有相同点，又有区别。它们都考虑了岩体的完整性、结构面的性质、地下水，但 RMR 分类较为重视结构面的影响，未考虑地应力因数；Q 系统分类考虑了岩体结构面的影响、地应力因数及支护所需的参数，但未直接考虑岩石的单轴抗压强度和结构面的方位；[BQ]分级考虑因素较为全面，但由于多次采用经验公式处理而使结果置信度有所降低[3]。HC 分类围岩总评分未考虑初始应力状态[9]，而是以围岩强度应力比 S 为限定因素，作为控制各类围岩的变形破坏特性的限定判据，最后综合评定围岩类别；[BQ]分级考虑初始应力状态对地下工程岩体稳定性的影响，也是引入围岩强度应力比，相比仅考虑初始应力绝对值大小而言，在反映岩体初始应力作用对洞室围岩稳定性影响程度方面，更符合实际[5]。

5　导流洞围岩分类结果

根据围岩岩性、岩体结构特征和地下水，将导流洞围岩进行分段，利用[BQ]、RMR、Q、HC 四种方法分别对其进行分类，结果见表8。

表8　导流洞围岩分类统计

围岩岩组	[BQ]		RMR		Q 系统		HC		综合分类
	分值	类别	分值	类别	分值	类别	分值	类别	
S_1^2、S_1^4、S_1^5、S_1^8	500	Ⅱ	59	Ⅲ	17.7	Ⅲ	59～69	Ⅲ～Ⅱ	Ⅲ
S_1^7、S_2	377	Ⅲ	47	Ⅲ	7.2	Ⅲ	48～51	Ⅲ	Ⅲ

续表 8

围岩岩组	[BQ]		RMR		Q 系统		HC		综合分类
	分值	类别	分值	类别	分值	类别	分值	类别	
S_1^6	323	Ⅳ	37	Ⅳ	6.7	Ⅲ	28～36	Ⅳ	Ⅳ
S_1^3	221	Ⅴ	36	Ⅳ	0.4	Ⅴ	12～20	Ⅴ	Ⅴ
S_1^1	14	Ⅴ	18	Ⅴ	0.06	Ⅴ	-9～-2	Ⅴ	Ⅴ

虽然四种方法的分类指标体系不同,但所得结果并不矛盾,划分出的类别基本一致,仅个别段存在一些差异。总体上四种方法具有很好的相关性,可以相互验证,相互补充。由于各方法的侧重点不同,分类结果必将有一些差异,因此须结合现场围岩地质情况,对分段内围岩进行综合评价。

周建民等[10]认为在相同地质条件下开挖不同跨度的洞室,开挖后围岩稳定状态可能是不同的,如对于小跨度洞室是稳定的,但对于大跨度洞室则可能是基本稳定或局部不稳定的。洞室跨度增加后,围岩岩体"显得"更破碎,使围岩相对完整性减小,稳定程度变差。相同条件下,不同跨度洞室不应划归同一类围岩,跨度越大的围岩条件越差,对于大跨度洞室,应充分考虑岩体尺寸效应的影响。《岩土锚杆与喷射混凝土支护工程技术规范》(GB 50086—2015)关于"围岩分级"明确指出[11]:对Ⅱ、Ⅲ、Ⅳ级围岩,当地下水发育时,应根据地下水类型、水量大小,软弱结构面多少及其危害程度,适当降级。围岩按定性分级与定量指标分级有差别时,应以低者为准。唐红宁[6]认为在隧道施工现场采用 RMR 法确定围岩级别,核对设计资料时,应把握的原则是:当 RMR 法评判的现场围岩级别高(好)于或等于设计确定的围岩级别时,应坚持原设计;当 RMR 法评判的现场围岩级别低(差)于设计确定的围岩级别时,应及时提请设计进行现场地质核对,确认围岩级别,同时建议采取必要的加强支护措施。上述内容表明在实际施工中,采用各种围岩分类方法划分的围岩级别出现差异时,采用低者为准的原则。

本工程导流洞为大跨度洞室,在充分考虑了岩体尺寸效应、岩体物理力学特性、岩体结构特征的基础上,进行围岩稳定性综合分类。

① 岩组 S_1^2、S_1^4、S_1^5、S_1^8,四种方法分类中(洞顶 3/4、洞边墙 1/2)Ⅲ类占优势,综合划分为Ⅲ类;

② 岩组为 S_1^7、S_2,岩体波速均值为 3260 m/s,四种方法分类均为Ⅲ类,综合划分为Ⅲ类;

③ 岩组为 S_1^6,四种方法分类中(3/4)Ⅳ类占优势,综合划分为Ⅳ类;

④ 岩组为 S_1^3,四种方法分类中(3/4)Ⅴ类占优势,综合划分为Ⅴ类;

⑤ 岩组为 S_1^1,四种方法分类均为Ⅴ类,综合划分为Ⅴ类。

综合评定导流洞围岩:Ⅲ类占51%、Ⅳ类占19%、Ⅴ类占30%。隧洞地质条件较差,有近半数洞段开挖后,围岩自稳时间短或不能自稳,规模较大的各种变形和破坏都可能发生,变形破坏严重。根据 Q 系统不需要支护的最大跨度 $D = 2.1Q^{0.387}$ 近似考虑[7],导流洞不需要支护的最大跨度仅为 0.7～6.4 m。因此,对于设计跨度为 12 m 的导流洞,需要全洞段支护。选择安全合理的施工方法、支护结构十分重要。

6 结语

大跨度地下洞室围岩的分类除采用 HC 分类外,宜采用其他现行国家标准综合评定,还可采用国际通用的围岩分类(如 Q 系统分类)对比使用。本工程导流洞围岩稳定性除采用 HC 分类外,尚采用了[BQ]、RMR、Q 系统进行分类,四种方法具有很好的相关性,分类结果与事实相符,四种方法可以相互验证、相互补充。

大型洞室岩体质量影响因素较多,洞室尺寸、埋深等,会导致围岩分类相对复杂。应基于岩体物理力学特性、岩体结构特征,充分考虑岩体尺寸效应,采用多种方法进行围岩稳定性对比研究、综合评定分类,这样能避免单独采用一种方法可能带来的较大误差,从而更准确地确定围岩类别。

参 考 文 献

[1] 陈祖安,彭土标,郗绮霞,等.中国水力发电工程:工程地质卷[M].北京:中国电力出版社,2000.

[2] 中华人民共和国住房和城乡建设部.水力发电工程地质勘察规范:GB 50287—2016[S].北京:中国计划出版社,2017.

[3] 储汉东,徐光黎,李鹏鹏,等.大型地下洞室围岩分类相关性分析及应用[J].工程地质学报,2013,21(5):688-694.

[4] 张倬元,王士天,王兰生,等.工程地质分析原理[M].3 版.北京:地质出版社,2009.

[5] 中华人民共和国住房和城乡建设部.工程岩体分级标准:GB/T 50218—2014[S].北京:中国计划出版社,2015.

[6] 唐红宁.RMR 围岩分级方法在隧道施工现场的应用[J].隧道建设,2008,28(6):665-667.

[7] 曾肇京,马贵生,牛世玉,等.水利水电工程专业案例[M].2 版.郑州:黄河水利出版社,2007.

[8] 董学晟,田野,邬爱清,等.水工岩石力学[M].北京:中国水利水电出版社,2004.

[9] 闫天俊,吴雪婷,吴立.地下洞室围岩分类相关性研究与工程应用[J].地下空间与工程学报,2009,5(6):1105.

[10] 周建民,金丰年,王斌,等.洞室跨度对围岩分类影响探讨[J].岩土力学,2005,26(5):303-305.

[11] 中华人民共和国住房和城乡建设部.岩土锚杆与喷射混凝土支护工程技术规范:GB 50086—2015[S].北京:中国计划出版社,2016.

[12] 关宝树.隧道工程施工要点集[M].2 版.北京:人民交通出版社,2013.

[13] 国家能源局.水工建筑物地下工程开挖施工技术规范:DL/T 5099—2011[S].北京:中国电力出版社,2011.

乌东德水电站左岸主厂房块体问题研究

肖云华　施　炎　黄孝泉　刘冲平　翁金望　郝喜明　方　宇

长江三峡勘测研究院有限公司(武汉),湖北 武汉　430074

摘　要:块体问题往往是坚硬岩石中大跨度、高边墙地下洞室重要的工程地质问题之一。谨防块体问题引发地下洞室布置方案调整、大的设计变更或导致施工期的安全问题是地质工程师所必须重点关注的问题。本文以乌东德水电站左岸地下厂房为例,重点阐述了可行性研究阶段与施工详图设计阶段中地下洞室块体问题的研究思路,提出了大型地下洞室工程地质勘察全过程块体问题研究的思路与方法,为设计采取相应的对策奠定了坚实的地质基础,为类似工程的建设提供了宝贵的借鉴。

关键词:乌东德水电站　地下厂房　块体

Research on Blocks in Left Bank Underground Powerhouse of Wudongde Hydropower Station

XIAO Yunhua　SHI Yan　HUANG Xiaoquan

LIU Chongping　WENG Jinwang　HAO Ximing　FANG Yu

Three Gorges Geotechnical Consultants Co. ,Ltd. ,Wuhan 430074,China

Abstract:Blocks is often one of the important engineering geological problems in rocky underground cavern with large span and high side-wall. The blocks which may cause the adjustment of the layout plan, the large design change or the safety problem during construction period,is what geological engineers must pay close attention to. Based on the example of left bank underground powerhouse of Wudongde hydropower station, a research idea of blocks in underground cavern during the phase of feasibility and construction design is expounded,research ideas and methods of blocks are put forward,which based on the whole process in engineering geology exploration of large underground caverns. The research can lay a solid geological foundation for countermeasures taken by designers, and provide a valuable reference for the construction of similar projects.

Key words:Wudongde hydropower station;the underground powerhouse;blocks

0　引言

对于布置在坚硬岩石中的大跨度、高边墙地下洞室,块体问题往往是该类地下洞室重要的工程地质问题之一,谨防该类问题引发布置方案调整、大的设计变更或导致施工期的安全问题等是每位地质工程师所必须重点关注的问题。而水电站工程地质勘察具

作者简介:

肖云华,1978 年生,男,高级工程师,从事水利水电工程地质勘察方面的研究。E-mail:3098960448@qq.com。

有论证阶段多、周期长等特点。因此,建立工程地质勘察全过程块体问题研究的思路和方法,是解决大跨度、高边墙地下洞室块体问题的核心。从现有规范来看,块体问题的研究主要体现在最重要的两个阶段——可行性研究阶段和施工详图设计阶段。本文依据《水力发电工程地质勘察规范》(GB 50287—2016),以乌东德水电站左岸地下厂房为例,阐述了可行性研究阶段和施工详图设计阶段块体问题研究的思路和方法,为类似工程的建设提供了宝贵的借鉴。

1 基本地质条件

乌东德水电站是金沙江下游河段 4 个水电梯级中的最上游梯级,为一等大(1)型工程。大坝采用混凝土双曲拱坝,坝高 270 m,设计正常蓄水位 975 m,总库容 58.63 亿 m³,左右岸各 6 台机组,装机容量 10200 MW(12 台机组×850 MW)。

左右岸地下电站包括主厂房、主变洞和尾水调压室三大洞室,见图 1。左右岸轴线方向分别为 60°、65°。主厂房长 333 m,为圆拱直墙型,高 89.8 m,岩锚梁以上跨度 32.5 m,岩锚梁以下跨度 30.5 m。左岸主厂房地层岩性为落雪组第三段(Pt_{21}^3)中厚层灰岩、大理岩及白云岩,局部发育 B 类角砾岩,少部分为落雪第二段(Pt_{21}^2)互层大理岩化白云岩;岩层走向一般 270°～280°,倾向 S,倾角 75°～85°,岩层走向与厂房轴线夹角以 30°～40°为主,局部夹角小于 30°;断层不发育;层间剪切带 J_{2004} 斜穿主厂房,与厂房轴线夹角约 40°,为宽 2～5 cm 的岩屑夹岩粉;裂隙总体不发育,多较短小;岩体微新;岩溶总体不发育;地应力水平为低～中

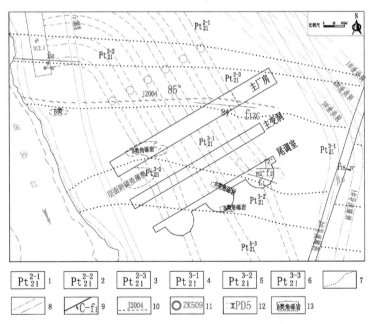

图 1 地下厂房 850 m 高程工程地质平切图

1—落雪组第二段第一亚段;2—落雪组第二段第二亚段;3—落雪组第二段第三亚段;4—落雪组第三段第一亚段;
5—落雪组第三段第二亚段;6—落雪组第三段第三亚段;7—地层界线(段、亚段);8—强卸荷带下限,弱卸荷带下限;
9—断层及编号;10—剪切带及编号;11—钻孔及编号;12—平洞及编号;13—分区界线

等,最大水平主应力一般为 6.0~12.0 MPa,最大为 13.7 MPa,最大水平主应力方向与厂房轴线夹角主要为 5°~33°。围岩类别为Ⅱ类和Ⅲ类,Ⅱ类占 52%,Ⅲ类占 48%。

2 可行性研究阶段块体问题研究

可行性研究阶段,块体问题的研究主要是对平洞和钻孔等揭露的结构面信息进行分析,利用关键块体理论预测不同开挖面上可能存在关键块体的模式、方量、埋深及其稳定性,其主要依次解决如下三个方面的问题:

① 确定是否存在影响洞室布置方案调整的块体。

② 预测可能导致施工期大的设计变更的定位块体或半定位块体。

③ 预测施工期可能存在方量较小的定位块体、半定位块体和随机块体。

通过分析平洞和钻孔揭露的结构面数据,可知乌东德左岸主厂房不存在影响洞室布置方案的块体,也不存在导致施工期大的设计变更的定位块体或半定位块体,仅存在方量较小的半定位块体和随机块体,具体如下:

(1)半定位块体

搜索结果表明,在主厂房下游边墙附近,J_{2004}、f_{5-4-1} 及 f_{53-10} 可能与相对最发育、走向近 SN 向、倾 W(倾右岸)的中倾角裂隙构成半定位块体。其中 J_{2004}、f_{5-4-1} 构成的半定位块体方量一般在 1700 m^3 左右(以随机裂隙延伸长 10 m 左右计)。初步计算成果表明,J_{2004} 及 f_{5-4-1} 与随机裂隙构成的半定位块体的稳定性较好,但在施工过程中,受爆破等因素的影响,该半定位块体的稳定性可能变为较差或差($K_0 = 0.5$ 左右);f_{53-10} 构成的半定位块体方量一般在 100 m^3 左右(以随机裂隙延伸长 10 m 左右计),初步计算成果亦表明,f_{53-10} 与随机裂隙构成的半定位块体的稳定性较好,但在施工过程中,受爆破等因素的影响,该半定位块体的稳定性可能变得较差或差($K_0 = 0.4$ 左右)。左岸主厂房下游边墙 J_{2004} 构成的半定位块体示意见图 2。

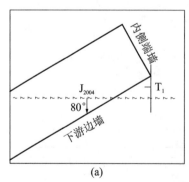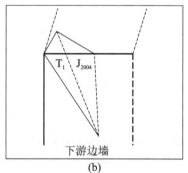

图 2 左岸主厂房下游边墙 J_{2004} 构成的半定位块体示意

(a)平切;(b)立体

(2)随机块体

随机块体模式分析:

统计表明主厂房优势裂隙有 2 组:①第 1 组优势裂隙(271°∠50°);②第 2 组优势裂隙

(17°∠12°),两组结构面及层面(180°∠80°)与主厂房洞轴线见图3。

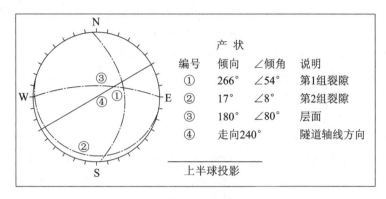

图3 洞轴线与各结构面关系

从图3分析可知:3组结构面易在左岸厂房下游边墙和顶拱构成潜在不稳定块体;下游边墙上可构成单滑面破坏模式的块体,见图4,单滑面块体沿优势裂隙①滑动。在顶拱易构成坠落式破坏模式的块体,破坏模式见图5。

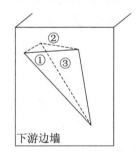

图4 下游边墙块体破坏模式示意

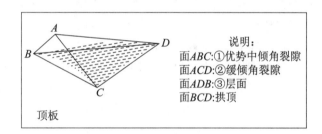

图5 顶拱块体破坏模式示意

随机块体方量及稳定性分析:

随机块体方量一般为150 m³ 左右(以随机裂隙延伸长 10 m计),最大可达 2500 m³ 左右(以随机裂隙延伸长 60 m计)。初步计算成果表明,随机裂隙构成的随机块体的稳定性较好,但在施工过程中,受爆破等因素的影响,随机块体的稳定性可能变为较差或差($K_0=0.6$)。

3 施工详图设计阶段块体问题研究

施工详图设计阶段,块体问题的研究主要是对平洞、钻孔和开挖揭露的结构面信息进行分析,利用关键块体理论分析可能存在关键块体的模式、方量、埋深及其稳定性,以解决施工期的安全问题,其主要解决如下两个方面的问题:

① 由于开挖断面大,在顶拱中导洞扩挖之前,确定是否存在由长大缓倾角结构面控制的大块体。

② 根据开挖揭露的结构面发育情况,及时预测和识别块体。

在乌东德左岸主厂房施工开挖过程中,针对上述两个方面,具体研究内容如下:

（1）顶拱长大缓倾角结构面控制的大块体

通过前期勘察成果、中导洞开挖揭露、中导洞补充勘察钻孔揭示情况，获得大量的现场实测数据，通过室内数据综合分析，得出左岸地下厂房顶板共有 8 条较长大缓倾角裂隙，其中有 5 条在中导洞顶板出露且贯穿中导洞顶板；有 3 条在相邻两个铅直向上的钻孔中出露。缓倾角结构面发育具有以下特征：

① 缓倾角结构面总体不发育；

② 缓倾角结构面大多数为硬性结构面；

③ 缓倾角结构面大多数延伸不长。

利用揭示的缓倾角结构面，对可能构成的块体进行预测，结果表明，其中有 3 条较长大缓倾角结构面可能构成方量较大的块体，分别为 ZF14（方量约 1050 m^3，埋深约 10 m）、ZF34（方量约 405 m^3，埋深约 9 m）。应对揭示的长大结构面提前采取相应的加固处理措施，以保证洞室顶拱稳定及后续施工安全。

通过分析块体监测成果，表明块体监测数据均已收敛。

（2）开挖面块体及时预测与识别

施工过程中，对开挖面进行编录，首先通过全空间赤平投影分析组合结构面判断块体的可动性及失稳模式；其次，结合结构面的出露位置、产状及洞室几何形态，通过块体切割技术获得块体的空间几何形态，得到块体体积及最大埋深。

以块体 ZF78 块体为例。

组合切割 ZF78 定位块体的结构面为 Tb879（产状 280°∠75°，平直粗糙，无充填），Tb884（产状 25°∠88°，平直粗糙，无充填），T879-1（产状 330°∠0°）。根据块体理论约定，通过结构面的出露位置及其空间方位进行判断，块体为 001 型，通过全空间赤平投影分析表明块体属于有限可动块体，失稳模式为沿着结构面 Tb879、Tb884 双面滑动。

根据结构面出露位置信息和产状以及洞室几何形态，通过块体切割技术获得 ZF78 块体的空间几何信息。该块体体积为 758.85 m^3，在边墙的最大埋深为 11.05 m，稳定性系数为 1.11。

左岸主厂房开挖揭露块体个数统计见表 1。

表 1　左岸主厂房开挖揭露块体个数统计

埋深（m）	块体个数（个）				
	＜100 m^3	100～500 m^3	500～1000 m^3	＞1000 m^3	合计
＜6	75	14			89,76％
6～9	5	13			18,15％
≥9		7	2	1	10,9％
小计	80,68％	34,29％	2,2％	1,1％	117

注：最大方量 1050 m^3；最大埋深 13 m。

左岸主厂房共识别 117 个块体，保证了左岸地下厂房施工期安全，分析块体监测成果，表明各块体监测数据均已收敛。

4 结语

本文提出了一种大跨度、高边墙地下洞室工程地质勘察全过程块体问题研究的思路和方法。以乌东德左岸主厂房为例，应用该研究思路和方法。实践表明，该方法的应用取得了较好的效果，保证了乌东德左岸主厂房在建设过程中未出现因块体问题导致的洞室布置方案调整、大的设计变更和施工期安全等问题，且通过现场监测数据表明，各块体监测数据均已收敛，各块体均处于稳定状态，为运行期安全奠定了基础。

参 考 文 献

[1] 李会中,黄孝泉,肖云华,等.金沙江乌东德水电站可行性研究阶段引水发电建筑物工程地质专题报告[R].武汉:长江勘测规划设计研究有限责任公司,2011.

[2] 满作武,陈又华,黄孝泉,等.金沙江乌东德水电站可行性研究报告第四篇工程地质[R].武汉:长江勘测规划设计研究有限责任公司,2015.

[3] 肖云华,刘冲平,等.乌东德水电站地下厂房三大洞室顶板缓倾角结构面发育特征及规律研究[R].武汉:长江勘测规划设计研究有限责任公司,2016.

乌东德水电站右岸主厂房7♯、8♯机上游边墙变形机制工程地质研究

肖云华 刘冲平 黄孝泉 施 炎 方 宇 郝喜明 许 琦

长江三峡勘测研究院有限公司(武汉)，湖北 武汉 430074

摘 要：金沙江乌东德水电站右岸主厂房具有"大跨度、高边墙、中厚层、小夹角、陡倾角、低地应力"的工程地质特点。在施工开挖过程中，7♯、8♯机上游边墙出现异常变形。本文综合地质调查、物探检测及变形监测等方面的成果，从工程地质角度研究了7♯、8♯机上游边墙围岩的变形情况。结果表明：此次变形属于结构面控制型——层面控制型，由于7♯、8♯机地质条件存在较大差异，即岩层走向与边墙夹角的差异，在7♯、8♯机"炸顶"后，上游边墙高度直接从30 m变成50 m，引起两机组上游边墙的变形也存在较大的差异，7♯机变形主要表现为沿层面错动的变形特征，8♯机则主要表现为快速卸荷松弛的变形特征。

关键词：乌东德水电站 右岸主厂房 陡倾中厚层岩体 夹角 变形

The Engineering Geological Research of Deformation Mechanism for Upstream Sidewall of 7♯ and 8♯ Units of Right Bank Underground Powerhouse in Wudongde Hydropower Station

XIAO Yunhua LIU Chongping HUANG Xiaoquan SHI Yan FANG Yu HAO Ximing XU Qi

Three Gorges Geotechnical Consultants Co. ,Ltd. ,Wuhan 430074,China

Abstract：The underground powerhouse of Wudongde hydropower station at the right bank has large span and high sidewall, and locates in complicated geological condition which is characterized by medium thickness layer rockmass, low ground stress, high dip angle and low strike angle. During excavation, the surrounding rock near 7♯ and 8♯ diversion tunnel occurs large deformation. Based on the geological investigation, the deformation is analyzed combined with geophysical test and deformation monitoring, etc. The results show that the deformation is controlled by bedding planes of surrounding rock. The height of upstream sidewall of cavern increases from 30 m to 50 m directly due to the excavation of 7♯ and 8♯ diversion tunnels and lead to the deformation of sidewall. But the deformation characteristics and mechanism are significant different because the angle between trend of rockmass and sidewall. The deformation near 7♯ tunnel is mainly fault along the bedding planes, and the deformation near 8♯ is characterized by unloading and relaxation due to rapid excavation.

Key words：Wudongde hydropower station；right bank underground powerhouse；medium bedded rock mass with steep dip angle；intersection angle；deformation

1 概述

乌东德水电站是金沙江下游河段四个梯级中的最上一级，电站装机容量10200 MW，多

作者简介：
肖云华，1978年生，男，高级工程师，从事水利水电工程地质勘察方面的研究。E-mail：3098960448@qq.com。

年平均发电量 389.3 亿 kW·h,为一等大(1)型工程。枢纽工程主体建筑物由挡水建筑物、泄水建筑物、引水发电建筑物等组成。

右岸主厂房、主变洞和尾水调压室三大洞室垂江平行布置,轴线 NE65°,洞间岩体 39.80 m。主厂房尺寸 333.00 m×32.50 m(30.50 m)×89.80 m,拱顶高程 855.00 m,发电机层高程 823.20 m,装机高程 803.00 m,底板高程 765.20 m,靠江侧至山内侧布置 7#~12# 共 6 台机组。

右岸主厂房于 2012 年 12 月进行中导洞开挖,2013 年 9 月进行中导洞第一层扩挖。2015 年 5 月开始 7#、8# 机组第Ⅵ层开挖时,7#、8# 机上游边墙产生异常变形。本文从工程地质角度分析 7#、8# 机上游边墙变形特征及变形机制,为类似工程建设积累经验。

2　基本工程地质条件

(1)地层岩性

右岸厂房区地层岩性主要为:Pt_{21}^{3-1} 主要以中厚夹厚层灰岩及大理岩为主,Pt_{21}^{3-2} 主要为中厚层、厚层白云岩、灰岩,Pt_{21}^{3-3} 主要为厚层夹中厚层灰岩,Pt_{21}^{3-4} 主要为中厚层、厚层白云岩,局部互层及薄层,Pt_{21}^{3-5} 为中厚层夹互层灰岩、大理岩和白云岩。

右岸主厂房岩层产状变化大,靠江侧及中间段岩层走向为 245°~275°,倾向 S,倾角 70°~85°;山内侧岩层走向为 285°~310°,倾向 NE,倾角 60°~75°。岩层走向与厂房轴线夹角,从靠江侧(7# 机组)往山内侧(12# 机组)逐渐变大。主厂房靠江侧岩层走向与厂房轴线夹角≤20°,中间段夹角为 20°~30°,山内侧夹角>30°。

(2)地质构造

右岸主厂房附近发育一褶皱(向斜),核部位于右岸主厂房内侧端墙附近,该向斜倾伏向为 NE86°,倾伏角为 70°;两翼地层倾向 SE,倾角 60°~80°。右岸主厂房裂隙总体不发育,走向以近 SN 向为主。

(3)岩体风化

围岩多为微新岩体,仅局部偶见团块状弱溶蚀风化。

(4)岩溶与水文地质

岩溶总体不发育,主要为局部顺层溶蚀的小溶缝和小溶洞。

(5)地应力

右岸主厂房最大主应力一般为 3.5~6.2 MPa,最大值 7.4 MPa,平均值 5.4 MPa;最大水平主应力优势方向集中在 47°~74°,与主厂房轴线夹角为 9°~18°。

综合分析,金沙江乌东德水电站右岸主厂房具有“大跨度、高边墙、中厚层、小夹角、陡倾角、低地应力”的工程地质特点。

3　变形特征与机制分析

3.1　施工进展

右岸主厂房引水洞、L3 施工支洞、中层排水廊道及 7#、8# 补气洞在主厂房第Ⅳ层开挖时均已开挖并支护完成,且 L3 施工支洞主厂房上游边墙两排锚索均已施工;上游边墙 841 m 高程物探长观孔为第Ⅲ层开挖时实施;7♯、8♯机拱座部位高程 846.66 m 多点位移计 M02Y07、M04Y08 为第Ⅰ层开挖后埋设;上游边墙高程 838.34 m 多点位移计 M15Y07、M06Y08 为第Ⅲ层开挖前预埋设;高程 812.35 m 多点位移计 M16Y07、M07Y08 为主厂房开挖至第Ⅲ层时预埋设,如图 1 所示。

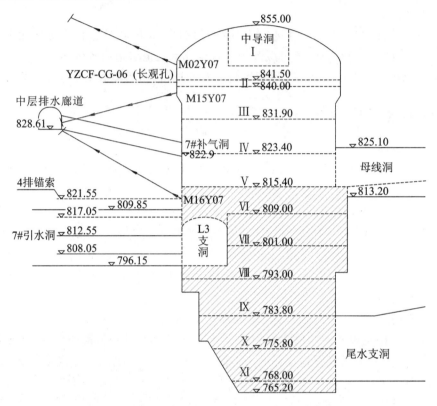

图 1 7♯机上游边墙相关洞室分布与监测布置图

3.2 地质调查

3.2.1 地质条件

7♯、8♯机上游边墙主要为 Pt_{21}^{3-1} 与 Pt_{21}^{3-2} 中厚层灰岩;7♯机岩层产状一般 155°～165° ∠70°～85°,岩层走向与厂房轴线夹角一般 0°～10°;8♯机组岩层产状 170°～180°∠80°～ 82°,夹角一般 15°～25°。层面陡倾墙外,多无充填;未见断层,裂隙不发育;岩体微新状。

3.2.2 裂缝特征

右岸地下厂房补气洞位于上游边墙高程 822.9 m,连接主厂房与中层排水廊道。地质调查发现,地下厂房第Ⅵ层开挖后 7♯、8♯补气洞出现环向裂缝,如图 2 所示。

7♯补气洞内基本贯穿的环向裂缝有 3 条,为 L7-1、L7-2、L7-3,埋深分别为 8.9 m、10.9 m、 14.5 m,混凝土张开宽度分别为 3～4 mm、3～5 mm、0.5～2 mm,L7-2 在顶拱部位有错动迹象;8♯补气洞内基本贯穿补气洞的混凝土环向裂缝有 1 条,为 L8-2,埋深 12.7 m,张开宽

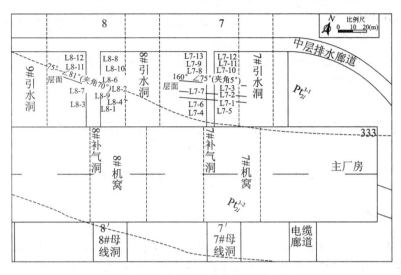

图 2　7#、8# 机 820 m 高程工程地质平切图

度于边墙为 1~3 mm,于底板为 5~8 mm。裂缝均顺层面展布,且层面张开。其他混凝土裂缝均短小,未贯穿补气洞。

另外,7#、8# 机上游边墙均未出现明显的混凝土裂缝,7#、8# 引水洞下平段 4 m 范围内存在少量短小混凝土裂缝。

可见,岩体在不同深度沿层面有不同程度的张开,且局部伴有滑动迹象,如图 3 所示。

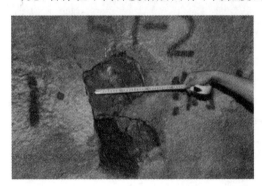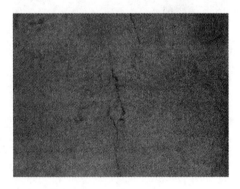

图 3　7# 补气洞内 L7-2 靠江侧边墙不同高程上的裂缝

3.3　物探检测

7#、8# 机上游边墙出现异常变形后,对 841 m 高程 7#、8# 机物探长观孔进行声波与彩电测试。测试结果表明:发生异常变形后,副安装场处声波值曲线不存在断续降低的现象;7# 机埋深 6 m、9 m 及 11.5 m 附近存在声波断续降低的现象(图 4);8# 机埋深 9.7 m 及 12.6 m 附近存在声波断续降低的现象;可见,该范围内存在断续的层面张开,但彩电未见明显张开层面,表明层面张开较小。在声波测试过程中,7# 机物探长观孔内需要较长时间才返水,且水可渗漏至下方 7# 补气洞 L7-2 处,说明此段层面张开已贯通;8# 机不存在此现象。

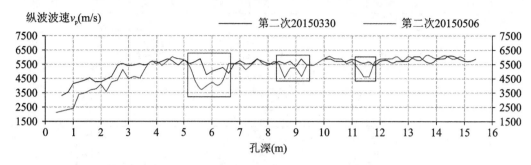

图 4　7♯机 841 m 高程物探长观孔声波曲线

3.4　变形监测

自 2015 年 4 月 30 日起开始第Ⅵ层开挖。对上游边墙而言,即挖除 L3 支洞顶拱岩体,即所谓"炸顶"。在"炸顶"过程中,7♯、8♯机上游边墙 838.34 m 高程和 812.35 m 高程多点位移计均出现了明显的变形,而 846.66 m 高程未出现明显变形。

3.4.1　变形过程

7♯、8♯机上游边墙 838.34 m 高程和 812.35 m 高程多点位移计变形曲线如图 5~图 8 所示。

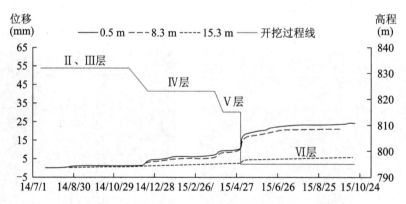

图 5　7♯机 838.34 m 高程 M15Y07 变形曲线

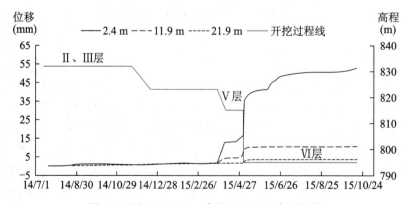

图 6　7♯机 812.35 m 高程 M16Y07 变形曲线

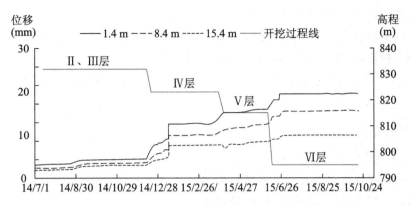

图 7　8# 机 838.34 m 高程 M06Y08 变形曲线

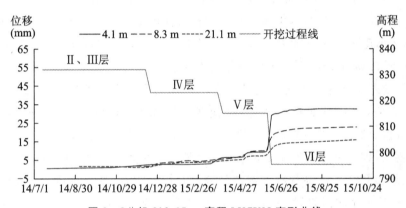

图 8　8# 机 812.35 m 高程 M07Y08 变形曲线

由图可见,从 7# ~8# "炸顶"开挖支护过程来看,主要分如下 5 个阶段:

(1)第 1 阶段(4 月 30 日—5 月 4 日)

开挖主厂房桩号 1+255~1+290 m 段,该部位高程 821.55 m 和 817.05 m 两排锚索未施工。开挖段内 7# 机 812.35 m 高程 M16Y07 多点位移计 2.4 m、11.9 m、21.9 m 处变形增量分别为 18.81 mm、4.55 mm、1.29 mm;838.34 m 高程 M15Y07 多点位移计 0.5 m、8.3 m、15.3 m 处变形增量分别为 6.43 mm、6.01 mm、1.53 mm。8# 机断面多点位移计均监测到不同程度的变形。

(2)第 2 阶段(5 月 5 日—6 月 5 日)

对 7# 机上游边墙按设计蓝图进行锚索锚杆施工,变形明显放缓,趋于收敛。

(3)第 3 阶段(6 月 6 日—6 月 12 日)

开挖主厂房桩号 1+255~1+220 m 段,该部位高程 821.55 m 和 817.05 m 两排锚索已施工。开挖段内 8# 机 812.35 m 高程 M07Y08 多点位移计 4.1 m、11.1 m、21.1 m 处该段时间变形增量分别为 18 mm、7.87 mm、4.06 mm;838.34 m 高程 M06Y08 多点位移计 1.4 m、8.4 m、15.4 m 处变形增量分别为 1.59 mm、1.34 mm、0.47 mm。7# 机断面多点位移计均监测到不同程度的变形。

（4）第 4 阶段（6 月 13 日—6 月 25 日）

对 8♯机上游边墙按设计蓝图进行锚索锚杆施工，变形明显放缓，趋于收敛。

（5）第 5 阶段（6 月 26 日—10 月 24 日）

为保证主厂房运行期稳定，对 7♯～8♯机上游边墙进行了必要的灌浆和增加锚索的处理。目前均已收敛。

3.4.2 变形特征

从上述变形过程来看，可以得出：

（1）各机组岩体变形与开挖关系密切。

（2）岩体变形呈硬岩的"台阶状"变形特征。

（3）从各机组自身的变形特征来看，7♯机 812.35 m 高程 M16Y07 变形深度最深可至 2.4～11.9 m，838.34 m 高程 M15Y07 变形深度最深可至 8.3～15.3 m，且 0.5 m 与 8.3 m 两点的变形大小几乎一样；8♯机 812.35 m 高程 M07Y08 变形均较大，且深度最深可至 21.1～30 m，838.34 m 高程 M06Y08 变形量均较小。

（4）对比来看，7♯和 8♯机开挖时的变形特征具有明显的差异：①812.35 m 高程监测点的变形表明，除孔口变形一样外，其他各点同深度 7♯机较 8♯机明显要小，说明 812.35 m 高程变形深度 8♯机较 7♯机深；②838.34 m 高程监测点的变形表明，7♯机较 8♯机明显要大，即下部开挖对上部的影响 7♯机较 8♯机大，这点也与 841m 高程物探长观孔检测成果和 822.9 m 高程补气洞的裂缝发育情况吻合，变形深度 7♯机较 8♯机深；③7♯机 838.34 m 高程 M15Y07 中 0.5 m 与 8.3 m 两点变形几乎一样，而 8♯机同高程不存在，说明 7♯机变形具有明显的沿层面错动特征，这与 7♯补气洞和长观孔的表现情况一致，而 8♯机不明显；④7♯机变形主要表现为沿层面错动的变形特征，8♯机主要表现为快速卸荷松弛的变形特征。

图 9 所示为 7♯机变形模式。

3.5 变形机制分析

分析右岸主厂房的地质条件及变形特征表明，此次变形属于结构面控制型——层面控制型，由于 7♯、8♯机地质条件存在较大差异，即岩层走向与边墙夹角的差异，在 7♯、8♯机"炸顶"后，引起两机组上游边墙的变形也存在较大的差异。

7♯、8♯上游边墙岩层均陡倾下游，上游边墙均为顺向结构。边墙脚部岩体快速开挖，上游边墙快速从 30 m 变为 50 m 的高边墙。7♯机由于岩层走向与洞轴线夹角较小（0°～10°），切脚直接导致边墙岩体沿层面错动，岩体存储的应变能主要以沿层面错动的形式释放，由于两侧岩体约束及完成的支护措施，故未形成持续的滑动变形破坏；而 8♯机由于岩层走向与洞轴线夹角相对较大（20°～25°），"炸顶"后并未造成真正意义上的切脚，岩体无法沿层面错动，但快速大面积开挖，导致开挖部位附近（低高程）岩体卸荷变形明显，岩体存储的应变能主要以卸荷松弛的形式释放。因此形成了上述变形特征。

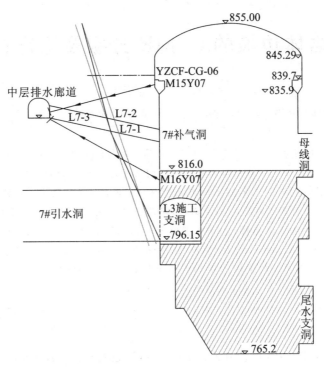

图9　7♯机变形模式

4　结语

本文通过地质调查、物探检测、变形监测相结合的研究手段,分析了乌东德水电站右岸地下厂房7♯、8♯机上游边墙变形特征及变形机制,主要有如下几点结论:

(1)7♯、8♯机上游边墙的变形属于结构面控制型,即层面控制型。

(2)7♯、8♯机组岩体变形呈现硬岩"台阶状"变形特征,变形与施工开挖关系密切。

(3)7♯、8♯机由于岩层走向与洞轴线夹角的差异,导致"炸顶"后上游边墙快速从30 m形成50 m高边墙时,岩体的变形特征存在较大的差异,7♯机主要表现为沿层面错动的变形特征,8♯机主要表现为快速卸荷松弛的变形特征。

参 考 文 献

[1] 李会中,黄孝泉,等. 金沙江乌东德水电站可行性研究报告第四篇工程地质(审定本)[R]. 武汉:长江勘测规划设计研究有限责任公司,2015.

[2] 周述达,杜申伟,等. 金沙江乌东德水电站地下厂房洞室群围岩稳定评价及支护设计优化专题报告[R]. 武汉:长江勘测规划设计研究有限责任公司,2015.

[3] 彭琦,王俤剀,等. 地下厂房围岩变形特征分析[J]. 岩石力学与工程学报,2007,26(12):2583-2587.

[4] 李志鹏,徐光黎,等. 猴子岩水电站地下厂房洞室群施工期围岩变形与破坏特征[J]. 岩石力学与工程学报,2014,33(11):2291-2300.

节理岩体边坡的 CSMR 分级及稳定性验证

姬永尚[1]　储春妹[2]

1.新疆水利水电勘测设计研究院,新疆 乌鲁木齐,830000;2.新疆大学地质与矿业工程学院,新疆 乌鲁木齐,830047

摘　要:为判定节理岩体边坡的稳定性,以阿尔塔什水利枢纽高边坡为研究对象,应用广泛适用于水利水电边坡的修正 CSMR 分级方法对不同风化程度的岩体进行评分和分级,并建立了 Hoek-Brown 和 Mohr-Coulomb 强度准则两种模型,采用 Geostudio 软件分别计算边坡的稳定性系数。CSMR 分级方法相对于传统的 RMR 法能够考虑边坡高度、结构面特征和产状及边坡开挖方式三个方面的影响,评分结果表明边坡高度和结构面的特征及产状对风化程度弱的岩体 CSMR 值影响较大,边坡的开挖方式对风化程度强的岩体 CSMR 值影响突出。经稳定性计算表明 Hoek-Brown 的非线性抗剪强度参数模型更适合节理岩体边坡,其稳定性系数计算得到的等效 SMR 值与滑动面处岩体的 CSMR 评分值一致,边坡处于不稳定状态,会产生平面滑动破坏,该结果可为边坡治理设计提供可靠的依据。

关键词:节理岩体边坡　CSMR 分级　Hoek-Brown 强度准则　稳定性系数　SMR

CSMR Classification and Stability Verificationfor Jointed Rock Slope

JI Yongshang[1]　CHU Chunmei[2]

1. Hydro and Power Design Institute of Xinjiang,Urumqi 830000,China;

2. Xinjiang University,Urumqi 830047,China

Abstract:To predict the stability of jointed rock slope,the high slope of A er ta shi conservancy and hydropower station was selected as the research object,the modified CSMR classification method wildly applied to the water conservancy and hydropower slope was used to grade and classify the weathering rock mass,and two models of Hoek-Brown and Mohr-Coulomb strength criterion were established,the stability coefficient of slope was calculated by Geostudio software. The influence of slope height,the characteristics and orientation of discontinuities and slope excavation was considered compared with the traditional method of RMR,the results showed that the characteristics of the slope height and the the characteristics and orientation of discontinuities have a great influence on the CSMR of low degree weathered rock mass,the influence of the slope excavation on the strong weathered rock mass was obvious. The calculation of slope stability showed that the nonlinear shear strength parameter model of Hoek-Brown was more suitable for jointed rock slope,the equivalent SMR value of calculated by the stability coefficient was consistent with the CSMR score of the rock mass in the sliding surface,the slope was unstable,the result could provide reliable basis for the design and control of slope.

Key words:jointed rock slope;CSMR classification;Hoek-Brown strength criterion;stability coefficient; SMR

作者简介:

姬永尚,1982 年生,男,汉族,高级工程师,主要从事水利水电工程地质、遥感解译、BIM 等方面的研究。E-mail: 781657449@qq.com。

0　引言

水利水电工程边坡的稳定性直接影响坝体和水库的安全运营,因此,边坡稳定性综合评价是一个关键的环节。边坡岩体质量分级又是宏观稳定性评价和经验设计的基础,准确的岩体质量分级对边坡工程的稳定性判定及治理至关重要。Romanna 在 RMR 岩体质量分类法的基础上,提出了用于边坡岩体质量分级的 SMR 方法[1],可直接根据岩体质量分级结果来评价边坡的宏观稳定性,确定边坡的破坏形式及加固方法,在岩质边坡的稳定性研究中得到了一定的推广和应用,但其存在一定的不足,忽略了边坡高度和结构面产状的影响,其对水利水电工程中的节理岩体高边坡影响较大。我国水电部门的学者在 SMR 基础上提出了 CSMR 法,考虑了边坡高度影响的修正系数和结构面条件影响的修正系数及开挖方式的影响,弥补了 SMR 的不足。童申家[2]基于 CSMR 对桥基边坡进行了稳定性评价,李云和张菊连等[3-5]采用 CSMR 对水利水电边坡进行了分级和稳定性评价,曹平[6]对 CSMR 法改进应用在露采矿山边坡的质量分级,表明 CSMR 具有较强的适用性。

工程边坡稳定性分析方法一般建立在 Mohr-Coulomb 破坏准则基础上[7],而该准则在非均质的岩质边坡中适用性较差。Hoek-Brown 强度准则反映岩体非线性破坏,能够考虑影响岩体强度特性的复杂因素[8],被越来越多的学者重视和应用[9-16]。赵伟[17]采用 Hoek-Brown 强度准则对节理岩体进行了模拟,并提出 Hoek-Brown 强度经验公式,能够方便快捷地确定节理岩体在最大围压范围内等效的 Mohr-Coulomb 强度参数。岩体参数是边坡提供稳定性评价及治理设计计算的重要参数,然而岩体存在空间变异性,尤其是节理岩体,通过现场或室内试验来获取岩体系数往往存在较大困难。Hoek-Brown 强度准则可结合地质强度指标来确定岩体的参数,符合工程实际情况[18]。

本文采用较为适用于水利水电工程边坡的 CSMR 分级方法对边坡岩体进行质量分级,初步判定边坡的稳定性,并且采用 Geostudio 软件计算边坡的稳定性系数,二者相互验证分析边坡的稳定性,为实际工程边坡治理设计提供可靠依据。

1　工程概况

新疆阿尔塔什水利枢纽工程坝址处于中山区"V"形峡谷段,两岸大部分基岩裸露,该段河谷岩体较完整,主要断层及岩层走向与河谷斜交,对岸坡整体稳定性影响不大。右岸边坡高 500m,岩性主要为灰黑色厚层灰岩,岩体存在大量的节理裂隙,自然坡角 45°～60°,倾向 310°。该边坡经统计分析存在四组优势结构面,分别为:岩层层面,产状 340°～350°∠40°～45°;三组裂隙,L1 产状 330°∠55°～65°,延伸长 5～10 m,面粗糙无充填;L2 产状 40°～50°∠85°～90°,延伸长 3～8 m;L3 产状 70°～80°∠65°～85°,延伸长 10～15 m,面粗糙无充填,间距 5～8 m 面粗糙局部有充填。图 1 为该边坡的典型剖面图,强风化层厚度 5 m,弱风化层厚度 20 m,微风化层厚度 80 m。边坡结构面的发育对边坡的稳定性影响较大,是治理设计的关键。

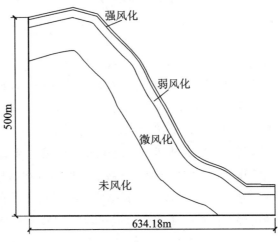

图1　高边坡典型剖面图

2　CSMR质量分级

2.1　CSMR计算公式

20世纪90年代,我国水电部门的学者针对RMR的不足,引入边坡高度修正系数和结构面条件修正系数,提出了具有我国特色的边坡岩体质量分级的CSMR法。它是RMR-SMR系统的一种应用。其中RMR考虑了完整岩体的强度、岩石质量指标RQD、节理间距、节理条件、地下水等因素对岩体质量的影响,对这些因子分别给出评分,采用和差积分法计算分类指标的评分值[1]。

$$\text{CSMR} = \xi\text{RMR} - \lambda(F_1 \cdot F_2 \cdot F_3) + F_4 \tag{1}$$

$$\xi = 0.57 + 0.43(H_r/H) \tag{2}$$

其中,$H_r = 80$;H为边坡高度;λ为结构面条件系数;F_1、F_2、F_3分别为不连续面倾向与边坡倾向间关系调整值、不连续面倾角调整值、不连续面倾角与边坡倾角大小调整值;F_4为边坡开挖方法调整参数值。

2.2　边坡的质量分级结果

在统计分析结构特征时,本文选取了27个点进行调查统计,根据CSMR的评分准则[1,18],该边坡的岩体质量评价指标取值和分级结果见表1。

表1　边坡的CSMR质量分级

岩性	岩块单轴抗压强度（MPa）	评分	RQD评分	裂面间距评分	裂面间距评分	地下水评分	RMR	RMR分级	λ	F_1	F_2	F_3	F_4	ξ	CSMR	CSMR分级
未风化灰岩	65	7	80	20	30	15	89	Ⅱ	0.8	0.15	0.15	0	15	0.64	72	Ⅱ
微风化灰岩	46	4	55	15	14	10	56	Ⅲ	0.7	0.7	1	0	15	0.64	48	Ⅲ

岩性	岩块单轴抗压强度（MPa）	评分	RQD 评分	裂面间距评分	裂面间距评分	地下水评分	RMR	RMR 分级	λ	F_1	F_2	F_3	F_4	ξ	CSMR	CSMR 分级
弱风化灰岩	32	4	30	10	9	4	35	IV	0.7	0.7	1	6	15	0.64	34	IV
强风化灰岩	20	2	10	8	6	4	23	V	0.7	0.7	1	6	15	0.64	27	V

从表 1 可以看出，未风化、微风化和弱风化的 CSMR 值相对 RMR 值有所降低，这主要由边坡的高度和结构面影响引起，RMR 值越大，边坡高度影响降低值越大；而强风化岩体 CSMR 值相对 RMR 值稍有提高，主要是由于边坡为自然边坡，其影响是属于加分项，而 RMR 值较小，边坡高度影响形成的降低值较小。通过分级结果可以看出，虽然数值上大多数有降低，但 RMR 与 CSMR 分级相同。另外，V 级岩体会产生平面滑动[1]。

3　边坡稳定性计算

本文采用适用于节理岩体的 Hoek-Brown 和常规的 Mohr-Coulomb 强度准则，分别建立模型进行对比研究，采用 Geostudio 中 Slope/W 模块进行稳定性分析。

3.1　Hoek-Brown 强度准则

Hoek-Brown 强度模型是岩体的非线性抗剪强度参数模型，经过 20 年的发展，最新的模型是广义的 Hoek-Brown 强度准则，即 Hoek-Brown 破坏准则，如式（3）所示：

$$\sigma_1 = \sigma_3 + \sigma_c \left(m_b \frac{\sigma_3}{\sigma_c} + s \right) \tag{3}$$

其中，m_b、s、a 分别为破碎岩体的材料常数、与岩体特性有关的参数、表征节理岩体的常数，通过文献[18]可知岩体材料参数通过地质强度指标 GSI 进行计算。

Slope/W[19] 通过一系列给定的 σ_3 来计算 σ_1，从而建立强度曲线，σ_3 的缺省范围从岩石抗拉强度值，到单轴抗压强度值的一半。知道了破坏时的 $\sigma_1 \sim \sigma_3$，$\tau \sim \sigma_n$ 的数据点便可通过下式进行计算：

$$\sigma_{\text{ratio}} = \frac{\sigma_1}{\sigma_3} = 1 + \alpha m_b \left(m_b \frac{\sigma_3}{\sigma_{\text{ci}}} + s \right)^{\alpha - 1} \tag{4}$$

$$\begin{cases} \sigma_n = \dfrac{\sigma_1}{\sigma_3} = \dfrac{\sigma_1 + \sigma_2}{2} - \dfrac{\sigma_1 + \sigma_3}{2} \cdot \dfrac{\sigma_{\text{ratio}} - 1}{\sigma_{\text{ratio}} + 1} \\ \tau = (\sigma_1 - \sigma_3) \dfrac{\sqrt{\sigma_{\text{ratio}}}}{\sigma_{\text{ratio}} + 1} \end{cases} \tag{5}$$

其中，σ_1、σ_3、σ_c 分别为破坏时的最大主应力、最小主应力及岩石的单轴抗压强度。

3.2　滑面形状

根据前期勘察资料，阿尔塔什坝址右岸边坡内无大规模的控制性结构面，不存在边坡岩体沿某一组结构面发生大规模平面滑动破坏的可能性。因此，本次计算的滑面类型采用光滑曲线滑裂面。依据文献[6],由于该工程边坡岩体为灰岩,具有层理,所以设置的所有试算滑面形状都是平行的。

3.3 参数取值

依据 Bieniawski 的 *RMR* 系统[1],*GSI*＝*RMR*－5,因此 *GSI* 指标可通过 *RMR* 来进行计算。

Hoek-Brown 模型中需输入表 2 中的 γ、σ_c、*GSI*、m_i,Slope/W 会自动通过式(3)～式(5)得到数据函数相似的样条曲线,计算每一条块的法向应力,得到样条曲线的斜率,作为材料的内摩擦角,样条曲线的切线延长到 τ 轴,其截距即为内聚力,如图 2 所示。Mohr-Coulomb 模型中需输入表 2 中的 γ、c、φ,其中 c、φ 计算方法见文献[19]。

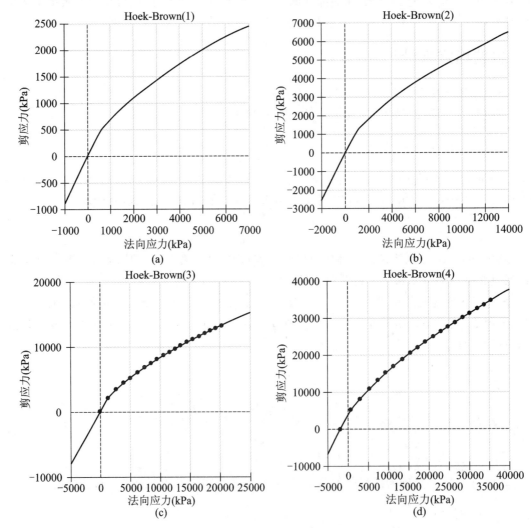

图 2　Hoek-Brown 模型岩体剪应力与法向应力关系曲线
(a)强风化岩体；(b)弱风化岩体；(c)微风化岩体；(d)未风化岩体

表 2　模型计算参数

岩性	风化程度	$\gamma(\mathrm{kN/m^3})$	σ_c(MPa)	GSI	m_i	c(MPa)	φ(°)
灰岩	未风化	27.1	65	84	10	6.228	39.6
	微风化	26.4	46	51	9	1.797	31
	弱风化	25.5	32	30	8	0.177	24.2
	强风化	23.6	20	17	6	0.31	18.1

3.4　边坡稳定性计算

Slope/W 模块对边坡天然工况下的稳定进行计算,得到的稳定性系数如表 3 所示。

表 3　边坡稳定性系数

强度准则	计算方法	Ordinary	Janbu	Bishop	Morgenstern-Price
Hoek-Brown	稳定性系数	0.856	0.856	0.856	0.866
Mohr-Coulomb		1.893	1.905	1.917	1.854

根据 Morgenstern-Price 方法考虑了条间剪力和法向力,并且同时满足力矩和力的平衡,条间力函数有多种,这是 Ordinary、Janbu、Bishop 三种方法无法满足的。因此,稳定性系数选择采用 Morgenstern-Price 法很合理。通过 Hoek-Brown 和 Mohr-Coulomb 得到的计算结果相差较大,前者得到的稳定性系数无论是哪种计算方法值均小于 1,边坡在天然状态下不稳定;而后者得到的稳定性系数无论是哪种计算方法值均大于 1.8,边坡在天然状态下稳定。可见二者差异较大,这主要是由于 Mohr-Coulomb 准则参数是均一的,而 Hoek-Brown 准则参数是非线性的,坡体每一条块的 c、φ 值都是不同的,如图 3 所示。

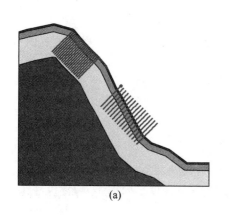 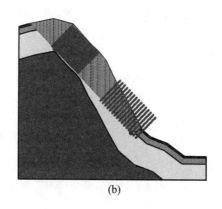

(a)　　　　　　　　　　　　　　　(b)

图 3　边坡稳定性计算结果图

(a)Hoek-Brown 准则;(b)Mohr-Coulomb 准则

3.5 边坡稳定性验证

根据文献[18]，可将收集到的设计边坡的稳定性安全系数 F，按公式转换成等效的 SMR 值，用 $ESMR$ 表示[式(6)]。当计算得到的 $ESMR$ 与边坡的 $CSMR$ 近似相等时，认为边坡的稳定性分级是合理的。

$$ESMR = 100 - \frac{52.5}{F - 0.15} \tag{6}$$

将表 3 得到的 Morgenstern-Price 方法计算的两种结果代入式(6)得到 $ESMR_1 = 26.7$，$ESMR_2 = 69.2$。

从图 3 可以看出 Hoek-Brown 法危险滑面发生在第一层中，即强风化岩体当中。因此，采用强风化岩体 $CSMR$ 值 27 分，与 $ESMR_1$ 结果一致；而 Mohr-Coulomb 法危险滑面发生在第三层中，采用微风化的 $CSMR$ 值 48，与 $ESMR_2 = 69.2$ 不一致。以上结果表明 Hoek-Brown 强度准则计算节理边坡的稳定性是合理的，同时通过 Hoek-Brown 强度准则得到的 $ESMR$ 与 $CSMR$ 结果一致，充分说明 CSMR 分级具有一定的可靠性，不论是分级方法还是极限平衡法计算出的边坡均不稳定，会产生平面滑动，建议采取处理措施。

4 结论

本文以阿尔塔什水利枢纽工程高边坡为研究背景，应用 CSMR 法进行了质量分级，并采用 Geostudio 软件进行稳定性计算，得到如下如论：

(1) CSMR 分级方法得到了高边坡的不同风化程度岩体的质量分级，其中边坡高度和结构面的特征和产状对风化程度弱的岩体 CSMR 评分影响较大，边坡的开挖方式对风化程度强的岩体 CSMR 评分影响突出。

(2) 基于 Hoek-Brown 和 Mohr-Coulomb 强度准则分别计算边坡的稳定性系数，选取了较为合理的 Morgenstern-Price 方法，两种结果差异较大，根据现场的调查结果，Hoek-Brown 强度准则计算结果合理，该方法更适合节理岩体的稳定性计算。

(3) 通过计算等效的 SMR 值和对比滑动面处的岩体的 $CSMR$ 值，得出两者的数值一致，表明 CSMR 分级结果合理。

(4) CSMR 质量分级结果和极限平衡理论计算得到边坡均处于不稳定状态，会产生平面滑动破坏，建议采取处理措施。

参 考 文 献

[1] 李天赋,王兰生.岩质高边坡稳定性及控制[M].北京:科学出版社,2008:86-91.

[2] 童申家,胡松山,闫仙丽.基于 CSMR 与模糊集理论的石门大桥桥基边坡稳定性评价[J].土木工程学报,2013,46(9):91-97.

[3] 李云,刘霁.基于模糊集理论与 CSMR 的岩质边坡稳定性分析[J].中南大学学报:自然科学版,2012,43(5):1940-1946.

[4] 张菊连,沈明荣.水电边坡岩体稳定性分级系统研究[J].岩石力学与工程学报,2011,30(增2):

3481-3490.

[5] 刘发祥,杨朝发.评价岩质边坡稳定性的改进 CSMR 法[J].土工基础,2014,27(4):58-61.

[6] 曹平,刘帝旭.改进 CSMR 法在露采矿山边坡中的应用[J].岩土工程学报,2015,37(8):1544-1548.

[7] 乔兰,丁新启,屈春来,等.基于 Hoek-Brown 准则的 Morgenstern-Price 在边坡稳定分析中的应用[J].
北京科技大学学报,2010,32(4):409-438.

[8] HOEK E,CARRANZA-TORRES C,CORKUM B. The Hoek-Brown failure criterion-2002 edition[C]
//Proceedings of the North American Rock Mechanics Symposium. Toronto:[s. n.],Department Civil
Engineering,University of Toronto,2002:267-273.

[9] 匡波,付宏渊,付传飞,等.基于广义 Hoek-Brown 准则的节理岩质边坡可靠性分析[J].中外公路,
2009,6(29):58-61.

[10] 刘立鹏,姚磊华,陈洁,等.基于 Hoek-Brown 准则的岩质边坡稳定性分析[J].岩石力学与工程学报,
2010,29(增1):2879-2886.

[11] 王建锋.非线性强度下的边坡稳定性[J].岩石力学与工程学报,2005,24(增2):5896-5900.

[12] 吴浩.近坝库岸边坡安全性评价研究[D].北京:中国水利水电科学研究院,2015.

[13] 吕彦达.金沙江大桥锚碇区岩质边坡稳定性评价与分析[D].西安:长安大学,2016.

[14] 张晓曦,何思明,周立荣.基于非线性破坏准则的边坡稳定性分析[J].自然灾害学报,2012,21(1):
53-60.

[15] 李文渊,吴启红.基于 Hoek-Brown 非线性极限平衡法的边坡安全系数[J].中南大学学报:自然科学
版,2013,44(6):2537-2542.

[16] 卓莉,何江达,谢红强,等. Hoek-Brown 准则确定岩石材料强度参数的新方法[J].岩石力学与工程学
报,2015,34(增1):2773-2782.

[17] 赵伟,吴顺川,高永涛,等.节理岩体数值模拟及力学参数确定[J].工程科学学报,2015,37(12):
1542-1549.

[18] 陈祖煜,汪小刚,杨健,等.岩质边坡稳定分析——原理·方法·程序[M].北京:中国水利水电出版
社,2005:245-267.

[19] 中仿科技公司.边坡稳定性分析软件 SLOPE/W 用户指南[M].北京:冶金工业出版社,2011.

[20] 朱玺玺,陈从新,夏开宗.基于 Hoek-Brown 准则的岩体力学参数确定方法[J].长江科学院院报,
2015,32(9):111-117.

西南某水电站下游泄洪雾化影响区滑坡堆积体渗流场分析

赵永辉　万志杰

西藏自治区水利电力规划勘测设计研究院,西藏 拉萨　850000

摘　要:首先,笔者介绍了西南某水电站下游滑坡的工程地质条件,确定了滑坡堆积体的泄洪雾化范围和降雨强度,建立了滑坡堆积体的渗流场计算模型。其次,基于泄洪雾化作用时的二维饱和-非饱和渗流有限元方法,分析和研究了滑坡在泄洪雾化状态下的渗流场,得出两方面的结论:一方面,地下水位主要在滑坡堆积体坡脚和中部出现抬升现象;另一方面,基于数值模拟法分析和研究滑坡堆积体的渗流场,可以方便地确定渗流场计算模型中地下水位与所用时间之间的相互关系,以便能定量研究滑坡堆积体的渗流场。最后,建议在研究了该滑坡堆积体的渗流场后,应采取必要的稳定性评价工作,以确保工程安全。

关键词:西南　泄洪雾化区　水电工程　滑坡堆积体　渗流场

Seepage Field Analysis of Downstream Landside Deposit in Flood-affected and Atomization Zone of a Hydropower Station of Southwest

ZHAO Yonghui　WAN Zhijie

Tibet Autonomous Region Hydropower Planning and Design Institute,Lhasa 850000,China

Abstract:Firstly, engineering geological condition of downstream landside deposit of a hydropower station of southwest are introduced by author, the range and rainfall of the sluicing atomization of landside deposit are determined, calculating model of seepage field of the landside deposit are established; Secondly, based on two dimensional saturated-unsaturated seepage FEM theory, and with consideration of the function of sluicing atomization, seepage field is analyzed and researched in conditions of spilling atomization. The two results are obtained, on the one hand, underground water level mainly raised from the toe and middle of landside deposit; On the other hand, analyzing and researching on seepage field of the landside deposits by the numerical simulation method can easily determine the relationship between underground water level and using times in calculating model of seepage field, so as to quantitatively research seepage rules of the landside deposit. Finally, it is suggested that the essential jobs of evaluating slope stability shall be adopted to ensure engineering safety after researching the seepage field of the landside deposit.

Key words:Southwest;sluicing atomization;hydropower engineering;landside deposit;seepage field

0　引言

我国西南地区水能资源较为丰富。近些年,随着青藏高原上一座座水电站的建成,每逢

作者简介:

赵永辉,1988年生,男,助理工程师,主要从事工程地质勘测、地质灾害评价以及工程计算机仿真设计研究工作。E-mail:1051018813@qq.com。

雨季或者洪涝均需水电站泄洪,致使下游产生大量的泄洪雾化雨,其雨强远超自然降雨强度,直接影响下游边坡渗流场,边坡原有应力场也随之改变,最终影响边坡稳定性。西南某大型水电站下游近坝河段右岸发育巨型滑坡堆积体,水电站输水洞等均穿过该滑坡堆积体,其稳定性直接影响整个电站的后期运营,见图1。因此,研究该水电站泄洪雾化雨对下游滑坡堆积体渗流场的影响有重要的理论意义和使用价值。

图 1　西南某水电站与下游滑坡堆积体位置关系

目前,专家和学者对水电工程泄洪雾化主要采用物理实验、原位实验和数值模拟方法三种研究方法。其中,原位实验一般在水电站建成后,依据现场实际泄洪观测和记录雾化数据,然后展开泄洪雾化的相关分析研究,其研究成果保证已建成水电站后期安全运营和指导未来类似工程泄洪建筑物的设计工作;物理实验法和数值模拟法主要定格在水电站前期设计和施工阶段,依据相似性原理,按一定比例建立水电站泄洪雾化的物理模型或利用软件建立数值模型,然后代入相关数据分析和研究水电站泄洪雾化的影响,其研究成果主要是指导后期水电站工程设计[1-4]。本文提及的西南某大型拟建水电站泄洪雾化对下游滑坡堆积体渗流场的影响分析和研究工作主要采用数值模拟法。

1　滑坡概况

西南某水电站工程区为高山峡谷地貌,其下游巨型滑坡堆积体纵长约 1500 m,横宽约 1300 m,方量达 7.00×10^7 m^3。滑坡堆积体上发育多条冲沟,其中部发育的一条大型冲沟将该滑坡堆积体分割为两个相对对立的堆积体,即 I 区和 II 区,见图 2。

根据勘探资料可知,该滑坡堆积体产生过两次滑动。其中第一次为较大规模的基岩滑坡,从前缘基岩中剪出,滑带土主要由紫红色、黄色黏土夹角砾构成;第二次为后期滑坡堆积体上发育的次级滑动,发育迹象不明显[5-8]。滑坡堆积体,其下伏基岩主要为反倾层状岩体,倾角为 70°～80°,为二叠系下统吉东龙组($P_1 j$)和三叠系上统红坡组($T_3 hn$)。其中,$P_1 j^3$ 为灰绿、绿灰色玄武岩,$P_1 j^4$ 为浅灰色～灰色微晶灰岩,$T_3 hn$ 为钙质粉砂质、泥质板岩与变质砂岩互层,如图 3 所示。

图 2　下游滑坡堆积体全貌图

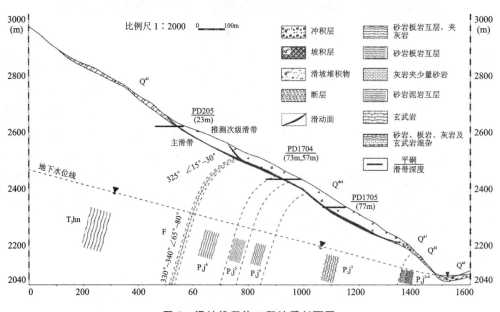

图 3　滑坡堆积体工程地质剖面图

2　泄洪雾化区滑坡堆积体渗流分析

2.1　泄洪雾化雨入渗理论

泄洪雾化雨入渗采用饱和-非饱和渗流模型,其渗流微分方程表达式为:

$$\frac{\partial}{\partial x}\left(k_x \frac{\partial H}{\partial x}\right)+\frac{\partial}{\partial z}\left(k_z \frac{\partial H}{\partial z}\right)=m_w \gamma_w \frac{\partial H}{\partial t} \tag{1}$$

式中　H——总水头；

　　　m_w——比水容重；

　　　γ_w——水的重度；

　　　k_x,k_z——土体水平、垂直向的渗透系数；

　　　t——时间。

本次数值模拟计算基于有限元法，利用 Geostudio 中的 Seep/W 模块完整建模、赋值和计算工作。

2.2　初始条件与边界条件

利用 Geostudio 中的 Seep/W 模块进行渗流分析时，需要模型表层不同高程处泄洪雾化雨强溢出与入渗边界、模型底面与侧面边界和初始地下水位边界。其中模型表层不同高程处泄洪雾化雨强溢出与入渗边界按本工程泄洪雾化计算范围确定；模型底面与侧面边界主要为较完整基岩，其按不透水边界处理；初始地下水位边界赋存与基岩内部，依据前期勘探资料和滑坡堆积体剖面确定。

2.3　泄洪雾化降雨范围及降雨强度

利用某设计院前期计算资料，通过与类似工程实例比较，整个泄洪雾化区按高程划分为五级雾雨区，具体为：①高程 2150 m 以下区域为Ⅰ级雾化降雨区；②高程 2150～2230 m 范围为Ⅱ级雾化降雨区；③高程 2230～2300 m 为Ⅲ级雾化降雨区；④高程 2300～2350 m 为Ⅳ级雾化降雨区；⑤高程 2350 m 以上为Ⅴ级雾化降雨区，具体见图 4。

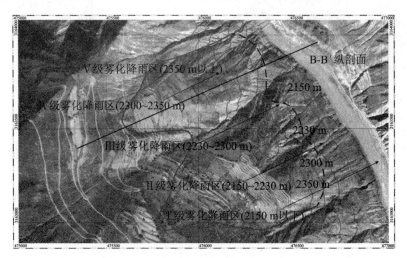

图 4　泄洪雾化范围图

参考现有工程后期运营阶段泄洪雾化监测记录资料和自然降雨等级标准，结合专家学者对水电站泄洪雾化降雨强度及其危害的研究，将本水电站泄洪雾化降雨强度分为 5 个等级，具体见表 1。

表 1　泄洪雾化雨强参数

雾化区等级	高程（m）	雨强（mm/h）
Ⅰ级雾化降雨区	2150 以下	600
Ⅱ级雾化降雨区	2150～2230	300
Ⅲ级雾化降雨区	2230～2300	100
Ⅳ级雾化降雨区	2300～2350	50
Ⅴ级雾化降雨区	2350 以上	10

2.4　数值计算模型的建立

本次计算在 Geostudio 中的 Seep/W 模块完整建模，建模选用滑坡堆积体已有剖面。根据已划分的雾化区，计算模型分为五个不同雾化区，并对各级雾化区间赋予相应的降雨强度参数，最终得到如图 5 所示的水电站泄洪雾化降雨渗流计算模型。

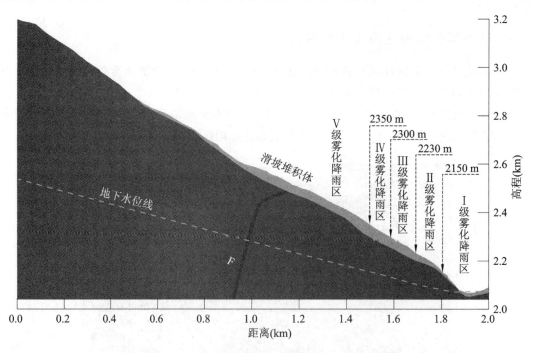

图 5　渗流场计算模型

2.5　选取计算参数

依据前期勘探成果和滑坡堆积体剖面图，在分析滑坡堆积体结构特征的基础上，本次渗流场模拟计算中主要考虑滑体、滑带、断层和下伏风化岩体四种渗透介质。为了便于前期建模和后期计算，同时考虑到下伏各类基岩参数相差无几，经相似工程类比法，本次计算统一使用一种风化岩体参数，参见图 6。

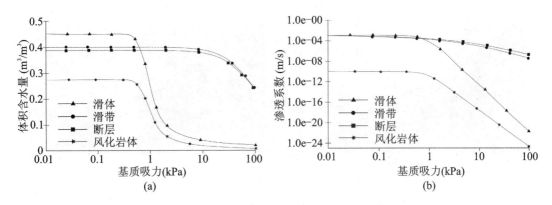

图6　滑坡堆积体水土特征曲线及渗透函数曲线

(a)水土特征曲线；(b)渗透性函数

2.6　渗流场模拟结果分析

2.6.1　模拟过程设计

本次水电站泄洪雾化降雨对滑坡堆积体渗流场的影响模拟计算历时一个月(30天)具体分两个阶段进行，即水电站泄洪阶段(第1~15天)和停止泄洪后的监测阶段(第16~30天)。第一阶段，水电站泄洪阶段。计算模型在赋予初始地下水位的基础上，对计算模型中的五级泄洪雾化降雨区间同时施加与其相对应的雨强，模拟连续泄洪半个月(15天)。其中在第1天、第5天、第9天和第15天分别观测记录计算模型中地下水位的变化情况；第二阶段，停止泄洪监测阶段。上一阶段中，第15天后已停止泄洪，但是，模拟计算并没有结束，让计算模型继续运行15天(第16~30天)，并在第23和第30天观测地下水位变化情况。

通过上述两个阶段在不同水力条件下滑坡堆积体内地下水位的变化情况，可分析泄洪雾化降雨对下游滑坡堆积体渗流场的影响。

2.6.2　泄洪阶段的模拟计算及分析

本阶段在赋予模型初始地下水位基础上进行，经计算模型运行15天，其中对第1天、第5天、第9天和第15天的观测记录做出如下分析：

(1)泄洪雾化降雨第1天时，滑坡堆积体前缘降雨强度最大处汇集大量雨水，致使地下水位迅速抬升，局部范围出现饱和状态。鉴于降雨历时较短，饱和区面积都较小；滑坡堆积体中部表层局部低洼部位出现饱和区，其面积小，且零星分布，未出现地下水位抬升现象；滑坡堆积体后缘泄洪降雨强度最弱区，除表层零星积水，无局部饱和区和地下水位抬升现象，具体见图7(a)。

(2)泄洪雾化降雨第5天时，滑坡堆积体前缘降雨强度最大处饱和区面积扩大，原来的局部饱和区已延伸至前缘坡脚处，致使前缘坡脚处地下水位进一步抬升；滑坡堆积体中部表层局部零星分布的饱和区开始相互贯通，致使饱和区深度和面积增加；滑坡堆积体后缘变化相对不明显，具体见图7(b)。

(3)泄洪雾化降雨第9天时，雾化雨继续向堆积体深部入渗。滑坡堆积体前缘局部出现雨水溢出现象；滑坡堆积体中部降雨入渗较强烈，由于滑带土和下伏基岩相对密实，其具

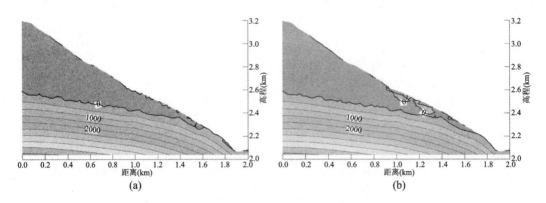

图 7 计算模型第 1 天和第 5 天孔隙水压力

(a)第 1 天；(b)第 5 天

有天然隔水层的作用。当雾化雨下渗至滑带处时,局部饱和区进一步贯通成一片,形成了明显的上层滞水带;滑坡堆积体后缘开始出现局部饱和区域,其发育面积和深度都较小,具体见图 8(a)。

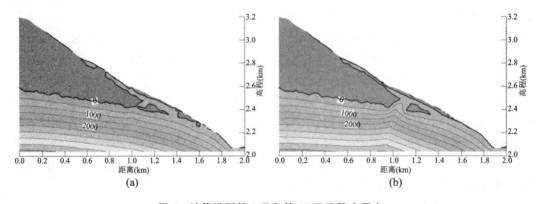

图 8 计算模型第 9 天和第 15 天孔隙水压力

(a)第 9 天；(b)第 15 天

(4) 泄洪雾化降雨第 15 天时,除滑坡堆积体中后缘断层段附近孔隙水压力有所升高和后缘饱和区基本贯通外,其他区域无明显变化,具体见图 8(b)。

2.6.3 停止泄洪后的模拟计算及分析

在上一阶段模拟水电站泄洪的基础上,第 15 天后停止泄洪,即对计算模型中停止施加雾化雨,但是滑坡堆积体模型继续维持计算状态。其中在第 23 天和第 30 天时,分别调取模拟结果(图 9),并对其做出如下分析:

(1) 水电站泄洪雾化降雨 15 天后停止泄洪,模型继续计算至第 23 天时,滑坡堆积体前缘浅表层饱和区基本消失;中部滑带处上层由原先完全贯通状态变为局部贯通状态,断层带附近孔隙水压力迅速下降;后缘饱和区基本消失,具体见图 9(a)。

(2) 水电站泄洪雾化降雨 15 天后停止泄洪,模型继续计算至第 30 天时,滑坡堆积体前缘地下水位进一步下降,中部滑带处上层滞水带面积有所减小,但仍残留局部饱和区;后缘变化不明显,具体见图 9(b)。

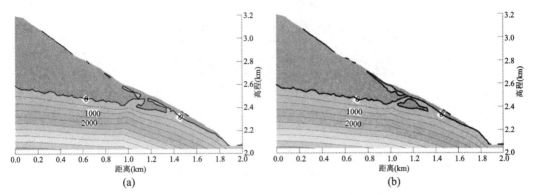

图 9 计算模型第 23 天和第 30 天孔隙水压力

(a)第 23 天;(b)第 30 天

3 结论与建议

通过对计算模型施加泄洪雾化雨和停止泄洪后的观测两个阶段的分析和研究,可得出以下结论与建议:

(1)随着雾化降雨的进行,滑坡堆积体饱和区域面积和深度均不同程度增加,当下渗至滑带处时,形成上层滞水。停止泄洪后,滑坡堆积体前缘和后缘向坡外迅速排水,中部受断层带的滞水作用,排水较缓慢,历时半个月,中部滑带附近仍然存留饱和区。

(2)水电站泄洪雾化降雨过程中,滑坡堆积体前缘对雾化降雨最敏感,最先出现地下水位抬升现象和饱和区;滑坡堆积体中部受滑带滞水作用的影响较大,停止泄洪后一段时间内,坡内仍残留局部饱和区;后缘雾化雨入渗面积和深度均较小,停止泄洪后渗流场也最先恢复正常。

(3)通过上述分析可知,该水电站泄洪雾化降雨对其下游滑坡堆积体地下渗流场影响较大,致使滑坡堆积体坡内地下水位迅速抬升和滑带处出现饱和区,特别是滑坡堆积体前缘和中部,建议增加泄洪雾化降雨时滑坡堆积体的稳定性评价工作。

参 考 文 献

[1] 胡云进,速宝玉,詹美礼.雾化雨入渗对溪洛渡水垫塘区岸坡稳定性的影响[J].岩土力学,2003,24(1): 10-12.

[2] 刘宣烈,安刚,姚仲达.泄洪雾化机理和影响范围的探讨[J].天津大学学报,1991,37(s1):31-33.

[3] 苏建明,李浩然.二滩水电站泄洪雾化对下游边坡的影响[J].水文地质工程地质,2002(2):22-23.

[4] 王乐华,李建林,李映霞.茨哈峡水电站右岸泄洪雾化影响区岩质高边坡稳定分析[J].岩土工程学报, 2010,32(增 2):604-606.

[5] 张倬元,王士天,王兰生,等.工程地质分析原理[M].北京:地质出版社,2009:73-92.

[6] 黄润秋.20 世纪以来中国的大型滑坡及其发生机制[J].岩石力学与工程学报,2007,26(3):443-445.

[7] 韩贝传,王思敬.边坡倾倒变形的形成机制与影响因素分析[J].工程地质学报,1999,7(3):213-217.

[8] 任光明,夏敏,李果,等.陡倾顺层岩质斜坡倾倒变形破坏特征研究[J].岩石力学与工程学报,2009,28 (1):3193-3200.

极射赤平投影法在西藏水电工程
边坡稳定性评价中的应用

赵永辉[1]　尼玛旦增[1]　万志杰[1]　李　宁[2]　赵永华[3]

1.西藏自治区水利电力规划勘测设计研究院,西藏 拉萨　850000;

2.成都理工大学地质灾害防治与地质环境保护国家重点实验室,四川 成都　610059;

3.西藏大学,西藏 拉萨　850000

摘　要:首先,基于西藏某水电工程边坡地质概况,采用极射赤平投影法分析和评价了该岩质边坡稳定性,得出两个方面的结论。一方面,岩质边坡的变形和破坏主要受其内部发育的结构面控制;另一方面,基于赤平投影方法分析和研究岩质边坡的稳定性,可以方便地确定边坡岩体中结构面的相互组合关系,以便能定性评价边坡的稳定性。最后,建议采取必要的加固措施,确保安全。

关键词:西藏　极射赤平投影法　水电工程　岩质边坡　边坡稳定性

Application of Polar Stereographic Projection forStability Evaluation of
Hydropower Engineering Slopes of Tibet

ZHAO Yonghui[1]　　Nmiadanzeng[1]　　WAN Zhijie[1]　　LI Ning[2]　　ZHAO Yonghua[3]

1. Tibet Autonomous Region Hydropower Planning and Design Institute,Lhasa 850000,China;

2. State Key Laboratory of Geological Hazard Prevention and Engineering Geological Environment Protection,Chengdu University of Technology,Chengdu 610059,China;

3. Tibet University,Lhasa 850000,China

Abstract:Firstly,Based on geological condition of a hydropower engineering slopes of Tibet,by means of stereographic projection method,the stability of a hydropower engineering slopes of Tibet was analyzed and evaluated. The two results are obtained,on the one hand,deformation and failure of the rock slopes are mainly controlled by the structural planes developed in rock mass;On the other hand,analyzing and researching on stability of the rock slopes by the stereographic projection method can easily determine the relationship of mutual combinations of the structural planes in the slopes rock mass,so as to qualitatively evaluate the stability of the slopes. Finally,it is suggested that the essential reinforcing measures shall be adopted to ensure safety.

Key words:Tibet;stereographic projection method;hydropower engineering;rock slopes;slope stability

作者简介:

赵永辉,1988 年生,男,助理工程师,主要从事工程地质勘测、地质灾害评价以及工程计算机仿真设计研究工作。E-mail:1051018813@qq.com。

0　引言

岩质边坡稳定性评价历来是边坡工程重要的研究方向。目前,岩质边坡稳定性评价主流方法有离散元法、有限元法、刚体极限平衡法、极射赤平投影法等。其中,离散元法、有限元法和刚体极限平衡法需要前期现场岩体取样,后期室内实验获得边坡岩体强度参数,整个稳定性评价工作周期较长。而极射赤平投影法无须岩体实验参数,通过统计边坡岩体优势结构面和分析边坡结构面组合关系,即可完成边坡稳定性评价工作[1-5]。本文基于极射赤平投影法分析和评价了西藏某水利工程人工边坡稳定性。

1　边坡地质概况

西藏某水电工程施工期间,因开挖启闭机检修平台,致使库区左岸坡度约 50°的自然斜坡处形成高约 50 m 的人工高边坡,见图 1。

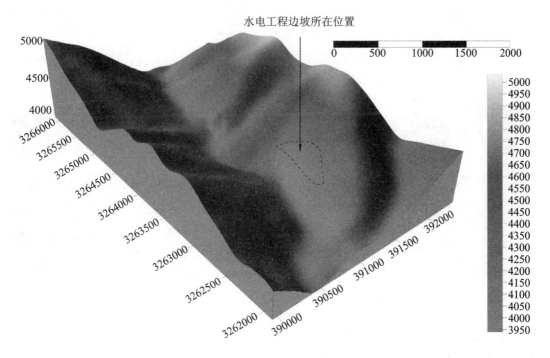

图 1　水电工程边坡三维效果图

现场调查发现,该边坡为一处岩质边坡,自然边坡坡向为 310°,坡度约 50°。经人工开挖后的人工边坡坡度约 80°,坡向为 255°,岩性为花岗岩。经工程地质测量,该岩质边坡的变形破坏主要受以下四组优势结构面控制:

(1) J_1 顺坡向发育,岩层产状为 295°∠78°,结构面宽为 1～50 mm 不等,填充物主要为全风化花岗岩岩屑,手捏易碎,呈黄褐色。受近期人工开挖扰动影响,部分已张开,且由人工边坡坡脚贯通至坡顶,见图 2。

（2）J_2 近水平发育，岩层产状为 25°∠10°，结构面宽为 15～20 cm，填充物主要为全风化花岗岩岩屑，水平向延伸距离达 10～15 m，见图 3。

图 2　J_1 结构面　　　　　　　　　　　图 3　J_2 结构面

（3）J_3 近铅垂线方向发育，岩层产状为 220°∠78°，结构面宽为 5～50 mm，结构面填充物为全风化花岗岩岩屑，由坡角贯通至斜坡浅表层，见图 4。

（4）J_4 岩层产状为 45°∠85°，结构面宽为 1～5 mm，老旧结构面内填充物主要为全风化花岗岩岩屑，新近结构面多表现为无填充，由坡角贯通至坡表，见图 5。

图 4　J_3 结构面　　　　　　　　　　　图 5　J_4 结构面

进一步调查发现，开挖后的人工边坡不同区域结构面发育特征和岩体的风化程度有所不同。因此，对人工边坡进行了分区调查。其中，一区人工边坡坡向为 255°，坡角为 80°，主要受 J_1、J_2 和 J_3 三组结构面控制，边坡花岗岩岩体较破碎，靠近坡表处花岗岩多呈强风化～弱风化，锤击易碎，局部发育全风化岩体，基本呈散体状；二区人工边坡坡向为 330°，坡角为 85°，其主要受 J_1、J_2 和 J_3 结构面控制，边坡岩体较破碎，强风化～弱风化，呈碎块状，局部存在掉块现象；三区人工边坡坡向为 330°，坡角为 75°，主要受 J_1 和 J_4 结构面控制，边坡岩体呈碎块状，为弱风化岩体。相比一区和二区岩体，三区岩体完整性相对较好，但是坡顶局部发育倒悬体，具体见图 6。

图 6　人工边坡分区

2　赤平投影法评价边坡稳定性

2.1　一区稳定性分析与评价

一区边坡稳定性主要取决于 J_1、J_2 和 J_3 结构面,具体数据见表 1 和图 7。

表 1　一区边坡与 J_1、J_2 和 J_3 的关系

类型	编号	倾向	倾角
自然边坡	ns	310°	50°
一区开挖边坡	cs	255°	80°
结构面	J_1	295°	78°
	J_2	25°	10°
	J_3	220°	78°
组合线	$P_1(J_1,J_2)$	23°	10°
	$P_1'(J_1,J_3)$	257°	75°
	$P_1''(J_2,J_3)$	309°	3°

（1）单组结构面时边坡稳定性评价

由表 1 可知,J_1 结构面倾向与自然边坡和一区人工边坡坡向近一致,J_1 结构面倾角略小于一区人工边坡坡角,大于自然边坡坡角。同时,现场调查可知,J_1 结构面从坡脚贯通至坡顶,这种情况下,边坡稳定性较差,岩块易顺 J_1 结构面产生滑移破坏。

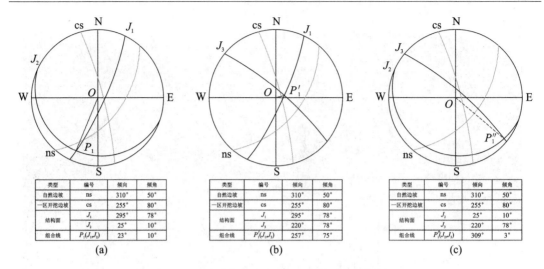

图 7　一区边坡与 J_1、J_2 和 J_3 结构面赤平投影图

（2）两组结构面时边坡稳定性评价

在图 7(a)中，J_1 和 J_2 结构面的交点 $P_1(J_1,J_2)$ 位于自然边坡 ns 外侧，与一区人工边坡 cs 对侧，与自然边坡 ns 同侧，且组合面倾角为 $10°$，小于一区人工边坡和自然边坡的坡度。这种情况下边坡稳定性较好。在图 7(b)中，J_1 和 J_3 结构面的交点 $P_1'(J_1,J_3)$ 位于人工边坡 cs 和自然边坡 ns 之间，与一区人工边坡和自然边坡处于同一侧。说明结构面组合交线的倾向与边坡坡向一致，倾角小于一区人工边坡坡角而大于自然边坡坡角，此时边坡处于较不稳定状态。在图 7(c)中，J_2 和 J_3 结构面的交点 $P_1''(J_2,J_3)$ 位于自然边坡 ns 外侧，与一区人工边坡和自然边坡同处一侧。说明结构面组合交线的倾向与一区人工边坡和自然边坡坡向相对一致，倾角小于自然边坡坡角，这种情况下边坡处于稳定状态。

通过分析单组结构面和两组结构面时边坡的稳定性可知，一区边坡在 J_1 结构面和组合结构面 $P_1'(J_1,J_3)$ 时稳定性较差。同时，一区边坡岩体较为破碎。综合判定，一区边坡稳定性较差。

2.2　二区稳定性分析与评价

二区边坡稳定性同样取决于 J_1、J_2 和 J_3 结构面，具体数据见表 2 和图 8。

表 2　二区边坡与 J_1、J_2 和 J_3 的关系

类型	编号	倾向	倾角
自然边坡	ns	$310°$	$50°$
二区开挖边坡	cs	$330°$	$85°$
结构面	J_1	$295°$	$78°$
	J_2	$25°$	$10°$
	J_3	$220°$	$78°$

续表 2

类型	编号	倾向	倾角
组合线	$P_2(J_1,J_2)$	23°	10°
	$P'_2(J_1,J_3)$	257°	75°
	$P''_2(J_2,J_3)$	309°	3°

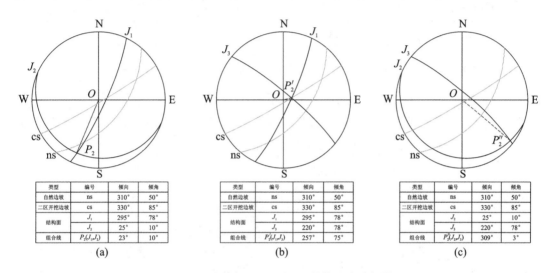

图 8　二区边坡与 J_1、J_2 和 J_3 结构面赤平投影图

（1）单组结构面时边坡稳定性评价

由表 2 可知，J_1 结构面倾向与自然边坡和二区人工边坡坡向相近，且 J_1 结构面倾角略小于二区人工边坡坡角，大于自然边坡坡角，这种情况下，边坡稳定性较差，岩块易顺 J_1 结构面产生滑移。

（2）两组结构面时边坡稳定性评价

在图 8(a)中，J_1 和 J_2 结构面的交点 $P_2(J_1,J_2)$ 位于自然边坡 ns 外侧，与二区人工边坡 cs 和自然边坡 ns 同侧。说明结构面组合交线的倾向与二区人工边坡和自然边坡坡向相对一致，倾角小于自然边坡坡角，说明边坡处于稳定状态。在图 8(b)中，J_1 和 J_3 结构面的交点 $P'_2(J_1,J_3)$ 位于人工边坡 cs 和自然边坡 ns 之间，与二区人工边坡和自然边坡同处一侧。说明结构面组合交线的倾向与边坡坡向一致，倾角小于二区人工边坡坡角而大于自然边坡坡角，说明边坡处于较不稳定状态。在图 8(c)中，2 组结构面的交点 $P''_2(J_2,J_3)$ 位于自然边坡 ns 外侧，与二区人工边坡和自然边坡同处一侧。说明结构面组合交线的倾向与二区人工边坡和自然边坡坡向相对一致，倾角小于自然边坡坡角，这种情况下边坡处于稳定状态。

通过分析上述单组结构面和两组结构面时边坡的稳定性可知，二区边坡在 J_1 结构面和组合结构面 $P'_2(J_1,J_3)$ 时稳定性较差。同时，二区边坡岩体较为破碎。综合判定，二区边坡稳定性较差。

2.3 三区稳定性分析与评价

三区边坡稳定性主要受 J_1 和 J_4 结构面控制,具体数据见表 3 和图 9。

表 3 三区边坡与 J_1、J_2 和 J_3 的关系

类型	编号	倾向	倾角
自然边坡	ns	310°	50°
三区开挖边坡	cs	330°	75°
结构面	J_1	295°	78°
	J_4	45°	85°
组合线	$P_3(J_1,J_4)$	334°	75°

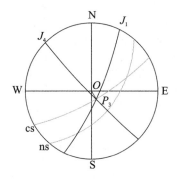

图 9 三区边坡与 J_1 和 J_4 结构面赤平投影

(1)单组结构面时边坡稳定性评价

由表 3 可知,J_1 结构面倾向与自然边坡和三区人工边坡坡向相近,且 J_1 结构面倾角略大于三区人工边坡和自然边坡的坡角,这种情况下,三区边坡稳定性较差,岩块易顺 J_1 结构面产生滑移。

(2)两组结构面时边坡稳定性评价

图 9 中,J_1 和 J_4 两组结构面的交点 $P_3(J_1,J_4)$ 位于人工边坡边界处,与一区人工边坡和自然边坡同处一侧。说明结构面组合交线的倾向与边坡坡向一致,结构面组合 $P_3(J_1,J_4)$ 倾角与三区人工边坡坡角相近,同时,现场调查资料显示,三区边坡岩体完整性较好,但是坡顶发育倒悬体。因此,三区边坡岩块存在局部滑移-坠落的可能。

通过分析上述单组结构面和两组结构面时边坡的稳定性可知,三区边坡在 J_1 结构面和组合结构面 $P_3(J_1,J_4)$ 的控制下,岩块存在局部滑移-坠落的可能。

3 结论与建议

本文采用极射赤平投影法分析和评价了西藏某水电工程边坡的稳定性,结果表明,J_1 结构面对整个边坡稳定性影响最大,其严格控制边坡的变形破坏,而 J_2、J_3 和 J_4 结构面对

边坡的影响相对 J_1 结构面较弱。因此,整个边坡后期加固处理时应针对 J_1 结构面重点展开,但同时还需考虑 J_2、J_3 和 J_4 结构面,以及其他因素(如暴雨、地震等)对边坡稳定性的影响。同时,结合一区和二区边坡岩体较破碎,局部岩体呈块体状,三区岩体完整较好,呈块体状,坡顶局部发育倒悬体的特点,就该边坡后期加固处理给出以下建议:一区和二区边坡加固处理以挂网和喷射混凝土为主,局部岩块做锚固处理;三区边坡加固处理以锚固为主,喷射混凝土为辅。此外,整个边坡加固施工过程中还应做好截排水工作。

参 考 文 献

[1] 张倬元,王士天,王兰生,等.工程地质分析原理[M].北京:地质出版社,2009:73-92.

[2] 黄润秋.20世纪以来中国的大型滑坡及其发生机制[J].岩石力学与工程学报,2007,26(3):443-445.

[3] 韩贝传,王思敬.边坡倾倒变形的形成机制与影响因素分析[J].工程地质学报,1999,7(3):213-217.

[4] 乔国文,王云生,房冬恒.西南某电站右岸开挖边坡稳定性的 FLAC3D 分析[J].工程地质学报,2004,12(3):282-284.

[5] 陈奇珠,董翌为.赤平投影法分析岩质边坡稳定性的图解模板[J].西北水电,2013,13(4):14-16.

边坡应力变形分析及稳定性计算的实际应用
——以老挝南俄 3 水电站大坝右岸已开挖边坡为例

韩　松　李治民　祁增云

中国电建集团西北勘测设计研究院有限公司,陕西 西安　710065

摘　要:南俄 3 水电站坝址区的进水口开挖纵剖面和右岸坝肩开挖剖面边坡的稳定性关系到大坝的安全建设与运行,本文运用 Phase2 软件对边坡进行二维弹塑性有限元计算,边坡稳定采用极限平衡法,通过静力平衡分析,获取滑动面的反力,进而计算相应的安全系数,对稳定性进行计算分析。结果表明大坝右岸开挖边坡在各工况下最小安全系数均满足规范要求,边坡整体稳定性良好。

关键词:开挖边坡　稳定性计算　二维弹塑性有限元　极限平衡法

The Stress Deformation Analysis and Stability Calculation of the Slope
——excavated on the right dam bank in Nan Naum 3 hydropower project of Laos

HAN Song　LI Zhimin　QI Zengyun

Power China Northwest Engineering Corporation Limited,Xi'an 710065,China

Abstract:The stability of the water intake excavation longitudinal section and the right bank abutment excavation section slope in the dam site area of Nan Ngum 3 hydropower project's is related to the safe construction and operation of the dam. this paper uses Phase2 software for 2 D elastic-plastic finite element calculation of slope,the slope stability using the limit equilibrium method,by means of static equilibrium analysis,to obtain the reaction force, sliding surface and corresponding safety coefficient calculation, calculation and analysis of stability. The results show that the minimum safety factor of the excavation slope of the right bank of the dam meets the standard requirements,and the slope stability is good.

Key words:excavation slope; stability calculation; two-dimensional elastic-plastic finite element; limit equilibrium method

0　前言

0.1　区域地质概况

　　南俄 3 水电站位于老挝中部赛松本省境内,坝址区位于 Nam Ngum 河和 Nam Pha 河交汇处上游约 4.5 km 的狭窄河谷,距 Ban Longcheng 公路里程约 11 km,坝址以上集水面积 3913 km²。目前有一条简易公路相通到坝址。

作者简介:

　　韩松,男,助理工程师,主要从事水电水利工程地质勘察方面的研究。

坝址区为高山峡谷地貌,河谷两岸边坡高陡,两岸高山山脊基本呈东西方向延伸。Nam Ngum 河枯水期水位为 518～536 m,两岸地面高程多高于 800 m。两坝肩植被茂盛,大部分区域有植被覆盖。通常情况下,坝址区覆盖有厚层的残积土,新鲜岩石仅沿 Nam Ngum 河河边,小溪沟及左、右岸悬崖陡壁出露。

坝址区地层包括第四系、二叠系、三叠系和泥盆系。岩性包括冲洪积层、残崩积层和沉积岩类的砂岩、泥岩类;弱-浅变质岩板岩、砂岩类和深变质岩片麻岩类。第四系冲洪积层主要为河床上散布的多雨季节洪水冲向下游的大孤石和一些岩石碎块。坝址区附近没有冲积层或者细粒的冲积物大范围堆积,只是在河水流速较小处,局部有小规模的砂和细粒砾石的沉积。第四系残积层主要分布在近地表一带,多呈土状,局部含有碎石等。

0.2　右岸边坡工程地质条件

右侧坝肩的钻孔 D7 显示土层为低塑、坚硬的粉质砂质含砾黏土,风化基岩上覆土层的厚度 8.5 m。该段的岩芯采取率低。右岸平硐揭露岩层产状:NW296°/NE∠37°。低高程无强风化分布,随高程增加,强风化层厚度增加。本次分析计算选取进水口开挖纵剖面和右岸坝肩开挖剖面,剖面位置见图 1,地质横剖面见图 2。

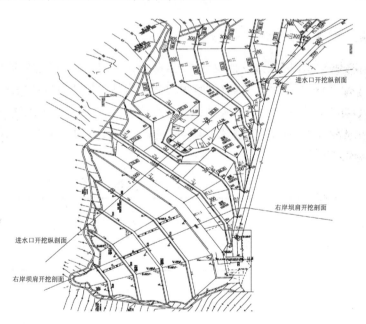

图 1　边坡计算剖面位置示意

1　采用的计算方法

采用 Phase2 软件对边坡进行二维弹塑性有限元计算。Phase2 是一款适用于地下和地表开挖设计和计算的弹塑性有限元分析软件,对于开挖产生的应力和变形均可进行详细的计算及结果输出,并可采用有限元强度折减法对边坡的稳定进行计算分析。

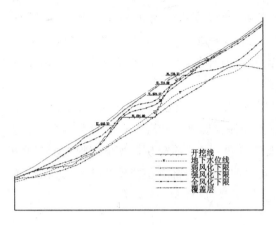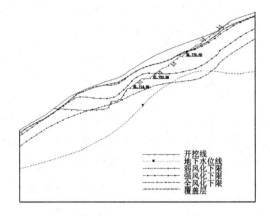

图 2　进水口（左）与右坝肩（右）开挖地质剖面

边坡稳定采用 Slide 软件计算，计算方法为极限平衡法。极限平衡法假定岩土体为刚体，不产生变形但传递力。通过静力平衡分析，获取滑动面的反力，进而计算相应的安全系数。

2　各项参数设定

2.1　计算工况以及安全系数控制标准

边坡按荷载效应组合划分为三种设计工况，即持久状况、短暂状况及偶然状况。持久状况指边坡开挖完成水库蓄水后正常运行期；短暂状况指施工期边坡开挖完成未及时支护、边坡正常运行期遭遇暴雨或水位骤降；偶然状况指边坡正常运行期遭遇地震。

根据《水电水利工程边坡设计规范》（DL/T 5353—2006）的有关规定，大坝右岸边坡稳定安全系数按表 1 控制。

表 1　边坡设计安全系数

级别	A 类（枢纽工程区边坡）		
	持久状况	短暂状况	偶然状况
Ⅰ级	1.25	1.15	1.05

2.2　地震参数

2010 年 4 月完成的《Tender Documents Volume 3：Special Technical Specifications Parts A and B》中已明确了工程区使用的最大可信地震系数和运行安全地震系数。最大可信地震系数 $MCE=0.22g$，运行安全地震系数 $OBE=0.12g$。

根据云南省地震工程研究院《老挝南俄 3 水电站工程场地地震安全性评价专题研究报告》，南俄 3 水电站工程场地地震危险性的确定性分析综合了发震构造孕震、弥散地震、水库诱发地震等多因子分析计算，得到场地最大可信地震（MCE）参数——水平向地震动峰值加速度为 $0.12g$，场地运行地震动（OBE）参数——水平向地震动峰值加速度为 $0.06g$。本次主要建筑物设计时取水平向地震动峰值加速度为 0.12g。

2.3 主要荷载

主要荷载如下：

（1）边坡岩（土）体自重。

（2）水荷载：边坡计算时地下水位线以下岩体按照饱和状态来进行计算。暴雨工况按假定边坡覆盖层及全风化全部饱和来进行计算，覆盖层及全风化饱和状态下的抗剪断强度 f'、c' 值按照天然状态参数的 70% 进行计算。

（3）地震荷载：边坡工程地震荷载只考虑水平向地震作用，不考虑垂直向作用。

（4）进水口结构自重。参考《老挝南俄 3 水电站工程进水口整体稳定及基础应力计算》，进水口结构自重为 554278.43 kN。进水口底面宽度取 14.1 m，长 26 m。则单宽内进水口均布荷载为 1511.94 kN/m²。

2.4 岩体物理力学参数

边坡岩体物理力学参数来源于老挝南俄 3 水电站基本设计地质报告，见表 2。

表 2 边坡岩体物理力学参数

地层岩性		天然容重（kN/m³）	饱和容重（kN/m³）	f'	c'（MPa）
覆盖层		16.7	20	0.35	0.02
弱-浅变质岩 Met	全风化	21.7	21.8	0.5	0.08
	强风化	24.0	24.2	0.65	0.25
	弱风化	25.9	26.0	1.0	1.0
	微新岩体	27.1	27.1	1.2	1.7

3 边坡开挖应力变形分析

采用二维弹塑性有限元方法分析边坡应力、位移、稳定性。计算模型反映了实际的地形地貌条件、岩层风化界线和地下水位线。施工期模拟了分步开挖过程。进水口边坡和右岸坝肩边坡地质岩层示意见图 3。

计算假定：①假定初应力场为自重应力场，不考虑构造应力等因素的影响；②假定模型底部为双向约束，侧面为法向链杆约束；③边坡岩体本构模型采用摩尔-库仑屈服模型，采用非关联流动法则，剪胀角取 0；④假定边坡沿 Z 向无限长，边坡应力、变形按平面应变问题取单宽计算。

有限元模型：岩体采用平面 6 节点三角形单元，锚杆采用 2 节点的杆单元模拟，进水口边坡模型共剖分单元 1148 个，节点 2377 个；右岸坝肩边坡模型共剖分单元 1291 个，节点 2674 个（图 4）。

进水口边坡开挖完成后的有限元计算成果见图 5。对计算成果简要分析如下：

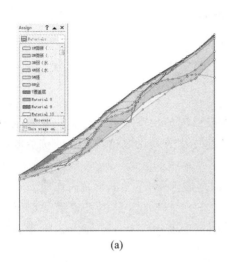
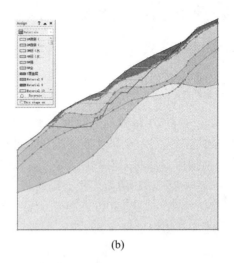

(a)　　　　　　　　　　　　　　　　　　(b)

图 3　进水口边坡和右岸坝肩边坡地质岩层示意

(a)进水口边坡；(b)右岸坝肩边坡

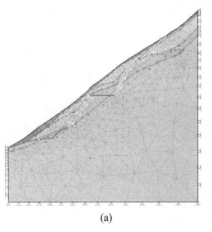
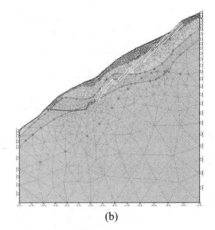

(a)　　　　　　　　　　　　　　　　　　(b)

图 4　进水口、右岸坝肩边坡有限元模型示意

(a)进水口边坡；(b)右岸坝肩边坡

（1）应力分布

从边坡分步开挖计算结果可以看出,边坡开挖使岩体内的应力重新分布,σ_1 方向基本呈水平,主应力 σ_1 从坡顶到进水口平台高程依次增大,从进水口平台至开挖坡底也依次增大。坡面处 σ_1 的量值在 5.5 MPa 以内,开挖边坡坡脚处较大。坡面 σ_3 量值相对较小,一般为 0～1.4 MPa,主要表现为压应力。边坡开挖至坡底高程时,边坡面没有出现拉应力,边坡应力水平总体较低,表明边坡局部稳定性良好。

（2）位移分布

由位移等值线图可知,开挖后岩体发生向上、向坡外的回弹、卸荷变形。最大位移约为 30.9 mm,出现在 694 m 高程马道坡脚处,该位置处于强风化,上部弱风化及覆盖层较厚,且此处坡度为 4∶1。从最大位移处水平位移随开挖的变化过程来看,位移逐步增加,

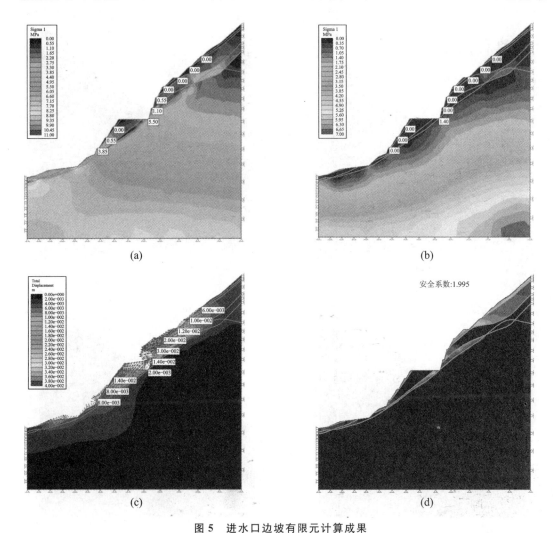

图5　进水口边坡有限元计算成果

(a)最大主应力云图；(b)最小主应力云图；(c)总位移矢量图；(d)最大剪应变图

当开挖区域处于该位置附近时，位移增量加大，当开挖区域远离该位置时，位移增量减小，最终位移趋于稳定。从总位移随开挖的变化过程来看，一是开挖引起的回弹变形范围随开挖逐级增大；二是各级边坡开挖对邻近边坡变形的影响最为显著，对较远坡段的影响逐步减弱。

右岸坝肩边坡开挖完成后的有限元计算成果见图6。成果简要分析如下：

（1）应力分布

从边坡分步开挖计算结果可以看出，边坡开挖使岩体内的应力重新分布，σ_1方向基本呈水平，主应力σ_1从坡顶到730.80 m高程平台依次增大，从730.80 m高程平台至开挖坡底也依次增大。坡面处σ_1的量值在3.3 MPa以内，开挖边坡坡脚处较大。坡面σ_3量值相对较小，一般为0～0.7 MPa，主要表现为压应力。边坡开挖至坡底高程时，边坡面没有出现拉应力，边坡应力水平总体较低，表明边坡局部稳定性良好。

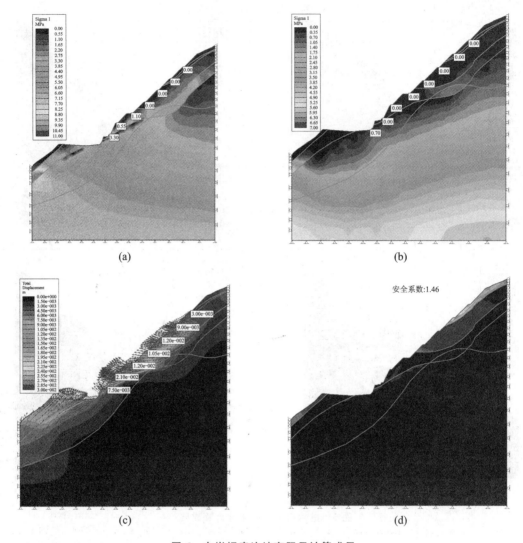

图 6　右岸坝肩边坡有限元计算成果

(a)最大主应力云图；(b)最小主应力云图；(c)总位移矢量图；(d)最大剪应变图

（2）位移分布

由位移等值线图可知，开挖后岩体发生向上、向坡外的回弹、卸荷变形。边坡总位移由坡顶往坡底依次增大，最大位移约为 22.43 mm，这与开挖应力释放是一致的。

4　稳定分析计算成果

（1）进水口边坡

进水口边坡在各工况下的稳定安全系数见表 3。

表 3　进水口边坡稳定安全系数

工况		强度折减法	简化毕肖普法	摩根斯坦-普莱斯法	安全控制标准
持久状况	正常运行期	2.34	2.841	2.831	1.25
短暂状况	施工期（未支护）	1.995	2.453	2.443	1.15
	施工期（支护）	2.09	2.466	2.460	1.15
	暴雨工况	2.23	2.627	2.616	1.15
	水位骤降	2.34	2.841	2.831	1.15
偶然状况	地震工况	1.93	2.021	2.018	1.05

（2）右坝肩边坡

右坝肩边坡在各工况下的稳定安全系数见表 4。

表 4　右坝肩边坡稳定安全系数

工况		强度折减法	简化毕肖普法	摩根斯坦-普莱斯法	安全控制标准
持久状况	正常运行期	2.49	2.144	2.133	1.25
短暂状况	施工期（未支护）	1.46	1.946	1.939	1.15
	施工期（支护）	1.67	2.084	2.088	1.15
	暴雨工况	2.42	2.143	2.132	1.15
	水位骤降	2.49	2.144	2.133	1.15
偶然状况	地震工况	1.96	1.813	1.805	1.05

5　结论与分析

（1）本次计算内容仅限于大坝右岸开挖边坡整体稳定计算，后续根据开挖揭露地质情况进行特定块体局部稳定计算。

（2）大坝右岸开挖模拟表明边坡局部稳定性良好；从变形稳定性角度分析，边坡开挖后不会因发生较大变形而失稳。大坝右岸开挖边坡在各工况下最小安全系数均满足规范要求，边坡整体稳定性良好。

参 考 文 献

[1] 彭海军. 三峡库区某滑坡体稳定性分析研究[C]//中国老教授协会土木建筑专业委员会,中国土木工程学会工程质量分会,北京交通大学土木建筑工程学院. 第十一届建筑物改造与病害处理学术研讨会暨第六届工程质量学术会议论文集. 2016:4.

[2] 李治民,马福祥. 金沙江鲁地拉水电站麦叉拉沟内滑坡稳定性分析[J]. 地质灾害与环境保护,2007(04):32-34.

[3] 王春帅,星玉才,何进,等. 河南灵宝大湖金矿滑坡形成机制分析与稳定性评价[J]. 地质灾害与环境保护,2007(02):70-74.

[4] 秦凯旭,石豫川,刘汉超,等. 三峡库区某滑坡体成因机制分析与稳定性评价[J]. 水土保持研究,2006(05):84-86.

[5] 胡莹.青海哈那里滑坡稳定性研究[J]. 工程地质学报,2006(03):295-300.

[6] 罗红明,唐辉明. 三峡库区谭家坪滑坡稳定性与防治对策研究[J]. 土工基础,2006(02):17-18,34.

边坡稳定性计算中的 M-P 系数传递法

肖华波　肖　强

中国电建集团成都勘测设计研究院有限公司,四川 成都　610072

摘　要:刚体极限平衡法是边坡稳定计算的常用方法,目前计算边坡稳定的极限平衡方法有很多,各种方法假定条件不同,计算结果不同。摩根斯坦-普赖斯法(简称 M-P 法)使用较为广泛,目前 M-P 法求解有摩根斯坦-普赖斯原解、陈祖煜解、变形解,本文基于 M-P 法的思想,采用了传统的系数传递方法来求解稳定性系数 k 值,简称为 M-P 系数传递法。对比表明,M-P 系数传递法和其他方法计算得到的稳定性系数 k 值较为接近,M-P 系数传递法计算结果更为明确、精准。

关键词:边坡　稳定性计算　极限平衡法　摩根斯坦-普赖斯法　M-P 系数传递法

Transmitting Coefficient Methodbased on M-P for Slope Stability Calculation

XIAO Huabo　XIAO Qiang

Power China Chengdu Engineering Corporation Limited,Chengdu 610072,China

Abstract:The limite equilibrium methods of rigid bodies are the common methods of slope stabilization calculating. At present there are many kinds of calculation methods. Each method is different from another on given preconditions and computing results. The M-P method is accepted by most people. Currently the solutions of M-P method include original Morgenstern-Price method,Chen Zuyu solution and deformation solution. The author has settled a method of working out stabilization coefficient k in the light of the principle of M-P method and traditional transfer coefficient method. This is called transmitting coefficient method based on M-P by the author. Contrast shows that the values of the stability coefficient k calculated by the transmitting coefficient method based on M-P and other methods are relatively close,and the result of transmitting coefficient method based on M-P is more clear and accurate.

Key words:slope;stability calculation;limite equilibrium methods;Morgenstern-Price method;transmitting coefficient method based on M-P

0　前言

准确计算边坡的稳定性,有三个重要的因素:①几何特性,即边坡可能失稳破坏的滑面;②边坡岩土体的物理力学参数;③分析计算边坡稳定的方法。本文属于计算方法探索。

目前计算边坡稳定的方法有很多,如三维计算、二维计算,二维计算有刚体极限平衡法和塑性极限平衡法。其中,刚体极限平衡法是常用的一种方法,其具体方法较多,如圆弧滑

作者简介:

肖华波,1982年生,男,高级工程师,主要从事水利水电工程地质、边坡工程等方面的研究。E-mail:35491441@qq.com。

动计算有毕肖普法、斯宾塞法,任意滑面计算有不平衡推力传递法、工程条分法、摩根斯坦-普赖斯法、詹布法、沙尔玛法。这些方法有不同的假定条件,得出的结果也不尽相同,其假定条件各有缺陷。例如,毕肖普法未考虑条块间的法向力的作用;斯宾塞法假定相邻条块间的法向力 E 与切向条间力 X 为一固定常数关系,即 $\dfrac{X_i}{E_i}=\dfrac{X_{i+1}}{E_{i+1}}$,这个条件显然与实际有偏差;不平衡推力传递法假定条块间的力的传递平行滑面,而实际上,这种力的传递不一定平行滑面;工程条分法未考虑条块间的内力,均是建立在一种假定的基础上,这种假定无法从理论和实际中证实。

摩根斯坦-普赖斯法假定了条块间的切向力与法向力的关系为一未知的函数关系,即 $X=\lambda f(x)E$,这无疑比条分法更符合实际。在摩根斯坦-普赖斯假定的条件下,目前有摩根斯坦-普赖斯的原始解法、陈祖煜法和变形解。

摩根斯坦-普赖斯的原始解法,认为取不同的 $f(x)$,其稳定性系数 k 值相当接近,实际上,取不同的 $f(x)$,得出的结果相差甚远。陈祖煜法采用条块与起点距离有关的凑函数作为 $f(x)$[1-4],条块顶、底面采用积分的表达形式,采用微分求解,求解过程略去高阶无穷小,微分求解仅仅是一种近似解法。

摩根斯坦-普赖斯的原始解法的精髓是条块间的力需要通过求解才能得出,求解结果以满足力和力矩平衡为准。根据这一核心思想,本文修正传统的系数传递法,提出 M-P 系数传递法。

1　M-P 系数传递法推导过程

边坡取条块(图 1),其中,$X_{i-1}=\mu_{i-1}E_{i-1}$,$X_i=\mu_iE_i$

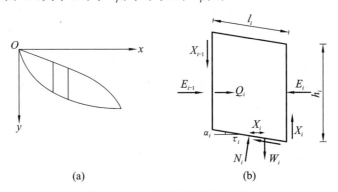

图 1　M-P 系数传递法计算简图

(a)垂直条分;(b)条块受力

Y 向的力平衡方程为:

$$W_i+\mu_{i-1}E_{i-1}=N_i\cos\alpha_i+\left(\frac{N_i\tan\phi_i}{k}+\frac{c_il_i}{k}\right)\sin\alpha_i+\mu_iE_i \tag{1}$$

X 向的力平衡方程为:

$$E_i-Q_i-E_{i-1}=N_i\sin\alpha_i-\left(\frac{N_i\tan\phi_i}{k}+\frac{c_il_i}{k}\right)\cos\alpha_i \tag{2}$$

由式（1）得：

$$N_i = \left(W_i + \mu_{i-1}E_{i-1} - \mu_i E_i - \frac{c_i l_i}{k}\sin\alpha_i\right) \bigg/ \left(\cos\alpha_i + \frac{\tan\phi_i}{k}\sin\alpha_i\right) \tag{3}$$

由式（2）得：

$$E_i = N_i\left(\sin\alpha_i - \frac{\tan\phi_i}{k}\cos\alpha_i\right) - \frac{c_i l_i}{k}\cos\alpha_i + Q_i + E_{i-1} \tag{4}$$

将式（3）代入式（4）：

$$E_i = \left[\left(W_i - \frac{c_i l_i}{k}\sin\alpha_i\right)\psi_i + \left(1 + \frac{\mu_{i-1}}{k}\psi_i\right)E_{i-1} + Q_i - \frac{c_i l_i}{k}\cos\alpha_i\right] \bigg/ \left(1 + \frac{\mu_i}{k}\psi_i\right) \tag{5}$$

由库仑定律（剪应力与正应力关系）得：

$$\mu_i E_i = (E_i \tan\phi_i' + c_i' h_i')/k \tag{6}$$

式（6）中 c_i'、ϕ_i' 为条块侧边界岩体的力学指标。

由式（6）得：

$$\mu_i = \left(\tan\phi_i' + \frac{c_i' h_i'}{E_i}\right)\bigg/ k \tag{7}$$

将 $\left(\tan\phi_i' + \frac{c_i' h_i'}{E_i}\right)\bigg/ k$ 转换为 $(\tan\phi_i + \alpha_i \tan\omega)/k$，得到：

$$\mu_i = (\tan\phi_i + \alpha_i \tan\omega)/k \tag{8}$$

$$\omega \in (0°, 90°)$$

设

$$\mu_i = \tan\lambda\phi_i \tag{9}$$

$$\lambda\phi_i \in (0°, 90°)$$

式（5）中的 $\psi_i = \left(\sin\alpha_i - \frac{\tan\phi_i}{k}\cos\alpha_i\right) \bigg/ \left(\cos\alpha_i + \frac{\tan\phi_i}{k}\sin\alpha_i\right)$，也就是 M-P 系数传递法中的传递系数。

显然，最后一个块体 $E_n = 0$，要计算稳定性系数 k 值，需寻找一个 ω 值求出 μ_i 值，试算 k 值，通过式（5）递推，使得 $E_n = 0$，其 k 值就是所要求的稳定性系数。满足上述要求的 ω 值和 k 值有很多对，为求真实的 k 值，还需要如下的条件，对条块中心取矩，可以得出以下计算式：

$$M_i = M_{i-1} + \frac{1}{2}E_{i-1}l_i\sin\alpha_i - \frac{1}{2}E_{i-1}\mu_{i-1}l_i\cos\alpha_i + \frac{1}{2}E_i l_i\sin\alpha_i - \frac{1}{2}E_i\mu_i l_i\cos\alpha_i + Q_i h_i + W_i(x_{ci})$$

$$\tag{10}$$

且

$$M_i = E_i h_i$$

式中　x_{ci}——重心第 i 条块底中心的偏心距；

　　　h_i——水平推力到底中心的垂直距离。

显然，最后一个块体 $M_n = 0$。既满足 $E_n = 0$，同时满足 $M_n = 0$，对应 k 值为稳定性系数的真实解。

取 $\mu_i = 0$，即式（8）中 $\tan\omega = -\tan\phi_i/\alpha_i$ 或式（9）中 $\lambda = 0$，则为毕肖普法；$\mu_i = 1$ 则为斯宾

塞法;取 $\mathrm{arc}(1/\mu_i)$ 为地形坡度(当底滑面为单滑面),则为美国陆军师团法;$\mu_i = \alpha_i$ 则为传递系数法。

由式(5)可以计算每一条块间的力的大小;由式(8)或式(9)可以计算每一条块间的力的方向;由式(9)可以计算每一条块间的力的作用点。

2 M-P 系数传递法求解过程

先假设一对 ω、k 值,注意 $\omega \in (0°, 90°)$,求出 μ_i、ψ_i,从第一个块体逐步递推 E_i,直至 E_n,$E_n = 0$ 的 ω、k 值就是要求的 k 值,实际上,满足 $E_n = 0$ 的 ω、k 值有多对,要同时满足 $M_n = 0$ 的 ω、k 值才是最终的 k 值。

在求解同时满足 $E_n = 0$、$M_n = 0$ 的 ω、k 值很难的情况下,可以给出一系列的 ω_1、k_1 值使 $E_n \rightarrow \varepsilon$,$\varepsilon$ 为任意无穷小的值,一般而言,ω_1、k_1 精确到 0.0001 即可满足 $E_n \rightarrow \varepsilon$;同样的方法求出一系列的 ω_2、k_2 使 $M_n \rightarrow \varepsilon$,分别以 ω_1、k_1 和 ω_2、k_2 为变量的分段函数的交点最小 k 值,即为边坡稳定性系数。

3 M-P 系数传递法与其他方法对比分析

以某水电站库区滑坡体稳定性计算为例,对不同计算方法进行对比分析,水库蓄水后,滑坡体出现了局部变形,通过勘探,滑带土以上分布有 3 层土体,从上到下为碎石土、块碎石土、钙化物,地质剖面见图 2。通过物理力学试验和计算反演,得到滑坡体物理力学参数,见表 1。采用不同计算方法计算求解滑坡体各工况下的稳定性系数 k 值,结果见表 2。

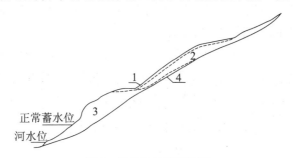

图 2 滑坡体地质剖面图
1—碎石土;2—块碎石土;3—钙化物;4—滑带

表 1 滑坡体物理力学参数

岩土体 (名称)	天然容重 (kN/m³)	饱和容重 (kN/m³)	天然 c (kPa)	天然 φ (°)	饱和 c (kPa)	饱和 φ (°)
碎石土	20	21				
块碎石土	21.5	22.5				
钙化物	23	24				
滑带土			100	25	50	23

表 2　边坡稳定计算结果

方法　工况	不平衡推力法	等 K 法	工程条分法	毕肖普	斯宾塞	M-P 系数传递法	美国陆军师团法	詹布法
天然	1.08	0.93	1.07	1.09	1.10	1.10	1.05	1.03
地震	0.98	0.83	0.97	0.98	1.05	1.00	1.00	0.93
暴雨	0.86	0.78	0.85	0.87	0.97	0.90	0.90	0.82
蓄水	1.07	0.91	1.06	1.07	1.10	1.00	1.10	1.01
蓄水＋地震	0.96	0.82	0.95	0.97	1.00	0.95	1.05	0.92
蓄水＋暴雨	0.85	0.76	0.84	0.85	0.85	0.90	0.90	0.8

计算结果表明,除等 K 法外,各种方法计算得到的稳定性系数 k 值较为接近。M-P 系数传递法同时满足力和力矩平衡,计算结果更为精准,可以求出条块间力的作用大小、方向和位置,计算结果更为明确。在某些条件下,其他计算方法有一定缺陷,如不平衡推力法计算结果有异常值,又如詹布法可能计算不收敛,而 M-P 系数传递法克服了这些缺点。

4　结论

本文基于摩根斯坦-普赖斯法的思想,修正传统的系数传递方法,提出 M-P 系数传递法,主要结论如下:

(1) M-P 系数传递法可以求出条块间力的作用大小、方向和位置,最终结果同时满足力和力矩平衡,计算结果更为明确、精准。

(2) M-P 系数传递法较摩根斯坦-普赖斯原始解、陈祖煜解、变形解计算理论依据更为明确,简单易懂,且克服了其他计算方法存在的计算结果异常、计算不收敛等缺点。M-P 系数传递法缺点是计算烦琐,但计算机编程计算可以克服其缺点。

(3) 工程实际边坡稳定计算中,可采用两种以上的方法进行计算,以相互验证。

参 考 文 献

[1] 陈祖煜. 土质边坡稳定分析——原理·方法·程序[M]. 北京:中国水利水电出版社,2003.

[2] 姜德义,朱合华,杜云贵. 边坡稳定性分析与滑坡防治[M]. 重庆:重庆大学出版社,2005.

[3] 时卫民,邓卫东,郑颖人. 滑移面为直线假设下的斜坡稳定分析[J]. 公路交通技术,2001,33(3):1-3.

[4] 郑颖人,赵尚毅,时卫民. 边坡稳定分析的一些进展[J]. 地下空间,2001,21(4):262-271.

珠三角水资源配置工程大金山盾构
复杂工程地质问题研究

陈文杰

广东省水利电力勘测设计研究院，广东 广州 510635

摘 要：大金山盾构隧洞段的工程地质条件复杂，对盾构选型及施工有较大影响，本段全长 1264 m，盾构隧洞穿越地层为弱风化泥质粉砂岩、砂岩、砾岩和花岗岩，局部发育断裂破碎带、溶洞等。本文阐述了盾构隧洞的工程地质条件，对盾构隧洞围岩稳定性问题、涌水问题和盾构机选型掘进效率问题等进行了分析研究，为保证盾构施工的顺利进行具有重要的指导意义。

关键词：西江断裂带 盾构隧洞 砾岩 花岗岩

Study on the Complex Engineering Geological Problems of the Shield Structure of Dajinshan in the Pearl River Delta Water Resources Allocation Project

CHEN Wenjie

Guangdong Hydropower Planning & Design Institute，Guangzhou 510635，China

Abstract：The engineering geological conditions of Dajinshan shield tunnel are complex，which have a great influence on the construction and selection of the shield. This shield tunnel is 1264m long，crossing the stratum formed of weakly weathered argillaceous siltstone，sandstone，conglomerate and granite. There are some fracture zones and karst caves in some parts of the stratum. This paper expounds the engineering geological condition of shield tunnel，analyzes the stability of surrounding rocks as well as the problem of water gushing. Efficiency of different types of shield tunneling are also evaluated. This study，therefore，is instructive to ensure the construction of shielding.

Key words：Xijiang fault；shield tunnel；conglomerate；granite

0 引言

珠江三角洲水资源配置工程主要从珠三角西部的西江水系向东引水至珠三角的东部，主要的供水对象是广州市南沙区、深圳市和东莞市的缺水地区。输水干线从位于佛山市顺德区龙江镇与杏坛镇交界处的西江江中鲤鱼洲岛上取水，经佛山市顺德区进入广州市南沙区高新沙水库，再从高新沙水库供水至罗田水库。东莞分干线从罗田水库取水，交水至松木山水库；深圳分干线从罗田水库取水，交水至公明水库；南沙支线从高新沙水库取水，交水至黄阁水厂，详见图 1。

作者简介：

陈文杰，1986 年生，男，工程师，主要从事水利水电工程地质勘察方面的研究。E-mail：seasonchen1986@163.com。

图 1　珠三角水资源配置工程简图

　　为了践行"创新、协调、绿色、开放、共享"的发展理念,给沿线区域未来开发建设预留地下浅层空间,本工程采用深埋盾构的方式,在纵深 40～60 m 的地下建设输水隧洞。大金山盾构隧洞段受西江断裂带影响,工程地质条件复杂,主要工程地质问题有:①地层岩性差异变化大,岩石软硬程度不一;②断层破碎带发育并形成风化深槽,基岩面起伏变化大;③地下水活动强烈,断裂及裂隙为主要渗透通道,水位起伏大,水文地质条件复杂;④存在溶蚀现象,溶洞发育[1,2]。

1　大金山段工程地质条件

1.1　工程概况

　　大金山盾构隧洞位于佛山市顺德区龙江镇,大金山西侧 1.1 km 为西江,东侧 450 m 为甘竹溪。盾构线路横穿大金山,隧洞由西向东,走向为 N89°E,穿越总长度 1264 m,隧洞洞径为 6 m,底板高程为－59～－61 m,管线近水平,东侧略低。两侧山脚地面高程一般为 3～4 m,隧洞底板埋深约 63 m;大金山高程为 26.5～75.0 m,隧洞底板埋深 88～136 m。大金山西侧山坡即为西江断裂断层面,出露断层角砾岩,硅质胶结,山坡坡角为 70°～80°,山体为正断层的上盘,近似条带状延伸,延伸方向与断裂走向一致,断裂产状为 N15°～20°W/NE∠70°～80°,与管线近 90°相交。

　　根据区域地质资料,西江断裂带总体产状 N30°～40°W/NE∠70°～80°,正断层,沿西江水系分布,区内延伸长度大于 100 km。断裂带主要由西江、坭湾门及古鹤等北西向断裂束组成。断裂带控制了珠江三角洲盆地的西部边界,地表多为第四系覆盖,在卫星照片及钻孔资料中均有显示。沿西江边断续可见断裂破碎带,宽度大于 10 m,沿断裂发育断层角砾岩,角砾棱角状,母岩成分为泥岩、砂岩,硅质胶结。

1.2 工程地质条件

大金山工程地质条件复杂,地层岩性变化大,次生断裂发育,线路勘察钻孔间距为 100 m,并结合高密度电法、浅层地震波折射法等物探手段,查明了隧洞沿线的断裂发育情况并进行围岩类别划分,为后期施工设计提供地质依据。钻孔揭露地层由上至下依次为①层第四系人工填土层,②层第四系全新统桂洲组($Q_4 g$)和③层第四系更新统礼乐组($Q_3 l$)冲积层,下伏基岩为白垩系百足山组($K_1 b$)砾岩、砂岩、泥质粉砂岩和奥陶系($O_1 \eta\gamma$)花岗岩,砾岩与花岗岩为沉积接触,砂岩、泥质粉砂岩与花岗岩为断层接触。②层的 3 个亚层分别为②-2 淤质黏土层,②-3 淤质细砂层,②-4 淤质黏土层;③层的 3 个亚层分别为③-2 含有机质黏土层,③-4 泥质粗砂层,③-5 砂卵砾石层。全风化泥质粉砂岩呈粉质黏土状,全风化砾岩呈碎石土状;强风化砾岩,与全风化断层角砾岩互层状发育,完整性差,裂隙发育,溶蚀小孔洞发育,洞径小于 5 cm,局部发育溶洞,规模 2~5 m;弱风化砾岩,以硅质胶结为主,部分钙质胶结,胶结较好,钻孔岩芯见溶蚀性孔洞,岩质坚硬。派生断层和裂隙较发育,陡倾角,断裂部分硅质胶结,胶结较好,多石英充填,部分胶结差,呈碎石土状。砾石以砂岩质、石英质、花岗岩质为主,直径 2~6 cm,局部大于 10 cm,磨圆较好,次圆状-浑圆状;弱风化花岗岩岩质坚硬,中陡倾角裂隙较发育,石英充填,胶结较好,完整性一般~较好;弱风化泥质粉砂岩岩芯以 10~15 cm 柱状为主,夹少量碎块状,岩质软,裂隙较发育,中陡倾角为主,方解石充填,完整性一般,局部完整性差;弱风化砂岩岩芯以 15~20 cm 柱状为主,岩体完整性一般,岩质坚硬,中陡倾角裂隙发育,多见绿泥石充填,地质剖面示意见图 2。

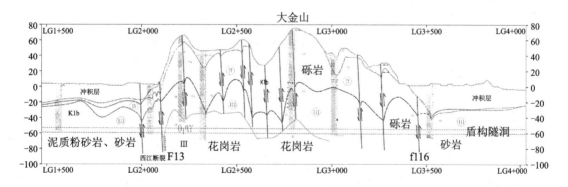

图 2 大金山地质剖面示意

在大金山场区进行高密度电法物探工作,采用重庆地质仪器厂生产的 DUK-2A 型高密度电法测量系统 1 套,沿管线布置测线,成果图见图 3,表层分布低阻,电阻率小于 200 Ω·m,深部分布中阻和高阻,大于 200 Ω·m,电阻率高低异常分界线明显,解释为岩土分界线。在解释的基岩内分布 3 条主要的低阻异常带:浅部对应里程 LG2+240~LG2+280、LG2+370~LG2+390、LG2+520~LG2+540,异常形态呈倾斜条带状,往深部延伸。地质调查发现附近地表硅化强烈,结合钻探资料解释为断裂破碎带。

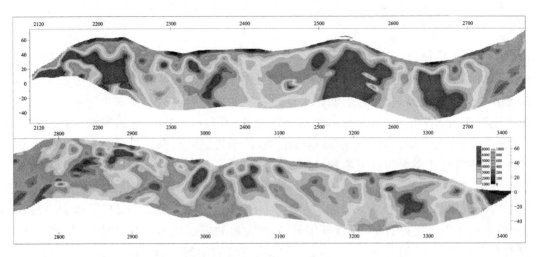

图 3   视电阻率等值线

盾构隧洞主要地层岩性见表 1。

表 1   盾构隧洞主要地层岩性

桩号	地貌特征	主要地层岩性	围岩分类
LG1+500 ~ LG2+120	大金山西侧山脚,地势较平坦,有鱼塘,地面高程 0.9~4.5 m	上部为第四系冲积层,平均厚度约 20.3 m,主要为②-2 淤质黏土、②-3 淤质细砂、②-4 淤质黏土、③-2 含有机质黏土,下伏基岩为砂岩、泥质粉砂岩。隧洞洞身基本处于弱风化泥质粉砂岩、砂岩中,局部处于断层破碎带	IV 类为主,局部 V 类
LG2+120 ~ LG2+590	大金山,管线地面高程 26.5~75.0 m,西侧山坡坡角约 70°,东侧山坡坡度较小	地层由上至下依次为:坡积土,全风化泥质粉砂岩、砾岩,强风化砾岩,弱风化砾岩,弱风化花岗岩。隧洞洞身基本处于弱风化花岗岩中,局部位于断层角砾岩中	III 类为主,局部 II 类
LG2+590 ~ LG2+750		地层由上至下依次为:坡积土,全风化泥质粉砂岩、砾岩,强风化泥质粉砂岩、砂岩、砾岩,弱风化砾岩。隧洞洞身基本处于弱风化砾岩中,局部位于断层角砾岩中	III 类为主,局部 II 类、V 类
LG2+750 ~ LG2+880		地层由上至下依次为:坡积土,全风化泥质粉砂岩、砾岩,强风化砾岩,弱风化花岗岩。隧洞洞身基本处于弱风化花岗岩中,局部位于断层角砾岩中	III 类为主,局部 II 类
LG2+750 ~ LG3+460		地层由上至下依次为:坡积土,全风化泥质粉砂岩、砾岩,强风化泥质粉砂岩、砂岩、砾岩,弱风化砾岩。隧洞洞身基本处于弱风化砾岩中,局部位于断层角砾岩中	III 类为主,局部 V 类

桩号	地貌特征	主要地层岩性	围岩分类
LG3＋460 ～ LG4＋000	大金山东侧山脚,地势平坦,地面高程 0.5～3.5 m	上部为第四系冲积层,平均厚度约 31.5 m,主要为②-2 淤质黏土、②-3 淤质细砂、③-4 泥质中粗砂层、③-5 砂卵砾石层,下伏基岩为砂岩。隧洞洞身基本处于弱风化砂岩中,局部处于断层破碎带	Ⅲ 类为主,局部Ⅳ类

岩石物理力学参数建议值见表 2。

表 2　岩石物理力学参数建议值

岩石分类 (弱风化)	颗粒密度 ρ_p (g/cm³)	块体密度		弹性模量		泊松比		单轴抗压强度		耐磨率 (g/cm²)
		饱和 ρ_s (g/cm³)	烘干 ρ_d (g/cm³)	饱和 E_{es} (MPa)	烘干 E_{ed} (MPa)	饱和 μ_s	烘干 μ_d	饱和 R_s (MPa)	烘干 R_d (MPa)	
泥质粉砂岩	2.72	2.57	2.49	11900	16133	0.31	0.24	10.68	13.70	0.63
砂岩	2.70	2.64	2.61	16867	23450	0.32	0.24	57.40	66.80	1.93
砾岩	2.69	2.63	2.60	33567	35671	0.26	0.21	74.10	80.20	3.10
花岗岩	2.68	2.64	2.62	45733	51450	0.27	0.24	73.87	90.30	3.97

1.3　水文地质条件

大金山西侧 1.1 km 为西江,东侧 450 m 为甘竹溪,工程区与两侧河道水力联系紧密,两侧山脚地下水埋深不足 1.5 m,高程约为-2.6 m。②-3 淤质粉细砂、③-4 泥质中粗砂层和③-5 砂卵砾石层为强透水,为主要含水层,地表水与地下水互为补排。在大金山场区进行钻孔压水试验过程中,钻孔漏水严重,压力表不起压;往钻孔注水均没有迴水。地下水位埋深大,高程-28.9～14.5 m,地下水位起伏变化较大,不随地形变化,推测原因是受断裂影响,断层及裂隙成为地下水渗透通道,造成地下水位起伏大。中上部的强风化砾岩和弱风化砾岩溶蚀现象普遍,溶洞发育连通性好,为强透水,底部的弱风化砾岩和花岗岩为弱～中等透水层[3]。

2　盾构施工需考虑的主要工程地质问题

2.1　围岩稳定性问题

隧洞洞径为 6 m,两侧山脚隧洞底板埋深约 63 m,围岩基本为弱风化砂岩、泥质粉砂岩,夹少量断层破碎带,基岩面起伏较大。大金山西侧洞身围岩分类以Ⅳ类为主,局部Ⅴ类,围岩不稳定,东侧围岩分类以Ⅲ类为主,局部Ⅳ类,围岩局部稳定性差;山区隧洞底板埋深 88～136 m,围岩基本为弱风化砾岩和花岗岩,岩质坚硬,夹断层破碎带,对围岩影响较大的主要是西江断裂、次生的小断层及溶洞。断层走向 N15°～20°W/NE∠70°～80°,与管线近 90°相交,对隧洞围岩稳定比较有利,围岩分类以Ⅲ类为主,局部为Ⅱ类和Ⅴ类,围岩稳定性一般,局部具极不稳定性[4]。

隧洞总体埋深 63～136 m,围岩类别具突变性,其中断层带、溶洞等对围岩分类有重大影响,这些部位的围岩稳定性以及隧洞支护措施须引起重视。

2.2 涌水问题

根据地质勘察资料分析,隧洞埋藏于地下水位之下,最大水头差为 68.9 m,山体地下水位起伏较大,受断层切割,地表水与地下水联系密切,断裂构造带可能存在高压涌水问题,且局部砾岩溶蚀发育,连通性好,地下水活动强烈,在可溶岩与非可溶岩接触的可溶岩中,可形成岩溶水和岩溶裂隙水,施工中应重视涌水问题。

2.3 盾构机选型及掘进效率问题

按照盾构机选型原则,从地面建(构)筑物分布情况、盾构穿越岩土层的适应性、岩土渗透系数、地下水压等方面综合考虑进行选择。本段线路穿越弱风化泥质粉砂岩、砂岩、砾岩、花岗岩为主,局部夹少量强风化岩及构造岩,岩土渗透系数:弱风化岩部分小于 10^{-5} cm/s;强风化岩部分为 10^{-5}～10^{-2} cm/s;局部构造岩大于 10^{-2} cm/s。大金山段局部地下水压大于 0.3 MPa,综合考虑,建议采用土压平衡盾构(复合式土压平衡盾构机)。

隧洞穿越地层岩性软硬相夹[5],弱风化泥质粉砂岩饱和单轴抗压强度平均值 10.7 MPa,为软质岩,耐磨率平均值 0.63 g/cm²;弱风化砂岩饱和单轴抗压强度平均值 57.4 MPa,为坚硬岩,耐磨率平均值 1.93 g/cm²;弱风化砾岩饱和单轴抗压强度平均值 74.1 MPa,为坚硬岩,耐磨率平均值 3.10 g/cm²;弱风化花岗岩饱和单轴抗压强度平均值 73.9 MPa,为坚硬岩,耐磨率平均值 3.97 g/cm²。隧洞大部分处于坚硬岩,在这种地层进行盾构隧洞掘进,对盾构机刀片磨损和破坏非常大,对掘进效率产生较大影响,掘进过程中遇到断层破碎带和溶洞时可能出现偏向问题。还有可能出现盾构机卡困问题,应在盾构机掘进过程中密切注意掘进参数的变化以及刀具的磨损情况[6]。

为保证盾构隧洞施工的顺利进行,应提前做好处理障碍物的准备,在施工过程中,加强施工地质超前预报,发现情况及时处理,超前预报可在盾构机上设置超声波探测仪。

3 结论

复杂地层的工程地质条件、水文地质条件、岩土完整性与盾构机的选型、盾构施工方法、成本、效率和安全性密切相关,大金山盾构隧洞段受西江断裂带影响,工程地质条件复杂,主要工程地质问题有:①地层岩性差异变化大,岩石软硬程度不一;②断层破碎带发育并形成风化深槽,基岩面起伏变化大;③地下水活动强烈,断裂及裂隙为主要渗透通道,水位起伏大,水文地质条件复杂;④存在溶蚀现象,溶洞发育。

对盾构施工产生影响的主要工程地质问题为围岩稳定性问题、涌水问题及盾构机的掘进效率问题等,围岩类别具突变性,其中断层带、溶洞等对围岩分类有重大影响,需对这些部位的围岩稳定性以及隧洞支护措施引起重视;地表水与地下水联系密切,断裂构造带可能存在高压涌水问题,且局部砾岩溶蚀发育,连通性好,地下水活动强烈,在与非可溶岩接触的可溶岩中,可形成岩溶水和岩溶裂隙水,施工中应重视涌水问题;盾构机选型建议采用土压平衡盾构(复合式土压平衡盾构机),隧洞大部分处于坚硬岩,在这种地层进行盾构隧洞掘进,对盾构机刀片磨损和破坏非常大,对掘进效率产生较大影响,掘进过程中遇到断层破碎带和溶洞时可能出现偏向问题,还有可能出现盾构机卡困问题,应在盾构机掘进过程中密切注意掘进参数的变化以及刀具的磨损情况,还应提前做好处理障碍物的准备,在施工过程中,加强施工地质超前预报,可在盾构机上设置超声波探测仪。

参 考 文 献

[1] 杨殿臣,李久平,韩志远.大伙房水库输水工程隧洞地质条件综述[J].水利水电技术,2006,37(3):36-38.

[2] 雷中华.瓯江水下盾构隧道主要工程地质问题分析评价[J].工程地质学报,2012.

[3] 马贵生,张延仓,张航.南水北调中线穿黄盾构隧洞工程地质研究[J].人民长江,2007,38(9):20-22.

[4] 姜厚停,龚秋明,周永攀,等.北京地铁盾构施工遇到的工程地质问题[J].工程地质学报,2010.

[5] 李锐.硬岩地层盾构机掘进技术探讨[J].隧道建设,2011(s2):138-143.

[6] 张新平.石灰岩地区地铁隧道盾构掘进施工中对刀具磨损及地面影响的分析[J].房地产导刊:中,2015(1):175.

[7] 周奇才,冯双昌,李君,等.盾构施工前向地质探测技术及系统方案设计[J].岩土工程学报,2009(5):777-780.

滇中引水工程渠首段的岩溶发育特点及其对工程的影响

冯建伟　李　林　刘　宇

长江岩土工程总公司(武汉),湖北 武汉　430010

摘　要：滇中引水工程渠首段输水线路从奔子栏至石鼓,线路长度 181.6 km。研究区位于青藏高原断块区,地形地质条件复杂。区内分布石炭系、泥盆系、志留系、二叠系和三叠系等的碳酸盐岩,可溶岩分布较广,且岩溶有发育,对渠首段的线路走向和可行性等可能有影响。因此,对工程区的岩溶发育特点和相关工程地质问题的研究具有重要意义。

关键词：滇中引水工程　金沙江　岩溶　溶洞　地下水系统

The Karst Development Characteristics and Its Influence on the First Line of Water Diversion Project in Central Yunnan

FENG Jianwei　LI Lin　LIU Yu

Changjiang Geotechnical Engineering Corporation(Wuhan),Wuhan 430010,China

Abstract：The first line of water diversion project in Central Yunnan is from the town of Ben Zi Lan to the town of Shigu. Length of the first diversion line is 181.6 km. The study area is located in the fault block area of the Qinghai Tibet Plateau. There are complex terrain and geological conditions. Carbonate rocks are distributed in Carboniferous,Devonian,Silurian,Permian and Triassic. The soluble rocks are widely distributed in the area,and the karst is developed. These geological conditions may affect the direction and feasibility of the first line. Therefore,it has great significance to study karst development characteristics and related engineering geology problems in area.

Key words：water diversion project in Central Yunnan;Jinsha River;karst;karst cave;groundwater system

0　前言

滇中引水工程自奔子栏引水,输水自流经过迪庆州、丽江市、大理州、楚雄州、昆明市、玉溪市,终点为红河州蒙自,初定线路总长约 848.1 km。渠首段为滇中引水工程的第一段输水线路,从奔子栏至石鼓线路长 181.6 km,其中隧洞累计长度占 95%。渠首段输水线路沿金沙江右岸平行河流布置,输水线路距金沙江 0.3～4.4 km。金沙江石鼓("长江第一湾")以上河段为南东 140°～160°流向,到石鼓突转北东 30°后形成著名的"虎跳峡大峡谷"(图 1)。

作者简介：

冯健伟,男,高级工程师,主要从事水利水电工程地质与岩土工程方面的研究。

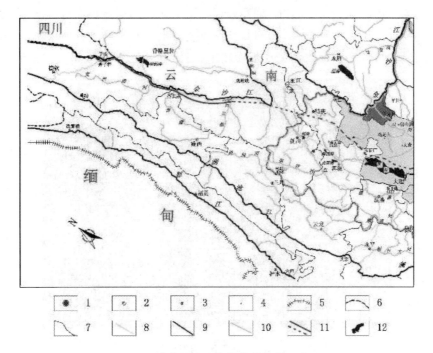

图 1　滇中引水工程渠首段位置示意

1—省级行政中心；2—地级市行政中心；3—县级市行政中心；4—乡村；5—国界；6—省级行政界线；

7—县级行政界线；8—公路；9—干流；10—支流；11—引水线路(实线为渠首段)；12—湖泊

渠首段地处云南高原中北部的滇中高原与横断山脉交接带，为高山峡谷区，属亚热-温带季风高原山地气候。区内出露的地层从元古界至新生界均有出露，其中石炭系、泥盆系、志留系、二叠系和三叠系等分布有碳酸盐岩，岩溶有发育，岩溶对渠首段的线路走向和可行性等可能有影响。

1　岩溶发育形态

根据区域地质资料及野外地质调查，区内岩溶发育形态主要有溶沟、石芽、溶蚀裂隙、岩溶漏斗、溶蚀洼地、落水洞、溶洞、地下暗河、石钟乳、石笋和石柱等。

（1）溶沟、石芽

溶沟、石芽发育规模较小，石芽一般高 1～2 cm，分布在金沙江河谷两岸近山脊碳酸盐出露地带。

（2）溶蚀裂隙

区内溶蚀裂隙比较发育，多为沿卸荷裂隙发育的溶蚀裂隙，局部被黄褐色黏土充填。

（3）岩溶漏斗、溶蚀洼地与落水洞

岩溶漏斗、溶蚀洼地与落水洞主要分布于香格里拉与金沙江之间的分水岭上，分水岭亦为云南高原的Ⅰ夷平面，夷平面高程 4000 m 左右[1,2]。这三种岩溶形态成群发育于分水岭上。

岩溶漏斗、溶蚀洼地平面形态有圆形或椭圆形,长轴常沿构造线发育。溶蚀洼地规模较大,底部较平坦,长轴一般 100～300 m,野外调查发现最长长轴约 1000 m;洼地底部被黏性土覆盖,形成湖泊(图 2)。而岩溶漏斗规模较小,底部平坦,长轴一般小于 100 m。

图 2　碧沽天池(岩溶洼地)

岩溶漏斗、溶蚀洼地常见有落水洞,洞口宽 2～5 m,部分洞口被碳酸盐岩残坡积土或黏性土覆盖(图 3)。落水洞是可溶岩地区地表水流向溶洞或地下暗河的通道。区内大部分落水洞主要分布于香格里拉与金沙江之间的分水岭上,纳帕海西北角也有 9 个落水洞[3,4]。

图 3　分水岭上落水洞

(4)溶洞

溶洞是地下水沿着可溶性岩石的层面、节理、裂隙或断层等各种构造面进行长期溶蚀和侵蚀而形成的地下洞穴[5,6]。区内较大的溶洞以寺庙洞和龙洞沟为代表（表1）。

表1 研究区典型溶洞特征

溶洞名称	发育位置	溶洞特征
寺庙洞	吉仁电站附近的半山坡（海拔2240 m）	干溶洞，洞底有一小水潭。洞口高约2 m，宽3 m左右，洞深约113.2 m。溶洞大体上向北东方向延伸。洞内石笋、石柱以及石钟乳发育。洞内堆积物少见
龙洞沟	良美河下游左岸半山坡（海拔2280 m）	干溶洞，洞口高约4 m，宽15 m，深度约15 m，目前洞内被碎石、泥土覆盖

（5）地下暗河

地下暗河是可溶岩地区地下洞穴通道中的集中水流，主要形成于岩溶发育中期，是地下大小不同、长短不一的洞穴在长年累月的时间里规模不断扩展，并最终串通起来形成错综复杂的管道系统[5,7]。区内发育有纳帕海和仙人洞等地下暗河（图4、图5）。

（a）　　　　　　　　　　　（b）

图4 纳帕海西北角地下暗河入口

（a）地下暗河K1入口；（b）地下暗河K3入口

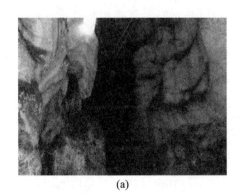 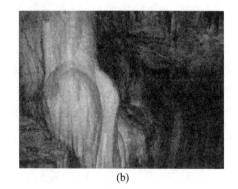

（a）　　　　　　　　　　　（b）

图5 仙人洞

（a）地下暗河；（b）出口石钟乳

纳帕海地下暗河形成于泥盆系和石炭系碳酸盐岩中,起点位于纳帕海西北角,入口为 9 个落水洞,向西北方向流经 16 km 后注入尼西汤满河。入口均在纳帕海湖边,海拔高程约 3280 m,洞口直径 2～3 m,局部被黏性土覆盖。汤满河出口仅 1 个,呈椭圆形,海拔高程约 2740 m,出口暗河流量 3 m^3/s。

仙人洞暗河位于金沙江左岸的五境乡宗水村碳酸盐岩地层,入口呈椭圆形,海拔高程约 1950 m,入口宽约 8 m,高约 3 m,入口有巨石堆积。野外调查暗河先沿南东向发展约 450 m,后折向北东向,暗河长达 1.2 km,流量达 1.1 m^3/s,洞内有少量砂和黏土堆积,发育有石钟乳、石笋等岩溶形态。

(6)石钟乳、石笋和石柱

地下洞穴中沉积物丰富,主要有石钟乳、石笋和石柱等。石钟乳是指由洞顶向下生长的滴石。石笋是指由落到洞底的滴水而形成的由下向上增长的滴石。石柱是指上下对应的石钟乳和石笋相连接后形成的柱状体,通常是上下粗、中间细。

通过对金沙江渠首段两岸发育地下岩溶洞穴调查,受岩溶洞穴洞径、水流等工作开展条件限制,仅在仙人洞地下岩溶洞穴出口可见石钟乳发育,其余岩溶洞穴在洞口处未见有石钟乳、石笋和石柱发育。

据岩溶洞穴沉积规律,在潜流阶段一般是不发育洞穴碳酸钙的,石钟乳的出现表示洞穴从潜流条件进入水面条件,而洞底石笋出现标志着洞穴水动力条件转变为渗流条件[8]。目前渠首段岩溶洞穴大多处于水面条件,少量处于潜流条件。

2 岩溶发育基本地质条件

研究区位于青藏高原东南隅,为高山构造侵蚀峡谷地貌。区内地势总体西部、北部高,东部、南部渐降,呈阶梯式下降,具有由西北向南东掀斜的特征,山峰高程一般为 3000～4500 m[9-11]。地貌受断裂控制,山脉走向主要为近南北向和北北西向,山脉走向与区域构造线近于平行。金沙江河段石鼓以上呈南东 140°～160°流向,到石鼓突转北东 30°。河谷基本顺直,两岸陡峭,岸坡坡角多在 35°～55°,属较为对称的 V 字形峡谷。金沙江河谷形态以其宗为界,其宗以上为高山峡谷段,河谷阶地较少发育;其宗以下为高山宽谷段,两岸多发育阶地。

区内地层出露齐全,从元古界至新生界均有出露,包括沉积岩、岩浆岩及变质岩。基底属松潘~甘孜褶皱系地层;古生界主要为变质岩、碳酸盐岩,局部为碎屑沉积岩、火山岩和蛇绿混杂带(主要分布于金沙江河谷两侧);中生界主要为碳酸盐岩、碎屑沉积岩,广泛分布于线路两侧;第四系的冲积、冰碛及坡积、洪积等松散堆积物,分布于洼地、缓坡、河谷和山间盆地。

古生代、中生代地层均出露有可溶岩,其中古生代泥盆系中统苍纳组(D_2c^1)、志留系中上统(S_{2+3})可溶岩成片发育,D_2c^1 该层总厚度达 1264 m;其余地层多与非可溶岩相间分布。可溶岩以结晶灰岩为主,少量白云质灰岩和大理岩;非可溶岩以(砂质、泥质)板岩、片岩和千枚岩等为主,少量安山岩、玄武岩。

工程区面积约 17600 km^2,可溶岩地表分布面积约占工程区总面积的 24%。

3　岩溶发育规律与控制性因素

区内岩溶发育的主要控制因素有气候、地形地貌、岩层组合、地质构造和新构造运动等[6,7,12,13]。

（1）气候

水的溶蚀性和流动性与气候密切相关，对岩溶发育的直接影响主要有降雨量和温度。充足的降水保证了水的循环交替，降水越多，水流动越快，侵蚀和溶蚀作用越明显。降雨量大的可溶岩地区的岩溶发育比降雨量小的地区强烈。温度的高低直接影响化学反应速度的快慢，温度的升高总体化学反应越快。

研究区位于亚热带，气候温和，雨量充沛，是我国岩溶地貌分布较广的四大地区之一（广西、贵州、云南东部和广东北部），气候有利于岩溶作用的进行。

（2）地形地貌

地形地貌通常控制了水流的去向，影响地表水的下渗量，决定了补给区和排泄区的分布。在地形平缓的部位，降水形成的地表径流较慢，下渗量较大，有利于岩溶发育，地表和地下岩溶发育速度近乎相同，多发育漏斗、落水洞、竖井、洼地和溶洞等垂直岩溶形态。反之，地形较陡的部位不利于岩溶发育，岩溶作用以地表为主，岩溶形态有溶沟、溶槽和石芽等。

研究区金沙江两岸，为高山深切峡谷地貌，两岸水力坡度相对大，水动力条件相对较强，为岩溶发育提供了水动力条件。

（3）岩层组合

可溶岩的岩层组合是指可溶岩层与非可溶岩层在地层中的组合关系及其所构成的各种不同含水层系在岩溶方面的差异性。可溶岩的岩层岩组一般划分为单一状和间互状两种形式。单一状岩层是指全部由单一的可溶岩组成的地层，或可溶岩中所夹非可溶岩地层厚度很小（一般不超过 10%）且变化不稳定的岩溶地层。间互状的岩层组合是指可溶岩与非可溶岩组成互层（非可溶岩占 40%～60%）或夹层（非可溶岩占 10%～40% 或 60% 以上）的岩溶地层。这类岩层组合中，岩溶化程度随着非可溶岩层的增多而减小。

根据研究区岩溶发育特征，单一状可溶岩组较间互状可溶岩组岩溶更发育，间互状可溶岩组岩溶发育形态以溶孔、溶坑、落水洞、溶蚀裂隙等为主，且可溶岩比重越大，岩溶越发育；而单一状可溶岩组岩溶发育形态以岩溶漏斗、溶蚀洼地、落水洞、溶洞、暗河等为主。区内出露的其宗神泉、吉仁河电站泉、仙人洞泉等溶洞及暗河均位于单一状可溶岩层组中。

（4）地质构造

地质构造中对岩溶发育有主要影响的有断裂构造、褶皱和岩层。

研究区地处滇西北地区，发育有金沙江深断裂、红河深断裂、龙蟠—剑川—乔后深断裂，跨三江褶皱系、松潘—甘孜褶皱系和扬子准地台三个一级构造单元。在长期的地质历史时期中，经历了多期强烈构造变动，变形强烈，形成了极为复杂的构造格架及断裂系统。断裂构造破坏了岩层的完整性，断层带附近岩石破碎，节理、裂隙特别发育，极利于岩溶水的循环及溶蚀作用的进行，岩溶常沿各种断层带发育。通常正断层带岩溶很发育，逆断层带岩溶一般不发育；上盘比下盘发育；在节理裂隙的交叉处或密集带，岩溶易发育。

褶皱控制着地下水的流向及流速。一般皱褶轴部岩溶较发育，单斜岩层岩溶一般顺层面发育。不对称的褶皱中,陡的一翼较缓的一翼发育。

产状水平或缓倾的可溶岩,其上为非可溶岩时,岩溶一般不发育;其下为非可溶岩时,接触面上部岩溶一般发育;陡倾的可溶岩,上覆与下伏为非可溶岩时,上下接触带处岩溶发育。

(5)新构造运动

新构造运动中的地壳升降与岩溶发育关系最为密切,地壳的升降控制着水循环交替条件和变化趋势,从而影响着地区的岩溶发育及发展趋势。地壳上升期,侵蚀基准面和地下水位相对下降,侧向岩溶不发育,规模小而少见,分带现象不明显,以垂直形态的岩溶为主。地壳相对稳定期,侵蚀基准面和地下水面相对稳定,溶蚀作用充分,分带现象明显,有利于侧向岩溶作用,岩溶形态的规模较大;地表可形成溶盆、溶原、洼地及峰林等,地下可形成较大规模的水平岩溶和暗河。地壳下降期,地区水循环交替减弱,地下水活动不活跃,岩溶作用受到抑制或停止,常形成覆盖型岩溶。

研究区属青藏高原断块区,新构造运动十分强烈,表现为强烈的垂直差异运动和块体的侧向滑移,并加上以近南北向断裂左旋位移和北西向右旋位移为代表的断裂活动。始新世中晚期以来,研究区随青藏高原发生抬升,尤其上新世末至第四纪快速隆升,新构造运动以来,整体抬升幅度达 3000 m 以上,受深大断裂控制及活动影响,断块差异运动强烈。因此,强烈的新构造运动为研究区地下岩溶系统发育提供了重要的推动作用。

4 岩溶地下水系统划分

4.1 岩溶地下水系统划分原则

岩溶地下水系统是指根据水文地质条件差异性而划分具有相同水力边界、汇流范围和储水空间的若干区域,是一个具有独立而相对完整的补给、径流、排泄条件和内部水力联系密切的水文地质单元。水文地质条件的差异性包括自然地理、地层岩性、地质构造和水文地质条件等因素,这些差异性就是岩溶水系统的划分依据[14-16]。

(1)自然地理

自然地理主要包括地形地貌、气象和水文条件,是岩溶地下水系统的外在控制因素,其控制着系统中地下水的流向、补给和排泄的相对位置。

(2)地层岩性

不同的地层岩性水理性质不同,主要包括渗透性、容水性、给水性,以及可溶性等。碳酸盐岩在地下水作用下可形成各种岩溶形态,并成为岩溶地下水系统中的主要储水空间。而非碳酸盐岩中的相对隔水层,透水性和富水性差,常成为隔水边界。

(3)地质构造

地质构造主要包括断裂带、区域性断层、断层破碎带和裂隙密集带等。一般来说,规模较大的断层是地下水的储水空间,常是地下水的入渗通道;它控制着区内地下水径流的总体方向,往往是地下水强径流带和岩溶发育强烈区域。

(4)水文地质条件

水文地质条件是岩溶水系统划分的主要影响因素,包括地下水的储存与分布条件、含水层与隔水层岩性,以及地下水的补给、径流、排泄和边界条件等因素。

4.2　岩溶研究方法

主要采用的研究方法有区域调查与地质测绘、钻探、物探、水文地质测试与观测、水化学试验和水均衡计算等[6]。

（1）区域调查与地质测绘

收集研究区 1/5 万和 1/20 万区域地质图及区域地质调查报告，在对区内基本地质条件进行复核调查的基础上，重点对可溶岩区进行 1/5 万水文地质测绘。

（2）钻探与物探

钻探和物探是获取地面以下一定深度范围内地层岩性、地质构造和岩溶水文地质条件的直接、重要手段。由于研究区范围太过广泛，且大部分地区现场工作条件差，钻探和物探主要结合输水线路布置，其中 200 m 以上孔深的钻孔 20 个，最大孔深 650 m。

（3）水文地质测试与观测

水文地质测试与观测主要在钻孔内进行，包括地下水简易观测、地下水长期观测、钻孔压水试验和钻孔抽水试验等。

（4）水化学试验

在漫长的地质历史中，地下水在地壳中循环着，并不断与周围介质（大气、地表水、岩石）相互作用着。因此，天然地下水化学成分的面貌是地质历史的产物。地下水在地壳岩石中赋存和运动的过程中，不断与周围介质相互作用。随着所处地质、水文地质与地球化学环境不同，形成的化学成分亦有所区别。因此研究水化学特征，对更好的分析地下水的来源，划分岩溶地下水系统有重大意义。

本次研究的水化学试验采样包括金沙江及其重要支流河水、雨水、泉水、金沙江左岸分水岭上岩溶洼地湖水等。

（5）水均衡计算

地下水均衡是研究某个地区在某一时间内地下水量的补给与消耗之间的关系。为了验证各个岩溶水系统是否为具有隔水边界的独立完整水文地质单元，对其水量的入渗补给进行均衡计算，地下水的补给来源主要为大气降水，大气降水入渗补给量采用下式计算[17]：

$$Q = \alpha \cdot h \cdot F \times 1000$$

式中　Q——大气降水入渗补给量（m^3/a）；

　　　α——降水入渗系数；

　　　h——流域年降雨量（mm/a）；

　　　F——计算区面积（km^2）。

降水入渗系数确定：可溶岩分布区入渗系数取 0.55（局部岩溶非常发育地区取值 0.80），非可溶岩分布区入渗系数取 0.23。

降雨量确定：据塔城水文站观测资料显示，区内年均降雨量在 1150～1460 mm 之间。

4.3　岩溶地下水系统的划分

根据野外大量地质调查资料和水化学成果，并遵循具有独立而相对完整补-径-排条件的岩溶地下水系统划分原则,将研究区划分为纳帕海岩溶水系统、英干陆复式向斜岩溶水系统、麦地河岩溶水系统(图6)。这三个岩溶地下水系统北西、南西、南东边界主要为地形边界,地下分水岭与地表分水岭基本一致,地形分水岭就是其地下水体的约束边界。北东的小中甸～大具断裂,为压性逆断层,相对阻水,是这几个岩溶水系统的地质边界,它们均是在裸露灰岩区接受大气降水的补给,在碳酸盐岩与非碳酸盐岩接触带排泄成泉。

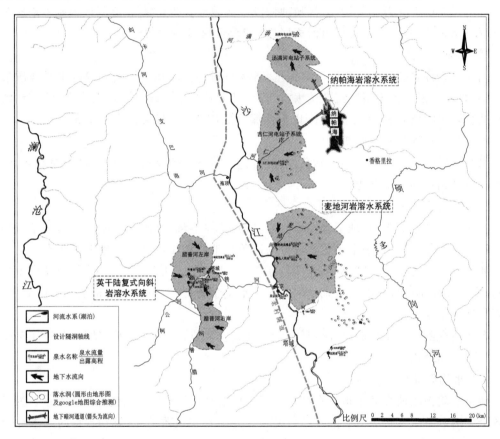

图 6　岩溶地下水系统分区

岩溶地下水系统水均衡计算及综合分析见表 2。

表 2　岩溶地下水系统水均衡计算及综合分析

名称	简介	水均衡计算	综合分析
英干陆复式向斜岩溶水系统	位于金沙江右岸腊普河,英干陆复式向斜东翼,含水层主要为 C_1、C_2、C_3、D_2、D_3 的灰岩。该岩溶系统面积 138.1 km^2,出露 3 个岩溶泉,流量总计约 1.5 m^3/s,排泄面为腊普河	降水入渗补给量约 3.13 m^3/s,冲沟和泉水排泄量 2.7～3.8 m^3/s	该系统基本水均衡,也有从支巴洛河通过塔城断裂补给的可能

续表 2

名称	简介	水均衡计算	综合分析
纳帕海岩溶水系统	纳帕海湖盆发育于三叠系(T)可溶岩的中甸高原上,西南—东北向德钦~中甸断裂从湖盆中心穿过。受断裂影响,岩溶作用强烈,一方面纳帕海盆底部被蚀穿形成落水洞,另一方面在西南角形成地下暗河,向汤满河、吉仁河等泉水排泄。地下暗河汤满河出口流量约 $2.5\ m^3/s$,吉仁河泉水流量 $8\sim9\ m^3/s$	降水入渗补给量约 $5.87\ m^3/s$,冲沟和泉水排泄量 $10.5\sim11.5\ m^3/s$。纳帕海年均产水量 25700 万 m^3,可形成地下入渗量约 $8.15\ m^3/s$	该系统排泄量远大于降水入渗补给量 $5.87\ m^3/s$,通过地层岩性、断裂构造及走向和水化学分析等因素综合分析,可以判断纳帕海地表水通过地下暗河向汤满河、吉仁河补给
麦地河岩溶水系统	位于金沙江左岸麦地河附近,含水层主要为 C_3、D_2、P_1、P_3 的灰岩。该岩溶系统分布面积 $207.4\ km^2$,范围从金沙江地形分水岭至区内最低排泄面——金沙江。主要泉水点有麦地龙滩泉和仙人洞泉,流量分别为 $0.5\sim0.6\ m^3/s$、$1.0\sim1.3\ m^3/s$。区内岩溶发育,见有地下暗河、落水洞和岩溶洼地等	降水入渗补给量约 $5.04\ m^3/s$,冲沟和泉水排泄量 $1.5\sim2.0\ m^3/s$	该系统降水入渗补给量远大于排泄量,可补给其他地下水系统;或有泉水点位于金沙江内,甚至在金沙江右岸出露泉水点

5 岩溶对渠首段输水线路的工程影响

研究区可溶岩分布较广,根据地质测绘和钻孔揭露地层成果,区内岩溶形态多以溶蚀溶隙、石芽和小型溶洞为主。渠首段输水线路经过可溶岩地层的隧洞长度约 13.4 km,占线路总长的 7.35%,因此岩溶发育对渠首段可能有工程影响,主要地质问题有:

(1)岩溶涌水问题

隧洞在穿越可溶岩时,由于揭露岩溶孔隙、裂隙和溶洞等,可能会遇到地下水突水(涌泥),甚至引发淹没隧洞的毁灭性灾害。输水线路中西笔隧洞可溶岩分布最广,该段应重点关注。

(2)围岩稳定问题

岩溶发育段的隧洞顶部易发生掉块甚至坍塌,在围岩分级中应考虑适当降级。

(3)地基不均匀沉降问题

岩溶发育段的隧洞地基通常很不均匀,存在不均匀沉降问题。当溶洞中充填物质松软时,承载力低,也不能满足建筑物对沉降的要求。

(4)环境地质问题

在隧洞施工过程中,当遇到涌突水问题而采取截、排水措施时,会改变甚至破坏地下水均衡,进而影响地表的生态环境。

此外,输水线路附近分布有其宗神泉、昭通泉等。这些泉水位于少数民族敏感地区,一旦隧洞施工造成泉水水量变小甚至断流,极有可能引发社会问题和民族矛盾。

6 结语

岩溶是工程勘察、设计和施工中常遇到的不良地质作用,在一定条件可能引发地质灾害,严重威胁工程安全。渠首段输水线路位于青藏高原断块区,地质条件复杂,区内可溶岩分布较广,因此有必要研究岩溶发育规律和相关工程地质问题,为设计和施工处置提供地质依据。

参 考 文 献

[1] 明庆忠,潘玉君.对云南高原环境演化研究的重要性及环境演变的初步认知[J].地质力学学报,2002,8 (4):361-368.

[2] 何浩生,何科昭.滇西地区夷平面变形及其反映的第四纪构造运动[J].现代地质,1993,7(1):31-39.

[3] 段志成.中甸县志[M].昆明:云南民族出版社,1997.

[4] 田昆,陆梅,等.云南纳帕海岩溶湿地生态环境变化及驱动机制[J].湖泊科学,2004,16(1):35-42.

[5] 国家技术监督局.岩溶地质术语:GB 12329—1990[S].北京:中国标准出版社,1991.

[6] 沈春勇,余波,郭维祥.水利水电工程岩溶勘察与处理[M].北京:中国水利水电出版社,2015.

[7] 任美锷,刘振中.岩溶学概论[M].北京:商务印书馆,1983.

[8] 张英骏,缪钟灵,毛健全,等.应用岩溶学及洞穴学[M].贵阳:贵州人民出版社,1985.

[9] 1:20万中甸幅(G-47-4)区域地质调查报告[R].昆明:云南省地质矿产局,1985.

[10] 1:20万维西幅(G-47-5)区域地质调查报告[R].昆明:云南省地质矿产局,1984.

[11] 1:20万古学幅(H-47-34)区域地质调查报告[R].昆明:云南省地质矿产局,1982.

[12] 骆荣,郑小战,张凡,等.广花盆地西北部赤坭镇岩溶发育规律[J].热带地理,2011,31(6):565-569.

[13] 郭纯青,李志宇,杨军.云南某工程建设场地岩溶分布与形成机制[J].地质与勘探,2015,51(5): 984-992.

[14] 赵春红,李强,梁永平,等.北京西山黑龙关泉域岩溶水系统边界与水文地质性质[J].地球科学进展, 2014,29(3):412-419.

[15] 王宇.西南岩溶地区岩溶水系统分类、特征及勘查评价要点[J].中国岩溶,2002,21(2):114-119.

[16] 韩行瑞.岩溶水文地质学[M].北京:科学出版社,2015.

[17] 王大纯,等.水文地质学基础[M].北京:科学出版社,1986.

淮水北调萧濉新河侯王站—贾窝站段河道渗漏分析

孙海林

安徽省水利水电勘测设计院,安徽 蚌埠　233000

摘　要:本文在对萧濉新河侯王站—贾窝站段进行现场调查与注水试验的基础上,分析了该段的渗漏原因,认为该段渗漏主要因素有以下两个方面:(1)该段地下水位常年偏低;(2)土体中微裂隙发育。并对此渗漏段提出相应处理建议。

关键词:地下水　降落漏斗　渗漏　渗透系数

Analysis on the Leakage of the Xiaosui River Channel from Houwang Station to Jiawo Station of Huai River Water to the North

SUN Hailin

Anhui Survey and Design Institute of Water Conservancy and Hydropower,Bengbu 233000,China

Abstract:On the basis of field investigation an water injection test of the Xiaosui River channel from Houwang station to Jiawo station,this paper analyzes the reasons for leakage this section,the main factors of leakage in this section are the following two aspects.(1)The groundwater stage in this section is always low.(2)Development of microfissure in soil. And propose the corresponding suggestions for the leakage section.

Key words:groundwater;cone of depression;leakage;osmotic coefficient

1　工程概况

安徽省淮水北调工程是为淮北、宿州两市社会经济发展提供水资源保障的跨区域调水工程,兼有生态环境改善和沿线城镇、农业灌溉补水功能。近期水源为淮河干流及怀洪新河水系水源和南水北调东线工程分配的水量,实行相机调水,以置换和减轻现状工业及新增工业对地下水超采,不足部分再由当地中深层地下水应急补给,总体上起到兼顾经济社会发展和减少地下水开采之目的。远期可增加利用引江济淮工程水源,进一步扩大供水水量和提高供水保证率,最终实现中深层地下水全面禁采。

萧濉新河侯王站—贾窝站段河道位于淮北市相山区,2016 年 11 月 21 日—12 月 9 日,淮水北调管理局利用侯王站抽水至黄桥闸闸上,对萧濉新河段进行试通水试验。原预计提水400 万 m³,黄桥闸闸上水位可达 30.4 m,但试验发现提水 628 万 m³ 后,水位仍只有 29.6 m,且

作者简介:

孙海林,1990 年生,男,助理工程师,主要从事水利水电工程地质勘察方面的研究。E- mail:810879148@qq.com。

已不再上升。此后的漏水量约 20 万 m^3/d。分析认为此段河道可能存在渗漏问题,影响河道正常输水。

2 场地工程地质特征

2.1 地形地貌及气象

工程区地处淮北平原中部,地势自西北向东南微倾,山脉主要分布在北部及中部偏东。

工程场地位于淮北市城北,低山向平原过渡的交界处,其东部为低山、残丘地形,山脉走向近南北向断续分布,或呈孤岛状。山势低矮,海拔高度 60~90 m,多由灰岩组成;西部为平原,地面高程 35~40 m。

该段萧濉河河宽 80~100 m,河底高程 25~30 m,基本无滩地,河水随季节性变化较大,枯水期大部分河段干涸。萧濉河支流大部分位于西侧,主要有洪碱河、港河、湘西河等。

本区地处北温带,处于季风盛行的半湿润地区,年平均气温 14.5 ℃;年平均降雨量 862.9 mm。

2.2 地层岩性

工程区内场地分布的主要地层见表1。

表 1　工程区地层一览表

地层编号	地层时代	地层名称	岩性
①	Q_4^{al}	轻粉质壤土	软可塑~稍密,稍湿,中等~强透水性
①₁	Q_4^{al}	中粉质壤土	软可塑,稍湿,局部夹砂壤土
②	Q_3^{al}	重粉质壤土	硬可塑,稍湿,夹薄层粉土、粉细砂
②₁	Q_3^{al}	重粉质壤土夹砂礓	硬可塑,湿,局部夹中粉质壤土,该层普遍分布,砂礓 ϕ0.2~3 cm,含量 10%~30%
③	Q_3^{al}	轻粉质壤土、砂壤土	硬可塑,稍密,湿,夹粉细砂,局部为中粉质壤土夹轻粉质壤土
③₁	Q_3^{al}	中夹轻粉质壤土	硬可塑,湿
④	Q_3^{al}	重粉质壤土	硬可塑,湿
④₁	Q_3^{al}	轻粉质壤土、中粉质壤土	硬可塑,湿,局部为中~重粉质壤土
⑤	Q_3^{al}	重粉质壤土	硬可塑,湿

3 场地水文地质特征

3.1 地表水特征

淮北市境内共有 15 条主要河道,均为淮河支流,较大的河流有浍河、沱河等,小型河流有龙河、老濉河、龙岱河、闸河等。河流一般为季节性河流,地表径流年内分配不均匀,雨季时河水流量丰富,干旱时常有断流现象。区域内有雷河、濉河及人工或天然排灌沟渠、采煤塌陷坑等,地表水补给主要来源于大气降水、水量随季节变化而有所不同。

本次可能出现渗漏的河道段位于萧濉新河侯王站至贾窝站段,萧濉新河为原濉河的上游河道,自萧县的瓦子口起,上承岱河、大沙河来水,南流,经贾窝闸至黄里,左纳湘西河;至会楼,右纳洪碱河;于濉溪县城区西侧折东南流,经黄桥闸至陈路口,左纳龙岱河;至符离集,左纳闸河;于宿县北的蔡桥进入濉河引河,至小吴家注入新汴河。

3.2　地下水特征

淮北市地下水资源丰富,主要由第四系潜水和裂隙岩溶承压水构成,共分为相山、青龙山至王场和符离集3个水系。岩溶承压水是全市赖以生存的最重要水源,由寒武、奥陶系石灰岩出露组成的萧相背斜和闸河向斜共同组成淮北深层承压水含水构造体系。深层承压水的补给来源主要是靠萧相背斜裸露基岩接受降水入渗,以及第四系潜水的影响。

本次进行勘察的萧濉新河侯王站—贾窝站段,通过分析已勘探的地质孔,地下潜水主要埋藏在上部粉质黏土中,其中省道202大桥至徐里新桥段地下水埋藏高程21.15~22.08 m,黄里老桥至淮海西路桥地下水埋藏高程19.20~22.19 m,而徐里新桥至黄里老桥之间,地下水埋藏较两侧深,有明显下降趋势,并在后黄桥附近到最低点,本次勘探孔中两侧最低水位高程15.61 m。工程区地下承压水主要埋藏在裂隙岩溶中,水量丰富,水质较好。

3.3　水位观测及现场注水试验

3.3.1　水位观测

本次勘察沿河道中心线布置水文地质观测孔,孔距500~1000 m,水文地质观测孔成孔后,在孔内下入PVC管,用于分层量测地下水水位。勘察期间,每日均分层量测各水文地质观测孔内的地下水水位,并记录当日天气情况。从2017年4月2日正常量测到了4月10日。从4月10日起,贾窝闸开始开闸放水,对我们的勘察进度造成了较大影响,但也观测到了一次难得的地表径流过程。4月10日,萧濉新河河道内地表径流流至桩号K43+700附近。4月11日,流至桩号K43+200附近。此后以每24 h约800 m的速度向南流动。大约流至桩号K41+000附近后,出现了明显的滞流现象,流动速度明显放缓。河道中的径流直至5月2日才逐渐退去。

根据水位观测记录,4月10日前(即贾窝闸开闸放水前),河道沿线地下水位均较低。在HL6孔(桩号K41+225)附近,观测到明显的地下水位降落漏斗,最低地下水位低于高程15.0 m。降落漏斗范围主要位于桩号K40+300~43+300段。在地下水位降落漏斗的北侧,地下水位高程21.1~22.1 m;在地下水位降落漏斗的南侧,地下水位高程19.2~22.2 m。

贾窝闸开闸放水后,经历了一次河道内水位的涨落过程。根据5月20日后的地下水位观测记录,降落漏斗范围基本没有变化。降落漏斗以北的地下水位高程明显抬高,达到 26.4~27.2 m;降落漏斗以南的地下水位基本回落至放水前的高程。河道纵横地下水位变化趋势见图 1、图 2。

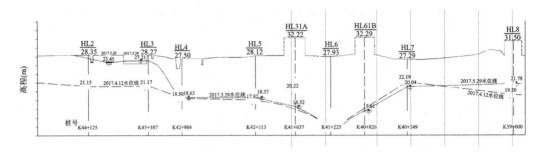

图 1 河道纵断面地下水位变化趋势

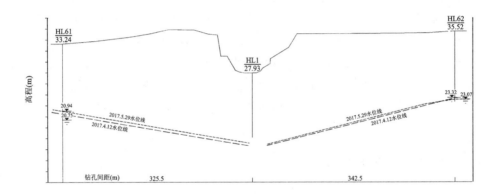

图 2 河道横断面地下水位变化趋势

3.3.2 降落漏斗分析

结合纵、横地质剖面及水位变化趋势图,贾窝闸放水前,桩号 K40+300~K43+300 段地下水位低于两侧。贾窝闸放水后,桩号 K43+300 以北,地下水通过地表径流补给,水位明显抬升;桩号 K40+300 以南水位也有抬升过程,且淮海西路桥以南,河道水位高于河道底高程,不做渗漏考虑;而桩号 K40+300~K43+300 段经过此次放水过程,地下水水位高程基本保持不变,由此可以分析,桩号 K40+300~K43+300 段属地下水严重渗漏范围。形状基本以 HL6 孔处为最低点,呈漏斗状。根据对该区域地下水用水情况等调查,由于附近一处发电厂用水量巨大,上部含水层地下潜水已被开采殆尽,下部承压水也被大量开采,造成该区域地下水严重超采,形成地下水降水漏斗区。

3.3.3 现场注水试验

本次采取现场钻孔注水试验方法,确定场地各土层的渗透性,现场注水试验成果见表 2。

表 2　现场注水试验成果

孔号	桩号	土层编号	注水段位置(m)	对应高程(m)	渗透系数(cm/s)	渗透等级	备注
HL1-1	K45+811	②₁、③	0.70~4.70	23.38~27.38	6.17E-04	中等	渠底孔
HL9-1	K44+929	②、②₁	0.70~3.20	24.96~27.46	3.60E-04	中等	
HL31-1	K43+387	①、②	0.60~4.6	28.86~32.86	1.22E-04		岸坡孔
HL32-1		①、②	0.60~5.80	27.70~32.90	8.60E-05	弱	
HL4-2	K42+984	②₁、③、④	2.00~7.70	19.80~25.50	5.00E-04	中等	渠底孔
HL5-1		②₁、③、③₁	1.70~4.70	23.42~26.42	5.76E-05	弱	
HL5-2	K42+113	②₁、③、③₁、④	2.20~7.70	20.42~25.92	5.30E-05		
HL61A-1	K41+637	①₁、①	0.50~3.60	28.62~31.72	5.00E-04	中等	岸坡孔
HL61A-2		①、②、②₁	3..50~7.70	24.52~28.72	>8.10E-02	强	
HL6-1	K41+225	③、③₁、④	1.00~7.70	20.23~26.93	4.50E-04	中等	渠底孔
HL6-2		②₁、③、③₁	1.00~4.70	23.23~26.93	2.40E-04		
HL61B-2	K40+826	②、②₁	3.80~8.80	23.49~28.49	>1.50E-02	强	岸坡孔
HL61B-1		②、②₁	4.20~5.70	26.59~27.99	>7.80E-02		
HL7-1	K40+249	②₁、③、④₁	1.20~4.70	22.59~26.09	1.70E-04	中等	渠底孔
HL7-2		②₁、③、④₁	2.80~7.70	19.59~24.49	1.14E-04		
HL8-1	K39+000	①、②、②₁、④	3.20~7.80	23.70~28.30	1.03E-04		岸坡孔
HL8-2		①、②、②₁	1.00~5.70	25.80~30.50	>1.00E-02	强	

从表 2 可以看出,河底上部土层在 0.50~7.70 m 范围内,土体渗透系数为 $i×10^{-4}$ cm/s,属弱~中等透水性土体。渠底和渠坡土体的渗透性均偏高。渗透性高于同类土层 1~2 个数量级。这可能与土中夹砂礓较多有关。另外由于该区常年地下水位较低,可能造成土体中的干缩微裂隙发育,渗透性也会相应变大。在 HL61A、HL61B 和 HL8 等孔做注水试验时,注入水量大于 12 m³/h,其渗透系数大于 $i×10^{-2}$ cm/s,属强透水性土体。

3.3.4　土层渗透性分析

由注水实验得出,降水漏斗形成范围内,上部覆盖层土体渗透性较渗漏范围外相同土性土体渗透性高。通过分析,与该区域地下水水位常年偏低,导致土体中干缩裂隙发育,渗漏通道变多有很大联系。土层渗透性变大,加快了该区域地表水渗漏,贾窝闸放水前后,相同时间段内,该区域地下水水位变化与南北两侧水位变化情况,与该结论吻合。

4　渗漏分析

根据现场钻孔地下水位观测记录以及水位变化趋势图,在 HL6 孔附近,出现明显的地下水降落漏斗区。另据笔者现场走访调查,因附近电厂大量开采地下水,使得该段地下水水位常年偏低,属降水漏斗区。降水漏斗导致河道表层地表水及地下潜水向下入渗,是该河道渗漏的一个主要因素。另据勘察钻孔揭露土体中微裂隙发育及局部夹较多砂礓,并结合现场注水试验成果,此段土层渗透性均偏高,渗透系数高于同类土层 1~2 个数量级,加快了上部潜水下渗,是渗漏的另一主要因素。

综合以上两点因素,该段河道水位难以上升是地下水常年偏低与该段土体渗透性较强综合影响的结果。

5　处理建议

地下水位降落漏斗范围主要位于桩号 K40+300~43+300 段,长约 3.0 km,该段为渠道渗漏处理的重点渠段。渠底和渠坡的渗透性均偏高,故均须进行防护,渠底应全面防护,渠坡应护至输水水位以上一定高度。该段以南至淮海西路段,虽然不是漏斗区,但局部地下水位也偏低,渠底和渠坡土体的渗透性也较高,仍建议进行重点处理。桩号 K43+300 至贾窝闸段,枯水期地下水位偏低,但受地表水补给后,地下水位能迅速抬高,对减少渠道渗漏有利,但该段也应进行适当处理,以利输水安全。

参 考 文 献

[1] 中华人民共和国水利部. 水利水电工程水文地质勘察规范:SL 373—2007[S]. 北京:中国水利水电出版社,2008.
[2] 中华人民共和国水利部. 水利水电工程注水试验规程:SL 345—2007[S]. 北京:中国水利水电出版社,2008.

陕北地区饱和红黏土隧洞工程特性及施工方法初探
——以榆林黄河东线引水工程为例

卢功臣　　焦振华

陕西省水利电力勘测设计研究院，陕西 西安，710001

摘　要：榆林黄河东线引水工程以输水隧洞为主，其中秃尾河以西段隧洞围岩大部分为新近系饱和红黏土，该类洞室的稳定性是隧洞施工的关键问题。本文通过详细地质调查，结合室内试验，对红黏土的工程特性进行了研究，并对饱和红黏土隧洞围岩稳定性进行了数值模拟分析，得出了传统钻爆法开挖洞室稳定性差，盾构法施工更适宜于该类隧洞的结论。

关键词：引水工程　红黏土　数值模拟　钻爆法　盾构施工

Discuss on the Engineering Characteristics and Construction Method of Saturated Red Clay Tunnel in Northern Shanxi
——in the Water Diversion Project of the Yellow River

LU Gongchen　　JIAO Zhenhua

Shanxi Province Institute of Water Resources and Electric Power Investigation and Design, Xi'an 710001, China

Abstract：The water diversion project of the Yellow River East Line in Yulin is dominated by water conveyance tunnels. Most of the surrounding rocks in the tunnel section west of Tuwei River are Neogene saturated red clay. The stability of these tunnels is a key issue in tunnel construction. In this paper, through detailed geological surveys, combined with laboratory tests, the engineering characteristics of red clay were studied, and the stability of the surrounding rock mass of a saturated red clay tunnel was numerically simulated. It was concluded that the stability of excavation tunnels in traditional drilling and blasting methods is poor. Shield construction is more suitable for the conclusion of such tunnels

Key words：water diversion project；red clay；numerical simulation；drilling and blasting method；shield tunneling

0　引言

榆林黄河东线引水工程[1]重点解决榆溪河以东的神木、榆阳、横山境内的榆神和榆横煤化学工业区的供水需求。工程从神木境内的马镇乡葛富村黄河干流取水，经两级泵站加压、隧洞输水后，进入黄石沟沉沙调蓄库，经沉沙、调蓄出库后，由多级泵站提水，将黄河水输送到神木、榆林的各用水户，工程末点为榆阳石峁水库。该工程年引水量 2.9 亿 m^3，设计输水流量 10.91 m^3/s。

我国工程建设对土洞的设计及施工发展了一套比较成熟的理论和经验，但是对饱和红

作者简介：

卢功臣，1985 年生，男，工程师，主要从事工程地质和水文地质方面的研究。E-mail：43051743@qq.com。

黏土隧洞涉及极少。因此,对饱和红黏土的工程特性进行研究对工程的建设以及丰富饱和红黏土隧洞设计及施工理论有着十分重要的意义。

饱和红黏土隧洞存在的工程地质问题与饱和黄土隧道基本相当,根据国内已建的饱和黄土隧洞施工经验,如甘肃引洮供水工程[2]的 13♯、14♯、15♯ 隧洞,甘肃临夏州南阳渠工程总干渠 10♯、11♯ 引水隧洞及宝兰铁路二线新松树湾隧洞[3],在采用传统方法开挖过程中发生多次坍陷堵塞、洞身变形等重大事故,延误了工期。

类比饱和黄土隧洞,预计饱和红黏土洞室在开挖过程后,土体应力发生变化,尤其是开挖形成了临空面,造成了土体发生变形和位移的自由空间,以至于松弛、变形。如不采取措施控制围岩继续变形和位移,将会进一步发展为塌方。同时红黏土中水又起到了软化、崩解、增重等作用,降低了围岩强度,使得洞室围岩可能发生变形,围岩的失稳可能性增加。在过大的动水压力作用下,土体结构发生破坏,强度降低,其围岩稳定性极差,常在洞顶发生坍塌、边墙滑动、拱脚流土、底板鼓起等破坏现象,严重时甚至产生隧洞堵塞、地表塌陷。

本文依托榆林黄河东线引水工程 4♯ 隧洞,对饱和红黏土的工程特性进行研究,并对洞室围岩的变形位移进行数值模拟,分析了饱和红黏土隧洞围岩的工程特性及洞室稳定性,为建立合理隧洞施工方法提供了依据。

1 研究区地质概况

区内地势总体呈西北高东南低。地貌形态主要有堆积-侵蚀形成的河谷阶地区、沙漠区及构造剥蚀形成的沙盖黄土梁、峁区和黄土丘陵沟壑区等四种。主要出露第四系、新近系、侏罗系及三叠系地层,其中第四系地层由中～上更新统风积黄土、上更新统冲积沙层、全新统风积沙层、冲积层构成,新近系地层由上新统地层构成。

研究区位于华北地台鄂尔多斯地块东北部,大地构造单元上属中朝准台地（Ⅰ）鄂尔多斯台坳（Ⅰ₃）,鄂尔多斯地块整体缓慢上升,其内部差异运动甚小,新活动性不强,有史以来无 6 级以上地震发生,属区域构造稳定地区。

地下水的形成、补给、径流、排泄条件及富集分布规律,主要受地形地貌、气象、地质构造等综合因素的控制。研究区内地下水按其赋存条件、含水介质可分为松散岩类孔隙水和碎屑岩类裂隙水两大类。

2 饱和红黏土的工程特性

本文研究的新近系上新统宝德组（N_2b）饱和红黏土隧洞分布在 4♯ 隧洞,隧洞进口设计桩号 K47＋617.69 m,出口设计桩号 K73＋975.16 m,全长 26357.47 m,比降 1/2500,洞宽 2.5 m×高 3.2 m,洞线走向 269°。洞室围岩分别为第四系全新统风积（Q_4^{eol}）细砂、第四系中更新统风积（Q_2^{eol}）黄土状壤土、新近系上新统宝德组（N_2b）红黏土及侏罗系中下统延安组（$J_{1-2}y$）强风化砂岩。其中饱和红黏土隧洞长 15.2 km,洞顶以上土层从上至下分别为黄土、古土壤及黄土状壤土,覆盖层总厚度 15.9～145.8 m,地下水位高于洞顶

$0 \sim 45.2$ m(图 1)。

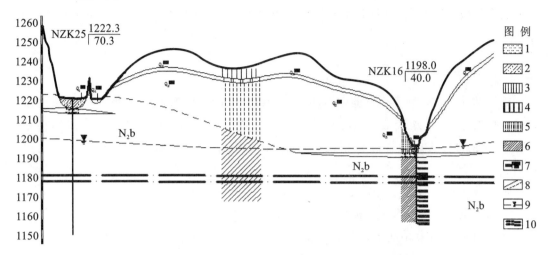

图 1　4# 隧洞 K55＋500～K58＋000 段工程地质剖面

1—细砂；2—砂质壤土；3—黄土；4—古土壤；5—黄土状壤土；6—红黏土；

7—钻孔编号；8—岩性界线及推测界线；9—地下水位线；10—隧洞

新近系上新统保德组(N_2b)岩性主要为棕红色红黏土、含红黏土砂卵砾石、含红黏土砾石层及钙质结核层，由上而下颜色变深，钙质结核层数增多且钙质结核的直径较大，总厚度 $30 \sim 50$ m。局部地区厚度变化大，甚至缺失。该层红黏土大多为洪积成因，具明显的失水收缩性，受上层滞水、构造裂隙、黏粒含量及钙质胶结程度等因素的影响，土层工程性质复杂多变，对隧洞围岩稳定性影响较大。

2.1　颗粒组成及微观特性

根据颗分试验成果，红黏土各粒径组成分别如下：小于 0.005 mm 的黏粒含量一般为 $45\% \sim 54\%$（其中小于 0.002 mm 的粒径含量占 $30\% \sim 43\%$）；$0.005 \sim 0.075$ mm 的粉粒含量一般小于 12%；大于 0.075 mm 粒径含量一般为 $30\% \sim 46\%$。从微观上观察，红黏土中碎屑颗粒多呈棱角状或次棱角状，黏土矿物和碎屑颗粒呈紧密状态。分析认为红黏土颗粒具分选差、混杂堆积等特征。

红黏土中黏粒含量较多，黏土矿物主要为伊利石和蒙脱石，具有结晶差的特点，蒙脱石和伊利石的含量在黏土混层矿物中的比例相当，都在 $14\% \sim 22\%$ 之间。碎屑矿物主要是石英和少量未风化长石；从扫描电子显微镜上观察，N_2b 红黏土中伊利石和蒙脱石的混层矿物颗粒分布较集中。因此，红黏土在微观结构上存在不均一特性。红黏土的黏土矿物成分及微观结构特性，决定了红黏土的工程特性[4]。

2.2　化学性质

根据试验结果，测得 N_2b 红黏土的比表面积为 $205.74 \sim 352.24$ m^2/g，阳离子交换容量（CEC 值）为 $25.65 \sim 34.45$ meq/100g，Fe_2O_3 含量为 $8.21\% \sim 10.15\%$。试验成果表明 N_2b

红黏土比表面积较大、阳离子交换容量较高,远大于一般的黏性土,结合其黏土矿物组成中蒙脱石含量较高的特点,说明 N_2b 红黏土活性较高,在快速失水的情况下,可能产生干裂、崩解现象。

2.3 物理力学性质

根据钻孔取样进行室内试验,4♯隧洞围岩红黏土的主要物理力学指标为:干密度 $\rho_d=$ 1.52~1.72 g/cm³,塑限 $w_p=14.1\%\sim23.0\%$,液限 $w_L=28.1\%\sim49.7\%$,压缩模量为 2.88~23.53 MPa,压缩系数为 0.07~0.61 MPa^{-1},渗透系数通常为 $5.0\times10^{-6}\sim1.5\times10^{-5}$ cm/s。

根据试验结果分析,红黏土存在以下特征:

① N_2b 红黏土的干密度、液限及塑限较一般黏土高。

② 含水率对红黏土的工程性质影响显著。

③ 变形显著、流动变形大。

2.4 膨胀性

N_2b 红黏土的膨胀性试验成果见表1、表2。试验表明 N_2b 红黏土为膨胀性土。根据试验成果分析认为,天然状态下红黏土的膨胀指标较低,而在干燥失水或结构破坏后的膨胀性表现较强烈。因此在隧洞施工过程中,应尽量减少扰动,保持红黏土的原始状态,使红黏土的含水率不出现大的变化,可降低红黏土的膨胀性[5]。

表 1 膨胀性测试成果

试样编号	含水率（%）	重度（kN/m^{-3}）	干重度（kN/m^{-3}）	液限（%）	塑限（%）	塑性指数	体缩（%）	自由膨胀率（%）	液性指数
1		20.85		51.0	26.9	24.1		63.0	
2		20.11		40.0	24.0	16.0		40.0	
3	24.68	19.32	15.5	43.0	26.5	16.5	9.02	49.0	-0.11
4	24.51	20.47	16.4	40.0	20.0	20.0	5.05	45.5	0.23
5				48.2	22.4	25.8		66.0	

表 2 原状风干样膨胀性测试成果

试样编号	膨胀力（MPa）	不同荷载下膨胀量（%）					无荷膨胀量（%）
		0.3	0.2	0.1	0.005	0.0125	
3	0.50	0.21	0.66	1.12	1.43	3.68	26.62
4	0.70	0.71	1.00	1.36	2.00	4.70	26.16

3　隧洞围岩开挖稳定数值分析

3.1　建立模型

本次计算模型采用 4♯隧洞的 K55＋500～K58＋000 段，以 4♯隧洞（半径 3.2 m）为主轴中心，建立三维地质模型。模型取隧洞走向为 Y 轴，向 SW 为正，长度取 400 m；X 轴取隧道横剖面，长度取 150 m，以 NE 向为正；竖直方向为 Z 轴，取垂直方向，以上为正。采用 Plaxis 3D[6]建立三维地质模型，共划分 110679 个单元，156140 个节点。建立模型见图 2。

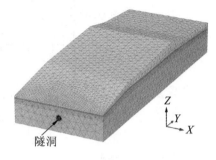

图 2　三维有限元模型

根据研究区地质条件，本次计算采用自重应力场。隧洞剖面地层主要分为 4 种材料，即表层马兰黄土、古土壤、黄土壤土和饱和红黏土，各土层参数取值见表 3。

表 3　模型各土层参数取值

岩土类型	密度（kg/m³）	弹性模量（GPa）	泊松比	黏聚力（kPa）	内摩擦角（°）
马兰黄土	1620	0.95	0.30	20	20
古土壤	1850	1.05	0.30	30	22
黄土壤土	1810	1.00	0.29	35	21
饱和红黏土	1940	1.10	0.28	45	23

3.2　计算原则

利用有限元方法计算因隧洞开挖带来的变形量，将沉降变形视为力学过程，用理想的弹塑性理论进行分析，根据隧洞工程地质条件，把隧洞断面上各土层假设为各向同性的弹塑性材料，采用 HSS 弹塑性本构模型，模拟钻爆法施工时隧洞围岩的稳定性。

以桩号 K56＋000 m 为起点，将该段隧洞分为若干段依次分段进行开挖。为模拟盾构施工过程，本文采用土层冻结和改变材料属性方法来分别模拟土体开挖和管片安装，在隧洞开挖之前，首先将模型位移重置为 0，然后进行隧洞的开挖，通过冻结开挖面前方一个管片宽度区域内的土体，激活相应区域内的衬砌单元和开挖面上的支护力，以及盾尾处的注浆压力完成盾构的一次掘进，直至盾构完成在该区域的开挖。对于钻爆法施工模拟，采用分段开挖与支护的方式模拟隧洞施工。为了很好地模拟钻爆法施工，本次动力计算选用自由场边界来模拟。为了真实模拟自然系统在动荷载作用下的阻尼大小，在动力计算时，必须考虑力学阻尼。阻尼主要是由于材料内部接触面的滑动和摩擦产生的，本次模拟采用瑞利阻尼法。在隧洞沿线上布置数个观测断面（图 3），分析对各观测点发生的位移变形和应力状态，然后判断开挖后洞室围岩的稳定性。

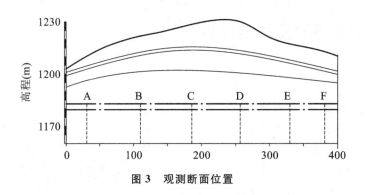

图 3　观测断面位置

3.3　计算结果分析

3.3.1　位移变形分析

从图 4 分析可知,隧洞采用钻爆法开挖时,洞室产生的位移变形迅速且位移量大,特别是深埋段,开挖后下沉量最大可达 30 cm,并且采用数值模拟分析过程中发现位移变形很快,程序马上便不收敛。而采用盾构法施工时,洞室顶部位移最大仅为 12 mm,表明盾构法施工能够很好地控制周围地层的变形,进而减小对周围环境的影响。

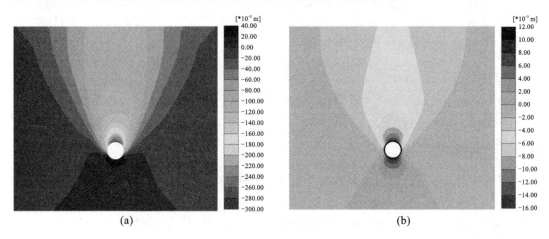

图 4　竖向位移云图

（a）钻爆法；（b）盾构法

3.3.2　应力规律分析

由于饱和红黏土工程性能较差,在采用钻爆法开挖过程中,改变了土洞围岩的天然应力状态,应力下降明显,如断面 D,观测面上的最大主应力 σ_1 由 0.95 MPa 降至 0.35 MPa。同时隧洞顶拱上也存在较长的应力下降区,如图 5 所示,甚至对地表产生了影响。而采用盾构法施工过程中,最大主应力 σ_1 由 0.95 MPa 降至 0.65 MPa,并且地表附近最大主应力几乎没有发生变化。应力变化表明在隧洞开挖后,洞顶可能由于应力下降而发生坍塌,浅埋处甚至会引起地表较大沉降。

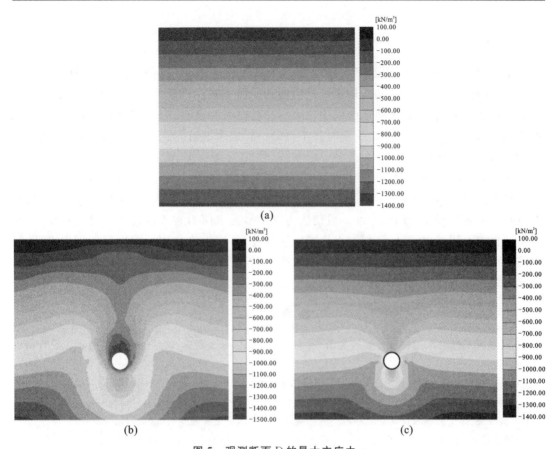

图 5　观测断面 D 的最大主应力 σ_1

(a)开挖前；(b)开挖后(钻爆法)；(c)开挖后(盾构法)

3.3.3　隧道周围破坏区分析

由图 6 可知,采用钻爆法施工引起周围土层破坏区域明显大于盾构法,因此传统钻爆法开挖洞室稳定性差,盾构法施工更适宜于该类隧洞。

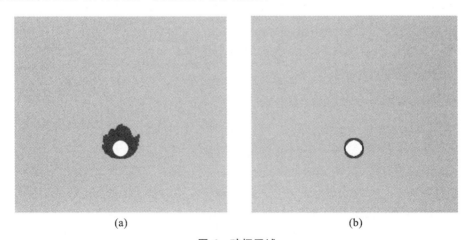

图 6　破坏区域

(a)钻爆法；(b)盾构法

4 结论

本文对榆林黄河东线引水工程新近系 N_2b 红黏土的结构特征及物理化学性质进行了研究,同时针对采用钻爆法和盾构法开挖的饱和红黏土隧洞围岩的稳定性进行了数值模拟分析。结果表明,在红黏土地层中采用钻爆法开挖会引起隧洞围岩变形强烈而且应力下降明显,隧洞顶拱将会产生塌方,严重时甚至可能引起地面塌陷。由此得出在红黏土地层中采用钻爆法施工不可行。

影响饱和红黏土隧洞变形的主要因素有:隧洞埋深、隧洞尺寸、地下水位埋深、饱和红黏土的物理力学性质及厚度、隧洞施工方法等。饱和红黏土具有弱透水性和强持水性,因而具有较高的灵敏度和较大的触变性。盾构法主要依靠泥水压力在开挖过程中起支护作用,且施工过程中不用排水,可保持洞室围岩的水环境稳定,同时该方法可快速封闭围岩,保证洞室围岩稳定,数值分析结果表明采用盾构法施工对周围环境影响较小,满足设计施工要求。故建议采用泥水加压盾构的方法。

参 考 文 献

[1] 榆林黄河东线引水工程可行性研究阶段地质勘察报告[R].西安:陕西省水利电力勘测设计研究院,2018.
[2] 刘军,等.黄土隧道浅埋段施工技术[J].西部探矿工程,2001,13(z1):204-206.
[3] 王志强.甘肃引洮供水工程饱和黄土工程地质研究[J].工程地质学报,2005,12(4):471-476.
[4] 姜洪涛.红黏土的成因及其对工程性质的影响[J].水文地质工程地质,2000,27(3):33-37.
[5] 王毓华.中国红黏土特征及建筑地基工程处理方法[J].西部探矿工程,1996,8(4):6-7.
[6] 张吉波.应用PLAXIS有限元程序分析平硐围岩稳定性[J].长春工程学院学报:自然科学版,2012,13(1):27-31.

牛栏江—滇池补水工程干河泵站岩溶发育规律研究

赵 永 川

云南省水利水电勘测设计研究院，云南 昆明 650021

摘　要：干河泵站是牛栏江—滇池补水工程的重要组成部分，泵站区大面积出露灰岩、白云质灰岩，呈厚层块状，岩溶发育强烈，从地层岩性、地质构造、新构造运动及夷平面、现代河流排泄基准面等方面，研究控制岩溶发育的主要因素，根据岩溶形态、地壳构造运动特征、剥夷面高程、岩溶水动力条件等因素对岩溶发育规律进行分期，研究区域岩溶垂向发育规律及发育强度分带，分析泵站区岩溶垂向发育规律及岩溶发育强度分带，为泵站地下厂房围岩稳定、渗漏、施工涌水等工程地质问题提供基础资料。利用灰岩的差异溶蚀机理，在强岩溶带中寻找岩溶发育弱的"安全岛"作为地下厂房，为防渗设计方案提供依据，为地下厂房安全运行创造条件。

关键词：灰岩　岩溶　排泄基准面　规律　强度

Study on the Karst Development Law of Ganhe Pumping Station of Niulanjiang River-Water Supplement Dianchi Lake Project

ZHAO Yongchuan

Yunnan Institute of Water Resources & Hydropower Engineering Investigation Design and Research , Kunming 650021, China

Abstract：Ganhe pumping station is an important part of Niulanjiang river-water supplement Dianchi Lake project, the outcrop of limestone and dolomitic limestone is large area, the base rock is thick-bedded, and karst is extensively developed, the main controlling factors of karst development is studied from the formation lithology, the geological structure, neotectonic movement, the planation surface, the drainage datum plane of modern rivers. The stage of karst development is divided according to some factors, such as the karst shape, the characteristics of tectonic movement, the elevation of denudation-planation surface, the dynamic condition of karst water. The regional karst and the karst of pumping station on vertical direction is studied, it provides the basic date for the analysis on engineering geological problems, such as surrounding rock stability of underground powerhouse, seepage, water inflow and so on. The difference of karst development of limestone is used to find the weakly karst development safety island, which is used to build underground powerhouse, it provides the basis for anti-seepage scheme, and it create condition for the safe operation of underground powerhouse.

Key words：limestone；karst；drainage datum plane；law；strength

作者简介：

赵永川，1966 年生，男，教授级高级工程师，主要从事水利水电工程地质勘察方面的研究。E-mail：1429553715@qq.com。

0 前言

牛栏江—滇池补水工程属大型山岭区长距离引水工程,是滇池水环境综合治理关键项目之一。工程由德泽水库、干河泵站和输水线路三部分组成。

干河泵站位于德泽水库库区内,距德泽水库坝址 17.7 km(河道距离),泵站枢纽由引水隧洞、进水系统建筑物、地下厂房系统建筑物、出水系统建筑物、地面建筑物五部分组成。泵站设计流量 $Q=23$ m³/s,最大净扬程 233.30 m,设计扬程 221.20 m,装机规模 4×22.5 MW,总装机功率 90 MW,为大(1)型水利水电工程,主泵房距离干河河道约 140 m,埋深约 150 m,低于干河河床 45 m,厂房主洞室长 69.25 m,宽 20.2 m,最大高度 39.15 m,是亚洲单机规模最大的泵站。

泵站区出露碳酸盐岩,具有岩性纯、厚度大、分布连续的特点,岩溶发育强烈[1]。水库正常蓄水位高程 1790 m,死水位高程 1752 m,泵站地下厂房最低取水高程 1710 m,厂房安装高程 1725 m,地下厂房长期在库水位以下运行,低于库水位 28~65 m,存在永久渗漏的工程地质问题,且渗漏量极大,危及厂房安全运行。

泵站地下厂房的地下水位为 1762~1774 m,高于地下厂房开挖区 52~64 m,施工期存在涌水问题,存在施工安全问题。

根据岩溶形态、地壳构造运动特征、剥夷面高程、岩溶水动力条件等因素对岩溶发育规律进行分期,研究区域岩溶垂向发育规律及发育强度分带;研究泵站区岩溶发育规律,分析岩溶垂向发育规律及岩溶发育强度分带,为地下厂房围岩稳定、渗漏、施工期涌水等工程地质问题提供基础资料,为防渗处理方案设计、地下厂房支护提供依据,为地下厂房安全运行提供保障。

1 地质概况

1.1 地形地貌

泵站区的干河为"U"形谷地形,河床高程 1772 m,河流平均比降为 8‰~10‰,河流流向南东,再转向北东,至牛栏江交汇处长约 3.7 km;牛栏江河床高程 1735 m,河流平均比降为 4‰~5‰ 。

干河两岸分布有Ⅰ级阶地,阶面宽 20~45 m,阶面平坦。谷坡陡峭,地形坡度 40°~70°,坡高 100~150 m。两岸谷坡山顶地形一般较缓,地形坡度 5°~25°,分布高程 1926~2032 m,地下厂房位于干河右岸,距离干河河床约 140 m,泵站区以溶蚀中山地貌、构造侵蚀中山~河谷地貌为主,地势整体西高东低。

1.2 地层岩性

以干河泵站为中心,近 100 km² 范围内,绝大多数区域分布碳酸盐岩,局部有玄武岩出露。泵站区出露二叠系下统茅口组(P_1m)地层,岩性为浅灰~深灰色厚层块状灰岩、白云质灰岩,单层厚度大于 2 m,岩性单一,岩层总厚度 400~500 m。

1.3　地质构造

泵站以西约 2 km 为鲁冲～车乌断裂,北起于德泽盆地内,顺车乌槽谷延伸发育,于寻甸海子屯附近交于小江断裂东支,长度大于 80 km,走向 N15°～30°E,总体倾向 NW 向,局部反倾,倾角 50°～85°,宽度约 150 m。角砾岩、糜棱岩、片理化等破碎带较发育,为压性逆冲断层。

泵站区位于白石岩～小河水向斜,轴向近 N30°E,两翼均有次级小褶曲发育,引水隧洞前段位于向斜东翼,岩层总体倾向 SW,产状 N41°W,SW∠4°～9°,岩体较完整;引水隧洞后段及厂房区位于向斜西翼,岩层总体倾向 NE,产状 N87°W,NE∠16°,因有次级小褶曲发育,产状局部有变化,干河泵站区岩体裂隙发育,统计见表 1[1]。

表 1　泵站区岩体裂隙统计

节理类型	走向(°)	倾向(°)	倾角(°)	延伸长度 (m)	裂隙 等级	裂隙特征	性质
①层面	N10～30W	NE 或 SW	9～15	5～80	Ⅳ	面平直粗糙,略起伏,泥钙质膜充填	原生节理
②陡倾角裂隙	N30～58W	SW	85～89	50～200	Ⅲ	面波状起伏,普遍夹泥,溶沟、溶槽多沿节理发育	压扭性
③陡倾角裂隙	N47E～S68E	SE～SW	68～76	5～20	Ⅳ	面粗糙,波状起伏,普遍夹泥	张性
④中倾角裂隙	W～N45W	N～NE	45～59	2～5	Ⅴ	隙面平直,略起伏,泥钙质膜充填	压性

1.4　水文地质

（1）岩溶水系统

泵站区岩性单一,含水介质为裂隙-管道-通道(地下河)共存的三重介质,岩溶水系统分类为地下河系统[2],1695 m 高程以下为相对隔水层,含水层厚度为 65～75 m。

（2）地下水位

泵站区钻孔地下水位 1762～1772.23 m,略低于干河河面水位 1771.50～1772.50 m。

除引水隧洞前段约 1500 m、压力钢管线基础、出水池基础无地下水外,引水隧洞其余洞段、地下厂房区均位于地下水位以下,引水隧洞后段地下水位高于隧洞顶板 0.5～55 m,地下厂房区地下水位高于洞室顶板 12～15 m,高于洞室底板 51～55 m。

（3）岩溶地下水垂直分带

1775 m 高程以上为包气带,1762～1775 m 为季节交替带,1762～1695 m 为压力饱水带,1695 m 高程以下为深部缓流带。

（4）地下水补、径、排关系

干河泵站区内地下水主要接受大气降水补给,补给区位于北部、西部的白石岩～大塘子一带灰岩区,牛栏江为区内最低排泄基准面(高程约为 1735 m),泵站地下厂房区地下水位低于干河水位,岩溶地下水形态为下凹型,说明干河两岸岩溶较强,岩体透水性大。

泵站厂房区勘探斜井深入至地下厂房区中部,从斜井涌水情况分析,地下水主要沿第②组陡倾节理发育的溶隙流出,该组节理走向(NW)与干河流向小角度斜交,以此判断干河右岸地下水主要接受干河上游河水及西侧岩溶地下水补给,并沿该组溶隙向干河下游排泄至伏流(FL1),泵站厂房区为地下水径流区,与干河河水直接水力联系较弱。

2 控制岩溶发育的主要因素

控制岩溶发育的主要因素有地层岩性、地质构造、新构造运动及夷平面、现代河流排泄基准面。

2.1 地层岩性

碳酸盐岩的可溶程度一般用比溶解度表示,比溶解度随岩石中方解石含量的增加而增大,随白云石含量的增大而减小。

从矿物成分及岩性分析,岩溶发育强度有纯灰岩＞白云质灰岩＞灰质白云岩＞白云岩＞不纯(泥质、硅质等)灰岩的特点。

从碳酸盐岩与非碳酸盐岩互层关系分析,岩溶发育强度有连续厚层碳酸盐岩＞夹层型碳酸盐岩＞互层型碳酸盐岩＞非碳酸盐岩夹碳酸盐岩的特点。

从岩石结构、构造分析,岩溶发育强度有厚层块状碳酸盐岩＞薄～中层状碳酸盐岩的特点。

干河泵站区为厚层块状灰岩、白云质灰岩,无非碳酸盐岩夹层。因此,从岩性上分析,岩溶发育强烈。

2.2 地质构造

地质构造(断裂、褶皱、层面、构造裂隙等)对岩溶地下水运移(补、径、排)起控制作用。因此,对岩溶发育强度及方向影响大。

（1）断裂

泵站以西约 2 km 为鲁冲～车乌断裂,角砾岩、糜棱岩、片理化等破碎带较发育,为压性逆冲断层。控制了泉水的出露,控制了碳酸盐岩与非碳酸盐岩的接触,也就控制了岩溶发育方向和强度,控制了刺蓬河岩溶槽谷形成和方向,控制了刺蓬河～干河地下河(FL1)前段的走向。

（2）褶皱

泵站区位于白石岩～小河水向斜轴线以东约 950 m,轴向近南北转北东,向斜核部发育直径约 1 m 的岩溶管道,该管道与扯嘎河～干河地下河(FL2)相通。

（3）层面

层面对岩溶发育有重要作用,例如,干河左岸的 RD1、RD2、RD3 三个溶洞,沿层面发育。

（4）构造裂隙

泵站区主要发育两组陡倾构造裂隙,延伸长,第②组裂隙走向 NW,控制了泵站地下厂房地下水的流向,控制了扯嘎河～干河地下河(FL2)的发育方向。第③组裂隙走向 NWW～SWW,控制了刺蓬河～干河地下河(FL1)中后段的走向,形成了 LSD1、LSD2、LSD3 落水洞。

因此,从地质构造分析,岩溶发育强烈。

2.3 新构造运动及夷平面

工程区新构造运动特征为:整体大面积间歇性掀斜隆升运动、断块差异运动、地震活动[3],其中断块差异运动、地震活动对工程近场区的岩溶发育的影响较小。

工程近场区位于滇中地区,平均海拔 2200 m 左右,是新构造运动时期以来强烈隆起的中高山区,发育多级夷平面,区域地形呈现南高北低、西高东低的特点,主要发育三级夷平面:

① Ⅰ级夷平面,高程 2500～2700 m,牛栏江上游的梁王山、西部的驾车盆地,仅局部残留。

② Ⅱ级夷平面,高程 2200～2400 m,牛栏江上游左岸的李子箐,仅局部残留。

③ Ⅲ级夷平面,高程 1850～2200 m,高程 1850～1900 m 多为构造盆地,例如,沾益—曲靖盆地(1860～1880 m)、寻甸盆地、功山盆地(1850 m)、嵩明盆地(1890 m)。高程 2000～2200 m 山顶平缓地形,例如,牛栏江东岸(右岸)高程多为 2000～2100 m,牛栏江西岸(左岸)高程多为 2100～2200 m。

干河发育两级阶地,是新构造运动时期以来中强隆起的中山区,多级夷平面及多级阶地的存在,说明近场区的整体抬升具有多期性、间歇性特征,第四系地壳隆升平均速率为 0.7～1.5 mm/a[3]。

当地壳运动处于相对稳定时,形成了夷平面和阶地,从而控制了地下水的排泄高程,控制了岩溶的发育强度,以水平岩溶为主;当地壳隆升时,岩溶发育以垂直岩溶为主;水平岩溶与垂直岩溶易形成统一的岩溶管道系统,例如,刺蓬河～干河地下河(FL1)。

2.4 现代河流排泄基准面

干河曾经是地下水的排泄面,由于牛栏江下切及地壳抬升,现为悬托河。牛栏江是地下水的排泄基准面,泉水在两岸排出地表,均高于或接近河床高程,表明排泄基准面控制了岩溶的形成与发育。

岩溶发育对于河谷排泄基准面的适应性,主要表现在岩溶发育空间上的成层性及深部强岩溶,由于牛栏江下切速度较快,地壳抬升速度也较快,阶地仅局部残留,水平溶洞较少,成层性不明显。牛栏江深部强岩溶下限在河床高程以下约 50 m。

对于干河,两岸岩溶的成层性较明显:①Ⅰ级阶地后缘,为刺蓬河～干河地下河(FL1)出口,高程 1773.2 m,高于河床 2～3 m,由于牛栏江下切及地壳抬升,出口也向深部下切,形成季节性地下河。②出露 RD1、RD2、RD3、RD4 溶洞,高程为 1788.3~1791.3 m,高于干河河床 18~21 m,为干河的Ⅱ级阶地,河流下切变为干溶洞。

泵站区在 1720~1730 m 高程发育多条大小为 0.5~1.0 m 岩溶管道,为深部循环带岩溶,深部循环带强岩溶下限为牛栏江河床高程以下约 50 m,即为 1680 m。

3 岩溶发育规律

3.1 岩溶形态

(1)地面岩溶形态

溶沟、溶槽、溶缝、石芽、落水洞、洼地、水平洞或斜洞常见于岩溶台地、山体表面及斜坡地带,泵站区地表岩溶形态见表 2。

表 2 泵站区地表岩溶形态特征

编号	位置	形态	高程(m)	规模	特征
RD1	泵站北东约 400 m	水平溶洞	1788.3	高 0.8~1.0 m、宽 1.0~1.5 m、可见深 1.0~1.5 m	无充填,局部有钙华堆积,无水
RD2	泵站东部约 490 m	水平溶洞	1790.3	高 1.0~1.3 m、宽 1.5~2.0 m、可见深 1.5~2.0 m	无充填,局部有钙华堆积,无水
RD3	泵站南东约 530 m	水平溶洞	1791.3	高 1.5~1.8 m、宽 2.0~3.0 m、可见深 2.0~4.0 m	无充填,局部有钙华堆积,无水
RD4	泵站南约 360 m	水平溶洞	1788.9	高 1.5~2.5 m、宽 3.0~5.0 m、可见深 3.0~4.0 m	无充填,局部有钙华堆积,无水
LSD1	泵站西部区约 1000 m	落水洞	1976.6	可探深>20 m ϕ 6.4~8.0 m	上部无充填,下部溶蚀角砾、钙华、黏土半充填
LSD2	泵站西部区约 660 m	落水洞	1938.2	可探深>15 m ϕ 3.6~4.0 m	上部无充填,下部溶蚀角砾、钙华、黏土半充填
LSD3	泵站西部区约 550 m	落水洞	1921.1	可探深>2 m ϕ 3.1~4.0 m	上部碎石土,下部溶蚀角砾、钙华、黏土半充填

(2)地下岩溶形态

地下主要岩溶形态为:①溶孔;②溶隙;③溶洞;④暗河(白石岩~小河水向斜轴部的岩溶管道);⑤地下河:刺蓬河~干河(FL1)地下河、扯嘎河~干河(FL2)地下河;地下岩溶形态见表 3、表 4。

表 3　泵站区地下河特征

编号	位置	形态	高程(m)	走向	规模	特征
AH1	泵站东部约960 m	暗河	1735(与引水洞交叉位置)	近SN	大小1.1 m	无充填,有地下水,平均坡降约2%
FL1	泵站南部约70 m	地下河	进口2067.0 出口1773.2	前段NE,中后段近EW	出口:高1.8 m 宽2.0 m	无充填,季节性伏流,平均坡降约5%
FL2	泵站北部约940 m	地下河	进口1800.0 出口1780.0	NW	出口:高15.0 m 宽5.0 m	无充填,有钟乳石、钙华,常年伏流,平均坡降约2.5%

表 4　泵站区钻孔岩溶特征

编号	孔口高程(m)	较大岩溶形态及高程(m)	特征
BZK03	1894.95	小溶洞1个,1818.55～1819.55	掉钻,无充填
BZK04	1871.74	小溶洞2个,1715.74～1715.84、1704.54～1704.84	掉钻,无充填
BZK05	1856.25	陡倾宽大溶隙,1772.25～1772.85	泥钙质半充填
BZK06	1876.42	溶洞2个,1770.82～1771.32、1703.62～1707.32	泥钙质半充填
BZK12	1922.68	溶洞1个,1901.03～1906.33	掉钻,无充填
BZK13	1988.35	溶洞1个,1957.90～1958.45	掉钻,无充填
BZK15	1886.90	溶洞2个,1685.40～1686.00、1681.40～1682.40	黏土半充填
BZK16	1848.80	溶洞2个,1819.40～1819.70、1817.20～1817.50	泥钙质半充填
BZK17	1871.50	溶洞2个,1780.30～1780.80、1774.25～1775.40	泥钙质半充填
BZK18	1883.00	溶洞3个,1749.20～1751.60、1744.70～1748.90、1736.60～1738.00、1729.50～1733.35、1726.00～1727.40、1720.80～1723.30、1704.47～1705.70	泥钙质半充填或无充填
BZK02	1818.50		
BZK07	1860.94		

3.2　岩溶发育分期

（1）区域岩溶发育分期

第三纪以前的古岩溶局部残留在3000 m以上的峰面上,大多为后期沉积物充填[6]。第三纪以来的新岩溶处于亚热带湿润气候型岩溶--中山山地岩溶区之高原岩溶亚区,根据岩溶形态、地壳构造运动特征、剥夷面高程、岩溶水动力条件等因素将区域岩溶发育分为师山期、昭鲁期、金沙江期[4]。

① 师山期（N）：高程为2500～2700 m，位于Ⅰ级夷平面与Ⅱ级夷平面之间，岩溶发育强烈，主要岩溶形态为丘峰溶原、峰丛洼地、溶沟、溶槽、溶缝、石芽、落水洞、洼地等常见，主要发育在泵站的西北部。

② 昭鲁期（E）：高程为2000～2200 m，位于Ⅱ级夷平面与Ⅲ级夷平面之间，岩溶发育强烈，主要岩溶形态溶沟、溶槽、溶缝、石芽、落水洞（泵站西部）、洼地（泵站西部、牛栏江右岸的峰丛洼地）、溶蚀槽谷（如刺蓬河溶蚀槽谷）、溶洞、伏流（如田坝乡附近的伏流、刺蓬河～干河伏流进口）等常见，水平岩溶管道系统、垂直岩溶管道系统及垂直～水平岩溶管道系统广泛出露。

③ 金沙江期（Q）：高程为1730～2000 m，位于Ⅲ级夷平面之下与牛栏江河床之间，岩溶发育强烈，主要岩溶形态溶沟、溶槽、溶缝、石芽、落水洞（泵站西部）、溶洞（泵站附近的水平溶洞）等常见。伏流极发育，刺蓬河～干河地下河、扯嘎河～干河地下河、八哥洞～穿河洞地下河、鲁哥洞～老鸦洞地下河等，还发育白石岩～小河水向斜轴部的暗河管道。水平岩溶管道系统、垂直岩溶管道系统及垂直～水平岩溶管道系统广泛出露。地下河及分支管道、暗河或与昭鲁期岩溶连通或与河床深部循环带岩溶连通。

（2）干河泵站地下厂房岩溶发育分期

干河泵站地下厂房地面高程1760～2000 m，水泵最低高程1710 m，工程区为金沙江期岩溶（Q），高程1730 m以上以垂直～水平岩溶管道系统为主，岩溶发育强烈，例如，刺蓬河～干河地下河（FL1）。高程1730 m以下为深部循环带岩溶，强岩溶带下限为牛栏江河床以下35 m，为1695 m。

3.3 岩溶发育强度分带

（1）区域岩溶发育强度分带

岩溶发育强度分带是对金沙江期岩溶及深部循环带岩溶在垂向上进行分带，根据岩溶发育强度、形态、岩溶水动力条件划分为强岩溶带、弱岩溶带、微岩溶带[1]。2000～1695 m为强岩溶带，1695～1600 m为弱岩溶带，1600 m以下为微岩溶带。

（2）干河泵站地下厂房岩溶发育强度分带

干河泵站地下厂房位于1725～1755 m，根据上述岩溶发育强度分带，地下厂房位于强岩溶带区，施工涌水量极大，防渗处理难度极大，厂房运行安全得不到保障。为此，在强岩溶带中寻找岩溶发育弱的"安全岛"，成为地质工程师的首要工作。

泵站地下厂房区的地质构造为层面及构造裂隙，岩性为灰岩、白云质灰岩，根据灰岩的差异溶蚀机理，在强岩溶带中有可能寻找岩溶发育弱的"安全岛"作为地下厂房。

根据地表工程地质测绘、钻探、物探、现场测试、平硐、斜井等勘探手段，结合伏流、暗河、溶洞分布高程进行岩溶发育强度分带。

地下厂房区除BZK06、BZK15、BZK18钻孔外，其余钻孔溶洞、溶隙高程多高于1760 m，BZK04孔溶洞规模小（0.1～0.3 m），另有两个钻孔无溶洞及宽大溶隙发育。分析认为，泵站地下厂房西部的BZK06、BZK15、BZK18钻孔附近为构造节理密集带，距离刺蓬河～干河伏流较近，为岩溶向深部发育创造了条件（溶洞最低高程1681.40 m）。因此，地下厂房西端应距离BZK06钻孔65 m以上。

根据以上分析,选定的泵站地下厂房岩溶发育强度分带为:1760 m 以上为强岩溶带,1760～1695 m 为弱岩溶带,1695 m 以下为微岩溶带。泵站地下厂房位于弱岩溶带内,防渗设计采用帷幕灌浆,四周采用三排孔,高压灌浆,厂房底部采用帷幕灌浆,与四周帷幕连成一体;厂房顶部采用排水孔。灌浆标准为 $q \leqslant 5$ Lu,深入弱岩溶带内 5 m,灌浆底界为 1690 m。通过避开强岩溶带和防渗处理,为厂房安全运行创造了条件。

4 结语

(1)泵站地下厂房为厚层块状灰岩,岩性纯、厚度大、分布连续。

(2)灰岩岩溶的差异作用明显,对流溶蚀起主要作用;白云岩为整体溶蚀,非同比扩散溶蚀起主要作用。

(3)控制岩溶发育的主要因素有地层岩性、地质构造、夷平面、现代河流排泄基准面。

(4)泵站区岩溶形态复杂多样,伏流、暗河发育。

(5)泵站地下厂房在区域上属强岩溶带,通过岩溶发育规律研究,在强岩溶带中寻找岩溶发育弱的"安全岛",作为地下厂房的位置。

(6)避开强岩溶带,采用合理的防渗处理措施,为厂房安全运行创造了条件。

参 考 文 献

[1] 陈绩,陈兴聪.云南省牛栏江—滇池补水工程初步设计报告· 工程地质[R].昆明:云南省水利水电勘测设计研究院,2011.

[2] 韩行瑞.岩溶水文地质学[M].北京:科学出版社,2015.

[3] 常祖峰,杨向东,尹心方.云南省牛栏江—滇池补水工程场地地震安全性评价报告[R].昆明:云南省地震工程研究院,中国地震局地壳应力研究所,2008.

[4] 邹成杰,张汝清,光耀华,等.水利水电岩溶工程地质[M].北京:水利电力出版社,1994.

[5] 赵永川,张正平.新构造运动对杞麓湖调蓄水隧洞围岩稳定的影响[J].资源环境与工程,2015,29(5):636-639.

[6] 李庆松,郭纯清,田毅,等.云南省牛栏江—滇池补水工程库区、泵站及输水线路(干河—糟家湾段)岩溶水文地质专题研究报告[R].桂林:中国地质科学院岩溶地质研究所,桂林理工大学,云南省水利水电勘测设计研究院,2009.

白龙江巨型滑坡泄流坡变形机理及堵江研究

杜　飞　焦振华　张思航

陕西省水利电力勘测设计研究院，陕西 西安　710001

摘　要：泄流坡滑坡位于甘肃白龙江左岸，该滑坡一直处于蠕滑变形阶段，为巨型岩质滑坡。根据野外调查，由于滑坡规模巨大，将滑坡分为四个区，即滑坡Ⅰ区～滑坡Ⅳ区。通过对滑坡各区的基本特征进行分析，各个分区的变形破坏机制不尽相同：滑坡Ⅰ区、滑坡Ⅳ区主要以蠕滑拉裂型推移式为主，滑坡Ⅲ区主要以蠕滑-拉裂型牵引式为主，滑坡Ⅱ区为蠕滑-拉裂型牵引-推移复合式。并采用极限平衡法对滑坡整体及各分区进行稳定性分析。在上述分析的基础上，采用离散元法对泄流坡滑坡堵江的可能性进行研究分析，为后期泄流坡滑坡及同类滑坡的治理提供重要的参考。

关键词：滑坡　蠕滑拉裂　离散单元法　堵江

Research on Deformation Mechanism and Blocking the River of Bailong River the Giant Landslide Slope

DU Fei　JIAO Zhenhua　ZHANG Sihang

Shanxi Province Institute of Water Resources and Electric Power Investigation and Design，Xi'an 710001，China

Abstract：Discharge on the left bank slope landslide is located in the Bailong river in Gansu Province，the landslide has been in the stage of creep deformation，giant rock landslides. Based on field investigation，due to the massive landslide，the landslide is divided into four areas，namely，landslide Ⅰ～Ⅳ area. Through the analysis of the basic characteristics of the landslide districts，the deformation failure mechanism of each partition is not the same：Ⅰ landslide area，landslide Ⅳ area are mainly composed of creep cracking on type，landslide Ⅲ area are mainly composed of creep cracking traction type，type landslide Ⅱ area for creep cracking traction-goes on compound. And the limit equilibrium method for landslide stability analysis as a whole and each partition. On the basis of above analysis，the discrete element method is adopted to discharge analysis of the possibility of slope landslide blocking river，late for discharge and slope landslide similar landslide governance provides the important reference.

Key words：the landslide；creep-cracking；discrete element method；blocking the river

0　引言

　　滑坡是山区比较常见的突发性地质灾害，滑坡发生通常会破坏道路、堵塞河道、毁坏农田，甚至引发泥石流等次生灾害，给人民生命财产造成重大的损失[1]。鉴于山区滑坡频发及其造成极大的威胁，国内外不少学者专家对滑坡进行专门的研究。张倬元等[2]从边坡破坏的地质力学模式出发，将斜坡变形破坏力学机制模式分为蠕滑-拉裂、滑移-压致拉裂、滑移-拉裂、滑移-弯曲、弯曲-拉裂、塑流-拉裂六种模式；黄润秋[3]总结了 20 世纪以来国内大型滑

作者简介：

　　杜飞，1988 年生，男，助理工程师，从事岩土体稳定性及环境工程效应的研究工作。E-mail：dufei20080901@163.com。

坡发生的地质-力学模式。我国对滑坡堵江的研究相对比较晚,研究成果相对较少,符文熹等[4]对堵江滑坡作坝主要工程地质问题及实例进行了研究;聂德新等[5]对滑坡高速下滑成因机制及堵江进行了详细的分析;刘惠军等[6]分析了一个由两岸滑坡共同作用形成的滑坡坝的成因机制,对滑坡堵江成坝后,洪水漫坝的可能性进行了计算预测;柴贺军等[7,8]以崛江上游的典型河段为例,将模糊综合评判应用于滑坡堵江的区域危险度评判。在前人对滑坡研究的基础上,本文拟对泄流坡滑坡变形机理及其堵江的可能性进行研究分析,为滑坡的治理提供一定参考价值。在定性分析的基础上,结合刚体极限平衡法进行滑坡稳定性分析,再运用 UDEC 离散元数值方法,对该滑坡的堵江的全过程做了预测分析。

1 滑坡概况

1.1 滑坡形态特征

该滑坡体整体呈长舌状,中部、下部及前缘呈条形状,滑坡整体沿东-西向展布,整体上呈现上陡下缓,高程 1300～2300 m;前后缘相对高差 800 m,全长 2700 m,平均宽度 480 m,厚度约 45 m,体积约 $8.6×10^7$ m³,属于巨型岩质滑坡。因滑坡规模巨大,将滑坡进行分区,即滑坡Ⅰ区～Ⅳ区(图 1)。

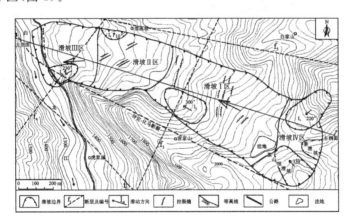

图 1　泄流坡滑坡全貌

1.2 坡体结构特征

滑体主要由两层岩土体组成,下部以较破碎的千枚岩、炭质板岩的碎块石体为主,上部主要为黄土状亚砂土、碎石土,局部基岩出露。滑坡体表层、上下游边界以碎石土、黄土状亚砂土、粉质黏土(图 2～图 3);滑床的岩性主要为千枚岩和炭质板岩,岩层产状 349°∠70°,为陡倾斜向层状结构(图 4);滑带岩性主要为千枚岩、炭质板岩碎屑。

图 2　炭质板岩碎屑

图 3　千枚岩碎屑

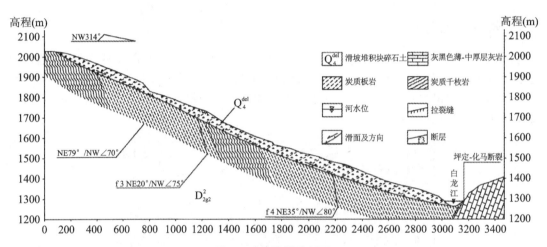

图 4　泄流坡滑坡剖面

2　滑坡变形机理分析

根据野外地质调查,因泄流坡滑坡规模巨大,各区的破坏机理各不相同,分析如下:

(1)蠕滑-拉裂型推移式

滑坡Ⅰ区:坡体中横向拉裂缝较为发育,且两侧陡壁崩落严重;根据现场调查,相连的这两个区(Ⅰ区与Ⅳ区)处于不断增加荷载的过程,进而促使滑坡体滑动;随着时间的累进,坡体厚度不断增加,在其自重作用下,不断的挤压下部变形,使得坡表面呈"波状"起伏,导致在坡体表面形成数条明显的拉裂缝。在这种"主动推力"的作用下,在各种地质作用下,最终发生滑移。

(2)蠕滑-拉裂型牵引式

滑坡Ⅲ区:除自身重力作用,主要为前缘白龙江流的冲蚀作用,河水位反复的涨落,不断降低土体的强度力学参数,同时白龙江冲蚀作用使前缘临空面不断变陡,为滑坡体前缘的滑动提供理想的临空面,加剧前缘滑塌。据现场调查,前缘坡体发育的拉裂缝,其走向基本与滑坡滑动的方向垂直,且在滑坡前缘紧邻公路地方出现滑移和垮塌。随着前缘的滑动,滑动迹象逐渐向后延伸,反复循环,最终整体以牵引式滑塌为主(图5~图6)。

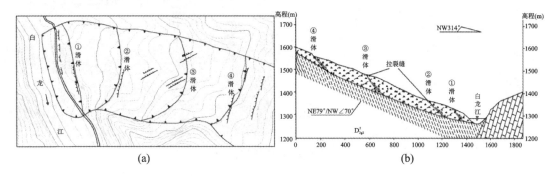

图 5　前缘渐进后退式示意

(a)平面图;(b)剖面图

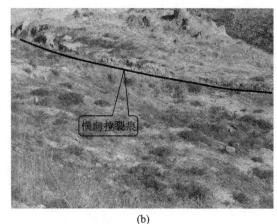

(a) (b)

图 6　前缘"渐进式"横向拉裂痕

(3) 蠕滑-拉裂型推移-牵引复合式

滑坡Ⅱ区:在Ⅰ区"推力"作用下,强烈推挤Ⅱ区,坡体积压开裂明显,该区上部主要表现为推移式,受地形及Ⅱ区滑移方向改变而受阻,从而造成应力集中,滑坡体厚度不断增大的现象;同时,该区受地形变陡及类似瓶颈效应造成应力集中的作用,坡体出现强烈变形破坏并出现浅表层滑移拉裂、坡表隆起(图7);同时,与该区紧邻的Ⅲ区主要以牵引式蠕滑-拉裂为主,这种"牵引力"牵引着Ⅱ区的下部发生滑动。在"推力"和"牵引力"共同作用下,使得Ⅱ区表现为推移-牵引复合式蠕滑-拉裂模式。通过现场调查,坡体中拉张裂缝发育,为地表水的入渗进一步提供了有利条件,雨水通过裂缝进入坡体,对岩土体产生动静水压力,同时导致力学性质降低,促使拉裂缝不断扩张向更深处延伸,直至潜在滑动面,造成潜在滑动面剪应力不断集中,最后贯穿产生滑动(图8~图9)。

综上所述,泄流坡滑坡整体处于缓慢蠕滑-拉裂阶段;各区的变形机理不尽相同,Ⅰ区~Ⅳ区变形机理分别为蠕滑-拉裂型推移式、蠕滑-拉裂型牵引-推移复合式、蠕滑-拉裂型牵引式、蠕滑-拉裂型推移式。

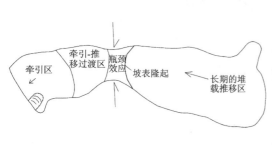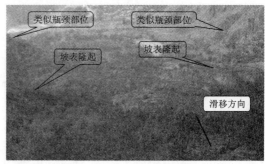

图 7 滑坡空间"瓶颈"效应示意

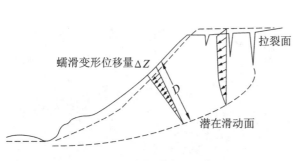

图 8 蠕滑-拉裂变形示意

图 9 蠕滑-拉裂变形迹象

3 滑坡堵江数值模拟分析

3.1 泄流坡滑坡稳定性研究

该滑坡属于巨型滑坡、典型的分级蠕滑-拉裂变形破坏模式,从地貌形态演变、地质条件对比、分析滑动因素的变化和变形迹象等方面综合分析,定量的判定滑坡的整体及各部分的稳定性。

3.1.1 计算剖面及工况的确定

在泄流坡滑坡分区的基础上,根据泄流坡滑坡的变形破坏特征,将泄流坡滑坡分为 $Ⅰ_1$、$Ⅱ_1$、$Ⅱ_2$、$Ⅲ_1$、$Ⅲ_2$ 级滑体(图 10),并对泄流坡滑坡整体及各次级滑体的稳定性进行计算。其中,计算工况选取:工况 1:天然状态;工况 2:天然状态+暴雨;工况 3:天然状态+地震。

3.1.2 计算参数选取

结合室内试验、工程类比,滑带土的 c、φ 值采用试验数据、经验数据法对比综合确定。最终确定泄流坡滑坡滑带土抗剪强度指标见表 1。

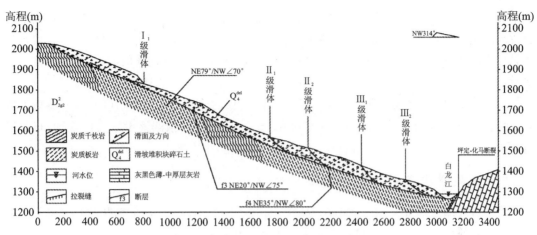

图 10　泄流坡滑坡主剖面及次级滑体

表 1　模型中各类材料的计算参数值

参数	重度 ρ （MN/m³）	变形模量 （GPa）	泊松比 ν	内聚力 c （MPa）	摩擦角 φ （°）	抗拉强度 （MPa）
基岩	0.027	10	0.24	1.0	43	1.5
滑体	0.024	0.5	0.33	0.080	27	0
滑带	0.021	0.25	0.35	0.030	20	0

3.1.3　计算结果分析

　　通过计算滑坡体的稳定性（采用极限平衡法），定量判断泄流坡滑坡体所处的状态,计算成果见表 2。

表 2　泄流坡滑坡稳定性计算结果

计算剖面	计算工况和稳定性评价					
	天然	稳定性评价	暴雨	稳定性评价	地震	稳定性评价
整体	1.113	基本稳定	1.069	基本稳定	1.045	欠稳定
Ⅰ₁级滑体	1.056	基本稳定	1.022	欠稳定	0.985	不稳定
Ⅱ₁级滑体	1.087	基本稳定	1.035	欠稳定	1.001	欠稳定
Ⅱ₂级滑体	1.065	基本稳定	1.029	欠稳定	0.998	不稳定
Ⅲ₁级滑体	1.052	基本稳定	1.015	欠稳定	0.999	不稳定
Ⅲ₂级滑体	1.049	欠稳定	0.976	不稳定	0.955	不稳定

3.2　泄流坡滑坡历史堵江分析及预测

　　泄流坡滑坡历史上曾发生过六次堵江[7],最为严重的是 1981 年 4 月 18 日。此次滑动规模较大,滑动土石方量约 2.5×10^6 m³。由于前缘滑动面位于白龙江河床以下,滑坡推力导致河床上拱,过水断面严重变窄,最窄处水面宽仅 5~10 m,形成了水深约 22 m,蓄水达 13×10^6 m³,回水长约 4.5 km 的天然水库,按照滑坡体积大小和堵江时间,该滑坡堵江为中型、短期堵江。

根据前文稳定性分析,分析预测泄流坡可能失稳的体积约 2.15×10^7 m³,失稳规模巨大,加之滑坡前缘白龙江河道较窄,宽度约 60 m,水流较缓。预测该滑坡再次启动,很有可能造成堵江。

3.3 泄流坡滑坡堵江研究分析

本文滑坡堵江研究采用了离散单元法(UDEC)模拟泄流坡滑坡在突然外力作用下的变形破坏过程,诠释了泄流坡滑坡在受到突然的外力作用时,滑坡体本身可能会发生的一系列物理变化。

3.3.1 计算模型建立

根据前文对泄流坡滑坡稳定性分析,最可能直接造成堵江危害有:Ⅱ₁、Ⅱ₂、Ⅲ₁、Ⅲ₂,这些次级滑体最可能造成白龙江堵江。为了直观地、理想地诠释泄流坡滑坡堵江的过程,本次模型建立主要以Ⅱ₁级滑体(图 11)为研究对象。

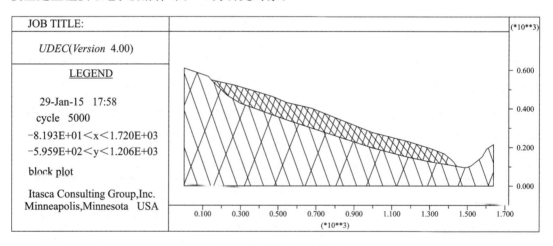

图 11 数值模拟概念模型

本次数值模拟计算泄流坡滑坡堵江,是在突然外力作用下,对泄流坡滑坡堵江情况进行了预测分析,其中,数值计算模型边界是四周生成自由场,主体网格的侧边界通过阻尼器与自由场网格进行耦合,自由场网格的不平衡力施加到主体网格的边界上;据门玉明等学者的研究结论,水平地震作用力对边坡造成的危害是主要的[9,10]。因此,本次离散元数值模拟不考虑竖直方向的动力荷载,仅考虑水平方向的动力荷载。根据研究对象的具体情况,综合考虑各种因素,本次计算模型底部输入的动力荷载采用"5·12"汶川地震时距离研究对象较近的文县台网监测到的地震波。地震的加速度时程曲线如图 12(a)所示。

离散单元法是针对节理发育的岩体提出的,其网格单元的划分根据节理的自然切割状

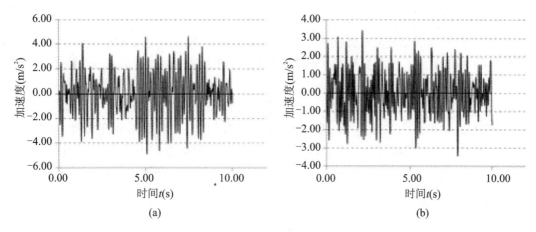

图 12　地震加速度时程曲线

(a)水平加速度时程曲线;(b)垂直加速度时程曲线

况确定[所研究的泄流坡滑坡,其中下伏基岩(滑床)为千枚岩和炭质板岩互层,上覆(滑体)岩性主要有青灰色千枚岩、黑灰色炭质板岩碎屑和黄土状亚砂土、碎石土混合组成,进行数值模拟时,对模型进行了简化];因此,对泄流坡滑坡根据实际情况,选择层面以及与层面几乎接近垂直的一组结构面来离散化计算块体,划分计算单元及建立计算模型(图 11);滑坡体被分割成 314 个单元,计算单元的尺寸根据实际的层厚及节理间距来确定。滑面以下的基岩(板岩和千枚岩互层)部分作为固定单元处理,整个计算过程中不发生位移。

3.3.2　计算参数选取

本次数值模拟计算时,计算块体之间采用边-角接触关系,反映模型变形特征的力学参数有结构面的法向、切向刚度系数及接触面摩擦系数(接触面和节理);这些参数虽然有明显的物理含义,但都很难通过室内或者现场试验方法确定;对计算模型岩土体的物理力学参数可按试验法取值[11](表 3),并参考工程地质手册综合取值,在本次数值模拟计算中所需的节理和层面的力学特性指标[12](表 4),由经验法、工程地质类比法等综合确定,并在数值模拟计算的过程中进行适当调整,从而获得比较理想的计算成果,主要计算模型参数见表 3、表 4。

表 3　岩土体物理力学参数

地质体类型	天然密度(kg/m^3)	黏聚力(MPa)	内摩擦角(°)	体积模量(GPa)	剪切模量(GPa)
基岩	2700	1.0	43	5.94	32
滑体	2400	0.08	27	2.78	3.1

表 4　结构面力学特性指标表

接触面			节理			
摩擦系数	法向刚度(MPa)	切向刚度(MPa)	摩擦系数	法向刚度(MPa)	切向刚度(MPa)	内聚力(kPa)
0.3	2000	200	0.2	1000	60	0

3.3.3 堵江预测分析

根据上述所建泄流坡滑坡概化模型,对泄流坡堵江滑坡在突然受到外力作用时的运动过程进行了数值模拟。根据数值模拟结果,可将泄流坡滑坡堵江过程分成四个阶段。

第一阶段:滑坡启动阶段,当数值模拟计算到 65000 步时,仅仅在自身重力作用下的泄流坡滑坡,保持基本稳定状态;当突然给泄流坡滑坡施加外力作用,在泄流坡滑坡体自身重力以及突然施加的外力作用下,该滑坡体后缘块体慢慢地出现浅表部的蠕滑-拉裂变形(图 13),滑坡体中部逐渐开始变形,滑坡中部和滑坡前缘暂时没有出现明显的变形迹象。

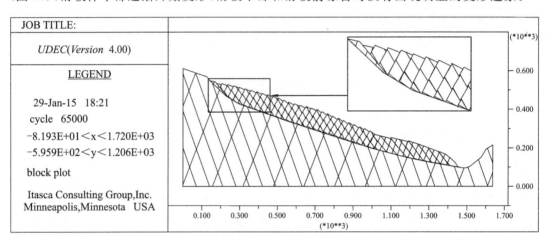

图 13 启动示意

第二阶段:滑坡启动及变形阶段,当数值模拟计算到 200000 步时,随着滑体的蠕滑-拉裂变形由浅及深,滑体变形不断增大,滑坡前缘出现轻微的鼓胀(图 14);后缘及中部滑体继续发生变形,伴随着滑坡体物质随时间发生的位移,造成锁骨段的应力不断地集中;随着时间的推移,导致锁骨段发生渐近性破坏,随着破坏程度的加剧坡体自身的锁骨段变得越来越短,同时后缘出现明显的拉裂缝,以及出现局部的部位错落。

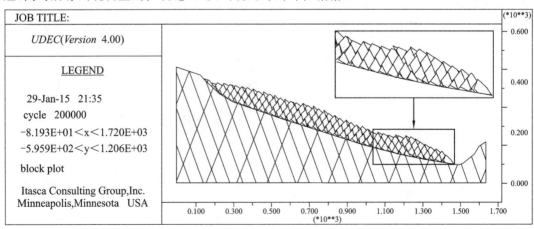

图 14 启动阶段块体运动示意

第三阶段：随着块体的运动，当数值模拟计算到 700000 步时，滑坡体中后部也开始向前滑移，后缘的拉裂缝加剧、错落进一步加深，中部的滑体变形不断增大，前缘滑体鼓胀加剧，同时锁骨段明显被破坏，在自身重力作用下以及中后部滑体的下滑推力作用下，前缘坡体发生明显位移，部分滑体已经滑入河谷（图 15），对河床及白龙江水流造成一定影响，局部河床抬高，并且该段河面宽度变小，水流加剧。

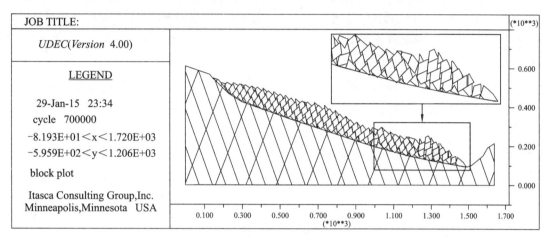

图 15　堵江阶段块体运动示意

第四阶段：滑坡堵江和停滞阶段，当数值模拟计算至 1000000 步时，在前缘滑体滑入河谷，为中后缘滑体提供了比较理想的临空条件，中后缘滑体以牵引式继续下滑，继而给前缘滑体一个"推力"，使得前缘滑体完全滑入河床，滑移过程滑体物质比较松散；当滑坡运动停止，达到新的稳定状态时，这时候的滑坡体物质会在自身重力作用下有个压密的过程——压实作用，同时在被堵塞的河道中必然会形成一道天然堆积坝，将白龙江水流截断，最终造成白龙江完全堵江（图 16）。

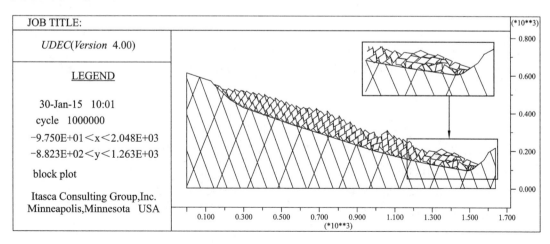

图 16　滑坡堵江和停滞阶段

4 结论

（1）泄流坡滑坡体整体呈长舌状，呈现上陡下缓，前后缘相对高差 800 m，全长 2.7 km，平均宽度 0.5 km，平均厚 45 m，体积约 8.6×10^7 m³，属于巨型岩质滑坡。

（2）由于为巨型滑坡，根据滑坡地形及变形破坏将滑坡分为 4 个区：滑坡 Ⅰ 区、滑坡 Ⅱ 区、滑坡 Ⅲ 区、滑坡 Ⅳ 区，各区变形机制各不相同：Ⅰ 区、Ⅳ 区以蠕滑-拉裂型推移式为主，Ⅲ 区主要以蠕滑-拉裂型牵引式为主，Ⅱ 区受上述两者的影响其破坏机制为蠕滑-拉裂型牵引-推移复合式。

（3）在定性分析的基础上，根据极限平衡法，对滑坡及各次级滑坡进行了稳定性分析，定量对滑坡及各次级滑坡进行稳定性评价：滑坡整体处于基本稳定，各次级滑坡处于欠稳定～不稳定。

（4）在定性和定量分析基础上，采用离散单元法（UDEC）数值模拟，对滑坡堵江过程进行了预测，整个过程诠释了泄流坡滑坡在受到突然的外力作用（地震作用）时，滑坡体本身可能会发生一系列的物理变化。

参 考 文 献

[1] 吴玮江,王念秦.甘肃滑坡灾害[M].兰州:兰州大学出版社,2006.

[2] 张倬元,王士天,王兰生,等.工程地质分析原理[M].北京:地质出版社,2009.

[3] 黄润秋.20 世纪以来中国的大型滑坡及其发生机制[J].岩石力学与工程学报,2007,26(3):434-438.

[4] 符文熹,聂德新,任光明,等.堵江滑坡作坝主要工程地质问题及实例[J].地质灾害与环境保护,1999,10(1):52-58.

[5] 周洪福,韦玉婷,聂德新,等.黄河上游戈龙布滑坡高速下滑成因机制及堵江分析[J].工程地质学报,2009,17(4):484-490.

[6] 刘惠军,聂德新.一个由左右岸滑坡形成的滑坡坝成因机制分析[J].工程地质学报,2004,12(03):303-306.

[7] 柴贺军,刘汉超,张倬元.中国堵江滑坡发育分布特征[J].山地学报,2000,18(增):51-54.

[8] 柴贺军,刘汉超,张倬元.中国堵江滑坡的分布、成因和基本特征研究[J].成都理工学院学报,2000,27(3):0302-0307.

[9] 门玉明,彭建兵,李寻昌.层状结构岩质边坡动力稳定性试验研究[J].世界地震工程,2004,20(4):131-136.

[10] 侯红娟,许强,刘汉香,等.不同方向地震动作用下水平层状边坡动力响应特性[J].地震工程与工程震动,2013,33(2):214-220.

[11] 常士骠,张苏民.工程地质手册[M].北京:中国建筑工业出版社,2006.

[12] 原俊红.白龙江中游滑坡堵江问题研究[D].兰州:兰州大学,2007.

镇江市跑马山古(老)滑坡再滑动机制分析

张　政[1]　阎长虹[1]　刘　羊[1]　许宝田[1]　刘宝田[2]　王　威[2]　郜泽郑[1]　谈金忠[3]

1.南京大学地球科学与工程学院,江苏 南京　210023;
2.江苏省地质矿产勘察局第三地质大队,江苏 镇江　212001
3.江苏省地质矿产勘察局第一地质大队,江苏 南京　210041

摘　要:近年来随着长江下游地区的极端强降雨天气的增多,缓坡地形的蠕动滑坡越来越多。本文以镇江市跑马山滑坡为例,从场地的地形地貌、边坡体地质结构及水文地质特征角度,结合自动化变形监测,对滑坡变形阶段和成因机制进行分析。初步认为该边坡为古(老)滑坡体,古(老)滑坡的滑动带的土体较松散,为地下水的渗透及赋存提供了空间,强降雨和不合理的人为工程活动是诱发再次活动的关键。

关键词:跑马山　滑坡机制　古(老)滑坡　变形监测

Analysis of the Reactivation Mechanism of Ancient(Old) Landslide for Paoma Mountain in Zhenjiang City

ZHANG Zheng[1]　YAN Changhong[1]　LIU Yang[1]　XU Baotian[1]
LIU Baotian[2]　WANG Wei[2]　GAO Zezheng[1]　TAN Jinzhong[3]

1. School of Earth Sciences and Engineering, Nanjing University, Nanjing 210023, China;
2. The Third Geological Ground of Bureau of Mine and Geology of Jiangsu Province, Zhenjiang 212001, China;
3. The First Geological Ground of Bureau of Mine and Geology of Jiangsu Province, Nanjing 210041, China

Abstract:In recent years, with an increasing number of the extremely heavy rainfall in the lower reaches of the Yangtze River, more and more creep landslide of gentle slope topography appeared. This paper takes the landslide for Paoma Mountain in Zhenjiang city, for example. Based on the landform, hydrogeological and engineering geological characteristics, and automatic deformation monitoring, we analyzed the deformation state and genetic mechanism of the landslide. As a result, it is preliminarily considered that the ancient(old) landslide mass is the geomorphological foundation, the loose soil of the slip zone (or weak structural plane) provides space for groundwater penetration and groundwater storage, the heavy rainfall and the unreasonable manmade projects is the predisposing factor. And the ancient landslide is the key of the landslide reactivation.

Key words:Paoma Mountain; landslide mechanism; ancient(old) landslide; deformation monitoring

0　引言

　　镇江市位于江苏省西南部,长江下游南岸,宁镇山脉东部,属宁镇扬丘陵岗地地区和长江冲积平原区。地形总的表现为南高北低,西高东低的趋势,主要是由长江阶地经侵蚀作用形成的岗地,一般山顶平缓,斜坡较陡[1]。

基金项目:江苏省国土厅、江苏省地质矿产局科技项目(2015-KY-4);江苏省社会发展面上项目(BE2015675)。
作者简介:
　　张政,1994年生,男,主要从事城市环境岩土工程方面的研究。E-mail:zhangzheng@smail.nju.edu.cn。
　　阎长虹,1959年生,教授、博导,长期从事水文地质工程地质教学与研究工作。E-mail:yanchh@nju.edu.cn。

由于特殊的地形地貌和地质条件,镇江经常遭受滑坡地质灾害的危害,其中滑坡是最为常见和最为严重的地质灾害。镇江市区滑坡主要为岗地斜坡滑坡,如镇江市周围的云台山、跑马山、狮子山等地发生的滑坡均属这一类型。岗地斜坡滑坡有时成群出现,形成滑坡群。岗地滑坡群分布的总体特征为呈北东向和北西向的带状交叉排列。

前人对镇江地区的滑坡地质灾害开展了许多研究,如袁仁茂等[1,2]对镇江市滑坡发生的规律以及原因进行了研究,并分析了滑坡灾害的类型及其发育过程;肖国锋等[3]分析了镇江市黄山黏土质滑坡的滑动过程和变形破坏机制,分析地下水位变动影响下的黏土质缓坡稳定性;刘健等[4]分析了镇江市地质灾害的主要类型、分布特征、成因机理并提出了相应的防治对策;张建等[5]对镇江市云台山滑坡进行了调查监测,并对地表、坑道、建筑群裂缝进行了系统观察,分析了滑坡形成的条件及其发展趋势。

近年来,长江下游地区的极端强降雨天气有明显增多的趋势,2015—2016 年镇江市连续强降雨。2015 年镇江市区滑坡隐患点显著增加,滑坡隐患点约 172 个;2016 年受极端天气强降雨影响,滑坡地质灾害点猛增到 321 个。在镇江北固山、象山、跑马山、烈士陵园等多处先后发生滑坡地质灾害,其中跑马山滑坡与其他点的滑坡有较大的不同,表现为在强降雨作用下发生间歇性缓慢滑动,此山体滑坡发生在山体下部缓坡地带。这种山体下部缓坡传统认识是"反压马道",有利于整体山体的稳定。然而 2016 年以来发生的滑坡大多为此类型的滑坡。从已有研究资料来看,目前针对此类型的滑坡研究较少,对其滑坡机制缺乏系统的认识。由于这一地区经济发达,人口密度大,滑坡危害性很大,开展这一滑坡类型形成机制的研究十分必要,以便为这一类型滑坡预测预报和治理提供科学依据。

因此,本文以镇江市跑马山典型的蠕动滑坡为例,从场地地形地貌、环境地质和工程地质等多个方面,结合对滑坡进行的变形监测,对其变形阶段和成因机制进行分析。

1 跑马山滑坡概况及变形特征

1.1 跑马山滑坡基本特征

跑马山位于镇江市润州区,朱方路以东、檀山路以西、北府路北侧、中山西路以南地段,是镇江市 2014 年新建成的集法制、文化及景观于一体的市民广场——跑马山公园,山体呈近北东东(NEE)走向,标高 55.2 m,地形起伏,环境优美,山体主体及保护面积约 2.9 km²,如图 1 所示。

从地貌上看,跑马山属剥蚀残丘及河流堆积-侵蚀地貌单元,山体主体主要由第四系松散沉积层组成,在其底部局部见有闪长岩及灰岩出露。山体坡脚地面标高变化较大,南高北低,因此,山体北坡及东西两侧山体边坡高差最大,达 41 m。山体坡形整体表现为上陡下缓,上部坡角为 30°~40°,局部达 60°以上,下部坡角一般小于 15°,历史上曾发生多次滑坡地质灾害,其滑坡多发生在北侧及东西两侧,山体南坡相对比较稳定,仅局部发生规模较小的浅层滑坡。

由于山体是一绿地公园,毗邻居民小区,山体稳定性事关附近居民及游客的安全。2013 年公园建设初期,镇江市政府为了确保公园的安全性,对跑马山北侧及东西两侧滑坡地质灾害隐患点进行了专项治理工作。设计部门考虑到山体上部坡度大,稳定性较差,重点对山体

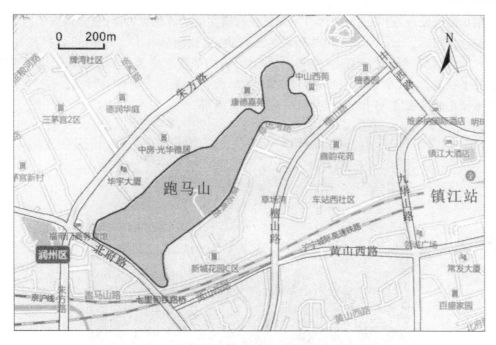

图1 跑马山交通地理位置

中上部进行了加固处理,主要采用挡土墙、锚杆格构及截排水等工程措施。山体稳定性得到很大提高。但在2015年6月2—30日,镇江市连续强降雨,导致跑马山北侧、西侧局部发生滑坡,如图2所示。2015年下半年笔者结合江苏省科技厅社会发展支撑项目对跑马山进行滑坡地质灾害环境地质调查。

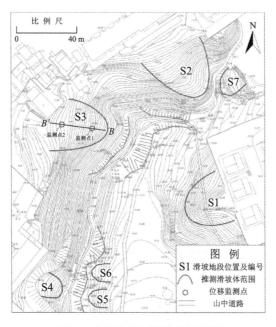

图2 跑马山北侧滑坡群平面图

本次调查发现,跑马山北坡西段下部缓坡有潜在的滑坡隐患,为此重点调查了跑马山北坡西段,边坡长约 150 m,该区山体边坡为土质边坡,坡顶标高 43.78 m,坡脚标高 9.51～12.85 m。山体坡形上陡下缓,地貌形态多呈圈椅状,如图 3 所示。其坡形利于降水汇集形成地表水径流,下部缓坡由于没有治理工程措施,无排水系统。另外,将挖孔桩产生的工程弃土摊铺在缓坡表层,并作为绿化处理,植被生长尚可。

图 3　跑马山北坡坡形照片

笔者收集了前期边坡治理时由治理单位做的工程地质勘察资料。资料显示,坡体基本由第四系上更新统下蜀组粉质黏土及全新统粉质黏土组成,下覆基岩岩性主要为二叠系上统龙潭组粉砂岩、页岩及三叠系下统青龙组灰岩及部分侵入岩。勘测区地层岩性由上到下大致分为①素填土、②粉质黏土、③粉质黏土夹碎石、④泥质粉砂岩、⑤碳质页岩、⑥灰岩、⑦斑状石英闪长岩 7 大层。

从跑马山滑坡群平面图 2 可以看出,S3 滑坡段的坡体长约 40 m,宽约 34 m,其 $B—B'$ 剖面从上到下有①、②、③、⑦-1、⑦-2 层。其中主要的工程地质层是②粉质黏土:黄褐色,稍湿～饱和,呈可塑,局部硬塑状,中等压缩性,层厚 0.6～16.9 m;③粉质黏土夹碎石:黄、灰黄色,粉质黏土呈硬塑,夹少量块石、砾石,土质不均匀,层厚 2.2～5.3 m;⑦-1 强风化斑状石英闪长岩:灰黄色,场区西侧零星分布,层厚 1.9～9.0 m。其工程地质层的基本物理力学性质指标如表 1 所示,工程地质剖面如图 4 所示。

表 1　土体物理力学性质指标

地层编号	土层名称	湿密度（g/cm³）	干密度（g/cm³）	含水率（%）	孔隙比	塑性指数	液性指数	黏聚力（kPa）	内摩擦角（°）
②	粉质黏土	1.97	1.56	26.74	0.75	14.48	0.59	37.50	5.70
③	粉质黏土夹碎石	2.02	1.65	22.30	0.66	16.10	0.15	67.00	10.40
⑦-1	强风化斑状石英闪长岩	2.73	2.42	12.81	—	—	—	38.10	54.30

注:表中的抗剪强度由饱和不排水三轴剪切试验给出。

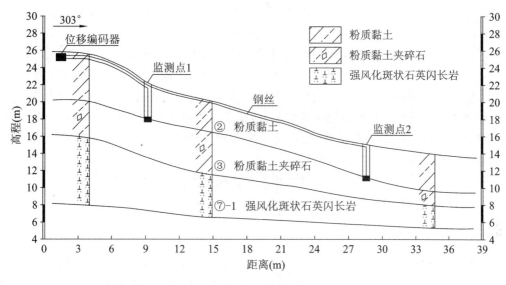

图 4　滑坡监测剖面图

从表 1 和图 4 可以看出,边坡体主要由黏性土构成,其土体孔隙比小于 0.75,较密实,含水率小于 26.74%,由饱和不排水三轴剪切试验抗剪强度 c 大于 37.5 kPa,总体来说,这两层土的工程性质较好。由此判断边坡稳定性较好。

但经现场工程地质调查发现,在靠近抗滑桩及地梁外侧缓坡土体有发生下沉,缓坡有滑动的潜在危险。为此,在此布设了滑坡灾害监测点,采用全自动无线变形监测仪,如图 5 所示。

图 5　部分监测装置

2016 年镇江市出现多次强降雨极端天气,全年全市平均降雨量达 1900 mm,仅次于 1991 年,位列历史第二位。其中汛期 5~9 月面降雨量达 1116 mm,发生了 5 次集中性降雨过程,这种极端强降雨天气极易诱发滑坡地质灾害。其中从 2016 年 6 月 20 日开始,镇江地区发生持续性降雨,仅 6 月 30 日至 7 月 6 日的雨量就达 362 mm,6 月 25 日下午 5 点监测到跑马山北坡监测点斜坡开始滑动,变形一直持续且有加大的趋势,到 7 月 6 日发生整体性滑坡事件,滑坡主要发生在抗滑桩以下缓坡部分,其范围宽约 35 m,长约 40 m,厚度 3~10 m,滑坡体约 2000 m³,滑坡严重威胁附近居民的生命和财产安全。这次滑坡表现为间歇缓慢滑动,从变形到破坏有较长时间的过程。

很显然,前期勘察资料给出岩土体物理力学性质还不足以解释缓坡滑动问题,对这一边坡的稳定性问题认识不够。

1.2 滑坡变形特征

针对镇江市跑马山北侧西段边坡,于 2016 年 3 月安装全自动无线变形监测装置。记录了 2016 年 3 月到 2016 年 7 月 6 日边坡滑动全过程变形情况。镇江地区自 2016 年 6 月 20 日开始发生持续性降雨,接收到的数据显示从 6 月 25 日 17 时 56 分开始位移量加大,到 7 月 5 日发生整体性滑坡事件,监测的位移数据如表 2 所示。从 6 月 25 日 17 时 56 分开始斜坡便进入蠕滑状态,随着降雨量逐渐增大,岩土体力学性质逐渐下降,坡体的下滑力也逐渐增大,最终滑动面完全贯通,发生滑坡。到 7 月 5 日 17 时 56 分监测点的累计位移达到了 1337 mm。滑坡变形过程可以分为初始变形(6 月 20—25 日)、等速变形(6 月 26—30 日)、加速变形(7 月 1—5 日)三个阶段。

表 2　测点累计位移和平均位移速度

日期		6.25	6.26	6.27	6.28	6.29	6.30	7.1	7.2	7.3	7.4	7.5
累计位移 (mm)	点 1	6	7	8	9	11	12	36	82	130	203	245
	点 2	16	18	22	29	40	45	171	391	655	1128	1337
平均位移速度 (mm/h)	点 1	0.86	0.04	0.04	0.04	0.08	0.04	1.00	1.92	2.00	3.04	1.75
	点 2	2.29	0.08	0.17	0.29	0.46	0.21	5.25	9.17	11.00	19.71	8.71

初始变形阶段发生连续降雨,监测点 1 的位移为 6 mm,当日平均位移速度为 0.86 mm/h。24 日之后随着雨量的减小和坡体地下水的排泄,斜坡变形速率减缓。

等速变形阶段中 26—27 日连续降雨,使边坡体内含水量升高,下滑力逐渐增大,变形量增加。监测点 1 平均位移速度为 0.04 mm/h,加速度为 0;监测点 2 的加速度在 −0.01~0.01 mm/h² 之间波动。坡体后缘拉裂缝增多且不断延长。

加速变形阶段中 6 月 30—7 月 1 日连续降雨,坡体变形量明显增大,变形速率也增大,监测点 2 加速度的波动范围为 0.07~0.21 mm/h²,此时坡体后缘裂缝基本贯通,宽度和深度都逐渐增大。7 月 2 日的降雨短暂停止后,3—4 日又发生强降雨,监测点 2 的加速度增加到 0.36 mm/h²,此时滑动面形成,斜坡发生滑动破坏。

在发生滑坡之后,滑体仍在缓慢移动,表明滑坡滑动加速变形阶段后的变形衰减和慢速稳定阶段。在变形衰减阶段,渗流场和应力场逐渐趋于稳定,滑坡变形的速率逐渐减小;慢速稳定阶段,滑坡渗流场和应力场基本稳定,滑坡变形平稳发展,滑坡处于缓慢、持续、渐进的变形过程,体现滑坡的蠕动特性[6]。最终,监测点的累计位移达 2126 mm。

2 滑坡成因机制分析

镇江跑马山受现代构造运动的作用,形成特殊的地貌形态,其山体上部坡度较大,下部为缓坡,从传统认识上讲,山体周围缓坡被认作反压马道,有利于整体山体边坡的稳定。但是近年来的强降雨极端天气作用,其缓坡发生了间歇缓慢滑动。这里从地貌、地层岩性、地下水和人为工程活动等方面,分析缓坡滑坡发育机理。

2.1 地层岩性因素

跑马山坡体上部基本由下蜀组粉质黏土组成。下覆基岩主要为强风化及中风化泥质粉砂岩、炭质页岩、灰岩和斑状石英闪长岩。上部的下蜀土层垂直节理发育,渗透性较好,岩性较软弱,稳定性较差。基岩表面经风化作用后形成一种透水差,抗剪强度很低的高岭土滑腻层。两者之间为一不整合接触的软弱结构面。当雨水或地表水渗至渗透性较差的基岩风化面或相对隔水的较密实的下层黏土处停滞下来,长期的浸泡、润滑和潜蚀作用使土体软化,形成软弱层。且软弱层与边坡倾向一致,倾角相近。同时,土中的孔隙水压力增大,有效应力减小,使抗滑力下降,而土体的含水率上升,重力增大,下滑力反而加大,当下滑力大于抗滑力时,坡体就会沿此软弱层向下滑动。

另外,由于气候(降雨和干旱)的周期性变化,具有弱膨胀性的下蜀组粉质黏土经历往复的干湿循环和胀缩变形。随着干湿循环次数的增加,膨胀土的黏聚力不断衰减,在 1~2 次循环时衰减程度最强,一般经历 2~3 次循环后,衰减最终趋向稳定;但对内摩擦角的波动变化极小,基本保持恒定值[7]。且土体不断遇水膨胀,失水收缩,形成网状裂纹,裂纹中多充填黏土颗粒,形成泥膜,进一步降低了坡体的稳定性。

2.2 古(老)滑坡地貌因素

通过现场工程地质调查发现,跑马山北西侧存在多个古滑坡体,其地貌形态多呈宽阔的坳沟或圈椅状(图 3),地形上陡下缓,有利于地表水的汇集,且常见"醉汉林"、"马刀林"(图 6)。这些古滑坡体的岩土结构由于在滑动时遭到破坏,岩土体松散,力学强度低,渗透性较好,而滑动面下部土体渗透性差,黏土矿物聚集,在滑动面以上易形成弱含水层,甚至发生积水。

古滑坡只是处于暂时稳定状态,在某些自然或人为因素作用下古滑坡往往会再次发生滑动。

图 6 北侧缓坡上的"马刀林"

方全兴[8]分析跑马山等地区的遥感图像,结合局部保留的滑坡阶地,认为跑马山地区的古滑坡复活至少有三期。

2.3 地下水因素

如图 4 所示,边坡岩土层从上至下依次为②粉质黏土层、③粉质黏土夹碎石土层和⑦-1 强风化斑状石英闪长岩,渗透性表现为③＞②＞⑦-1,表层粉质黏土层的渗透系数在 10^{-5} cm/s 左右,强降雨时雨水沿坡面汇集形成地表径流,很少能沿坡面渗入边坡体,可将表层粉质黏土层视为不透水层;中部粉质黏土夹碎石土层渗透系数较大,在 10^{-3} cm/s 左右,由于该层的渗流速度快且富水性高,天然地下水面和地下径流常出现在该层;下部强风化斑状石英闪长岩为底部基岩层,渗透系数很小,也可看作不透水层。

由于山体上部较陡,存在滑坡的潜在威胁,为防止其滑动,在山坡中部设置抗滑桩,桩顶设置冠梁及排水沟。抗滑桩与边坡土体无法完全贴合,而下部缓坡发生变形,在桩土直降形成较大的裂缝,强降雨条件下,雨水较大时排水沟中的水会溢出沿着桩侧裂隙快速渗入边坡体,由于中部粉质黏土夹碎石土层渗透系数远大于上部粉质黏土层和下部强风化斑状石英闪长岩,雨水优先且主要沿着中部粉质黏土夹碎石土层渗流。2016 年 6 月 20 日开始,镇江地区发生持续性降雨,仅 6 月 30 日至 7 月 6 日的雨量就达 362 mm。在这种高强度的降雨天气下,渗入中部粉质黏土夹碎石土层的雨水无法在短时间内排出,引起地下水位持续上升,在粉质黏土夹碎石土层中形成承压水,此承压含水层只是由于地下水无法及时排出而形成的,是暂时性的,当降雨过后一段时间便会自动消散,我们称之为"暂时性承压含水层"。

承压含水层形成后,一方面,粉质黏土层底板可视为暂时性承压水的顶板,此处由于承压水压力而产生垂直于接触面的"浮托力",上部和中部土层之间的作用力减弱,下滑力增加而抗滑力减小,从而使边坡稳定性降低;另一方面,在粉质黏土夹碎石土层中大量富集承压水,坡体质量大幅度增加,在坡体下部产生的下滑力也会大幅增加,同时,在承压水的"浮托力"和中部土层的渗流力的共同作用下,会在坡脚处产生剪切破坏-滑坡初裂点,加快了边坡的滑动。

2.4 人为工程活动因素

跑马山北西侧有大量住宅区和厂房,离坡脚较近,坡脚开挖卸载而产生的附加应力场,降低斜坡的支撑能力,人为切坡削坡也使边坡抗滑力下降,破坏了斜坡原有的平衡条件,极易导致边坡失稳。

综上分析,跑马山滑坡是由自然因素和人类工程活动共同作用的结果。跑马山北侧滑坡原本是一个古滑坡体,边坡体结构松散,垂直裂隙发育,其稳定性较差。对山坡加固治理过程没有正确认识,将挖孔桩工程弃土堆于坡上,加之坡脚遭受自然间歇性水流的侵蚀和附近居民建自行车棚切脚,在极端强降雨天气的作用下,在坡体内形成暂时性承压水,加速了这一古滑坡的复活,造成山体下部滑坡发生滑坡地质灾害。

3 结论

通过对跑马山北侧缓坡的环境地质特征和变形分析,对其滑坡成因机制有了较系统的认识,结论如下:

(1) 对于山前缓坡不能简单看作是有利于山体稳定的反压马道,须进行系统的环境地质调查,通过地形地貌及环境地质特征分析,确定是否为古滑坡,正确认识自然边坡的稳定性。同时要查明缓坡地质结构、地层岩性及其水文地质条件,分析缓坡坡脚在极端强降雨天气条件下是否会形成暂时性承压水。

(2) 从跑马山的滑坡体自动化变形监测装置的监测结果来看,滑坡变形破坏过程可以划分为初始变形、等速变形、加速变形等三个阶段。本次监测较好地预报了这一滑坡地质灾害,具有示范作用。通过对缓坡中地下水位和变形监测,可以有效预报滑坡地质灾害,减少人员伤亡,降低经济损失。

(3) 在边坡加固处理中,应考虑整体边坡稳定性,不要在坡面上堆载,减少施工扰动和对天然斜坡的平衡和稳定性的破坏。

(4) 极端天气强降水对边坡稳定性影响很大,应在坡面修建截排水沟,有效减少雨水的渗入,防止地表水渗入对岩土体产生软化作用。

参 考 文 献

[1] 袁仁茂,陈锁忠,陶芸.镇江市滑坡灾害类型及其发育过程研究[J].水土保持研究,1999,6(4):100-104.

[2] 袁仁茂,李树德,陈锁忠.镇江市滑坡规律研究及其发生原因探析[J].水土保持研究,1999,6(4):95-99.

[3] 肖国峰,陈从新,林涛,等.考虑水位变动影响的黏土质缓坡稳定性分析[J].岩土力学,2004,25(11):1754-1760.

[4] 刘健,李晓昭,李后尧.镇江市主要地质灾害的成因机制与防治对策[J].地质灾害与环境保护,2006,17(1):13-16.

[5] 张建,孙琴璐.镇江市云台山滑坡工程地质特征及其稳定性分析[J].江苏地质,1986,(4):42-46.

[6] 孙森军,唐辉明,王潇弘,等.蠕动型滑坡滑带土蠕变特性研究[J].岩土力学,2017,38(2):385-391.

[7] 曾召田,吕海波,赵艳林,等.膨胀土干湿循环效应及其对边坡稳定性的影响[J].工程地质学报,2012,20(6):934-938.

[8] 方全兴.遥感图像在江苏镇江市滑坡调查中的应用[J].灾害学,2000,15(2):29-32.

古河槽胶结砂砾石在北疆某工程大坝填筑中的利用

李新峰   于 为

新疆兵团勘测设计院(集团)有限责任公司,新疆 乌鲁木齐   830002

摘 要:古河槽通常作为水库坝址区的不良地质条件看待,而胶结砂砾石是古河槽中分布较普遍的地层岩性,如何对其物理力学性质进行客观评价,并加以利用则是水利水电工程建设的难点。天山北坡某大(2)型水电站,混凝土面板砂砾石坝高 130 m,属抗震设防烈度 8 度区,构造稳定性较差,利用右岸厚层古河槽胶结砂砾石进行大坝筑坝,质量可靠,效益显著,运行效果良好,为我们今后对胶结砂砾石的评价和利用提供了新思路。

关键词:古河槽 胶结砾石 评价 大坝填筑 运用

Utilization of Cemented Gravel in Ancient River Channel in Dam Filling of a Project in Northern Xinjiang

LI Xinfeng   YU Wei

Xinjiang Corps Survey and Design Institute (Group) Co. ,Ltd. ,Urumqi 830002,China

Abstract:The ancient river channel is often regarded as a bad geological condition in the dam site area of the reservoir, while cemented gravel is a common stratum lithology in the ancient river channel. how to objectively evaluate its physical and mechanical properties and make use of it is a difficult point in the construction of water conservancy and hydropower projects. A large (2) hydropower station on the northern slope of Tianshan mountain has a concrete face gravel dam 130 m high, which belongs to an area of 8 degrees of basic earthquake intensity, its structural stability is poor, the dam constructed by using thick layer of ancient river channel cemented gravel on the right bank has reliable quality, obvious benefit and good operation effect, which provides us with new ideas for the evaluation and utilization of cemented gravel in the future.

Key words:ancient river trough;cemented gravel;evaluation;dam filling;apply

1 古河槽的分布与成因

新疆乃至西部各个山区许多河流,在漫长地质历史时期由于新构造运动影响,常在河谷两岸阶地形成隐蔽较深的古河槽(埋藏谷),其岩性主要是形成于第四系早期胶结砂砾石(岩),属粗粒(中砾、细砾夹少量巨砾)沉积后固结成岩,呈沉积碎屑结构[1],古河槽砂砾石胶结成岩作用相对较差。因此,难以像其他岩石一样采取岩芯在室内获得单轴饱和抗压强度

作者简介:

李新峰,1966 年生,男,高级工程师,主要从事水利水电工程勘察与施工地质方面的研究。E-mail:415211049@qq.com。

指标。在新疆山前构造带,该岩层多具有微-中等倾斜的倾角向河流下游倾斜,整合于上新统地层之上[2]。随着胶结砂砾石物理性质的不同变化,其力学性质及水理性质也随之变化,总体趋势一般为,随着密实度和胶结程度的增强,其力学性质明显增强。此外,随着密实度和胶结程度的增强,其水理性质(渗透性能)等,大致呈反比,即岩石透水性由强透水性,变为中等透水性,局部呈弱透水性[3]。由于古河槽形成年代久远,具有埋藏深厚、隐蔽性和分布不规律的特征。因此,查清其分布范围和深度,历来是地质工作的难点。胶结砂砾石的透水特性,使其容易形成绕坝渗漏的通道,必须查明并采取防渗处理措施。

2 古河槽勘探与试验简介

古河槽胶结砂砾石的物理性质指标与一般碎石土相类似,颗粒分析、密实度和渗透系数是主要研究的物理、水理性质试验指标;力学性质指标则主要包括抗剪强度、变形模量、弹性模量、地应力和波速等动力学参数指标等。获取各项指标的方法有现场原位试验方法和室内试验等。如物理、水理性质试验有现场颗粒分析试验、灌水(砂)法密度试验、单(双)环渗水试验、钻孔注水试验等;力学性质原位试验有现场弹模试验、超重型动力触探、载荷试验、现场剪切试验、钻孔旁压试验、波速测试等。

室内试验则在勘探井(或钻孔及平硐)中按照一定要求采取样品,依据相关试验规程进行物理力学性质试验。但由于试验室的环境条件局限与勘探现场差异较大,因此室内试验与原位试验参数存在一定的偏差,尤其在力学性质指标方面,一般更倾向于原位测试的成果指标,而室内试验可作为参考和对比。

古河槽胶结砂砾石的构造部位、胶结程度、形成胶结的主要物质、密实度等方面的差异性对其工程性质的影响较大。从构造部位看,沉积于底部时代久远的砾岩胶结程度大大优于上部沉积年代较近的砾岩;其次是岩层所处位置分布的影响,沉积部位的上、中、下部,砾岩的胶结程度总体变化趋势,由弱胶结到中等胶结甚至到紧密胶结。而古河槽中透镜体砂层等会对胶结砾岩完整性与工程性质产生影响。

对坝址区古河槽的地质勘察,首先通过现场踏勘和工程地质测绘,了解工程区基本地质条件以及古河槽空间分布的构造特征、厚度、分区、规模等。然后布置有针对性的勘探工作,如物探、钻孔、平硐、探井等,选取适宜的试验方法在不同勘探点位进行取样、原位测试等。胶结砂砾石钻探也是勘探难点之一,SM 植物胶钻探工艺,能够解决粗粒岩土岩芯采取率低的难题;同时,运用完整岩芯可取得其他钻探方法无法获得的天然密度指标等。

天山北坡某坝高 130 m 的面板坝,右岸高阶地下部埋藏有古河槽,底部基岩埋深最大78 m,在面板坝趾板开挖过程中,有大量胶结砂砾石需要拉运,如果作为弃料,需要占用大面积弃渣场,对环境产生不利影响,而且具有较高的运输成本,经过前期大量勘察成果及施工阶段现场试验论证,表明该胶结砂砾石可以作为大坝填筑料加以利用。

地质背景:勘察期间选定的 C2-1 砂砾石料场位于坝址区右岸Ⅳ级阶地平台上,表层覆盖有低液限粉土(无用层)厚度 1.5~2.2 m。粉土层下部卵砾石分为上下两部分:上层为第四系上更新统冲积(Q_3^{al})卵砾石层(松散层),厚度 10~13 m,呈青灰色,结构松散,无胶结;下层为中~上更新统冲积(Q_{2-3}^{al})古河槽卵砾石层(胶结层),呈土黄色,厚度 10~50 m,变化较大,根据勘探钻孔揭露最大厚度达 78 m,结构中密至密实,具胶结性,以泥质胶结为主,局部钙质胶结[4]。

由于古河槽胶结砂砾石埋藏于表层粉土和上部松散砂砾石下部 10 余米,局部含有较大漂石,使探井难以开挖取样。因此,初步设计勘察时,有针对性地在古河槽边界及深槽等部位布置钻孔 13 个,最终查明古河槽呈"V"形埋藏于阶地下部。同时在古河槽进出口,高约 40 m 的胶结卵砾石层近直立悬崖陡坎上,分别在不同高程布置平硐 7 个,进行了不同层位的现场颗粒分析 33 组,渗水试验 16 组,天然密度含水量试验 33 组。通过采用勘探平硐形式进行现场取样试验工作,并获得了良好的效果。

3 古河槽胶结砂砾石基本物理力学性质指标

在初步设计勘察阶段,分别对各类勘探取得的古河槽胶结砂砾石样品进行现场大型颗粒分析试验和室内颗粒分析试验,经过统计分析,得到室内、外颗粒分析试验汇总统计表(表 1)。此外,按照坝壳填筑料质量技术要求进行室内试验,取得古河槽胶结砂砾石坝壳填筑料质量综合评价表(表 2)。

表 1 古河槽胶结砂砾石颗粒分析试验汇总统计表

粒径组成 （mm）	＞200	200～60	60～20	20～5	5～2	2～0.5	0.5～0.25	0.25～0.075	＜0.075
24 组平均值 （%）	3.4	28.2	29.5	19.7	5.7	5.7	2.2	3.0	2.6

表 2 古河槽砂砾石(胶结层)坝壳填筑料质量综合评价表

序号	项目	质量指标	试验值	评价
1	砾石含量(%)	5 mm 至相当 3/4 填筑层厚度的颗粒在 20%～80% 范围内	53.2	合格
2	紧密密度(g/cm³)	＞2	2.27	合格
3	含泥量(%)	≤8	4.9	合格
4	内摩擦角(°)	＞30	39.6	合格
5	渗透系数(cm/s)	碾压后＞1×10⁻³	6.2×10⁻²	合格

从试验结果看,古河槽砂砾石胶结层,粒径大于 200 mm 颗粒含量 3.4%,粒径 5～200 mm 颗粒含量 77.4%,粒径 0.075～5mm 颗粒含量 16.6%,粒径小于 0.075 mm 颗粒含量 2.6%,不均匀系数 C_u=28.9,曲率系数 C_c=1.95,为级配连续的卵石混合土层,天然密度 2.20～2.30 g/cm³,天然含水率 1.0%～2.1%,干密度 2.21～2.29 g/cm³,渗透系数 5.1×10⁻³～2.2×10⁻² cm/s。可以满足砂砾石面板坝一般填筑料的质量技术要求。

通过对爆破开采的古河槽胶结砂砾石进行室内垂直和水平渗流试验结果的对比分析,

室内试验测得垂直渗透系数较大,水平渗透系较小,在不同渗流方向上试验结果相差较大,考虑到坝体填筑实际运行工况,建议设计选取水平渗流的试验成果是可靠合理的。其中,古河槽砂砾石水平渗透试验成果(表 3),室内试验对坝壳垫层料和特殊垫层料又进行了掺砂工况的对比试验,得到古河槽胶结砂砾石坝壳料物理力学性质参数指标(表 4)。

表 3 古河槽胶结砾石水平渗透试验成果汇总表

坝料组成			试验控制密度 (g/cm³)	渗透系数(水平) K_{20}(cm/s)	临界比降 i_k
古河槽砂砾石 (胶结层)	坝壳料	上包	2.20	1.0×10^{-2}	0.87
		平均	2.29	2.9×10^{-2}	0.55
		下包	2.32	6.3×10^{-2}	0.26

表 4 古河槽胶结砾石料场坝壳料物理力学性质参数指标汇总表(室内试验)

各类坝料组成			相对密度		压缩		渗透系数 (垂直) (cm/s)	临界比降
			最紧密度 (g/cm³)	最松密度 (g/cm³)	压缩模量 (MPa)	压缩系数 (MPa⁻¹)		
古河槽砂砾石 (胶结层)	坝壳料	最大	2.29	1.87	300.8	0.008	9.0×10^{-2}	0.86
		平均	2.27	1.85	234.1	0.005	6.2×10^{-2}	0.62
		最小	2.25	1.82	168.7	0.004	3.0×10^{-2}	0.42

水平渗流试验结果显示,坝壳填筑料的渗透系数在 10^{-2} cm/s 量级内,属强透水;而垫层料的渗透系数在 10^{-3} cm/s 量级内,属中等透水,可以满足半透水的要求。

根据试验结果统计分析,该古河槽胶结砂砾石作为坝壳料的重要物理力学性质参数指标具有以下工程特性:

① 料场为泥质胶结的卵石混合土层,颗粒粒径相对上层砂砾石小,不易开挖。

② 作为坝壳料能满足规范中技术要求,料场砾石含量为 53.2%。相对密度试验最大干密度平均为 2.27 g/cm³,最小干密度平均为 1.85 g/cm³。

③ 作为坝壳料的抗剪强度黏聚力平均值为 14.0 kPa,内摩擦角平均值为 39.6°,渗透系数为 6.2×10^{-2} cm/s,临界比降为 0.62,含泥量占 4.9%,内摩擦角大,渗透性好。

该古河槽胶结砂砾石属于级配连续良好的砂砾石料,具低压缩性的特点,考虑到现场砂砾料的最大粒径远大于试验用料的最大粒径,并且料场具有级配不均匀性和离散性的特点,建议在室内试验的基础上,通过施工前的碾压试验确定各类坝料碾压参数。

综上所述,古河槽卵砾石层(胶结层)为级配连续的卵石混合土,作为坝壳填筑砂砾石料质量满足技术要求。该层砂砾石厚度较大,具有较强胶结性,因此仅可用于坝轴线下游部分坝壳填料使用。施工开采需要采用松动处理后才能进行机械化大规模挖掘和运输,考虑到坝壳料填筑强度较大,料场施工开采方法对施工组织设计有决定性影响,建议施工前进行现场料场开采试验,确定一个行之有效、经济合理的施工开采方案。

4 施工开采工艺及碾压试验效果

由于古河槽砂砾石具有胶结性,普通机械开挖难度极大,施工效率低,经过施工现场反复对比试验,最终料场开挖采用自行式潜孔钻机配合全自动液压钻机进行钻爆作业。为避免对坝址周围岩石的扰动破坏,古河槽料场采用保护性开挖,即采用深孔梯段预裂爆破作业,每一台阶高度为 15～20 m。开挖爆破采用大中孔径的深孔梯段微差挤压爆破方式进行。

根据前期现场试验和本地区爆破经验,深孔爆破拟采用如下结构:炮眼深度 6～8 m;炮眼的间距 2.5～3 m;孔径 100～110 mm;垂直预裂孔选用 QZJ100B 型快速钻造孔,水平预裂孔选用 YT-27 气腿钻造孔,爆破孔主要采用 KQJ-100 型露天液压钻造孔。

装药结构与起爆技术:主爆孔采用耦合连续装药结构或底部耦合装药上部不耦合装药,从底部反向起爆;缓冲孔及拉裂孔采用不耦合装药,堵塞段设置辅助药包,单孔装药量 20～30 kg,选用 2♯岩石炸药,封堵长度 1.8～2.5 m;临空面最小抵抗线 1.6～2 m;采用梅花形布孔,排间起爆或矩形布孔"V"形起爆,炮孔密集系数 M 取 2～3。

大坝填筑前,分别对古河槽采取的胶结砂砾石进行不同铺土厚度(拟选择 60 cm、80 cm、100 cm、120 cm)、不同碾压遍数(6 遍、8 遍、10 遍)的组合碾压试验,了解不同区域的铺料方式、铺料厚度、碾压遍数、行车速度的压实效果。

在碾压试验现场采用后退法铺料,按施工方案中要求的铺料厚度,用推土机摊铺整平,同时用带有高度标记的竹竿控制铺料厚度,厚度误差控制在±5 cm 范围内。当碾压至基本不沉降后(检测采用水准仪测量控制)为止。经检测平整度起伏差小于 10 cm,最大高低差小于 30 cm。

古河槽胶结砂砾石爆破料采用先静碾后动碾,按前进、后退全振不错位法进行碾压作业,两条碾压带之间的搭接宽度为 20～25 cm,往返一个来回为碾压两遍。

通过现场碾压试验得出的数据(以碾压后相对密度 $D_r > 0.85$ 为标准),可以初步选定大坝施工的碾压机具为:20 t 拖式振动碾,ⅢB 料(砂砾料)和ⅢF 料(排水体料)的铺料厚度 80 cm,碾压遍数为 8 遍、行车速度 2～2.5 km/h,激振力 500～600 kN;25 t 自行式振动碾,ⅢB 料(砂砾料)和ⅢF 料(排水体料)的铺料厚度 80 cm,碾压遍数为 10 遍、行车速度 2.5～3 km/h,激振力 368/137 kN。

本次爆破胶结砾岩坝料碾压试验,自行式振动碾的碾压试验是根据砂砾料坝料碾压试验的成果,初步确定一种铺土厚度、3 种碾压遍数进行 3 种情况组合,共分 3 个碾压单元,每个单元尺寸为 6 m×6 m,周边填 2～4 m 宽度约束料。

通过上述碾压试验得出的数据,最终确定大坝爆破胶结砂砾石料施工的碾压机具为:25 t 自行式振动碾,爆破胶结砾岩坝壳料的碾压遍数为 10 遍、铺料厚度 88 cm,行车速度 2～2.5 km/h,激振力 368/137 kN,经过现场检测,平均相对密度 $D_r = 0.90$,满足并优于原设计要求。

碾压试验完成后,在碾压作业面上部位选取代表性测试点,灌砂法测得古河槽胶结砂砾石坝壳料的最大干密度平均为 2.33 g/cm³(略高于室内试验值),采用单环法进行渗透系数的检测,渗透系数为 1.4×10^{-3} cm/s(略低于室内试验值),具中等透水性。各项指标均满足坝壳料填筑的质量技术要求。

施工实践表明,胶结砂砾石在经过松动爆破开挖后,最终主要形成大部分散体和少部分块状,采用适宜的机械设备和施工工艺,碾压效果与松散砂砾石相差不大,经过现场试验检测,各项指标符合面板砂砾石填筑料的质量要求。

该古河槽胶结砂砾石从 2011 年底开始作为坝壳料进行大坝填筑,直到 2014 年大坝封顶。水库工程项目自 2014 年底下闸蓄水,截至目前,该大坝已经运行三年多。安全监测资料表明,坝体变形沉降、渗流监测等各项指标完全满足设计预期。

5　结语

古河槽作为天山、昆仑山等年轻山脉常见的河流阶地堆积形式,在河流规划和开发过程中难以避免,而古河槽堆积的胶结砂砾石也是新疆乃至西北地区分布较普遍的地层岩性,如何获得理想的勘探试验成果,对其物理力学性质进行客观评价,并对其特殊性质加以利用历来是水利水电工程建设的难点。新疆北疆某大型水利枢纽工程对古河槽处理过程中,本着优化设计和经济合理的原则,将开挖出来的胶结砂砾石加以筑坝利用,减少了弃料和拉运成本,从而达到一举两得的效果。本文旨在分享和探讨对于制约山区水利工程建设的古河槽胶结砂砾石工程特性的理解和认识,希望能够为今后水利水电工程建设中古河槽的开发、处理和利用提供一种可以借鉴的思路。总结如下:

① 准确查明河流古河槽形态和特征目前仍属前期勘察工作的难点,必须注重后期施工环节中的施工地质分析评价。

② 古河槽中砂砾石一般具有明显的钙质、泥质胶结,结构大部分为密实状态,透水性一般在 10^{-3} cm/s 数量级,具有中等透水性。

③ 古河槽胶结砂砾石开采过程需要适当爆破方法进行开挖,通过碾压试验获得满足设计要求的相应碾压参数后,则可以作为较好的大坝填筑材料。

④ 不同时期形成的古河槽可能存在差异,在大坝填筑利用前一般应做好专题试验论证工作。

⑤ 通过已有工程的积累和总结,希望在类似山区河流古河槽及其堆积物(胶结砂砾石)工程特性评价体系以及治理手段方面能够得到不断提高和完善,更好地为水利工程建设服务。

参 考 文 献

[1] 新疆维吾尔自治区地质矿产局.新疆维吾尔自治区区域地质志(中华人民共和国地质矿产部 地质专报——区域地质 第 32 号)[M].北京:地质出版社,1993.

[2] 陈杰,尹金辉.塔里木西缘西域组底界、时代、成因与变形过程的初步研究[J].地震地质,2000,22(增刊):104-105.

[3] 陈华慧,林秀伦,关康年.新疆天山地区早更新世沉积及其下限[J].第四纪研究,1994(01):38-47.

[4] 新疆玛纳斯河肯斯瓦特水利枢纽工程地质勘察报告(初步设计阶段)[R].乌鲁木齐:新疆生产建设兵团勘测规划设计研究院,2009.

浅谈阿克肖水库修建后对河流尾闾荒漠植被的影响

姚安琪

新疆水利水电勘测设计研究院地质勘察研究所，新疆 乌鲁木齐　830052

摘　要：皮山河不仅是皮山河灌区农业灌溉的重要河流，也是皮山河尾闾荒漠植被的重要水源。而下游荒漠植被作为生态系统最基本的组成部分和最主要的生产者，在防沙、固沙方面起重要作用。本文着重分析了皮山河灌区地下水、地表水的开发利用情况，以及区域地下水的补给来源，利用水量平衡法以及数值模拟法两种方法，从水量以及水位两个方面探讨了阿克肖水库修建后，下游荒漠植被所在区域的地下水位会有一定下降，但不会影响其植被发育，并提出具体的减缓措施。

关键词：阿克肖水库　植被　影响

Talking on the Impact of Desert Vegetation in the Tail River of Pishan River after the Construction of the Akexiao Reservoir

YAO Anqi

Hydro and Power Design Institute of Xinjiang，Urumqi 830052，China

Abstract：Pishan River is not only an important river for agricultural irrigation in Pishan River irrigation area，but also an important source of desert vegetation in the tail river of Pishan River. The desert vegetation，as the most basic component of the ecosystem and the most important producer，plays an important role in sand control and sand fixing. This paper focuses on the analysis of the exploitation and utilization of groundwater and surface water，and the source of recharge of groundwater in the area of the irrigation area of the Pishan River. Using the water balance method and the numerical simulation method，discuss the groundwater level and water quantity in the area of the downstream desert forest area after the construction of the Akexiao reservoir. The conclusion is that the groundwater level in the vegetation area of the downstream desert forest will decline，but will not affect its vegetation development，and propose specific mitigation measures. .

Key words：Akexiao reservoir；vegetation；influence

0　前言

荒漠植被作为生态系统最基本的组成部分和最主要的生产者[1]，具有显著减缓强风侵蚀和沙尘暴发生的作用，可维持沙漠沙丘稳定，是沙漠绿洲生态安全的重要屏障。在皮山河尾闾与沙漠接壤地带分布有面积约 2.5 万亩的荒漠植被，呈条带状分布，植被以柽柳、芦苇

作者简介：

姚安琪，1987 年生，女，工程师，主要从事水文水资源方面的研究。E-mail：524519064@qq.com。

为主,伴生有骆驼刺、花花柴、黑刺等荒漠林草植被,主要位于老河道、冲洪沟及其形成的低洼地带等。

阿克肖水利枢纽工程位于皮山河阿克肖河下游山区河段上,坝址距县城 81 km,是皮山河流域规划确定的控制性工程,具有防洪、灌溉兼发电等综合效益的水利枢纽工程,水库设计总库容 3849.8 万 m³。工程等别为Ⅲ等中型工程。阿克肖水库的修建,一方面带来了巨大的社会经济效益,另一方面导致水库下游河道水文情势发生变化,河道水量大幅度减少。据调查,此区域的荒漠河岸林草主要依靠汛期皮山河道河水漫灌和两侧农田灌溉回归水补给地下水滋润生存。而水库修建是否影响皮山河尾闾荒漠植被的生长,是一个值得探讨的问题[2]。

1　研究区基本情况

皮山县地处欧亚大陆腹地,具有典型的大陆性气候特征,多年平均气温在 11.9 ℃,平原区极端最高气温 41.0 ℃,极端最低气温 −22.9 ℃。平原地区多年平均降雨量 48.2 mm,北部沙漠多年平均降雨量 18 mm,降雨极不均匀,山区多、平原少,西部多、东部少。绿洲平原区多年平均蒸发量 2450 mm,北部沙漠多年平均蒸发量在 3500 mm 以上。

皮山河是贯穿皮山县的主要河流之一,主要由阿克肖河和康阿孜河两条支流组成,其中阿克肖河全长 160 km,全流域面积 6775.9 km²,多年平均径流量 3.501 亿 m³(皮山水文站)[3]。径流年际变化较小,但年内变化较大,洪水期 5—8 月占全年来水量的 80.0% 以上,河流最终消失于塔克拉玛干大沙漠。区域大气降雨量极其微弱,对皮山河岸尾闾荒漠生态的生长无实际意义。荒漠河岸林草生长所需水分主要依靠地下水及皮山河洪水期下泄洪水补给[4]。

2　水库修建对皮山河尾闾荒漠生态的影响分析

2.1　水平衡法

2.1.1　现状年平原区地下水水平衡分析

现状年平原区地下水的补给源主要包括侧向入渗补给、河道渗漏补给、渠系渗漏补给、田间入渗补给、水库渗漏补给、井泉灌溉回归补给。其中河道渗漏补给量 0.648×10⁸ m³/a,占总补给量 41.2%;侧向入渗补给量 0.3518×10⁸ m³/a,占总补给量 22.4%;渠系渗漏补给量 0.2824×10⁸ m³/a,占总补给量 18.0%。地下水的排泄项主要包括侧向排泄、潜水蒸发及植物蒸腾量、泉水排泄量、沟渠排泄量、人工开采量。其中潜水蒸发及植物蒸腾量 0.9453×10⁸ m³/a,占总排泄量 41.2%;侧向排泄量 0.2137×10⁸ m³/a,占总排泄量 22.4%;泉水排泄量 0.1493×10⁸ m³/a,占总排泄量 18.0%。平原区地下水均衡计算见表1,区域主要补给项是河道渗漏补给量以及侧向入渗补给量;主要排泄项是潜水蒸发及植物蒸腾量、侧向排泄量,区内地下水基本处于均衡状态。

表 1   平原区地下水资源补排均衡计算

补给项	补给量（$\times 10^8$ m³/a）	排泄项	排泄量（$\times 10^8$ m³/a）
侧向入渗补给量	0.3518	侧向排泄量	0.2137
河道渗漏补给量	0.648	潜水蒸发及植物蒸腾量	0.9453
渠系渗漏补给量	0.2824	泉水排泄量	0.1493
田间入渗补给量	0.1488	沟渠排泄量	0.0033
水库渗漏补给量	0.0315	人工开采量	0.2609
井泉灌溉回归补给量	0.1103		
小计	1.5728	小计	1.5725

2.1.2   规划年平原区地下水水平衡分析

阿克肖水库建成后,皮山河水量在时空上得到了有效调节,洪水期流入下游河道的洪水水量减少,同时皮山河灌区规划水平年灌溉面积增加,灌溉期渠道引水量增加,使得下游河道的水量减少,河道渗漏补给量随之减少 0.2238×10^8 m³/a。灌溉面积增加 9.9 万亩,渠系引水量由现状年的 1.7331×10^8 m³/a 增加到 2.1882×10^8 m³/a,渠系渗漏量和田间入渗补给量增加 0.0799×10^8 m³/a。规划年规划压缩地下水开采量,机井开采量由 0.2609×10^8 m³/a 减少到 0.1702×10^8 m³/a,相应使得井泉灌溉回归量减少 0.0358×10^8 m³/a。阿克肖水库建成,阿依库木水库被替代,水库渗漏量减少 0.009×10^8 m³/a。区域侧向流入量和无汇流量都不发生变化。平原区规划年与现状年地下水补给量变化对比见表 2。

表 2   平原区规划年与现状年地下水补给量变化对比（$\times 10^8$ m³/a）

补给项	山前侧向补给量	河道渗漏补给量	渠系渗漏补给量	田间入渗补给量	井泉灌溉回归量	水库渗漏量	合计
现状年	0.3518	0.6480	0.2824	0.1488	0.1103	0.0315	1.5728
规划年	0.3518	0.4242	0.3310	0.1801	0.0745	0.0225	1.3841

通过上述计算分析,规划水平年水库建成后,均衡计算区内地下水补给总量 1.3848×10^8 m³/a,比现状年地下水补给量减少 0.1880×10^8 m³/a,减少量主要是河道渗漏量的减少。

2.2   用数值模拟法从水位变化上进行分析

2.2.1   地下水数值模型

$$\frac{\partial}{\partial x}\left[k(h-Z_b)\frac{\partial h}{\partial x}\right]+\frac{\partial}{\partial y}\left[k(h-Z_b)\frac{\partial h}{\partial y}\right]+W_b-\sum_i Q_i\delta(x-x_i,y-y_i)=\mu\frac{\partial h}{\partial t}$$

$$h(x,y,0)=h_0(x,y) \qquad \text{水位初始条件}$$

$$T\frac{\partial h}{\partial n}=\alpha_2(h-h_0)+q_0, \qquad (x,y)\in \Gamma_3 \quad \text{变流量边界条件}$$

式中　h——含水层水位；

　　　$h_0(x,y)$——含水层初始水位；

　　　Z_b——含水层底板高程；

　　　k——含水层渗透系数；

　　　T——含水层导水系数；

　　　μ——含水层给水度；

　　　W_b——含水层综合补给强度（包括河水渗漏补给与灌溉渗漏）；

　　　Γ_3——变流量边界；

　　　α_2——变流量边界流量衰减系数；

　　　q_0——变流量边界初始流量；

　　　Q_i——开采井流量。

2.2.2　模型的建立

　　以美国地质调查局开发的 MODFLOW 软件对地下水流场以及地下水位变化进行模拟[5]。计算区域划分为 30 行、30 列，共 900 个单元（图 3）。其中，无效计算单元 390 个，有效计算单元 5849 个。本次计算调用子程序包为水井子程序，所有补给项和排泄项都用注水井和抽水井的方式来表示。通过实地调查，利用已有的观测资料，确定河流来水量、农田灌溉的时间及灌水量，最终确定注水井及抽水井的工作制度。

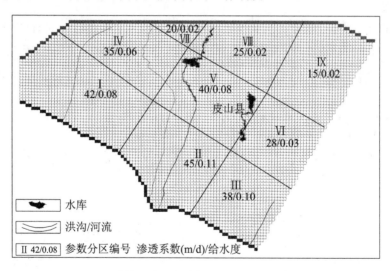

图 1　计算区含水层模型剖分网格及参数分区

2.2.3　模型识别

　　模型识别主要考虑含水层的渗透系数 k、给水度 μ。模型调参的初始值是根据野外抽水试验的结果，结合研究区的水文地质条件进行的，其中渗透系数 k 的取值范围为 $15\sim42$ m/d；给水度 μ 的范围为 $0.02\sim0.11$。此次模型识别利用 1 年的长观井资料作为基础资料，将试用的参数代入模型中，通过点上的地下水位以及面上的地下水流场拟合，并综合考虑水文地质条件、地下水流场及区域水量均衡方面的变化,合理选取参数。

2.2.4　模拟的结果

本次模型中监测井 7 号、8 号位于皮山河尾间荒漠林草区,通过对比可知尾间区规划年地下水位较现状年下降了 0.05～0.1 m,水库建成以后,河道水量减少了,洪水期排入洪沟的水量也减少了,使得下游尾间荒漠植被区的补给量有所减少,使得水位小幅度的下降,规划年该区监测井水位变化逐月过程见图 2、图 3。

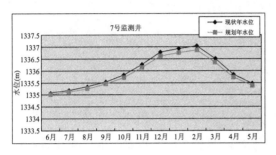

图 2　7 号监测井　　　　　　　　　　图 3　8 号监测井

规划年模型模拟区河道附近地下水位较现状年平均下降了 0.1～0.4 m。究其原因,水库建成后,规划年渠道引水量增加,河道水量减少,河道渗漏补给量减少,河道附近的地下水水位小幅下降。

通过对比可知,规划第 5 年的地下水位较规划年的地下水位变化不明显,水位年际变化基本趋于稳定,水库建成 5 年,国家公益林区内的监测井逐月水位见图 4、图 5。

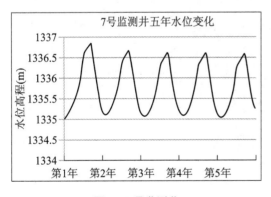
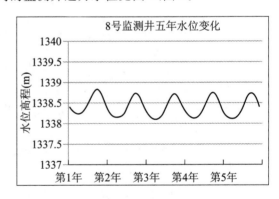

图 4　7 号监测井　　　　　　　　　　图 5　8 号监测井

总之,皮山河尾间的荒漠植被区规划年之后水位变化较小,规划第 2 年之后地下水位年际变化趋于稳定。

3　结论与建议

皮山河下游尾间区的国家级公益林是阿克肖水库环境影响分析的敏感对象。本文用水量平衡法首先分析水库建成后下游尾间区补给量的变化,其次通过数值模拟法对水库建成后尾闾区的地下水位进行预测,并得到水位降低较小的结论。但是为及时准确地掌握敏感区周围地下水位状况,建议建立长期的地下水观测机制,建立完善地下水动态监测系统。另外,为更好地保障公益林区灌木的生长,建议在水库建成以后,每年定期针对下游尾闾区公益林下泄一至两次洪水,漫灌下游灌木,保证下游河道一定的生态用水。

参 考 文 献

[1] FENG Q,CHENG G D. Current situation,problems and rational utilization of water resources in arid north-western China[J]. Journal of Arid Environments,1998,40(4):373-382.

[2] 金英春,吴超,姚安琪,等.新疆阿克肖河水库工程地下水环境影响专题报告[R].2014.

[3] 董克万,张雷,董克鹏,等.皮山河阿克肖水库溃坝的洪水成因分析[J].陕西水利,2011(2):110-111.

[4] 周宏飞,张捷斌.新疆的水资源可利用量及其承载能力分析[J].干旱区地理,2005,28(6):756-763.

[5] 陈崇希,唐仲华.地下水流动问题数值方法[M].武汉:中国地质大学出版社,1990.

城区复杂作业条件下水环境治理工程勘测工作策划与过程管控的几点经验

寇佳伟　曾森财　李海轮

中国电建集团北京勘测设计研究院有限公司,北京　100024

摘　要:深圳市观澜河水环境综合整治项目是近年开展的大批城区水环境治理项目中典型案例,是一项围绕治理观澜河流域水环境问题的系统工程,工程内容涵盖全面,分项工程多,其勘测工作的内容包括了工程测量、地下管线探测和工程地质勘察三大方面,作业条件复杂,对其勘测工作进行分析、总结,有助于积累勘测经验、指导后续项目勘测工作。本文首先介绍了观澜河水环境项目勘测工作的主要目的、内容,总结了勘测工作在技术上、工作环境上和工期上的主要特点、难点及应对措施,对项目主要安全风险进行了梳理,最后以观澜河水环境项目勘测工作策划与过程管控经验为依托,结合其他水环境治理相关项目,得出了几点对城区复杂作业条件下水环境治理工程勘测工作的经验认识。

关键词:城区水环境治理　勘测　观澜河　地下管线探测

Some Experience in Process Managementand Planning of Urban Water Environment Treatment Project with Complicated Working Conditions

KOU Jiawei　ZENG Sencai　LI Hailun

Power China Beijing Engineering Corporation Limited,Beijing 100024,China

Abstract:The water environment comprehensive renovation project of Guanlan River basin in Shenzhen is a typical case in a large number of urban water environment treatment projects carried out in recent years. It is a systematic project that treats the water environment problems of Guanlan River Basin. The project content is rich,includes Multiple items. Its Investigation and surveying content includes the engineering survey,detecting and surveying underground pipelines and cables,engineering geological investigation, working conditions is complicated. The analyzes and summarizes to investigation and surveying of the project is helpful to accumulate experience and guide the follow-up project. at first,This paper introduced the main purpose and content of the investigation and surveying of the Guanlan River water environment project, summarized the main features,difficulties and counter measures of the Investigation and surveying on the technical,work environment and construction period,and combed the main safety risks of the project. Finally,Based on the experience in process management and planning of investigation and surveying of the Guanlan River water environment project,combined with other related projects on water environment treatment,several understandings were drawn to the urban water environment treatment project with complicated working conditions.

Key words:urban water environment treatment;investigation and surveying;Guanlan River;detecting and surveying underground pipelines and cables

---

作者简介:

寇佳伟,1980 年生,男,高级工程师,主要从事水利水电、水环境治理工程勘测方面的研究。E-mail:koujw@bhidi.com。

0　前言

改革开放以来,我国经济和城市化进程高速发展,社会水资源的需求量加大,污染物排放量增多,水环境恶化,已成为社会经济发展的制约因素,水环境治理到了刻不容缓的地步[1,2]。为解决水环境的突出问题,近年我国各地开展了大批水环境治理相关项目,深圳市龙华区观澜河流域(龙华片区)水环境综合整治项目(以下简称观澜河项目)就是其中典型之一。深圳观澜河流域内水体现状污染严重,干支流水质为劣Ⅴ类,水体黑臭,对下游东莞境内北江水环境影响极为严重,也对龙华区内的水环境造成恶劣影响,整治观澜河流域(龙华片区)极为迫切。

观澜河流域(龙华片区)面积约 175 km²,观澜河项目工程包括管网工程、河道整治工程、治污工程、防涝工程等,共几十个子项,是一项围绕治理观澜河流域水环境问题的系统工程,工程内容涵盖全面。目前该项目大部分勘测设计工作已完成,部分子项已经施工,适合作为水环境治理的典型案例,加以分析总结。

1　观澜河项目勘测工作的主要内容

观澜河项目勘测工作的主要内容包括工程测量、地下管线探测、工程地质勘察,基本可以反映水环境项目勘测工作的主要内容。下面叙述一下各项勘测工作具体内容。

1.1　工程测量

(1)控制测量:布设符合要求的基础控制网,为地形图测绘、勘察钻孔放样和施工定线放样提供稳定、高精度的基础平面和高程基准。

(2)地形测量:工程场地及周边一定范围内 1∶500～1∶1000 地形图测量,其中河道整治工程依据《河道整治设计规范》(GB 50707—2011)自建筑物轮廓向外至少 100 m[3]。

(3)断面测量:主要为满足河道整治工程等水利相关项目和方案规划项目需要,依据设计需要进行间距 50～200 m 不等的横断面测量及沿河道进行的纵断面测量,测量精度1∶500 为宜[3]。

(4)配合性测量工作:主要包括地质点、勘探点收测,地下管线特征点收测等碎部测量。

1.2　地下管线探测

探测设计工作需要的工程场区范围内排水管线及局部综合地下管线的位置、埋深、尺寸、材质等属性,绘制综合地下管线成果图和地下管线成果表。

工作目的:①掌握工程场地内雨、污水管分布及雨、污水分流情况;②为排水管设计提供基础资料;③为项目涉及的管线迁改提供基础资料;④避免钻探损坏地下管线,为钻孔孔位布置选择提供指导。

地下管线探测工作包含测量和物探两个专业,外业一般分为两个步骤,首先进行地下管线探查,做好现场标记,之后进行测量收点工作。对明显管线点进行地毯式人工实地调查和量测,对非明显管线点使用管线探测仪和地质雷达仪器相结合的方式进行探测。地下管线的探测范围的确定：对于管网完善工程宜以小区、厂区、城中村周边市政道路为界，对于河道整治工程、内涝整治工程等宜以施工影响范围为界，以查清影响工程设计、施工的管线为目的，同时避免探测浪费。

1.3　工程地质勘察

观澜河项目建（构）筑物、工程设施主要包括排水管线、渠道、箱涵、挡墙、堤岸、桥梁、闸坝等。工程地质勘察的目的是查明工程场地的水文地质及工程地质条件，评价各建（构）筑物、工程设施存在的工程地质问题，为设计和施工提供所需的岩土物理力学参数等地质资料，并对地基处理、隐患治理等提出处理措施建议。

河道整治工程涉及防洪工程，侧重于水利工程，其勘察内容及要求宜主要依据《水利水电工程地质勘察规范》（GB 50487—2008）相关条文执行；管网工程、治污工程、防涝工程应属市政工程范畴，其勘察内容及要求宜主要依据《市政工程勘察规范》（CJJ 56—2012）相关条文执行。

2　观澜河项目勘测工作特点、难点及对策

2.1　工程测量

工程测量工作技术手段较成熟，观澜河项目技术问题不突出，测量工作难点主要在于：

（1）工程场地多位于城市建筑物密集区，高楼林立，河边、路边、路中花坛中的绿化植被茂密，通视条件和观测条件较差、楼与楼之间GPS信号弱，大大增加了外业工作环节和工作量。

应对措施：合理加强人力物力投入，严格按规范、规程进行测量作业，针对城市地物特点制订高效、相对快捷的工作方案。

（2）城区河道两侧紧邻建筑物、堤防、防洪墙等构筑物以及公路、公共设施等地物，且城市河道多分布有桥梁，明渠与暗涵交替出现。这对河道纵、横断面测量增加了难度及工作量，断面中须反映设计需要的更多地物信息，如两岸堤顶高程、河道围栏（防洪墙）高程、深泓点高程以及建（构）筑物边界点、河道中心线、暗涵断面形态及尺寸等，以达到断面数据能够反映出准确的断面形式、红线范围内两岸现有建（构）筑物与河道断面的相对位置关系；同时纵断面需标注明渠、暗涵说明，横断面需反映出现状渠道河底是否有做硬化处理，若无硬化处理，需测量出淤积厚度等。

应对措施：在测量任务书中详细叙述测量内容及相关技术要求，如对断面基点位置、不同河道断面形态特征点的选取、断面穿越地物时特征点位置的选取给出明确的要求；进行针对性的技术交底，让测量作业技术人员充分了解设计需要及设计意图。

2.2　地下管线探测

场地分布的电力、通信等金属管线利用常规的管线探测仪基本可以探明，大多数雨水、污水、给水等非金属管线通过对检查井的地毯式人工探查也基本可以探明，地下管线探测工作难点主要在于：

（1）受技术手段的限制部分管线探明难度较大，一类是埋深较大（深于 5 m）、检查井等出露点少、管线路径变化较大的管线，如采用顶管、定向钻等非开挖施工技术施工管线；另一类是地表标识不明的管线探明难度较大，如新建的仍未做地表标识的燃气管，废弃的给排水管等。

应对措施：①尽可能收集所在地原有管网资料；②积极走访沿线单位或个人，了解情况，必要时请权属单位技术人员现场指认；③非开挖施工技术施工的管线，积极走访、咨询原设计单位或施工单位，获取管线信息；④辅以工程物探（探地雷达、高密度电法等）手段，尽可能获取准确的数据；⑤对于个别采用现有技术手段、利用现有资料信息仍难探明的地下管线，采用钎探、挖探的手段，直接揭露地下管线的所在位置，查明管线的埋深和尺寸等。

（2）随着城市的发展，同一小区、厂区、城中村经过了不同期次、不同部门的多次管线埋设，甚至还有部分厂区私埋地下管线，造成地下空间拥挤、管线秩序混乱，这极大增加了对管线的梳理、辨别、衔接等工作的难度。

应对措施：首先尽可能收集原有管网资料；其次对于地下管线探测方案，采用从简单到复杂，先摸底、再详查、最后复核和清理难点的工作步骤，对地下管线分类、分项进行探测。

2.3　工程地质勘察

大部分工程场地原始地貌为残丘、谷地，后经人工开挖回填，地势较平坦开阔，现主要为住宅生活区、厂区、道路等，地貌形态较简单；场地地表普遍分布有第四系覆盖层，厚度几米至 20 余米不等，以黏性土为主，局部分布砂层，层序较稳定、结构较简单；基岩以砂板岩、花岗岩为主；不良地质作用不发育。项目拟建建（构）筑物、工程设施的工程地质问题基本为常规问题，通过常规勘察、分析手段可查明场地工程地质、水文地质条件并对工程地质问题作出合理评价。勘察工作面临的主要难点为：

（1）场地地表普遍分布有人工填土层，主要由黏性土混合石英砂砾组成，局部含混凝土块、砖块、碎石块、塑料布等建筑及生活垃圾，成分及密实程度较不均，松散～稍密，力学性质较差，厚度 0.5～10 m 不等，一般 3～5 m。为避免遇到地下管线，钻孔开始的 3 m 需要人工挖探，对于这 3 m 土层钻孔试验取样较为困难。大部分拟建管线及部分建（构）筑物布置于该层内，鉴于填土层的不均匀性及表层取样困难，掌握其物理力学特性，提出合理的参数建议值是勘察的难点之一。

应对措施：①对于填土层，在满足规范要求取样组数基础上，适当增加取样个数，增加样品的覆盖面；②钻孔间可寻找地表露头取样；③根据试验数据分析，尽可能分析出同一参数范围分布区和分布深度，并根据区域和深度提供参数建议值。

（2）工程场地多为小区、城中村、厂区，人员居住密集，常遇到钻探外业工作进场受阻、工作时间受限、占道施工需要办理占道许可证等情况，这些外围因素将直接影响工作的进行和工期。

应对措施：首先勘察任务启动后，做好勘察方案策划，提前对可能的外围干扰因素做出预判。尽早赴现场与街道、村、社区协调现场工作，为钻机顺利按期进场工作做好准备工作，需要办理占道施工许可证时，尽早将办证材料备齐送至交警及路政部门，争取早日开工，不影响工期。合理加强钻探人力物力投入，统筹安排，保证钻机施工的连续性，节省搬运时间，缩短搬运距离。

3 观澜河项目勘测工期、质量及生产安全

3.1 工期、质量

水环境项目建设单位基本为环保、水务、城建局等政府部门，考核目标明确，当年任务当年完成，尤其是水环境治理这类关系到老百姓生活质量的民生工程更是重中之重，政府部门效率的提高及解决水环境问题的迫切，直接带来工期的紧张。在工期紧张的情况下，内、外业成果更容易出现质量问题。时间紧迫，既要保证工期又要保证质量，是工程的难点之一。

保证工期的措施：合理加强人力物力投入；针对每项勘测任务进行周全的工作策划，制订工作方案，提前预判前期准备工作，对工作过程中可能遇到的影响工期事项，如恶劣天气等，做好应对方案；提前做好进场前相关沟通协调工作，保证外业工作尽快开展。保证质量的措施：作业前对作业人员进行充分技术交底；加强对内、外业成果质量的把控，校审、抽测环节不可缺失。

3.2 生产安全

安全生产工作是勘测工作的重中之重，是工程顺利进行的基本保障。观澜河项目勘测工作以下几处安全风险突出，须加强防范。

有限空间作业安全：观澜河项目存在"群死群伤"风险的环节主要为有限空间作业，即工作人员进入地下管道进行测量、探查作业可能遇到有毒气体、缺氧、溺水等情况。

交通安全：现场勘测位于城区，车流量大，工程测量、地下管线探测、工程钻探大量工作位于行车道路上，交通安全隐患较大。

群众安全：现场钻探机械设备可能威胁到围观、路过群众安全。地下管线探查掀开的井盖复原不到位可能造成路过群众受伤。

地下管线安全：工程钻探如孔位选择不当或人工挖探深度不够可能造成地下管线的损坏，尤其是燃气管、高压电缆等管线的损坏可能造成人员伤亡事故或群体事件。

安全生产应对措施：①严格按照国家有关法令、法规，行业规程、规范要求组织勘测工作；②对参与作业人员进行安全技术交底和安全教育培训，强调可能存在的危险源，加强安全意识；有限空间作业前须进行专门的安全技术交底和安全教育培训；③安全防护措施齐全并保障正确佩戴；④现场作业区正确摆放围挡、安全标识等防护、提示设施；⑤做好安全检查工作，发现问题，及时整改；⑥钻机开钻前先用洛阳铲进行人工挖探，探挖深度不小于3.0 m，观察土层变化情况，确定无地下埋设物方可施工；⑦地下管线探查打开的井盖须专人看护或在井周边布置围栏和警示标志，作业完毕后井盖立即复原，并确保井盖、篦子完全嵌入井的凹槽，平稳无误后方可离开。

4 对城区复杂作业条件水环境治理项目勘测工作的几点经验认识

通过参与观澜河水环境项目策划及过程管控工作，以及了解我院承担的其他城区水环

境治理相关工程,得出以下几点经验认识。

（1）城区水环境治理项目拟建建（构）筑物、工程设施,一般荷载不大,拟建管线荷载多小于 100 kPa,挡土墙、箱涵等构筑物荷载多小于 200 kPa;基础埋深不深,大于 5 m 的深基坑少见;工程单点开挖量不大,多为线状或网状开挖,大开大挖少见。此类特点工程,对于工程地质勘探深度要求不高,管网勘探深度多在 10 m 以内,河道沿线构筑物勘探深度多在 20 m 以内,局部桥梁及采用桩基础构筑物勘探深度略深;拟建建（构）筑物、工程设施的工程地质问题基本为常规问题,通过常规勘察分析手段可查明场地工程地质、水文地质条件并对工程地质问题作出合理评价。

（2）工程场地内及其周边分布有建筑物及各类城市设施,地下埋藏有各类管线、地下室、地下铁路等,场地环境复杂,空间局限大、干扰因素多。这就决定了勘测工作本身存在一定障碍,沟通协调工作多,另一方面为了能提出合理的、考虑周全的设计、施工方案,要求工程测量、地下管线探测、工程地质勘察的精度更高。

（3）水环境问题日益突出,水环境治理已经到了刻不容缓的程度,当地政府考核目标明确,不容拖延,所以项目工期往往比较紧张。这就需要项目承担单位,前期项目计划、策划工作考虑充分,人力物力投入到位。

（4）项目安全风险特点突出,须引起重视。特别是注意防范交通安全、有限空间作业安全以及钻探引起的燃气管、高压电力管损坏导致的人身伤亡事故。

以上几点拙见,因笔者水平有限,见识短浅,难免有不当之处,敬请谅解。

参 考 文 献

[1] 王腊春,史运良,周寅康,等.长江三角洲水环境治理[J].长江流域资源与环境,2003,12(3):223-227.

[2] 袁兵.水环境治理:中央政府与地方政府的博弈分析[D].西安:陕西师范大学,2007.

[3] 中华人民共和国住房和城乡建设部.河道整治设计规范:GB 50707—2011[S].北京:中国计划出版社,2012.

基于 Civil 3D 三维模型的某抽水蓄能电站料场储量分析

王迎东　　闫红福

中国电建集团北京勘测设计研究院有限公司，北京 100024

摘　要：料场勘察在抽水蓄能电站前期处于重要的地位，储量分析对后续设计工作也有一定制约。本文基于 CIVIL 3D 二次开发的工程地质三维建模及分析系统，建立某抽水蓄能电站上水库三维地质模型，分析其开挖料场储量，为工程正常蓄水位方案选择提供了数据参考，并与断面储量分析法进行比较，验证了模型储量分析的可行性。

关键词：料场勘察　储量分析　三维地质模型　方案选择

Analysis of the Material Field Capacity of a Pumped-Storage Power Station Based on the Civil 3D 3D Model

WANG Yingdong　YAN Hongfu

Power China Beijing Engineering Corporation Limited，Beijing 100024，China

Abstract：Material field investigation is in an important position in the early stage of pumped storage power station. Reserve analysis also has certain restrictions on the follow-up design work. Based on the secondary develop ment of Civil 3D engineering geology three-dimensional modeling and analysis system，this paper establishes a three-dimensional geological model of the upper reservoir of a pumped-storage power station and analyzes the reserves of the excavated stockyard，providing a data reference for the project's normal water level selection. comparing with the analysis method of section reserves，the feasibility of the analysis of model reserves was verified.

Key words：material field investigation；reserves analysis；3D geological model；scheme selection

0　引言

　　料场勘察在抽水蓄能电站前期勘察阶段的工作中处于重要地位，其开挖量储量及利用分析对电站经济效益评价也是重要指标，在工程实践中，料场储量分析对抽水蓄能电站设计方案选择起到一定制约作用[1]。当前，在储量计算领域，常用的计算方法有地质块段法、开采块段法、断面法等，各方法在工程领域均有应用，但多有一些应用局限。当工程区岩性及岩体质量资料不足时，地质块段划分依据较少，计算结果误差较大；开采块段法仅适用于脉状、脉状、薄层状的储量计算，在其他岩体结构不太适用；平行断面法相对应用更多更广，但多次应用实践发现，当地形起伏较大时，断面间距对储量误差影响较大，难以得到可靠的计算结果。

作者简介：

　　王迎东，1989 年生，男，工程师，主要从事水利水电工程地质勘察方面的研究。E-mail：wangyd@bhidi.com。

随着 BIM 技术的推广应用,三维地质建模和可视化分析逐渐被越来越多的设计人员掌握,目前已有很多商业软件可以实现三维地质建模分析[2]。因此,基于三维模型进行储量分析已成为工程建设的发展趋势。本文利用我公司基于 Civil 3D 平台二次开发的"工程地质三维建模及分析系统",对某抽水蓄能电站上水库库内料场储量进行简要分析。

该抽水蓄能电站装机容量 1500 MW,电站枢纽工程由上水库、水道系统、地下厂房及其附属建筑物、下水库等组成。上水库大坝为沥青混凝土面板堆石坝,拟采用库内开挖石料筑坝,库盆采用沥青混凝土面板全库防渗形式,经各专业比选,正常蓄水位拟在 2054 m、2057 m 及 2060 m 中选取库内料挖填平衡最优方案,各方案坝体填筑需求量分别约为287.8 万 m^3、311.1 万 m^3 和 352.1 万 m^3。

1   三维地质模型的关键技术

为推进三维协同设计在工程实践中的应用,我公司基于 Civil 3D 平台开发了工程地质三维建模及分析系统,可实现基于工程地质数据库的三维建模和可视化分析。该系统构建三维地质模型主要包括两个环节。

(1)测量专业三维地形模型构建

测量专业采用航测、三维扫描、遥感解译等方式获取工程区原始地形图,经提取地形数据信息,通过校核优化构建工程区三维地形模型。

(2)地质专业三维地质模型构建

地质专业利用地形图、三维地形模型进行外业勘察工作,获取所必需的测绘点、钻孔、平洞、试验等地质勘察数据,创建勘察数据库,并在三维地形模型的基础上由点及面逐一创建工程区点数据模型、线数据模型与岩性界面、风化卸荷面、结构面等必要的地质曲面模型,之后利用曲面切制剖面图、平切图,根据剖面平切数据更新完善曲面以反映工程区实际地质体信息。具体三维地质模型构建流程如图 1 所示。

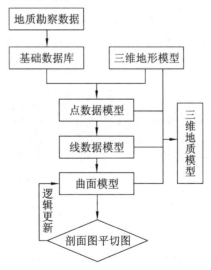

图 1   三维地质模型的总体构建原则

通过所建立起的三维地质模型,可以直观地迅速浏览地质体信息,在三维地质模型和勘察数据基础上,可以快速规范地进行剖面图平切图绘制及勘察数据工程地质分析。同时,结合 Civil 3D 一些自带功能(如体积面板、放坡等),可进行多种数据后处理功能。

2　电站上水库储量分析

2.1　上水库基本工程地质条件

该电站上水库位于小流域沟源冲沟内,沟谷大致呈 SN 走向。库区三面环山,地形较为平缓,地表自然坡角一般为 20°～30°,山顶高程 2076～2241.8 m,沟底高程 1960～2060 m,库岸分水岭高程均高于比选正常蓄水位高程,不低于所比选正常蓄水位高程的垭口地形。上水库岩性主要是太古界五台群斜长片麻岩、斜长角闪岩及第四系地层,第四系地层主要为残坡积块石及混合碎石土。

上水库区主要发育一条 F10,沿库内主沟沟底发育,从库区西南侧分水岭切过坝轴线延伸至库外沟底,延伸长度约 2.3 km,宽度 3 m,断层破碎带由灰色断层泥、蚀变岩和碎裂岩组成,断层带内的岩体呈碎块状和碎末状,上、下盘岩体较完整。其余断层发育规模较小,出露宽度 0.1～1 m,多为倾向坡内的陡倾角断层。上水库裂隙主要发育 NWW、NEE、NNE、NW 四组,中陡倾角为主。

上水库岩体基本无全风化现象,强风化深度一般为 2～5 m,局部较深,可达 14 m;弱风化深度一般为 12～45 m,最深为 58.3 m,构造发育部位风化深度更深。

2.2　上水库三维地质模型创建

按照上述创建三维地质模型流程,利用所获取的钻孔、平洞、坑槽探中的覆盖层厚度、风化深度、水位埋深等数据建立该抽水蓄能电站上水库的三维地质模型。主要包括上水库地形曲面、覆盖层曲面、强风化曲面、弱风化曲面和水位曲面,如图 2 所示。

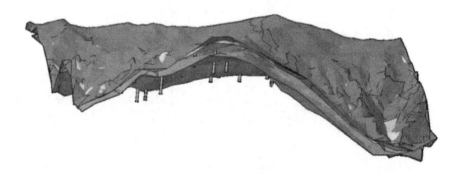

图 2　上水库三维地质模型展示

2.3 Civil 3D 体积面板介绍

Civil 3D 自带功能中"体积面板"可以快速计算出"基准曲面"和"对照曲面"两曲面间的体积。该体积是以两曲面边界的交集为边界之间部分的量,可理解为以"基准曲面"为底面,"对照曲面"为顶面和以交集边界为母线的竖直面围合而成的封闭实体的体积[3]。

由于按照勘察数据建立起的三维曲面是上下起伏的不规则面,在计算体积时所选取的"基准曲面"和"对照曲面"在不同位置的竖直方向上、下关系可能会有变化,Civil 3D 会将"基准曲面"在下的体积记为填方,"基准曲面"在上的体积记为挖方。

为快捷地进行各蓄水位高程下上水库料场储量分析,建立起各正常蓄水位高程水工开挖曲面,结合体积面板功能,计算出各方案下开挖量及有用层储量。

2.4 正常蓄水位 2054 m 方案储量分析

综合上水库料场地质条件,将表层含有腐殖质的第四系覆盖层和受植物根系影响的强风化带岩土层,视为无用层,强风化以下部分为有用层。

下面以正常蓄水位 2054 m 为例,介绍分析基于 Civil 3D 三维模型的料场储量快速分析的可靠性。

(1)总开挖量计算

根据三维地形曲面和水工曲面,将水工开挖面作为基准曲面,利用体积面板功能得出该方案下总开挖量约为 639.8 万 m³,如图 3 所示。

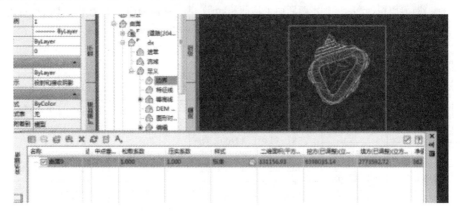

图 3　总开挖量计算

(2)有用层储量计算

根据强风化曲面和水工曲面,将水工面作为基准曲面,利用体积面板功能得出该方案下有用层储量约为 507.16 万 m³。

为验证此种方法算出的储量可靠性,对上水库料场进行平行断面法储量计算。针对上水库地形条件,设置主要间距为 60 m 的断面切剖面,计算上水库料场储量。上水库剖面设置如图 4 所示,平行断面法储量计算如表 1 所示。

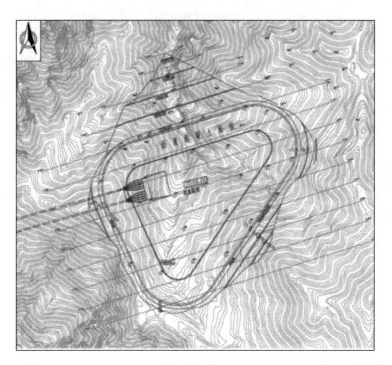

图 4　平行断面法剖面线位置示意

表 1　平行断面法储量计算

断面编号	断面面积（m²）		两断面平均面积（m²）		两断面间平均距离（m）	无用层体积（×10⁴ m³）	有用层储量（×10⁴ m³）
	无用层	有用层	无用层	有用层			
1	90.29	0	1395.71	5213.61	60	8.37	31.28
2	2701.12	10627.22	2580.85	11281.59	60	15.49	67.69
3	2460.58	11935.96	2722.4	11633.37	60	16.33	69.80
4	2984.22	11330.77	3581.31	11896.78	60	21.49	71.38
5	4178.39	12462.78	3782.23	13574.91	60	22.69	81.45
6	3386.07	14687.03	3459.79	14240.37	60	20.76	85.44
7	3533.51	13793.7	3280.58	11393.51	60	19.68	68.36
8	3027.65	8993.31	2411.17	5167.09	60	14.47	31.00
9	1794.68	1340.86					
合计						139.28	506.40
总量						645.68	

经平行断面法计算，上水库库内总开挖量为 645.68 万 m³，有用层为 506.4 万 m³。基于 Civil 3D 三维模型所计算出的储量与平行断面法数据接近，具有可靠性。

按照三维模型所计算出的有用层储量，其约为设计需要量的 1.76 倍，满足现行国家标准《水力发电工程地质勘察规范》(GB 50287—2016)[5]中对料场储量要求。但基于挖填平衡考虑,弃料较多,方案未达到最优。

2.5　正常蓄水位方案选取

按照同种储量计算方法,分别分析 2057 m 和 2060 m 正常蓄水位方案下的挖填平衡比例,计算结果如表 2 所示。

表 2　各方案计算

方案	总开挖量(万 m³)	有用层储量(万 m³)	设计需要量(万 m³)	比例
2054 m	639.8	507.16	287.8	1.76
2057 m	578.96	451.17	311.1	1.45
2060 m	512.94	389.3	352.1	1.11

根据《水力发电工程地质勘察规范》(GB 50287—2016)中对料场储量要求及挖填平衡考虑,正常蓄水位方案 2057 m 为最优方案。

3　结论

(1) 基于 Civil 3D 平台开发的工程地质三维建模及分析系统构建了上水库三维地质模型,并利用体积面板功能快速便捷地进行了储量分析。

(2) 通过对比三维模型法和平行断面法的结果,验证了三维模型法储量分析的有效性和可靠性。

(3) 基于三维模型法得出各方案下储量利用率,为正常蓄水位方案选取提供了参考。

基于三维地质模型进行料场储量分析,计算过程清晰简单,结果直观易懂,特别是对地形起伏较大的地质体,效率优势十分明显,在工程应用中具有实际的推广意义。

参 考 文 献

[1] 肖海波,李院忠,赵开开.某抽水蓄能电站上水库库内开挖料可利用分析[J].工程勘察,2018(5).

[2] 张亮,姚磊华,王迎东.基于 COMSOL Multiphysics 的三维地质建模方法[J].煤田地质与勘探,2014(6).

[3] 侯毅,孙湘琴,潘卫平,等.基于 Civil 3D 计算水库库容的方法研究[J].水利规划与设计,2018(2).

[4] 孙世辉.抽水蓄能电站库内开挖料"挖填平衡"初步探讨[J].水电与抽水蓄能,2017,3(5):109-113.

[5] 中华人民共和国住房和城乡建设部.水力发电工程地质勘察规范 GB 50287—2016[S].北京:中国计划出版社,2017.

基于 FLAC 3D 工程地质模型的建立及数值模拟分析

葛明洋

安徽省水利水电勘测设计院，安徽 蚌埠　233000

摘　要：依据某地区地质资料和已有深部地应力测量成果，利用 FLAC 3D 有限差分软件，建立工程地质模型，分别就预设的三种设计方案进行模拟开挖石门，依据数值模拟结果得出最佳方案，即选择最大水平主应力方向作为石门掘进方向、深度位置为"一水平"，更有利于巷道支护，减少应力集中现象的出现，石门工程的扰动造成 F 断层活化的可能性较小。

关键词：FLAC 3D　工程地质模型　地应力　过断层石门

The Establishment of Engineering Geological Model and Numerical Simulation Analysis Based on FLAC 3D

GE Mingyang

Anhui Survey and Design Institute of Water Conservancy and Hydropower，Bengbu 233000，China

Abstract：Based on the geological data of in-situ stress measuring results and the finite-difference software FLAC 3D，three kinds of crossway geological model have been established. It is concluded that the best solution is selecting location，No. 1 level and the orientation of maximum principal stress is the crossway's move towards. It's better to avoid stress concentration phenomenon appeared and support roadway easily. The perturbation of Shimen Engineering is less likely to cause F fault activation.

Key words：FLAC 3D；numerical simulation；in-situ stress；crossway project acrossing fault

0　引言

某地区属于推覆体下内部构造复杂，受区域推覆构造影响，已探明总体构造呈轴向近东西的不对称倒转褶曲形态。某矿处于推覆体断层上盘，可采煤层为 A 组煤，主要包括 1 煤、1 上煤。F 断层是推覆体下原地地层中最大的正断层带，东西走向。拟施工一条贯穿 F 断层的石门，石门是穿过断层带用以连接断层上下盘的巷道，石门的开挖将面临大量的水文地质、工程地质问题。依据勘探资料和前期已测的 F 断层区域原始地应力，进行工程地质模型的建立，通过数值模拟应用分析，为过断层石门工程方案比选提供依据。

1　建立工程地质模型

工程地质模型的建立选用 FLAC 3D 3.0 软件进行[1]，模型尺寸为：420 m×360 m×240 m

作者简介：

葛明洋，1989 年生，男，工程师，主要从事水利水电工程地质勘察方面的研究。E-mail：gemingyang0608@163.com。

(图 1),地层近似水平,1 煤和 1 上煤厚度取值分别为 5 m 和 3 m,断层破碎带宽度为 6 m,倾角取值 72°,断层两盘地层落差为 20 m。

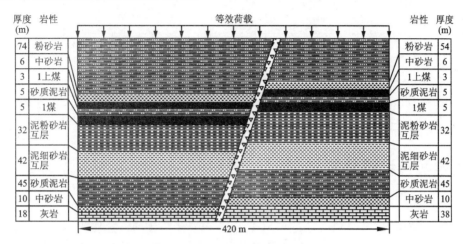

图 1 工程地质模型

在计算模型中,X 轴垂直于断层走向,Y 轴平行于断层走向,Z 轴为重力方向。石门位置依据不同模拟方案深度变动,FLAC 3D 三维数值计算网格模型见图 2。上边界施加等效荷载,在具体模拟方案中为上覆岩体的计算重力值,前后左右各个侧面边界施加法向约束固定,并赋予初始应力,底面采用全约束边界条件,顶面为位移和应力的自由边界。模型采用 Mohr-Coulomb 本构关系,岩石物理力学参数如表 1 所示。

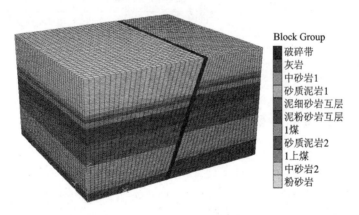

图 2 FLAC 3D 模拟计算模型

表 1 岩石物理力学参数[2]

岩性	密度(g/cm³)	弹性模量(GPa)	泊松比	抗拉强度(MPa)	内聚力(MPa)	内摩擦角(°)
粉砂岩	2.79	38	0.26	2.4	3.0	40
中砂岩	2.39	33	0.30	3.5	3.7	38
煤层	1.40	10	0.32	0.6	1.1	18

续表 1

岩性	密度(g/cm³)	弹性模量(GPa)	泊松比	抗拉强度(MPa)	内聚力(MPa)	内摩擦角(°)
砂质泥岩	2.85	20	0.20	1.5	2.1	25
泥岩	2.73	22	0.20	1.8	2.8	33
细砂岩	2.79	25	0.30	3.2	3.6	32
灰岩	2.70	53	0.24	2.2	3.2	40
破碎带	2.00	1.8	0.35	0.1	0.5	10

2 确定数值模拟方案

该矿井共分为三个水平开采：−550 m 以上为"一水平"，标高为−550 m；−550～−750 m 为"二水平"，标高为−750 m；−750 m 以下为"深度水平"，标高为−1000 m。三种水平作为拟施工石门开挖的备选方案。结合矿区地应力特征[3]，最大主应力方向随深度由近南北向转变为近东西向，应力差随深度的增加有减小的趋势。为探讨过 F 断层石门的开挖条件，针对石门位置(水平选取)和掘进方向，结合实际地层，模拟开挖方案如表 2 所示。

表 2 数值模拟方案

模拟方案	石门备选深度位置	地应力取值(MPa)	S_H 方向
方案 1	一水平	$S_v=15.83, S_H=20.02, S_h=13.46$	南北向
方案 2	二水平	$S_v=19.06, S_H=23.82, S_h=19.24$	东西向
方案 3	深度水平	$S_v=21.45, S_H=22.67, S_h=20.64$	东西向

注：S_v 为垂直应力，S_H 为最大水平主应力，S_h 为最小水平主应力。

3 数值模拟结果与分析

3.1 垂直应力变化特征

在石门掘进过程中，迎头的应力受到 F 断层带的阻碍，断层带的存在使应力的传递不连续，应变也不连续，掘进后的应力影响范围受弱面的干扰，使之应力梯度增大，造成应力向上盘下端部位置集中[4]。由模拟结果来看，应力集中分布区是最佳方案选取的最重要依据之一。

图 3 是数值模拟结果的后处理切片，方案 1 的最大主应力的方向是南北向，方案 2 与方案 3 则是东西向，不同深度位置，应力差、侧压比等不同，表现为自上而下呈减小趋势。在 S_H 方向一定的情况下，比较上述应力云图方案 2 与方案 3，可看出方案 2 竖向应力集中程度较大，呈"品"字形特征，且距离石门位置很近，最大竖向应力为 66.67 MPa。方案 3 应力集中程度相对较小，最大竖向应力为 54.12 MPa，与方案 2 相差 12.55 MPa。这说明最大主应

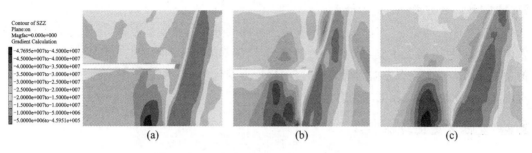

图 3　石门掘进过程中竖向应力(SZZ)云图

(a)方案 1;(b)方案 2;(c)方案 3

力方向和石门掘进方向不一致时对石门的影响较大,"二水平"不宜选取为石门位置,分析得出方案 2 的应力集中分布是应力差较大和东西向最大主应力的共同作用的结果。所以依据弹性力学理论和数值模拟结果,同等条件下方案 3 较合适。

比较方案 1 和方案 3,因应力差随深度的增加呈减小的趋势。应力差较大时,掘进过程中竖向应力云图应力集中现象较明显,方案 1 应力集中区域较小,基本不会造成影响或者影响程度较小,这说明 S_H 方向对石门的影响效果更明显,模拟结果显示方案 1 效果最好,应力集中位置在 X 轴方向 160 m,距离断层位置 28 m,进一步对比还需考虑水平应力变化。

3.2　水平应力变化特征

图 4 中,方案 1 中石门位于"一水平"位置,水平应力相对其他两个方案较低。石门两帮受压应力作用,压应力变化范围在 0~2 MPa,压应力较小。顶底板压应力集中,底板压应力集中区域较大,最大压应力值为 17.326 MPa,在较高压应力作用下顶板易发生挤压破碎变形,底板水平应力集中,有可能出现底鼓现象。

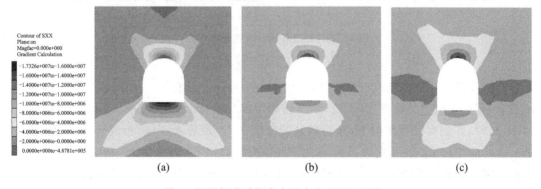

图 4　石门掘进过程中水平应力(SXX)云图

(a)方案 1;(b)方案 2;(c)方案 3

方案 2 中石门位于"二水平"位置,石门两帮大部分受压应力作用,压应力变化范围在 0~5 MPa,小部分受到拉应力作用,拉应力最大值为 0.26 MPa,两帮位置受压应力值较大,相对方案 1 发生变形破坏的可能性更大一些。顶底板压应力集中,最大压应力值为

25.154 MPa,较方案 1 压应力值大。

方案 3 中石门位于"深部水平",水平应力云图的分布与方案 2 相似,压应力值较方案 2 整体增大,说明在最大主应力方向一致的情况下,深部应力值的增大是石门两帮破坏较严重的主要原因。当主应力方向为南北向时,围岩应力变化较小。综合考虑三种模拟方案,结合考虑实际情况,方案 1 相对较为合理。

3.3 塑性区变化特征

由于石门掘进造成顶底板和断层破碎带活化,掘进迎头会产生导水裂隙,若连接活化断层破碎带的断层水和上、下盘地层存在的承压水,承压水就会沿着活化带导通进入掘进工作面,造成突水事故,这也是在正断层上盘开挖易发生突水的原因[5]。F 断层闭合性较好,断层破碎带为泥质充填,富水性弱、导水性差,自然状态下断层带一般具有一定的阻水特征,石门掘进扰动后,可能会因为矿压或水压的变化而被突破。图 5 是方案 1 条件下石门掘进过程中塑性区分布图,随着掘进面逐渐向断层推进,塑性区分别向顶底板和断层方向扩展。

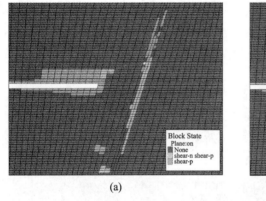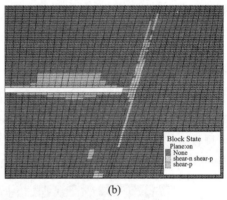

(a)   (b)

图 5   石门掘进不同长度时塑性区分布

(a)掘进 140 m;(b)掘进 188 m

石门开挖 140 m 时顶底板主要以剪切破坏为主,最大影响范围至顶板 30 m 和底板 15 m 位置,掘进方向上影响至 24 m 处,断层破碎带部分活化。石门掘进 188 m 时,即距离断层 12 m 时,受到高应力作用下,迎头破坏程度变大,出现导水裂隙,最终和断层活化带导通。这时应注意预防突水灾害,180 m 之前应做好超前探水工作。此外,断层带的塑性区仅占断层破碎带的一部分(约一半),推测石门掘进过程造成断层带应力变化较大,整体破坏可能性较小,即石门工程的扰动造成 F 断层活化的可能性较小。

4   结论

三维工程地质模型更直观地反映地质情况,有利于边界条件的施加和石门模拟开挖。数值模拟结果得出方案 1 较合理,即石门的最佳掘进方向是近正南北方向,根据已有地应力资料,石门掘进方向取 NE60°,深度宜在"一水平"(标高－550 m)处,更有利于巷道支护,减少应力集中现象出现,石门工程的扰动造成 F 断层活化的可能性较小。

参 考 文 献

[1] 陈育民,徐鼎平.FLAC/FLAC 3D 基础与工程实例[M].北京:中国水利水电出版社,2008.

[2] 张永兴.岩石力学[M].北京:中国建筑工业出版社,2009.

[3] 韩军,张宏伟.淮南某矿区地应力场特征[J].煤田地质与勘探,2009,37(1):17-21.

[4] 于广明,谢和平,杨伦.采动断层活化分界面效应的数值模拟研究[J].煤炭学报,1998,23(4):396-399.

[5] 鞠远江.1♯煤开采底板突水可能性分析[J].水文地质工程地质,2008(4):39-42.

物探新技术在水域调查中的应用

彭 军　高建华　王 鹏　熊友亮　黄小军

水利部长江勘测技术研究所,湖北 武汉 430011

摘　要:现代科学技术的发展已经使水域调查进入了一个新的时代,出现了许多新的测量手段,通过这些新测量仪器的使用让岩土工程勘察的精度得到了很大的提高。本文介绍了多模式声呐综合扫描系统(MD DSS 系统)在水域地质调查的应用原理,并且讨论了该系统最大的优点就是根据不同的地质条件采用浅地层剖面测量子系统、侧扫声呐子系统和地震剖面测量子系统组合进行测量。最后通过在不同水域环境岩土工程勘察中的成功应用,表明了该系统具有良好的应用前景。

关键词:多模式声呐　水域地质调查　侧扫声呐

Application of New Physical Detection Technologies in the Waters of the Survey

PENG Jun　GAO Jianhua　WANG Peng　XIONG Youliang　HUANG Xiaojun

Changjiang Institute of Survey Technical Research, MWR, Wuhan 430011, China

Abstract: The development of modern science and technology has made the water survey entering a new era, with the appearance of many new measurements. Through the use of these new measuring instrument for geotechnical engineering accuracy has been greatly improved. This paper introduces the application principle of multi-mode scanning sonar system in the waters of the geological survey, and discusses the advantages of this system is according to the different geological conditions use shallow stratum profile measuring subsystem and subsystem, side scan sonar measure seismic profile measuring subsystem. Finally through the different water environment of successful applications in geotechnical engineering investigation, shows that the system has a good application prospect.

Key words: Multi-mode sonar scan; the waters of the survey; side-scanning sonar

0　引言

随着经济的发展,科研人员对于水域中的调查研究越来越多,例如,河流、湖泊、港口以及近岸的地球物理调查,淤泥沉积和侵蚀研究,沉积物性质和底部结构调查,地震和测深综合调查等。针对不同类型的工程,进行的水域勘测的目的和要求是不同的,如探测深度、分辨率等,因此,所用的仪器设备也是不同的[1-2]。常见的设备主要有多波束测深系统、侧扫声呐系统、浅地层剖面系统以及地震剖面测量系统等。其中,前两种仪器主要用于水下地貌表面特征的勘探测量,便于形成地形图,可在较大区域范围内对工程场地条件等进行评价;而浅地层剖面仪和地震剖面测量系统可以将水域范围内具有一定厚度的地层、构造反映出来,

基金项目:水利部引进国际先进水利科学技术计划项目,项目编号 201508。

作者简介:

彭军,男,汉族,工程师,硕士,主要从事工程物探与工程检测技术研究及应用。E-mail:710157841@qq.com。

有利于人们对地质灾害进行深入的判断,其应用目前已成为了解工程场地潜在灾害地质因素的重要途径[3-4]。

芬兰 Meridata 公司近年来新研制出了新型多模式浅地层剖面、侧扫声呐及地震剖面综合数据采集系统。本文以含有 Chirp 剖面测量子系统、侧扫声呐子系统和地震剖面测量子系统这 3 个声学子系统的 MD DSS 系统为对象,介绍了该系统的工作原理及特点,详细描述了使用该系统进行水域调查的方法,并通过实例说明了该仪器在水域调查中的应用效果。

1　MD DSS 系统声学工作原理

MD DSS 系统主要由 PC(测量计算机)、声学子系统和 GPS 定位设备三部分组成,三部分功能各不相同,其中 PC 用来进行系统控制及数据采集,声学子系统用来生成和接收不同频率的声学信号,GPS 定位设备用来提供位置信息,结构组成如图 1 所示。

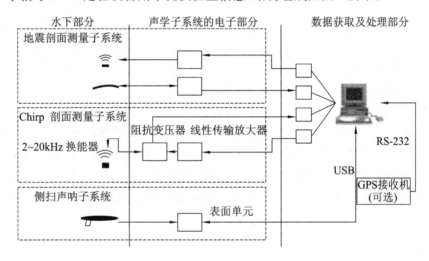

图 1　MD DSS 系统组成示意

1.1　Chirp 浅剖仪原理

浅地层剖面仪是探知地层垂向结构和性质的声学设备,在一定程度上能够反映海底浅部地层的分层情况和各层底质的特征[5]。其工作方式与测深仪相似,换能器按一定的时间间隔垂直向下发射声脉冲,声脉冲到达第一个强声阻抗界面即海底时,部分声能被反射返回接收单元,另一部分声能则穿透地层继续向下传播,当遇到一个新的强声阻抗界面时,就会有部分声能返回接收单元,如此不断进行,直至声波能量损失耗尽为止,声波的传播过程见图 2。

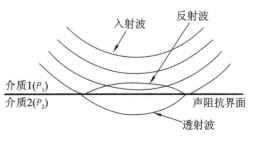

图 2　声波传播示意

声波在遇到声阻抗界面时就会发生反

射,反射能量强弱由介质的反射系数 R 决定。

$$R = \frac{\text{入射脉冲振幅}}{\text{反射脉冲振幅}} = \frac{\rho_1 \nu_1 - \rho_2 \nu_2}{\rho_1 \nu_1 + \rho_2 \nu_2} \tag{1}$$

其中,$\rho_1 \nu_1$、$\rho_2 \nu_2$ 分别表示一、二层介质的密度和声速,由式(1)可知要得到声强反射,介质必须要有大的声速和密度差,即当 $|R|$ 趋近于 0 时,两层的相邻界面就会几乎无声强反射,而当 $|R|$ 趋近于 1 时,两层的相邻界面就会有较强的声强反射,在浅地层剖面仪终端显示器上会反映灰度较强的剖面的界面线。

而 Chirp 浅剖仪与一般浅剖仪不同的是,采用了 Chirp 波和连续波(CW)技术,可以得到浅层和深层的高解析度的地层剖面。Chirp 波指的是线性调频脉冲,它具有较宽的频宽、较长的脉冲持时,Chirp 波的理论表达式为:

$$S(t) = A \sin 2\pi \left(f_1 + \frac{f_2 - f_1}{2T} t \right) t, \quad 0 \leqslant t < T \tag{2}$$

式中　A——振幅;

　　　f_1——开始频率;

　　　f_2——结束频率;

　　　T——延迟时间;

　　　t——记录时间。

为了解决理论 Chirp 波中太多频率成分在同一界面处的反射波对信号分辨等的影响,在实际应用中,Chirp 波还需要配合相关的包络函数一起使用,例如,常用的 SINC 函数等,这样就可以达到提高某些主要频率成分、压制次要频率成分的目的。此外,由于采集的信号与发出的 Chirp 波具有很好的相似性,而线性噪声通常不具备相似性,所以对所获得的采集信号进行卷积处理后,可以降低噪声,提高信噪比[6]。

1.2　侧扫声呐原理

侧扫声呐的基本工作原理与侧视雷达类似,侧扫声呐左右各安装一条换能器线阵,首先发射一个短促的声脉冲,声波按球面波方式向外传播,碰到海底或水中物体会产生散射,其中的反向散射波(也叫回波)会按原传播路线返回换能器被换能器接收,经换能器转换成一系列电脉冲。一般情况下,硬的、粗糙的、凸起的海底,回波强;软的、平滑的、凹陷的海底回波弱,被遮挡的海底不产生回波,距离越远回波越弱。如图 3 所示,第 1 点是发射脉冲,正下方海底为第 2 点,因回波点垂直入射,回波是正反射,回波很强,海底从第 4 点开始向上凸起,第 6 点为顶点,所以第 4、5、6 点间的回波较强,但是这三点到换能器的距离是以第 6 点最近,第 4 点最远。所以回波返回到换能器的顺序是第 6 点、第 5 点、第 4 点,这也充分表现出了斜距和平距的不同。第 6 点与第 7 点间海底是没回波的,这是被凸起海底遮挡的影区。第 8 点与第 9 点间海底是下凹的,也是被遮挡的,没有回波,所以也是影区。

利用接收机和计算机对这一脉冲串进行处理,最后变成数字量,并显示在显示器上,每一次发射的回波数据显示在显示器的一横线上,每一点显示的位置和回波到达的时刻对应,

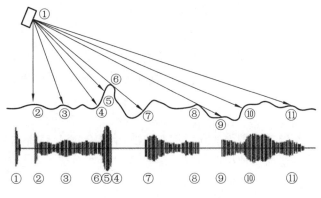

图 3　侧扫声呐回波示意

每一点的亮度和回波幅度有关。将每一发射周期的接收数据一线接一线地纵向排列,显示在显示器上,就构成了二维海底地貌声图。声图平面和海底平面成逐点映射关系,声图的亮度包涵了海底的特征。利用侧扫声呐的"拍照"功能,可应用于海底底质分类、海底矿产资源评价、障碍物探测和地质灾害调查等。

1.3　地震子系统原理

地震子系统工作原理类似于传统地震勘探中的地震映像法的原理,地震映像又称为高密度地震勘探和地震多波勘探,是基于反射波法中的最佳偏移距技术发展起来的一种常用地层勘探方法。这种方法可以利用多种波作为有效波来进行探测,也可以根据探测目的要求仅采用一种特定的波作为有效波,常见的有折射波、反射波和绕射波。

浅层折射波法的应用条件是地层随着深度的增加迅速递增,且各层之间存在明显的速度差异,即地层分层明显。基于这种前提条件的限制,折射波法不适于在渐变式岩体风化分带、速度存在倒转的情况下应用。折射波法现场工作中常采用多重相遇逐道观测系统,资料解释采用延迟时法、共轭点法、时间场法等。反射波法是利用人工激发的地震波在岩土界面处产生反射的原理,对具有波阻抗差异的地层或构造进行探测的一种地震勘探方法。当人工激发的地震波向地下传播过程中,遇到波阻抗不同的地层界面时,会产生反射波和透射波,其中反射波按照反射角等于入射角的规律返回地面,在地面沿测线布置的接收传感器接收并记录反射波引起的地面振动振幅及波从震源出发至接收传感器接收点的传播时间,即地震记录。根据地震记录可绘制反射波时距曲线,并计算反射波在地层中的传播速度和反射界面埋藏深度。

传统地震勘探是通过识别弹性波的折射、反射和绕射的波形特征来判断地下的地质构造,而多模式声呐综合扫描系统的地震子系统是利用声波能量作为震源载体来进行勘探工作的,就是将漂浮电缆的多道检波器采集到的炮记录经过处理合并成单道炮记录储存下来,达到单道自激自收的效果,再根据炮记录中的折射波、反射波和绕射波的特征来判断地下地质构造。

2 工程应用实例

利用 MD DSS 系统可以根据不同的水域沉积环境情况,让单个子系统或者任意其中的两个甚至三个子系统组合工作,最后对资料进行综合对比解释,提高数据解释的准确度。

2.1 长江水域调查

工程为调查长江水域某范围内的地质沉积情况,利用 MD DSS 系统的三个子系统同时进行工作。图 4 为某测线的浅地层剖面仪系统和侧扫声呐系统的资料对比图,图 5 为同一测线地震子系统和侧扫声呐系统的资料对比图。

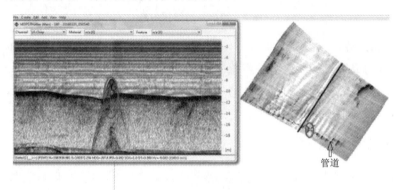

图 4 浅剖子系统和侧扫声呐资料对比

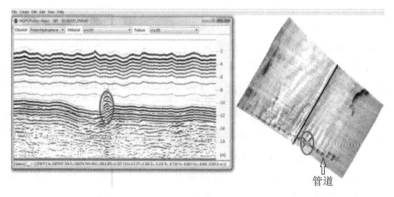

图 5 地震子系统和侧扫声呐资料对比

图 4 左边部分为浅地层剖面仪低频采集数据结果,右边部分为侧扫声呐扫描结果;图 5 左边部分为地震子系统采集数据结果,右边部分为侧扫声呐扫描结果。浅剖仪和地震子系统采集数据图纵坐标是以水面为零点的高程值,侧扫声呐成果图黑线为拖鱼行进轨迹。从图中可以看出,测线轨迹与管线走向是垂直的,在图 4 中,可以清楚地看到椭圆标注顶部位置有明显的绕射波异常,与侧扫声呐扫描结果对比,对应的正好是管道的位置,说明二者的采集结果得到了相互印证。同样对比图 5 中的地震子系统和侧扫声呐子系统数据,在相近地方有相同的异常特征,进一步可以印证管道的位置。但是由于该水域砂层较厚,浅剖子系统和地震子系统能量都无法穿透,因此没有得到较好的砂层厚度的分层结果,说明了该系统

对于砂质沉积类型水域的应用局限性。

2.2 水库调查

工程为调查咸宁某水库的地质沉积情况,利用 MD DSS 系统的侧扫声呐和地震子系统同时进行工作。侧扫声呐两侧侧扫范围为 80 m,将拖鱼左右换能器扫描结果进行拼接,投影到工区底图上,得到整个区域扫描成果。图 6 所示为侧扫声呐投影到工区底图上的成果,图 7 所示为侧扫声呐成果影像。

图 6　侧扫声呐成果投影

图 7　侧扫声呐成果影像

如图 6 和图 7 所示,黄线为该水库水下地形等值线,可以看出侧扫声呐扫描结果与水下地形特征非常符合,水下共有 3 处基岩隆起,而且基岩边界清晰可辨,左上方的基岩小沟扫描效果也很好,说明该仪器分辨率很高,在水库环境中的应用效果非常好。

图 8 为地震子系统工作得到的剖面成果图,选取了其中 2 条测线。从图 8 中可以看出,水底分界面非常清晰,并且起伏明显。首先拾取水底界面,然后根据地震剖面强反射轴特征拾取淤泥与强风化基岩的分界面,这样就可以得到该区域的淤泥沉积厚度分布图,将得到的淤泥沉积厚度图投影到侧扫声呐结果上面(图 9),红线是厚度为 0 的基岩边界线,从图 9 中可以看出两者特征吻合得非常好。

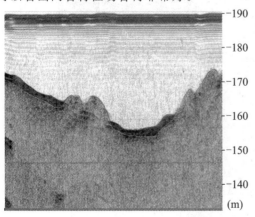

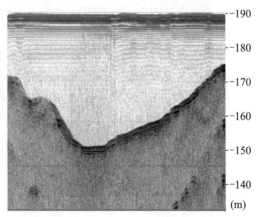

图 8　地震子系统剖面成果

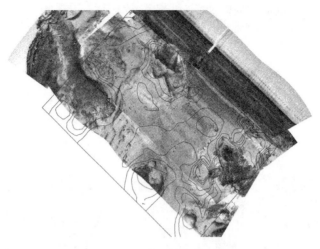

图 9　淤泥厚度等值线投影

2.3　福建海域调查

工程为调查福建某海域的地质沉积情况,利用 MD DSS 系统的地震子系统采集数据,检验这套系统在泥质沉积环境中的应用效果,并且在相同测线利用机械震源激发采集数据,与 Boomer 震源激发得到的结果做比较得出结论。

图 10 所示为 Boomer 震源激发得到的地震剖面成果,根据地震剖面强反射轴特征分别拾取得到不同类型覆盖层之间的分层信息。图 11 是与图 10 测线相近位置的地质钻探成果图,由于海洋沉积环境较为稳定,因此相近位置的地质层位也相差不大。对比两个图的分层信息,可以看出,总体都是分为淤泥、淤泥质黏土、黏土和基岩四个层位,而且基岩面的深度也比较相近,每个层位对应关系也很好,说明 Boomer 震源激发测量得到的地震分层结果比较准确。然而在一些有浅层气异常存在的地方(图 10 所示红色圆圈)Boomer 震源能量也无法穿过,下方的分界面出现不连续现象,会影响到成图结果。

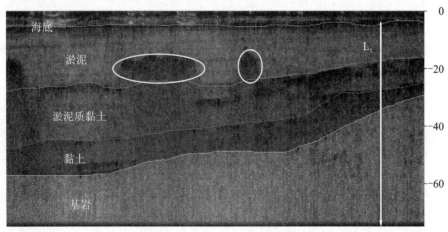

图 10　Boomer 震源激发地震成果

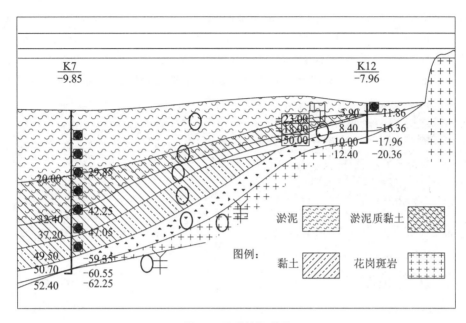

图 11　地质钻探成果

选取一条与图 10 垂直相交的测线进行测量（位置见图 10 中 L1 测线），来对比交点处层位是否相对应，得到的结果如图 12 所示，可以看出层位对应关系比较好。利用 MDPS 软件交互解译功能，对两条相交测线进行解译，得到的结果如图 13 所示。图 13 中间黑线位置表示两条测线的交点位置，对比交点两侧解译的地层分界线可以看出，左侧 L1 测线所拾取的层位均比右侧测线相应层位的厚度大一点，且对应层位错开的厚度值大体上一致。这是由于两条测线不在同一时间测量，在解译处理时没有对潮汐变化进行校正；除去潮汐的影响，二者在交点处的相应层位对应关系是非常好的，这也相互印证了测量结果的准确性。

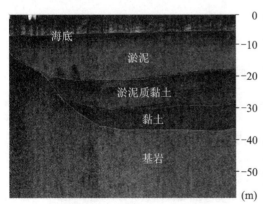

图 12　L1 测线地震剖面成果

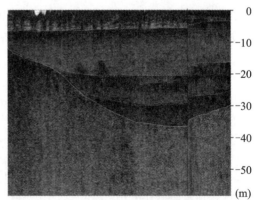

图 13　地震测线交互解译成果

选取同一条测线，分别利用机械震源和 Boomer 震源激发，处理解译后得到结果，如图 14 和图 15 所示。对比两个结果可以看出，Boomer 震源激发得到的结果抗干扰能力较强，分层效果也更加明显,局部位置还可以清楚地看到更多层位,而且其最大的穿透深度也达到了 60～70 m。但是对于当地层中含有浅层气等异常时,Boomer 震源的能量衰减非常快,无法继续穿透地层,而机械震源穿透能力更强,深度也更大,受浅层气影响相对较小。综上,在覆盖层浅部地区,Boomer 震源的分层效果更好;在深部地区,机械震源的穿透能力更强。

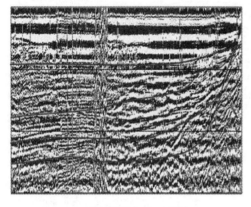
图 14 机械震源解释剖面成果

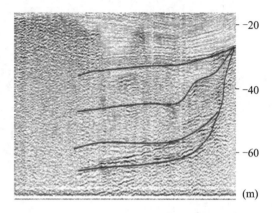
图 15 Boomer 震源解释剖面成果

3 结论

本文介绍了 MD DSS 系统的工作原理及特点,描述了该系统的组成,并通过工程实例说明了该系统在不同水域环境调查中的应用,得到的结论如下:

(1) MD DSS 系统工作稳定,同时利用不同的子系统可以提高数据解释的准确度。

(2) 根据技术特点,在不同的水域环境中选择不同的子系统组合方法进行地质调查,例如,在泥质沉积环境的水域中地震子系统效果比较好,在砂质沉积环境的水域中效果不是很明显。

(3) 在实际项目中,解释分析在很大程度上还是依赖经验,如何提高已测数据的解释分析能力是需要进一步研究的问题。

参 考 文 献

[1] 刘保华,丁继胜,裴彦良,等.海洋地球物理探测技术及其在近海工程中的应用[J].海洋科学进展,2005,23(3):374-384.

[2] 丁维凤,冯霞,来向华,等. Chirp 技术及其在海底浅层勘探中的应用[J]. 海洋技术,2006,25(2):10-14.

[3] 张俊,顾亚平.双频测深仪对淤泥层测定的研究[J].仪器仪表学报,2002(增 2):492-493.

[4] 来向华,潘国富. 侧扫声呐系统在海底管道检测中应用研究[J].海洋工程,2011(3):117-121.

[5] 余江,周兴华. 浅地层剖面仪在淤泥厚度探测中的应用[J].浙江水利科技,2009(6):52-54.

[6] 中华人民共和国水利部. 水利水电工程物探规程:SL 326—2005[S]. 北京:中国水利水电出版社,2005.

定向钻孔综合勘察技术在昌马抽蓄电站中的应用

李钰强[1,2]　　吕耀成[1,2]

1. 中国电建集团西北勘测设计研究院有限公司,陕西 西安　710065;
2. 国家能源水电工程技术研发中心高边坡与地质灾害研究治理分中心,陕西 西安　710065

摘　要:昌马抽蓄电站在勘察中采用了定向钻孔综合勘察技术,利用不同倾向、倾角的钻孔,基于钻孔摄像技术和其他物探测试手段,解译了坝址区右岸深部岩体结构面发育情况、岩体波速及弹性模量等信息,为右岸坝肩岩体质量分级提供了详细、科学的依据。

关键词:定向钻孔　结构面解译　弹性模量

The Directional Drilling Technology in the Application of Comprehensive Investigation in Changma Pumped Storage

LI Yuqiang[1,2]　　LV Yaocheng[1,2]

1. Power China Northwest Engineering Corporation Limited,Xi'an 710065,China;

2. High Slope and Geological Hazard Research Treatment Division of

China Hydropower Technology Research and Development Center,Xi'an 710065,China

Abstract:The comprehensive survey technology of directional drilling with Pumping Storage exploration,drilling with different dip angle of the borehole camera technology and other geophysical testing methods based on the interpretation of the dam area on the right bank of the deep rock discontinuities,rock mass velocity and elastic modulus and other information,provides a detailed and scientific basis for the classification of rock mass of shoulder right dam.

Key words:directional drilling;structural plane interpretation;modulus of elasticity

1　昌马抽蓄工程概况

拟建的昌马抽水蓄能电站位于甘肃省玉门市境内。上水库位于疏勒河右岸照壁山山顶凹形平台上;下水库利用冲沟口筑坝沟内挖填而成。电站初选装机容量 1200 MW。

工程区位于祁连山地槽褶皱系北祁连山优地槽褶皱带北缘,近场区活动断裂发育,区域地质构造背景复杂,地震活动强烈。

定向钻孔布置的下库坝址区为高山峡谷,岩性为黑云母斜长片麻岩,致密坚硬,层面裂隙及层间挤压带发育。

作者简介:

李钰强,1981 年生,男,高级工程师,主要从事水工环地质勘察研究工作。E-mail:823076306@qq.com。

2　定向钻孔综合勘察技术

定向钻孔综合勘察技术是根据勘察需求,设计不同倾向、倾角的钻孔,并基于钻孔摄像和其他物探测试手段的综合运用,以获取更多工程地质信息的技术。并尽量实现"一孔多用(主要指多种物探测试技术)"和"一场多孔(一个钻场施工不同方向的多个钻孔)",用钻孔替代部分平硐,为工程勘察提供一种系统的、有效的综合勘察方法。

它是基于钻孔摄像和其他物探测试的定向钻孔综合勘察技术,是一项多学科相结合的综合应用研究。它将孔内成像技术、勘探技术和计算机技术融为一体[1],从工程地质入手,探测预定深度的岩体信息,提供更加完整和准确的第一手地质资料,包括准确和精细的结构和特征信息(如风化、卸荷等),对工程地质勘察技术的发展起到推动作用,具有重要的意义。

3　钻孔综合技术应用

为了获取岩体的结构面信息,采用孔内摄像;为评价岩体质量,采用干孔声波测试、弹性模量测试、地震穿透试验手段,本次定向钻孔布置在下库右岸坝肩,其中 ZK24 为垂直钻孔,ZK30 为水平孔,方位角 NE25.5°,下倾角 15°。

3.1　孔内摄像成果

数字全景钻孔摄像系统可以对孔内地下水位的变化、裂隙、溶洞及断层水流情况进行探测,为孔内水文地质调查提供直观可靠的依据[2]。目前国内的孔内摄像系统均在垂直钻孔中使用,通过设计改造,在定向钻孔中进行全景数字摄像技术。

通过孔内摄像技术,由孔底向孔口方向进行拍摄,完成了两个钻孔的数字全景展示图和岩芯图。

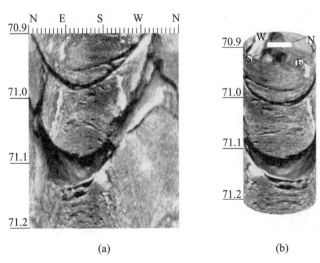

(a)　　　　　　　　　　　　(b)

图 1　ZK30 孔内摄像展示(部分)

(a)全景展示;(b)岩芯柱状

基于垂直钻孔摄像技术和结构面解译原理,推导出定向钻孔结构面解译的公式[3],并编制程序,提取了定向钻孔的结构面产状及其宽度(图2),并与地表测量及平硐编录的结构面进行了对比分析(图3)。发现定向钻孔解译的结构面与地表主要发育的裂隙是一致的,均以 NW 走向,SW 倾向,中陡倾角为主,次之为 NW 走向,SW 倾向,中陡倾角为主,缓倾角裂隙均不甚发育。不同之处在于地表测绘及平洞揭露裂隙中,层面裂隙最为发育,但在解译的裂隙中,因定向钻孔方位与岩性走向基本一致,层面裂隙相对较少。

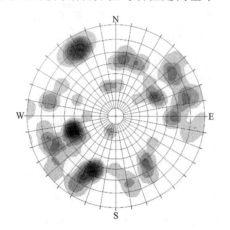

图 2　钻孔解译结构面等密度

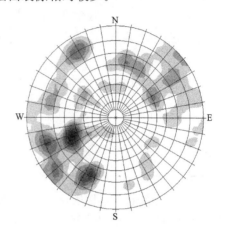

图 3　地表及平硐结构面等密度

3.2　声波测试

声波测井技术是测定声波在岩体中传播一定距离所需要的时间[4]。本次在 ZK30 定向钻孔 $2.0\sim99.0$ m,在测试范围内纵波速度 V_P 变化范围为 $2780\sim6670$ m/s,平均速度为 5510 m/s。测试波速 V_P 曲线见图 4。

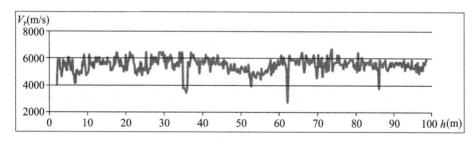

图 4　ZK30 波速与深度曲线

3.3　钻孔弹性模量

钻孔弹模测试是在钻孔中利用钻孔弹模计测试原状岩土体的弹性模量。钻孔弹模测试与其他方法相比,有其自身优点:设备轻便、操作简便;不受地下水条件的影响;能了解岩体深部的变形特征。

岩体弹性模量 E 按下式计算[5]:

$$E = K \cdot D \cdot B \cdot T(\mu, \beta) \cdot \Delta P / \Delta d$$

式中　K——三维问题的影响系数和设计标定系数之积；

　　　　D——钻孔直径（mm），测试钻孔的实际直径；

　　　　B——压力传递系数；

　　　　ΔP——压力增量（MPa）；

　　　　Δd——位移变形增量（mm）；

　　　　$T(\mu, \beta)$——与承压板角度（接触孔壁时圆周角大小为 45°）和岩体泊松比有关的系数。

根据上述理论，现场测试的 ZK24 和 ZK30 的弹性模量见表 1。

表 1　钻孔弹模测试成果

ZK24	孔深（m）	5	10	20	30	40	50	60	70	80	90
	弹模 E（GPa）	12	21.1	19.5	20.3	24.5	17.6	24.5	23.2	24.8	23.5
ZK30	孔深（m）	5	10	20	30	40	50	60	70	80	90
	弹模 E（GPa）	13	22.3	23.1	22.6	23.4	21.8	24.8	12	18.5	25.7

ZK24 钻孔弹模测试范围为 5～90 m，弹模变化范围为 12.0～24.8 GPa，平均值为 21.1 GPa；ZK30 钻孔弹模测试范围为 5～90 m，弹模变化范围为 12.0～25.7 GPa，平均值为 20.72 GPa。

3.4　地震穿透试验

地震穿透测试工作在 ZK30 钻孔与边坡间进行，在钻孔内采用炸药做震源，爆炸位置分别在钻孔深 2 m、10 m、20 m、30 m、40 m、55 m、65 m、80 m、90 m 处，在边坡上安置检波器接收纵波，工作布置图见图 5。

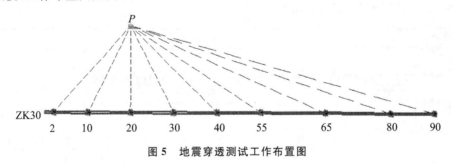

图 5　地震穿透测试工作布置图

ZK30 钻孔与边坡间地震波速 V_p 变化范围为 4270～4870 m/s，平均值为 4650 m/s。

4　岩体质量分级

坝址区岩体较为完整，两个钻孔 RQD 相对比较完整，ZK30 钻孔弱风化 RQD 平均值为 50%，微风化 RQD 平均值为 54%；ZK24 钻孔中弱风化 RQD 平均值为 33%，微风 RQD 平均值为 49%。通过对解译的岩芯图片进行分析，个别岩体裂隙发育段、岩芯有剥蚀段，在钻进过程中因机械破损原因，岩芯 RQD 值为 0，裂隙发育岩芯较破碎，RQD 值较低。

声波测试结果进行了综合分析,ZK30 钻孔中波速最大为 6670 m/s,最小为 2780 m/s,平均波速为 5507 m/s;ZK24 钻孔中波速最大为 6250 m/s,最小为 4440 m/s,平均波速为 5707 m/s。在进行完整性系数计算时,完整岩块波速取值较难确定。由于 ZK30 钻孔中声波测试距离为 0.2 m,接近于完整岩块,ZK24 钻孔中声波测试距离为 0.5～1.0 m,但 ZK24 钻孔与层面的倾角之间的夹角小于 10°,因此声波近似于在层面传导,波速相对更高。将最大值作为完整岩块的波速,ZK30 的完整性系数 K_v=0.17～1.0,平均值为 0.68,其中弱风化段 K_v=0.36～0.94,平均值为 0.68;微风化段完整性系数 K_v=0.17～1.0,平均值为 0.69。ZK24 的完整性系数 K_v=0.44～0.88,平均值为 0.73;其中弱风化段 K_v=0.49～0.88,平均值为 0.69;微风化段 K_v=0.44～0.88,平均值为 0.76。

地震穿透测试与声波测试是在相同的围岩应力状态下进行的,因此,将最大的声波波速作为完整岩块的波速,计算出完整性系数,K_v=0.41～0.53,平均值为 0.49,相当于Ⅲ类岩体。

根据岩石的物理力学性质和定向综合试验孔的弹性模量,初步分析试验区的岩体参数,综合判断试验区岩体质量分级:弱风化以Ⅲ类为主,微风化为Ⅱ～Ⅲ类。结合钻孔弹性模量及平洞弹性模量,分析弱风化平均弹性模量为 19.6 GPa,微风化段为 22.3 GPa,根据平洞内弹性模量与变形模量测试值,参考其他工程经验,初步取值弱风化变形模量为 3.1～11.2 GPa,平均值为 9.46 GPa,微风化变形模量为 6.05～12.9 GPa,平均值为 11.2 GPa。根据《水力发电工程地质勘察规范》(GB 50287—2016)中坝基岩体力学参数表,其对应的岩体质量类别为Ⅵ～Ⅱ类。

5 结论及建议

本次定向钻孔综合勘察技术应用,通过孔内摄像、声波测试、弹性模量测试、地震波穿透波速测试等综合测试手段,获取了较为丰富的工程地质信息,为工程区的结构面、岩体质量评价、岩体风化判别,提供了科学的依据。在昌马抽蓄电站右岸边坡岩体质量评价、坝肩边坡岩体风化界限的确定,均参考定向钻孔综合勘察的资料。

由于声波测试的数据比较高,影响因素多,如何利用声波波速计算岩体的完整性系数,还有待进一步研究;定向综合测试孔中仅获取了岩体弹性模量的试验值,需进一步研究通过岩体弹性模量试验值计算出对应的变形模量和动弹模量,为岩体力学参数的选取及岩体质量评价提供综合依据。

参 考 文 献

[1] 王川婴,胡培良,孙卫春. 基于钻孔摄像技术的岩体完整性评价方法[J]. 岩土力学,2010,31(4):1326-1330.

[2] 谢猛,甄春阳,等. 数字全景钻孔摄像技术在铁路工程地质勘察中的应用. 铁路勘察,2009,35(1):33-35.

[3] 曹洋兵,宴鄂川,等. 岩体结构面产状测量的钻孔摄像技术及其可靠性. 地球科学,2014,39(4):473-480.

[4] 谢孔金,王霞,刘全峰. 声波测井技术在工程岩体围岩分级中的应用[J]. 建筑科技与管理,2009(02).

[5] 邓伟杰,路新景,方后国. 钻孔弹模测试技术的应用研究. 长江科学院院报,2012,29(8):67-71.

多参数贯入设备在淮河干流堤防勘测中的应用研究

王庆苗　陈国强　杨业荣

中水淮河规划设计研究有限公司,安徽 合肥　230601

摘　要:多参数(RI 型)贯入设备仪是一种新型原位勘测设备,通过现场测试和室内试验,本文主要分析比较了用多参数贯入设备和钻孔取样室内试验两种方法测定土层物理性指标方面的相关性。

关键词:多参数贯入设备　密度　含水率　偏差

Multi Parameter Penetration Equipment in Huaihe River Main Current Embankment Survey Applied Research

WANG Qingmiao　CHEN Guoqiang　YANG Yerong

China Water Huaihe Planning Design and Research Co. ,Ltd. ,Hefei 230601,China

Abstract:Radio-Isotope Cone meter comprised of the power driving work to penetrate into foundation puls CPT,density,moisture and inclinometer log;compare RIcone and sampling soil test physiatrics index warp.

Key words:multi parameter penetration equipment;density;moisture rate;deviation

0　前言

核子密度仪是利用同位素放射原理实时检测土工建筑材料的密度和湿度的电子仪器,目前国内使用的该类仪器主要用于施工填筑材料的湿密度和含水量快速检测,不同品牌和厂家的仪器功能各不相同,但均用于地表检测,不能快速检测分布于地下不同深度的土层相关指标。

根据水利部科技推广计划,中水淮河规划设计研究有限公司引进日本 SRE 株式会社生产的多参数(RI 型)贯入式堤防勘测设备。该套设备主要包括 RI 型贯入式含水量计、密度计、静力触探仪等,其中密度测量使用 γ(^{137}Cs)射线,含水量测量采用中子(^{252}Cf)射线技术,将含水量测量、密度测量、强度指标测量三合一,最大勘探深度达 50 m;应用于淮河干流堤防工程地质勘察工作,能够快速地获得堤防及堤基地质剖面、地层含水量分布图、不同位置的土体密度、锥尖阻力、侧壁摩阻力、孔隙水压力、探孔倾斜度和地层温度等参数。

1　现场测试试验

1.1　现场试验工作

现场测试地点之一选择在淮河干流右堤方邱湖堤防加固段,方邱湖位于淮河右岸蚌埠

作者简介:

王庆苗,1964 年生,男,教授级高级工程师,主要从事工程勘察方面的研究。E-mail:17718192712@163.com。

市龙子湖区和滁州市凤阳县交界附近,历次修筑而堤防填筑土料以轻粉质壤土、粉土为主,填筑质量较差,设计拟对该段堤防进行加固处理;本次试验在该段布置 RI 贯入式测试孔(同时进行双桥静力触探试验)3 个,试验孔间距约 40 m,孔深约 16 m;并在测试孔附近布置钻探取样孔 3 个,按 0.5 m 间距采取原状土样进行室内土工试验。

根据试验计划,先在现场选定孔位,依次进行 RI 贯入试验(孔号 RJ9、RJ10、RJ11,测定各土层湿密度、含水率、贯入锥尖阻力和侧摩阻力、孔隙水压力、贯入倾斜度和地层温度)、双桥静力触探(国产探头,可测锥尖阻力和侧摩阻力)对比试验和钻孔(孔号 Z9、Z10、Z11)取样试验。

1.2　地层分布情况

根据钻探试验资料,场区分布地层为:①层人工填土,灰黄、黄褐色,主要由轻粉质壤土、粉土混砂和重粉质壤土组成,干至稍湿,塑性指数 $I_p = 6.8 \sim 14.4$,土质混杂,由人工多次填筑构成防洪堤防,层厚约 4.2 m;②层灰黄、浅灰色轻粉质壤土夹粉土薄层,呈可塑状,塑性指数 $I_p = 7.6 \sim 12.9$,层厚约 4.0 m;③层棕黄、灰黄色粉质黏土,夹有砂礓和铁锰结核,呈硬塑状态,塑性指数 $I_p = 12.5 \sim 18.4$,层厚为 3.0 ~ 3.8 m;④层灰、灰黄色中粉质壤土夹粉土,呈可塑状态,塑性指数 $I_p = 9.2 \sim 11.6$,层厚为 3.6 ~ 4.0 m;⑤层灰黄色粉土或风化残积土。地下水位埋深大于 6 m。

2　试验数据分析

2.1　试验数据处理

RI 型贯入仪测试数据间隔为每 0.1 m 一组,钻孔取样室内试验数据间隔为每 0.5 m 一组;现场试验完成后,先进行孔深修正,剔除异常数据后,根据钻探和静力触探结果划分地层,统计各孔各层湿密度和含水率平均值并估算偏差,再计算分层湿密度和含水率平均值,并据此计算各土层干密度、孔隙比和饱和度并估算偏差。数据处理结果见表 1~表 4。

表 1　①层填土湿密度和含水率测试成果表

孔号	Z9/RJ9			Z10/RJ10			Z11/RJ11			①层平均值		
项目	湿密度 (g/cm³)	含水率(%)	统计组数(组)	湿密度 (g/cm³)	含水率(%)	统计组数(组)	湿密度 (g/cm³)	含水率(%)	统计组数(组)	湿密度 (g/cm³)	含水率(%)	统计组数(组)
A	1.87	18.9	7	1.90	19.9	8	1.82	17.0	6	1.86	18.6	21
B	1.88	19.6	36	1.86	21.9	36	1.79	18.6	37	1.85	20.0	109
C	0.01	0.7		−0.04	2.0		−0.03	1.6		−0.01	1.4	
D(%)	0.53	3.9		−1.83	10.3		−1.23	9.4		−0.84	7.9	

注:表 1 中 A 为室内试验所测数值,B 为 RI 贯入仪所测数值,绝对偏差 C=B−A,相对偏差 D=100 * (B−A)/A,以下各表相同。表 5 所列为根据分层统计测试平均值计算各层物理指标。

表 2 ②层轻粉质壤土湿密度和含水率测试成果表

孔号	Z9/RJ9			Z10/RJ10			Z11/RJ11			③层平均值		
项目	湿密度 (g/cm³)	含水率(%)	统计组数(组)	湿密度 (g/cm³)	含水率(%)	统计组数(组)	湿密度 (g/cm³)	含水率(%)	统计组数(组)	湿密度 (g/cm³)	含水率(%)	统计组数(组)
A	1.93	22.3	8	1.91	23.4	7	1.91	24.4	8	1.92	23.4	22
B	1.90	23.4	41	1.90	24.7	32	1.88	24.9	40	1.89	24.3	113
C	−0.03	1.1		−0.01	1.3		−0.03	0.5		−0.03	0.9	
D(%)	−1.60	5.0		−0.59	5.4		−1.54	2.0		−1.24	4.1	

表 3 ③层粉质黏土湿密度和含水率测试成果表

孔号	Z9/RJ9			Z10/RJ10			Z11/RJ11			③层平均值		
项目	湿密度 (g/cm³)	含水率(%)	统计组数(组)	湿密度 (g/cm³)	含水率(%)	统计组数(组)	湿密度 (g/cm³)	含水率(%)	统计组数(组)	湿密度 (g/cm³)	含水率(%)	统计组数(组)
A	1.98	23.2	6	2.00	22.5	8	2.02	23.0	6	2.00	22.9	20
B	1.96	24.1	10	1.98	23.7	39	2.00	24.1	30	1.98	24.0	79
C	−0.02	0.9		−0.02	1.2		−0.02	1.1		−0.02	1.1	
D(%)	−0.94	4.0		−1.04	5.6		−0.65	4.8		−0.88	4.8	

表 4 ④层中粉质壤土湿密度和含水率测试成果表

孔号	Z9/RJ9			Z10/RJ10			Z11/RJ11			③层平均值		
项目	湿密度 (g/cm³)	含水率(%)	统计组数(组)	湿密度 (g/cm³)	含水率(%)	统计组数(组)	湿密度 (g/cm³)	含水率(%)	统计组数(组)	湿密度 (g/cm³)	含水率(%)	统计组数(组)
A	1.93	25.0	8	1.95	24.2	8	1.96	25.7	11	1.95	24.9	27
B	1.99	26.0	53	1.98	25.1	29	1.97	26.5	47	1.98	25.9	129
C	0.06	1.0		0.03	0.9		0.01	0.8		0.03	1.0	
D(%)	3.24	4.1		1.64	3.9		0.24	3.2		1.69	3.7	

2.2　试验数据分析比较

从上列各表可以看出,用 RI 型贯入设备测试的土层湿密度、含水率数值与钻孔取样测得的各土层湿密度、含水率数值平均值基本相近,若以通过钻孔取样和室内土工试验得出的各土层湿密度、含水率值为基准,则 RI 型贯入仪所测得的湿密度绝对值偏差小于 $0.03\text{g}/\text{cm}^3$,相对偏差小于 2%、含水率绝对值偏差小于 2.0%,相对偏差小于 5%(除①层人工填土土质混杂外)。

以上述两种方法测定的各土层湿密度、含水率值为基础,可计算出各层土的干密度、孔隙比和饱和度,详见表 5。

表 5　各土层物理性指标计算成果表

层号	①			②			③			④		
项目	干密度（%）	孔隙比	饱和度（%）	干密度（%）	孔隙比	饱和度（%）	干密度（%）	孔隙比	饱和度（%）	干密度（%）	孔隙比	饱和度（%）
A	1.57	0.720	69.6	1.55	0.738	85.5	1.63	0.677	92.3	1.56	0.734	91.8
B	1.54	0.756	71.5	1.52	0.774	84.9	1.60	0.707	92.6	1.57	0.718	97.3
C	−0.03	0.036	1.9	−0.03	0.036	−0.6	−0.03	0.03	0.3	0.01	−0.016	5.57
D(%)	−2.05	5.01	2.74	−2.00	4.81	−0.69	−1.76	4.43	0.36	0.95	−2.21	6.06

从表 5 可以看出,通过两种方法得出的各土层干密度、孔隙比和饱和度相对偏差一般小于 5%,试验结果符合性较好。RI 型贯入设备探头和记录仪见图 1,Z9/RJ9 孔试验和测试数据对比结果见图 2。

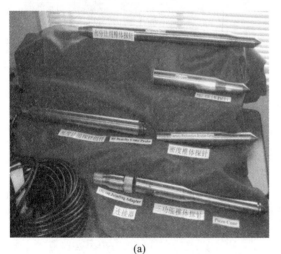
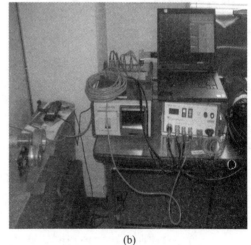

(a)　　　　　　　　　　　　　　　　(b)

图 1　RI 型贯入探头与数据采集记录仪器

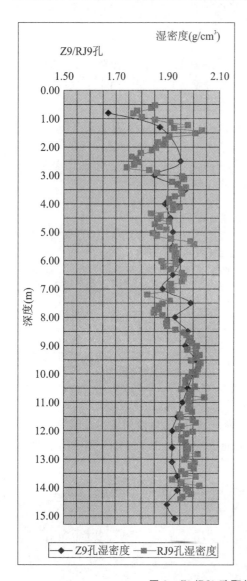

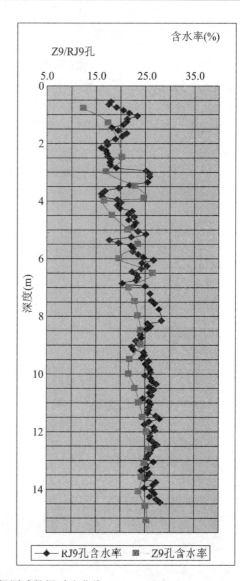

图 2　Z9/RJ9 孔取样试验和现场测试数据对比曲线

3　结论与建议

（1）用 RI 型贯入设备测得的土层湿密度、含水率数值及据此计算的干密度、孔隙比、饱和度值与钻孔取样测得数值的平均值基本相近；两者湿密度相对偏差小于 2%，含水率及其他物理指标值相对偏差一般小于 5%。

（2）通过静探曲线和物理指标分层，使用 RI 型贯入设备可以快速获得堤防及堤基地质剖面；与我国常规勘探设备相比，其优点为使用较方便、获得参数迅速，适合于快速获取堤防等工程勘察资料。

（3）使用 RI 型贯入设备进行堤防工程勘察，可以取得原位测试值，减少取样及运输、试验过程中扰动、失水等影响,提高测试试验精度。对于淤泥、粉土和饱和砂层等难以有效取样测试物理力学指标地层,更能体现该套设备的优越性。

（4）使用 RI 型贯入式堤防现场勘测设备进行现场工作时,需要进行细致的准备和仪器使用保养工作。

参 考 文 献

[1] 南京水利科学研究院.土工试验规程:SL 237—1999[S].北京:中国水利水电出版社,1999.

综合物探技术在水利工程输水隧洞勘察中的应用

孙会堂[1]　张霁宇[2]　佟胤铮[3]

1.海城市水务局,鞍山　110006;2.沈阳兴禹水利建设工程质量检测有限公司,沈阳　110006;

3.辽宁省水利水电勘测设计研究院有限责任公司,沈阳　110006

摘　要:水利工程输水隧洞具有洞线长、埋深大、地质条件复杂等特点,如何采用综合勘察技术,查明洞线区地质条件,特别是构造带的性质、分布规律、产状等条件,是工程成功的关键。物探技术具有技术先进、速度快、精度高、信息量大、应用范围广等优点。采用先进的物探综合技术可以有效地探测地层结构和地质构造,勘探效果明显提高,并可解决其他方法难以解决的技术难题,较准确地探明了深埋隐伏构造等问题,并经钻探所验证,为有效、合理地布置钻孔,并进一步查明构造性质奠定了基础。

关键词:综合物探技术　输水隧洞　地质构造

The Application of Comprehensive Geophysical Technique in the Exploration of Water Diversion Tunnel

SUN Huitang[1]　ZHANG Jiyu[2]　TONG Yinzheng[3]

1. Haicheng Water Bureau,Anshan 110006,China;2. Shenyang Xingyu Water Conservancy Construction Engineering Quality Inspection Co. Ltd. ,Shenyang 110006,China;3. Liaoning Water Engineering Consulting Co. ,Ltd. ,Shenyang 110006,China

Abstract:The water conservancy project has long lines of holes,deep,deep,deep geological conditions, how to use integrated reconnaissance techniques,to find out the geological conditions of the holes,especially the nature of the structures,the distribution patterns,the conditions of the product,which is the key to the success of the project. Geophysical prospecting technology has the advantages of advanced technology,fast speed,high precision,large amount of information and wide application range,etc. Using advanced geophysical exploration techniques can effectively detect the formation structure and geological structure,the exploration effect is obviously improved,and the problems of other methods are difficult to solve,and the problems of deep-buried buried construction can be solved more accurately,and the drilling can be verified by drilling,and the drilling can be effectively and reasonably arranged,and the structural property can be further ascertained to lay the foundation.

Key words:comprehensive geophysical prospecting;water tunnel;geologic structure

1　综合物探技术在输水隧洞勘察中采用的主要方法

随着我国经济建设的发展,水资源需求量不断增加,为合理调配水资源供需矛盾,近几

作者简介:

孙会堂,1966 年生,男,高级工程师,主要从事水利工程建设技术方面的研究。E-mail:sytongyz@163.com。

年输供水工程建设发展迅速,输水隧洞勘察技术也得到快速发展。

由于输水隧洞工程具有洞线长、埋深大、地质条件复杂等特点,特别是查明穿越洞线的构造带的性质、分布规律、产状等条件,是工程成功的关键。

物探技术具有技术先进、速度快、精度高、信息量大、应用范围广等优点。针对不同工程需要解决的地质问题,在多项输调水隧洞工程勘察中,分别采用 EH4 大地电磁法、高密度电阻率法、地震面波法、地震折射波法、跨孔地震波 CT 层析成像法、钻孔超声波测井测试等综合物探新技术,充分利用各方法的特点和优势,互相补充、互相验证,综合分析,有效地探测地层结构和地质构造,勘探质量和效率明显提高,并可解决其他方法难以解决的技术难题,较准确地探明了深埋隐伏构造等问题,并经钻探所验证,为有效、合理地布置钻孔,并进一步查明构造性质奠定了基础。

2 主要物探方法的基本原理、先进性及解决的主要地质问题

2.1 EH4 大地电磁法

(1)基本原理

它的基本原理是当天然交变电磁场入射大地,在地下以波的形式传播时,由于电磁感应的作用,地面电磁场的观测值会包含地下介质的电阻率分布信息。而由于不同频率的电磁场信号具有不同穿透深度,因此,大地电磁测深通过研究地表采集的电磁数据能够反演出地下不同深度介质电阻率分布的信息,以此达到探测地质结构和构造的目的。

(2)EH4 大地电磁法可解决的主要技术问题

可探测洞线穿越地区的基岩埋深、深部构造,特别是断层分布、岩溶发育地区的溶洞、暗河和岩脉等特殊地质体的位置和规模等。

2.2 高密度电阻率法

(1)基本原理

它的基本原理是利用测量地下某一深度的电阻率分布情况,分析地层断面的电性特征,从而达到探测地质结构和地质构造的目的。高密度电阻率法是近几年国内外新开展的一项新技术,它与常规电阻率法相比具有布点密度大、观测精度高、信息量大、一次布点可以完成纵横二维探测过程等优点,是电剖面法和电测深法的综合。

高密度电法采用 AMN、BMN 两种三极装置和对称四极装置。

高密度电阻率法工作布置及记录剖面示意见图 1。

(2)高密度电阻率法可解决的主要技术问题

高密度电阻率法主要应用于地层的划分、地质构造的空间发育特征、岩溶发育规模及发育规律的研究、软弱地质体的分布规律、地下洞室位置等。

2.3 地震面波法

地震面波法勘探实际上就是瑞雷面波勘探。瑞雷面波是由 P 和 SV 形非均匀平面波叠

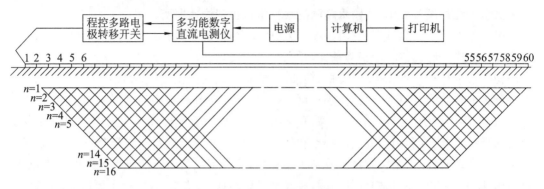

图 1 高密度电阻率法工作布置及记录剖面示意

加而成。点状震源产生的球面波在地表自由面上传播时,就可能产生瑞雷波,其振幅随深度增大而迅速减小,均匀各向同性半空间中形成的瑞雷波不具有频散特性,其相速度与频率无关。在弹性分层的半空间中,瑞雷波表现出频散特征,包含了各个分层界面弹性差异的影响。对于横向均匀的分层地层,瑞雷波的频散特征比较直观地反映地表以下(大约在相当于半个波长的深度范围内)地层的弹性参数,特别是剪切波的速度。基于层状介质中的面波理论,对面波法的频散曲线进行反演拟合计算出地层的面波速度及相应层深度。面波速度(V_R)与横波速度(V_S)之间具有一定关系,基本相等。利用瑞雷波勘探是基于瑞雷波的两个特性:一是在分层介质中传播时的频散特性;二是传播速度与介质的物理力学性质的密切相关性。

瑞雷波勘探原理示意见图 2。

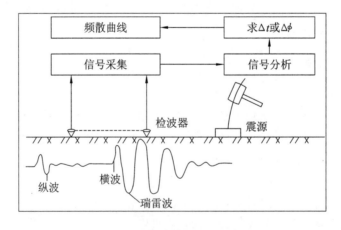

图 2 瑞雷波勘探原理示意

3 工程实例

3.1 工程概况

辽宁省某输水工程隧洞长 85.2 km。其工程特点是洞线长、埋深大、地质条件复杂,特别是输水隧洞穿越几十条断裂构造带。由于该工程成功地应用综合物探技术,解决了其他方法难以解决的技术难题,较准确地探明了深埋隐伏构造等不良地质问题,为指导钻探验证并进一步查明构造性质奠定了基础。

3.2 典型测区的物探工作条件及成果分析

三道河子测区是地质条件最复杂、构造最发育、位置最重要的测区。现以其为例做一分析。

三道河子测区位于桓仁县四道河子乡,是输水洞线通过大河的地段。测区在三道河子村附近的河谷地带,河谷近东西走向,最宽处约 1 km,地势平坦,河谷两侧为低山丘陵。

测区内第四系覆盖层厚度 6~15.5 m,上部为耕植土,下部为砂砾卵石,以砂砾卵石为主。下伏基岩以元古界辽河群的大理岩为主,并有少量变粒岩。

区内地质构造复杂,据区域资料近东西走向的 F_{13} 断层在河谷内通过,与北北东走向的 F_{12-1} 断层在河谷内交汇。输水洞线在断层交汇的区域内穿过。因此,查清区内地质构造及其分布规律是本次勘察工作的重点。

测区内地形平坦开阔,物性差异明显为物探工作的有利条件,但是测线穿过河流、水田,给布置测线和外业数据采集工作带来困难。另外,本区主要构造和次级构造发育,分布形态及相互关系复杂,物探资料反映异常点多,分布复杂,推断解释困难。经分别采用高密度电阻率法、多道瞬态面波法、联合剖面法及地震折射波法等综合物探方法,相互比较、相互补充,较准确地确定了构造的分布和范围,并经钻探所验证,为有效、合理地布置钻孔,并进一步查明构造性质奠定了基础。

三道河子测区物探解释及验证成果详见表 1 及图 3~图 5。

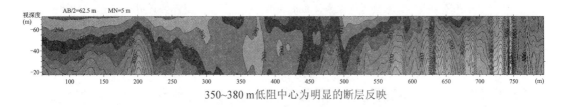

350~380 m低阻中心为明显的断层反映

图 3 三道河子高密度等视电阻率断面图(一)

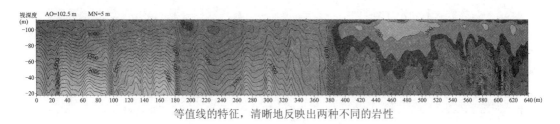

等值线的特征,清晰地反映出两种不同的岩性

图 4 三道河子高密度等视电阻率断面图(二)

表 1　三道河子测区综合物探工作条件与成果分析表

地质概况	资料分析	结论	验证结果
河谷两侧为低山丘陵。 第四系覆盖层上部为耕植土，下部为砂砾卵石，以砂砾卵石为主。下伏基岩为元古界辽河群的变粒岩、大理岩。变粒岩在大理岩之上。 区内主要有 NNE 向的 F_{12-1} 和近 EW 向的 F_{13} 两大断层。 区域资料显示三道河子地区断层发育，构造形态复杂	11♯测线沿输水洞线布置。其高密度等视电阻率断面图显示，高阻区视电阻率等值线密集，低阻区视电阻率等值线稀疏。高阻区与低阻区曲线特征差异大，反映直观，区别明显，但低阻区随深度的增加有收敛的趋势。低阻区范围为 300～455 m。其中视电阻率最低的区域为 380～455 m，低阻中心在 420 m 附近。 11♯测线联合剖面曲线反映为标准的断层异常曲线，异常点位置在 410 m 附近。 11♯测线地震折射剖面从 270 m 开始一个近似三角形的低速区。分析此区域上部为第四系的一部分，成分主要为砂卵石、碎石土等；下部主要为断层破碎带。特别是 345～460 m 范围内，速度明显偏低，分析为断层和断层影响带的向下延伸部分。 11♯测线瞬态面波地震映像图反映有一个明显低速凹陷区，上口宽约 300 m，下面宽约 200 m（深度约 80 m 处）。 对比高密度视电阻率断面、地震折射速度剖面和瞬态面波地震映像图分析，不同方法反映异常的形态、趋势基本吻合，异常区域重叠，仅边界的位置有一定的出入。总体确定断层位置和分布范围准确，为有效、合理布置勘察钻孔提供了重要依据	（1）三道河子测区 11 条测线测到异常点 20 余个，异常点数量多、分布复杂，说明该区断裂构造发育、展布形态复杂。 （2）各测线的异常基本在一条走向近 EW 的直线上，低阻带宽度较宽，说明断层规模较大。其位置、走向与遥感解译结果相符，分析推断为 F_{13} 断层	（1）KK11 钻孔布置在 11♯测线的低阻中心，钻探结果表明：12.35～52.50 m 为断层及断层破碎带。波速测试结果表明：该段岩体纵波速度为 1500～3500 m/s，岩体完整性系数为 0.12～0.27。 （2）KK11、KK16、KK43 等钻孔都钻到了断层。其中 KK43 孔是针对瞬态地震面波等综合物探结果而布置的验证孔。钻探结果表明：15～23 m 为断层带，该孔明显处于断层及影响带内。测井曲线 50 m 以下波速为 3800～4300 m/s，岩体完整性系数为 0.32～0.41。声谱曲线为锯齿状，局部低值幅度较大，65 m 以下曲线还有下降的趋势。说明低速异常存在，但没有瞬态面波地震映像图反映的严重。总体来看，地震映像反映的趋势是正确的，但定量解释还有待进一步研究

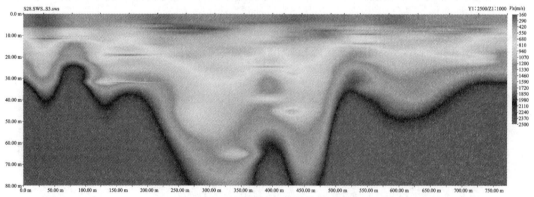

250~475 m低速中心为明显的断层反映

图 5　三道河子多道瞬态面波地震映像图

4　结论和建议

（1）EH4 大地电磁法及高密度电阻率法均可用来探测地下岩体电阻率分布特征且能够较好地区分低阻异常及其形态特征。其中，EH4 探测深度较大，适用于探测深部大型异常的分布特征；而高密度电阻率法具有浅部探测分辨率高的特点，适用于探测浅部异常。地震面波法适用于地势较为平坦的地区，可以用来探测岩石风化分带，用来与高密度电阻率法进行相互验证，并且与工作区附近已有部分地质钻孔进行校验，有利于提高解译精度。

（2）由于在输水隧洞工程勘察中成功地应用 EH4 大地电磁测深法、高密度电阻率法、多道瞬态面波法和地震波 CT 层析成像等新技术，配合地震勘探、电法勘探、综合测井等常规物探方法，进行综合分析，解决了其他方法难以解决的技术难题，较准确地探明了深埋隐伏构造等问题，并经钻探所验证，为有效、合理地布置钻孔，并进一步查明构造性质奠定了基础。同时可显著提高工作效率，减轻劳动强度。

（3）物探方法是一种间接探测手段，它虽具有科学性的一方面，同时也存在着局限性、多解性和片面性。它必须同常规的工程地质勘察手段相结合，才能根据不同的地质环境，正确选择物探的方法和设备；才能充分发挥物探仪器设备轻便、工期短、投入人力财力少的优越性；才能在解释分析物探资料时，准确地把物理概念转换成工程地质概念；才能通过相互验证，不断总结经验，提高解释水平和勘察精度。

参 考 文 献

[1] 杨成林，等.瑞雷波勘探[M].北京:地质出版社,1993.
[2] 何樵登.应用地球物理教程——地震勘探[M].北京:地质出版社,1991.
[3] 王振东.浅层地震勘探应用技术[M].北京:地质出版社,1994.

综合物探在大金山盾构隧洞勘察中的应用

陈文杰

广东省水利电力勘测设计研究院，广东 广州　510635

摘　要：大金山盾构隧洞的工程地质条件复杂。为查明工程地质问题和水文地质问题，采用综合物探技术，选取了高密度电法和浅层地震折射法，并结合钻孔超声波测井，三种物探技术相互验证。综合物探技术的运用，对地质钻孔的针对性布置和岩土体的风化分带具有一定的指导意义，丰富了勘探方法，提高了勘察质量。

关键词：盾构隧洞　高密度电法　浅层地震折射法　超声波测井

The Application of Intergrated Geophysical Exploration Method in Dajinshan Shield Tunnel Survey

CHEN Wenjie

Guangdong Hydropower Planning & Design Institute, Guangzhou 510635, China

Abstract：The engineering geological conditions of Dajinshan shield tunnel are complex. In order to solve engineering geological and hydrogeological problems, three geophysical prospecting techniques are applied in this study. High density electric method, method of seismic refracted wave, combining with acoustic log, three techniques are verified each other. The application of integrated geophysical techniques is significantly helpful for ranging the geological drillings and zoning the weathering rocks. It enriches the exploration methods and improves the quality of investigation.

Key words：shield tunnel；high-density electric method；method of seismic refracted wave；ultrasonic log

0　引言

大金山盾构隧洞位于佛山市顺德区龙江镇，受西江断裂带影响，盾构隧洞工程地质条件复杂，主要工程地质问题有：①地层岩性差异变化大，岩石软硬程度不一；②断层破碎带发育并形成风化深槽，基岩面起伏变化大；③地下水活动强烈，联通性好，水位起伏大，水文地质条件复杂；④地层岩性存在溶蚀现象，溶洞发育。

为查明盾构隧洞的工程地质问题和水文地质问题，在常规地质钻孔的同时，采用综合物探技术，选取了高密度电法和浅层地震折射法，并结合钻孔超声波测井，三种物探技术相互验证。[1]高密度电法可探测地质体含水性等情况，浅层地震折射法和钻孔超声波测井分别从宏观和微观上获得岩体波速等相关的岩土力学参数，对三种物探技术综合分析，对岩土分层和不良地质情况等从不同角度予以解决，发挥各自优势，相互佐证，提高

作者简介：

陈文杰，1986 年生，男，工程师，主要从事水利水电工程地质方面的研究。E-mail：seasonchen 1986@163.com。

了数据的可靠性。

1　大金山盾构隧洞工程地质条件

1.1　工程概况

大金山盾构隧洞位于佛山市顺德区龙江镇,大金山西侧 1.1 km 为西江,东侧 450 m 为甘竹溪。盾构线路横穿大金山,隧洞由西向东,走向为 N89°E,穿越总长度 1264 m,隧洞洞径为 6 m,底板高程为 −59～−61 m,管线近水平,东侧略低。两侧山脚地面高程一般为 3～4 m,隧洞底板埋深约 63 m;大金山高程为 26.5～75.0 m,隧洞底板埋深 88～136 m。大金山西侧山坡即为西江断裂带断层面,出露断层角砾岩,硅质胶结,山坡坡角为 70°～80°,山体为正断层的上盘,近似条带状延伸,延伸方向与断裂走向一致,断裂产状为 N15°～20°W/NE∠70°～80°,与管线近 90°相交。

1.2　工程地质条件

地层岩性为白垩系百足山组(K_1b)砾岩、砂岩、泥质粉砂岩和奥陶系($O_1\eta\gamma$)花岗岩,砾岩与花岗岩为沉积接触,砂岩、泥质粉砂岩与花岗岩为断层接触。全风化泥质粉砂岩呈粉质黏土状,全风化砾岩呈碎石土状;强风化砾岩,与全风化断层角砾岩互层状发育,完整性差,裂隙发育,溶蚀小孔洞发育,洞径小于 5 cm,局部发育溶洞,规模 2～5 m;弱风化砾岩,以硅质胶结为主,部分钙质胶结,胶结较好,钻孔岩芯见溶蚀性孔洞,岩质坚硬,次生断层和裂隙较发育,陡倾角,断裂硅质胶结,胶结较好,多石英充填,砾石以砂岩质、石英质、花岗岩质为主,直径 2～6 cm,局部大于 10 cm,磨圆较好,次圆状-浑圆状;弱风化花岗岩岩质坚硬,中陡倾角裂隙较发育,石英充填,胶结较好,完整性一般～较好;弱风化泥质粉砂岩岩芯以 10～15 cm 柱状为主,夹少量碎块状,岩质软,裂隙较发育,中陡倾角为主,方解石充填,完整性一般,局部完整性差;弱风化砂岩岩芯以 15～20 cm 柱状为主,岩体完整性一般,岩质坚硬,中陡倾角裂隙发育,多见绿泥石条带状充填。

1.3　水文地质条件

大金山西侧 1.1 km 为西江,东侧 450 m 为甘竹溪,工程区与两侧河道水力联系紧密,两侧山脚地下水埋深不足 1.5 m,高程约为 −2.6 m。其中②-3 淤质粉细砂、③-4 泥质中粗砂层和③-5 砂卵砾石层为强透水,为主要含水层,地表水与地下水互为补排。在大金山进行钻孔压水试验过程中,钻孔漏水严重,压力表打不起来;往钻孔注水均没有迴水,地下水位埋深大,水位高程 −28.9～14.5 m,地下水位起伏变化较大,不随地形变化,推测原因是受断裂影响,断层及裂隙成为地下水渗透通道,造成地下水位起伏大。中上部的强风化砾岩和弱风化砾岩溶蚀现象普遍,溶洞发育连通性好,为强透水,底部的弱风化砾岩和花岗岩为弱～中等透水层。

2 物探技术方法

2.1 高密度电法

高密度电法[2]是以岩土体的导电性差异为物质基础,研究在外加电场的作用下岩土体传导电流分布规律的一种电法勘探方法,其利用仪器控制多电极自动密集采样,可以一次获得一个断面的视电阻率数据,达到更加丰富的地电信息和直观准确的勘查结果。

本次采用重庆地质仪器厂生产的 DUK-2A 型高密度电法测量系统 1 套,沿大金山盾构隧洞轴线布置测线,高密度电测深采用温纳装置。根据野外观测的供电电流 I 和电位差(ΔV),计算视电阻率值 ρ_s:

$$\rho_s = K \cdot \frac{\Delta V}{I}$$

根据反演的各测点不同深度的视电阻率值,绘制高密度电法视电阻率反演解释剖面图,见图 1。

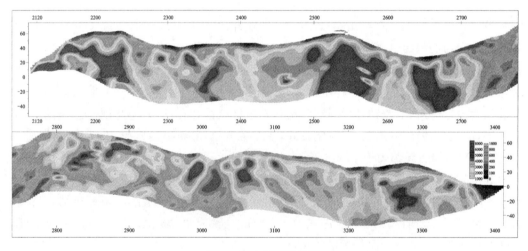

图 1 视电阻率等值线

（1）岩土分层

地下岩石电阻率的大小除取决于岩石的矿物成分外,还受风化程度、裂隙发育程度、充填物、含水率和温度等其他因素的影响。从各测线高密度电法视电阻率等值线剖面可知:岩石电阻率为 100~8000 $\Omega \cdot m$,浅部为低阻(蓝色区域),视电阻率小于 200$\Omega \cdot m$,为覆盖土层,坡积层和全风化层,一般呈粉质黏土状和碎石土状;中下部分布中阻和高阻(红色区域),视电阻率大于 200$\Omega \cdot m$,电阻率高低异常分界线明显,为岩土分界线,大致反映基岩起伏情况。高阻区域对应为弱风化砾岩,胶结较好,岩体完整性较好,裂隙硅质胶结,且胶结好;中阻区域对应强风化砾岩、弱风化泥质粉砂岩,裂隙发育,胶结一般;低阻区域对应全风化砾岩和全、强风化泥质粉砂岩。

（2）断裂及溶洞异常特征及解释

断裂和溶洞位于地下水位之下时,通常被水、土等低阻体充填而表现为低阻异常特征;

位于地下水位之上时,通常为高阻异常特征。断裂在电阻率等值线断面图上表现为等值线下凹,向下延伸,呈倾斜条带状等畸变异常形态。从图上推测出三条主要的低阻异常带,浅部对应里程 LG2+240～LG2+280、LG2+370～LG2+390、LG2+520～LG2+540,异常形态呈倾斜条带状,往深部延伸,为断裂破碎带。

（3）总体概述

大金山总体解释:①LG2+120～LG2+710 段,视电阻率大于 2000 Ω·m,局部 5000～8000 Ω·m,总体为高阻。在高阻背景上存在多条低阻异常带,为断裂密集发育段,其中弱风化砾岩表现高阻,破碎、裂隙密集发育带表现为低阻。

② LG2+710～LG3+040 段,为强、弱风化泥质粉砂岩,视电阻率总体较低。

③ LG3+040～LG3+380 段,视电阻率总体中等,局部偏高,为弱风化泥质粉砂岩、砾岩,其中 LG3+210～LG3+250 段为高阻背景上的低阻异常段,为断裂带。

2.2　浅层地震折射法

浅层地震折射法[3]是研究地面激发的人工地震波,在近地表介质中传播时发生折射,根据仪器记录的折射波到达检波器的时间,可以获得地下介质的空间分布特征的一种地球物理探测方法。

本次地震折射波法采用美国 Geo metrics 公司生产的 Geode 型浅层地震仪 1 台,重庆地质仪器厂生产的 CDJ-Z15 型检波器 24 个,沿大金山盾构隧洞轴线布置测线,采用双重相遇观测系统,每排、列设置 7 炮,道间距 5 m,采用重锤锤击激发,多次叠加,锤击叠加数一般为 20～80 次,采样间隔 0.125 ms,记录长度 512 样点,远炮偏移距分别为 60 m 和 100 m,近炮在检波排列两端点布置,中间炮激发点在排列第 12、13 道之间。

折射解释采用 T0 法,各测线波速分布均使用二层速度模型,测线折射波解释剖面图见图 2,具体解释如下:

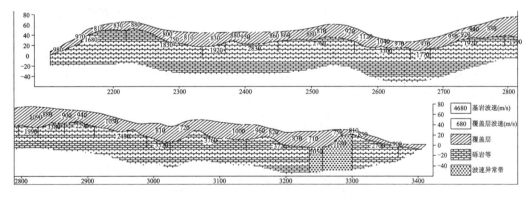

图 2　地震折射法地质剖面解释图

（1）岩土分层

浅层地震折射法成果表明,隧洞物探测线段仅存在一个明显的波速差异界面,将隧洞岩土层按物理特性分为二层。结合岩土层的波速特性,波速差异界面对应于强、弱风化层顶面。

将波速差异界面以上归并为覆盖层,结合地表情况,推断覆盖层由粉质黏土、砂质黏性土、全强风化土组成,隧洞区间覆盖层层厚在 0.2~60.0 m 之间,纵波波速在 360~1120 m/s 之间,覆盖层总体纵波波速差较小,较松散,稳定性较差。将波速差异界面以下归并为基岩,基岩由强、弱风化基岩组成,测线隧洞区间纵波波速为 1880~3760 m/s,根据波速推断,基岩岩体比较完整。

(2)物探异常与地质构造

根据同类工程经验,在断裂通过处一般存在如下特征:①基岩波速明显低于周围区域;②全强风化层明显变厚;③折射波首波能量异常。

通过对物探资料的分析,测区内共发现 5 处界面波速低值带:第 1 处低值带位于桩号 LG2+105~GL2+370 处,异常带宽度 265 m,该异常带基岩纵波波速 1680~1920 m/s;第 2 处异常带位于桩号 LG2+650~LG2+825 处,异常带宽度 175 m,该异常带基岩纵波波速 1770~1990 m/s;第 3 处异常带位于桩号 LG3+235~LG3+300 处,异常带宽度 65 m,该异常带基岩纵波波速 1680~2050 m/s;第 4 处异常带位于桩号 LG2+772~LG2+802 处,异常带宽度 30 m,该异常带基岩纵波波速 1870~2050 m/s;第 5 处异常带位于桩号 LG3+202~LG3+282 处,异常带宽度 80 m,该异常带基岩纵波波速 1850~2110 m/s。

2.3 钻孔超声波测井

钻孔超声波测井的原理是通过发射换能器向钻孔发出高频脉冲信号经耦合介质(水)传至孔壁岩体,产生沿孔壁传播的滑行波,而后回射至两接收换能器,并由地面仪器接收记录波形。在所接收到的两道波形记录上读取首波的初至时间 t_1 和 t_2,则时差 $\Delta t = t_2 - t_1$,两接收换能器的间距为 ΔL,则 $\Delta t = \Delta L / V_P$(式中 V_P 为超声波在孔壁岩体中传播的纵波速度)。

随着井下探头的移动,遇到岩层情况改变,由于 V_P 的改变,即可测得 Δt 的相应变化从而了解孔壁岩体特性的变化。

本次声波测井工作采用国产 SR-RTC 声波测井仪,井下设备系一发双收探头,对钻孔岩土体进行测试。

通过测试钻孔岩土体的波速,绘制钻孔孔深波速的变化曲线来划分岩体分化风带,岩体风化分带与弹性波速关系见表 1。在岩体分带的基础上,可结合室内岩石力学试验采用工程岩体分级标准对岩体质量进行评价。

表 1 岩体风化分带与弹性波速关系表

岩性	风化分带	测点数	纵波速度(m/s)		泊松比		完整性系数		岩体完整程度
			范围值	平均值	范围值	平均值	范围值	平均值	
断层泥	全风化	331	1883~3175	2280	0.39~0.34	0.38			
砾岩	强风化	229	3003~4016	3521	0.35~0.31	0.33	0.36~0.65	0.50	完整性差
	弱风化	581	3509~4630	4320	0.33~0.28	0.30	0.49~0.86	0.75	较完整
泥质粉砂岩	强风化	23	3058~3546	3363	0.35~0.33	0.34	0.42~0.57	0.51	完整性差
	弱风化	16	3268~3546	3362	0.34-0.33	0.34	0.48~0.57	0.51	完整性差

3 综合分析评价

3.1 综合分析成果

（1）岩土分层

由于电法勘探的体积效应,在每一个测量体积范围内都有一点或一个很小的范围可以用来替代整个勘探体积,即在勘探体积用电性参数分布的中点来作为数据的记录点。这个记录点不是某一点的电阻率,而是对勘探体积的综合反映。因此,岩土分层主要以浅层地震折射法为主。浅层地震折射法成果表明,隧道物探测线段仅存在一个明显的波速差异界面,将隧道岩土层按物理特性分为二层。结合岩土层的波速特性,波速差异界面对应于弱、微风化层顶面。将波速差异界面以上归并为覆盖层,结合地表情况,推断覆盖层由粉质黏土、碎石土和全强风化基岩组成,隧道区间覆盖层层厚在 $6.7\sim40.0$ m 之间。

（2）隧道围岩分级

通过浅层地震折射法、高密度电法勘探成果,结合地质调绘和钻探成果资料,根据 T0 法所计算得到的岩体视纵波波速以及高密度电法反演电阻率对隧道围岩基本级别进行划分,同时考虑到基岩强烈硅化的影响（对基岩波速和电阻率有局部增大的可能）,综合以上岩土体物性参数对隧道围岩级别做适当调整,分级结果见表2。

表 2　隧道围岩建议分级

里程	工程地质概述	围岩波速	电阻率	级别
LG2+097 ～ LG2+710	穿越地层主要为全强风化砾岩,硅化强烈	在 $1.68\sim3.33$ km/s 之间变化,LG2+105～LG2+370 和 LG2+650～LG2+710 两段波速小	整体 2000 Ω·m 以上,局部 $5000\sim8000$ Ω·m,总体为高阻。在高阻背景上存在多条低阻异常带	V级
LG2+710 ～ LG2+825	由于电阻率和波速较低,推测此段岩性以泥质粉砂岩和泥质胶结的砾岩为主	在 $1.77\sim1.99$ km/s 之间变化	整体电阻率低,在 $50\sim800$ Ω·m 之间	IV级
LG2+825 ～ LG3+235	推测含泥质的粉砂岩、砾岩,局部硅化	在 $2.29\sim3.76$ km/s 之间变化	电阻率总体中等,在 $200\sim3000$ Ω·m 之间,局部偏高	III级
LG3+235 ～ LG3+300	推测此段为破碎带	基岩在 $1.68\sim2.05$ km/s 之间变化	整体电阻率低,在 $400\sim900$ Ω·m 之间,局部偏高	V级
LG3+300 ～ LG3+410	穿越地层主要为弱风化基岩	在 2.7 km/s 左右	电阻率总体中等,在 $600\sim3000$ Ω·m 之间	IV级

3.2 综合评价

高密度电法能较好地划分覆盖层、风化界限,通过电阻率的差异较准确的计算岩土深度和厚度,探明断裂的位置及倾向、倾角,但不能对资料进行准确的定量分析,岩性分界需要参考其他资料,受地形的影响,勘探的深度有限;浅层地震折射法分辨率高,能较精确地进行地层的划分,初步探明不良地质体,确定其位置,但是其几何形态及发育的产状无法判别,低波速带一般认为是破碎带,但也可能是强风化带,存在一定局限性,勘探的深度也有限;地质钻孔资料的获取有很大的人为因素和随意性,主要受钻探质量和编录人员编录习惯影响[4],钻孔超声波测井获得岩体波速精度高,为岩石风化分带和岩体质量评价提供了定量分析数据,但需要大量钻孔配合,测试和计算工作量大。此外,岩体波速的大小不仅与岩石的风化程度有关,还与裂隙的发育程度有关,声波测试时[5],若岩体结构致密性较好,测试的结果具有较好的效果;若岩体较松散,裂隙发育,胶结较差,波速值较低,测试效果与实际风化分带易造成冲突。

通过本工程实例表明,任何一种物探技术都存在一定局限性,针对地质特征,综合物探技术的运用,对地质钻孔的针对性布置和岩土体的风化分带具有一定的指导意义,其丰富了勘探方法,提高了勘察质量。

参 考 文 献

[1] 周竹生,丰赟.隧道勘察中的综合物探方法[J].地球物理学进展,2011,26(2):724-731.

[2] 王玉洲,贾贵智,方浩亮.高密度电法三维解释在岩溶勘察中的应用[J].工程地质学报,2012.

[3] 赵德亨,田钢,王帮兵.浅层地震折射波法综述[J].世界地质,2005,24(2):188-193.

[4] 肖国强,刘天佑,王法刚,等.折射波法在边坡岩体卸荷风化分带中的应用[J].长江科学院院报,2008,25(5):191-194.

[5] 徐忠仁.各向异性岩体超声波测试试验研究[J].土木建筑与环境工程,2007,29(6):39-43.

洞室围岩多波综合测试及其工程应用

周振广　刘栋臣　王长伟　卢　平　龚　旭　贾常秀

中水北方勘测设计研究有限责任公司，天津 300222

摘　要：在挖地下洞室过程中，洞室局部位置在爆破作用、围岩应力重分布单独或同时作用下，地下洞室的围岩内部会出现一个岩体相对破碎的环状区域，称为松动圈。洞室围岩测试主要包括查明洞室围岩的松动圈深度，测定松动、未松动岩体的弹性力学参数，从而为围岩分类、洞室支护和后期衬砌提供依据。本文通过工程实例，应用多种弹性波测试方法对洞室围岩进行测试，对比研究各方法弹性波内在关系，阐明了多波综合测试洞室围岩的有效性。

关键词：洞室围岩　声波　地震波

Multi Wave Comprehensive Test of Rock of Cavern and Its Application

ZHOU Zhenguang　LIU Dongchen　WANG Changwei　LU Ping　GONG Xu　JIA Changxiu

China Water Resources Beifang Investigation Design & Research Co., Ltd., Tianjin 300222, China

Abstract：Under blasting and stress redistribution，the surrounding rock of the cavern at the local position will appear a relatively broken ring area in the process of excavation in cavern，which is called loosening zone. The testing of surrounding rock includes ascertaining the depth of loosened zone ，measuring the elastic mechanical parameters of loosened and unloosened rock mass，so as to provide the basis for surrounding rock classification，tunnel support and later lining. In this paper，a variety of elastic wave testing methods are used to test the surrounding rock of the cavern in a project，the inherent relationship among the elastic wave of different styles is compared and studied，and then the effectiveness of multi-wave comprehensive testing of dusurrounding rock in the cavern is clarified.

Key words：rock of cavern；acoustic wave；seismic wave

0　前言

　　地下洞室开挖后，破坏了岩体原有的平衡状态，岩体内的应力将重新分布，同时由于施工爆破的影响，也使得岩体的完整性下降，出现附加的围岩松动。洞室围岩松动圈以内岩体结构松动，围岩应力下降，松动圈以外一定范围内的应力会升至比原始应力更高的水平，这一区域称为应力上升区。应力达到峰值后开始下降，直至某一深度时恢复到岩体的原始应力水平，这一深度称为原始应力区。

　　不同应力区围岩其弹性参数差异明显，松动层表现为弹性波低速区，应力上升区表现为弹性波高速区，原始应力区弹性波波速为正常值，通过沿洞径、洞壁方向不同弹性波测值及对不同速度区的分析，就可以确定洞室岩体松动层厚度及波速分布特征。

作者简介：

　　周振广，1987 年生，男，工程师，主要从事水利水电工程物探技术研究与应用。E-mail：331808745@qq.com。

1 工作方法技术

1.1 声波对穿

声波对穿是将一对换能器(一个发射换能器和一个接收换能器)分别放置在两个测试孔中,以检测声波在两孔之间的传播速度。由于该方法采用水平同步测试,因此在测试时要求两个换能器的深度位置相同,通常情况下可通过电缆长度来标定换能器的位置,但测试孔较深时还应当考虑测试孔的斜率对换能器位置的影响。

1.2 声波测井

单孔声波测井法是围岩检测中最常用的方法。其原理是利用声波在松动圈岩体中的传播速度低于其在完整岩体(包括应力上升区和原始应力区)中的传播速度的特征,划分低速区域为松动圈。该方法一般采用一发双收换能器,采集数据前需向孔内注入耦合液(耦合液通常采用施工现场易获得的水即可)。若遇到上斜测试孔、岩体裂隙发育致使孔内漏水严重或岩体波速与水的波速接近时等情况,也可换用干孔换能器进行干孔声波测试。

1.3 地震折射波法

由于松动圈岩体波速低于未松动区域的波速,弹性波传播时会在二者的交界面处发生折射和反射现象。地震折射波法就是利用这一特征,在地下洞室围岩表面某点激发一弹性波震源,在另外多个点布置检波器接收,通过获取的折射波和直达波的传播时间来确定松动圈的厚度,并计算松动和未松动岩体的地震波波速。

2 工程应用

2.1 地质简况

工程区主要为石炭系灰岩和华力西中期花岗闪长斑岩,受构造作用影响,地层走向多变,倾向各异,且断层、裂隙极为发育,岩体完整性较差。

2.2 工作布置

洞室开挖直径为 2.0 m,钻孔布置于洞室左壁,孔口距离洞室地板约 0.5 m,沿洞室直径方向孔深 1.2 m。孔内布置单孔声波测井,相邻钻孔间布置声波对穿测试,右壁布置地震折射波测试。

2.3 成果分析

(1)声波对穿

根据现场获得的原始波形曲线、孔口测量、孔斜测量等资料,经距离修正后可计算每组钻孔间岩体的声波纵波速度,再进一步绘制每一组钻孔的孔深-波速曲线。

　　综合分析孔口附近与其下部的波速分布趋势可看出,孔深-波速曲线主要有四种形态:
①上升型声波曲线(图 1);②直线型声波曲线(图 2);③下降型声波曲线(图 3);④先升后降
型声波曲线(图 4)。

　　上升型声波曲线,代表孔口一定深度声波波速低于其下部岩体声波波速,当孔口位置不
存在软弱结构面时,低波速带深度即为松动圈深度;松动圈以内应力下降,波速较小,松动圈
以外属于原始应力区,波速正常。

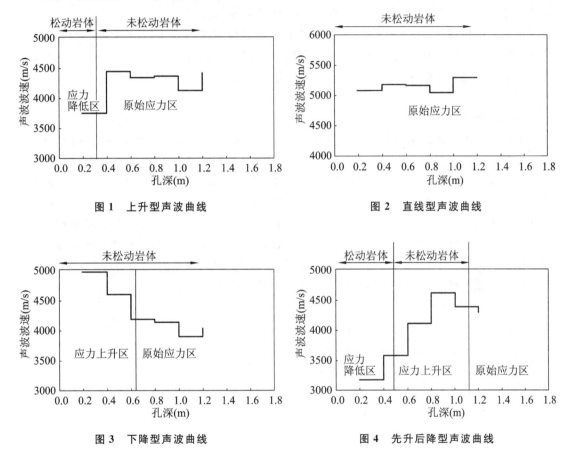

图 1　上升型声波曲线　　　　　　　　　　图 2　直线型声波曲线

图 3　下降型声波曲线　　　　　　　　　　图 4　先升后降型声波曲线

　　直线型声波曲线,代表声波波速随孔深变化不大,且应力下降和上升均不明显,原始应
力区波速表现为正常波速,该类型曲线表明洞室围岩不存在松动现象。

　　下降型声波曲线,代表孔口一定深度声波波速高于其下部岩体声波波速,该类型曲线表
明洞室围岩不存在松动现象,孔口波速较大是因应力上升所致,其下部正常波速带属于原始
应力区。

　　先升后降型声波曲线,代表声波波速随着孔深增加先升高后降低,当孔内不存在软弱结
构面时,孔口一定深度内低波速带深度即为松动圈深度,松动圈以内应力下降,波速较低,松
动圈以外一定范围内,应力上升,波速较高,进入原始应力区后,波速也由较高的波速值降低
到正常值。

　　结合地质围岩编录,综合分析 77 组钻孔声波对穿成果可知:Ⅲ-1 类灰岩松动岩体深度

平均值为 0.3 m,松动岩体声波波速平均值为 4830 m/s,未松动岩体声波波速平均值为 5090 m/s;Ⅲ-2 类灰岩松动岩体深度平均值为 0.3 m,松动岩体声波波速平均值为 4690 m/s,未松动岩体声波波速平均值为 5070 m/s;Ⅳ-1 类灰岩松动岩体深度平均值为 0.3m,松动岩体声波波速平均值为 4380 m/s,未松动岩体声波波速平均值为 4680 m/s;Ⅳ-2 类灰岩松动岩体深度平均值为 0.4 m,松动岩体声波波速平均值为 3500 m/s,未松动岩体声波波速平均值为 3970 m/s;Ⅳ-2 类花岗闪长斑岩松动岩体深度平均值为 0.3 m,松动岩体声波波速平均值为 4050 m/s,未松动岩体声波波速平均值为 4740 m/s。

由上述成果可知:①不同围岩类别灰岩未松动岩体声波波速由大到小排序为Ⅲ-1>Ⅲ-2>Ⅳ-1>Ⅳ-2;②Ⅲ-1、Ⅲ-2 和Ⅳ-1 类灰岩松动圈平均深度相同,均为 0.3 m,Ⅳ-2 灰岩松动圈平均深度相对较深,为 0.4 m;③Ⅳ-2 类花岗闪长斑岩未松动岩体弹性参数与Ⅳ-1 类灰岩较为接近。

(2)声波测井

单孔声波测井获得原始数据为声波在两接收换能器范围内孔壁岩体的旅行时间差(即声波旅行时间),依据声波旅行距离和旅行时间计算声波波速,然后绘制孔深-波速曲线。

结合地质围岩编录,综合分析单孔声波测井成果可知:①灰岩松动岩体的声波纵波速度平均值为 3660 m/s,松动厚度 0.3~0.5 m,平均厚度约为 0.4 m;②灰岩未松动岩体声波速度平均值为 5030 m/s;③洞室深度 5.0~7.0 m、74.0 m、81.0~84.0 m,声波波速相对较小;④灰岩松动岩体厚度在 0.3~0.5 m 之间,未松动岩体不同围岩类别岩体弹性参数由大到小排序为Ⅲ-1>Ⅲ-2>Ⅳ-1>Ⅳ-2;⑤Ⅳ-2 类花岗闪长斑岩表层松动岩体厚度平均值为 0.3 m,未松动岩体声波波速平均值与Ⅳ-1 类灰岩较为接近。

(3)地震折射波法

布置于洞室右壁,检波器距离洞室地板约 0.5 m,检波器间距 1.0 m,单个排列长度 9.0~25.0 m(含震源点),偏移距 1.0 m。

在波形、相位对比分析基础上,追踪并读取各记录道纵波初至时间,利用"t_0 法",绘制相遇时距曲线(图 5),计算各测段岩体的地震波速度 V_p 和松动圈深度(图 6~图 7)。

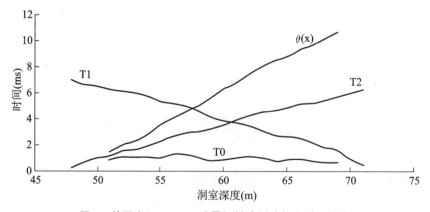

图 5 某洞室 48~71 m 地震折射波测试相遇时距曲线

结合地质围岩编录,综合分析地震折射波法测试成果可知:①灰岩松动岩体的地震纵波速度平均值为 1040 m/s,松动厚度平均值为 0.2 m,未松动岩体地震纵波速度平均值为

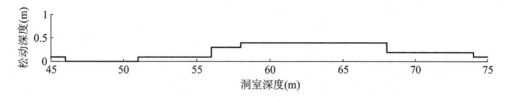

图 6 某洞室 48～71 m 松动深度与洞室深度关系曲线

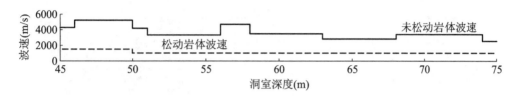

图 7 某洞室 48～71 m 松动岩体、未松动岩体地震波波速与洞室深度关系曲线

3760 m/s；②不同围岩类别灰岩未松动岩体地震波平均波速由大到小排序为Ⅲ-1＞Ⅲ-2＞Ⅳ-1＞Ⅳ-2；③在洞深 0～1.0 m 和 81.0～82.0 m 段未松动岩体波速较小，为 600 m/s 和 1040 m/s。

2.4 声波测井和声波对穿波速综合反演

将声波对穿和声波测井各测试点三维坐标化，进而对应测试点声波波速分布位置随之坐标化，然后利用最小二乘法反演，最终获取声波波速分布与洞深关系等值线图（图 8）。洞室围岩地质编录图见图 9。

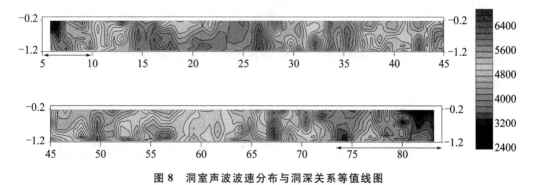

图 8 洞室声波波速分布与洞深关系等值线图

由图 8、图 9 可以直观地看出：平洞洞深 5.0～10.0 m、73.0～84.0 m（图 8 中箭头区域）岩体声波波速较小，在 2400～4000 m/s 之间，对应图 9 中相应编录段岩体均属于Ⅳ类围岩，且局部发育有裂隙密集带及岩脉侵入，说明声波测试综合反演结果与实际一致。

2.5 地震波波速与声波对穿波速对比

利用洞室地震折射波测试和声波对穿测试所分别获取的纵波波速 V_p，绘制地震波波速、声波对穿波速与洞室深度关系曲线（图 10），计算对应测点地震波波速与声波对穿波速的差值百分比（地震波波速减去声波对穿波速所得差值除以声波对穿波速），然后绘制波速

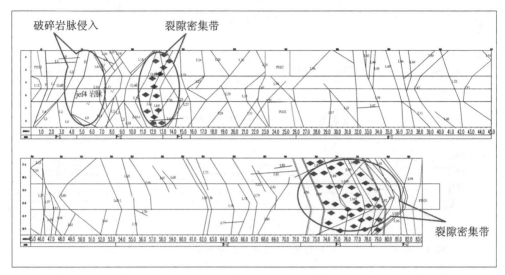

图9　洞室围岩地质编录图

差值百分比与洞深关系曲线(图11)。

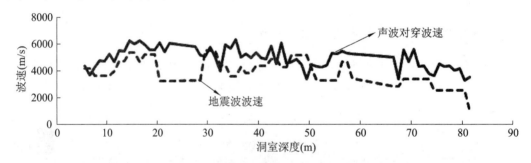

图10　某洞室地震波波速、声波对穿波速与洞深关系曲线

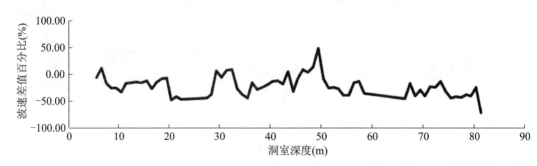

图11　某洞室波速差值百分比与洞深关系曲线

　　结合地质洞室围岩编录成果,综合分析弹性波对比成果可知:①地震波波速整体低于声波对穿波速,局部洞深段地震波波速高于声波波速;②Ⅲ-1类灰岩波速差值百分比平均值为-10.58%,Ⅲ-2类灰岩波速差值百分比平均值为-22.85%,Ⅳ-1类灰岩波速差值百分比平均值为-24.25%,Ⅳ-2类灰岩波速差值百分比平均值为-25.43%,Ⅳ-2类花岗闪长斑岩波速差值百分比平均值为-23.36%;③Ⅲ-1类灰岩波速差值百分比绝对值相对较小;

④Ⅲ-2、Ⅳ-1、Ⅳ-2类灰岩和Ⅳ-2类花岗闪长斑波速差值百分比较为接近,在−22.85%～25.43%之间。

综上所述,声波对穿和单孔声波测试解译各类别岩体声波波速较为一致,对于松动圈深度判别基本吻合,地震折射波测试解译松动圈深度与声波对穿、声波测井基本吻合,但因地震波和声波为不同频率的弹性波,故两者在同类别岩体内传播速度有一定差异。

3 结语

综合运用声波对穿测试、单孔声波测井和地震折射波法测试洞室围岩,对于全面评价洞室围岩效果明显,各方法成果也能互相佐证,提高了结论可信度。

洞室围岩类别是影响声波波速和地震波波速差异的主要因素之一,围岩质量、强度和完整程度越高,其波速差异越小,围岩质量、强度和完整程度越低,其波速差异越大,但随着围岩质量、强度和完整程度逐渐降低,这种差异会趋于一个相对稳定值。

声波对穿和单孔声波测井较适宜布置于软弱结构面、破碎带不发育的洞室围岩钻孔内,地震折射波法测试较适宜布置于无拐点或拐点少、洞壁相对平直的洞室。因此,测试首选方法应根据现场围岩内、外部结构进行综合考虑,同时考虑声波频率高于地震波,且声波对穿测试和单孔声波测井均为局部小范围测试,故声波对穿测试和单孔声波测井在抗干扰性上要优于地震折射波法,在洞室围岩内、外部结构均无影响的情况下,应首选以声波对穿测试和单孔声波测井相结合为主,地震折射波法为辅的方式进行测试。

参 考 文 献

[1] 王清玉.地震映像法在地质灾害调查中的应用[J].水利水电工程设计,2012,31(2):46-48.
[2] 中华人民共和国水利部.水利水电工程物探规程:SL 326—2005[S].北京:中国水利水电出版社,2005.
[3] 中国水利电力物探科技信息网.工程物探手册[M].北京:中国水利水电出版社,2011.

隧道探地雷达超前预报中干扰因素的模拟试验

祁增云　吴克凡　岳军民

中国电建集团西北勘测设计研究院有限公司,陕西 西安　710065

摘　要:隧道探地雷达超前预报当中干扰因素众多,有效的识别对于预报精度有着重要的意义。从实际检测雷达影像图中识别异常干扰的方法存在着验证性不强、干扰影响程度难以量化等不足,尤其在干扰和岩体本身异常相混合时更难以区分。本模拟利用已知参数的介质开展了底板积水、底板及侧壁金属物、天线背后金属物(静止、移动)、天线架空、岩体表面不同潮湿度对比以及岩体富水特征等试验。试验表明,天线周边等金属物、积水以及潮湿岩体表面等干扰影响有限,有的甚至会增强有效信号,而架空、极化方向等造成的影响较大,围岩含水试验提出了含水点的判断方法。文中对相关干扰提出了对应的处理建议。

关键词:模拟试验　干扰因素　超前预报　探地雷达

Simulation Test of Interference Factors in Advanced Geological Prediction by GPR of Tunnel

QI Zengyun　WU Kefan　YUE Junmin

Power China Northwest Engineering Corporation Limited,Xi'an 710065,China

Abstract:During the construction of the tunnel,GPR is used to carry out geological prediction,with many interfering factors. Effective identification is very important to the prediction accuracy. The method of identifying interference from the actual radar image,is lack of verification,the degree of influence is difficult to quantify and so on,especially when the disturbance is mixed with the anomaly of the rock mass itself. Simulation test have been carried out using media of known parameters:water in the bottom plate,metal material at the bottom and side walls,metal objects behind the antenna (stationary and moving),rock mass containing water,and so on. The test shows that the antenna surrounding metal,water,and wet rock surfaces have limited impact,some will even strengthen the influence of effective signal;overhead,different antenna direction caused by the larger. Water content test in surrounding rock,the method of judging water content is put forward. The paper also puts forward some suggestions for the interference.

Key words:simulation test;interference factors;geological advance prediction;ground penetrating radar

0　前言

探地雷达因其操作简便、精确度较高、对施工影响小等优点,被大量应用于隧道超前预报当中。在实际检测过程中,隧道存在诸多干扰因素,使得异常干扰的识别、评判成为资料解释分析中重要的内容,有众多的学者或物探检测人员发表过相关的论文,给相关

作者简介:

祁增云,1974 年生,男,高级工程师,主要从事工程物探勘查、检测方面的研究。E-mail:731149431@qq.com。

从业人员提供了有益的帮助,但是这些干扰识别方法存在着一定的不足:①基于数值模拟计算或实验室条件下的图像特征过于理想,与实际剖面相差较远;②基于实际检测雷达影像图和主动记录干扰体的方法存在验证性不强、不直观的问题,尤其当岩体本身异常和干扰同时叠加时很难区分,难以量化干扰体的影响程度。另外,由于种种原因,通常情况下对于隧道开挖验证跟进比较困难,难以获得全程、全面、细致的隧道开挖资料。本文针对隧道探地雷达超前预报检测中常见的异常干扰情况,利用已知参数主体介质,模拟掌子面底板积水、底板及侧壁金属物、背后台车台架、岩体表面潮湿流水、表面不平整导致的天线架空等现场展开相关的试验,以无、有干扰情况下雷达图像相对比的形式得出相关定性结论,同时对岩体富水的雷达图像特征展开试验并提出相关看法,希望能给相关人员一些有益的启示并进行探讨。

1　雷达原理及超前预报

探地雷达是一种根据岩体介质的电性差异对岩体介质或地质异常体进行探测的电磁波探测技术。通过天线向岩体内部发射宽带电磁脉冲,在不同电性差异界面发生反射,反射回来的电磁波被接收天线接收。电磁脉冲在介质中的传播遵循惠更斯原理、费马原理和斯涅尔定律。其实质测量的是介质的阻抗差异,表现为介电常数、电导率和磁导率这三个物理参数的综合贡献。这三个参数中,起主要作用的是介电常数。高频电磁波在传播时,其路径、电磁场强度以及波形等将随所通过介质的电性性质及几何形态的变化而变化。因此,通过对时域波形的采集、处理和分析,可以确定介质内部物质变化及结构。

复杂地区的超长、大型隧道,由于不良地质发育的不确定性,使得地质超前预报成为一项安全预防措施。探地雷达的超前预报,就是通过收集隧道所在岩体的有关资料,并运用探地雷达的方法原理,结合相应的地质理论和灾害发生规律对这些资料进行分析、研究,从而对施工掌子面前方岩体情况及成灾可能性做出预报。超前地质预测预报工作,既是保证施工安全的需要,也是保证工期、节约工程造价的需要。

2　干扰源分析

采用探地雷达在隧道内开展工作,要比地面雷达探测难度大得多,其环境不再是无限半空间,是个空间有限的封闭式环境,且测试面不光有施工掌子面,还有顶拱、边墙、底板等。在隧道内进行雷达探测,干扰源主要来自以下几个方面:

(1)现场各种金属物的干扰。其来源为高压风管、通风管、水管、供电线、初期支护和二次衬砌中的钢筋网、锚杆、小导管、钢拱架,以及现场机具等。

(2)水的干扰。来源为岩层渗水、漏水、涌水、底板积水、打眼除尘用水以及积泥等。

(3)测试面不平整。原因有岩性变化、岩体质量、岩层与隧道走向角度、爆破清渣人员的水平和工作态度等。

(4)虚渣、堆积物和爆破松动圈及各种不均匀体。

上述干扰给数据采集和资料处理及解释工作带来很大的难度。

3　模拟试验

3.1　模拟参数

施工场地为工地宿舍,实测墙厚 16 cm,主体为水泥空心砖,砖顺空心方向码摞,正面侧为白灰粉刷,背侧瓷砖贴墙。墙两侧基本空旷,无其他干扰。地面铺设瓷砖,其下为 10～15 cm 厚水泥基底,土基岩性为紫红色黏土。利用 SIR-3000 型探地雷达,900 M 天线,型号 3101A。一般情况下测程取 15 ns,连续采集模式。两点增益,先自动后转为人工,同类型试验参数和天线极化方向保持统一。

为了便于比对,在没有设置人为干扰的情况下,天线贴墙垂直向下移动和离地 13 cm 水平移动获得的雷达剖面称为"背景剖面",垂直高度 1.7 m,水平长度 2.3 m。加载干扰物后相应获取的剖面称"干扰剖面"。如无特别指出,对比图中左侧为背景剖面,右侧为干扰剖面。

试验内容较多,限于篇幅摘其部分成果,其他内容以结论性提供。

3.2　天线架空干扰

隧道超前预报当中,很难碰到掌子面平整光滑,雷达天线与岩体耦合良好的情况。本试验意在研究天线架空对雷达信号造成干扰情况。天线紧贴地面瓷砖静止[图 1(a)],连续扫描获得背景图像,然后用纸盒架空天线 4 cm[图 1(b)],获得干扰图像,二者的对比情况见图 2。

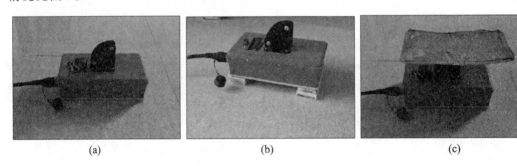

(a)　　　　　　　　　　　(b)　　　　　　　　　　　(c)

图 1　试验现场照片

(a)背景;(b)架空、地表潮湿、地表汪水;(c)后置金属板(静止)

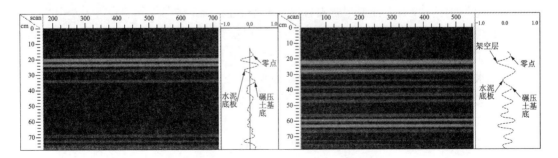

图 2　地表干燥、天线架空 4 cm 干扰图像对比

由图 2 可见,背景图中层位简单,可根据已知情况找到水泥底板层和碾压土基层底。架空仅 4 cm 后,图像出现众多反射层位,水泥底层和碾压土基层能量大为减弱,虽可按图索骥式模糊找到,但均已淹没于众多虚假层位中。随着架空高度增加,层位更加复杂。这是因为,空气层和地面层存在很大的介电常数差异,反射系数大,再加上天线聚焦性能不好(后文中会提到),故大部分能量以反射和多次漫反射的形式被接收。可以想见,当面对未知地质情况的超前预报当中,架空现象使得识别有效层位的困难大为增加。故在实际测试中,应该尽可能平整掌子面,布线时避开凹凸过大段,移动尽量均匀、缓慢,采用点测+连续扫描采集模式等手段来最大限度地减小架空现象发生。

3.3 潮湿表面干扰

隧道超前预报当中,掌子面潮湿甚至有流水的现象常有发生,本试验意在探讨其影响大小。模拟如下五种情况:①天线贴干燥地面(背景);②架空天线;③架空天线,地表潮湿;④架空天线,地表汪水;⑤天线贴潮湿地面。试验现场见图 1(b),图像对比情况见图 3。

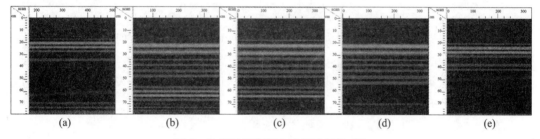

(a)   (b)   (c)   (d)   (e)

图 3 地表不同潮湿度下干扰影像对比

(a)天线贴干燥地面(背景);(b)架空天线;(c)架空天线,地表潮湿;(d)架空天线,地表汪水;(e)天线贴潮湿地面

由图 3 可知,架空高度一致情况下,表面干燥、潮湿和汪水三者的图像基本相同,深部略有差异,表明岩体表面水对雷达信号影响未如想象中那么大,这是因为,虽然空气、水、岩体的介电常数相差很大,但地表平整情况下水的厚度很薄,不足以大量吸收或反射电磁波所致。对比图 3(a)、(e)可以发现,天线贴潮湿地表情况下效果反而更佳,有效层能量增加,深部高频杂波被滤除。这是因为水增加了天线与地面耦合,水过滤高频电磁波效果好。

根据此试验成果,对于潮湿的岩体表面,在天线接触良好的情况下,表层水对探测影响不大。

3.4 背后金属干扰(移动)

雷达预报时,掌子面背后通常有装载机、挖掘机等金属物,特征是大而集中,某种情况下不能撤走,本试验意在探讨其影响大小。按互换原理,模拟如下:天线紧贴地板瓷砖,测得背景图像。取金属板等高水平向从远处移动,贴天线背后跨过再拉远,示意见图 4。背景图与干扰图对比情况见图 5。

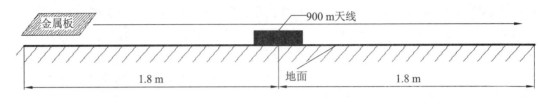

图 4　背后金属干扰（移动）试验示意

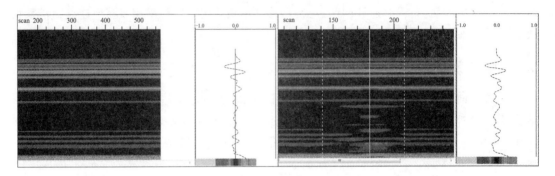

图 5　背后金属干扰（移动）图像对比

从图中可以看出，受金属板影响，干净的背景中出现强反射干扰，但其主要反应还是集中在深层，对于浅层基本不受影响。进一步观察可以发现，二者的波形很相似，只不过加金属板之后能量被加强，背景图中的弱反射层被放大从而被显现。这与天线背后静置金属板的试验成果相吻合。

有论文提到台车干扰的雷达图像如图 6 所示。

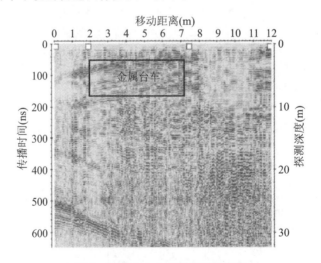

图 6　某论文中台车干扰雷达图像

从本试验来看，台车干扰应呈垂直条带状，并不切割浅层，但本图干扰主要集中在浅部，深部反应不明显，垂直条带宽度远小于矩形框标识，故笔者认为此非独台车引起的干扰，而是岩体本身浅部存在不良地质体，并以后者为主。

3.5　底板积水干扰

隧道洞室开挖,掌子面底板通常会有积水,有的深达半米,会对雷达信号造成干扰。

模拟时底板放置瓶装水,水的体积均大于天线的,天线贴墙竖直向下移动获得背景图与干扰图。试验现场照和图像对比情况见图7。

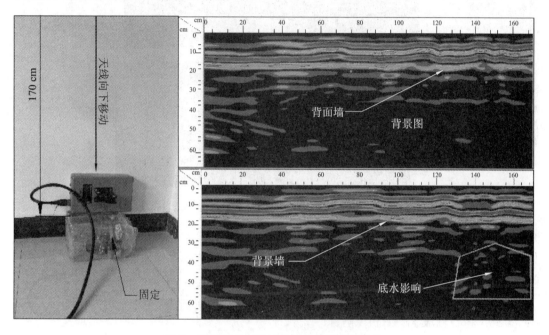

图 7　底板积水干扰试验现场照及影响对比

可以看出,当天线靠近底水时才会受到干扰,且情况并不十分严重。墙体同相轴干扰不大,干扰反应表现在深 35 cm 以下,干净的背景中出现略带弧形反射干扰,波形表现为出现多次低频振荡,影响范围在 50 cm 内,超出这个范围几乎不受影响,相当于天线长度的 2～3 倍。

通常情况下,隧道底板积水成带状分布,其宽度远大于天线,限于条件试验无法满足。但通过此试验可以推广,当天线垂直向移动时底水的影响限于测线末端附近,当天线水平向移动时底水的影响要大,实测可适当提高测线高度以减小水的影响。

3.6　富水反应特征

隧道超前预报中前方岩体中富水(围岩含水)探测是重要内容之一,对于施工指导具有重要的意义。围岩含水不属于干扰范畴,但本试验意在查看雷达图像特征,并与正面底板水干扰情况做一对比。将一扎水固定于背墙(专选木板支撑以排除其他干扰),在墙正面侧正对水位置做垂直向扫描,测得背景图和干扰图,试验现场及图像对比情况见图8。

从图8中可以清楚地看到水引起的异常反应十分明显,远比底板积水强烈。从波形上看,其特征为多次振荡,幅度等值,从浅部影响到深部。从图中还可以发现两个重要启示:一是判断点水埋深不能根据最大振幅得出;二是不能根据水的振荡延续时间来判断水埋藏的

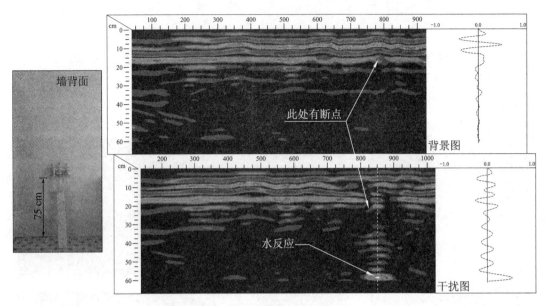

图 8　围岩内含点状水试验现场照片及干扰图像对比图

延伸长度。如果再加大采集时间,图 8 中的振幅还会继续增大和延续,事实上该瓶装水厚度仅 17 cm。此现象的合理解释应为电磁波遇到水这样的强反射界面时再不能向前有效穿透,随时间(深度)加大而反射延续和加强只是一种假象。

　　如果将上述点状水改成柱状水,则上述结论更为明显,试验现场照及相应的雷达图像见图 9。此图像与隧道实测图相当吻合。

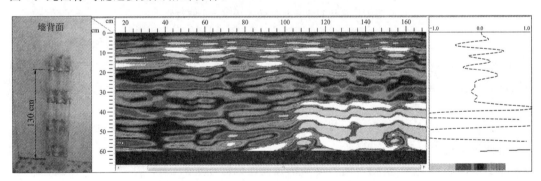

图 9　围岩内含柱状水试验现场照片及雷达图像

3.7　其他试验简述

以下试验内容仅展示测试过程和结论。

(1)底板金属干扰

试验中竖直向移动用大号管钳,水平向移动用铁桶作为干扰物固定于底板,天线贴墙面移动分别扫描。现场参见图 10(a)、图 10(b)。

结论:无论垂直移动还是水平向移动,底板金属物的影响并不明显。且影响主要体现在

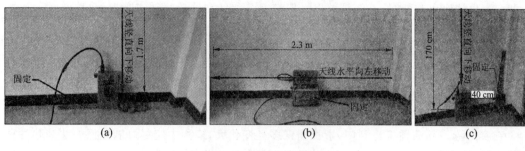

图 10　金属干扰试验现场

(a)竖直移动；(b)水平移动；(c)侧边干扰

深层,墙体本身层位几乎不受影响。相对来说,铁桶体积大,影响较管钳稍大,同相轴呈现出双曲线弧状。

(2)侧边金属干扰

试验中将管钳固定于天线右侧 40 cm,天线贴墙面竖直移动,试验现场见图 10(c)。

结论:背景图与干扰图差异极小,可以认为侧边金属干扰影响很小。但此试验只是验证静止金属物的影响,尚不能推广到通电状态下的电缆干扰情况。

(3)背后金属干扰(静态)

在雷达检测洞室拱顶等高位时,起重机托举人和仪器到位后静止。试验中天线贴地面静止取得背景图像,然后在天线背后静置金属板[图 1(c)]取得干扰图;再转动、拉远拉近金属板取得干扰图。金属板尺寸为 25 cm×38 cm,面积比天线略大。

结论:静止的金属板影响甚微,经仔细比对,发现金属板略微加强了反射信号强度。晃动的金属板可看到干扰呈"八"字由浅至深切割同相轴。地层层位略有扭曲,但总趋势不变,金属板拉远时其影响观察不到。

(4)天线极化对比

有些初学者认为天线呈立体状发射电磁波,天线标识方向(极化)与移动方向关系不大。本次试验中采用的墙主体为空心砖,空心纵向排列,电性上可视为各向异性体。试验中天线贴墙竖直向下移动,天线极化方向分竖直和横平分别扫描采集进行对比。

结论:图像明显不同,尤其在靠近地板附近(有地基圈梁),差异明显。不同方向对于浅层和深层的反应也有差异。天线竖直情况下对于墙体内砖与砖的拼缝反应更为灵敏,天线横平则图像显得平滑。对于深层,天线横平情况下反射能量更强。

4　结论与建议

通过上述试验可以得出以下结论:

(1)天线背后、底板、侧壁的金属、积水等干扰对雷达的影响总体较小,在距离稍远的情况下影响可以忽略,这是天线的主能量以向前发射的缘故。静止的后置金属反而有加强信号的作用。潮湿的岩体表面对雷达的干扰较小,在天线耦合良好的情况下反而有增强有效信号的作用。

(2)天线架空对雷达剖面的影响很大,在实测中应尽量避免。

（3）岩体富水判断时，不能简单以大振幅、波形延续时间来判断其埋深和长度。

（4）天线极化方向对于各向异性介质的影响大，实测中应予以重视。

限于现场条件，本试验的很大局限在于选用的主体介质（墙）不够均匀，在墙根部受到地基的影响较明显，人工移动速度不够匀速，这些因素导致背景和干扰图像对比不够典型。另外，介质厚度不可变，异常体在围岩中的模拟不够理想等也限制了试验的进一步加深、扩展和多样化，如采用其他频率天线等。

在实际隧道超前预报检测中，干扰因素多且变化大，检测中应尽可能地想办法消除种种干扰因素，需知最简单原始的办法才是最可靠的办法。此外，本模拟试验结论还有一定的局限性，欢迎各位同仁批评指正。

参 考 文 献

[1] 周轮,李术才,许振浩,等. 隧道施工期超前预报地质雷达异常干扰识别及处理[J]. 隧道建设,2016,36(12):1517-1522.

[2] 杜炳锐,白大为,方慧,等. 基于探地雷达的实验室水合物物理模型制备与电磁特性研究[J]. 物探与化探,2017,41(1):116-122.

[3] 肖敏,陈昌彦,贾辉,等.金属管线对探地雷达探测道路地下病害的干扰[J].物探与化探,2016,40(5):1046-1050.

[4] 邓国文,王齐仁,廖建平,等. 隧道不良地质现象的探地雷达正演模拟与超前探测[J]. 物探与化探,2015,39(3):651-656.

[5] 许新刚,李党民,周杰.地质雷达探测中干扰波的识别及处理对策[J].工程地球物理学报,2006,3(2):114-118.

[6] 鲁建邦.地质雷达探测过程中干扰物的图像识别[J].隧道建设,2011,31(6):686-689.

[7] 兰樟松,张虎生,张炎孙,等.浅谈地质雷达在工程勘察中的干扰因素及图像特征[J].物探与化探,2000,24(5):387-390.

[8] 刘四新,蔡佳琪,傅磊,等.利用探地雷达精确探测铁路路基含水率[J].地球物理学进展,2017,32(2):0878-0884.

[9] 余中明.探地雷达技术在隧道掘进预报中的应用[J].地质与勘探,1999(3):30-31.

[10] 薛建,梁文婧,刘立家,等.探地雷达低频天线在工程勘探中的应用[J].物探与化探,2015,39(6):1251-1256.

[11] 董茂干,吴姗姗,黄宁,等.探地雷达在南京地铁隧道工程检测中的应用[J].物探与化探,2014,38(5):1090-1094.

[12] 冀光华.隧道工程施工超前地质预报技术[J].隧道建设,2009(s2):87-91.

TRT技术在新疆某深埋长隧洞超前地质预报中的应用

李新峰　于　为　张敬东

新疆兵团勘测设计院(集团)有限责任公司,新疆 乌鲁木齐　830002

摘　要:TRT(隧道反射层析成像)技术由美国NSA工程公司近年来提出的一种新方法。中国于2006年引进TRT6000,它是一种隧道地震波反射体三维成像技术的超前地质预报系统。它通过地震波的反射信号反演掌子面前方地质异常反射体的位置、规模和性质、结构、产状等特征,目前作为隧洞超前地质预报一种主要方法之一。在新疆天山地区地质条件复杂,某深埋长隧洞TBM施工中首次使用,超前地质预报成果与开挖实际情况对应性较好,可以为TBM施工克服复杂地质问题洞段采取主动措施提供决策依据。

关键词:超前地质预报　复杂地质条件山区　深埋长隧洞　探测技术　TBM施工

Application of TRT Technology in Advanced Geological Prediction of a Deep-buried Long Tunnel in Xinjiang

LI Xinfeng　YU Wei　ZHANG Jingdong

Xinjiang Corps Survey and Design Institute (Group) Co. ,Ltd. ,Urumqi 830002,China

Abstract:TRT (Tunnel Reflection Tomography) technology is a new method proposed by NSA engineering company in recent years. TRT 6000 was introduced into China in 2006,which is a kind of advanced geological prediction system of tunnel seismic wave reflector three-dimensional imaging technology. It inverses the position, scale,nature,structure and occurrence of geological abnormal reflectors in front of the working face through the reflection signals of seismic waves,and is currently regarded as a mainstream method of tunnel advanced geological prediction. The geological conditions in Tianshan region,Xinjiang are complex,and it is used for the first time in TBM construction of a deep-buried long tunnel. the advanced geological prediction results correspond well with the actual excavation situation,which provides the decision-making basis for TBM construction to take active measures to overcome complex geological problems.

Key words:advanced geological forecast;mountainous areas with complex geological conditions;deep-buried long tunnel;detection technology;TBM construction

1　TRT技术基本原理与工作布置

TRT(Tunnel Reflection Tomography,隧道反射层析成像)技术是由美国NSA工程公司申请美国国家高新技术发展基金研发的一种隧道地震波反射体三维成像技术,通过地震波的反射信号反演掌子面前方地质异常反射体的位置、规模和性质、结构、产状等特征。

TRT7000超前地质预报系统,主要由1个触发器、1个十磅锤、10个传感器、11个无线模块、1个基站、1台主机构成。TRT系统一般布置12个震源点和10个传感器点,震源点

作者简介:

李新峰,1966年生,男,高级工程师,主要从事水利水电工程地质勘察与施工地质方面的研究。E-mail:415211049@qq.com。

布置在接近掌子面的左右边墙上,分两排布置,两排间隔为 2 m,传感器点布置在离震源点 10~20 m 的隧道两边墙及拱顶上,分四排布置,每排相隔 5 m。TRT 的震源点和传感器点采用立体布置方式,使得 TRT 方法可以定位异常体的三个维度上的边界,具体布置见图 1。

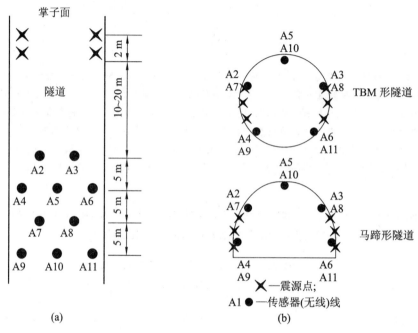

图 1　TRT 法震源点和传感器点的布置方式
(a)TRT 传感器布设俯瞰图;(b)TRT 传感器布设横截面图

数据采集之前,用全站仪测量震源点的大地坐标和掌子面中心点及最后一个传感器位置横断面上中心点的坐标。传感器采用表面耦合的方式,与无线模块连接,采集的数据通过无线模块记录并数字化后传输至基站。地震波的采集过程为:在震源点上锤击,人工激发地震波,绑在锤上的触发器触发基站给所有无线模块同时下达采集数据的指令,无线模块采集、记录地震波信号后发送至基站,同时显示在主机的采集软件界面中。

分析软件基于地震波反射的原理,通过时间滤波器,频率滤波器,速度滤波器反演预报区域三维空间中的地震波波阻信息,可以 2D 和 3D 图表形式输出结果,能生成地质不连续界面、倾角和走向以及与隧道轴交点的三维成像图,可对结果进行任意切片。预报范围为隧道掌子面前方 100~200 m。

2　北天山某深埋长隧洞工程概况

新疆某隧洞工程,是目前国内最具挑战难度的巨型复杂工程。隧洞穿越天山多条大的一级活动断裂构造,按照最新《中国地震动参数区划图》(GB 18306—2015),工程区动峰值加速度 0.2 g(据中国地震局所进行的本区"地震安评报告",本区域 50 年超越概率 10% 基岩水平动峰值加速度为 254~263 gal),相应的抗震设防烈度为 8 度。隧洞总长度 42 km,埋深大于 1000 m 的洞段达到 16.2 km,占到 38%,而埋深大于 500 m 的洞段超过 71%,隧洞穿越大小百余条断裂,面临高地温、岩爆、突涌水、高外水压力、围岩变形、有毒有害气体以及放射性物质等诸多世界性技术难题,工程地质条件极其复杂。

隧洞位于复杂东西向构造带中,穿越多条较大断层,以压、压扭性为主,走向多为近 E-W 向、NNW 向和 NW 向,其次为 NE 向,倾角一般较陡。隧洞横穿某复背斜,地层走向近东西或北西,倾角中等～较陡。岩层挤压褶皱强烈,次级褶皱和断层发育,背向斜构造形迹不完整。隧洞走向 NNE,与本区主要构造行迹呈大角度斜交。深埋隧洞的洞顶局部发育冰川和河谷。

该隧洞工程前期论证始于 2001 年,2016 年 10 月正式开工,预计工期约 6 年。由两台开敞式 TBM 机分别自进口和出口两端向中部掘进,由于遭遇较复杂的地质问题,目前总计掘进约 8 km。在实施超前地质预报过程中,通过采用先进的 TRT7000 物探设备,以及 O-RV3D 软件进行分析处理,获取掌子面附近及前方清晰的异常体的层析扫描三维图像。再通过对异常体的里程、形状、大小、走向,并结合前期勘察地质资料、现状开挖地质资料,综合分析对比,确定隧道前方及周围不良构造及基岩裂隙水等分布位置。TRT 法不仅在接口定位、岩体波速及其类别划分等方面具较高的精度,而且有较大的探测距离,为 TBM 施工提供地质综合分析预报[1]、[3]。

本工程为新疆首次采用以 TRT 探测系统为主的综合方法进行深埋长隧洞工程超前地质预报的项目。

3　隧洞某段 TRT 测试成果

根据 TRT 三维成果,结合地质相关信息,综合推断掌子面前方 K37＋910～K37＋801 段围岩地质情况。具体情况如下:

(1) 已开挖段(K37＋911～K37＋987)地质概况

岩性以花岗闪长岩为主,浅灰、灰白色,围岩呈中粗粒结构,块状构造,局部洞段较破碎,与相对完整围岩相间出现。护盾后顶拱及右侧围岩裂隙发育密集,存在一组与洞轴线走向小角度相交的陡倾裂隙与缓倾角裂隙相互切割,在开挖卸荷后,由于应力释放作用,向临空面方向形成塌落,塌落的破碎岩块欠新鲜,裂面有轻微蚀变,裂隙发育部位完整性相对较差,已开挖洞段局部出现较大面积串状滴水(K37＋918～K37＋931 段)接近线状流水状态。受构造裂隙影响,围岩主要由相对完整岩体与花岗岩碎块相间构成,破碎岩块以 50～300 mm 粒径为主。已开挖洞段内岩体总体完整较差,局部顶拱及左侧段出露相对完整围岩,围岩较破碎段呈镶嵌碎裂结构并局部发生轻微蚀变,开挖后在顶拱和右侧多形成小规模的塌落或碎块石剥落,空腔深度一般为 0.2～0.5 m,局部可达 0.8 m。必须注意审慎开挖,根据围岩变化及时调整支护加固措施。

(2) 测试段(K37＋910～K37＋801)的地质情况及检测结果

本次测试段(K37＋910～K37＋801)岩体的纵波波速在 3371～4516 m/s 之间,岩体波速总体变化较大,推测前方围岩总体较完整～完整性差,局部较破碎,推测掌子面前方 109 m 范围内的岩性主要以花岗闪长岩为主。TRT 三维成果图见图 2～图 4,分析内容如下:

① 里程 K37＋910～K37＋830 段情况:该段长 80 m,纵波波速在 3478～4516 m/s 之间,围岩波速变化较大,推测该段围岩总体完整性较差,较完整岩体与较破碎岩体相间构成,局部岩体破碎,个别段也有较完整岩体出露,节理裂隙较发育,裂隙发育处易形成掉块,地下

水出露以滴水为主或局部线状流水,局部掉块较多,必须注意审慎开挖,根据围岩变化及时调整支护加固措施。

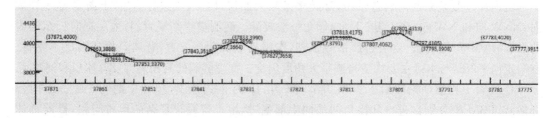

图 2　纵波波速曲线

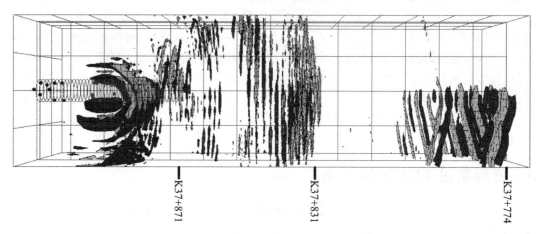

图 3　TRT 成果三维成像(俯视)

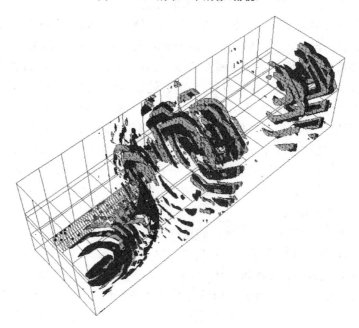

图 4　TRT 成果三维成像(立体)

② 里程 K37+830～K37+801 段情况：该段长 29 m，波速在 3371～3478 m/s 之间，围岩波速变化较小，推测该段围岩总体完整性差，相对完整岩体与较破碎岩体相间构成，局部发育小型断层，节理裂隙发育，裂隙发育处易形成掉块，地下水出露以滴水为主，小型断层处易形成线状流水或多股线状流水，必须注意审慎开挖并注意防水。

4　开挖后验证结果与需要总结的经验

据前一期超前地质预报：掌子面前方 K37+987～K37+937 段与相接已开挖洞段（K37+987～K38+060）地质条件基本相近，围岩岩体总体完整性差，围岩主要由相对完整岩体与较破碎岩体相间构成，局部较破碎且易形成小型塌腔，岩体总体较潮湿，地下水出露以滴水为主，局部存在线状流水或多条线状流水，局部掉块较多；K37+937～K37+887 段围岩岩体总体完整性较差，较完整岩体与较破碎岩体相间构成且无明显规律，局部岩体破碎，个别段也有较完整岩体出露，裂隙发育处易形成掉块，地下水出露以滴水为主或局部线状流水；其中 K37+937～K37+907 段岩体较破碎，可能发育断层破碎带（或节理裂隙密集发育带），地下水出露以滴水为主，但可能存在线状流水～股状流水。

该隧洞开挖已出露 K37+987～K37+917 段（不包括护盾挡住的 K37+917～K37+910 段）岩体总体完整性差，围岩主要由较完整岩体与较破碎岩体相间构成，地下水出露以滴水为主或局部线状流水；其中已开挖出的 K37+935～K37+917 段（不包括护盾挡住的 K37+917～K37+910 段）裂隙较发育，岩体局部较破碎，存在多处线状流水。开挖情况与预报情况基本相符。

由于该 TBM 没有超前钻探确认前方围岩破碎程度和含水情况，施工单位对此没有高度重视，掌子面前方围岩总体破碎，且含水较丰富，TBM 掘进过程中，由于担心卡机等事故发生，也没有及时采取停机进行超前加固的处理措施，而试图采用先通过后加固的方法，从而导致大量出渣而掘进进尺甚微，造成顶部形成巨大空腔，从而加剧围岩的恶化，之后由于地震作用和时间效应，导致持续的涌水涌沙现象，致使隧洞掘进受阻。

此后，采用三维地震、三维激发极化法、TGS360PRO 隧道三维地质预报系统等多种物探手段对该段围岩进行监测，最终综合判断结论为：桩号 K37+843.4～K37+774 段围岩较破碎～破碎，节理密集发育，开挖后围岩稳定性差，地下水以线状流水为主，局部可能出现涌水。该结果与前期 TRT 成果基本接近。判断该段围岩为断层破碎影响带。

由此看出，超前地质预报工作对深埋长隧洞施工具有重要指导作用，但由于深埋隧洞地质条件极其复杂，且物探成果存在多解性，即便再先进的物探技术都只是间接验证手段，在发现存在明显异常部位应该及时采取更为直观的超前钻探或导洞予以验证，由此达到预测精度的完美。对于 TBM 掘进施工参与各方，应该积极响应和重视超前地质预报成果，配合对预报成果发现异常部位及时进行验证并采取超前加固处理的相应措施。只有这样才能更好地应对深埋长隧洞施工中遇到的复杂地质问题。

5　结语

深埋长隧洞采用 TBM 施工无疑具有钻爆法不可比拟的优越性，对于围岩类别较好的

Ⅱ、Ⅲ类围岩,其优势尤其明显,具有施工安全、高效、快捷、环保等突出优点,而对于Ⅳ、Ⅴ类围岩,却具有一定的局限性。从另一角度来说,长距离深埋隧洞,对于钻爆法施工也难以实施,巍峨山区中部不具备施工支洞的布置条件,长距离深埋条件具有强烈岩爆和高地温等一系列风险。因此选择TBM施工无疑是正确的,然而对于地下开挖工程施工风险的控制,则需要较准确的超前地质预报系统,为施工提出科学合理的决策依据。纵观各类超前地质预报手段,有TSP、TRT、HSP、BEAM以及地质雷达等探测方法,然而真正适应TBM施工的中长距离预报的主要有TRT和TSP法。但由于TSP法需要在掌子面附近打孔放炮,且对施工掘进影响较大,检测耽误施工时间较长,因此选择TRT检测方法具有明显的适宜性,但需要注意以下几个方面:

(1)TRT检测是超前地质预报体系的重要组成部分,属于中长距离预报的一种间接手段,必须有其他手段作为辅助。

(2)地质调查法可以对检测成果予以宏观分析和判别。

(3)在TRT成果发现反射异常洞段,需要进行短距离预报作为补偿,尤其是采用超前钻探进行复核验证[4]。

(4)在TRT资料处理分析时,需要剔除各种影响成果判断的干扰因子,否则容易产生误判。

(5)对所进行超前地质预报的新工程项目需要进行前期资料认真分析,测试结果与开挖实际的地质描述进行多次反复对比、验证和总结,才能提出符合本工程实际情况的解译判别规律和客观准确的预报成果。

参 考 文 献

[1] 赵永贵.国内外隧道超前预报技术评述与推介[J].地球物理学进展,2007,22(4):1345-1346.

[2] 薛建,曾昭发,王者江,等.隧道掘进中掌子面前方岩石结构的超前预报[J].长春科技大学学报,2002,30(1):87-90.

[3] 何振起,李海,梁彦忠.利用地震反射法进行隧道施工地质超前预报[J].铁道工程学报,2000,4:81-85.

[4] 中国铁路总公司企业标准.铁路隧道超前地质预报规程:QC/R 9027—2015[S].北京:中国铁道出版社,2008.

开敞式 TBM 复杂地质洞段顶部塌落探测技术及应用

周振广　吕　振　刘康和　姜　超

中水北方勘测设计研究有限责任公司,天津　300222

摘　要:新疆某生态环境保护工程是为恢复该地区的自然生态环境,并适应西部大开发的需要,解决该地区水资源紧张问题而进行的特大型跨流域调水工程,主要由水源水库、穿天山输水隧洞、调入区动能回收及水量调节水库、分水枢纽、输水干渠等组成。其中穿天山输水隧洞是该生态环境保护工程的关键建筑物,采用开敞式 TBM 施工(掘进方向由隧洞出口至进口,直径 6.5 m),当 TBM 掘进至隧洞桩号 37＋860时,在桩号 37＋900～37＋870 段洞顶发生大的塌方空腔(超量出渣),探测前已及时进行加密钢拱架(间距 20～30 cm)、喷混、灌浆加固等措施,但钢板计数值一直增加且不收敛,需要确定洞顶上部塌落松散体及空腔边界位置。为此依据 TBM 施工现场客观实际条件,选用高密度地震映像法和瑞雷面波法对隧洞洞顶塌落区进行综合探测。文中详细介绍了高密度地震映像法与瑞雷面波法的基本原理、工作方法与技术、资料解译、综合分析等。从获得的塌落区高密度地震映像法剖面及二维面波等值线图,并依据塌落松散体、空洞以及相对完整岩体之间存在的弹性差异运用地震波运动学和动力学特征对地震探测资料进行解译分析,确定隧洞洞顶塌落区沿隧洞方向发育范围及深度,取得了良好的应用效果,为隧洞施工加固处理及方案优化提供科学依据,可供类似工程隐患探测参考和借鉴。

关键词:输水隧洞　开敞式 TBM　高密度地震映像法　瑞雷面波法　洞顶塌落体　空腔

The Collapse Detection Techniques at the top of Open TBM Complex Geological Caverns and Its Application

ZHOU Zhenguang　LV Zhen　LIU Kanghe　JIANG Chao

China Water Resources Beifang Investigation Design & Research Co. ,Ltd. ,Tianjin 300222,China

Abstract:A certain ecological environment protection project is a large-scale inter-basin water transfer project in Xinjiang,which is for recovering the natural ecological environment,meeting the needs of the western development,and solving the water resource shortage in the area. It is mainly composed of water source reservoir , water conveyance tunnel, kinetic energy recovery of transfer area, water regulation reservoir, water distribution hubs, water mains and other components. The water conveyance tunnel is the key building of the eco-environmental protection project. It is constructed with open TBM (drilling direction from tunnel exit to entrance, water conveyance tunnel diameter 6. 5 m),when TBM excavate to the tunnel pile 37＋860, a large collapse cavity occured at the top of the tunnel (excess slagging) at the tunnel pile 37 ＋900～37＋870. Before the detection, construction technicians have performed various reinforcement measures,which include that encrypting the steel arch (steel arch spacing is 20～30 cm), spraying concrete, grouting reinforcement and other components, but value of the steel plate measuring instrument always increases and does not converge. So it is necessary to determine the location of collapse at the top of caverns and cavity at the top of the cavern. according to the objective actual conditions of TBM construction site, we detected the collapse area with the high-density seismic imaging method and rayleigh surface wave method . The paper introduce the details of high-density seismic imaging method and rayleigh surface wave method, which include that basics,principles, working methods , techniques, data interpretation, comprehensive

---

作者简介:

周振广,1987 年生,男,工程师,主要从事水利水电工程物探技术研究与应用工作。E-mail:3331808745@qq.com。

analysis and so on. According to the high density seismic imaging profile and 2D rayleigh wave contours in the collapse area, we analyzed the seismic wave data and determined depth and range of the collapse area along the direction of the tunnel depend on the differences between loose bodies, cavity, and relatively complete rock masses and the feature of seismic wave kinematics and dynamics. At last, we got a better and useful application resul, which provided scientific basis for tunnel construction reinforcement treatment and program optimization and can be referenced for similar hidden danger detection in project.

Key words: water conveyance tunnel; open TBM; high density seismic imaging; rayleigh wave exploration; collapse at the top of tunnel; cavity

0 引言

　　新疆某生态环境保护工程输水隧洞是关键建筑物,该工程出口段施工采用 TBM 法,由出口向进口方向掘进,当 TBM 掘进至桩号 37＋870～37＋900 段时,由于岩体破碎加之洞室强滴水～线状流水的作用,细粒随水流出(超量出渣),使得洞顶发生塌方(塌落物为岩块和岩屑,岩屑呈沙状),虽然及时进行加密钢拱架(间距 20～30 cm)、喷混、灌浆加固等措施,但塌落碎石覆盖在初期支护上,使钢板计数值一直增加且不收敛而导致支护钢拱架扭曲变形。受支护方式影响塌落深度不能确定(据施工单位使用锚杆探查:桩号 37＋879.3 附近从 2 点钟方向向上约有 2.0 m 的覆盖层、后存在约 8.0 m 的塌落空腔),并且预计在地下水等因素作用下,塌方区会继续扩大。为给设计和施工提供较为具体的塌落体和空腔的深度与变化特征,综合考虑现场施工条件的复杂性及探测方法的适应性,选择高密度地震映像法和瑞利面波法相结合的方式探测塌方区深度与变化规律。

1 基本原理与方法技术

1.1 高密度地震映像法

　　高密度地震映像法采用人工地面敲击产生的地震波地下传播,当遇到地下介质存在物理力学的(如波阻抗)差异时,便会产生反射波并反射回地面。当介质分布均匀,无地下空洞、软弱地层等不良地质体存在时,则所得到的同相轴连续稳定,不会出现错断、拱起等现象。若地下存在空洞、软弱地层等不良地质现象,则地震波在其分界面上产生波的绕射等现象,使得同相轴出现错断、拱起、反相位及波周期变化、能量较快衰减等现象。通过对图像的分析推断,从而达到解决地质问题的目的。

　　高密度地震映像法主要特点有:

　　(1)数据采集速度较快,但抗干扰能力弱,勘探深度有限。

　　(2)资料处理相对简单,避开了动校正对浅层反射波的拉伸畸变影响,可以使反射波的动力学特征全部被保留,地震记录的分辨率不会受影响。

　　在对实测原始数据进行频谱分析的基础上进行适当的滤波,结合已知地质资料分析识别来自不同层位的反射信号,进而圈定异常。

　　反射层面埋深使用式(1)计算:

$$h = \frac{1}{2}\sqrt{(V \cdot t)^2 - x^2} \tag{1}$$

式中　h——目的层面埋深(m)；

　　　　V——目的层面以上地层纵波速度(m/s)；

　　　　t——目的层面的反射时间(s)；

　　　　x——偏移距(m)。

现场正式工作前在隧洞洞顶进行了方法试验工作,效果明显。根据试验结果,高密度地震映像法剖面采用偏移距 4.0 m,测量点距 1.0 m,100 Hz检波器接收,检波器与洞顶以石膏耦合,可满足了本次勘查的深度要求。根据隧洞内实际工作条件,在隧洞沿洞顶方向布置高密度地震映像法测线一条,长度 29 m(图 1)。

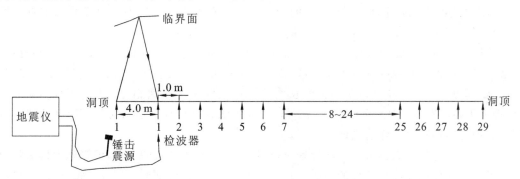

图 1　桩号 37＋870～37＋900 洞顶塌落段高密度地震映像法测线布置示意

1.2　瑞雷面波法

面波是一种特殊的地震波,它与地震勘探中常用的纵波(P 波)和横波(S 波)不同,它是一种地滚波。面波分为瑞雷波(R 波)和拉夫波(L 波),而 R 波在振动波组中能量最强、振幅最大、频率最低,容易识别也易于测量,所以面波勘探一般是指瑞雷面波法。弹性波理论分析表明,在层状介质中瑞雷面波是由 SV(垂直方向 S 波)波与 P 波干涉而形成,且 R 波的能量主要集中在介质自由表面附近,其能量的衰减与 $r^{-1/2}$ 成正比,因此比体波(P、S 波)的衰减要慢得多。在传播过程中,介质的质点运动轨迹呈现一椭圆极化,长轴垂直于地面,旋转方向为逆时针方向,传播时以波前面约一个高度为 λ_R(R 波波长)的圆柱体向外扩散,且 R 波的能量占全部激振能量的 2/3,因此利用 R 波作为勘探方法,其信噪比会大大提高。

面波的波动方程见式(2)：

$$\left[2-\left(\frac{V_R}{V_S}\right)^2\right]-4\left[1-\left(\frac{V_R}{V_P}\right)^2\right]^{\frac{1}{2}}\left[1-\left(\frac{V_R}{V_S}\right)^2\right]^{\frac{1}{2}}=0 \tag{2}$$

式中　V_R——面波波速；

　　　　V_S——横波波速；

　　　　V_P——纵波波速。

体波与岩体泊松比关系见式(3)：

$$\left(\frac{V_S}{V_P}\right)^2=\frac{2\sigma-1}{2(\sigma-1)} \tag{3}$$

式中　σ——泊松比。

综合分析表明,R 波具有如下特点：

① 在地震波形记录中振幅和波组周期最大,频率最小,能量最强;

② 在不均匀介质中 R 波相速度(V_R)具有频散特性,此点是面波勘探的理论基础;

③ 由 P 波初至到 R 波初至之间的 1/3 处为 S 波组初至,且 V_R 与 V_S 具有很好的相关性,其相关式为:$V_R = \dfrac{0.87 + 1.12\sigma}{1 + \sigma} \cdot V_S$,此关系奠定了 R 波在测定岩土体物理力学参数中的应用;

④ R 波在多道接收中具有很好的直线性,即一致的波震同相轴;

⑤ 质点运动轨迹为逆转椭圆,且在垂直平面内运动;

⑥ R 波是沿地表传播的,且其能量主要集中在距地表一个波长(λ_R)尺度范围内。

依据上述特性,通过测定不同频率的瑞雷面波速度 V_R 即可了解地下地质构造的有关性质并计算相应地层的动力学特征参数,达到岩土工程勘察目的。

现场应用瞬态瑞雷面波法测试时一般采用多道检波器接收,以利于面波的对比和分析。

当选取两道检波数据进行反演处理时,应使两检波器接收的信号具有足够的相位差,其间距 Δx 应满足 $\lambda_R/3 \sim \lambda_R$,即在一个波长内采样点数要小于在间距 Δx 内的采样点数的 3 倍,而大于在间距 Δx 内的采样点数的 1 倍,该采集滤波原则对于不同的勘探深度及仪器分辨率和场地地层特性可作适当调整。

当采用多道检波数据进行反演处理时,虽然不受道间距公式的约束,但野外数据采集时也应考虑勘探深度和场地条件的影响。一般来说,当探测较浅部的地层介质特性时,易采用小的 Δx 值并用小锤作震源以产生较强的高频信号,即可获得较好的结果;当探测较深部的地层介质特性时,易采用较大的 Δx 值,并用重锤冲击地面,以产生较低频率的信号,使其能反映地下更深处的介质信息,达到岩土工程勘察之目的。

震源点的偏移距从理论上讲越大越好,且易采用两端对称激发,有利于 R 波的对比、分辨和识别。

依据上述瑞雷面波法基本要求及现场试验结果,本次测试参数采用 12 道检波器进行数据反演,每道间距 1.0 m,偏移距 4.0 m,因探测目标体深度相对较浅,故采用小检波距和小锤震源,勘探排列见图 2。

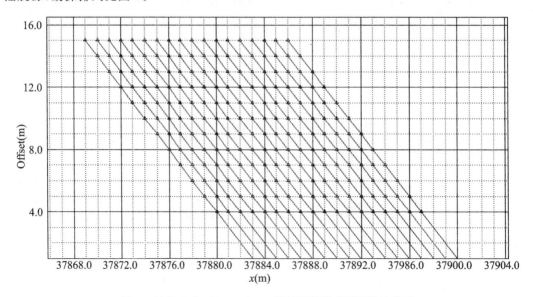

图 2　桩号 37＋869～37＋897 洞顶塌落段瑞雷面波法排列

2　资料解译与成果分析

2.1　高密度地震映像法

高密度地震映像法探测成果详见图 3。由图 3 可知,实线为推测洞顶塌落松散体与原岩分界面,依据面波法单个排列的时距曲线计算出松散体地震纵波速度约 1500 m/s,以此计算反演界面深度,一般为 2.0～19.0 m,最深处位于桩号 37+878 附近,且小桩号段松散体厚度大于大桩号松散体厚度。

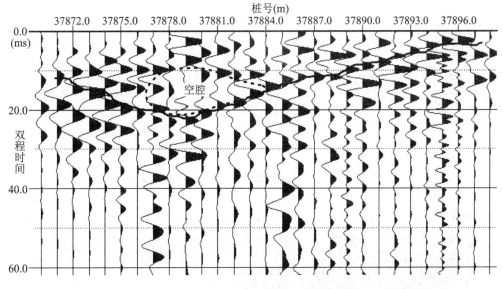

图 3　桩号 37+870～37+898 洞顶塌落段高密度地震映像法成果剖面图

由于桩号 37+876～37+884 段反射波振幅较弱,推测该段为塌落空腔范围(图 3 中虚线闭合圈),其中塌腔顶界面深度约为 19.0 m,底界面深度约为 6.0 m。

2.2　瑞雷面波法

面波频散曲线分布见图 4,面波法探测成果详见图 5。图 5 中等值线为面波速度分布等值线,按松散体地震纵波速度 1500 m/s 计算泊松比约为 0.43,依据公式 $V_R = \dfrac{0.87+1.12\sigma}{1+\sigma} \cdot V_S$ 可知面波速度与剪切波速度的比值约为 0.945,依据以往该区剪切波测试成果及相关工程经验,较完整岩体剪切波速度一般大于或等于 500 m/s,据此计算面波速度的软硬分界临界值为 470 m/s,该值位于图 5 中等值线 450～500 之间。

推测洞顶塌落松散体与原岩分界面同 470 m/s 等值线基本一致,其深度变化规律一般为 3.0～20.0 m,最深处位于桩号 37+879 附近,且小桩号段松散体厚度大于大桩号段松散体厚度。

需要说明的是,面波探测所使用的多道检波器采集数据后,经数据反演处理可获得一条

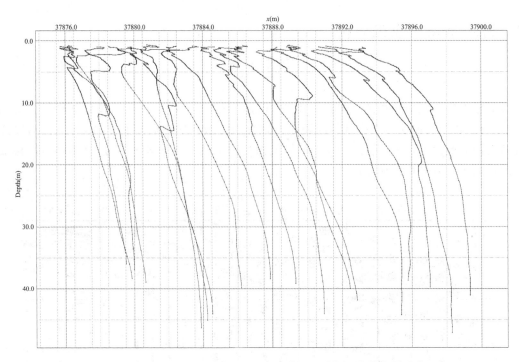

图 4　桩号 37＋869～37＋897 洞顶塌落段面波探测频散曲线分布

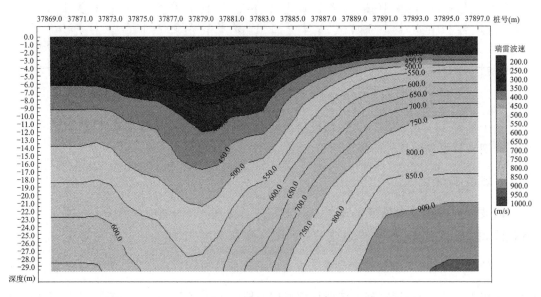

图 5　桩号 37＋869～37＋897 洞顶塌落段面波成果

频散曲线,该条曲线为检波器排列范围内平均地层特性的反映,所以图 5 中对空腔净深度的分辨尚有困难。

3　结论

（1）综合分析高密度地震映像法法与面波法探测成果可得：洞顶塌落松散体与原岩分界面深度一般为 2.0～20.0 m，最深处位于桩号 37＋878～37＋879 附近，且小桩号段松散体厚度大于大桩号段松散体厚度。洞顶塌落空腔位于桩号 37＋876～37＋884 段，其中塌腔顶界面深度约为 19.0 m，底界面深度约为 6.0 m(图 6)。该成果经业主、监理、设计、施工等参建各方会商，综合分析认为探测成果基本符合客观实际，可根据其成果进行加固治理方案设计和施工。

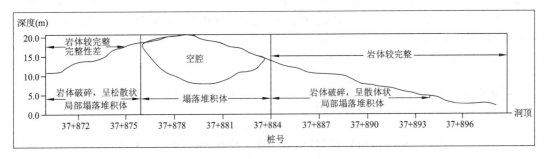

图 6　桩号 37＋869～37＋897 洞顶塌落段综合成果

（2）塌方属于水工隧洞施工过程中常见不良地质条件，全面了解塌方区分布范围，掌握其隐伏部分的情况，才能选取合理有效的方案治理并解决。在复杂条件下水工隧洞施工过程中，以高密度地震映像法和瑞雷面波相结合的方式探测塌方区内部形态，分析其分布范围，效果非常明显，为后续治理方案的设计和选择提供了依据，与此同时该种方式相对于其他方法更为灵活轻便，节省时间，更有利于施工控制，降低工程造价，提高工程安全系数。

参 考 文 献

[1] 张华,徐红利.高密度地震映像法在地质灾害调查中的应用［J］.工程勘察,2010(5):89-93.

[2] 周佩华.面波和高密度地震映像法在岩溶勘探中的应用[J].山西建筑,2016,42(2):77-78.

[3] 苏向前,刘康和.面波法与单孔检层法波速测试的工程应用[N].长江工程职业技术学院学报,2006,23(3):1-5.

[4] 刘康和,魏树满.瞬态面波勘探及应用［J］.水利水电工程设计,2001,20(2):31-33.

[5] 刘康和.弹性波测试技术的应用与分析[J].人民长江,1991(7):18-21.

[6] 刘康和.面波探测技术综述[J].电力勘测,1997(2).

高密度地震影像法在天开水库岩溶勘察中的应用

刘爱友 杨良权 刘 增 孙雪松 蒋少熠 魏定勇

北京市水利规划设计研究院,北京 100048

摘 要:本文以北京天开水库除险加固工程为平台,以高密度地震映像法为主,孔内电视技术为验证手段进行水库岩溶勘察。本文主要介绍了高密度地震映像法和孔内电视的工作基本原理与工作特性、工作布置原则及成果资料解译方法等内容。采用的映像物探方法能够基本圈定了库区裂隙或溶蚀发育带、岩溶发育带的空间范围及发育特征,为工程设计提供可靠的基础数据。多种物探方法相结合可避免单一物探方法解译的局限性,能更真实、准确地反映工程地质条件。本文的物探方法和成果为类似工程积累了成功经验,同时也可为其他工程提供借鉴和参考,表明高密度地震影像法在岩溶勘察方面具有较广泛的发展前景。

关键词:高密度地震映像法 孔内电视技术 裂隙 溶蚀发育 天开水库

The Application of High-density Seismic Image Method on the Karst Exploration in Tiankai Reservoir

LIU Aiyou   YANG Liangquan   LIU Zeng   SUN Xuesong   JIANG Shaoyi   WEI Dingyong

Beijing Institute of Water,Beijing 100048,China

Abstract:This paper,based on the consolidation project of Beijing Tiankai reservoir as the platform, utilized the high-density seismic image method and hole television technology to investigation research in karst. This paper mainly introduced the work basic principle,working characteristic,the principle of work arrangement and the data interpretation method of the high-density seismic image method and hole television. The author basic delineated the zones of the development of reservoir fractures or dissolution, space range and development characteristics of karst development zone,and provided the reliable basic data for the engineering design. The combination of various geophysical exploration methods can avoid the limitations of a single geophysical interpretation,can describe the engineering geological conditions more actually and exactly. The research methods and results of this paper accumulated successful experience for similar projects,also can provide reference for other project. It shows that the comprehensive geophysical prospecting technology has more wider developments and prospects in karst exploration.

Key words:high-density seismic image method; hole television technology; fracture; corrosion development; Tiankai reservoir

0 引言

20 世纪 80 年代至今,我国学者和专家已对地下岩溶场地的地球物理勘探进行了大量

作者简介:

刘爱友,1984 年生,男,工程师,主要从事岩土工程、水利水电工程方面的物探研究。E-mail:aiyou2599@163.com。

研究[1-3]，在工程运用方面积累了一定经验，主要采用高密度电法、探地雷达、高精度磁法、声波透视等单一物探方法。其中高密度电法应用较为普遍，蔡晶晶等（2011）[4]利用高密度电法基本查明了拟建地铁沿线附近的岩溶发育现状，较准确地圈定了溶洞空间特征；李树琼等（2013）[5]利用高密度电法在昆明北水厂岩溶区进行了岩土地质工程勘察，基本查明隐伏构造、构造破碎带、岩溶、土洞等不良地质现象的分布，为设计、施工提供物探依据；蒋富鹏等（2013）[6]采用高密度电法分别在桥基灰岩地层中圈定溶洞和在隧道内确认破碎带，对以后工程施工及钻探起到重要的指导作用。

　　高密度地震映像法在岩溶勘察方面的研究相对较少，本文以北京天开水库除险加固工程为平台，以高密度地震映像法为主，孔内电视技术为验证手段，对岩溶勘察进行研究。天开水库始建于1959年，先后于1963年、1979年两次蓄水，但均出现多处漩涡状漏水点，水库水面现冒泡状，呈整体裂隙型渗漏。查明水库地下岩溶空间分布特征，圈定岩溶渗漏区，是水库除险加固的基础工作，本次的研究方法和成果不但可以为天开水库除险加固工程奠定基础，而且可以为相关类似工程提供借鉴与参考。

1　研究区地质概况

　　天开水库库区属山前丘陵地貌，总体地势西北高，东南低。房山牤牛河自属于孤山口村以下，低矮的丘陵区，河水流向是西北向流至东南向，天开水库蓄水区整体是一宽浅的盆地地形，西北部高程一般在200～500 m，东南与平原接壤，盆地四周主要以灰岩残丘为主；山丘高程一般在100 m左右，盆地高程75～90 m；盆地东侧发育有古河道，在盆地上游建有水库副坝；盆地出口位于水库东南角，在现状河流下切的作用下，形成了宽超过100m、深近30 m的长峡谷地形。天开水库主坝处为牤牛河现代河道，其基岩走向垂直于主坝方向，构成纵谷，见图1。

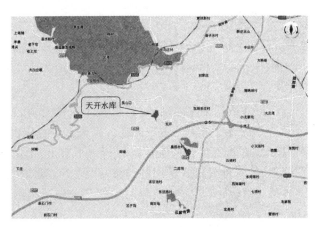

图1　房山天开水库位置

　　天开水库地处蓟县系单斜构造之中，岩层产状较稳定，主要为蓟县系雾迷山组硅质白云质灰岩组成，并夹有燧石条带灰岩，其岩溶发育强烈。牤牛河发源并流经于雾迷山组硅质白云质灰岩组成的地区。盆地中基岩上覆有第四系冲洪积物，库区东部较西部厚度大且上部含少量粉土。河道附近地层以全新统（Q_4）砂壤土、卵砾石为主，库区古河道及其他地区为分布有更新统（Q_3）黄土、砂质粉土、粉质黏土；北岸主要以大片的洪积粉土夹碎石，沉积厚度较厚，一般可达十余米；东部副坝地区为古河道出口，已经为粉土和粉质黏土覆盖。南岸主要以残坡积的粉质黏土和粉土为主，一般厚度较小，为 10～20 m。

2 高密度地震映像法勘探原理及其特点

2.1 高密度地震映像法原理

高密度地震映像法勘探原理和地震反射波法地震勘探原理不尽相同，在地表某点人工进行激发的地震波向地下地层各个方向传播，由于地下介质的弹性作用，在激发点所产生的冲击力作用下，激发点附近的介质要产生胀缩交替变化，这种胀缩交替弹性振动的运动形式在地下地层中的传播，形成了地震波。地震波向地下传播时，当遇到两种地层的分界面时，由于弹性不同的地层一定会产生反射波。要发生反射现象（其中反射波将按照反射角等于入射角的规律返回地面），地震波被反射而返回地面，引起了地表的振动。在地面沿测线上安置着检波器，即进行地震数据采集和地震记录。依据测量记录的地震波的旅行时间和地面各接收点间的位置关系，计算出反射波在介质中的传播速度，确定反射界面埋藏深度。所以高密度地震映像法勘探，有较强的分层能力。

地震映象资料以地震映象时间剖面图为基础。时间域中各波的时序分布关系与形态特征是地层地质现象的客观反映，地震映象时间剖面图中各波组同相轴能量变化、频率变化、断续、消失等，反映了弹性波传播对于地下介质特征呈现的运动学和动力学方面的变化特征，据此可以对地下地质结构做出解释推断，获得异常体的形状和分布范围，来实现勘察目的。该方法对均匀结构中的不均匀的地质体推断效果较好[10]。

2.2 高密度地震映像法勘探特点

高密度地震映像法的野外采集方式与共偏移距的单点反射波法的采集方式类似，资料剖面类似于共偏移距剖面，不同点在于地震映像法是采用小偏移距采集，利用的波形是纵波，而是瑞利面波。

高密度映像法的特点：野外数据采集速度较快，但抗干扰能力弱，勘探深度有限。在资料解释后期处理简单，只需要把野外采集的地震波在计算机上进行压密，电脑会自动对反射能量的不同来变换颜色显示，通过变换的颜色表示，直观地反映地质体的变化和形态。

当然，在映像数据处理时，对常规地震所用的滤波、褶积、反滤波消除鸣震等方法均可采用，从而达到最佳处理效果，保证获得异常地质体的形状和分布范围的真实准确，来实现勘察目的。

3 孔内电视工作原理及应用范围

3.1 孔内电视技术原理

孔内电视技术是通过井下摄像机利用鱼眼广角镜头摄取孔壁四周图像，利用计算机控制图像采集及图像处理系统,对钻孔孔壁岩层岩性及构造发育情况自动采集图像,并进行展开拼接处理,成果直观,图像清晰,形成钻孔全孔壁柱状剖面图。通过光敏计步器,每 8 mm 自动进行一次图片拍摄,连续图像实时显示,采集记录通过硬盘进行自动存储。数据存储方式有两种,即录像和实时拍照。全孔壁图像是能直观地下孔壁图的一种检测技术。

孔内电视适用于清水孔或者无水孔中测试,也可在垂直钻孔和水平钻孔或任意角度的钻孔中测试。孔内电视全孔壁成像原理见图 2。

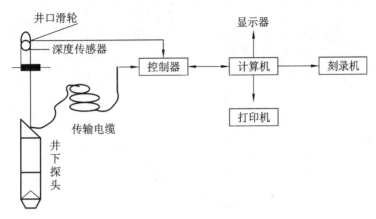

图 2   孔内电视全孔壁成像原理

3.2   孔内电视技术应用范围

孔内电视优点是以视觉直观且真实地获取地层地理信息,这种方法现已广泛应用于测试地质勘探孔和工程质量检测中。

可以准确地划分地层,区分岩性,岩溶发育情况的辨别。

确定地层中软弱泥化夹层,确定岩层节理,裂隙、破碎带及夹层的位置和产状。观察地下水活动状况等。

在工程建设中一般用于检查混凝土浇筑质量,检查施工灌浆处理效果,协助地质方面的力学试验测试及地质灾害的监测检测。

4   物探工作布置

高密度地震映像在野外现场勘察过程中,为了查明水库工区内岩溶的分布状态,在现场地形情况允许的情况下,各侧线尽量相互交织成网状结构。依据天开水库区域地质资料,结合设计勘探目的,本次工程横纵共布置 13 条测线,总长为 10.4 km。纵向平行布设 10 条测线(YX1-1′~YX10-10′)方向均为由北向南,目的查明整体库区内地下岩溶空间分布范围,大致圈定岩溶渗漏区;横向测线布设根据纵向地震映像记录资料,在异常体的分布范围内进行垂直加密,共布设三条(YX11-11′~YX13-13′)方向均为由西向东,如图 3 所示。

高密度地震映像方法中利用的面波是在地下一定深度内从震源传播至接收点的含有多种频率成分的、有多个相位的面波群。通过利用地震检测仪接收地震波,波形会在计算机中记录相应变化和对每一道数据进行压密,自动对反射能量的不同来变换颜色转换显示,通过

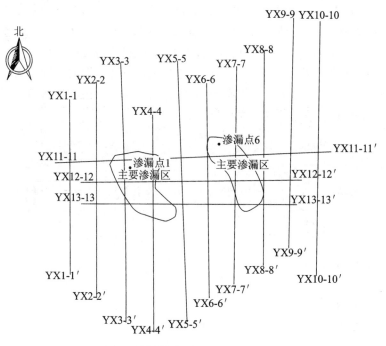

图 3　地震映像测线平面布置示意

变换的颜色表示,能够很直观地反映地质体异常区的变化和形态。

高密度地震映像资料的解释是利用物探测线上的地勘钻孔资料作为已知资料,对地震映像原始记录的同相轴进行分析对比,通过异常体同相轴的分布特征确定并推断出库区共有 8 处不良地质体(渗水点),其中岩溶发育区(主要渗水区)有 5 处。然后利用已形成的地震映像图片,绘制物探成果解释剖面图,并对异常体做出地质解释。

5　物探成果资料推断解译

天开水库所处场地较为复杂,地震映像资料显示推断共有八处渗水点。地层岩性较为简单,根据地勘钻孔资料和孔内电视资料揭露的岩性,地层主要由第四系覆盖层和蓟县系雾迷山组硅质白云质灰岩组成。地层上部主要以第四系覆盖层为主和第三系基岩风化残积物(N_2);下伏基岩岩性为蓟县系雾迷山组硅质白云质夹燧石条带灰岩组成,岩溶发育强烈。通过对天开水库库区内高密度地震映像资料解译,并结合地勘钻孔资料和孔内电视资料进行分析,最终归纳库区内地震波同相轴异常,不良地质体类型主要是以裂隙、溶蚀发育及岩溶发育为主。下面列举三个典型映像时间剖面成果图加以解译说明,其他解译方法和原理相同,不再赘述。

天开水库测线 YX4-4′的高密度地震映像时间剖面如图 4 所示,图中白色对应地震波波峰同相轴,根据映像时间剖面图结果显示,地震波反射的波形,在排列道数长度为 180～195 m,旅行时间为 50～150 ms 处可以看出,存在四组能量较强的地震波同相轴,其频率较低。而在排列道数长度为 172～180 m 范围内,此四组地震波同相轴逐渐形成上扬趋势。在 172 m 处,第二组和第四组地震波同相轴消失。由此可见,形成两组呈弧状分布

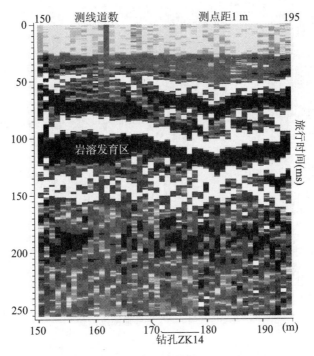

图 4　天开水库测线 YX4-4′高密度地震映像时间剖面成果

的地震波同相轴,其对应的排列道数长度为 150～172 m。在排列长度为 150～172 m 处,
地震波同相轴呈弧形分布,推测是由于地下的节理裂隙十分发育,溶蚀较发育,出现较大
的溶孔。

　　结合区域地质资料推断该段岩溶发育区的溶孔主要存在于蓟县系雾迷山组强风化灰岩
与微风化灰岩的接触带处。由于该处地震波同相轴逐渐向上隆起,其旅行时间变短,由此推
断该灰岩的接触带处于强风化灰岩,其部分岩体被地下水淘空;在弧形显示的地震波同相轴
下面,地震波能量明显减弱,频率升高,波形较为杂乱且相互叠加,由此可以推断此处灰岩表
层已被严重溶蚀,部分区域已形成较大的溶孔。

　　在圈定的岩溶发育区段(即排列道数长度 170 m 处)布置验证钻孔(ZK14)及孔内电视,
根据孔内电视全孔壁资料(图 5)和验证孔岩芯资料显示,在埋深 0～15.0 m 主要为全新统
冲积物(Q_4)和第三系基岩风化残积物(N_2),其岩性为中细砂、粗砂、黏性土;在埋深 15.0～
16.6 m 为蓟县系雾迷山组强风化灰岩,可见母岩碎块,用手易折碎,已受扰动;在埋深 15.6～
21.8 m 为裂隙或岩溶发育,孔壁破碎严重,节理裂隙十分发育,以垂直或倾角 70°～80°裂隙
为主;在埋深 21.8～26.6 m(终孔深度)为蓟县系雾迷山组灰色微风化灰岩,岩芯较完整,呈
圆柱状,岩质坚硬,局部岩溶发育。所以高密度地震映像法推断的裂隙或溶蚀发育区较为准
确。图 5 所示为 ZK14♯孔壁异常部位图像。

　　天开水库测线 YX3-3′高密度地震映像剖面图见图 6,从中可以分析出:地震反射波首
波同相轴与面波同相轴表现出逐渐下凹;地震波同相轴分布规律性较差且地震波波阻延续
较长;相对频率较低,波幅也较大;波阻延续性外包络线一般呈倒梯形;与边缘地震映像的曲

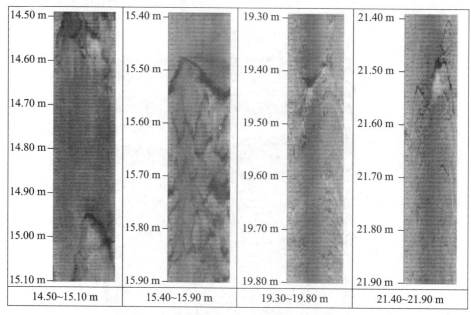

| 14.50~15.10 m | 15.40~15.90 m | 19.30~19.80 m | 21.40~21.90 m |

图 5　ZK14#孔壁异常部位图像

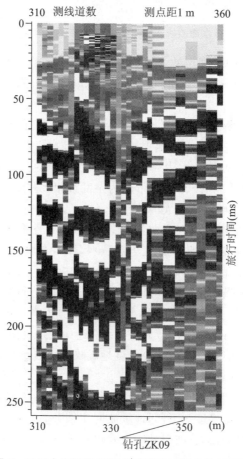

图 6　天开水库测线 YX3-3′高密度地震映像剖面图

线资料呈渐变关系,所以推断在排列道数长度340～350 m处,该异常体为裂隙或溶蚀发育区。

在圈定的岩溶发育区段(即排列道数长度350 m处)布置验证钻孔(ZK9),根据揭露的岩芯资料显示:在埋深0～10.0 m为全新统冲积物(Q_4)和第三系基岩风化残积物(N_2),主要岩性组成为中粗砂和黏性土。在地勘钻孔中揭露,埋深为10.0～21.0 m主要以蓟县系雾迷山组灰色微风化石灰岩为主,其岩石裂隙较为发育。岩芯以碎块状为主,钻孔取芯少数为短柱状,岩质钻碎成岩屑。所以高密度地震映像法推断的裂隙或溶蚀发育区较为准确。

天开水库测线 YX12-12′高密度地震映像剖面图见图7,通过对该剖面图中地震波同相轴的对比分析获得:在排列道数130～143 m、191～220 m处,存在四组能量较强且较连续的同相轴,143～190 m同相轴不连续且频率较低。连续的地震波同相轴以面波为主,该同相轴的旅行时间变化不大,推断出反映的地层界面较平坦。在排列道数143～190 m处,地震波同相轴起伏较大,并且局部段地震波同相轴有下凹的趋势,地震波旅行时间变长、频率变高、地震波的能量也随之变弱,并呈现绕射现象,所以推测该剖面的143～190 m处为岩溶发育区。

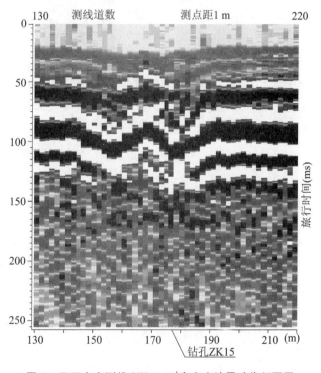

图7　天开水库测线 YX12-12′高密度地震映像剖面图

在圈定的岩溶发育区段(即排列道数长度178 m处)布置验证钻孔(ZK15)及孔内电视,根据孔内电视全孔壁资料(图8)和验证孔岩芯资料显示,圈定的岩溶发育区段埋深17.8～18.8 m为灰岩,属于强风化,在埋深18.8～23.5m处从孔内电视资料揭露,孔壁破碎严重,鉴定为微风化灰岩,节理裂隙十分发育。所以高密度地震映像法推断的岩溶发育区较为准确。

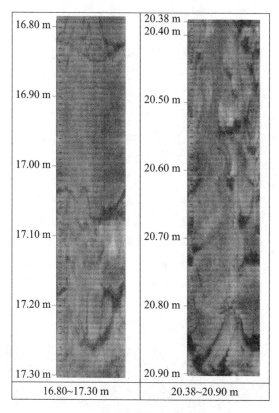

| 16.80~17.30 m | 20.38~20.90 m |

图 8　ZK15♯孔壁异常部位图像

6　结 论

本文以高密度地震映像法为主,孔内电视技术为验证手段进行水库岩溶勘察,主要得出以下结论:

(1)高密度地震映像法能利用固定偏移距所激发弹性波准确、有效地查明场地不良地质作用的类型、成因、分布、规模等。能提供不良地质体精确位置和上覆地层的平均剪切波速;同时能直观明了地反映地质体的变化和形态,从而获得异常体的形状和分布范围,对所发现的异常应进行适当的钻孔验证来实现勘察目的。

(2)通过地震映像物探方法基本查明了天开水库的岩溶发育的区段范围,从而为水库的除险加固提供可靠数据支持。

(3)随着电子信息化的高速发展,物探技术应用于勘察工作中,大大提升了勘察质量和速度。在水库勘察工作的诸阶段,充分利用先进的物探仪器,来找出不良地质体与均质条件下的物理场相比较,达到解决地质问题的目的。结合地质勘探手段,合理应用高密度映像法,可以提高物探成果的解译精度,缩短工期并取得较好的经济效益,满足工程质量需要。

本文的研究方法和成果为类似工程积累了成功经验,同时也可为其他工程提供借鉴和参考。

参 考 文 献

[1] 游敬密,雷宛,蒋富鹏,等. 高密度电法在地下岩溶勘察中的应用[J]. 西部探矿工程,2013,25(11): 168-170.

[2] 高阳,张庆松,原小帅,等.地质雷达在岩溶隧道超前预报中的应用[J]. 山东大学学报:工学版,2009, 39(4):82-85.

[3] 黄绍逵,欧阳玉飞.高密度电法在岩溶勘察中的应用[J]. 工程地球物理学报,2009(06): 720-723.

[4] 蔡晶晶,阎长虹,邵勇,等.高密度电法在地铁岩溶勘察中的应用[J]. 工程地质学报,2011,19(6): 935-940.

[5] 李树琼,蒋丛林,马志斌.高密度电法在岩溶地区勘查中的应用[J]. 矿物学报,2013(04):540-544.

[6] 蒋富鹏,肖宏跃,刘垒,等.高密度电法在工程岩溶勘探中的应用[J]. 工程地球物理学报,2013,10(3): 389-393.

[7] 刘强,张可能,彭环云,等. 高速公路岩溶路基注浆效果综合评价[J]. 沈阳工业大学学报,2014,36(5): 591-595.

[8] 梁龙,潘永坚,王武刚,等. 西堠门大桥北塔位岩体深部裂隙发育特征的综合勘察技术[J]. 中国工程科学,2010,12(7):28-32.

[9] 林济南. 陆域高密度地震映象技术在岩溶勘察中的应用[J]. 西部探矿工程,2003,12(91):166-168.

[10] 刘云祯.工程物探新技术[M].北京:地质出版社,2006.

昆仑山地区高地温条件下花岗岩岩石力学性能试验研究

刘向飞　刘　扬　张学东　李松磊

中水北方勘测设计研究有限责任公司,天津　300222

摘　要:本文以西昆仑山区典型高地温工程区的片麻状花岗岩为试验研究对象,分别从岩石的峰值应力、弹性模量、泊松比及抗剪强度方面分析其在一定温度范围内的热力学变化规律和破坏特征,以期为该地区地下高地温洞室工程提供更加可靠地设计参数。

关键词:高地温　昆仑山区　片麻状花岗岩　弹性模量　泊松比

Experimental Study on Mechanical Properties of Granite Rock under High Ground Temperature in Kunlun Mountain Area

LIU Xiangfei　LIU Yang　ZHANG Xuedong　LI Songlei

China Water Resources Beifang Investigation Design & Research Co. ,Ltd. ,Tianjin 300222,China

Abstract:In this paper, the gneissic granite in the typical high temperature field engineering area in the western Kunlun Mountains is studied. The thermodynamic changes in the range of the peak stress, elastic modulus,Poisson's ratio and shear strength of the rock are analyzed. Regular and destructive features in order to provide more reliable design parameters for underground high temperature chamber projects in the area.

Key words: high ground temperature; Kunlun Mountains; gneissic granite; elastic modulus; Poisson's ratio

0　引言

目前,高地温环境下的深埋隧道岩石力学问题,已成为岩石力学的热点之一[1]。在能源、地质、土木等众多工程领域中,大深度地下空间开发利用等工程中的围岩岩体均可能经历一定的高地温[2],其相关力学参数是岩石地下工程开挖、支护设计、围岩稳定性分析不可或缺的基本依据,而岩体在超出常温的环境下,所表现出来的变形特征和力学行为与常温时有着明显的区别,这就需要考虑岩石在高温环境下的物理力学性质变化。

温度对岩石的作用效应概括为两个方面:一是温度对基本力学参数的作用影响;二是温度作用引起的破坏形式改变[1]。在深部条件下,许多坚硬的岩石往往会出现大的位移和变形,并且还具有明显的流变特征,温度在其中有着重要的作用。传统的思想认为,温度的升高使得硬岩发生软化,从而降低岩石的脆性破坏。陈国庆、李天斌等[3]通过现场试验和实时高温下冲击倾向性试验结果表明,隧道在一定的温度范围内,增温会使得硬岩脆性破坏程度增强。

本文开展了不同温度、围压下的片麻状花岗岩三轴岩石力学试验,通过对峰值应力、弹

作者简介:

刘向飞,1986 年生,男,工程师,主要从事水利水电、岩土工程勘察方面的研究。E-mail:gdfyhao@163.com。

性模量、泊松比及抗剪强度与温度、围压对应关系分析，找出相应的热力学变化规律和破坏特征，以期为该地区地下高地温洞室工程提供更加可靠地设计参数。

1 片麻状花岗岩基本物理力学性质

昆仑山区西部某水电站引水隧洞工程洞室部位围岩岩性为片麻状花岗岩，结合物探测试和原位变形试验成果，并对比邻近工程相同地层同类花岗岩岩石试验成果判定隧洞围岩以坚硬岩为主，新鲜的片麻状花岗岩干、湿抗压强度均大于 100 MPa。

该工程引水隧洞进口附近探硐 QPD1 揭露隧洞穿越的主要地层为元古界（Ptkgn）片麻状花岗岩，根据地震波测试成果，地震纵波速度平均值 3460～3570 m/s，完整性系数平均值 0.42～0.44，动弹性模量平均值 25.2～26.9 GPa。

根据在探硐 QPD1 中进行的岩体原位中心孔法变形试验成果，在试验压力为 4.5 MPa 时，微风化～新鲜片麻状花岗岩岩体水平方向变形模量平均值为 19.52～21.20 GPa，弹性模量平均值为 37.65～38.11 GPa；垂直方向变形模量平均值为 8.70～11.27 GPa，弹性模量平均值为 15.17～22.54 GPa。

2 温度作用下片麻状花岗岩岩石力学特性研究

通过三轴试验，研究片麻状花岗岩在温度为 30～70 ℃、围压分别为 5～20 MPa 和 10～30 MPa 条件下的强度和变形特性。

2.1 试验内容和方法

试验仪器使用 TOP INDUSTRIE 自适应全自动岩石三轴实验机。岩石为干燥微新岩体试样，温度划分为 30 ℃、40 ℃、50 ℃、60 ℃ 和 70 ℃ 五级。围压设定为 5 MPa、10 MPa、15 MPa 和 20 MPa 四级。研究温度分别在 30 ℃、40 ℃、50 ℃、60 ℃ 和 70 ℃ 条件下、围压在 10 MPa、15 MPa、20 MPa 和 30 MPa 作用下岩石的力学性质。试验方案设计见表 1。

表 1　岩石温度三轴试验设计方案

温度（℃）	围压（MPa）				试样个数
	10	15	20	30	
30	3	3	3	3	12
40	3	3	3	3	12
50	3	3	3	3	12
60	3	3	3	3	12
70	3	3	3	3	12
合计	15	15	15	15	60

试验主要分为两个阶段，第一阶段为试样加热和恒温过程，装样完毕后，将试样放入压力室进行加热，至预定温度后，恒温 6 h（确保试样受热均匀）；第二阶段为加载过程，加载过程采用等速率加载，围压加载速率 1.5 MPa/min，当围压加载至预定值后，维持围压不变，

进行轴向加载,直至试件屈服破坏,轴向荷载的施加速率 1.0 MPa/min(确保采集峰值强度)。操作过程中可采集到偏压($\sigma_1 - \sigma_3$)、围压 σ_2、轴向应变 ε_1、径向应变 ε_2、温度 T、时间 t 等数据,数据每 5 秒记录一次。

2.2 考虑温度效应的片麻状花岗岩岩石热物理参数分析

根据对试验成果分析,引水隧洞段片麻状花岗岩考虑温度影响下的三轴抗压强度范围值 122.22~282.96 MPa,平均值 208.55 MPa。平均弹性模量范围值 31.61~37.97 GPa,平均值 34.93 GPa。泊松比范围值 0.212~0.286,平均值 0.256。与常温条件下相比,片麻状花岗岩的抗压强度随温度升高而减小,弹性模量随温度的升高而降低。但是在研究温度范围内,变化幅度都不大。

2.3 考虑温度效应的片麻状花岗岩岩石应力-应变关系分析

图 1(a)、(b)、(c)、(d)分别列出了片麻状花岗岩试样在围压为 10 MPa、15 MPa、20 MPa、30 MPa 时不同温度作用下的应力-应变关系曲线,并给出了 30 ℃、50 ℃、70 ℃三个温度级别的关系对比曲线。

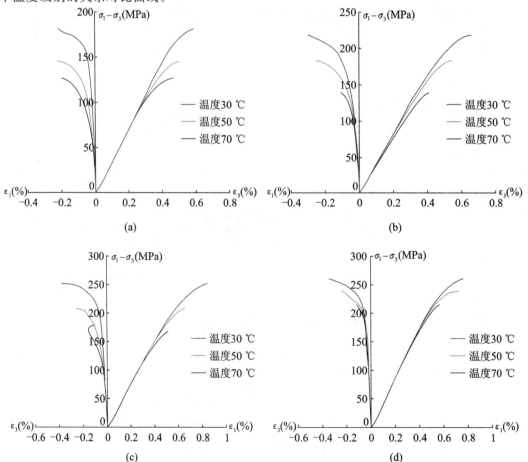

图 1 不同围压、不同温度下应力-应变关系对比曲线

(a)围压 $\sigma_3 = 10$ MPa;(b)围压 $\sigma_3 = 15$ MPa;(c)围压 $\sigma_3 = 20$ MPa;(d)围压 $\sigma_3 = 30$ MPa

从图 1 中可以看出：

①整体的应力-应变关系曲线形状几乎一致,都经历了微变形阶段、线弹性阶段、微裂纹演化阶段和裂纹非稳定扩展阶段,即总的变化趋势是相同的。

②随着温度的升高,片麻状花岗岩的抗压强度减小的同时,直线段的斜率有所降低,直观地说明了弹性模量也随温度的升高而降低。

③不同温度作用下,岩石试件的线弹性段占应力-应变曲线的比例不同。其中,以 30 ℃ 时的比例最大,随着温度的升高,线弹性段越来越短。

④应力-应变曲线在微变形阶段曲线斜率随应力增加而逐渐增大的现象并不十分明显,但在较小围压状态下曲线呈现出轻微的上凹。这主要是由施加的围压使岩石试样内部裂隙闭合所致。

⑤轴向应变随着温度的升高呈现减小的趋势。

2.4 片麻状花岗岩峰值应力分析

围压对岩石峰值应力的影响在于增加了裂纹抗变形的能力,特别是抑制次生拉裂纹的产生和扩展。片麻状花岗岩的强度受围压的影响明显,图 2 分别给出了不同温度条件下峰值应力 σ_1 与围压 σ_2、温度 T 之间的关系。

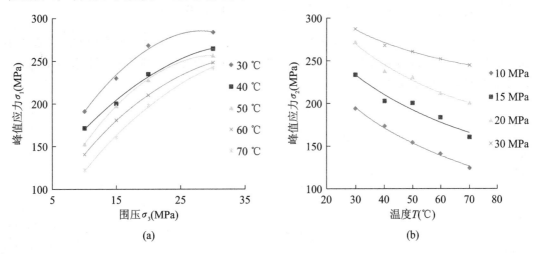

图 2　峰值应力与围压、温度关系曲线

(a)峰值应力-围压关系曲线;(b)峰值应力-温度关系曲线

从图 2(a)中可以看出,当温度为一恒定值时,作用在试件上的围压发生变化时,试件的峰值应力随着围压的升高呈非线性的增加。从图 2(b)中可以看出,峰值应力随着温度的升高而降低,围压为 10 MPa,温度从 30 ℃ 上升到 70 ℃,片麻状花岗岩的峰值应力分别下降了 10.43%、20.11%、26.71%、36.03%;而围压为 30 MPa 时,降幅分别为 6.78%、9.51%、12.46%、14.65%。

图 3 为片麻状花岗岩强度与温度和围压间的曲面关系,反映了在温度、围压共同作用下片麻状花岗岩的强度特性。可以看出,温度和围压对峰值应力的影响不是简单的叠加,而是呈现出复杂的关系。

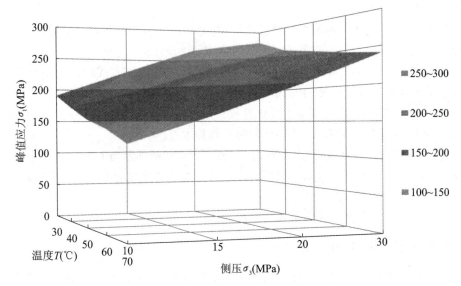

图 3　片麻状花岗岩峰值应力随温度、围压变化曲面

2.5　考虑温度效应的片麻状花岗岩岩石弹性模量分析

　　岩石材料的弹性模量是岩土工程设计中重要的性能参数，决定了岩石的刚度特性。本文中弹性模量的计算均采用平均模量法。根据试验成果绘制的弹性模量 E 随围压 σ_3、温度 T 变化的关系曲线如图 4 所示。

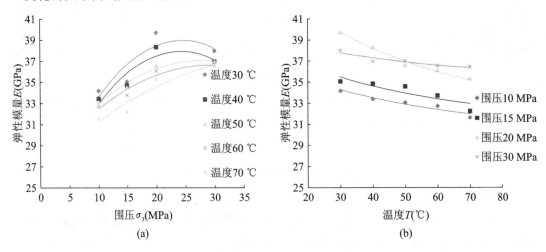

图 4　弹性模量与围压、温度关系曲线

(a)弹性模量-围压关系曲线；(b)弹性模量-温度关系曲线

　　从图 4(b)可以看出，当围压一定时，试件的平均模量随着温度的升高而降低，围压为 20 MPa 时尤为明显，从 30～70 ℃的五个温度梯度中，平均模量从 30 ℃的 39.72 GPa 分别下降了 1.41 GPa、3.11 GPa、3.61 GPa、4.45 GPa，降幅分别为 3.55%、7.83%、9.09%、11.20%。比较图 2(b)与图 4(b)，片麻状花岗岩的平均模量和峰值应力与温度间的关系具有某种程度上的相似性。分析其原因为温度在片麻状花岗岩内部产生热应力,造成一定的损伤,使其峰值应力降低的同时,弹性模量也相应减小。

2.6　考虑温度效应的片麻状花岗岩岩石泊松比分析

根据应力-应变曲线,计算试样在不同温度不同围压状态下的泊松比,并绘制泊松比 ν 随温度 T、围压 σ_3 变化的关系曲线如图5所示。从图5可以看出不同温度、围压下片麻状花岗岩的泊松比变化趋势与弹性模量相反,泊松比随围压增大而减小,随温度升高而增大。

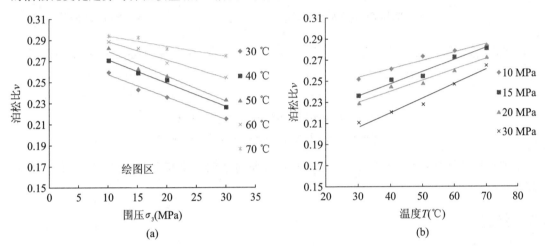

图5　泊松比与围压、温度关系曲线

(a)泊松比-围压关系曲线;(b)泊松比-温度关系曲线

2.7　考虑温度效应的片麻状花岗岩岩石抗剪强度分析

根据片麻状花岗岩岩石三轴试验成果,依据莫尔-库伦强度理论确定片麻状花岗岩在温度作用下的抗剪强度指标,不同温度下的抗剪强度参数见表2。

表2　片麻状花岗岩不同温度下的 c、φ 取值表

温度(℃)	c(MPa)	φ(°)
30	33.07	41.96
40	29.12	40.87
50	23.54	43.13
60	20.09	43.38
70	13.47	45.8

根据表2绘制黏聚力 c、内摩擦角 φ 与温度的关系曲线如图6所示。

从图6可以看出,片麻状花岗岩试件其内聚力随着温度的升高而呈现出明显的下降趋势,70 ℃时的黏聚力只是30 ℃时的40.73%,造成这种现象的原因可能是随着温度的上升,

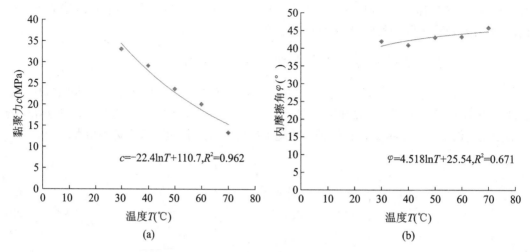

图 6　黏聚力、内摩擦角随温度变化曲线

(a)黏聚力-温度关系曲线；(b)内摩擦角-温度关系曲线

分子的热运动加强，导致分子间的作用力减弱。而内摩擦角略有上升，变幅不大，最大变幅为 9.15%。

3　结论

（1）经过对比分析发现，温度发生变化，片麻状花岗岩的破坏形态差异不大，均为一条贯通的剪切破裂面，除了主破裂面外，试样表面出现多条平行于主破裂面方向的裂纹。说明该地区片麻状花岗岩在温度 30～70 ℃、围压 10～30 MPa 的作用下，仍然以剪切破坏为主。片麻状花岗岩的变形形式、破坏机制尚未出现其他变化。

（2）温度的升高，片麻状花岗岩的抗压强度减小，弹性模量也随温度的升高而减小。

（3）三轴压缩时，当围压为一恒定值时，作用在岩石试件上的温度发生变化时，试件的峰值应力随着温度的升高而减小，规律变化明显，并且不是简单的线性关系，说明温度对峰值应力的影响比较复杂，温度致使岩样力学性能发生劣化。

（4）不同温压下片麻状花岗岩的泊松比变化趋势与弹性模量相反，泊松比随围压增大而减小，随温度升高而增大。

（5）在常规三轴压缩条件下，实时温度作用下片麻状花岗岩试件其黏聚力随着温度的升高而呈现出明显的下降趋势，而内摩擦角略有上升，变幅不大。

参 考 文 献

[1] 陈国庆,李天斌,何勇华,等.深埋硬岩隧道卸荷热-力效应及岩爆趋势分析[J].岩石力学与工程学报,2013,32(8):1554-1562.

[2] 杜守继,刘华,职洪涛,等.高温后花岗岩力学性能的试验研究[J].岩石力学与工程学报,2004,23(14):2359-2364.

[3] 陈国庆,李天斌,张岩等.花岗岩隧道脆性破坏的温度效应研究[J].岩土力学,2013,34(12):3513-3519.

温度-应力耦合作用下花岗片麻岩力学特性研究

李德群[1]　周建军[2]　苏红瑞[1]

1. 中水北方勘测设计研究有限责任公司,天津　300222;2. 三峡大学,湖北 宜昌　443002

摘　要:通过对花岗片麻岩在不同温度-围压下进行的三轴压缩试验,研究结果表明:①弹塑性变形特征明显,且弹性变形增长过程较长,以 30 ℃ 时占全应力-应变曲线的比例为最大;破坏应力随温度升高而降低,扩容现象随温度升高而明显。②弹性模量 E 具有随温度升高而减小的规律,以围压 20 MPa 时的最为显著;泊松比 υ 随围压增大而减小,随温度升高而增大,而且在高围压下对温度的敏感性更强。③峰值强度 σ_1 随温度升高逐渐减小;随着围压增加,峰值强度随温度升高而减小的程度减弱。④内聚力 c 随温度的升高而减小,70 ℃ 时的内聚力 c 为 30 ℃ 时的 40.73%;内摩擦角 φ 随温度升高而略有增大。⑤围压较低时,出现一条主剪切裂面并发生剪切滑移破坏;围压升高后,破坏形态从脆性向韧性转换,但仍以剪切破坏为主,弹脆性体的剪切破坏特征明显。

关键词:花岗片麻岩　温度-应力　三轴试验　变形特性　强度特性　破坏特征

Mechanical Properties Research of Granite Gneiss Under the Coupling Action of Temperature and Stress

LI Dequn[1]　ZHOU Jianjun[2]　SU Hongrui[1]

1. China Water Resources Beifang Investigation Design & Research Co. ,Ltd. ,Tianjin 300222,China;

2. China Three Gorges University,Yichang 443002,China

Abstract:Based on the triaxial compression tests of the granite gneiss under different temperature and confining pressure,the research results show that:① Elastic-plastic deformation characteristic is obvious, and the growth process of the elastic deformation is longer,and it is the largest that the proportion of the elastic-plastic deformation stress-strain curve in all stress-strain curve under 30 ℃. And the failure stress decreases and the volume dilatancy increases with temperature increasing. ②Elastic modulus(E) decreases with temperature increasing,and it is most pronounced under the confining pressure 20 MPa; Poisson's ratio (ν) decreases with confining pressure increasing,and it increases with temperature increasing. And this phenomenon is more sensitive to temperature under the high confining pressure. ③ Peak strength (σ_1) gradually decreased with the temperature increases,and the decreasing degree will be weaken with the increase of confining pressure. ④Cohesion (c) decreases with temperature increasing,and the cohesion under 70 ℃ is 40.73% of those under 30 ℃. Internal friction Angle (φ) has slightly increased with the temperature increasing. ⑤Under low confining pressure,sample destruction occur alone a principal shear fracture plane and it occurs shear-slip failure. With confining pressure increasing,the failure pattern from brittle to ductile transition,but it still is given priority to with shear failure. The shear-failure characteristics of elastic-brittle object are obvious.

Key words:granite gneiss; temperature-stress; triaxial test; deformation characteristics; strength characteristics;failure characteristics

作者简介:

李德群,1959 年生,男,教授级高级工程师,主要从事水利水电工程勘察方面的研究。E-mail:tjldq@163.com。

0 引言

在工程建设领域,岩体地下工程经常遇到高地温、高地应力等工程地质问题,与其相关的岩石力学特性演变规律,成为开挖、支护设计、围岩稳定性分析所关注的焦点。对此,众多学者进行了深入细致的研究,用以揭示不同温度、应力下岩体(石)的力学特性、变形机理、破坏准则等。如方华等[1]提出,压力是岩石极限强度和残余强度的主要影响因素。林睦曾[2]、康健[3]的研究成果认为,高地温产生的附加温度应力,不同程度地降低了岩体的力学性能。基于单轴压缩试验,许锡昌等[4,5,6]研究了花岗岩在高温下的力学特性及对变性参数的影响,并提出了受温度影响的临界值及破坏形式等。

对于地下工程而言,岩体处于三维应力状态,差异性的地质及赋存条件、不同温度-应力的耦合作用,对岩石的力学行为包括岩石的变形、破坏和失稳形式等产生显著的影响[7]。岩石在三轴应力条件下的高温试验,为解释三维状态下岩石的力学特性研究提供了条件,并取得了相应的研究成果[8,9]。

昆仑山某引水发电洞长 15.64 km。埋深在 $500\sim1000$ m 和大于 1000 m 的洞段,分别占洞长的 46.18% 和 21.23%;隧洞围岩为较完整的花岗片麻岩;最大初始地应力为水平应力,推测在最大埋深部位可达 40 MPa。勘察期间,洞线附近发现构造上升温泉,水温 62 ℃;洞段岩体的地温测量成果显示,地温梯度为 $2.0\sim11.0$ ℃/100 m。结合埋深和地质条件,推测洞段存在 60 ℃甚至更高地温,属于高地温地区。

本文以此为例,通过三轴压缩试验,对花岗片麻岩在温度-应力耦合作用下的强度特性、变形特性以及破坏特征进行分析研究,旨在为同类工程的勘察设计、施工运行提供借鉴。

1 岩石变形特征及变形参数特性

1.1 岩石变形特征

针对岩石的变形特性,进行了围压 $10\sim30$ MPa 和温度 $30\sim70$ ℃作用下的试验研究,其应力-应变关系曲线如图 1 所示(仅列示部分围压、温度峰值应力前的应力-应变关系曲线)。

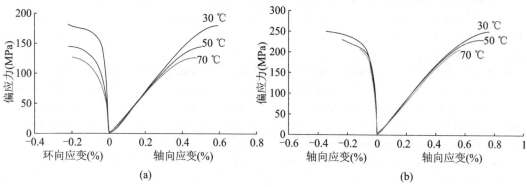

图 1 不同温度、围压下应力-应变曲线

(a) 围压 $\sigma_3 = 10$ MPa;(b) 围压 $\sigma_3 = 30$ MPa

从图 1 反映的岩石内部裂隙演变规律看,在实时温度作用下,岩石经历了微变形、线弹性变形、微裂纹演化和裂纹非稳定扩展阶段,与相关文献[8,10]按变形划分的阶段基本一致。

(1) 初始应力下,应力-应变曲线斜率随应力增加而逐渐增大的现象不甚明显,且在较小围压状态下呈轻微的下凹。主要原因是受初始围压下进行加温,并维持目标恒温 6 h 之后进行轴向加载的影响,而且花岗片麻岩坚硬致密,内部微裂隙不发育。在弹性变形阶段,应力-应变呈线性增长且过程较长。但在不同温度下,线弹性阶段占全应力-应变曲线的比例不尽相同,以 30 ℃时所占比例为最大。

(2) 随着岩石微裂纹的不断演化,微裂纹随机加密并且在尖端部位发生应力集中,个别受力单元发生脆断或发生塑性变形。与弹性变形相比,轴向应变曲线经历短暂而微弱的塑性变形后发生破坏变形。

(3) 在不同温度、围压下,破坏应力随温度升高而减小,破坏过程中的扩容现象随温度升高而明显。这表明裂纹的非稳定扩展在岩石内部形成了宏观裂纹带,应变速率增大,峰值后迅速衰减,表现为弹塑性变形特征。

1.2 岩石变形参数特性

1.2.1 岩石弹性模量

岩石的弹性模量是衡量岩石抗变形能力大小的量度,反映了岩石微观结构、晶体结构等相互间的结合强度。已有研究成果显示[11],同一种岩样在不同加压方式如三轴、单轴、循环作用下,应力-应变曲线的直线段斜率几乎相同,因而能够比较准确地反映岩石的变形特征。图 2 所示为不同温度、围压与弹性模量关系曲线。

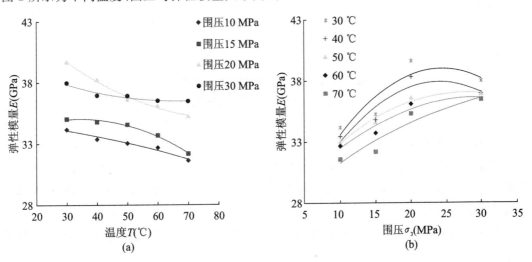

图 2　不同温度、围压与弹性模量关系曲线

(a) 温度-弹性模量关系;(b) 围压-弹性模量关系

图 2(a)反映了弹性模量随温度升高而减小的一般规律,其中在围压 20 MPa 时弹性模

量随温度升高而减小的特性最为显著。在 $30\sim70$ ℃的 5 个升温梯度中,弹性模量依次减小,减幅分别为 3.55%、7.83%、9.09%、11.20%。这说明,在升温过程中岩石内部产生的热应力不断聚集,导致峰值应力减小的同时,也导致弹性模量减小。

从图 2(b)分析,温度恒定时,在围压 $10\sim20$ MPa 的加压过程中,弹性模量随围压的增加而增大;围压进一步增大后,恒温下的弹性模量增幅逐渐衰减,甚至在 30 ℃、40 ℃的曲线中,弹性模量峰值出现在围压 20 MPa 处。这应是岩石内部结构的变化差异所致。

通过对不同温度、围压下弹性模量的试验数值进行回归拟合发现,抛物线可以很好地反映彼此间的关系,其表达式为:

$$E=0.0001T^2-0.104T+40.04, R^2\geqslant0.923;$$
$$E=-0.014\sigma_3{}^2+0.799\sigma_3+25.87, R^2\geqslant0.857。$$

1.2.2 岩石泊松比

泊松比与温度、围压的关系如图 3 所示。

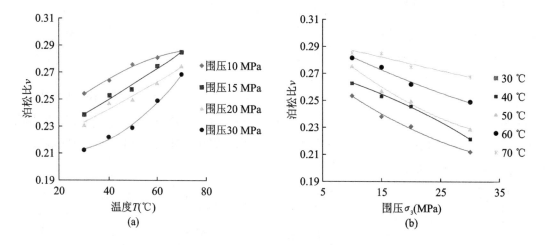

图 3 不同温度、围压与泊松比关系曲线

(a) 温度-泊松比关系;(b) 围压-泊松比关系

从图 3 可以看出,不同温度、围压下岩石的泊松比随温度升高而增大,随围压增大而减小。当温度从 30 ℃升高到 70 ℃时,泊松比在围压 10 MPa、30 MPa 下分别呈现上凸和下凸的曲线型增长,且以围压 30 MPa 时的曲线最为显著[图 3(a)],说明高围压下泊松比对温度的敏感性更强。

对试验数值进行回归拟合,在抛物线相关性较好的情况下,泊松比与温度、围压的相关关系表达式为:

$$\upsilon=7.8E-0.6T^2+0.0002T+0.211, R^2\geqslant0.976;$$
$$\upsilon=9.8E-0.6\sigma_3^2-0.002\sigma_3+0.296, R^2\geqslant0.934。$$

2　岩石强度特性

2.1　岩石峰值强度

研究结果表明,温度-应力耦合作用对花岗片麻岩强度的影响作用显著。

(1)恒定围压时,岩石对温度变化的响应灵敏,峰值应力随温度的升高而降低,见图 4(a)。其中,岩石在围压 10 MPa 情况下从 30 ℃上升到 70 ℃时,峰值应力下降 36.03％,而围压 30 MPa 的曲线上峰值应力仅减小了 14.65％。反映出在低围压下,温度对峰值强度的影响更大,围压越高,温度对强度的影响越小。

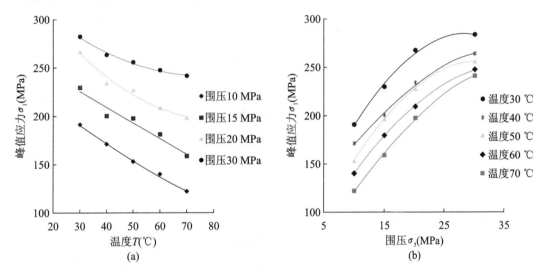

图 4　不同温度、围压与峰值应力关系曲线

(a)温度-峰值应力关系曲线;(b)围压-峰值应力关系曲线

试验研究还发现,围压尤其是侧向围压的增加,增强了裂纹抗变形的能力,特别是抑制了次生拉裂纹的产生和扩展,甚至形成负损伤,因而一般表现为随着围压的增大,峰值强度随恒定温度升高而增大的规律。但当围压超过 20 MPa 时,增幅有减缓趋势[图 4(b)]。

采用线性、抛物线、对数关系对试验数值进行拟合后发现,抛物线拟合峰值应力与温度、围压关系的相关性较高,其表达式为:

$\sigma_1 = -0.014T^2 + 2.858T + 326.3, R^2 \geqslant 0.994$;

$\sigma_1 = -0.181\sigma_3^2 + 12.58\sigma_3 + 40.33, R^2 \geqslant 0.993$。

(2)温度对峰值强度的影响机理较为复杂。从岩石学角度分析,花岗片麻岩含有多种矿物成分,这是混合岩化作用的结果。各自不同的热膨胀系数、各向异性颗粒的不同结晶方位等,造成热弹性性质的不同和热膨胀的差异。同时,应力最大值往往集中在矿物颗粒的边界处,当应力达到或超过岩石的强度极限,矿物颗粒之间的联结断裂并产生微裂纹;随着温度的升高,这些裂纹形成网络而导致岩石发生破坏变形。

因此,温度、围压对峰值强度的影响不是简单的叠加,而是有着复杂的内在联系,如图 5 所示,综合反映了在温度-应力耦合作用下花岗片麻岩岩的强度特性。

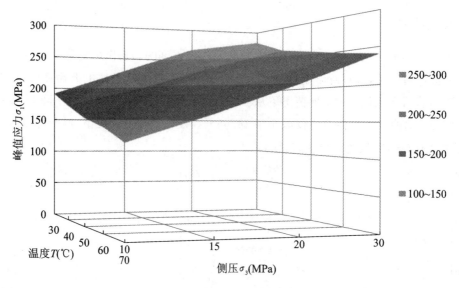

图 5　峰值应力与温度、围压关系分布

2.2　岩石抗剪强度

花岗片麻岩抗剪强度参数与温度关系曲线如图 6 所示。

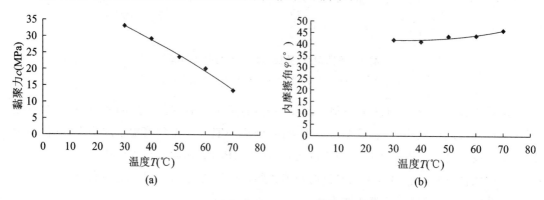

图 6 抗剪强度参数与温度关系曲线

(a) 温度-黏聚力关系;(b) 温度-内摩擦角关系

图 6 显示,在实时温度作用下,内聚力随温度的升高呈现出明显的下降趋势,70 ℃时的内聚力只相当于 30 ℃时的 40.73%,说明温度对内聚力的影响较大;而在相同温度变化范围内,内摩擦角随温度升高而略有上升,最大变幅为 9.15%,相关性不甚明显。

形成这种现象的原因,是温度的升高加剧了岩石内部分子的热运动,使得矿物颗粒膨胀并引发两种结果:一是矿物分子间的距离增大,导致了内聚力的减小;二是矿物颗粒之间的接触面积增大,增大了表面摩擦力,而且不同矿物热膨胀系数的差异引发不规则变形,矿物颗粒相互之间的摩擦、咬合作用得到加强,提高了摩擦能力。

经过抛物线数值拟合,花岗片麻岩的内聚力、内摩擦角与温度的关系式分别为:

$c=-0.002T^2-0.253T+42.69, R^2 \geqslant 0.994$;

$\varphi=0.003T^2-0.256T+46.16, R^2 \geqslant 0.894$。

3 岩石变形破坏特征

从试验过程观察发现:

(1)较低围压时,在张拉和剪切共同作用下,岩石出现一主剪切破裂面并发生剪切滑移破坏,过程短暂并伴有清脆响声。破裂面与最大主应力成30°左右夹角,并有随围压增加,夹角逐渐增大的趋势。

围压达到一定的程度(如30 MPa)后,岩石破裂以剪切为破坏主,破坏形态也从脆性向韧性转换,但破坏过程变慢,表现出一定的应变软化特性,裂纹的扩展范围随应力增大而变大,局部产生多条衍生裂纹,部分岩石试件表面形成X形共轭剪切面。

(2)对比观察发现,温度变化对岩石破坏形态的影响不大,岩石均出现一条贯通的剪切破裂面,内摩擦角也无明显变化。不同的是,随着温度的升高,岩石表面除了形成主破裂面外,还出现多条平行于主破裂面方向的裂纹。表明在温度70 ℃、围压30 MPa情况下,花岗片麻岩仍然以剪切破坏为主,与常温下的破坏形式类似[12],但其弹脆性体的剪切破坏特征更加明显(图7)。

(a)　　　　　　　　(b)

图7 温度70 ℃、围压30 MPa情况下岩石破坏形态

4 结论

(1)围压30 MPa以下范围内,花岗片麻岩在30 ℃时的线弹性变形过程较长,温度继续升高后变短。破坏应力随温度升高而降低,应力达到峰值后岩石迅速破坏,表现为弹塑性变形特征。

（2）弹性模量具有随温度升高而降低的一般规律，以围压 20 MPa 时不同温度下的降幅最为显著。与其相反，泊松比随温度升高而增大，随围压增大而减小；而且高围压下泊松比对温度的敏感性更强。

（3）温度-应力耦合作用下，峰值应力随温度的升高而降低。比较而言，低围压下温度对峰值强度的影响更大，围压越高，温度对强度的影响越小。内聚力随温度的升高有明显的下降，70 ℃时的内聚力只相当于 30 ℃时的 40.73%；而内摩擦角随温度升高略有增大。

（4）在较高温度（70 ℃）、围压（30 MPa）的情况下，花岗片麻岩仍以剪切破坏为主。随着温度的升高，岩石除形成一主破裂面外，还出现多条平行于主破裂面方向的裂纹，表现为弹塑性变形—累进式破裂—脆性破坏的特征。

（5）在相关性较高情况下，可采用抛物线函数对力学特性进行数值回归拟合。

参 考 文 献

［1］方华，伍向阳.温压条件下岩石破坏前后的力学性质与波速［J］.地球物理学进展，1999，14（3）：73-78.

［2］林睦曾.岩石热物理学及其工程应用［M］.重庆：重庆大学出版社，1991.

［3］康健.岩石热破裂的研究及应用［M］.大连：大连理工大学出版社，2008.

［4］许锡昌，刘声泉.高温下花岗岩基本力学性质研究［J］.岩土工程学报，2000，22（3）：332-335.

［5］杜守继，刘华，职洪涛，等.高温后花岗岩力学性能的试验研究［J］.岩石力学与工程学报，2004，23（14）：2359-2364.

［6］朱合华，闫治国，邓涛，等.3 种岩石高温后力学性质的试验研究［J］.岩石力学与工程学报，2006，25（10）：1945-1950.

［7］张玉军.模拟热-水-应力耦合作用的三维节理单元及其数值分析［J］.岩土工程学报，2009（8）：1213-1218.

［8］万志军，赵阳升，董付科，等.高温及三轴应力下花岗岩体力学特性的实验研究［J］.岩石力学与工程学报，2008，27（1）：72-77.

［9］杨昊天，徐进，王璐，等.花岗岩力学特性温度效应的试验研究［J］.地下空间与工程学报，2013，9（1）：96-101.

［10］徐小丽，高峰，高亚楠，等.高温后花岗岩力学性质变化及结构效应研究［J］.中国矿业大学学报，2008，37（3）：402-406.

［11］尤明庆.岩石试样的杨氏模量与围压的关系［J］.岩石力学与工程学报，2003，22（1）：53-60.

［12］李世平.岩石力学简明教程［M］.徐州：中国矿业学院出版社，1986.

Hoek-Brown 准则在软岩～中硬岩坝基岩体力学指标参数选取中的应用

——以陕西省延安市龙安水利枢纽工程为例

李　鹏　蒋　锐　焦振华

陕西省水利电力勘测设计研究院，陕西 西安　710001

摘　要：本文通过基于 Hoek-Brown 准则的地质强度指标 GSI，结合岩体质量分类，对陕西省延安市龙安水利枢纽坝基岩体力学参数进行了分析研究。结果表明，经过修正后的 GSI 指标与岩体质量分类确定的岩体质量等级经验值基本吻合，GSI 可应用于砂泥岩互层地区岩体力学参数的确定。该方法可在原位试验资料不足的情况下，为砂泥岩层地区力学参数的选取提供一定的参考。

关键词：岩体力学参数　地质强度指标　岩体质量分类

Application of Hoek-Brown Criterion in Selection of Mechanical Parameters for Rock Mass of Soft Rock to Medium Hard Rock Dam Foundation in the Longan Reservoir Project

LI Peng　JIANG Rui　JIAO Zhenhua

Shanxi Province Institute of Water Resources and Electric Power Investigation and Design，Xi'an 710001，China

Abstract：In this paper，the mechanical parameters of the rock mass of the dam foundation of Longan reservoir project in Yanan were studied combined the Geological Strength Index（GSI）which based on the Hoek-Brown criterion and the empiric value based on the different quality classification of rock mass. The results showed that the revised GSI is basically consistent with the rock mass quality classification empiric value，and the GSI can be applied to determine the mechanical parameters of rock mass in sand-mudstone interbed area. The method can provide some reference for the selection of mechanical parameters in sand and mudstone area under the condition of insufficient data in situ test.

Key words：mechanical parameters of rock mass；Geological Strength Index（GSI）；rockmass quality classification

0　引言

延安市龙安水利枢纽工程位于延河中游段，坝基岩体为侏罗系中统延安组枣园段（J_2y^2）砂岩及泥页岩互层，泥质胶结，细粒结构，泥岩比例呈一定韵律变化，根据砂泥岩比例不同分为⑧-1 砂岩、⑧-2 砂岩夹薄层泥岩（砂岩为主的砂泥岩互层，下同）、⑧-3 泥岩夹薄层砂岩（泥岩为主的砂泥岩互层，下同）及⑧-4 泥岩，试验表明，各层岩体均属软岩～中硬岩；

作者简介：

李 鹏，1985 年生，男，工程师，主要从事水利水电工程地质方面的研究。E-mail：lppanda@sina. com。

各层岩体孔内电视测试性状见图 1。

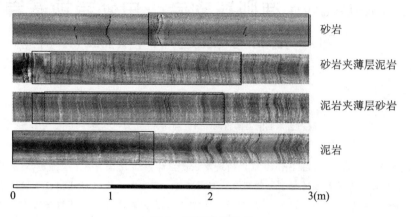

砂岩

砂岩夹薄层泥岩

泥岩夹薄层砂岩

泥岩

0   1   2   3(m)

图 1 坝基岩体性状

获取岩体力学参数最直接、最准确的方法是进行大型现场原位试验,然而由于该层岩体均位于河床以下 10～15 m,进行现场试验难度较大、周期长、费用高。在经验公式法、反分析法、工程类比法和数值计算法等[1]众多经验方法中,Hoek-Brown 经验强度准则及其广义强度准则[2-3]由于全面反映了岩体的结构特征对岩体强度的影响,越来越被工程界所接受,学者们在其基础上对岩体变形模量、抗剪强度的取值做了大量研究[4-8]。目前应用对象多为边坡、围岩及场地工程的硬质岩体,而软岩～中硬岩坝基岩体的研究相对较少。本文基于坝基岩体分类,采用 Hoek-Brown 强度准则及地质强度指标 GSI 对坝基岩体力学性质指标进行研究和探讨,以期寻求合适的力学参数确定方法,为工程设计提供地质参数支持。

1 工程区岩体质量分类

本义采取 BQ 法、RMR 法及水利水电工程坝基岩体工程地质分类法等三种方法对可能作为坝基的弱风化、微风化岩体进行质量分类。岩体基本特征见表 1。

表 1 坝基岩体基本特征

岩性	风化程度	饱和抗压强度 R_b（MPa）	波速 V_p（m/s）	完整系数 K_v	岩石质量指标 RQD(%)	结构面间距及方位	结构面状况	地下水条件
⑧-1 砂岩	弱风化	33.4	2450	0.61	46.5	＞2,不利	稍粗、微张	湿
	微风化	39.9	2960	0.84	65.6	＞2,不利		润
⑧-2 砂岩夹薄层泥岩	弱风化	34	2409	0.53	63	0.2～0.6,不利		湿
	微风化	40.9	3048	0.81	70.4	0.6～2,不利		润

续表 1

岩性	风化程度	饱和抗压强度 R_b（MPa）	波速 V_p（m/s）	完整系数 K_v	岩石质量指标 RQD（%）	结构面间距及方位	结构面状况	地下水条件
⑧-3 泥岩夹薄层砂岩	弱风化	18	2506	0.59	55.2	0.2～0.6,不利	稍粗、微张～闭合	湿
	微风化	30	3144	0.84	69.4	0.6～2,不利		润
⑧-4 泥岩	弱风化	12	—	0.55	—	0.2～0.6,不利		湿
	微风化	25	3460	0.92	86	0.6～2,不利		润

1.1 BQ 法分类

综合考虑岩体抗压强度、完整性、地下水、主要软弱结构面产状对工程的影响，以及初始应力状态对工程的影响等因素，采用 BQ 法对坝基岩体进行分级评判，见表 2[9]。

表 2 坝基岩体国标 BQ 分级

地层岩性	风化程度	BQ	岩体定性特征	基本质量级别
⑧-1 砂岩	弱风化	342.7	中硬岩,较完整	IV
	微风化	419.7	中硬岩,完整	III
⑧-2 砂岩夹泥岩	弱风化	324.5	中硬岩,完整性差	IV
	微风化	415.2	中硬岩,完整	III
⑧-3 泥岩夹砂岩	弱风化	291.5	较软岩,较完整	IV
	微风化	390	中硬岩,完整	III
⑧-4 泥岩	弱风化	263.5	软岩,完整性差	IV
	微风化	395	较软岩,完整	III

1.2 RMR 分类

根据岩石的单轴抗压强度、岩芯质量指标、结构面间距、结构面状态条件、结构面方位、地下水情况，采用岩体额定体系 RMR 法，对工程区岩体进行分类，见表 3[10]。

表 3 坝基岩体评分及 RMR 分类

地层岩性	风化程度	岩石强度 R_c（MPa）	岩体参数评分				岩体质量描述	RMR 评分	坝基岩体 RMR 分类
			岩石质量指标 RQD（%）	结构面间距	结构面状况	地下水			
⑧-1 砂岩	弱风化	4	8	5	20	7	较好	44	III下
	微风化	4	13	5	25	10	较好	57	III上

续表3

地层岩性	风化程度	岩石强度 R_c(MPa)	岩体参数评分				岩体质量描述	RMR评分	坝基岩体RMR分类
			岩石质量指标 RQD(%)	结构面间距	结构面状况	地下水			
⑧-2砂岩夹泥岩	弱风化	4	13	−5	20	7	较差	39	Ⅳ
	微风化	4	13	0	25	10	较好	52	Ⅲ上
⑧-3泥岩夹砂岩	弱风化	2	13	−5	20	7	较差	37	Ⅳ
	微风化	4	13	0	25	10	较好	51	Ⅲ上
⑧-4泥岩	弱风化	2	13	−5	20	7	较差	37	Ⅳ
	微风化	2	17	0	25	10	较好	54	Ⅲ上

1.3　坝基岩体分类

根据坝基岩体坚硬程度、风化程度、完整程度、结构面状态,对坝基岩体工程地质进行分类,见表4[11]。

表4　坝基岩体工程地质分类

地层岩性	风化	岩体特征	岩体工程性质评价	坝基岩体工程地质分类
⑧-1砂岩	弱	岩体呈次块~块状,结构面中等~轻度发育	岩体完整性差~较完整,中硬,坝基抗滑、抗变形性能明显受结构面控制	$B_{Ⅳ1}$
	微	岩体块状~整体结构,结构面轻度~不发育	岩体较完整,局部完整性差,抗滑、抗变形性能受结构面和岩石强度控制	$B_{Ⅲ2}$
⑧-2砂岩夹泥岩	弱	岩体呈次块~块状,结构面中等~轻度发育	岩体完整性差~较完整,中硬,坝基抗滑、抗变形性能明显受结构面控制	$B_{Ⅳ1}$
	微	岩体块状~整体结构,结构面轻度~不发育	岩体较完整,局部完整性差,抗滑、抗变形性能受结构面和岩石强度控制	$B_{Ⅲ2}$
⑧-3泥岩夹砂岩	弱	岩体呈次块~块状,结构面中等~轻度发育	岩体较完整,强度低,抗滑、抗变形性能较差,不宜作混凝土坝基,坝基存在该类岩体时需专门处理	$C_Ⅳ$
	微	岩体块状~整体结构,结构面轻度~不发育	岩体完整,中硬~坚硬,抗变形性能受岩体整体强度特性控制,不宜作混凝土坝基,坝基存在该类岩体时需专门处理	$C_Ⅲ$

续表 4

地层岩性	风化	岩体特征	岩体工程性质评价	坝基岩体 工程地质分类
⑧-4 泥岩	弱	岩体呈次块～块状,结构面中等～轻度发育	岩体较完整,强度低,抗滑、抗变形性能较差,不宜作混凝土坝基,坝基存在该类岩体时需专门处理	C_{IV}
	微	岩体块状～整体结构,结构面轻度～不发育	岩体完整,抗滑、抗变形性能受岩石强度控制,不宜作混凝土坝基,坝基存在该类岩体时需专门处理	C_{III}

2 Hoek-Brown 准则确定岩体力学参数

2.1 Hoek-Brown 强度准则原理

在大量岩块三轴试验资料和岩石现场实验成果分析统计的基础上,综合考虑岩体强度、结构、应力状态等多方面因素,提出了 Hoek-Brown 非线性经验破坏强度准则[2]:

$$\sigma_1 = \sigma_3 + \sqrt{m_b \sigma_c \sigma_3 + s \sigma_c^2} \tag{1}$$

式中　σ_1——岩体破坏时的最大主应力;

σ_3——岩体破坏时的最小主应力;

σ_c——组成完整岩块试件的单轴抗压强度(由于坝基全部位于水下,故本次研究取饱和单轴抗压强度);

m_b, s——岩体的材料参数,可表示为地质强度指标 GSI 的函数,其估算公式如下[8]:

$$\begin{cases} m_b = m_i e^{\frac{GSI-100}{28-14D}} \\ s = e^{\frac{GSI-100}{9-3D}} \end{cases} \tag{2}$$

其中,D 为节理岩体受破坏和应力松弛受扰动程度的参数[12]:

$$D = 1 - K_v \tag{3}$$

岩体单轴抗压强度:

$$\sigma_{cm} = \sqrt{s}\, \sigma_c \tag{4}$$

岩体单轴抗拉强度:

$$\sigma_{tm} = \frac{1}{2}\sigma_c (m_b - \sqrt{m_b^2 + 4s}) \tag{5}$$

修正后的变形模量:

$$E_m = \left(1 - \frac{D}{2}\right)\sqrt{\frac{\sigma_c}{100}} \cdot 10\left(\frac{GSI-10}{40}\right) \quad (\sigma_c \leqslant 100\ \text{MPa}) \tag{6}$$

2.2 确定抗剪强度参数的回归分析法

研究表明[3]，$\sigma_{\mathrm{m}} < \sigma_3 < \sigma_{3\max}$（最小主应力的最大值）时，Mohr-Coulomb 强度曲线与 Hoek-Brown 曲线非常吻合，拟合为：

$$\sigma_1 = k\sigma_3 + b \tag{7}$$

根据 Mohr-Coulomb 强度准则应力圆和曲线的关系，可得以最大主应力和最小主应力来表示 Mohr-Coulomb 强度准则的公式：

$$\sin\varphi_{\mathrm{m}} = \frac{\sigma_1 - \sigma_3}{\sigma_1 + \sigma_3 + 2c_{\mathrm{m}}\tan\varphi_{\mathrm{m}}} \tag{8}$$

即：

$$\sigma_1 = \frac{2c_{\mathrm{m}}\cos\varphi_{\mathrm{m}}}{1 - \sin\varphi_{\mathrm{m}}} + \sigma_3 \frac{1 + \sin\varphi_{\mathrm{m}}}{1 - \sin\varphi_{\mathrm{m}}} \tag{9}$$

对比得：

$$\begin{cases} k = \dfrac{1 + \sin\varphi}{1 - \sin\varphi} \\ b = \dfrac{2c\cos\varphi}{1 - \sin\varphi} \end{cases} \tag{10}$$

2.3 计算参数的获取

根据 E. Hoek 提出的 GSI 方法体系，岩体描述见图 2[13]，使用近年来常用的 RMR 法[7]。本工程 GSI 取值：弱风化为 32～39，微风化为 49～52。由图 2 结合本工程岩体具体特征，明显对应分值与结构面形态不符，整体偏低，主要原因是岩体饱和单轴抗压强度值过低而导致 RMR 法值偏低。因此，RMR 量化 GSI 指数并不适用于软～中硬岩石；而基于体积节理数的结构面等级参数量化取值更适用于平硐揭示或边坡开挖已经揭示便于统计结构面的情况。本工程坝基特征如前述主要位于水下，平硐、开挖揭示难度均相对较大，因此本工程 GSI 的取值主要是在风化特征、岩体结构面特征的基础上对应进行适当上调后所得。

Paul Marinos 及 Evert Hoek 认为 m_{i} 值的取值主要与岩石质地有关，中砂岩 m_{i} 取值为 17±4；粉砂岩取值为 7±2；黏土岩取值为 4±2；页岩取值为 6±2；同时，砂泥岩互层结构应予以折减[13]。本次砂泥岩互层按照砂岩、泥岩比例不同分别折减 40%～60%。根据岩性情况，确定 m_{i} 及 GSI 值，结合岩块强度、岩体完整系数，计算相应的 Hoek-Brown 计算参数［式（3）］，见表 5。

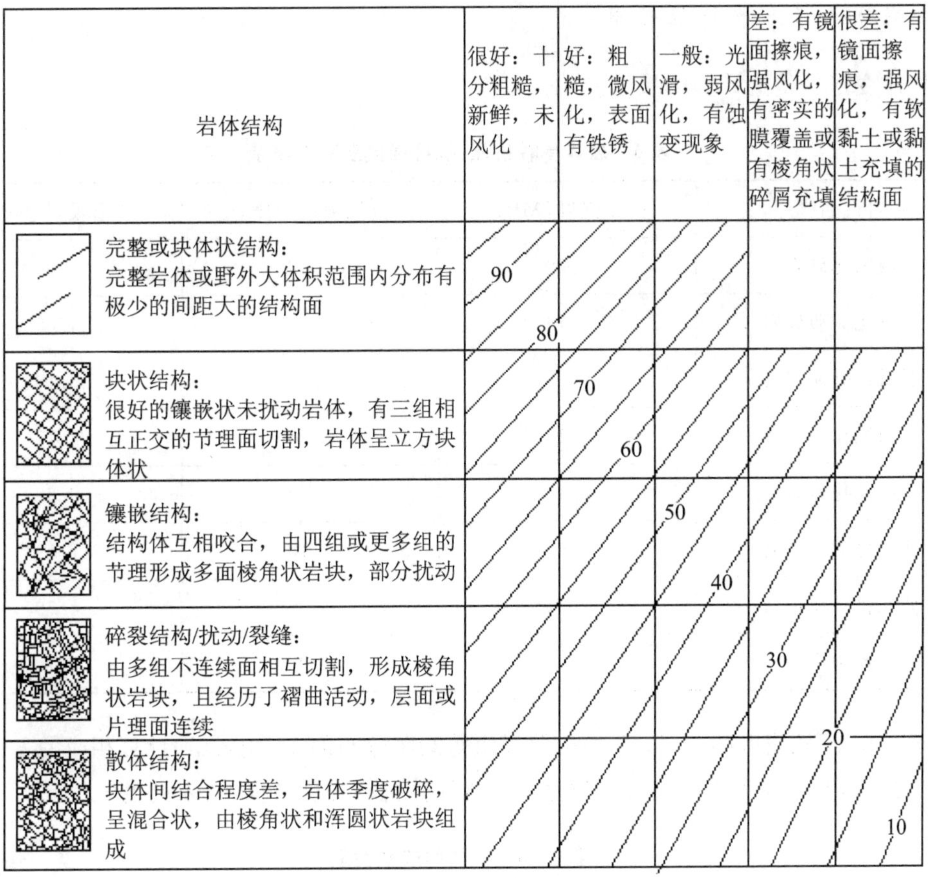

岩体结构	很好：十分粗糙，新鲜，未风化	好：粗糙，微风化，表面有铁锈	一般：光滑，弱风化，有蚀变现象	差：有镜面擦痕，强风化，有密实的膜覆盖或有棱角状的碎屑充填	很差：有镜面擦痕，强风化，有软黏土或黏土充填的结构面
完整或块体状结构：完整岩体或野外大体积范围内分布有极少的间距大的结构面	90 80				
块状结构：很好的镶嵌状未扰动岩体，有三组相互正交的节理面切割，岩体呈立方块体状		70 60			
镶嵌结构：结构体互相咬合，由四组或更多组的节理形成多面棱角状岩块，部分扰动			50 40		
碎裂结构/扰动/裂缝：由多组不连续面相互切割，形成棱角状岩块，且经历了褶曲活动，层面或片理面连续				30 20	
散体结构：块体间结合程度差，岩体季度破碎，呈混合状，由棱角状和浑圆状岩块组成					10

图 2　岩体强度指标（GSI）

表 5　Hoek-Brown 计算参数

岩性名称	饱和单轴抗压强度 R_b（MPa）	完整性指数 K_v	m_i	GSI	D	m_b	s
弱风化砂岩	33.4	0.61	15	45	0.39	1.307274	0.00089
弱风化泥质砂岩	34	0.53	10	42	0.47	0.666867	0.00048
弱风化砂质泥岩	18	0.59	6	40	0.41	0.405085	0.000443
弱风化泥岩	12	0.6	4	35	0.4	0.2197	0.00024
微风化砂岩	39.9	0.84	20	65	0.16	5.139915	0.016441
微风化泥质砂岩	40.9	0.88	12	55	0.12	2.170983	0.005471
微风化砂质泥岩	30	0.84	8	45	0.16	0.945869	0.001572
微风化泥岩	25	0.95	5	43	0.05	0.619728	0.001595

2.4　岩体力学参数计算结果

岩体变形模量的计算结果见表 6。

表 6　岩体单轴抗压、抗拉强度及变形模量

岩性名称	抗压强度（MPa）	抗拉强度（MPa）	变形模量（GPa）
弱风化砂岩	1.00	0.02	5.06
弱风化泥质砂岩	0.74	0.02	4.66
弱风化砂质泥岩	0.38	0.02	3.18
弱风化泥岩	0.19	0.01	2.17
微风化砂岩	5.12	0.13	8.69
微风化泥质砂岩	3.03	0.10	7.19
微风化砂质泥岩	1.19	0.05	4.79
微风化泥岩	1.00	0.06	4.13

通过在 σ_3 取值区间 $(0, 0.25\sigma_c)$ 内取 8 组等间距分布的 σ_3，用式（1）计算相应的 σ_1 值，进行回归分析，参数如表 7 所列，按照相关公式，计算抗剪强度指标，结果见表 8。

表 7　σ_3-σ_1 回归关系参数

岩体名称	风化	回归参数	
		k	b
⑧-1 砂岩	弱风化	2.008	7.609
⑧-2 砂岩夹薄层泥岩		1.720	5.542
⑧-3 泥岩夹薄层砂岩		1.559	2.319
⑧-4 泥岩		1.411	1.138
⑧-1 砂岩	微风化	2.959	19.33
⑧-2 砂岩夹薄层泥岩		2.279	12.69
⑧-3 泥岩夹薄层砂岩		1.849	6.013
⑧-4 泥岩		1.683	4.150

表 8　Hoek-Brown 准则计算岩体抗剪强度的结果

岩体名称	风化	抗剪强度 c(MPa)	$\varphi(°)(f)$
⑧-1 砂岩	弱风化	2.68	19.6(0.36)
⑧-2 砂岩夹薄层泥岩		2.11	15.3(0.27)
⑧-3 泥岩夹薄层砂岩		0.92	12.6(0.22)
⑧-4 泥岩		0.48	9.8(0.17)
⑧-1 砂岩	微风化	4.98	29.7(0.57)
⑧-2 砂岩夹薄层泥岩		4.20	23.0(0.42)
⑧-3 泥岩夹薄层砂岩		2.21	17.3(0.31)
⑧-4 泥岩		1.60	14.7(0.26)

3　计算结果分析

BQ 法、RMR 法及水利水电工程坝基岩体工程地质分类法对岩体力学性质均有建议值范围,对应本工程分类岩体力学参数见表 9。由表 9 可知,Hoek-Brown 准则计算力学参数在数值上对不同岩体区分度较好,其中变形模量弱风化带岩体为 3.18～5.06 GPa,微风化带岩体为 4.13～8.69 GPa,与 BQ 法、坝基岩体工程地质分类法确定的范围基本相当,弱风化带建议进行进一步折减,微风化带基本可不折减。Hoek-Brown 准则计算抗剪强度值,弱风化带岩体 $c=0.48～2.68$ MPa,$\varphi=9.8°～19.6°$(对应 $f=0.17～0.36$);微风化带岩体为 $c=1.60～4.98$ MPa,$\varphi=14.7°～29.7°$(对应 $f=0.26～0.57$)。c 值普遍偏大,建议进行折减,φ 值较 RMR 法确定的值略小,而基本与折减后坝基岩体工程地质分类法确定的参数相当,表明该方法适用于水利工程抗剪强度的确定。

表 9　各分类方法岩体力学参数建议值

分类方法	岩体类(级)别	抗剪断峰值强度		抗剪强度		变形模量 E(GPa)	泊松比 ν
		内摩擦角 $\varphi(°)$	黏聚力 c(MPa)	内摩擦角 $\varphi(°)$	黏聚力 c(MPa)		
BQ 法	Ⅳ	27～39	0.5～0.7			1.3～6	0.3～0.35
	Ⅲ	39～50	0.7～1.5			6～20	0.2～0.3
RMR 法	Ⅳ			25～35	0.1～0.2		
	Ⅲ			35～45	0.2～0.3		
坝基岩体工程地质分类 *	$B_{Ⅳ1}(C_{Ⅳ})$	0.55～0.80	0.30～0.70	0.45～0.60	—	2～5	
	$B_{Ⅲ2}(C_{Ⅲ})$	0.80～1.20	0.70～1.50	0.60～0.70	—	5～10	

注:坝基岩体工程地质分类法参数仅适用于硬质岩,软质岩应根据软化系数折减。

4　结论与建议

（1）进行软岩～中硬岩 GSI 参数量化不宜用 RMR 法，GIS 的取值主要是在风化特征，岩体结构面特征的基础上对应进行适当上调后所得；互层岩体 m_i 参数应根据砂泥岩所占比例不同分别予以折减。

（2）Hoek-Brown 准则计算力学参数在数值上对不同岩体区分度较好，其中变形模量弱风化带建议进行进一步折减，微风化带基本可不折减；计算抗剪强度值，c 值普遍偏大，建议进行折减，φ 值基本与折减后坝基岩体工程地质分类法确定的参数相当，表明该方法适用于水利工程抗剪强度的确定。

（3）建议进一步研究计算参数的量化取值方法以更接近岩体真实状态。

参 考 文 献

[1] 寇雪莲. 工程岩体力学参数研究现状评述[J]. 西部探矿工程，2008(9)：33-36.

[2] HOEK E，BROWN E T. Empirical strength criterion for rock masses [J]. Journal of the Geotechnical Engineering Division，1980，106(9)：1013-1035.

[3] HOEK E，CARRANZA-TORRES C，CORKUM B. Hoek-Brown failure criterion—2002 edition [C] // Proceedings of the 5th North American Rock Mechanics Symposium and 17th Tunneling Association of Canada Conference. Toronto：University of Toronto Press，2002：267-271.

[4] 卢书强，许模. 基于 GSI 系统的岩体变形模量取值及应用[J]. 岩石力学与工程学报，2009，28(增 1)：2736-2742.

[5] 朱玺玺，陈从新，夏开宗. 基于 Hoek-Brown 准则的岩体力学参数确定方法[J]. 长江科学院院报，2015(9)：111-117.

[6] 周念清，杨楠，汤亚琦，等. 基于 Hoek-Brown 准则确定核电工程场地岩体力学参数[J]. 吉林大学学报：地球科学版，2013(5)：1517-1522.

[7] 夏开宗，陈从新，周意超，等. 基于 Hoek 建议的非线性关系求取岩体抗剪强度的算法及工程应用[J]. 岩土力学，2014，35(6)：1743-1750.

[8] 夏开宗，陈从新，刘秀敏，等. 基于岩体波速的 Hoek-Brown 准则预测岩体力学参数方法及工程应用[J]. 岩石力学与工程学报，2013，32(7)：1458-1466.

[9] 中华人民共和国住房和城乡建设部. 工程岩体分级标准：GB/T 50218—2014[S]. 北京：中国计划出版社，2015.

[10] 彭土标，袁建新，王惠明. 水力发电工程地质手册[M]. 北京：中国水利水电出版社，2011.

[11] 中华人民共和国住房和城乡建设部. 水利水电工程地质勘察规范：GB 50487—2008[S]. 北京：中国计划出版社，2009.

[12] 闫长斌，徐国元. 对 Hoek-Brown 公式的改进及其工程应用[J]. 岩石力学与工程学报，2005，24(22)：4030-4035.

[13] MARINOS P，HOEK E. GSI：A geologically friendly tool for rock mass strength estimation [C] // Proceedings of the 2000 International Conference on Geotechnical and Geological Engineering. Melbourne，Australian，November 19-24，2000：1422-1442.

古贤水利枢纽坝址区岩体变形模量对比研究

高 平

黄河勘测规划设计有限公司,河南 郑州 450003

摘 要:古贤水利枢纽是黄河七座骨干型水利工程之一,位于黄河中游北干流碛口至禹门口河段。该工程挡水建筑物为混凝土重力坝,坝基岩体主要为长石砂岩和粉砂岩,其变形模量是大坝设计最重要的参数之一。本文介绍了钻孔弹模计法原理、方法和试验成果,以及不同钻孔岩性岩体变形模量统计值;通过与钻孔波速进行对比,分析二者之间的相关性。

关键词:水利工程 钻孔弹模计法 变形模量 波速

Comparison of Deformation Modulus of Dam Rock Mass at Guxian Hydraulic Project

GAO Ping

Yellow River Engineering Consulting Co. ,Ltd. ,Zhengzhou 450003,China

Abstract:Guxian hydraulic project is one of the seven backbone hydraulic engineering in the Yellow River,which is located in the north main stream of Yellow River middle reach between Qikou and Yumenkou. The water retaining structure of this project is concrete gravity dam,with the rock mass of dam foundation mainly composed of feldspar sandstone and siltstone. Deformation modulus of rock mass is an important parameter applying to the design of dam. In this paper,the principle,method and test results of boring elastic modulus method are introduced,and the statistical value of deformation modulus of different borehole rock mass is presented. Compared with the borehole velocity and deformation modulus,the paper analyzed the correlation between them.

Key words:hydraulic engineering;boring elastic modulus method;deformation modulus;wave velocity

0 引言

岩体变形模量是岩体工程设计最重要的参数之一,同时也是难以准确获得的参数之一[1-2]。这是因为岩体中不仅包含了完整的岩块,更重要的是,岩体中还发育着大量断层、节理等不连续面。

由于工程岩体的复杂性,水利水电工程岩体参数取值存在很多的困难,需要深入认识其中所存在的诸多影响因素,使水利水电工程岩石力学参数取值更具有科学性。但无论如何,室内和现场试验尤其是原位大型试验仍然是了解和确定岩体力学参数的基本途径[3-4]。

室内岩块力学性质试验受到尺寸、样品扰动、成样条件等因素的限制,难于全面反映岩体的结构特征及赋存条件,但因为难度小、成本低而被广泛采用,是认识岩石基本物理力学

作者简介:

高平,1987年生,男,工程师,主要从事水利水电工程地质勘察方面的研究。E-mail:691010824@qq.com。

性质的必要手段;原位岩石力学试验能客观反映岩体的力学状态,但试验难度大、周期长、费用高,往往受到试验数量限制[5]。为了解决这个问题,岩土工程界的专家和学者力图寻找新方法,其中钻孔弹模计试验就是一种高效、便捷、低成本并可以大规模、大范围开展的,进行认识、测试和评价岩体宏观力学参数的方法[6]。

本文结合古贤水利枢纽的工程地质条件,选择在坝址区河床部位采用钻孔弹模计法进行了 100 测点的变形试验,以此为基础分析了不同坝基岩体的变形特征及变形模量随孔深的变化规律,结合钻孔岩体的波速值,讨论了岩体的变形参数与波速之间的关系,以期为工程建设提供合理的设计参数。

1 工程地质条件

古贤水利枢纽工程区位于晋陕峡谷的南部,属相对隆起的山地高原区,其东侧为吕梁山,西侧为渭北山地。工作区内黄河自北向南流,为本地区最低侵蚀基准面,在壶口河槽由 300~500 m 突然收缩至 50~60 m,飞流直下 20 m 左右汇入龙槽,造就了槽中槽的独特地貌,成为黄河上的著名景观——壶口瀑布。坝段位于壶口上游 3.5~23.5 km 的河段内,水库回水至山西省吴堡县,河段全长约 202.6 km。

坝址位于壶口瀑布上游约 10.1 km 的古贤村附近。坝址河谷为"U"形谷,两岸谷坡稍不对称。坝址区地形陡峻,冲沟发育,切割深度一般在几十米至上百米不等,延伸长度为 0.5~2.5 km。较大支沟受坝址区最发育的一组近东西向节理控制,与黄河近于正交。

坝址区河谷底宽 460 m,河道常水位高程 465 m 左右。左岸高程 625~640 m 以上和右岸高程 640~665 m 以上为黄土覆盖,以下基岩裸露。右岸高程 625 m 以下平均坡度为 33°,左岸谷坡为陡缓相间的台阶状地形,高程 625 m 以下平均坡度为 28°。

2 坝址区地层岩性对比

坝址区出露基岩为中生界三叠系中统二马营组上段和铜川组下段,为一套陆相碎屑岩系,分布于整个坝址区的河谷及岸坡上,出露厚度 160~200 m,最大揭露厚度 350 m 左右,岩相变化较大。根据岩石的薄片鉴定结果,岩体主要为长石砂岩与泥质、钙质粉砂岩,局部夹粉砂质泥岩。不同岩石的薄片鉴定典型结果如图 1 所示。

粉砂岩主要为粉砂状结构,少量为砂状或细-粉砂状结构,杂基或颗粒支撑。粒径大小在 0.005~0.18 mm 之间,以 0.01~0.05 mm 为主,碎屑颗粒分选性中等或较差。碎屑主要由石英、长石、云母及灰岩、黏土岩岩屑组成。

长石砂岩具砂状结构,块状构造。碎屑主要由石英、斜长石、钾长石及岩屑组成;重矿物见不透明金属矿物、石榴子石,偶见锆石等。岩石整体分选性差,磨圆度差,成分程度及结构成熟度低,支撑类型为颗粒支撑,胶结类型为孔隙式-接触式。胶结物为钙质,杂基为黏土矿物、粉砂、少量白云母及绿泥石,局部发育有明显次生孔隙。

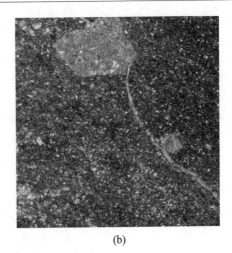

(a)   (b)

图 1   岩石薄片鉴定结果

(a)长石砂岩;(b)钙质粉砂岩

3   变形模量测试分析

3.1   测试方法与技术

为了获得坝址区岩体的变形模量,选择钻孔径向加压法,即钻孔弹模计法进行试验,加压采用钻孔千斤顶法,测点间隔一般为 1 m 左右,具体根据现场钻孔岩芯等情况确定。通过测试岩体在不同压力下的变形,计算岩体变形模量。测试分 7~10 级加压,加压方式为逐级一次循环法。测试方法和技术按规范[7]执行。岩体变形参数按下式计算:

$$E = K \cdot \frac{(1+\nu)pd}{\Delta d} \tag{1}$$

式中 E——变形模量或弹性模量(MPa),当以径向全变形 Δd_0 代入式中计算时为变形模量 E_0,当以径向弹性变形 Δd_e 代入式中计算时为弹性模量 E_e;

ν——泊松比;

P——计算压力,为试验压力与初始压力之差(MPa);

d——钻孔直径(mm);

Δd——钻孔岩体径向变形(mm);

K——包括三维效应系数以及与传感器灵敏度、承压板的接触角度和弯曲效应等有关的系数,根据率定确定。

3.2   测试结果

本次在古贤坝址区河床坝基部位选择 ZK254、ZK256、ZK257 进行试验,共 100 个测点,其中 ZK254 孔深 121.00 m,测试段 20.0~71.0 m,ZK256 孔深 102.20 m,测试段 7.0~24.0 m,ZK257 孔深 83.0 m,测试段 21.0~51.0 m。变形模量随孔深的变化趋势如图 2 所示。舍弃由岩体破碎等因素导致的变形模量异常值,不同钻孔岩性的测试统计结果见表 1。

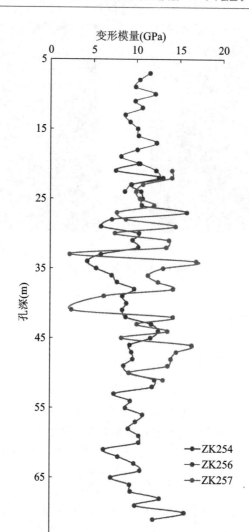

图 2 变形模量随孔深的变化趋势

表 1 不同钻孔岩性岩体变形模量测试成果统计

钻孔编号	岩性	变形模量（GPa）		测试深度（m）
		范围值	平均值	
ZK254	粉砂岩	7.16～15.82	11.01	20～71
	砂岩	5.91～12.58	9.42	
ZK256	粉砂岩	8.66～11.51	9.85	7～24
	砂岩	8.19～12.58	10.81	
ZK257	粉砂岩	8.31～16.94	12.88	21～51
	砂岩	6.27～16.45	11.69	

　　钻孔变形模量反映岩体水平方向的变形特征,同一岩性岩体数值的变化反映了节理裂隙的影响,代表了不同的岩体完整程度。将三个河床钻孔的测试成果和钻孔岩芯对照,基本上变形模量的低值段与岩芯的裂隙发育段相对应,说明测试结果具有较好的代表性。三个钻孔的试验结果并没有明显的差异,平均值较为接近,可以作为河床坝基岩体水平向变形参数选择的依据之一。

3.3　对比分析

　　为了进一步对比分析岩体变形模量的变化,本文在每个钻孔中又进行了波速测试,同一孔深范围内的波速变化趋势如图 3 所示。由于岩体波速实际上是岩体完整程度和岩石强度的综合反映,其与岩石强度及完整程度呈正相关关系,而岩体变形模量同样如此。因此,岩体波速与变形模量之间一定存在某种相关性。

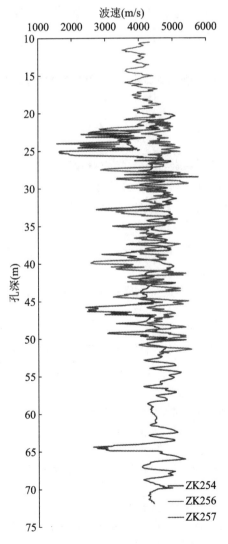

图 3　钻孔波速随孔深的变化趋势

图 4 给出了不同岩性岩体变形模量与波速之间的关系,除了个别测试点,可以看出岩体的波速主要集中在 4.0～5.0 km/s 之间,变形模量主要集中在 6.0～14.0 GPa 之间,这与波速测试结果相对应,也反映出二者之间的相关性较差,岩性变化较快。从测试结果可知,坝基岩体完整性整体较好,除了个别层位岩体破碎,但这并不影响岩体的整体强度,也间接说明岩体受风化、卸荷等外部因素影响较小。

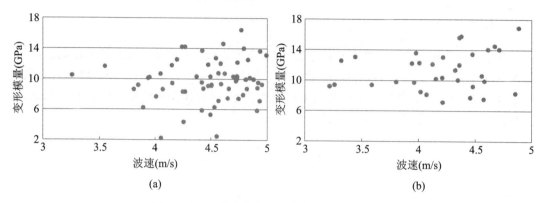

图 4 不同岩性岩体变形模量与波速之间的关系

(a) 粉砂岩;(b) 砂岩

4 结论

(1) 坝址区岩体主要由长石砂岩与泥质、钙质粉砂岩组成,其微观结构表现出不同的特征。

(2) 坝址区坝基岩体测试段内长石砂岩的变形模量范围在 5.91～16.45 GPa 之间,平均值为 10.64 GPa。测试段内粉砂岩的变形模量范围在 7.16～16.94 GPa 之间,平均值为 11.25 GPa。

(3) 钻孔岩体波速与孔深没有直接的联系,其余岩体完整性密切相关,总体上坝基岩体波速集中在 4.0～5.0 km/s 之间。

(4) 通过对比岩体波速与变形模量之间的关系,发现二者之间的相关性较差,但也可以说岩体的完整性较好,受风化、卸荷等外部因素影响较小。

参 考 文 献

[1] 周洪福,聂德新,陈津民. 深部破碎岩体变形模量的一种新型试验方法及工程应用[J]. 吉林大学学报:地球科学版,2010,40(6):1390-1394.

[2] 宋彦辉,巨广宏,孙苗. 岩体波速与坝基岩体变形模量关系[J]. 岩土力学,2011,32(5):1508-1512.

[3] 周火明,孔祥辉. 水利水电工程岩石力学参数取值问题与对策[J]. 长江科学院院报,2006,23(4):36-40.

[4] 董学晟. 水工岩石力学[M]. 北京:中国水利水电出版社,2004.

[5] 李维树,黄志鹏,谭新. 水电工程岩体变形模量与波速相关性研究及应用[J]. 岩石力学与工程学报,2010,29(增 1):2727-2733.

[6] 王玉玲. 钻孔弹模法在某核岛岩体力学特性中的应用研究[J]. 工程地质学报,2013,21(1):149-156.

[7] 中华人民共和国水利部. 水利水电工程岩石试验规程:SL 264—2001[S]. 北京:中国水利水电出版社,2001.

阿尔塔什深厚覆盖层工程特性及施工期沉降分析

陈 晓 姬永尚

新疆水利水电勘测设计研究院，新疆 乌鲁木齐，830000

摘 要：本文介绍了面板堆石坝深厚覆盖层工程特性的勘察方法及结论，根据大坝在施工过程中水管式沉降仪的监测资料，通过对比坝体与坝基沉降监测成果，以及坝基沉降计算，基本验证了前期坝基覆盖层勘察结论，为今后坝基覆盖层的勘察及分析方法提供借鉴。

关键词：阿尔塔什水利枢纽工程 深厚覆盖层 物理力学特性 沉降监测

Analysis for Engineering Characteristics and Settlement of Deep Overburden During Construction Period of A ER TA SHI

CHEN Xiao JI Yongshang

Hydro and Power Design Institute of Xinjiang，Urumqi 830000，China

Abstract：In this paper，the survey methods and conclusions for the engineering characteristics of the deep overburden of the face rockfill dam are introduced. The preliminary investigation conclusions of the dam foundation overburden are verified from comparison of the monitoring results in the dam body and foundation settlement，and the settlement calculation of the dam. It can be used as a reference for future investigation and analysis methods of dam foundation overburden.

Key words：the water conservancy project of the A ER TA SHI；deep overburden；physical and mechanical properties；settlement monitoring

0 引言

目前世界上在厚度大于 70 m 的深厚覆盖层上建设的坝高超过 100 m 的水利工程，已有文献报道的约 15 座。阿尔塔什水利枢纽工程 94 m 的深厚的砂砾石覆盖层与 164.8 m 高庞大的坝体组合成为高度约 259 m 的砂砾石堆积体，随着坝体填筑过程中荷载逐步增加，深厚覆盖层的变形也将增加，其增加的量与砂砾石工程特性密切相关。本文重点总结前期深厚覆盖层勘察方法及结论，利用施工期深厚覆盖层沉降变形监测成果，验证前期深厚覆盖层勘察结论。

1 工程概况

阿尔塔什水利枢纽工程水库总库容 22.49 亿 m³，正常蓄水 1820 m，最大坝高 164.8 m，

作者简介：

陈晓，1963 年生，男，高级工程师，主要从事水利水电工程地质方面的研究。

电站装机容量 755 MW，在保证向塔里木河生态供水 3.3 亿 m³ 的前提下，同时承担防洪、灌溉、发电等综合任务[1]。

挡水坝为混凝土面板砂砾石-堆石坝，坝顶宽度为 12 m，坝长 795 m。上游主堆石区采用砂砾石料，下游次堆石区采用爆破堆石料，上游坝坡坡度 1∶1.7，下游坝坡坡度 1∶1.6。砂砾石料填筑设计干密度 2.38 g/cm³，相对密度 0.90。

坝址区场地 50 年超越概率 10％的水平向基岩动峰值加速度为 179.9 gal，50 年超越概率 5％的水平向基岩动峰值加速度为 221.0gal，100 年超越概率 2％的水平向基岩动峰值加速度为 320.6 gal。对应的地震烈度为Ⅷ度[1]。

该工程为国家重点水利工程，是新疆地区最大的水利工程，因其"三高一深"（高边坡、高面板堆石坝、高地震烈度带和深覆盖层）在设计和施工上的诸多难点，被业界称为"新疆三峡工程"。其中，坝基深厚覆盖层是本工程主要工程地质问题之一，也是大坝能否建成的关键点。

2 坝址河床深覆盖成因分析

坝址区河床覆盖层最大深度 94 m，根据《新疆叶尔羌河河谷演化史专题研究报告》，工程区深厚覆盖层的形成主要与气候及冰川、构造、泥石流加积作用及地形地貌有关（表 1）。

表 1 坝址区河床深厚覆盖层成因一览表

成因	成因分析
气候及冰川综合成因	工程区气候的冷暖交替，这种"气候型"加积是形成河床深厚覆盖层的主要原因，而 Q_2^{al} 中的砾石层的成因是在中更新世晚期至全新世早期的末次冰期与新冰期之间的干热期，由于温度振荡上升，河流水温冷暖交替，在上层堆积的压实作用及沉积物之间的淋滤作用下，Q_2 砂卵砾石层中形成多层钙质胶结层
构造成因	坝址区位于铁克里克逆冲叠瓦式推覆构造上，顺河方向上产生较大的相对抬升，河流纵比降发生变化，加剧了坝址处溯源侵蚀能力以及流水的下切作用，进一步加大了河谷底的深度，故在坝址区处形成"构造型"加积层
泥石流加积作用	阿尔塔什坝址区的地貌主要为中山区，河谷多呈"U"形，两岸冲沟发育，冲沟泥石流，对叶尔羌河就会造成局部的泥石流堆积，从而增大覆盖层的厚度
地形地貌成因	坝址区处于下游"Ω"大转弯的前沿，河流从上游到此处流速减小，携带能力大幅度减小，携带的物质易沿途堆积，故在坝址区处覆盖层整体较厚

3 坝址深厚覆盖层工程特性

3.1 分布特征

坝址区河谷呈宽"U"形，河床宽 260～450 m，在可行性研究阶段采用了国内外几乎所有勘探试验手段对坝址河床覆盖层工程特性进行了勘察研究。钻孔揭露的覆盖层深度在 20～94 m 之间,河床深槽分布于现代河床中部偏右岸,深槽宽度为 20～40 m,深槽部位河床覆盖层厚 78～94 m,深槽两侧覆盖层厚度一般为 20～78 m[1](图 1)。

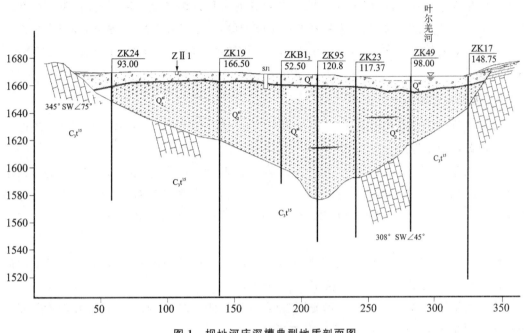

图 1　坝址河床深槽典型地质剖面图

3.2　覆盖层物理力学特性

根据覆盖层各岩组的埋深及基本特征,勘察采用了植物胶取芯技术、大口井勘探、物探地震剖面、物探综合测井、钻孔对穿测试、现场载荷试验、钻孔旁压试验及室内大型压缩、抗剪和渗透试验等。

3.2.1　覆盖层分层及物理特性

根据覆盖层时代、颗粒组成、胶结程度及物理地球特性,坝址河床覆盖层总体划分为Ⅰ、Ⅱ两个岩组[1]。

Ⅰ岩组:分布于现代河床覆盖层上部,为全新统冲积含漂石砂卵砾石层(Q_4^{al}),厚度 4.7～17.0 m,漂石含量占 8.8%,卵石含量占 29.7%,砾石含量占 41.3%,平均含砂率 17.96%,不均匀系数 C_u=335.3,有效粒径为 0.20 mm,曲率系数 C_c=19.7,地震纵波速度 1100～1900 m/s,剪切波速均值 315 m/s。局部夹有砂层透镜体。

Ⅱ岩组:分布于现代河床覆盖层下部,为中更新统冲积砂卵砾石层(Q_2^{al}),漂石含量占 1.2%,卵石含量占 26.3%,砾石含量占 51%,平均含砂率 20.47%,不均匀系数 C_u=368.0,平均有效粒径 0.13 mm,曲率系数 C_c=35.7,级配不连续,地震纵波速度 1500～2700 m/s,剪切波均值 578 cm/s。

Ⅱ岩组分布均一性稍差。首先，局部夹有砂层透镜体，其厚度一般为 0.3～0.5 m，个别为 2.5 m，均为零星的透镜状或鸡窝状分布，水平延伸长度不大。其次，该层在堆积过程中经历过较长时间的超固结压密作用，在平面上断续分布钙质弱～微胶结层，厚度为 0.4～0.6 m，顶板大部分胶结相对较好，似砾岩。再次，该层夹有多层缺细粒充填卵砾石层，单层厚度一般为 0.15～1.2 m，组成物主要为粒径 2～5 cm 的砾石，零星夹杂块石、孤石，卵石含量约占 19.6％，砾石含量约占 75％，平均含砂率 4.7％，不均匀系数 $C_u=4.5$，平均有效粒径 11.7 mm，曲率系数 $C_c=1.8$。

3.2.2　覆盖层分层力学特性

各勘察阶段通过常规土工试验、原位载荷试验、钻孔旁压试验、室内大型压缩及渗透试验查明覆盖层力学特性[1]。

常规试验：Ⅰ岩组平均天然干密度 2.26 g/cm³，相对密度平均值 0.83，饱和状态下内摩擦角平均为 41.1°，渗透系数平均值 $3.7×10^{-3}$ cm/s；Ⅱ岩组天然干密度 2.22～2.26 g/cm³，相对密度 0.84～0.92，饱和状态下内摩擦角 41.5°～42.0°，渗透系数为 $2.8×10^{-2}$～$3.5×10^{-2}$ cm/s。

原位试验：Ⅰ岩组砂卵砾石层变形模量在 38.44～65.94 MPa 之间，旁压模量平均值 67.23 MPa；Ⅱ岩组旁压模量平均值 124.04 MPa。

室内大型压缩试验：Ⅰ岩组砂卵砾石层压缩模量 230.22～308.09 MPa；Ⅱ岩组砂卵砾石层压缩模量 307.25～363.85 MPa，均属低压缩性土。

所有试验成果表明，河床覆盖层具有较高的密度和纵波速度，结构密实，渗透性强，具有较高的承载能力。

3.3　覆盖层主要工程地质问题评价

3.3.1　不均匀沉降问题

从现有勘察试验资料分析，坝基砂卵砾石层未揭露有淤泥质软土层分布，仅局部分布有厚度不大的砂层透镜体，覆盖层结构总体上较均一，基本上为单一型结构，根据现场载荷试验、钻孔旁压试验、室内大型压缩试验、土工试验等的成果及物探测试成果分析，坝基覆盖层具有结构紧密、承载力大、抗变形能力强、压缩性小、透水性强的特点，地层总体较均匀，无连续砂层分布，不存在大的不均匀沉陷问题，地基的压缩变形可能为局部的、瞬时的，随着施工期的结束，微弱沉降即可基本完成，对建成后的坝体影响不大[1]。

3.3.2　渗透及渗透稳定问题

河床砂卵砾石层颗粒粗大，透水性强，属强或极强透水层，河床覆盖层Ⅰ岩组砂卵砾石层及Ⅱ岩组砂砾石层可能的渗透变形破坏形式主要为管涌型（表2），抗渗稳定性差，其允许抗渗比降仅为 0.1～0.15，水库蓄水后，在水头差作用下，存在渗漏和渗透稳定问题，故需采取防渗处理措施，以满足防渗和渗透稳定的要求[1]。

表 2　河床卵砾石层渗透变形形式判别表

覆盖层层位	Ⅰ岩组砂卵砾石层	Ⅱ岩组砂砾石层
$P(\%)$	23	22
判别标准	$P<25$	$P<25$
渗透变形形式	管涌	管涌
建议允许比降	$0.10\sim0.15$	$0.12\sim0.15$

3.3.3　振动液化问题

坝基覆盖层以冲积砂卵砾石为主,地表 $4.7\sim17.0$ m 为全新统冲积砂卵砾石层(Q_4^{al}),以下为中更新统冲积砂卵砾石层(Q_2^{al}),地层中局部夹有鸡窝状分布的砂层透镜体(表 3)。根据《水利水电工程地质勘察规范》(GB 50487—2008)判别如下[1]:

表 3　饱和无黏性土的液化临界相对密度表

地震动峰值加速度		$0.05g$	$0.10g$	$0.20g$	$0.40g$	判定结果
液化临界相对密度($D_r)_{cr}(\%)$		65	70	75	85	
相对密度(%)	Q_4^{al} 砂卵砾石	—	—	$80\sim85$	—	非液化土
	Q_2^{al} 砂卵砾石	—	—	$84\sim90$	—	非液化土
	砂层透镜体	—	—	$30\sim55$	—	液化土

(1)从试验成果并结合砂卵砾石层粒径含量分析,根据"土的粒径小于 5 mm 颗粒含量的质量百分率小于或等于 30% 时,可判为不液化"的标准,Q_4^{al} 层、Q_2^{al} 层中粒径小于 5 mm 颗粒含量的质量百分率分别为 24.1% 和 23.3%,均小于 30%,初步判定河床冲积砂卵砾石层为非液化土层;砂层透镜体小于 5 mm 颗粒含量的质量百分率远大于 30%,初步判定为液化土。

(2)地层年代为第四纪晚更新世 Q_3 或以前的土,可判为不液化。根据测年成果,坝址河床覆盖层地表 $4.7\sim17$ m 以下为中更新统地层,为不液化土。

(3)坝址区地震动峰值加速度为 $0.221g$,根据河床覆盖层试验成果采用相对密度复判法,Q_4^{al}、Q_2^{al} 均为非液化土层,砂层透镜体为液化土。

坝址区冲积层有可能产生地震液化效应的主要为砂层透镜体,根据大量钻孔揭露,其厚度一般为 $0.30\sim0.5$ m,个别为 2.5 m,其均为零星的透镜状或鸡窝状分布,水平延伸长度不大。由于砂层成层性很差,包裹在透水性很好的砂砾石中,孔隙水压力很容易消散,不存在振动液化的条件,而且埋藏深度多大于 15 m,所以无液化可能。坝基覆盖层在地震烈度Ⅷ度的情况下不存在液化问题。

4　大坝施工中沉降监测成果及分析

土石坝是目前采用最多的一种坝型,具有结构简单、工作可靠、对地基不均匀沉降适应性好、抗震性能好等优点。由于对这些筑坝材料及坝基覆盖层的力学性质认识尚待完善,所以土石坝的理论计算结果（如变形）往往与实际情况有一定偏差。

为掌握实际状况，检验设计，指导施工，保证工程安全，阿尔塔什水利枢纽工程大坝要求加强监测。施工期的沉降监测是砂砾石面板堆石坝的监测重点，在多个高程设有测点。通过对施工期大坝实测沉降资料的分析，可了解施工期深厚覆盖层坝基的沉降规律，以复核勘测设计阶段地质对坝基深厚覆盖层工程特性的预测，为安全施工及后期运行提供可靠资料。

4.1　施工期大坝沉降监测成果

在工程施工过程中，大坝共埋设水管式沉降仪10台，液压式沉降仪5台，完好率100%，截至2018年3月5日，大坝填筑高度89 m，高程1750 m。4条监测断面监测成果如下：

（1）坝0+160 m、高程1711 m各沉降测点实测沉降量较小，目前各测点累计沉降量在55.9~95.4 mm之间。

（2）坝0+305 m、高程1671 m各沉降测点实测沉降量较小，各测点累计沉降量在101.6~242.4 mm之间；坝0+305 m、高程1711 m各沉降测点实测沉降量较小，各测点累计沉降量在79.6~131.6 mm之间。

（3）坝0+475 m、高程1671 m各沉降测点实测沉降量较小，各测点累计沉降量在133.2~302.4 mm之间；坝0+475 m、高程1711 m各沉降测点累计沉降量在85.1~289.6 mm之间。

（4）坝0+590 m、高程1711 m各沉降测点实测沉降量较小，目前各测点累计沉降量在47.1~209.6 mm之间。

4.2　施工期坝基深厚覆盖层沉降分析

为了解坝基深厚覆盖层的变形情况，主要选取了接近坝基高程1661 m，且布置于河床深槽部位（坝基覆盖层厚92 m）的坝0+475 m（安装高程1671 m）监测仪的最新监测成果（表4）。

表4　坝0+475 m水管式监测仪沉降监测成果表

仪器编号	部位	初值日期	截止日期	累计沉降量（mm）
TC1-1	坝0+475,坝上0+260 EL.1674.91 m	2017/3/26	2018/3/5	133.2
TC1-2	坝0+475,坝上0+192 EL.1674.62 m	2017/3/19	2018/3/5	156.2
TC1-3	坝0+475,坝上0+125 EL.1674.617 m	2016/10/17	2018/3/5	218.4
TC1-4	坝0+475,坝上0+056 EL.1674.578 m	2016/10/17	2018/3/5	279.4

续表 4

仪器编号	部位	初值日期	截止日期	累计沉降量(mm)
TC1-5	坝 0+475,坝下 0−010 EL. 1673.856 m	2016/10/17	2018/3/5	300.9
TC1-6	坝 0+475,坝下 0−010 EL. 1673.856 m	2016/10/17	2018/3/5	302.4
TC1-7	坝 0+475,坝下 0−152 EL. 1673.78 m	2016/10/17	2018/3/5	247.9

由表 4 可知,该断面各测点累计沉降量在 133.2~302.4 mm 之间。该监测断面布置高程为 1673.78~1674.91 m,高于大坝建基面(1661 m)12~14 m,由于阿尔塔什将砂砾石料填筑设计干密度从招标阶段的 2.26 g/cm³(相对密度 0.9)提升至 2.38 g/cm³,干密度提升幅度达到 0.12 g/cm³,有效地减小了坝体沉降变形,其坝体沉降变形量小于 0.4 mm/m,即填筑高度 10 m 的坝体沉降变形量不大于 5.6 mm。

由该断面监测成果可以得出,该部位沉降变形主要是由坝基深厚覆盖层贡献的,其最大累积沉降量在坝下 0−010 部位(图 2),累计沉降量为 296.8 mm,减去 10 m 高坝体沉降变形量 5.6 mm,由坝基覆盖层贡献的沉降量约为 291.2 mm。

坝基沉降量随坝体填筑强度和填筑高度的增加而增大,呈明显的正相关关系,符合施工期堆石体沉降变化的一般规律。目前坝基最大沉降量为 291.2 mm,约为目前坝高的 0.33%,坝体最大沉降量为 301.5 mm,为目前坝高的 0.34%。

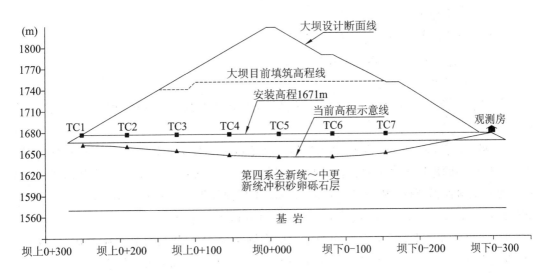

图 2 坝 0+475 m 水管式监测仪沉降量分布示意

4.2.1 坝基沉降对比分析

坝体目前填筑高度为 89 m,填筑严格按设计要求的相对密度不小于 0.9 进行大坝填筑质量控制,由于要进行二期面板的浇筑,以及冬季来临和春节休假等,大坝填筑至 1750 m 高程后(2017 年 11 月份),至 2018 年 3 月初再开始填筑,使坝体及坝基覆盖层有近两个月的沉降时间,沉降已基本处于相对稳定。2018 年 3 月初监测的坝基最大沉降变形量为 301.5 mm(坝高 89 m);坝基覆盖层厚度 92 m(去除清基 2 m),其沉降变形量为 291.2 mm,反推可知坝基覆盖层的相对密度应大于 0.9,与前期勘察结论(Ⅰ岩组相对密度平均值 0.83;Ⅱ岩组相对密度 0.84~0.92)相接近。

4.2.2 坝基沉降计算分析

根据大坝填筑过程控制及监测分析,目前 89 m 填筑高度坝基沉降已基本处于相对稳定,按分层总和法进行坝基沉降计算。主要选取河床深槽部位(坝基覆盖层厚 92 m)坝 0+475 m 剖面进行计算,计算点选择在目前监测坝基最大沉降量 291.2 mm 处。

(1) 基本原理[2]

① 分别计算基础中心点下地基各分层土的压缩变形量 s_i,认为基础的平均沉降量 s 等于 s_i 的总和,即:

$$s = \sum_{i=1}^{n} s_i$$

式中　n——计算深度范围内土的分层数。

② 计算 s_i 时假设土层只发生竖向压缩变形,没有侧向变形,因此可按下式进行计算:

$$s_i = \frac{\sigma_{zi} h_i}{E_{si}}$$

式中　σ_{zi}——附加压力(kPa);

　　　E_{si}——第 i 分层土压缩模量(MPa);

　　　h_i——第 i 分层土层厚度(m)。

(2) 计算步骤[2]

① 选择沉降计算剖面坝 0+475 m,选择目前监测坝基最大沉降量 291.2 mm 处为计算点。

② 将地基分层。在分层时天然土层的交界面和地下水位面应为分层面[2],同时在同一类土层中分层的厚度不宜过大。一般取分层厚 $h_i \leq 0.4b$ 或 $h_i = 1 \sim 2$ m,b 为基础宽度。本次计算选取深河槽部位,则 $L = 70$ m,$b = 20$ m,Ⅰ岩组厚度 10 m,分 2 小层,$h_1 = h_2 = 5$ m;Ⅱ岩组厚度 82 m,分 11 小层,$h_3 = h_4 = \cdots = h_{12} = 8$ m,$h_{13} = 2$ m。

③ 求出计算点垂线上各分层层面处的竖向附加应力 σ_z 和竖向自重应力 σ_c(从地面起算,取有效重度 $\gamma' = \gamma - \gamma_w = \gamma - 10 = 2.26 \times 9.8 - 10 = 12.148$ kN/m³,见表 5)。

④ 取 $\sigma_z = 0.2\sigma_c$ 处的土层深度为沉降计算的土层深度[2],$\sigma_z = 695.41 > 0.2\sigma_c = 223.52$,表明沉降计算的土层深度应该计算至基岩顶面。

表 5　竖向附加应力 σ_z 及竖向自重应力 σ_c 计算表

分层层底	$\bar{a}$	σ_z	σ_c	$0.2 * \sigma_c$
5	0.9810	2036.40	60.74	12.15
10	0.9400	1951.29	121.48	24.30
18	0.8300	1722.94	218.66	43.73
26	0.7280	1511.21	315.85	63.17
34	0.6430	1334.76	413.03	82.61
42	0.5740	1191.53	510.22	102.04
50	0.5160	1071.13	607.40	121.48
58	0.4690	973.57	704.58	140.92
66	0.4290	890.53	801.77	160.35
74	0.3950	819.96	898.95	179.79
82	0.3660	759.76	996.14	199.23
90	0.3410	707.86	1093.32	218.66
92	0.3350	695.41	1117.62	223.52

⑤ 求出各分层的平均自重应力 σ_{ci} 和平均附加应力 σ_{zi}（表 6）。

表 6　各分层土的压缩量 s_i 及总沉降量 s 计算表

土层	分层	h_i	σ_{zi}	σ_{ci}	E_{si}	s_i	s
Ⅰ 岩组	0～1	5	2056.12	30.37	308.09	33.37	
	1～2	5	1993.84	91.11	308.09	32.36	
Ⅱ 岩组	2～3	8	1837.11	170.07	363.85	40.39	
	3～4	8	1617.08	267.26	363.85	35.55	
	4～5	8	1422.99	364.44	363.85	31.29	
	5～6	8	1263.15	461.62	363.85	27.77	
	6～7	8	1131.33	558.81	363.85	24.87	324.7
	7～8	8	1022.35	655.99	363.85	22.48	
	8～9	8	932.05	753.18	363.85	20.49	
	9～10	8	855.24	850.36	363.85	18.80	
	10～11	8	789.86	947.54	363.85	17.37	
	11～12	8	733.81	1044.73	363.85	16.13	
	12～13	2	701.63	1105.47	363.85	3.86	

$$\sigma_{ci} = \frac{1}{2}(\sigma_{ci}^{\perp} + \sigma_{ci}^{\top})$$

$$\sigma_{zi} = \frac{1}{2}(\sigma_{zi}^{\perp} + \sigma_{zi}^{\top})$$

式中　$\sigma_{ci}^{\perp}$, $\sigma_{ci}^{\top}$——第 i 分层土上、下层面处的自重应力；

　　　$\sigma_{zi}^{\perp}$, $\sigma_{zi}^{\top}$——第 i 分层土上、下层面处的附加应力。

⑥ 计算各分层土的压缩量 s_i。认为各分层土都是在侧限压缩条件下压力从 $p_1 = \sigma_{ci}$ 增加到 $p_2 = \sigma_{ci} + \sigma_{zi}$ 所产生的变形量 s_i（表 6）。

⑦ 计算基础点的沉降量 s 值为 324.7 mm（表 6），略大于实际监测沉降量 291.2 mm，差值为 33.5 mm。

5　结论

坝基深厚覆盖层工程特性是坝体成败的关键，阿尔塔什深厚覆盖层的勘察采用了当时国内所有的勘察方法，包含覆盖层的成因研究、钻孔植物胶取芯技术、大口井勘探、物探地震剖面、物探综合测井、钻孔对穿测试、现场载荷试验、钻孔旁压试验、室内大型压缩、抗剪和渗透试验以及常规试验，基本查明了覆盖层的分布特征及物理力学指标，为大坝设计提供了可靠依据，施工过程中的坝基沉降监测成果也验证了前期坝基深厚覆盖层勘察结论。

参 考 文 献

[1] 陈晓,姬永尚,杨学亮,等.新疆阿尔塔什水利枢纽工程地质勘察报告(初步设计阶段)[R].乌鲁木齐：新疆水利水电勘测设计研究院,2016:2-90.

[2] 陈希哲.土力学地基基础[M].4 版.北京：清华大学出版社,2004:100-107.

[3] 熊成林,邓伟,姜龙.基于深厚覆盖层的面板堆石坝沉降变形规律分析[J].中国水利水电科学研究院学报,2016,14(2):150-154.

[4] 杨坪,杨军,许德鲜,等.基于 ADINA 的软土坝基沉降分析[J].工程地质学报,2008,16(4)：534-538.

[5] 杜雪珍,朱锦杰,邢林生.江边拦河闸深覆盖层坝基沉降监测资料分析[J].浙江水利水电专科学校学报,2011,23(3)：4-7.

[6] 刘怡.宁南山区土坝"坝前淤泥土加坝"坝基固结沉降研究[D].银川：宁夏大学,2015.

[7] 刘世明,胡士兵,孙少君.一软基上的坝基长期变形性状分析[J].科技通报,2016,32(11)：94-99.

[8] 中华人民共和国水利部.水利水电工程地质勘察规范：GB 50487—2008[S].北京：中国计划出版社,2009.

苏洼龙水电站坝基深厚覆盖层工程地质特性研究及利用

刘德斌　李　辉　孙晓萌

中国电建集团北京勘测设计研究院有限公司工程勘测科研院,北京　100024

摘　要:苏洼龙坝址所在河段河床覆盖层深厚,结构层次复杂,性状不一,各地层物理性及力学性指标各异,在坝基渗漏及渗透稳定破坏、地震液化、不均匀沉降等方面存在一定的工程地质问题。为了查清其主要地层岩性、分布规律、物理力学性质,合理利用覆盖层建坝,为工程设计提供合理的设计依据及基础处理方案,改进了勘探方法、取样试验方法,综合分析现场及室内试验成果,对各层物理力学性质做出综合评价,为坝型及持力层的选择提供了有利的技术支撑。

关键词:深厚覆盖层　渗透破坏　地震液化　持力层

Research and Utilization of Deep Overburden Engineering Geological Characteristic in Suwalong Hydropower Station

LIU Debin　LI Hui　SUN Xiaomeng

Power China Beijing Engineering Corporation Limited,Beijing 100024,China

Abstract:The dam site riverbed of Su Wa Long hydropower station is deep,the overburden structure is complex,physical and mechanical traits vary. There are lots of engineering geological problems on dam foundation leakage,seepage failure,earthquake liquefaction and uneven settlement. In order to find out the stratigraphic lithology,distribution law,physical and mechanical properties,rational use of overburden to build dam,provide reasonable design basis and basic treatment plan for engineering design,we had improved the method of exploration,sampling and testing,comprehensively analyzed scene and indoor test results,comprehensively evaluated physical and mechanical properties of layers,which provides favorable technical support for dam type and supporting layer selection.

Key words:deep overburden layer;seepage failure;earthquake liquefaction;supporting layer

0　引言

金沙江流域山势高陡,冰期地质构造活动频繁,河谷深切,水力坡降大,地质灾害发育,河床覆盖层深厚,结构复杂。目前,金沙江上游水电开发刚刚开始,尚未有建成发电的电站,对金沙江河床覆盖层的成因、结构、物理力学性状等的研究成果还很有限。苏洼龙水电站位于金沙江上游河段四川巴塘县和西藏芒康县的界河上,是金沙江上游首期开发的水电站之一,苏洼龙水电站坝址区河床覆盖层深厚,进一步查清河床覆盖层的厚度分布、成因、土层结

作者简介:

刘德斌,1971年生,男,高级工程师,主要从事水文地质与工程地质勘察方面的研究。E-mail:lsr-999@163.com。

构及其主要物理力学特性尤为重要,不仅可以为设计提供有利的设计依据,还可以为本流域其他电站的开发建设提供参考。为此,我们从钻探工艺、取样试验方法等多方面采取措施,收到了很好的成效。

1 工程概况

苏洼龙水电站位于金沙江上游河段四川巴塘县和西藏芒康县的界河上,为规划中的金沙江上游川藏段 13 个梯级电站中的第 10 级。初拟采用沥青心墙坝作为代表性坝型,挡水建筑物最大坝高 112 m,坝顶高程 2480 m,水库正常蓄水位 2475 m,总装机容量 1200 MW,为一等,大(1)型工程。根据地震安全性评价,工程区抗震设防烈度为 8 度,工程区属区域构造稳定性较差区。

苏洼龙坝址所在河段河床覆盖层深厚,结构层次复杂,性状不一,各地层物理性及力学性指标各异,在坝基渗漏及渗透稳定破坏、地震液化、不均匀沉降等方面存在一定的工程地质问题,尤其是第四层细粒土质砂层可能存在地震液化问题。

2 勘探及取样试验方法

由于坝基河床覆盖层深厚,多为冲洪积成因,地层成分复杂,结构松散,取样难度大。为了能够查清坝基地层岩性和主要物理力学性质,钻进采用植物胶护壁,保证了岩芯采取率,现场用取土器、取砂器在孔内取样进行天然密度、天然含水率等试验及室内试验,同时,现场在钻孔内进行标准贯入、动力触探、载荷试验、旁压试验等。

3 河床覆盖层结构特征

根据勘探成果,河床覆盖层深厚,一般厚度为 60～85 m,最深达 91.2 m,具有明显的成层性,各土层的物质组成差异明显,根据其物质组成及力学性质,自上而下总体上分为六个大层及三个主要的透镜体层。各层基本特性见表 1[1]。

表 1 河床覆盖层基本特征简表

层号	成因及岩性	厚度(m)	顶板埋深(m)	组成物质及基本特征
①	冲积砂卵砾石	0～8.1	0～8.1	黄褐色,稍密～中密。漂、卵石含量较高,为 40%～50%,粒径分别为 20～40 cm,6～20 cm,呈次圆状～圆形;砾石含量 30%～40%,以中、粗砾为主,粒径为 10～60 mm;其他为砂质及少量黏粒、粉粒
②	堰塞湖积低液限黏土	2.5～7.3	2.5～15.2	黑褐色,可塑状,土质细腻,干时坚硬,黏粒含量较高,土质总体上较为均匀,但局部可见少量砾石及砂质,但一般含量小于 10%

续表 1

层号	成因及岩性	厚度(m)	顶板埋深(m)	组成物质及基本特征
③	冲积卵石混合土	3.5～21.5	6.0～31.0	黄褐色,较密实。漂、卵石含量较高,一般为 30%～40%,粒径为 20～50 cm、6～20 cm,呈次圆状～圆形;砾石含量一般 30%～35%,以中、粗砾为主,一般粒径为 10～60 mm;砂质含量一般为 10%～20%,以中粗砂为主;其他为黏粒、粉粒。卵砾石主要成分为花岗岩、变质岩等
④	冲积含细粒土质砾	1.0～16.3	19.2～21.0	黄褐色,较密实。砾石含量一般为 15%～20%,以中、细砾为主,最大粒径小于 40 mm,呈次圆状;砂含量一般为 55%～70%,以中、粗砂为主;其他为黏粒、粉粒,以粉粒为主
⑤	冲积混合土卵石	11.7～26.8	7.5～31.5	黄褐色,较密实。漂、卵石含量一般为 35%～50%,粒径为 20～50 cm、6～20 cm,呈次圆状～圆形;砾石含量约 30%～40%,以中、粗砾为主,一般粒径为 10～60 mm,呈次圆状;砂含量一般为 15%～20%,以中粗砂为主
⑥	冰积级配不良砾	5.3～31.3	12.5～63.3	颜色杂,密实,局部细颗粒较为集中部位可见弱胶结。以漂、块石为主,占 30%～50%,粒径一般 6～20 cm,最大可达 5 m,碎石含量占 20%～40%,一般块径 2～5 cm,其他为砂质及少量泥质,碎块石呈次棱角状,成分为黑云斜长花岗岩

4 河床覆盖层工程地质特性

为了查明其物质组成特征及物理力学特性,在现场的钻孔内主要进行了天然密度、天然含水率、重力触探、标准贯入、旁压、载荷、剪切波测试等试验工作;室内主要对钻孔原状样及扰动样进行了颗分、密度、压缩固结、直剪及三轴试验工作,通过以上综合试验工作,基本查明了河床覆盖层各层物质的物理力学特征[2]。

4.1 覆盖层的颗粒组成

本阶段对覆盖层各层分别进行了颗分试验工作,对细粒的黏土层、砂层用取土器在孔内采取原状样进行,对表部粗粒土采用现场挖坑试验的方法,对埋深较大的粗粒土,由于受取样限制,采用了钻孔单层混合取样试验的方法,各土层的级配颗粒大小平均值分布曲线如图 1 所示。

4.2 覆盖层各层的物理力学性质

为了查明各层物理力学特性,本阶段进行了一系列的现场及室内试验工作。通过一系

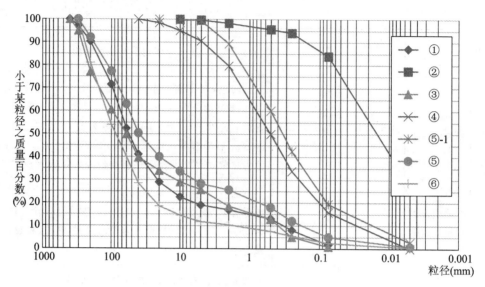

图 1 坝址区各层颗粒大小平均值分布曲线

列的试验工作,基本查明了河床覆盖层各层物质的物理力学特征。

4.2.1 各土层的物理性质

本阶段根据各层的物质组成特点,分别采用现场及室内试验的方法,通过钻孔及探坑分层进行了不同的物理性质试验工作,根据试验成果,各层主要物理特性见表 2。

表 2 各土层及其夹层物理特征参数建议值

层位	层号	饱和容重 $K_n(m^3)$	天然含水率 (%)	天然密度 $\rho(g/cm^3)$	干密度 $\rho_d(g/cm^3)$	孔隙比 e
砂卵砾石	①	25.4	11	2.32	2.30	0.213
低液限黏土	②	19.6	19.59	1.90	1.50	0.810
粉土质砂	③-1			2.10	1.83	0.450
卵石混合土	③	25.8	11	2.24	2.10	0.205
(含)细粒土质砂	④	22.7	26	2.10	1.85	0.501
混合土卵石	⑤	25.8	11	2.36	2.29	0.205
粉土质砂	⑤-1			2.05	1.79	0.526
低液限黏土	⑤-2	26.0	11	1.92	1.51	0.801
冰积碎石、块石	⑥			2.44	2.27	0.208

4.2.2 各土层力学特性

本阶段根据各土层的特点,分别进行了原位及室内试验工作。现场试验主要进行了载荷、孔内标贯、动探、旁压等试验工作,室内以压缩固结、直剪和三轴试验为主。

对②低液限黏土层和④细粒土质砂层取原状样进行室内力学试验,由于③卵石混合土层、⑤混合土卵石层和⑥冰积块碎石层为粗粒土,且埋深较大,取样难度较大,根据颗分成果,参考相关地层及规范,选取控制密度进行配样和室内力学试验,同时在钻孔内进行载荷和旁压试验。主要试验成果见表3~表10。

表3　第②、④层原状土样固结试验成果

层位	统计	干密度 ρ_d（g/cm³）	比重 G	试验状态	压力等级 P（kPa）	单位沉降量 s_i（mm/m）	孔隙比 e_i	压缩系数 a_v（MPa⁻¹）	压缩模量 E_s（MPa）	先期固结压力 P_c（kPa）
②	组数	12	12	饱和	100~200	12	12	12	12	12
	最小值	1.29	2.70			21.50	0.56	0.11	4.09	94
	最大值	1.74	2.78			103.35	0.99	0.50	15.12	450
	平均值	1.46	2.74			49.83	0.79	0.31	7.44	300
③	组数	21	21	饱和	100~200	21	21	21	21	
	最小值	1.62	2.75			19.65	0.357	0.067	4.28	180
	最大值	2.02	2.83			73.70	0.985	0.495	23.88	380
	平均值	1.82	2.76			36.38	0.554	0.207	9.18	278

表4　第③、⑤层扰动样固结试验成果

层位	样品编号	干密度 ρ_d（g/cm³）	比重 G	试验状态	压力等级 P（kPa）	单位沉降量 s_i（mm/m）	孔隙比 e_i	压缩系数 a_v（×10⁻²MPa⁻¹）	压缩模量 E_s（×10²MPa）	m_v（×10⁻²MPa⁻¹）
③	上包线	2.25	2.77	饱和	83.62~182.96	2.44	0.2281	1.639	0.751	1.331
	平均线	2.25	2.77	饱和	93.79~195.27	2.80	0.2277	1.564	0.787	1.270
	下包线	2.25	2.77	饱和	99.97~198.69	1.99	0.2287	1.095	1.125	0.889
⑤	上包线	2.27	2.76	饱和	94.114~195.54	2.76	0.2125	1.692	0.719	1.392
	平均线	2.27	2.76	饱和	94.114~195.54	2.93	0.2123	1.813	0.679	1.473
	下包线	2.27	2.76	饱和	97.46~198.69	2.02	0.2134	1.188	1.024	0.977

表5　坝址区河床覆盖层原状样直剪试验成果汇总

层位	统计	干密度 ρ（g/cm³）	含水率 w（%）	强度参数（饱和、固结、快剪） c（kPa）	强度参数（饱和、固结、快剪） φ（°）
②低液限黏土层	组数	13	13	13	13
	最大值	1.6	41.6	36.7	35.7
	最小值	1.29	24.11	6	19.6
	平均值	1.43	33.15	16.36	26.75

续表 5

层位	统计	干密度 $\rho(\text{g/cm}^3)$	含水率 $w(\%)$	强度参数(饱和、固结、快剪)	
				$c(\text{kPa})$	$\varphi(°)$
④(含)细粒土质砂层	组数	9	9	9	9
	最大值	1.92	18.2	38.7	37.5
	最小值	1.66	9.7	8.5	27.4
	平均值	1.81	14.49	24.01	32.23

表 6 坝址区河床覆盖层扰动样直剪试验成果表

层位	样品编号	$\rho(\text{g/cm}^3)$	$c(\text{kPa})$	$\varphi(°)$
③卵石混合土层	上包线	2.25	25.7	42.4
	平均线	2.25	45.8	42.9
	下包线	2.25	48.1	41.4
⑤混合土卵石层	上包线	2.27	36.5	42.0
	平均线	2.27	42.8	42.1
	下包线	2.27	61.8	41.8

表 7 钻孔螺旋板静载荷试验成果表

试验点编号	总加载量 (kPa)	总沉降量 (mm)	承载力特征值 (kPa)	对应承载力特征值沉降量(mm)	试验点钻孔编号	试验点深度(m)	试验点层位
LZ1	3000	16.88	1500	7.83	ZK232	23.3	③
LZ2	3000	24.39	1500	5.05	ZK207	25.5	③
LZ3	3000	44.11	1500	18.67	ZK232	30.3	④
LZ4	2100	63.48	750	10.95	ZK232	38.6	⑤
LZ5	2650	26.71	1300	3.81	ZK207	39.2	④

表 8 钻孔螺旋板静载荷试验变形模量成果表

	荷载 $P(\text{kPa})$	600	900	1200	1500	1800	2100	2400	2700	3000
LZ1	沉降量 $s(\text{mm})$	3.61	5.58	6.20	7.83	9.73	10.73	12.55	14.47	16.88
	变形模量 $E_0(\text{MPa})$	78.13	75.82	90.98	90.05	86.96	92.00	89.90	87.71	83.54
LZ2	荷载 $P(\text{kPa})$	600	900	1200	1500	1800	2100	2400	2700	3000
	沉降量 $s(\text{mm})$	0.40	1.17	2.81	5.05	7.57	12.16	16.18	20.10	24.39
	变形模量 $E_0(\text{MPa})$	—	—	—	139.63	111.78	81.18	69.72	63.15	57.82

	荷载 P(kPa)	600	900	1200	1500	1800	2100	2400	2700	3000
LZ3	沉降量 s(mm)	2.14	8.65	14.07	18.67	23.39	29.62	34.27	39.48	44.11
	变形模量 E_0(MPa)	—	48.91	40.09	37.77	36.18	33.33	32.92	32.15	31.97
	荷载 P(kPa)	600	900	1200	1500	1800	2100	2400	2700	3000
LZ4	沉降量 s(mm)	7.50	15.08	21.10	25.93	—	—	—	—	—
	变形模量 E_0(MPa)	37.61	28.05	26.73	27.19	—	—	—	—	—

表 9　坝址区河床覆盖层旁压试验成果

土层	特征值	深度 (m)	原位垂直土压力 P_0(kPa)	临塑压力 P_f(kPa)	极限压力 P_1(kPa)	旁压模量 E_m(MPa)	旁压剪切模量 G_m(MPa)	变形模量 E_0(MPa)	压缩模量 E_s(MPa)
③卵石混合土层	组数	5	5	5	5	5	5	5	5
	最大值	34.4	460	2294	3610	42.4	16	169.6	236.1
	最小值	22.8	282	1738	3350	31.7	10.7	126.9	190.4
	平均值	27.4	372.4	2041.6	3517.2	37.8	13.68	151.1	205.8
④细粒土质砂层	组数	8	8	8	8	8	8	8	8
	最大值	41.7	240	1390	2486	23.3	9	93.2	106.9
	最小值	27	93	927	1500	8.2	3.7	33	33.4
	平均值	34.4	170.3	1195.4	2117	15.4	6.4	61.6	65.5
⑤混合土卵石	组数	4	4	4	4	4	4	4	4
	最大值	63	460	3030	5710	58.7	23.7	234.9	253.8
	最小值	41.9	265	2014	4120	40.6	15.9	162.5	181.4
	平均值	49.8	373.5	2420.7	4560	48.6	19.4	194.4	214.3
⑤-1 粉土质砂层透镜体	组数	6	6	6	6	6	6	6	6
	最大值	65.7	185	1904	3160	24.8	11	98.3	100
	最小值	44.1	124	1317	2230	13.8	6.1	55.1	65.2
	平均值	55.7	160	1667.5	2812.3	20	8.9	79.8	81.1
⑥冰积块碎石层	组数	4	4	4	4	4	4	4	4
	最大值	76.6	672	4175	6250	88.3	36.3	353.3	375.7
	最小值	70.1	463	3318	5300	66.1	26.2	264.4	290.9
	平均值	73.1	570.5	3772	5847.5	76.8	30.5	307.2	338.5

表 10　覆盖层三轴（固结不排水剪 CU）试验成果

层号	样品编号	施加围压 σ_3（kPa）	控制密度 ρ_d（g/cm³）	总抗剪强度参数		有效抗剪强度参数		孔隙水压力系数	
				C_{cu}（kPa）	φ_{cu}（°）	C'（kPa）	φ'（°）	B	A
②	ZKS68-1	100～1600	1.44	185	20.0	172	24.8	0.96	0.12
	ZKS70-2	100～1600	1.52	100	19.6	72	23.0	0.99	0.38
	天然级配	400～1600	1.50	38.8	15.5	9.5	29.2		
③	上包线	400～1600	2.25	133.7	32.6	76.8	38.9		
	平均线	400～1600	2.25	208.8	32.5	145.8	38.4		
④	SC-1	200～1600	1.73	34	28.5	30	29.0	0.99	0.06
	SC-2	200～1600	1.82	60	29.0	47	29.3	0.97	0.04
	-1	400～1600	1.82	86.3	14.7	20.9	33.9		
	-2	400～1600	1.82	70.2	14.7	26.0	33.8		
⑤	上包线	400～1600	2.27	180.0	31.9	99.8	38.3		
	平均线	400～1600	2.27	237.4	32.9	150.1	38.6		

注：②层 ZKS68-1、ZKS70-2　2 组为原状样试验结果。

综合上述试验成果，并结合各土层的颗粒级配、埋深、结构特征及试验成果的可靠度分析，类比国内相近工程的经验，提出了苏洼龙坝址区覆盖层各土层及其透镜体夹层的力学参数建议值，见表 11[3]。

表 11　各土层及其夹层力学参数建议值表

地层	①	②	③-1	③	④	⑤-1	⑤-2	⑤	⑥
黏聚力 c（kPa）	0	40	10～20	10	10～20	0	15	60	0
内摩擦角 φ（°）	30～32	18～20	19～21	28～30	21～23	19～21	18～20	30～32	32～35
承载力建议值 f_k（kPa）	300～400	150～180	160～180	300～350	180～200	180～200	160～180	350～450	450～550
压缩系数 $a_{v_{0.1～0.2}}$（MPa⁻¹）	0.01	0.31	0.2	0.015～0.02	0.16	0.2	0.25	0.01～0.015	0.01
压缩模量 $E_{s_{0.1～0.2}}$（MPa）	50～55	4～6	6～8	45～50	8～10	8～10	4～6	50～55	60～65

5　河床覆盖层工程地质评价

5.1　粗粒土层工程地质评价

坝址区河床粗粒土为河床①、③、⑤、⑥层，除第①层位于地表，其他层埋深均较大。

粗粒土层以碎石、卵石及漂石为主，夹细粒的砂砾质及少量泥质，根据前述工程地质特性可知，土体具有承载能力较高，压缩性低，抗变形能力强的特点，均可作为坝基持力层。根据其颗分试验成果可知，粗粒土粒径大于 5 mm 的颗粒含量均大于 70%，土体均不存在液化的可能。

根据前述颗分试验成果及颗分曲线,粗粒土不均匀系数均大于 5,采用其级配曲线平均线,可以看出①及⑥层为级配不连续土,其他为级配连续土。根据《水力发电工程地质勘察规范》(GB 50287—2016)[4]规范中对土体的渗透变形形式的判别方法,粗粒土地基土以中等透水~强透水层为主,其渗流破坏形式以管涌或过渡型为主,层间均存在接触流失破坏的可能,允许渗透坡降为 0.15~0.2,粗粒土一般随着深度的增加其渗透性有所减弱。虽然各层土体颗粒组成及结构差异较大,但其渗透系数一般较为相近。

5.2　细粒土层工程地质评价

坝址区河床细粒土主要为砂层及砂层透镜体。坝址区河床主要分布有④层(含)细粒土质砂层及③-1 层粉土质砂层透镜体,⑤-2 层粉土质砂层透镜体,其中④层分布较为稳定广泛,本阶段对其工程地质特性进行了专门研究,基本查明了其主要工程地质问题。

细粒土层以砂质为主,夹部分泥质及少量砾石,由于其一般深埋,总体上较为密实,少量甚至可见弱胶结。根据前述工程地质特性可知,河床细粒土具有较好的抗滑稳定性,较高的承载能力,中等的压缩性。其抗滑稳定性较好,抗变形能力较强。

砂层渗透系数一般为 $1.0 \times 10^{-4} \sim 5 \times 10^{-3}$ cm/s,允许渗透坡降为 0.1~0.3,砂层的透水性中等,渗透破坏形式为流土型。

由于砂层为饱和的无黏性土层,地震液化问题将是制约其工程地质应用的主要工程地质问题,本阶段针对覆盖层内的砂层进行了深入的地震液化分析研究工作,对主要的砂层及砂层透镜体进行了综合评价。

河床覆盖层的液化初判方法中,地层年代判别法表明,坝址河床覆盖层存在液化的可能性不大,通过厚度法、颗粒级配的初判,③-1 及④层存在液化可能,剪切波速法判定结果是地震烈度为Ⅷ度时,河床覆盖层第③-1、④层存在液化可能性;复判方法中,平均粒径法及综合指标法判定③-1 层在Ⅷ度及以下地震烈度下不存在液化可能,但在Ⅸ度地震烈度下存在液化可能,相对密度法、液限含水量法及综合指标法判定河床覆盖层第④层不存在地震液化问题;动三轴试验成果表明,50 年超越概率 5%的地震动峰值加速度时,河床覆盖层第④层不存在地震液化问题,100 年超越概率 2%的地震动峰值加速度时,河床覆盖层第④层有可能存在地震液化问题。考虑各种设计工况,采用三维动力反应分析计算,对地基第④层进行了液化危险性分析。计算结果表明,50 年超越概率 5%的地震动峰值加速和 100 年超越概率 2%的地震动峰值加速度时,坝基砂层均不会发生液化问题。

由于大部分常规液化判定方法适用范围有限,计算参数多为经验值,而三维动力反应分析计算考虑了大坝建成后的实际工况。综合分析,第③-1 粉土质砂层、④层细粒土质砂层在地震烈度Ⅷ度时液化的可能性不大,在地震烈度Ⅸ度时液化的可能性增大。

5.3　低液限黏土层工程地质评价

坝基低液限黏土层主要为第②层及⑤-2 层透镜体层,第②层埋深一般 3~5 m,分布范围广,厚度一般 3~7 m,少量较大可达 13 m。⑤-2 层埋深较大,一般大于 50 m,厚度较小,一般 1~3 m,由多个透镜体组成,单个透镜体面积较小,对工程影响相对较小。所以本阶段重点对第②层进行了详细的勘察研究工作。

黏土层呈可塑状,相对较为均匀,局部夹有砂质及少量砾石。土体透水性微弱,为坝址区的相对隔水层,允许渗透比降较大,总体渗透稳定性较好。内摩擦角 φ 一般为 $18°\sim20°$,内黏聚力较小,允许承载力一般为 $150\sim180$ kPa,坝体稳定性较好。

根据压缩固结试验成果可知,黏土层孔隙比为 $0.56\sim0.99$,平均值为 0.79;压缩系数 $a_{v_{0.1\sim0.2}}$ 为 $0.11\sim0.50$ MPa^{-1},平均值为 0.31 MPa^{-1};压缩模量 $E_{s_{0.1\sim0.2}}$ 为 $4.09\sim15.12$ MPa,平均值为 7.44 MPa;单位沉降量为 $21.5\sim103.35$ mm/m,平均值为 49.83 mm/m。说明土体具有中等压缩性。

6 坝基持力层选择

堆石坝坝基持力层的选择直接关系到覆盖层的应力应变场、砂土的液化、渗流的防治及地基的处理措施等多个方面。影响持力层选择的因素很多,有坝基的工程地质特性、建筑物特征、施工条件、方法及工艺、经济指标等。从工程角度出发,我们主要考虑其作为坝基的岩土体的工程地质特性及建筑物的特性。对于一定的建筑物,既要考虑充分利用坝基岩土体的工程地质特性,选择工程特性较好的岩土体作为坝基,以满足建筑物对坝基强度、变形、抗滑稳定性、渗透及液化等方面的要求,又要兼顾开挖、地基处理及施工适宜性等方面的要求。

第①层砂卵砾石层位于地表,其作为地基基础具有开挖少,承载力大的优势,但由于其厚度一般较小,平面高程变化较大,结构松散,透水性强,防渗难度大,其下部覆盖层较厚,且存在较为软弱的黏土层及砂层,容易发生不均匀沉降。

第②层低液限黏土层厚度一般 $3\sim7$ m,少量较大,可达 13 m。顶板高程 $2370\sim2388.2$ m,底板高程 $2366.1\sim2384$ m,埋深一般不大,透水性微弱,为坝址区相对隔水层,但由于其分布不连续,局部地段缺失,因此不能作为稳定的隔水层,下部为透水性较强的粗粒土及砂层,且厚度较大,防渗难度较大;同时地基土存在不均匀沉降问题,且顶底板高程变化大,作为地基基础时其整体工程地质特性较差。

第③层卵石混合土层以冲积卵砾石为主,充填砂质及少量泥质,总体上以中密~密实状为主,分布较为稳定,两岸稍薄,河床深槽部位稍厚,顶板分布高程 $2366\sim2384$ m;地基承载力相对较大,能够充分发挥其承载力较大的优势,减少地基处理工作量;由于第③层卵石混合土以粗粒土为主,坝体堆石料与坝基具有较大的摩擦系数,有利于提高大坝的浅层抗滑稳定性。

第④层(含)细粒质土砂层,埋深较大,密实度较高,但厚度变化较大,最大可达 17.7 m,最小仅为 1.5 m,局部地段甚至缺失,不能作为一个稳定的持力层。根据前述可知该层在 Ⅸ 度地震烈度下局部可能存在地震液化问题,需要采取适当的防液化处理措施。

第⑤层混合土卵石层,以冲积卵砾石为主,充填砂质及少量泥质,总体上以中密~密实状为主,分布较为稳定,厚度一般 $20\sim30$ m,河床深槽两侧受下伏基岩面形态控制,厚度变化较大,河床深槽部位稍厚,顶板分布高程 $2336.2\sim2364$ m。该层土体地基承载力相对较大,可达 $350\sim450$ kPa,其承载力较大的优势能够充分发挥,减少地基处理工作量。由于第⑤层卵石混合土以粗粒土为主,坝体堆石料与坝基具有较大的摩擦系数,有利于提高大坝的浅层抗滑稳定性。将工程地质特性较差的黏土层及砂层开挖,有利于减小基础沉降、消除砂层的地震液化及提高坝体的抗滑稳定性。第⑤层为中等～强透水层,有利于地下水的排出,减小渗透压力。

第⑥层冰积块碎石层,以块碎石为主,挤压紧密,埋深大,位于河床深槽部位,顶板高程2320～2330 m,起伏不大,有利于形成基础面。该层土体地基承载力相对较大,可达450～550 kPa,其承载力较大的优势能够充分发挥,减少地基处理工作量。

综上可知,坝基③、⑤、⑥层均具有作为地基基础的条件,但由于第⑥层埋深大,开挖量大,经济性较差。③、⑤层均为粗粒土,地层稳定,容易形成统一的持力层,地基承载力均较大,与坝体材料的摩擦系数较大,有利于提高大坝的浅层抗滑稳定性;下卧层均以粗粒土为主,透水性较强,有利于地下水的排出,减小渗透压力,但透水量均较大,均需要采取可靠的防渗措施。若以第③层作为地基基础,则地基不均匀沉降问题较严重,防渗深度更大,但开挖量较小,基坑支护难度小。若以第⑤层为地基基础,则下伏覆盖层厚度更小,防渗深度小,且由于挖除了第④层(含)细粒质土砂层,不存在砂土液化问题,但工程开挖量大,基坑边坡高度高,基坑支护难度大。所以,三种开挖方案从工程角度考虑均成立,且各有优缺点,具体持力层的选择仍需要综合考虑工期、投资、施工方案等因素。

7 结束语

苏洼龙坝址所在河段河床覆盖层深厚,结构层次复杂,性状不一,各地层物理性及力学性指标各异,在坝基渗漏及渗透稳定破坏、地震液化、不均匀沉降等方面存在一定的工程地质问题。通过采用植物胶钻进提高采取率、对细粒土孔内采用取砂器现场取样进行天然密度测试;对③、④、⑤层进行载荷试验、旁压试验,获取变形参数;孔内进行原位动力触探、标准贯入试验等确定各层密实度,以确定地层承载力;孔内对砂层进行测年、物探剪切波测试、天然密度、相对密度、天然含水率、地震动三轴等试验,评价砂层地震液化问题;③、⑤层孔内取样,根据综合试验成果确定控制密度,进行室内抗剪、三轴等力学试验。根据钻探成果,结合地层沉积规律,以②层、④层和⑥层为控制层,将坝基地层分为6大层,综合分析现场及室内试验成果,确定各层物理力学性质,参考相关规程规范,结合相关工程经验确定各物理力学参数,为工程设计提供合理的设计依据及基础处理方案,对各层物理力学性质做出综合评价,为坝型及持力层的选择提供了有利的技术支撑。根据坝基的工程地质条件,设计上最终选择了第③层作为坝基基础,并构建三维模型计算出大坝沉降量、变形稳定等均满足要求。目前,大坝基坑正在开挖,根据开挖揭露情况,坝基地层条件与勘察基本一致。

参 考 文 献

[1] 罗志虎.苏洼龙水电站河床深厚覆盖层工程地质特性研究专题报告[R].北京:中国电建集团北京勘测设计研究院有限公司,2010.

[2] 中华人民共和国建设部.土工试验方法标准:GB/T 50123—1999 [S].北京:中国计划出版社,1999.

[3] 中华人民共和国建设部.岩土工程勘察规范:GB 50021—2001 [S].北京:中国建筑工业出版社,2004.

[4] 中华人民共和国住房和城乡建设部.水力发电工程地质勘察规范:GB 50287—2016[S].北京:中国计划出版社,2017.

泾阳马兰黄土土-水特征曲线研究

包　健　李征征　张旭杰　贾　东

中国电建集团西北勘测设计研究院有限公司,陕西 西安　710065

摘　要:为了研究黄土的土-水特征曲线(SWCC),取泾阳原状马兰黄土样,采用滤纸法测定了基质吸力达 46000.0 kPa 的增湿土-水特征曲线。结果表明泾阳原状马兰黄土 SWCC 随着基质吸力增加,含水率有 2 个快速下降段,显示出双降模式的 SWCC 特征。分别采用 Li 的双降连续方程和 Fredlund & Xing 的两段叠加方程对实测数据进行拟合,确定了双降模式 SWCC 方程中适合泾阳马兰黄土的相应参数。研究成果为黄土 SWCC 的深入分析提供了依据。

关键词:黄土　土-水特征曲线　滤纸法　双降模式

Research on Soil-Water Characteristic Curve of Malan Loess in Jingyang

BAO Jian　LI Zhengzheng　ZHANG Xujie　JIA Dong

Power China Northwest Engineering Corporation Limited,Xi'an 710065,China

Abstract:In order to investigate soil-water characteristic curves of loess,the filter paper method is used to measure the wetting SWCC with the samples of undisturbed Malan loess obtained at Jingyang county. The measured maximum matric suction is of 46 000. 0 kPa. Experimental results show that with matric suction increasing the SWCC has two fast failing segments. This characteristic means that Jingyang Malan loess have bimodal SWCC. Using Li's bimodal continuous equation and Fredlund & Xing's two superimposed equations to fit with the measured results respectively, the parameters for the bimodal equations are appropriately estimated. Researching results provide basis for further analyzing of loess SWCC.

Key words:loess;soil-water characteristic curve;filter paper method;bimodal SWCC

0　引言

非饱和黄土地层,不论湿陷性、强度还是渗透性,都与土中含水率有着极为密切的关系。非饱和土中不仅有固体土颗粒和水,还增加了气体相,与 Terzaghi 建立的饱和土力学有效应力状态变量$(\sigma - u_w)$相比,非饱和土中增加了孔隙气压(u_a)。目前普遍采用 2 个应力状态变量组合,即$(\sigma - u_a)$和$(u_a - u_w)$,来表征非饱和土的应力状态[1,2],其中$(\sigma - u_a)$为重力和开挖、堆载等导致的总应力,$(u_a - u_w)$为负孔隙水压力提供的基质吸力。含水率(包括质量含水率、体积含水率及饱和度)与基质吸力的关系曲线,被称为土-水特征曲线 (Soil-Water

---

作者简介:

包健,1992 年生,男,助理工程师,主要从事岩土工程勘察方面的研究。E-mail:414082104@qq.com。

Characteristic Curve,SWCC),确定 SWCC 为非饱和土研究中最为基础的一项工作。如果黄土的这一关系被合理地建立起来,将成为应用基质吸力预测非饱和黄土湿陷性、强度和渗透性的基石。

目前较为公认的 SWCC 在半对数坐标体系下为一反"S"形曲线,由于滞后效应,在降低含水率(减湿)与增加含水率(增湿)过程中,相同含水率下基质吸力相差较大,如图 1 所示。反"S"形曲线多用 3 段直线厘定其关键特征,第一段与第二段直线的交点对应的基质吸力称为进气值 ψ_a(增湿曲线为排气值),第二段与第三段直线的交点为残余基质吸力 ψ_r。第二段直线的斜率 m 由土中优势孔隙直径控制,表征毛细作用。图 1 所示的反"S"形,随着基质吸力升高,仅有 1 段含水率快速下降,该类土的孔隙特征为图 2 所示

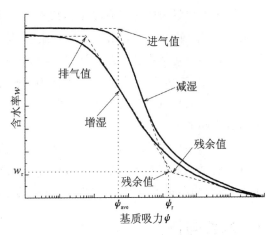

图 1 单降模式 SWCC

的单峰形式,即土体中仅有 1 组优势孔隙。但如果是裂隙土[3](Fredlund 等,2010)或粗粒与细粒悬殊的土[4](Li 等,2014),土中的孔隙分布存在图 2 所示的双峰形式,即土体中存在 2 组优势孔隙。这种孔隙分布可能造成 2 段的含水率快速下降段,如图 3 所示。SWCC 有 1 段含水率快速下降的可称为单降模式(Unimodal SWCC),有 2 段含水率快速下降的可称为双降模式(Bimodal SWCC)。

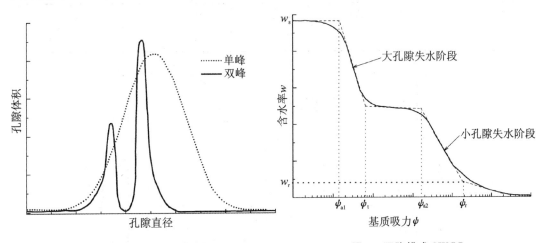

图 2 孔隙单峰与双峰特征　　　图 3 双降模式 SWCC

描述单降 SWCC 的方程甚多,Gardner 方程(1958)[5]、Van Genuchten 方程(1980)[6] 和 Fredlund & Xing 方程(1994)[7] 在黄土中应用最为广泛,且拟合度较高[8,9]。但不论哪种方程,第一个参数多与土的进气值 ψ_a 有关,第二个参数多与陡降段斜率 m 有关,当存在第三个参数时,多与残余吸力 ψ_r 有关[10]。双降模式 SWCC 方程基本上可将其视为由 2 个单降

模式 SWCC 叠加的,如图 3 所示。这样就可以采用单降模式的方程分段进行拟合,但需要找出两个快速下降段的吸力分界点。Zhang 和 Chen[11]、Satyanaga 等[12] 及 Li 等[4] 在单降方程基础上,建立了连续的双降 SWCC 方程,获得与配比土测试数据较为接近的拟合结果。

测试基质吸力的方法有轴平移技术[13]、张力计法[14]、滤纸法[15]、离心机法[16,17]、热电传感器法[18] 等,最为广泛应用的是张力计法和轴平移技术,张力计的量程仅在 100 kPa 以内,测试过程不会对样内孔隙结构造成影响;轴平移技术的量程在 1500 kPa 以内,但需要对土样施加气压,施加的气压越高,对土体内的孔隙造成的影响也会越大,是一种对土样孔隙结构造成影响的测试方法;滤纸法的量程达 300000 kPa,是测试范围最为完整,且对土样结构不造成影响的方法。

本文以泾阳的马兰黄土为研究对象,通过滤纸法测定增湿过程中的 SWCC,分析 SWCC 特征及其与粒度组成和孔隙分布特征的关系,提出更适应于黄土的土-水特征方程及参数,为非饱和黄土强度、湿陷性、渗透性等本构关系的建立提供坚实的理论基础。

1 取样与测试

测试土样取自陕西省泾阳县泾河南岸的黄土塬,坐标东经 108°49′44″,北纬 34°29′34″,海拔 466.0 m。在一取土场侧壁开挖横向探坑取得马兰黄土原状土样,取样深度为地表以下 5~6 m。物理性质指标见表 1。采用 Bettersize 2000 激光粒度仪,测得粒度组成曲线见图 4。

表 1 泾阳马兰黄土基本物理性质指标

干密度(g/cm³)	饱和含水率(%)	塑限(%)	液限(%)	比重	孔隙比
1.24	52.8	19.8	30.2	2.71	1.12

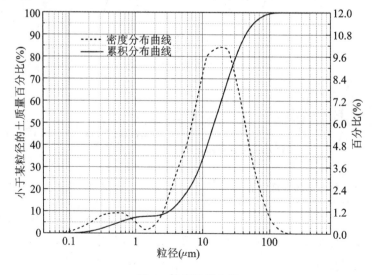

图 4 粒度组成曲线

本研究在探坑中采用环刀(直径 61.8 mm,高度 20 mm)现场取样。室内将土样烘干 (105 ℃烘 12 h),称重。每两个带环刀的烘干土样为一组,用滴管滴定加水的方法分别预配制 15 组不同的含水率的土样,预配质量含水率在 1%～44.0%之间,共计 30 个环刀。用保鲜袋密封配置好含水率的土样,放入保湿器中密闭保存 72 h 以上,使得水分均匀扩散。

采用接触型滤纸法测试基质吸力。滤纸采用 Whatman's No. 42 型滤纸;天平精度 0.0001 g;采用锡纸与蜡密封试样;密封的试样在恒温箱中放置不少于 10 d,恒温箱温度控制在 20 ℃。具体操作过程按规程 ASTM D5298-10[19]进行。滤纸的率定方程采用 ASTM D5298-10 中给出的双线型基质吸力率定方程,如式 1 所示。

$$\begin{cases} \log\psi = 5.327 - 0.0779 w_f, w_f \leqslant 45.3\% \\ \log\psi = 2.412 - 0.0135 w_f, w_f \geqslant 45.3\% \end{cases} \tag{1}$$

式中　ψ——基质吸力(kPa);

　　　w_f——滤纸含水率(%)。

2　单降模式 SWCC 方程拟合结果

从图 5 的实测点可见,测试的最大基质吸力达 46556.1 kPa,质量含水率为 1.73%,最小基质吸力为 1.2 kPa,质量含水率为 41.32%,分别采用 Gardner 方程(1958)、Van Genuchten 方程(1980)和 Fredlund & Xing 方程(1994)进行拟合。Gardner(1958)方程如式(2)所示;Van Genuchten(1980)方程如式(3)所示;Fredlund & Xing(1994)方程如式(4)所示。该试样饱和体积含水率 θ_s 为 0.549,残余体积含水率 θ_r 取 0.037,拟合曲线如图 6 所示,拟合参数见表 2。

$$\theta_w = \theta_r + \frac{\theta_s - \theta_r}{1 + \left(\frac{\varphi}{a_1}\right)^{b_1}} \tag{2}$$

$$\theta_w = \theta_r + \frac{\theta_s - \theta_r}{\left[1 + (l_1)^{n_1}\right]^{m_1}} \tag{3}$$

$$\theta_w = \frac{\theta_s}{\left\{\ln\left[e + \left(\frac{\psi}{l_2}\right)^{n_2}\right]\right\}^{m_2}} \tag{4}$$

式中　θ_w——体积含水率;

　　　ψ——基质吸力(kPa);

　　　θ_s——饱和体积含水率;

　　　θ_r——残余体积含水率;

　　　ψ_b——进气压力值(kPa);

　　　e——常数,取 2.71828;

　　　$a_1, b_1, l_1, m_1, n_1, l_2, m_2, n_2$——拟合参数。

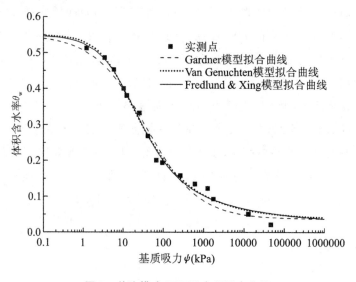

图 5 单降模式 SWCC 方程拟合曲线

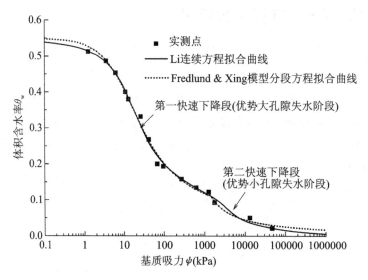

图 6 双降模式 SWCC 方程拟合曲线

表 2 单降模式 SWCC 方程拟合参数

数学方程	参数取值
Gardner 方程	$a_1 = 37.7669, b_1 = 0.6715$
Van Genuchten 方程	$l_1 = 0.1579, m_1 = 0.3316, n_1 = 1.2104$
Fredlund-Xing 方程	$l_2 = 10.2065, m_2 = 1.1201, n_2 = 0.9658$

从图 5 可以看出,在宏观趋势上,这 3 个方程在基质吸力 10～100 kPa 区段拟合均较好,而在基质吸力小于 10 kPa 和大于 100 kPa 区段,实测点与拟合曲线有一定的差距,基质吸力在 1000 kPa 左右时的实测含水率大于拟合曲线的,大于 10000 kPa 时实测含水率又小

于拟合曲线的。

3 双降模式 SWCC 方程拟合结果

根据图 4 所示的粒度组成密度分布曲线和累积分布曲线可见,该试样密度分布曲线有 2 个峰值,一个优势粒径分布在 20 μm 左右,另一个优势粒径分布在 0.5 μm 左右,而累积分布曲线在粒径 0.9～3.0 μm 之间有一个较明显的平缓段,这说明在这一段粒径的含量较低。由于粒度分布特征与孔隙分布特征具有一定的关联性[20],因此可推断泾阳原状马兰黄土有 2 组优势孔径分布,为双峰的孔隙特征,从而可能具有双降模式的 SWCC 特征,可用双降模式 SWCC 方程对实测结果进行拟合。双降模式 SWCC 方程采用连续方程或者两个单降模式 SWCC 方程分段叠加的形式,本文分别采用 Li 的连续方程和 Fredlund & Xing 方程(1994)分段方程对实测结果进行拟合,用 Fredlund & Xing 方程(1994)分段进行拟合时,1200 kPa 作为分界点。Li 的双降模式连续 SWCC 方程如式(5)所示。

$$
\begin{aligned}
w(\psi) = &\lambda\left(\frac{w_s}{\lambda+1}-w_r\right)\frac{\sqrt{\psi_t\psi_a}^{\,n_3/\log(\psi_t/\psi_a)}}{\psi^{n_3/\log(\psi_t/\psi_a)}+\sqrt{\psi_t\psi_a}^{\,n_3/\log(\psi_t/\psi_a)}}+\left(\frac{w_s}{\lambda+1}-w_r\right)\frac{(l_3\psi_t)^{m_3}}{\psi^m+(l\psi_t)^{m_3}}\\
&+\lambda w_r\frac{\sqrt{\psi_r\psi_{a2}}^{\,n_3/\log(\psi_r/\psi_{a2})}}{\psi^{n_3/\log(\psi_r/\psi_{a2})}+\sqrt{\psi_t\psi_{a2}}^{\,n_3/\log(\psi_r/\psi_{a2})}}+w_r\frac{(l_3\psi_r)^{m_3}}{\psi^{m_3}+(l\psi_r)^{m_3}}
\end{aligned}
\tag{5}
$$

式中　w_s——饱和质量含水率;

w_r——优势小孔隙残余质量含水率;

ψ_t——优势大孔隙残余吸力;

ψ_a——优势大孔隙进气值;

ψ_r——优势小孔隙残余吸力;

ψ_{a2}——优势小孔隙进气值;

λ, l_3, m_3, n_3——拟合参数。

采用式(5)对测试结果进行拟合,其中 $w_s=0.443$;$w_r=0.030$;$\psi_a=2.0$ kPa;$\psi_{a2}=150.0$ kPa;$\psi_t=1200.0$ kPa;$\psi_r=12000.0$ kPa。拟合曲线如图 6 所示,拟合参数见表 3。从图 6 可见,实测点和双降方程拟合曲线,与图 5 相比,在基质吸力小于 10 kPa 和大于 100 kPa 时,具有更好的拟合效果;说明泾阳马兰黄土 SWCC 具有双降的特点。Li 的连续方程与 Fredlund & Xing 方程(1994)分段方程的拟合曲线均比单降模式 SWCC 方程拟合曲线更接近测试值。

表 3　双降模式 SWCC 方程拟合参数

数学方程	参数取值
Li 连续方程	$\lambda=1.0403, l_3=0.2975, m_3=0.4524, n_3=2.7535$
Fredlund & Xing 方程($\psi\leqslant1200$ kPa)	$l_2=7.7718, m_2=0.9025, n_2=1.1323$
Fredlund & Xing 方程($\psi>1200$ kPa)	$l_2=331.3342, m_2=1.0833, n_2=2.9822$

　　根据 Li 等(2014)的分析,随着含水率的降低,土体先失去优势大孔隙中的水,含水率形成一个快速下降段,然后失去优势小孔隙中的水,含水率再形成一个快速下降段。分析图 4 和图 6,当土体失去粒径为 20 μm 左右的土颗粒之间孔隙中的水时,形成第一个快速下降段;当失去粒径在 0.5 μm 左右土颗粒之间孔隙中的水时,形成第二个快速下降段。20 μm 左右的优势粒径控制着 1200 kPa 以下的基质吸力的变化特征,0.5 μm 左右的优势粒径控制着 1200 kPa 以上的基质吸力的变化特征。

　　轴平移技术测试基质吸力范围一般小于 1000 kPa[21],对于黄土,仅能覆盖第一快速下降段对应的基质吸力,即只能测出优势大孔隙所控制的基质吸力。因此,若采用单降方程进行拟合,必然会使大于 1000 kPa 基质吸力的拟合结果产生较大误差。滤纸法测试范围大,特别是对优势小孔隙控制的 1200 kPa 以上基质吸力的变化特征能完整地展现,可采用双降模式方程对黄土 SWCC 进行更精确的拟合。

4　结论

　　研究泾阳马兰黄土的土-水特征曲线(SWCC),分别用双降和单降模式的 SWCC 方程对实测点进行了拟合,得出以下结论:

　　(1)泾阳马兰黄土的 SWCC 存在两个含水率快速下降段;采用双降模式拟合实测数据,明显优于单降模式。粒度分布曲线有 2 个优势峰值,表明泾阳马兰黄土孔隙分布可能具有 2 个优势范围,这一特征一定程度上解释了马兰黄土具有双降模式 SWCC 的机理。

　　(2)分别采用 Li(2014)的连续方程和 Fredlund & Xing 方程(1994)分段方程对实测数据进行了拟合,确定了方程中适合泾阳马兰黄土的相应参数,为黄土 SWCC 的深入分析提供了依据。

参 考 文 献

[1] FREDLUND D G, MORGENSTERN N R. Stress state variables for unsaturated soils [J]. Journal of the Geotechnical Engineering Division,1977,103(5):447-466.

[2] 陈正汉,秦冰. 非饱和土的应力状态变量研究[J]. 岩土力学,2012,33 (01):1-11.

[3] FREDLUND D G, SANDRA L H. Moisture Movement through cracked clay soil profiles [J]. Geotechnical & Geological Engineering,2010,28(6):865-888.

[4] LI X, LI J H, ZHANG L M. Predicting bimodal soil-water characteristic curves and permeability functions using physically based parameters [J]. Computers and Geotechnics,2014,57:85-96.

[5] GARDNER W. Mathematics of isothermal water conduction in unsaturated soils [R]. Highway research board special rep,Int. Symp. On Physico-Chemical Phenomenon in Soils,Washington,1958,40:78-87.

[6] VAN GENUCHTEN M T. A closed form equation for predicting the hydraulic conductivity of unsaturated soils [J]. Soil Sci. Soc. Am. J. ,1980,44(5):892-898.

[7] FREDLUND D G, XING A. Equations for the soil-water characteristic curve [J]. Can. Geotech. J. , 1994,31(3):521-532.

[8] 刘奉银,张昭,周冬,等.影响 GCTS 土水特征曲线仪试验结果的因素及曲线合理性分析[J].西安理工大学学报,2010,26(03):320-325.

[9] 吴元莉,项伟,赵冬.非饱和马兰黄土土-水特征曲线研究[J].安全与环境工程,2011,8(04):39-42.

[10] FREDLUND D G. Unsaturated soil mechanics in engineering practice [J]. Journal of Geotechnical and Geoenvironmental Engineering,2006,132(3):286-321.

[11] ZHANG L,CHEN Q. Predicting bimodal soil-water characteristic curves[J]. Journal of Geotechnical and Geoenvironmental Engineering,2005,131 (55):666-670.

[12] SATYANAGA A,HARIANTO RAHARDJO H,LEONG E C,et al. Water characteristic curve of soil with bimodal grain-size distribution [J]. Computers and Geotechnics,2013,48:51-61.

[13] 邢鲜丽,李同录,巨昆仑,等.非饱和黄土强度参数的试验研究[J].工程地质学报,2015,02:252-259.

[14] 朱立峰,胡炜,张茂省,等.甘肃永靖黑方台地区黄土滑坡土的力学性质[J].地质通报,2013,32 (06):881-886.

[15] 陈伟,李文平,刘强强,等.陕北非饱和红土土-水特征曲线试验研究[J].工程地质学报,2014,22(2):341-347.

[16] 卢靖,程彬.非饱和黄土土水特征曲线的研究[J].岩土工程学报,2007,29 (10):1591-1592.

[17] 王铁行,卢靖,岳彩坤.考虑温度和密度影响的非饱和黄土土-水特征曲线研究[J].岩土力学,2008,29(01):1-5.

[18] 王钊,骆以道,肖衡林,等.运城黄土吸力特性的试验研究[J].岩土力学,2002,23(01):51-54.

[19] ASTM D5298-10. Standard Test Method for Measurement of Soil Potential (Suction) Using Filter Paper[S]. Annual Book of ASTM Standards,ASTM International,West Conshohocken,PA,2014.

[20] FREDLUND M D,WILSON G W,FREDLUND D G. Use of grain-size distribution for the estimation of the soil-water characteristic curve[J]. Can. Geotech. J. ,2002,39(5):1103-1117.

[21] 蒋明镜,胡海军,彭建兵,等.地裂缝区黄土和充填土持水曲线的测试与计算[J].同济大学学报:自然科学版,2012,40 (12):1795-1801.

基于人工干扰流场的黄土介质水动力弥散试验研究

卜新峰　曾　峰　孙　璐　苗　旺

黄河勘测规划设计有限公司,河南　郑州　450003

摘　要:弥散系数是描述进入地下水系统中可溶的污染物质随时间、空间变化的参数,开展野外现场水动力弥散试验能够避免水动力弥散的尺度效应,较好地反映场地介质的实际情况。通过在三门峡市西南部两处赤泥堆黄土介质中开展现场弥散试验,利用标准曲线法对试验数据进行了整理和计算。结果表明,抽水条件下的径向收敛流弥散试验方法简单,条件可控,适用性较强;两处场地黄土介质含水层的径向弥散度 a_L 为 0.26～0.32 m,弥散系数 D_L 为 0.09～0.12 m²/d,计算结果可为该地区具有类似地质条件的黄土介质弥散参数的取值提供参考和借鉴。

关键词:人工流场　弥散试验　标准曲线法　黄土介质

Hydrodynamic Dispersion Study on Loess Medium Based on Artificial Interference Flow Field

BU Xinfeng　ZENG Feng　SUN Lu　MIAO Wang

Yellow River Engineering Consulting Co.,Ltd.,Zhengzhou 450003,China

Abstract:Diffusion coefficient is a parameter that describes the change of soluble pollutants in the groundwater system with time and space. Field hydrodynamic dispersion test can avoid the scale effect of hydrodynamic dispersion and better reflect the actual situation of the site medium. Based on the field dispersion test carried out in the loess media of two red mud yards in the southwest of Sanmenxia, the experimental data were sorted and calculated by the standard curve method. The results show that the radial convergence flow dispersion test method under pumping condition is simple, controllable and applicable. The dispersivity of the aquifer in the two sites a_L is 0.26 m to 0.32 m, and the diffusion coefficient D_L is 0.09 m²/d to 0.12 m²/d. The calculation results can provide reference for the value of the dispersion parameters of loess media with similar geological conditions in the region.

Key words:artificial flow field;dispersion experiment;standard curve method;loess

近年来,随着工业社会的不断发展,地下水污染问题日趋严重,地下水污染预测已成为地下水科学与工程领域的热点之一,并广泛应用于地下水环境影响评价工作之中。

弥散系数是描述进入地下水系统中可溶的污染物质随时间、空间变化的参数,是用来进行地下水污染预测的必备参数。为了对赤泥堆场场地地下水中污染物的运移、扩散规律进行研究与分析,建立地下水的溶质运移模型对特征污染物的运移进行模拟,分析污染物的扩

作者简介:

卜新峰,1985 年生,男,工程师,主要从事水利水电工程地质勘察与工程水文地质方面的研究。E-mail:1091647591@qq.com。

散规律,需要获取含水层的弥散系数。国内外学者获取弥散参数的方法主要有实验室模拟与野外就地测量两种。相对而言,室内试验易于开展,条件可控,且经济可行,但存在天然缺陷,即大部分试验及其计算公式都是在理想的预设条件下进行的,不能完全刻画野外的实际地质条件,不能很好地反映多孔介质的非均质性,计算结果与实际情况一般都存在较大的偏差。相关研究认为,由于尺度效应的存在,野外弥散试验确定的弥散度值比室内土柱弥散试验确定的值大 2~4 个数量级[1-2]。因此,开展野外现场水动力弥散试验,进而获取符合实际地质条件和介质特征的水动力弥散参数的重要性不言而喻。

1   试验场地基本条件

野外现场弥散试验的场地选择在三门峡市西南部某企业的堆场 1 和堆场 2,两处堆场地层基本一致,野外现场弥散试验分别为堆场 1 内的 KM-01 孔弥散试验和堆场 2 的 KM-02 孔弥散试验,两个堆场直线距离约为 2 km。地貌类型为黄土丘陵区,两处堆场浅层地下水位埋深均大于 100 m,含水层岩性为中、下更新统黄土(含裂隙)及黄土夹钙质结核层,富水性差,含水层厚度 10~20 m。根据现场开展的抽水试验(井深 150 m)的资料,堆场 1 浅层含水层综合渗透系数为 0.23 m/d,堆场 2 浅层含水层综合渗透系数为 0.19 m/d[3]。

两组试验均为抽水条件下(径向收敛流)弥散试验。由于试验场地浅部地层岩性以粉质壤土为主,渗透系数较小,地下水天然渗透流速较慢;加之很难准确掌握试验场地范围内的地下水流向,考虑到利用天然流场的试验耗时长、成本高、成功率偏低等风险,野外弥散试验采用人工干扰流场,即利用抽水条件下的流场,此时地下水流向明确,现场弥散试验孔位明确,操作相对简单。

2   试验方法及示踪剂

野外现场弥散试验在试验孔抽水试验过程中开展,即在抽水试验某一落程的稳定阶段,当流量和水位达到相对稳定时,首先测定抽水孔水样中的 Cl^- 背景值,然后将 50 kg 食盐(NaCl)完全溶解后一次性注入观测孔中,定时在抽水孔中采取水样进行现场滴定实验;确定水样中 Cl^- 浓度变化情况,绘制浓度变化曲线,计算弥散系数。

用 NaCl 作为示踪剂是基于两个考虑:一是稀释后的食盐溶液对水的运动状态影响不大,且对周边地下水环境基本不造成影响;二是便于对 Cl^- 的检测,即在滴定过程中消耗 $AgNO_3$ 的体积与 NaCl 示踪剂的体积能保持一定的关系。

3   弥散方程及参数计算

利用管井抽水时,井附近的天然流速与抽水产生的流速相比可以忽略不计,形成以抽水井为中心的径向流场。在抽水试验达到稳定阶段后,一次性瞬时注入示踪剂。径向收敛流场瞬时注入示踪剂的数学模型需要满足以下假设条件:①含水层为均质各向同性,底板水平、等厚、在平面上无限展布;②抽水井及观测井的井径较小,且为完整井;③瞬时向投放井注入示踪剂对含水层及其他井孔没有干扰,或产生的干扰可以忽略不计;④示踪剂一经注入,则立即与井中地下水完全混合均匀;⑤机械扩散满足 Fick 定律,且示踪剂浓度足够小,可忽略密度对地下水运动的影响;⑥抽水井中示踪剂浓度不影响含水层中示踪剂浓度。

描述稳定的径向渗流场溶质运移的基本方程(对流二维弥散方程)为[4-5]:

$$\frac{\partial c}{\partial t} = a_L |u| \frac{\partial^2 c}{\partial r^2} - u \frac{\partial c}{\partial r} + \frac{a_T |u|}{r^2} \frac{\partial^2 c}{\partial \theta^2} \tag{1}$$

$$u = \frac{Q\pi \bar{h} r n}{2} \tag{2}$$

式中 a_L——纵向弥散度(m);

   a_T——横向弥散度(m);

   u——地下水流速(m/d);

   c——示踪剂浓度(mg/L);

   θ——方位角(°);

   Q——抽水量(或注水量)(m³/d);

   r——投源孔与观测孔的距离(m);

   $\bar{h}$——投源孔与观测孔之间含水层的平均厚度(m);

   n——含水层有效孔隙率。

式(1)适用于径向散发流($u>0$)和径向收敛流($u<0$)。式(2)中,Q是流量,对注水井(散发流),$Q>0$;对抽水井(收敛流),$Q<0$。

试验不考虑地层或钻孔结构物对食盐的吸附及其他物理化学反应,对流-弥散方程的最后一项是由横向弥散产生的,对径向散发或径向收敛的渗流场,由于径向流速较大,故可以忽略横向弥散作用产生的影响,式(1)可以进一步简化为:

$$\frac{\partial c}{\partial t} = a_L |u| \frac{\partial^2 c}{\partial r^2} - u \frac{\partial c}{\partial r} \tag{3}$$

对于瞬时注入径向流的情况,目前尚无解析解,法国水文地质学家 J. P. Sauty 采用有限差分的数值法进行参数计算,求得以 Peclet 数 P 为参数,以无因次浓度 C_r 和无因次时间 t_r(或 $\lg t_r$)分别为纵、横坐标的标准曲线,用以确定含水层的弥散度 a_L。

将所得的现场试验数据进行分析整理,具体方法如下:将观测浓度换算成无因次浓度 C_r[式(4)],观测时间换算成无因次时间 t_r,见式(5)。

$$C_r = \frac{C - C_0}{C_{max} - C_0} \tag{4}$$

$$t_r = \frac{t}{t_0} \tag{5}$$

式中 C——示踪剂的观测浓度(mg/L);

   C_0——示踪剂的背景浓度(mg/L);

   C_{max}——示踪剂的峰值浓度(mg/L);

   t——累计观测时间(min);

   t_0——纯对流时间(min)。

纯对流时间 t_0 由式(6)计算:

$$t_0 = \frac{\pi r^2 \bar{h} n}{Q} \tag{6}$$

将试验数据整理后,再与标准曲线绘制在相同模数的半对数坐标纸上,并将该曲线与相应标准曲线相配合,通过移动两曲线,直至实测的 C_r-$\lg t_r$(或 C_r-t_r)关系曲线与某一 P 值的标准曲线配合得最好。配线时注意两曲线横坐标要重合,通过配线,确定 P 值,并由公式 $a_L = \frac{r}{P}$ 求得 a_L 值,再由公式 $D_L = a_L \cdot u$ 求得纵向弥散系数,其中 u 为地下水流速[6-7]。

4 试验结果

根据上述计算方法,将弥散试验的数据按式(4)～式(6)进行整理,并分别与标准曲线进行匹配,配线结果见图1和图2。

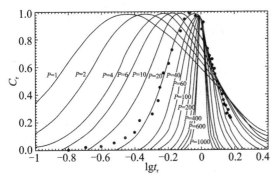

图 1 KM-01 孔弥散试验配线

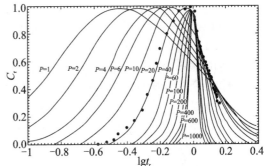

图 2 KM-02 孔弥散试验配线

本次弥散试验得到的堆场 1 径向弥散度 a_L 为 0.32 m,弥散系数 D_L 为 0.09 m²/d;堆场 2 径向弥散度 a_L 为 0.26 m,弥散系数 D_L 为 0.12 m²/d,计算结果详见表1。综合野外现场观测情况以及前人在本地区相似地段的弥散试验成果,经分析认为,本次开展的野外现场弥散试验结果基本符合场地黄土介质的水动力弥散特征,计算结果可为该地区具有类似地质条件的黄土介质弥散参数的取值提供参考和借鉴。

表 1 弥散试验计算成果表

试验编号	孔间距(m)	P 值	弥散度 a_L(m)	地下水流速 u(m/d)	弥散系数 D_L(m²/d)
KM-01	6.4	20	0.32	0.29	0.09
KM-02	5.2	20	0.26	0.46	0.12

5 结论

(1)本次试验采用野外现场抽水条件下的径向收敛流弥散试验,试验方法简单,条件可控,经济可行,野外操作适宜性较强。

(2)通过对三门峡市西南部两处赤泥堆场进行野外现场水动力弥散试验,获取了两处场地的黄土介质含水层的水动力弥散参数，堆场 1 径向弥散度 a_L 为 0.32 m，弥散系数 D_L 为 0.09 m^2/d；堆场 2 径向弥散度 a_L 为 0.26 m，弥散系数 D_L 为 0.12 m^2/d。计算结果可为该地区具有类似地质条件的黄土介质弥散参数的取值提供参考和借鉴。

（3）标准曲线配线法求解过程简单，在操作过程中实用性较强，数值稳定性较好，该方法获取的水动力弥散参数能够为进一步建立地下水溶质运移模型提供支撑。

参 考 文 献

[1] FRIED J J. Groundwater Pollution[M]. New York：Elsevier，1972：764.

[2] SUDICKY E A，FRIND E O. Contaminant transport in fractured porous media：Analytical solutions for a system of parallel fractures[J]. Water Resour. Res.，1982，18(6)：1634-1642.

[3] 万伟锋，张海丰，卜新峰，等. 开曼铝业（三门峡）有限公司 110 万 t/a 氧化铝厂地下水环境影响评价专题报告[R].郑州：黄河勘测规划设计有限公司，2012.

[4] 苏贺，康卫东，曹珍珍，等. 潜水含水层水动力弥散试验研究[J].水土保持通报，2014，34(2)：83-85.

[5] 郑西来，张俊杰，梁春，等. 石油污染多孔介质水动力效应研究[J].中国矿业大学学报，2011，40(2)：286-291.

[6] 宋树林，林泉.地下水弥散系数的测定[J].海岸工程，1998，17(3)：61-65.

[7] 陈崇希，李国敏.地下水溶质运移理论及模型[M].武汉：中国地质大学出版社，1996.

房渣土地基强夯有效加固深度试验研究

袁鸿鹄[1] 张如满[1] 单博阳[1] 王魏东[1] 李云鹏[2]

1. 北京市水利规划设计研究院,北京 100048;2. 中国石油大学(北京),北京 102249

摘 要:有效加固深度是强夯法加固地基的重要指标,如何确定有效加固深度意义重大。本文结合北京园博园水质净化工程地基处理试验工程实例,通过标准贯入试验、孔内波速测试、不同深度多点位移监测等检测方法对比分析,探讨了强夯法加固房渣土地基的有效加固深度。结果表明:可选用多点位移监测结合标贯试验的方法综合判定房渣土地基强夯有效加固深度。研究成果对于类似强夯地基处理工程具有借鉴和参考价值。

关键词:强夯 有效加固深度 房渣土 多点位移计

Study of Effective Reinforcement Depth of Dynamic Compaction on Miscellaneous Soil Foundation

YUAN Honghu[1] ZHANG Ruman[1] SHAN Boyang[1] WANG Weidong[1] LI Yunpeng[2]

1. Beijing Institute of Water,Beijing 100048,China;2. China University of Petroleum,Beijing 102249,China

Abstract:The effective reinforcement depth is an important indicator for strengthening the foundation of the dynamic compaction method. How to determine the effective reinforcement depth is of great significance. In this paper,combined with the example of the ground treatment experiment project of Beijing Garden Expo Park's water purification project,through comparative analysis of standard penetration tests,in-hole velocity tests,and multi-point displacement monitoring methods,the effective reinforcement depth of dynamic compaction on miscellaneous soil foundation was discussed. The results show that:the multi-point displacement monitoring combined with the standard penetration test method can be used to comprehensively determine effective reinforcement depth of dynamic compaction on miscellaneous soil foundation. The research results have reference value for similar foundation treatment projects.

Key words:dynamic compaction;effective reinforcement depth;miscellaneous soil;multi-point extensometer

0 引言

房渣土的成分以建筑垃圾、生活垃圾、粉煤灰等为主,结构较为松散,成分复杂,力学性质不均匀,不宜作为大中型构筑物的基础[1]。从处理效果、施工进度、投资等角度出发,采用

基金项目:

北京市南水北调配套工程河西支线工程项目(NSBD-PT-HXZX-KS);北京市水务局"五个一"人才培养计划项目。

作者简介:

袁鸿鹄,1984 年生,男,高级工程师,主要从事岩土工程、水利水电工程方面的勘察研究。E-mail:bjyuanhonghu_@126. com。

强夯法加固的优势明显,但是该法对房渣土地基的处理缺少试验资料,对有效加固深度及加固效果的研究较少。

强夯法的有效加固深度既是反映地基处理质量的重要参数,又是选择地基处理方案的重要依据。有效加固深度的影响因素很多,主要影响因素是地基土的性质、夯击能量,此外还有地下水位埋深、夯击次数、夯击遍数等因素[2]。近年来,有不少学者针对强夯加固地基有效加固深度方面进行了一些研究[3-6],栾帅[3]针对黏性、砂质、砾质三种不同土质的残积土回填地基在高能级强夯下的有效加固深度,根据三个工程项目的现场试验和施工区检测结果进行分析,分别采用载荷试验、标准贯入试验、动力触探试验等原位测试方法研究了强夯前后地基承载力和压缩模量的变化,分析不同高能级强夯对不同土质残积土回填地基的有效加固深度的变化规律。谢书领[4]结合海口美兰国际机场二期扩建飞行区地基处理试验段工程实例,总结琼北玄武岩残积土的岩土工程特性,选取原位测试指标作为强夯法有效加固深度的判别标准。通过地基处理前后的静力触探试验标准贯入试验重型动力触探试验对比分析,探讨强夯法加固玄武岩残积土的有效加固深度。胡瑞庚[5]针对在碎石土、湿陷性黄土、砂土三种回填土地基上进行的高能级强夯试验,采用平板载荷试验、动力触探试验、瑞利波测试方法研究强夯前、强夯后浅层地基承载力和深层密实度的变化,提出考虑土类别的高能级强夯有效加固深度计算公式。

文献[3-6]主要选择静力触探试验、标准贯入试验、重型动力触探试验等原位测试指标作为强夯法有效加固深度的判别标准,针对房渣土地基强夯法有效加固深度方面的研究较少,鉴于房渣土的特殊性,有必要针对房渣土地基强夯有效加固深度进行试验研究,确定有效加固深度的测试标准。

本文结合北京园博园水质净化工程地基处理试验工程实例,通过标准贯入试验、孔内波速测试、不同深度多点位移监测等检测方法对比分析,判定强夯法加固房渣土地基的有效加固深度。

1 强夯试验概况

强夯试验场地位于北京市园博园湿地西区,地层主要由下部的砂砾石层和上部回填的房渣土组成,其中回填土的厚度为 4.6~16.3 m 不等,填土成分以建筑垃圾、生活垃圾、筛分砂砾料的弃料(即级配不好的卵砾石)等为主,表层和层间还有上游电厂冲下的粉煤灰等,成分复杂,物理力学性质不均一,天然含水率较低,约为 13.6%,现场注水试验测得渗透系数为 2.20~32.14 m/d,属于中等-强透水地层。该区域地下水位埋深 16.00~19.10 m,年变幅为 0.5~1 m。

地层岩性自上而下具体描述如下[6]:

①₁杂填土:稍湿,松散~稍密。成分以粉土和砂土为主,占 40%~50%,房渣土占 30%~40%,含少量生活垃圾。厚度 4.60~16.30 m,高程 53.35~64.33 m。局部地段分布有粉煤灰和粉土填土。

② 卵砾石层:杂色,稍湿,密实。该层揭露最低层底高程 50.65 m,揭露最大层厚 4.00 m。

②₁粉土层:褐黄色,稍湿,稍密,层厚约 0.50 m。

②₂细砂层:褐黄色,稍湿,中密,层厚约 3.00 m。

卵砾石层之下为第三系始新统长辛店组(E2c)泥岩和砾岩。

本次地基处理试验主要处理①₁ 杂填土层,提高其承载力,减少不均匀沉降,从而保护上覆湿地防渗结构的安全。

本次强夯试验选取了 1 块 40 m×40 m 的试验场地,命名为 1♯场地,具体试验参数见表 1[7,8]。

表 1　强夯试验场地施工参数

试验场地	夯点间距 (m)	夯点数量	单击夯击能(kN・m)		夯锤质量 (t)	夯锤落距 (m)	单点击数
			点夯能级	满夯能级			
1♯	5.0×5.0	113	5000	1000	40	14.0	9

点夯单点击数以最后两击平均夯沉量不大于 5 cm 控制。根据现场试夯结果,单点 9 击满足要求。满夯时,锤印搭接不小于 1/4,击数 1 击。

主要采用了标准贯入试验、孔内波速测试、不同深度多点位移监测等检测方法和手段,确定有效加固深度。钻孔取土干密度试验由于渣土中砖块、碎屑、碎渣较多不能取土而取消,静载试验则由于处理前 6 个点的试验结果均显示地基承载力已达到 180 kPa 以上而终止。试验场地实际完成的检测项目与数量见表 2。

表 2　场地检测项目与数量一览表

序号	检测项目	单位	强夯试验	
			工前检测	工后检测
1	标贯	个	6	6
2	钻孔内波速测试	个	6	6
3	多点位移监测	个	1	

具体试验测试方法如下:

① 标贯试验:每个标贯点每米做一次标贯试验,试验孔深按打穿房渣填土层计。

② 钻孔内波速测试:在标贯试验的钻孔中进行,根据标贯打钻取得的地层剖面情况,基本遵循 1 m 一测波速的原则进行。

③ 多点位移监测:自地表向下 2.0 m、4.0 m、6.0 m、8.0 m、9.0 m、10.0 m 设置 6 个测点,以考察施工过程中相关测点的分层位移沉降量。

2　试验结果与分析

2.1　标贯试验结果及分析

在剔除异常值(大于 50 击的点)之后,各测点地基处理前后标贯试验结果对比情况见图 1,统计比较结果见表 3。

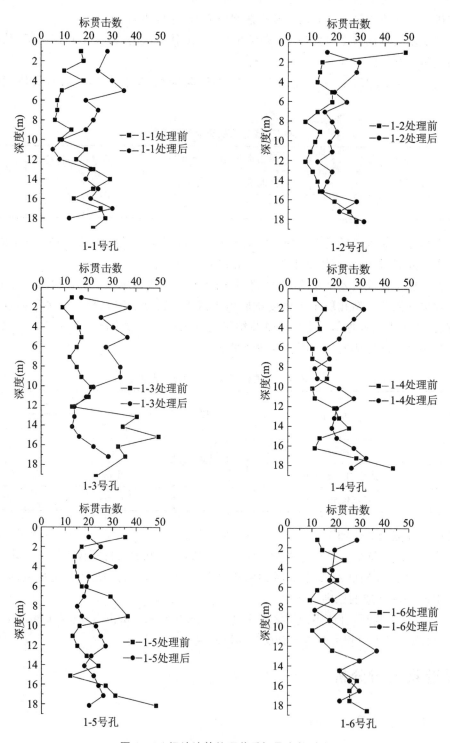

图 1　1♯场地地基处理前后标贯击数对比

表3 1♯场地标贯试验结果汇总

统计深度（m）	岩性	平均标贯击数 N（击）		平均提高幅度
		处理前	处理后	
1		22.7	22	−3％
2		14.5	32.5	124％
3		14.2	25	76％
4		14.7	26.4	80％
5		14.3	24.7	73％
6		13.2	21.3	61％
7		13.2	18.4	39％
8		13.2	18.3	39％
9	房渣填土	18.7	19.7	5％
10		12.7	19.2	51％
11		14.3	18.8	31％
12		14.5	19.5	34％
13		23.5	20.3	−14％
14		24.2	17.5	−28％
15		22.8	20.2	−11％
16		21.3	25.2	18％
17		28.2	26.3	−7％
18		35.6	22.25	−38％

标贯试验结果主要用以评价地基土密实度的变化。从图1中处理后的标贯曲线可以看出，9 m深度范围内的标贯击数基本上呈现由浅至深逐渐减小的趋势，说明夯击能随深度增加而扩散并减弱。

1 m深度标贯击数减小，可能是由施工过程中对深度达1.6 m左右的夯坑回填不实所致。从2 m深度开始至9 m深度标贯击数增大幅度逐渐下降，再向下出现高低反复的现象。这说明强夯的竖向挤密作用对本场地房渣填土有明显的加固效果，尤其是9 m以上深度范围内，平均标贯击数增大幅度达53％，而9 m以下虽然每个测点的情况有些许不同，但平均标贯击数相当。由此初步推断5000 kN·m强夯施工对本场地的影响深度大致为9 m以内。10～12 m平均标贯击数增大幅度40％，每个孔的地基处理标贯击数在8 m、9 m、10 m、11 m附近变化规律不明显，仅仅根据标贯试验很难准确测定有效加固深度。

2.2 钻孔内横波波速测试结果及分析

各测点地基处理前后横波波速检测结果对比情况见图 2,统计比较结果见表 4。

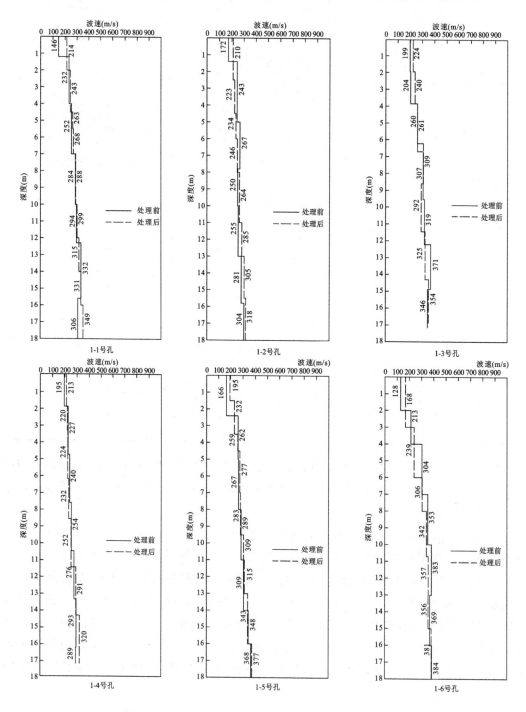

图 2 1♯场地地基处理前后孔内横波波速分布对比曲线

表 4　1♯场地孔内横波波速汇总

统计深度(m)	岩性	平均横波波速(m/s)		平均提高幅度
		处理前	处理后	
1		167.7	204	21.6%
2		193.8	210.2	8.5%
3		230.2	221	−4%
4		230.2	238	3.4%
5		258.2	249.5	−3.4%
6		265.2	250.3	−5.6%
7		265.2	273	2.9%
8		283.5	277.3	−2.2%
9	房渣填土	289.5	286.3	−1.1%
10		289.5	291.2	0.6%
11		299	295.5	−1.2%
12		306	300	−2%
13		311.3	314.7	1.1%
14		323	322.5	−0.2%
15		332.3	325.2	−2.1%
16		327.7	341.2	4.1%
17		333.5	349.8	4.9%
18		332.8	349.8	5.1%

从统计结果看,地基土表层 1~3 m 波速提升较大,3 m 以下波速各有小幅增减,无明显变化。6 m 深度内平均提高幅度为 3%。

2.3　多点位移监测结果及分析

本次多点位移监测采用基康仪器(北京)有限公司研制生产的 BGK-A3 型多点位移计进行,旨在通过监测场地内不同深度 6 个测点在强夯过程中的位移变化,查明地基土沉降的规律,并明确强夯影响深度。需要说明的是,本次位移监测仅针对夯点外地基土,而未能对夯点下土体沉降变化进行监测。

由于距测点较远的夯点对其沉降影响较小,本次观测重点关注测点周围 4 个夯点对其的影响,W1-2♯测点记录 22♯、30♯、29♯、21♯夯点施工时发生的沉降,监测方法为夯一击读一次数。其中,W1-2♯测点的观测深度分别为自地表向下 2.0 m、4.0 m、6.0 m、8.0 m、9.0 m、10.0 m。各点位移变化曲线见图 3。其中横轴如 22-1 表示 26♯夯点第一击,横轴的最右方增加了施工完毕后的最终沉降量。所有沉降值均为累计沉降。另外,各测点最终位移量见图 4。

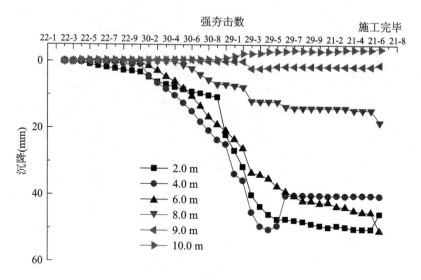

图 3　1♯场地 W1-2♯测点多点位移变化曲线

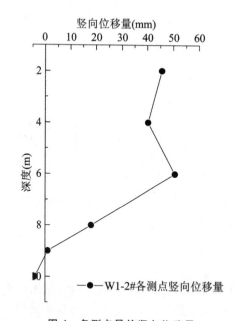

图 4　各测点最终竖向位移量

从位移变化曲线中可以看出:

(1) 从 W1-2♯仪器测量结果看,在 8 m 深度处竖向位移量仍大于 10 mm,至 9 m 深度处约为 0 mm,故可判断单击夯击能为 5000 kN·m 的强夯施工对本场地影响深度在 8～9 m 之间。

(2) 地基土的最大沉降值出现于 5.0 m 以上区域,并且在 3～4 m 深度内沉降值可能超过地表沉降值。

（3）各深度发生的沉降值有随强夯施工的进行收敛的趋势，在击至第4个点以后沉降曲线趋于平缓。

（4）施工完毕后沉降值并未有明显增长，说明较远处夯点施工对测点沉降量影响较小。

3 结论

本文结合北京园博园水质净化工程地基处理试验工程实例，通过采用标准贯入试验、孔内波速测试、不同深度多点位移监测等测试方法，分析强夯法加固房渣土地基的有效加固深度，可得以下结论：

（1）单击夯击能5000 kN·m强夯的有效加固深度建议为8～9 m。

（2）地基处理前后，标贯试验结果变化比较明显，但每个孔的地基处理标贯击数在8 m、9 m、10 m、11 m附近变化规律不明显，仅仅根据标贯试验很难准确测定有效加固深度；横波波速试验对比结果变化较小，无明显的规律性，且与标贯结果吻合度不高；多点位移监测能反映土体不同深度竖向位移随强夯过程的变化规律，可根据土体竖向监测数据直观判断强夯地基有效加固深度。

（3）对于强夯法加固房渣土地基的有效加固深度，可选用多点位移监测结合标贯试验的方法综合判定。

参 考 文 献

[1] 宫晓明，袁鸿鹄，刘淼，等.房渣土地基强夯力学效应监测及分析[J].工业建筑，2013,43(s1)：562-565,584.

[2] 中华人民共和国住房和城乡建设部.建筑地基处理技术规范：JGJ 79—2012[S].北京：中国建筑工业出版社,2013.

[3] 栾帅，王凤来，水伟厚.残积土回填地基高能级强夯有效加固深度试验研究[J].建筑结构学报,2014,35(10)：151-158.

[4] 谢书领，杨永康，李小园.强夯法加固玄武岩残积土有效加固深度探讨[J].广州大学学报：自然科学版，2017,16(03)：55-60.

[5] 胡瑞庚，时伟，水伟厚，等.深厚回填土地基高能级强夯有效加固深度计算方法及影响因素研究[J].工程勘察,2018,46(3)：35-40.

[6] 北京市水利规划设计研究院.永定河园博园水源净化工程初步设计阶段工程地质勘察报告[R].北京：北京市水利规划设计研究院,2011.

[7] 北京市水利规划设计研究院.永定河园博园水源净化工程初步设计报告[R].北京：北京市水利规划设计研究院,2011.

[8] 北京市水利规划设计研究院.永定河园博园水源净化工程地基处理试验报告[R].北京：北京市水利规划设计研究院,2011.

金关围堤防堤基淤泥相关特性研究

程小勇

广东省水利电力勘测设计研究院,广东 广州　510170

摘　要:粤东地区淤泥分布广泛,因经济发展迅速,在淤泥地基上人类生产活动活跃。金关围堤防建设开始于 2009 年,堤基勘察工作主要为在 2003 年堤防未建之时的可研勘察及 2013 年堤防开工建设约 5 年之后施工图勘察。通过比较堤基淤泥室内试验结果,对压缩特性、强度特性及结构性影响进行定量或定性分析,得出金关围堤基淤泥在上部荷载、外部边界条件改变的情况下,结构强度有了较大的改变,主要表现在:建堤前淤泥压缩系数(a_v)小于建堤后的,压缩模量(E_s)则相反,建堤后的淤泥饱和抗剪强度(c、φ)和原状土无侧限抗压强度(q_u)均小于建堤前的;建堤前淤泥孔隙比(e)总体上大于建堤后的;建堤后的淤泥灵敏度(S_t)大于建堤前的。综合试验成果表明,笔者认为金关围堤基淤泥随着时间的变化,在内、外因素综合影响下,淤泥结构性强度没有朝着有益的方向发展。建议同类工程充分考虑到淤泥特性的变化,为工程顺利开展提供指导作用。

关键词:堤防　堤基淤泥　压缩特性　强度特性　孔隙比　土结构性

Study on the Correlation Characteristics of Silt Levee Foundation about the Jinguanwei Dike

CHENG Xiaoyong

Guangdong Hydropower Planning & Design Institute,Guangzhou 510170,China

Abstract:Widely distributed silt in East Guangdong Province,due to rapid economic development in the mud foundations active human activities. The Jinguanwei Dike construction began in 2009,when the levee foundation survey work is mainly to build the dike is not available in 2003 and 2013 research survey dike construction about five years after the construction drawings investigation. Compares the mud embankment foundation laboratory test results,compression characteristics,strength characteristics and structural impact of quantitative or qualitative analysis,the Jinguanwei Dike off a causeway under silt in the upper part of the base load,the external boundary conditions change,the structural strength has great changes,mainly in:silt build embankment before compression factor (a_v) below the dike was built after the compression modulus (E_s) on the contrary,the shear strength (c,φ) of saturated silt embankment built afterand the status quo soil unconfined compressive strength (q_u) were less than the previous build embankment;mud embankment built before void ratio (e) the whole is greater than the dike was built after;dike built after the silt sensitivity (S_t) is greater than a pre-built embankment. Comprehensive test results show,I believe Jinguanwei Dike base mud off a causeway over time,including under the combined influence of external factors,silt no structural strength towards beneficial direction. Recommended that similar projects should fully take into account the changes in the characteristics of the sludge,provide guidance for the project smoothly.

Key words:dike;silt levee foundation;compression properties;strength properties;void ratio;soils structural property

作者简介:

程小勇,1982 年生,男,高级工程师,主要从事水利水电工程地质勘察方面的研究。E-mail:chen. xy@gpdiwe. com。

0 前言

金关围堤防,原称榕江堤,位于广东省汕头市潮阳区北部榕江下游的右岸,2级堤防,长度约 30 km,主要保护金灶、关埠二镇,区内地势平坦,地面高程为 1.4～3.2 m。2006年底,金关围堤防动工建设,堤防断面形式基本上采用斜坡式土堤为主,堤顶为防汛道路,净宽 6 m。

金关围堤防堤基主要为深厚的淤泥组成,海陆交互相冲积而成,深灰、灰黑色,含贝壳碎片及腐殖物碎屑等有机质,流～软塑状,分布广泛,厚度主要为 5.7～26.0 m,平均厚度约 15 m。金关围斜坡式土堤于 2009 年开工建设,多数直接填土于深厚的淤泥之上,建设至今有 5～7 年。由于所处地理位置,金关围堤防受榕江水影响较大,堤外水下地形复杂多变,堤脚直接受榕江流动水作用明显。

金关围堤防堤基淤泥受外部荷载作用明显,同时外部边界条件变化较大,使得堤基淤泥特性变化较大,硬套一般的压缩强度理论不太适宜。因其具有特殊性和典型性,加强此类堤基淤泥特性研究是非常必要的。通过对金关围堤防沿线进行地质勘察(主要为 2003 年未建堤时的可研地质勘察及 2013 年已建堤后的施工图地质勘察),按照钻探取样规范采取大量的堤基淤泥土样,进行室内常规试验,主要包括压缩特性、强度特性等试验,通过单因素方法分析试验结果,定量对比分析建堤前后淤泥特性变化情况,对淤泥结构性进行定性分析,对指导工程实践具有重要的意义。

1 试验方法与方案

1.1 试验材料

未建堤时堤基淤泥(以下简称"未建堤淤泥"),是 2003 年对未建堤时的金关围堤防进行可研勘察采取的淤泥原状样,勘察过程中存在一些低矮窄小的老堤防,并且在其位置均有取样,但没有新建达标堤防,为论述对比需要,暂且考虑为未建堤淤泥。采用钻孔取原状土技术,沿金关围堤线不同深度采取共计近 102 组原状土样,按照深度依次分成 0～5 m、5～10 m、10～15 m、15～20 m,试验用的未建堤淤泥平均物理性质见表 1。

表 1　试验用的未建堤淤泥平均物理性质指标

含水率(%)	密度(g/cm³)	土粒相对密度	孔隙比	黏粒(%)	液限(%)	塑限(%)	有机质(%)
81.6	1.57	2.68	2.072	47.3	56.0	33.7	2.12

已建堤时堤基淤泥(以下简称"已建堤淤泥"),为 2013 年对金关围堤防开展的施工图地质勘察采取的淤泥原状样,此时金关围斜坡式土堤开工建设约有 5 年,距离未建堤淤泥样采取时间间隔约 10 年,具有较强的时间对比性,堤基淤泥在上覆荷载作用下,结构已经发生变化,理论上相关特性与未建堤淤泥有差别。已建堤淤泥样通过钻孔取样技术,沿堤线不同深度采取 117 组原状土样。为科学对比起见,已建堤淤泥也按照深度依次划分成 0～5 m、5～10 m、10～15 m、15～20 m,试验用的已建堤淤泥平均物理性质见表 2。

表2　试验用的已建堤淤泥平均物理性质指标

含水率(%)	密度(g/cm³)	土粒相对密度	孔隙比	黏粒(%)	液限(%)	塑限(%)	有机质(%)
80.8	1.52	2.60	2.118	44.9	61.4	33.3	4.58

1.2　试验方法

固结试验采用饱和的淤泥样进行。在施加各级压力时,未建堤淤泥采用的压力等级为50 kPa、100 kPa、200 kPa、400 kPa,已建堤淤泥采用的压力等级为12.5 kPa、25 kPa、50 kPa、100 kPa、200 kPa、400 kPa、800 kPa、1600 kPa、3200 kPa,最后一级压力大于土的自重与附加压力之和。

快剪试验采用饱和的淤泥样进行,分别施加垂直压力25 kPa、50 kPa、75 kPa、100 kPa、150 kPa、200 kPa、300 kPa、400 kPa,以0.8 mm/min剪切速度完成试验。

无侧限抗压强度试验及其他结构性常规试验都是按照土工试验标准规范进行[1]。

1.3　试验方案

为了研究上覆荷载及时间作用对堤基淤泥的压缩、强度特性产生的影响,本文采用单因素试验方案,通过室内常规试验方法对比分析,重在明确长时间加载后金关围堤防堤基淤泥的压缩特性、强度特性等变化的基本特征。结合建堤前后淤泥孔隙比的变化特征,定性分析淤泥结构性的变化特征。具体试验方案见表3。

表3　试验方案

样品分类	取样室内试验时间(年)	是否建堤	取样深度(m)
淤泥样一	2003	未建堤	0~5、5~10、10~15、15~20
淤泥样二	2013	已建堤	0~5、5~10、10~15、15~20

2　试验结果与分析

2.1　压缩特性

土的压缩性是土体在荷载的作用下产生变形的特性,就室内试验而言,是土在荷载作用下孔隙体积逐渐变小的特性[2]。压缩系数越大,表明在同一压力变化范围内土的孔隙比减小得越多,则土的压缩性越高。压缩模量与压缩系数刚好相反,其值越大,表明土在同一压力变化范围内土的压缩变形越小,则土的压缩性越低。

图1显示出已建堤淤泥压缩系数a_v比未建堤淤泥的大。随着堤基深度的增加,压缩系数a_v呈逐渐减小的趋势,建堤前后淤泥的压缩系数a_v大小差值也逐渐减小,图1中显示两者差值由23%减小到2%,未建堤淤泥的平均压缩系数为2.165 MPa^{-1},已建堤淤泥的平均压缩系数为2.413 MPa^{-1}。

图 2 显示出已建堤淤泥压缩模量 E_s 比未建堤淤泥小,两者差值随着堤基深度的增加而增大。据图 2 可知,两者差值(分母均为未建堤时数值)由 5 m 时的 10% 逐步增加到 20 m 时的 30%,增加值较大。随着堤基深度的增大,压缩模量 E_s 呈增大趋势,未建堤时增加幅度要大于已建堤的。

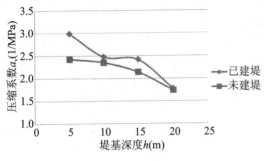

图 1　不同深度处淤泥样的压缩系数　　图 2　不同深度处淤泥样的压缩模量

从图 1 和图 2 可以得出,未建堤淤泥压缩性低,已建堤淤泥压缩性反而高,表明堤基淤泥的压缩特性在堤防建设后没有得到提升,抗压缩能力没有得到增强。

2.2　强度特性

饱和快剪适用于金关围堤防,其加荷速率快,排水条件差,且堤基为深厚的淤泥。土的抗剪强度是土在外力作用下剪切单位面积上所能承受的最大剪应力,由颗粒间的内摩擦角 (φ) 以及由胶结物和水膜的分子引力所产生的黏聚力 c 共同组成。

从图 3 可以看出,建堤前后淤泥的黏聚力 c 随着堤基深度增加而逐渐增大,已建堤淤泥的黏聚力 c 增长幅度比未建堤淤泥增长幅度小。经过统计,两者最大差值约 51%,随着淤泥埋深的增加,未建堤淤泥的黏聚力 c 在 5 m 后大于已建堤的。

图 4 显示出淤泥内摩擦角 φ 随着堤基深度的增加而增大,总体上已建堤淤泥的内摩擦角 φ 小于未建堤的,但其增加幅度却偏重于已建堤的。已建堤淤泥的平均内摩擦角为 5.46°,未建堤淤泥的平均内摩擦角为 8.08°,差值幅度达 32%。综合图 3 和图 4,显示出建堤后堤基淤泥的抗剪强度没有得到改善。

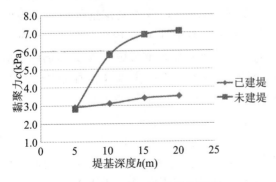

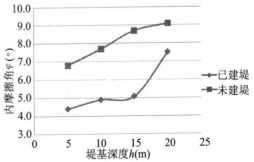

图 3　不同堤基深度处的黏聚力　　　　图 4　不同堤基深度处的内摩擦角

在不同垂直压力作用下的最大剪应力能够直接反映土在预先设计荷载作用下的抗剪能力,这就能定量衡量堤基淤泥在上覆荷载作用下的抗剪能力。从图 5 可以看出,淤泥在 100 kPa 垂直应力作用时,最大剪应力随着深度增加是逐渐增大的,未建堤淤泥剪应力呈直线上升态势,经过线性拟合得出公式:$y=1.0563x+10.873$(其中,y 为最大剪应力,x 为堤基深度)。未建堤淤泥剪应力在同级深度处均小于已建堤的。图 5 为图 3、图 4 提供了有力支撑,共同表明已建堤淤泥的抗剪能力小于未建堤淤泥的。

土在侧面不受限制的条件下,抵抗垂直压力的极限强度表示土的无侧限抗压强度,通过应变达 20% 的塑流破损时的总荷载、总应变及试样的横截面面积计算而得。图 6 即是淤泥原状样无侧限抗剪强度 q_u 与淤泥深度之间的对应关系,从中可以看出,未建堤淤泥无侧限抗压强度大于已建堤淤泥的,与堤基淤泥的饱和剪切强度关系形成呼应。q_u 随着堤基深度的增加呈增长态势,纵向比较可以发现,在堤基深度为 5 m 时两者相差不大,之后差别逐渐加大;在 15 m 深度时差距达最大,约有 11.7 kPa。

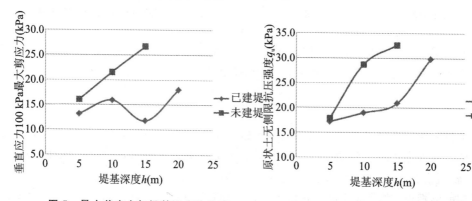

图 5　最大剪应力与堤基深度的关系　　　　图 6　无侧限抗压强度与堤基深度的关系

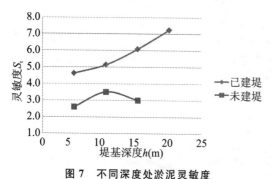

图 7　不同深度处淤泥灵敏度

灵敏度 S_t 对于衡量淤泥强度特性、淤泥受结构扰动程度都具有直接的参考意义,灵敏度 S_t 越大,结构扰动影响越明显。图 7 中显示已建堤淤泥灵敏度 S_t 大于未建堤的,两者随着深度的增加多呈增加态势。已建堤淤泥的灵敏度 S_t 随着堤基深度的增加表现明显,从 5 m 时的 4.6 逐步增加到 20 m 时的 7.2;而未建堤淤泥的灵敏度 S_t 先增加后小幅下降,总体呈"凸"形,具小幅上涨态势。综合表明,已建堤淤泥结构扰动严重,导致已建堤淤泥灵敏度 S_t 高于未建堤的。

2.3　荷载、边界条件对淤泥结构性定性分析

软土主要为自第四纪中期开始,在多次海陆变迁历史中,堆积了较厚的由陆相到海陆交互相的松散沉积物,根据其微观结构为海绵结构和层理结构来判断,其结构性较强。土结构性是指土体颗粒和孔隙的性状和排列形式及颗粒之间的相互作用,是土生成条件、环境的自

然历史产物[3,4]。影响结构性的外因主要是荷载、时间以及外界温度、湿度和风化作用。荷载作用可使土体固结压缩,孔隙变小,同时也有利于土颗粒间的胶结,增强黏土的结构性。工程中通常采用孔隙比 e 来衡量孔隙含量,用土体孔隙总体积与固体颗粒总体积之比来表示,因为固体颗粒总体积可认为是恒量,土体孔隙总体积是变量,故孔隙比 e 越大,则土越松,反之越密。土的孔隙比 e 变化能够有效反映出土结构性的改变。

图 8 为不同深度堤基淤泥在 100 kPa 作用下的孔隙比 e,曲线呈倒"U"形,未建堤淤泥孔隙比 e 大于已建堤的,表明淤泥在荷载及边界条件改变的情况下已经产生结构性变形。建堤前后淤泥的孔隙比 e 在 5～15 m 深度内变化较明显,尤其在 10 m 附近变化最大,在 15～20 m 时变化较小,说明在堤基深度 15 m 以下的淤泥受结构影响较小,此时淤泥颗粒间孔隙总量变化不明显。

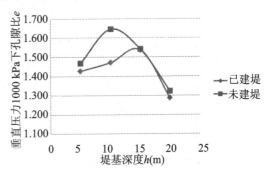

图 8　不同深度处淤泥的孔隙比

通过对金关围堤防堤基淤泥压缩特性和强度特性的比较可知,堤基淤泥在堤防荷载作用下,同时受堤外榕江流动水作用、地面活动荷载作用等情况下,使得堤基淤泥在不同深度处的力学结构性能都有所改变,总体上已建堤淤泥在压缩、强度特性方面劣于未建堤淤泥,只能说明堤基淤泥结构性在现实环境作用下的改变是不定向性的。金关围堤基淤泥在上覆堤防荷载、堤外榕江水及地面活荷载的作用下,淤泥颗粒间相对位置的移动并没有朝着更加稳定的方向进行,淤泥结构性强度没有得到提高。

3　结论与建议

(1)金关围堤防堤基淤泥特性变化突出,室内试验数据显示,未建堤淤泥压缩系数 a_v 小于已建堤淤泥的,压缩模量 E_s 则相反。堤基淤泥在 20 m 内的压缩系数 a_v 随着深度的增加而减小,压缩模量 E_s 随着深度的增加而增大。

(2)已建堤淤泥饱和抗剪强度(c、φ)和原状土无侧限抗压强度 q_u 均小于未建堤淤泥的,其黏聚力 c 和内摩擦角 φ 随着深度的增加而增大。在相同堤基深度和 100 kPa 垂直应力下,未建堤淤泥最大剪应力较大,呈直线上升态势,已建堤淤泥呈斜"S"形震荡上升。已建堤淤泥灵敏度 S_t 大于未建堤淤泥的,已建堤淤泥灵敏度 S_t 随着堤基深度的增加更为明显。

(3)金关围堤防堤基淤泥在上覆斜坡式土堤荷载作用、堤外榕江流动水及地面活荷载等内、外因素综合影响下,堤基淤泥结构性强度没有得到明显改善。

参 考 文 献

[1] 中华人民共和国水利部. 土工试验方法标准:GB/T 50123—1999[S]. 北京:中国计划出版社,1999.

[2] 工程地质手册编委会. 工程地质手册[M]. 4 版. 北京:中国建筑工业出版社,2007.

[3] 熊传祥,周建安,龚晓南,等. 软土结构性试验研究[J]. 工业建筑,2002,32(3):35-37.

[4] 沈珠江. 土体结构性的数学模型——21 世纪土力学的核心问题[J]. 岩土工程学报,1996,18(1):95-97.

浅谈土工试验技术现状与发展趋势

李 健

安徽省水利水电勘测设计院,安徽 蚌埠 233000

摘 要:本文主要结合我院土工试验设备、土工试验方法标准、环境及土工试验自动化系统等几方面进行阐述。指出了土工试验存在的一些需要解决的问题,基于这些存在的问题探讨了当前土工试验技术的现状,并对土工试验技术的未来发展趋势进行了展望。

关键词:土工试验 试验仪器 方法标准 自动化系统 行业管理

Present Situation and Development Trend of Geotextile Test Technology

LI Jian

Anhui Survey and Design Institute of Water Conservancy and Hydropower,Bengbu 233000,China

Abstract:This article mainly combines with our geotechnical test equipment,test method standard,environ mental and geotechnical test automation system and so on. Some problems that need to be solved in the geotechnical test are pointed out. Based on these existing problems,the present situation of the test technology is discussed,and the future development trend of the geotextile test technology is prospected.

Key words:geotextile test;test equipment;method standard;automation system;industry management

0 引言

我们通常所说的土工试验技术,其主要包括土工试验仪器、人员以及方法、标准、环境等内容。单单就土工试验内容而言,包括土的物理性质、力学性质、化学性质等试验类型。土的物理性质试验主要指土的三项基本指标(含水率、密度、比重)及颗粒分析,液塑限、相对密度试验等,这类试验在土工试验中工作量较大、占用试验时间较多。仪器设备的先进与否和自动化程度决定了实验室的工作效率和经济效益。

而力学性质试验可分为击实试验、回弹模量试验、固结试验、三轴压缩试验、承载比试验、渗透试验、黄土湿陷试验、自由膨胀率试验、收缩试验、冻结温度试验等类型。化学性质试验分为酸碱度试验、易溶盐试验、中溶盐石膏试验、难溶盐碳酸钙试验、有机质试验、阳离子交换量试验等类型。在工程实践中,必须具体问题具体分析,按照规程规范和强制性标准要求等,根据工程项目的实际工况来选取所需做的土工试验项目。

作者简介:

李健,1964年生,男,高级工程师,主要从事工程勘察和土工试验方面的研究。E-mail:810580271@qq.com。

1 土工试验仪器与自动化系统

1.1 物理试验仪器

土工物理性质试验,通常指的是对土的含水率、密度、比重三大基本指标,以及土颗粒、液塑限等进行分析试验的过程,此类试验不仅工作量大,而且面广,耗时费力。若能改进仪器设备,增强土工试验仪器的自动化程度,将会显著提高土工试验的效率和效益。

1.1.1 电子天平

电子天平是物理性质试验中利用频率最高的设备之一,我院土工实验室目前使用的电子天平型号是 SPS402F,感量包括 1 g、0.1 g、0.01 g,分别可以对含水率、密度、比重、相对密度、膨胀率、收缩、颗粒分析、击实、液塑限等试验进行称重。SPS402F 电子天平有多种称量单位,包括克、千克、磅等;还有多种应用模式,包括计数称量、百分比称量、累加称量等。且选配 USB 或者 RS232 通信接口,以便连接打印机、电脑和其他外围设备。

1.1.2 颗粒分析仪

就粒径大于 0.075 mm 的颗粒而言,通常需要通过系列标准筛进行分析,目前我院采用的是符合《试验筛》(GB 6003—1985)要求的 FB-2 和 FB-3 标准土壤筛和符合《实验室用标准筛振荡机技术条件》(DZ/T 0118—1994)要求的 SZS 型三维振筛机。FB-2 和 FB-3 标准土壤筛具有噪声小、筛滤样品效率高、试验精度高等优点。SZS 型三维振筛机广泛用于地质、水利、冶金、化工、建筑、煤炭、国防、科研、水泥等部门的化验和实验室对物料进行筛分分析,效率高、设计精巧耐用,三维动力突出,处理土料效率高,精度细。就粒径小于 0.075 mm 的颗粒而言,则需要借助于悬液沉降分析方法,多数单位采用密度计法,也有一些单位采用移液管法。目前我院土工实验室采用的是甲种密度计法,甲种密度计是利用土壤不同颗粒的悬浮特性测量土壤密度的一种测量工具,是做土工试验颗粒分析必不可少的试验仪器,由于其简单、易于操作、精度能够满足试验要求,因而被很多土工实验室广泛应用。

1.1.3 液塑限试验仪

就多数单位而言,当前所采用的多为圆锥仪、搓条等方法,来对土的液限塑限进行确定。但是,对于水电、铁路、公路等很多部门而言,已开始全面推广和应用液塑限联合测试仪,该仪器解决了人为因素的影响,提高了测定结果的精确度,解决了人为因素对试验质量的影响,但目前国内生产的液塑联合测定仪的质量及自动化程度还有待进一步提高。我院土工实验室使用的是 GYS-2 型光电式液塑限联合测定仪。GYS-2 型光电式液塑限联合测定仪用于测定细粒土在可塑状态的上限含水量(液限)和下限含水量(塑限)。液限、塑限联合测定法是在综合国内外长期研究的成果基础上提出的测试方法,该仪器对土类的适用性广,具有统一标准,解决了在不同塑性状态下圆锥仪入土深度的量测技术难题,提高了工效。仪器具有自动放锥,无摩擦阻力,能测出圆锥任意入土深度等特点。

1.2 力学试验仪器

1.2.1 固结试验仪

近几年,固结试验仪的种类、规格开始向着系列化、功能多样等格局发展,目前主要有如下类型:一是砝码杠杆式固结仪,这是最传统的固结试验仪器,已经实现了系列化。就施加压力程度而言,低压固结仪能够对 50 cm^2 的面积加压到 400 kPa,中压、高压固结仪分别可加压到 800 kPa 和 1600~2000 kPa。对于 30 cm^2 的面积土样而言,中压固结仪能够加压到 1600 kPa,高压固结仪则能够加压至 3200~4000 kPa,并可用于高压回弹试验,来求得土的先期固结压力。目前我院使用的是 WG 型单杠杆固结仪(三联中低压)和 WG 型单杠杆固结仪(三联高压)。这种固结仪具有直观、稳定性能佳、精确度高等优势,但由于自动化水平不高,劳动强度较大,加卸砝码过程中的振动会影响试验结果等问题,因而应用越来越少。二是气压式固结仪。该试验仪器采用高压气体作压力源,不仅加荷过程方便,而且操作简便,减弱了劳动强度,提高了自动化水平,但易出现漏气,压力不稳等一系列问题,若能及时解决这个问题,其发展前景还是相当乐观的。我院以前使用过气压固结仪,由于诸多原因,现在已经不再使用。我院目前使用的是 WG 型单杠杆固结仪(三联中低压)和 WG 型单杠杆固结仪(三联高压)。WG 型系列中低压和高压固结仪都是用于土壤的压缩试验,检测土壤的压力与变形的关系,计算土的单位沉积、压缩指数、回弹指数以及固结系数等。

1.2.2 直剪试验仪

就土抗剪强度试验而言,主要采用如下类型:一是双速电动应变控制式直剪仪,其应变速率可以达到 0.8 mm/min 或 2 mm/min,能够进行固结快剪或快剪试验;二是三速电动应变控制式直剪仪,其应变速率较双速而言增加了 0.02 mm/min,还可以同时开展慢剪试验;三是四联等应变直剪仪,其集四台直剪仪于一体,通过变速箱转变为 0.02 mm/min、0.1 mm/min、0.8 mm/min、2.4 mm/min 四种不同剪切速率,能够进行快剪、固结快剪、慢剪三种试验,且具有手摇加荷装置,无须调节砝码。

目前我院使用的是 ZJ 型四联应变控制式直剪仪,它用于测定土的抗剪强度,通常采用四个试件在不同的垂直压力下,施加剪切力进行剪切,求得破坏时的剪应力,根据库仑定律确定抗剪强度系数、内摩擦角和黏聚力。ZJ 型四联应变控制式直剪仪由于有 4 台可以进行单独操作的剪切仪,结构紧凑,故工作效率较高,可做快剪、固结快剪、慢剪试验,能够满足实验室对于不同试验方法的要求。

1.2.3 静三轴试验仪

当前,一般土工试验时常采用三轴压缩仪,结合土类、不同的工况要求,分别进行不固结不排水、固结不排水、固结排水等试验。目前我院使用的是 TSZ10-1.0 型应变控制式三轴仪,TSZ10-1.0 型轻型台式三轴仪用于一般土工实验室试验。仪器为应变控制式,用于测量最大周围压力为 1.0 MPa,直径为 39.1 mm 的土试样。在轴向静负荷条件下强度和变形特性的三轴剪切力试验,可以进行不固结不排水剪(UU)、固结不排水剪(CU)和固结排水剪(CD)的三轴试验。

1.3 土工数据采集及自动化处理系统

如今计算机等高新技术的应用,推动了土工试验数据的自动化采集与处理。该技术将数据采集、处理、曲线绘制、打印等融合于一体,并增加了三轴、直剪、固结、含水率、密度、界限含水率等试验数据采集、处理,实现了分散化采集、集中化分析和处理等多种功能。目前我院使用的是南京土壤仪器厂的新型 TWJ-1 数据采集系统。该系统装置由传感器、采样盒、计算机组成,其间用导线连接,一个采样器可以连接 8 个传感器,根据每个实验室所需通道数的不同,可将若干个采样盒用导线连起来构成一种并联形式。此设备便携且体积小,连线少,安装方便,可靠性高,适合室内和野外现场使用。使用任何标准计算机都可工作,计算机可以任意更换和升级。纯 Windows 数据采集处理软件,兼容现有计算机和操作系统,方便、稳定、可靠。

2 土工试验方法标准

当前,国内有关土工试验方法的标准有《土工试验方法标准》(GB/T 50123—1999),还有其他部门的行业标准。土工实验室执行国家标准,铁路、公路、水利行业标准等,其中所规定的试验方法几乎相同,只是结合不同行业特点,在细节方面进行了具体要求,或增减了试验项目。为了有效规范土工试验市场,亟须出台更为规范的标准。而且有相当一部分土工实验室仍采取现行规范或标准中不提倡或没有列入的,但在一些地区或部门已长期使用并进行过大量对比试验的半经验性或经验性的方法。例如,快速固结试验法,三轴试验中一个试样多级加荷剪切法,使用经验公式利用塑限推算液限,利用塑指数给土样定名后推算土的比重等方法,这些方法虽然简单可行,但准确性不够,它们的适用性和适用范围有待进一步研究落实。所以要开展土工试验新方法、新问题的研究,如室内袖珍贯入仪试验的研究与应用,非饱和土力学性质的试验研究,黄土、软土、盐渍土等特殊土类试验方法的进一步研究等,这些成果的取得将会丰富土工试验方法,解决一些新的土工试验问题,提高土工试验技术的发展水平。

3 加强土工试验的技术管理和行业管理

近年来,随着市场经济的不断深化,有些单位逐渐改变了土工试验的技术管理,土工试验的行业管理也出现了一些混乱局面,主要表现在以下几个方面:

(1) 有些单位放弃了土工试验技术负责人和审核制度,实行包产到人、包产到组的承包方式,只管进度和效益,不管试验质量,从开土到提交成果报告只有少数几个人负责,没有一套行之有效的技术管理程序来保证试验质量,没有严格执行三级校审制度,致使出具的土工试验参数准确性不高,甚至存在谬误,使工程项目存在很大的安全风险。

(2) 有些地区没有健全土工试验资质管理制度,也没有规范土工试验市场的管理,致使一些单位和个人在没有充分技术保证的前提下,随意购置设备(有些还是不合格的设备),从外面临时应聘一些没有土工试验经验和未经培训的人员操作土工试验仪器,开展土工试验业务。有些还随意压价,扰乱土工试验市场,致使土工试验市场乱象丛生。上述情况必须要引起有关单位和部门的足够重视,必须要加强土工试验的技术管理和行业管理,以确保我国土工试验技术的健康和可持续发展。

4　土工试验技术未来发展趋势

(1) 试验环境日趋优化

当前土工试验标准还未对土工试验环境提出明确规范要求,但已经有很多土工实验室配备了完善的温度和湿度调节器,实现了试验区域的独立化管理,基本满足了土工试验环境要求,但仍有很多单位为节省开支,采用条件较差的场所进行试验,致使土样变质,土样受扰动较大,难以确保土工试验结果的真实性和科学性。未来我国将会出台一系列规范,土工试验环境将得到逐步优化。

(2) 自动化技术日臻成熟

有些试验仪器由半自动化向全自动化转变,我国土工试验数据采集与处理技术自动化的发展彻底改变了土工试验需人工记录、手工计算结果的传统模式,大大提高了劳动效率,降低了人员劳动强度,确保了试验数据的真实可靠性。可以预见,随着我国土工试验技术及计算机技术的不断发展,我国土工试验自动化技术将给土工试验领域带来全新的技术革命,如南京土壤仪器厂生产的 TSZ 系列全自动三轴仪。TSZ 系列全自动三轴仪使用当代最新科技,集机械、电子技术、自动控制技术、传感器自动检测技术及计算机技术于一体,一机多用。基本配置可进行常规应力应变式无侧限试验,UU、CU、CD 等压缩剪切试验,若配备不同的试验容器和控制模块还可进行 KO 固结、静止测压力系数、多种应力路径三轴试验、拉伸试验、弹性模量试验、承载力试验等。该系统还可以做全自动控制振动三轴试验,试验过程全电脑控制。

近年来,在国内外均采用光电技术研制的光透射式粒度分析仪来进行颗粒分析试验。其优点是,测量时仪器不与悬浮液直接接触,因而对悬浮液没有扰动,测量速度快,准确性好,并且将测试与计算机联结,实现了颗粒分析试验测试、数据处理的自动化。光透射式粒度分析仪是利用重力测量中的"斯托克芬定律",采用消光沉降法的原理设计的。通过用消光沉降法测量悬浮液一定高度处颗粒浓度与沉降时间的函数关系,就可以计算沉降颗粒的累计粒度发表曲线,从而可以确定土中各粒组成分的含量。

(3) 随着土工试验技术的快速发展,相应的土工试验人员的综合素质也在逐步提升。土工试验对于相关技术操作人员的要求越来越高,技术人员通常都具有正规教育,在实践过程中有专人传帮带,并开展技术评比、实验室比对等多项活动,积累丰富经验。但依然存在部分技术人员虽文化基础高,但缺乏实际操作能力,加之缺乏吃苦精神,致使土工试验技术能力不高的现象。随着经济发展步伐的加快,对于土工试验技术人员的要求也越来越高,不少单位开始关注技术人才引进和现有人才培训,未来我国土工试验技术人员的综合素质将逐步提高。

(4) 行业准入及监管制度日趋完善

随着勘察市场改革的逐步深入,外业钻探逐渐实现了劳务分包,勘察资质对于土工试验单位的要求较弱,某些缺乏资质的单位也能够承揽项目。随着土工试验逐步被推向市场,我国势必将出台行业准入和监管规范,并进一步对勘察土工试验市场加以完善。

5 结语

作为一门研究土的试验技术,土工试验技术在岩土工程领域的地位和作用不容置疑。随着土工试验技术的逐步发展,其对于岩土工程理论及实践发展均将带来巨大的推动作用。

参 考 文 献

[1] 中华人民共和国建设部. 岩土工程勘察规范:GB 50021—2001[S]. 北京:中国建筑工业出版社,2004.

[2] 中华人民共和国水利部. 土工试验规程:SL 237—1999[S]. 北京:中国水利水电出版社,1999.

[3]《工程地质手册》编委会. 工程地质手册[M]. 4 版. 北京:中国建筑工业出版社,2007.

[4] 孙秀英. 工程勘察中土工试验应用流程研究[J]. 科技创新导报,2013(11).

引江济淮工程亳州供水管道土壤腐蚀性测试与评价

杨正春[1]　　马东亮[1]　　刘康和[2]

1. 中水淮河规划设计研究有限公司,安徽 合肥 230601;

2. 中水北方勘测设计研究有限责任公司,天津 300222

摘　要:通过对引江济淮工程亳州供水管道沿线土壤的 Mg^{2+}、Cl^-、SO_4^{2-}、pH 值、氧化还原电位、视电阻率、极化电流密度、质量损失等测试成果,评价土对混凝土的腐蚀性、土对钢筋混凝土结构中钢筋的腐蚀性、土对钢结构的腐蚀性,为解决 PCCP 管道腐蚀控制问题提供技术依据。

关键词:供水管道　土壤　测试　腐蚀性评价

Water Diversion Project from Yangtze River to Huaihe River Soil Erosion Test and Evaluation in Bozhou Water Supply Pipeline

YANG Zhengchun[1]　　MA Dongliang[1]　　LIU Kanghe[2]

1. China Water Huaihe Planning Design and Research Co. ,Ltd. ,Hefei 230601,China;

2. China Water Resources Beifang Investigation Design & Research Co. ,Ltd. ,Tianjin 300222,China

Abstract:Through from Yangtze River to Huaihe water diversion project of Bozhou water supply pipeline soil Mg^{2+} ,Cl^- ,SO_4^{2-} ,pH,redox potential,apparent resistivity,polarization current density,mass loss test results,provide Corrosion evaluation of soil to concrete,provide Corrosion evaluation of soil to rebar in reinforced concrete structure,provide Corrosion evaluation of soil to steel structure,provide technical basis for solving the problem of corrosion control in PCCP pipeline.

Key words:water supply pipeline;soil;test;corrosivity evaluation

0　前言

　　引江济淮工程沟通长江、淮河两大流域,地跨皖豫 2 省 14 市 55 县市区,是国务院要求加快推进建设的 172 项节水供水重大水利工程之一,是长江下游向淮河中游地区跨流域补水的重大水资源配置工程。长江水通过巢湖、江淮分水岭后进入淮河,沿淮河支流西淝河向北逐级提水。亳州供水工程是通过西淝河朱集站,提水至西淝河龙凤新河口,再经加压泵站通过供水管道北上输水至亳州调蓄水库,向亳州城区供水。供水管道设计采用压力管道输水(单联 PCCP 管),设计流量 5 m^3/s,管线总长 31.44 km,管道埋深 3.5～4.0 m(管径约 2.0 m)。

作者简介:

　　杨正春,1970 年生,男,高级工程师,主要从事水利水电工程地质勘察方面的研究。E-mail:yzc429@sina. com。

国外 PCCP 工程事故统计表明,爆管事故频发,断丝是爆管的主要诱因。管道钢筒外缠的高强钢丝虽有砂浆保护层,但多种原因会造成埋管处水土腐蚀钢丝,钢丝腐蚀到一定程度后断裂,所在部位管道强度下降,腐蚀进一步发展,同一部位出现更多断丝可引发爆管。

前期地质勘察成果表明,工程区属淮北平原地貌,地形平坦,管道沿线涉及土壤地层包括上部可塑状第①层重粉质壤土和下部可塑~硬塑状第②层中粉质壤土,孔隙潜水主要赋存在壤土中。地下水埋深,丰水期为 1.5~2.4 m,枯水期为 2.1~4.5 m。水质分析表明,地下水对混凝土结构具微腐蚀性,对钢筋混凝土结构中钢筋具微~弱腐蚀性,对钢结构具弱腐蚀性。

根据管道沿线地下水位不同时期埋深情况[1],管身部分处于地下水位以上,部分处于地下水位以下,干旱条件下,也存在管道全身处于地下水位以上的情况。因此,不仅应进行水的腐蚀性测试,也应进行土壤的腐蚀性测试。为了解决 PCCP 管道腐蚀控制问题,保障亳州城市供水安全运营,应对管道沿线土壤腐蚀性进行测试、分析、评价。

1 测试方案

土壤腐蚀性测试采取现场测试和土样室内试验两种方式,在不影响沿线既有建筑物或耕植农田,并避开与之交叉的天然河流或水域的情况下,沿供水管道线路尽量等间距布置了 15 个测试点,其间距一般为 1.8~3.0 km。在测试点地表进行土层电阻率参数测试,共布设 15 组(每组 3 个点),测试点处开挖 15 个探坑,探坑控制在管道埋设部位,深度一般为 3.0~4.5 m,pH 值、氧化还原电位参数在探坑内拟埋管身附近进行测试,各布设 15 组测试点(每组测 pH 值 2 个点、氧化还原电位 5 个点),而极化电流密度、质量损失在探坑中拟埋管身附近采散状样 5 份送室内测试,其中 2 份做极化电流密度测试,另 3 份做质量损失测定。土壤物理化学参数测试主要包括天然湿密度、含水率等土的物理性质,Mg^{2+}、Cl^-、SO_4^{2-} 等土的化学成分及 pH 值等土的化学性质。土样主要在探坑内采取,共采集 15 组土样,每组 8 份。

2 测试方法

2.1 土壤的物理性质和化学性质测试方法

现场采用环刀取样,在室内实验室分别采用烘干法、环刀法测试土样的含水率、湿密度,分别采用 EDTA 滴定法、硝酸银滴定法、EDTA 容量法测试土样的 Mg^{2+}、Cl^-、SO_4^{2-} 等化学成分,采用酸度计法测试土样的 pH 值。

2.2 土壤的电化学测试

(1)土壤的 pH 值现场测试

使用智能氧化还原电位仪,现场挖探坑至钢结构或混凝土管道的埋置深度,平整坑底土层表面,在适中位置插入电极,使用该仪器 pH 挡,测量 pH 值,温度自动补偿。

（2）氧化还原电位

使用智能氧化还原电位仪,现场测试采用铂电极法。先将 5 只铂电极插入欲测土壤中,平衡 1 h 后,铂电极接仪器正极,插在附近土壤中的饱和甘汞电极接仪器负极,进行测定,同时测定该土壤的温度。按以下步骤校正土壤氧化还原电位,参与土壤腐蚀性评价。具体校正流程如下:

① 实测值（$E_{实测}$）:取 5 次铂电极测试值进行平均即为该测点的实测值,它是土壤在铂电极处的电位与甘汞电极处的电位差值。

② 计算值:计算公式如式（1）[2]所示。

$$E_{h土壤} = E_{实测} + E_{甘汞电极} \qquad (1)$$

式中　$E_{h土壤}$——土壤电位值（mV）;

　　　$E_{甘汞电极}$——饱和甘汞电极固有电位值（mV）,其值在不同的温度时具有不同的数值,详见表 1。

表 1　饱和甘汞电极在不同温度时的电位值

温度（℃）	0	10	12	15	18	20	25	30	35	40	50
电位（mV）	260.1	254.0	253.0	250.8	248.9	247.6	244.6	241.0	237.6	234.2	227.1

③ pH 值校正:为便于数据的相互比较,将 $E_{h土壤}$ 校正至土壤 pH=7 时的电位值。校正公式如式（2）[2]所示。

$$E_{h7土壤} = E_{h土壤} + 60(pH-7) \qquad (2)$$

式中　$E_{h7土壤}$——土壤 pH=7 时的电位值（mV）;

　　　pH——实测土壤酸碱度。

（3）视电阻率

使用超级数字直流电法仪,现场测试采用对称四极测深法（测试装置极距选择见表 2）。

表 2　电阻率测试极距选择表

供电极距（AB/2,m）	0.9	1.2	1.5	2.1	2.85	3.9	5.1	6.6	8.7	11.4	15	21	28.5
测量极距（MN/2,m）	0.3	0.4	0.5	0.7	0.95	1.3	1.7	2.2	2.9	3.8	5	7	9.5

根据现场测试数据,首先计算每个极距的视电阻率,然后利用作图方式求取不同电性层的电阻率值。具体做法为:以 MN 为横坐标,计算 MN/ρ_s,并以 MN/ρ_s 为纵坐标,在双对数坐标纸上绘制 MN/ρ_s 与 MN 的关系图。对图中不同极距的测试值,找出不同深度、相同斜率的点,对这些点进行连线,使其均匀地分布在直线上或直线两侧。求直线段斜率的倒数,可获得测点处各层的电阻率 ρ_i,ZK3 测试点实测视电阻率关系曲线见图 1～图 3。

$$\rho_i = \frac{\Delta MN}{\Delta MN/\rho_s} \qquad (3)$$

式中　ρ_i——第 i 岩性层电阻率。

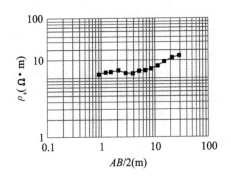

图 1　Z3DZL-1 点 ρ_s-AB/2 曲线

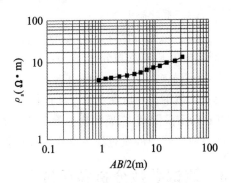

图 2　Z3DZL-2 点 ρ_s-AB/2 曲线

利用现场测得的供水管道管身附近土层电阻率（一般埋深 2～5 m）和环境温度，为便于数据的相互比较，土壤视电阻率均校正至土壤温度为 15 ℃时的值，参与土壤腐蚀性评价。校正公式如式（4）[2]所示：

$$\rho_{15} = \rho[1 + \alpha(t - 15)] \quad (4)$$

式中　ρ_{15}——土壤温度为 15 ℃时的土壤视电阻率（Ω·m）；

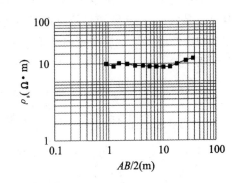

图 3　Z3DZL-3 点 ρ_s-AB/2 曲线

　　　　α——温度系数（取值 2%）；

　　　　t——实测的土壤温度（℃）。

温度校正视电阻率后取平均值作为土壤腐蚀性的评价标准。

（4）极化电流密度

使用智能极化电流密度仪，现场测试采用原位极化法。每个测试点供电电流不断增加，各点电流除以电极面积，得到各个电流密度，以之为横坐标，以测得的与各电流密度相应的电位差为纵坐标作图。绘制电位差-电流密度曲线图，ZK3 测试点电位差-电流密度关系曲线如图 4、图 5 所示，从曲线上查出电位差为 500 mV 时的电流密度值，然后取平均值作为土壤腐蚀性的评价标准。

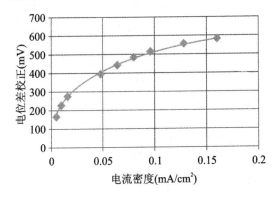

图 4　ZK3-1 点电流密度曲线

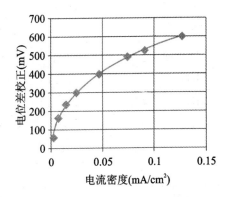

图 5　ZK3-2 点电流密度曲线

（5）质量损失

现场探坑的管身位置取土样（若有分层，应分层采取），室内测试采用管罐法。将土样在经过烘干、粉碎及筛分（0.5～1.0 mm筛子）后，装入钢筒与试验管子中间，土壤需精心捣实，并用蒸馏水湿润，达到水饱和。将可调直流电源正极接到试验管子上，负极接到钢筒上，使管子与钢筒间电压为6 V。保持24 h的连续试验供电后，把试验管子从土中取出，然后对其进行清洗除锈，至腐蚀物去除干净为止，用蒸馏水清洗、干燥（烘干）、称重（误差至0.01 g）。试验前后管子的质量损失值作为评价指标，参与土壤腐蚀性评价。

3 测试参数分析和评价

土壤腐蚀性评价标准采用《岩土工程勘察规范（2009年版）》（GB 50021—2001）。根据地质情况分析，供水管道沿线场地环境类型属Ⅲ类，土壤渗透性属B类弱透水土层，依据土样的物理性质和化学性质室内试验的测试成果评价各测试点土对混凝土结构的腐蚀性，结果见表3。

表3 土对混凝土结构的腐蚀性评价

土样编号	土的物理性质		按地层渗透性		按环境类型			
	含水率 w（%）	湿密度 ρ_0（g/cm）	酸碱度 pH 值		硫酸盐含量 SO_4^{2-}（mg/kg）		镁盐含量 Mg^{2+}（mg/kg）	
			测试值	腐蚀等级	测试值	腐蚀等级	测试值	腐蚀等级
ZK1	19.7	1.91	8.5	微	71	微	15	微
ZK2	20.1	1.85	8.6	微	83	微	33	微
ZK3	20.2	1.97	8.36	微	284	微	63	微
ZK4	16.4	1.82	8.72	微	272	微	75	微
ZK5	18.6	1.82	8.73	微	82	微	18	微
ZK6	20.3	1.88	8.84	微	71	微	27	微
ZK7	18	1.98	8.82	微	154	微	30	微
ZK8	19.5	1.92	8.18	微	203	微	33	微
ZK9	22	1.78	8.68	微	179	微	24	微
ZK10	19.7	1.96	8.24	微	166	微	33	微
ZK11	19.9	1.87	8.15	微	131	微	24	微
ZK12	21.1	1.84	8.05	微	155	微	30	微
ZK13	16.6	1.46	8.19	微	176	微	21	微
ZK14	19.6	1.84	8.13	微	107	微	27	微
ZK15	19.4	1.92	8.2	微	167	微	30	微
评价标准			>5.0	微	<750	微	<4500	微

该地区土壤属 B 类可塑黏性土,依据土样的化学成分室内试验测试成果评价各测试点土对钢筋混凝土结构中钢筋的腐蚀性,结果见表 4。

表 4 土对钢筋混凝土结构中钢筋的腐蚀性评价

测试点土样编号	测试点桩号	土中的 Cl^- 含量(mg/kg)	
		测试值	腐蚀等级
ZK1	0—112	38	微
ZK2	1+760	23	微
ZK3	3+659	112	微
ZK4	6+159	69	微
ZK5	8+057	42	微
ZK6	9+774	58	微
ZK7	11+920	81	微
ZK8	13+945	109	微
ZK9	15+735	43	微
ZK10	17+783	50	微
ZK11	19+858	74	微
ZK12	22+556	58	微
ZK13	25+679	46	微
ZK14	29+716	46	微
ZK15	30+840	62	微
评价标准		<250	微

依据现场实测土壤的 pH 值、氧化还原电位、视电阻率、极化电流密度、质量损失值测试成果评价各测试点土对钢结构的腐蚀性,取各指标中腐蚀等级最高者[3],结果见表 5。

表 5 土对钢结构的腐蚀性评价

孔号	实测 pH 值		氧化还原电位(mV)		视电阻率(Ω·m)		极化电流密度(mA/cm²)		质量损失(g)		综合评价
	测试值	腐蚀等级	测试值	腐蚀等级	测试值	腐蚀等级	测试值	腐蚀等级	测试值	腐蚀等级	
ZK1	7.28	微	815	微	27.4	中	0.0020	微	2.01	中	中
ZK2	7.43	微	824	微	32.2	中	0.0056	微	2.60	中	中
ZK3	7.13	微	820	微	27.9	中	0.0858	中	2.61	中	中
ZK4	7.25	微	778	微	25.8	中	0.0258	弱	3.15	强	强

续表 5

孔号	实测 pH 值		氧化还原电位（mV）		视电阻率（Ω·m）		极化电流密度（mA/cm²）		质量损失（g）		综合评价
	测试值	腐蚀等级	测试值	腐蚀等级	测试值	腐蚀等级	测试值	腐蚀等级	测试值	腐蚀等级	
ZK5	7.84	微	765	微	31.0	中	0.0054	微	3.12	强	强
ZK6	7.51	微	694	微	39.2	中	0.0434	弱	2.35	中	中
ZK7	6.66	微	757	微	31.3	中	0.0255	弱	2.76	中	中
ZK8	6.17	微	472	微	28.7	中	0.0233	弱	3.25	强	强
ZK9	7.11	微	837	微	30.8	中	0.0074	微	1.50	弱	弱
ZK10	6.67	微	491	微	27.7	中	0.0075	微	1.97	弱	弱
ZK11	6.82	微	686	微	25.1	中	0.0144	微	2.12	中	中
ZK12	7.21	微	742	微	31.4	中	0.0196	微	1.94	弱	弱
ZK13	7.15	微	777	微	31.6	中	0.0185	微	2.03	中	中
ZK14	7.37	微	575	微	27.6	中	0.0127	微	2.33	中	中
ZK15	7.63	微	627	微	31.0	中	0.0199	微	2.07	中	中
评价标准	>5.0	微	>400	微	>100	微	<0.02	微	<1	微	微
	5.0~4.0	弱	400~200	弱	100~50	弱	0.02~0.05	弱	1~2	弱	弱
	4.0~3.5	中	200~100	中	50~20	中	0.05~0.20	中	2~3	中	中
	<3.5	强	<100	强	<20	强	>0.20	强	>3	强	强

根据各项评价结果,从表中可看出,该地区 ZK1~ZK3、ZK6~ZK7 和 ZK9~ZK15 的土样对钢结构的腐蚀性等级为中腐蚀性,ZK4、ZK5 和 ZK8 的土样对钢结构的腐蚀性等级为强腐蚀性。

通过分析认为 ZK4、ZK5 和 ZK8 等三处土样呈现强腐蚀性的原因可能为:

(1)三处土样化学成分中 Cl^-、SO_4^{2-} 等含量相对偏高,一般阴离子对土壤腐蚀电化学过程有直接影响[1]。

(2)三处的地表高程均比耕地高出 0.5 m 左右,高出部分为开挖临近龙凤新河时的弃土方,现多为林地,在同等取样深度情况下,使得取样位置相对周围耕地取样高程较高,即位于第①层重粉质壤土的浅部,因此浅部干扰及影响增大。

4 结论

(1)环境水对钢结构具弱腐蚀性,土对钢结构具中~强腐蚀性,差异显著,管道腐蚀主要受土壤腐蚀性控制,需采取相应防腐措施。

(2)鉴于土对钢结构的腐蚀性评价结果均介于中~强腐蚀性,依据管道沿线的地层岩性变化情况,建议在管道桩号 0-111.92~4+909.05 m,8+915.29~12+932.56 m 和 14

＋840.24～30＋825.57 m 段土对钢结构的腐蚀性评价为中腐蚀的地段,使用长效涂层的保护方法进行防护;建议在桩号为 4＋909.05～8＋915.29 m 和 12＋932.56～14＋840.24 m 段土对钢结构的腐蚀性评价为强腐蚀的地段,使用阴极保护的方法防腐。

参 考 文 献

[1] 徐新华,高岳,刘杨.大伙房水库输水入连工程沿线土壤腐蚀性评价 [J].东北水利水电,2012(2):6-7.

[2] 陈华,董忠华,王煜霞.土壤对钢铁结构腐蚀性的测定方法[J].岩土工程学报,2001,20(增):1805-1808.

[3] 中华人民共和国建设部.岩土工程勘察规范(2009 年版):GB 50021—2001[S].北京:中国建筑工业出版社,2009.

引汉济渭二期工程北干线土壤对 PCCP 管腐蚀性评价

蒋　锐　李　鹏　焦振华

陕西省水利电力勘测设计研究院,陕西 西安　710001

摘　要：引汉济渭二期工程北干线压力管道拟采用预应力钢筒混凝土管(PCCP),管道存在被土壤腐蚀的可能。通过对管道沿线进行土壤腐蚀性测试,对 PCCP 管腐蚀性进行了评价,为防腐设计提供了依据。

关键词：引汉济渭　土壤　腐蚀性　PCCP 管

Corrosion Evaluation of the Soil to PCCP for the North Main Line of Second Phase of the Water Diversion from the Han to the Wei River

JIANG Rui　LI Peng　JIAO Zhenhua

Shanxi Province Institute of Water Resources and Electric Power Investigation and Design,Xi'an 710001,China

Abstract：The north main line of second phase of the Water diversion from the Han to the Wei River proposed use PCCP pipe,the pipeline may be eroded by soil. Through the soil along the pipeline corrosion testing,PCCP pipe corrosion was evaluated,it provides the basis for corrosion protection design.

Key words：the Water diversion from the Han to the Wei River；soil；corrosive；Prestressed Concrete Cylinder Pipe(PCCP)

0　引言

引汉济渭二期工程是陕西省引汉济渭工程的重要组成部分,工程从关中配水节点黄池沟起,布置南、北两条输水干线工程向各受水对象输水。

北干线承担渭河以南周至县,渭河以北咸阳市、杨凌区 2 个重点市区和西咸新区秦汉新城、空港新城、泾河新城 3 座新城,以及武功、兴平、三原、高陵、阎良、富平等 6 个中小城市和渭北工业园区的输水任务。线路全长 130.86 km,始端设计流量 30 m³/s。其中桩号 0+715～39+020 段为压力管道输水,拟采用预应力钢筒混凝土管(PCCP),最大直径 3400 mm。

预应力钢筒混凝土管(PCCP)是指在带有钢筒的高强混凝土管芯上缠绕环向预应力钢丝,再在其上喷致密的水泥砂浆保护层而制成的输水管。它是由薄钢板、高强钢丝和混凝土构成的复合管材,它充分而又综合地发挥了钢材的抗拉、易密封和混凝土的抗压、耐腐蚀性能,具有高密封性、高强度和高抗渗的特性。

预应力钢筒混凝土管(PCCP)已在我国一些大型输水工程中得到广泛应用,如南水北调中线北京段应急供水工程、山西万家寨引黄连接段给水工程、深圳东部引水工程、哈尔滨磨盘山引水工程、辽宁大伙房水库输水(二期)工程等。

作者简介：

蒋锐,1986 年生,男,工程师,主要从事水利水电工程地质勘察方面的研究。E-mail：158001024@qq.com。

据 ACPPA 有关统计资料:美国和加拿大的 9 家公司,1943—1990 年 PCCP 损坏事故比例占 0.30%,其中 82.1% 的管道事故由各种腐蚀造成;国内个别 PCCP 供水工程试运行及投运期间,也出现过 PCCP 因钢丝锈蚀等而引发的事故[1]。因此,查明环境土壤对 PCCP 管的腐蚀性至关重要。

1　腐蚀性评价指标及标准的确定

PCCP 管是一种特殊的钢结构,表层为水泥砂浆,钢结构不与土层直接接触,但又区别于混凝土中的钢筋。因此,首先应该确定用钢筋混凝土中的钢筋的土腐蚀性评价标准还是埋地钢质管道的腐蚀性评价标准。参考国内相关研究,并从有利于管道长久安全运行的角度,本文采用埋地钢质管道的腐蚀性评价标准进行评价。

考虑工程实际,结合土对钢结构的腐蚀性评价,本工程需要获取 PCCP 管道沿线地层的 pH 值、氧化还原电位、视电阻率、极化电流密度、质量损失。实际工作中对土壤的极化电流密度及质量损失进行了取样室内试验,pH 值、视电阻率、氧化还原电位进行了原位测试。

腐蚀性评价中,采用单项指标评价,对按试验指标对应评价标准评价的腐蚀性等级不同时,综合评定按最高腐蚀等级进行评定[2]。土壤对钢结构的腐蚀性评价标准见表 1[3]。

表 1　土壤对钢结构的腐蚀性评价标准

腐蚀等级	pH 值	氧化还原电位(mV)	视电阻率(Ω·m)	极化电流密度(mA/cm²)	质量损失(g)
微	>5.5	>400	>100	<0.02	<1
弱	5.5~4.5	400~200	100~50	0.02~0.05	1~2
中	4.5~3.5	200~100	50~20	0.05~0.2	2~3
强	<3.5	<100	<20	>0.2	>3

2　测试点的布置

拟采用 PCCP 管道段的桩号为 0+715~39+020,该段管线穿过的地貌单元有山前洪积扇,黑河、渭河漫滩,渭河一级阶地,渭河二级阶地,黄土塬区,测试点布置如下:

山前洪积扇段约 15 km,管基地层为砂卵石及砂壤土,布设测点 3 个;黑河、渭河漫滩段约 4.5 km,管基地层为砂卵石,布设测点 3 个;渭河一级阶地段约 6 km,管基地层为壤土,布设测点 3 个;渭河二级阶地段约 15 km,管基地层为黄土,布设测点 3 个;黄土塬区段约 1 km,管基地层为黄土,布设测点 3 个。本次测试一共布置测点 15 个,各测点最大深度均达到管基埋深,其中位于粗粒土地层中的有 5 个,位于细粒土地层中的有 10 个。

3　主要测试技术概述

3.1　氧化还原电位

测定土壤氧化还原电位是为了确定土壤微生物腐蚀的有无及其强弱。较高的氧化还原电位,表明土壤体系通气性较好;而氧化还原电位低,则表明土壤通气性差,处于嫌气条件之下。本次氧化还原电位仪型号为DMP-2,野外原位测试现场采用铂电极法,分别测量5支铂电极对甘汞电位差,单位为mV,计算公式为$E_{土地}=E_{实测}+E_{甘汞电极}$。甘汞电极不同温度的差异见表2。

表2 不同温度下饱和甘汞电极的电极电位

温度(℃)	电极电位(mV)	温度(℃)	电极电位(mV)
5	256.8	30	240.5
10	253.6	35	237.3
15	250.3	40	234
20	247.1	45	230.8
25	243.8	50	227.5

3.2 土壤视电阻率

土壤视电阻率是表征土壤导电能力的指标,一般认为,土壤视电阻率越低,腐蚀程度就越高。所以土壤视电阻率普遍用来作为衡量腐蚀程度的重要指标之一,视电阻率测试仪型号为ZC-8,现场测试采用对称四极交流电法。视电阻率计算公式为:

$$\rho=2\pi aR$$
$$\rho_{15}=\rho[1+0.02(T-15)]$$

式中 a——测量深度系数;

R——比例系数;

T——0.5 m深度测量的土壤温度(℃);

ρ_{15}——经过温度矫正后的最终土壤视电阻率值(Ω·m)。

3.3 极化电流密度

极化电流密度是通过极化曲线的测定,用低碳钢板制25 mm×25 mm的方形电极,电极引线焊在每个电极背面,用环氧树脂绝缘。对从野外取回的原状土进行切割,使其厚度为50~60 mm,夹于两电极之间,电极与试验土样紧密接触,保持10~15 min后开始试验。

为了测得极化曲线,将电源正负极接于钢板,当电流密度逐渐增大时,电极产生极化。每个电流值的持续时间为5 min,电极间电位差的测量是在极化电路断开时进行。当电极间极化电位差大于600 mV时,终止试验。按照取得的数据,读取电位差等于500 mV时的电流密度值作为测定值,其计算公式为:

$$i_K=I_K/6.25$$

式中 I_K——测得的电流值(mA);

i_K——最终土壤极化电流密度(mA/cm²)。

3.4 质量损失

土的标准质量损失采用室内管罐法测定,首先对标准试件进行去锈、去油,经蒸馏水洗净干燥后称重,然后对野外采集的土壤进行烘干处理,进行研磨后过筛,之后将土样放入试件中加压,保持 24 小时,停电后取出试件,去掉土和疏松的腐蚀产物,并在碱性溶液中进行阴极剥离,直到腐蚀产物除净,将试件再用蒸馏水清洗、干燥、称重(误差至 0.01 g),计算土的标准质量损失,每个土样做 3 个试样的平行试验。

4　测试成果及土的腐蚀性综合评价

根据原位及室内测试,引汉济渭二期北干线 PCCP 段管道沿线各地层土的腐蚀性评价指标测试成果见表3。

表 3　土对钢结构的腐蚀性测试成果

测点	氧化还原电位(mV)	视电阻率(Ω·m)	极化电流密度(mA/cm²)	质量损失(g)	pH 值
F1	571.2	330.56	—	0.17	7.63
F2	530.8	248.81	—	0.04	7.65
F3	514.1	40.24	0.402	1.22	7.53
F4	502.2	155.69	—	0.05	7.73
F5	530.6	179.45	—	0.11	7.81
F6	539.9	179.88	—	0.13	7.75
F7	502.1	70.73	0.578	1.1	7.64
F8	519.9	24.25	0.451	1.97	
F9	532.7	42.33	0.481	1.58	7.41
F10	530.3	29.17	0.514	1.12	7.45
F11	495.6	25.22	0.696	1.6	7.56
F12	521.8	19.7	0.312	1.64	
F13	523.5	26.52	0.296	1.52	7.71
F14	481.6	36.33	0.272	1.35	7.68
F15	550.4	25.76	0.884	1.84	7.45

注:F1、F2、F4、F5、F6测点地层为砂卵石,无法确定极化电流密度指标。

根据表3及表1,结合各测试点的地貌单元,土对钢结构的腐蚀性综合评价见表4。

表 4　土对钢结构的腐蚀性综合评价

地貌单元	氧化还原电位(mV)	视电阻率(Ω·m)	极化电流密度(mA/cm²)	质量损失(g)	pH 值	综合评价
山前洪积扇	微	微	—	微	微	微
	微	微	—	微	微	微
	微	中	强	弱	微	强

续表 4

地貌单元	氧化还原电位 （mV）	视电阻率 （Ω·m）	极化电流密度 （mA/cm²）	质量损失 （g）	pH 值	综合评价
黑河、渭河 漫滩	微	微	—	微	微	微
	微	微	—	微	微	微
	微	微	—	微	微	微
渭河 一级阶地	微	弱	强	弱	微	强
	微	中	强	弱	—	强
	微	中	强	弱	微	强
渭河 二级阶地	微	中	强	弱	微	强
	微	中	强	弱	微	强
	微	中	强	弱		强
黄土 塬区	微	中	强	弱	微	强
	微	中	强	弱	微	强
	微	中	强	弱	微	强

综合表 4 及各测点地貌、地层，分析得出沿线土壤对 PCCP 管具有微～强腐蚀性，并有如下规律：

（1）在地貌单元方面，河漫滩腐蚀等级为微腐蚀，山前洪积扇腐蚀等级为微～强腐蚀；渭河一、二级阶地，黄土塬均为强腐蚀。

（2）在地层方面，粗粒土地层腐蚀等级均为微腐蚀，细粒土地层腐蚀等级均为强腐蚀。

（3）单项指标方面，腐蚀等级主要受极化电流密度的控制，极化电流密度检测值较大。

5　结语

（1）根据原位及室内测试成果，依据相关标准对引汉济渭二期工程北干线 PCCP 管段土壤腐蚀性进行综合分析评价，得出了沿线地层土对钢结构具腐蚀性，腐蚀等级为微～强腐蚀。建议采用防腐层外加阴极保护的联合防护措施。

（2）管道沿线粗、细粒土对钢结构的腐蚀性等级差别较大，设计防护措施时可在确保工程安全运行的前提下，根据管道所处土壤类别分别设计，以节省工期及工程量。

（3）PCCP 管结构特殊，目前尚无专门的腐蚀性评价体系，采用埋地钢质管道的腐蚀评价标准来评价只是权宜之计。随着国内 PCCP 管道应用的大发展，应及早建立 PCCP 管土壤腐蚀性评价体系。

参 考 文 献

[1] 张其军.PCCP 腐蚀与防护浅析[J].水利建设与管理,2015,35(6):73-75.

[2] 中华人民共和国国家发展和改革委员会.埋地钢质管道直流排流保护技术标准:SY/T 0017—2006[S].北京:石油工业出版社,2007.

[3] 中华人民共和国建设部.岩土工程勘察规范:GB 50021—2001[S].北京:中国建筑工业出版社,2009.

某水库坝基承压水对压水试验
止水效果判断的影响分析

刘士虎　张　冲　夏　钊

深圳市水务规划设计院有限公司,深圳　518000

摘　要:本文从具体工程案例中总结出了在具有承压裂隙水的钻孔内进行压水试验的经验,从水量、水质浊度变化等方面给出了判断栓塞止水效果、栓塞绕渗等问题的方法,对类似工程压水试验提供了借鉴作用。

关键词:承压水　压水试验　止水　流量　浊度

Analysisof Influence on Stagnant Water Effect of the Water Pressure Test with Confined Water in the Reservoir Dam Foundation

LIU Shihu　ZHANG Chong　XIA Zhao

Shenzhen Water Planning & Design Institute Co. ,Ltd. ,Shenzhen 518000,China

Abstract:Based on a engineering example,the experiences of the water pressure test in drilling of confined fracture water and the judgment method of stagnant water effect and infiltration of embolization and other issues,from the change of flow and water turbidity,are summarized in the thesis,it will provide reference for other similar projects of the water pressure test.

Key words:confined water;water pressure test;stagnant water;flow;turbidity

0　引言

某水库位于广东省东部深汕特别合作区境内,水库功能主要为城镇供水。水库总库容约为 1600 万 m^3,兴利库容约 1300 万 m^3,正常水位 140 m,规模为中型,工程等别为Ⅲ等,水库建成后年可供水量约 2150 万 m^3。大坝全长 240 m,最大坝高 60 m,坝型初拟为面板堆石坝。

在开展河床段坝基水文地质勘察过程中,在坝基钻孔(ZK9)深度 13~15 m 内揭露一裂隙型承压水,该承压水的出现给该孔的压水试验止水效果的判断带来了较大影响,经现场反

作者简介:

刘士虎,1978 年生,男,高级工程师,主要从事地质勘察方面的研究。E- mail:liush@swpdi.com。

复研究找到了问题的解决方案。

1　场地地质概况

本区属华南准地台中的二级单元东南沿海断褶带包括的三级单元紫惠拗断束西南段，工程区位于惠阳凹陷与海岸山断块交接部位，地质构造以断裂构造为主，褶皱构造与断裂相伴而生，主要构造方向有北东向、东西向和北西向三组，其中北东向的莲花山断裂带是本区域内的主导构造。

坝址地形呈"V"形谷，河谷走向为NE40°。两岸植被发育，覆盖层厚度一般小于10 m，河床基岩裸露，零星分布漂石，基岩地层为燕山三期侵入花岗岩。场地构造不发育，主要发育三组花岗岩原生节理（J1：240°～260°∠70°～85°，J2：330°～350°∠40°～60°，J3：30°～50°∠30°～60°），其中NW向的节理最为发育，且延伸较长，最长可达50 m以上；地下水类型为基岩裂隙水，赋存在岩体裂隙内，其分布、储量和运移受构造、风化裂隙发育情况控制，主要接受降雨补给，排泄于河床。

图1为坝址平面图。图2为坝址工程地质横剖面图。

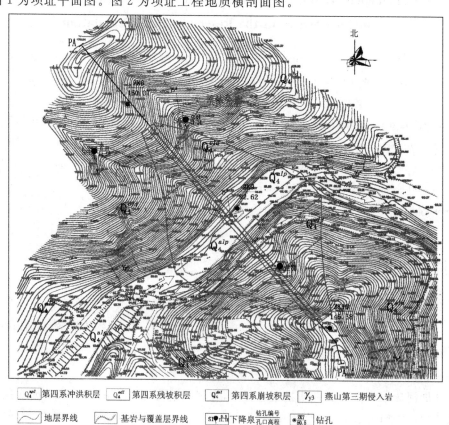

图1　坝址平面图

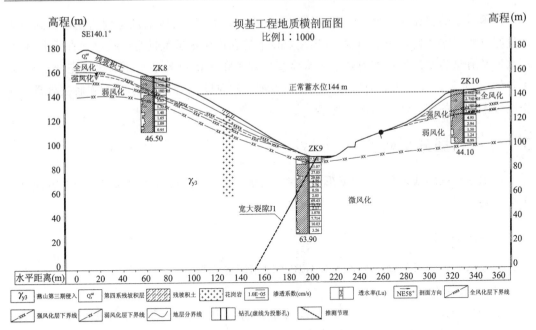

图 2　坝址工程地质横剖面图

2　承压裂隙水对压水试验的影响

坝址 ZK9 钻孔在钻至 13～15 m 范围时揭露承压裂隙水,承压水头高出地面高度约 3 m,流量在刚揭露时较大,后期稳定在约 0.36 m³/h,钻孔岩芯见图3。根据附近地面地质测绘调查、孔内钻孔摄像(图4),确认该处承压水是由北西向节理裂隙发育而来,陡倾角为 70°～85°,受两侧山体裂隙水补给,为近源补给。

图 3　钻孔岩芯

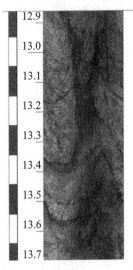

图 4　钻孔摄像

该承压水的存在导致该钻孔后期均有地下水溢出孔外,给压水试验判断止水密封效果和量测试验段渗透性带来了困扰:水出漏点以下的孔段压水试验进行中孔口一直冒水,是承压水还是有试验水外泄? 如何判断止水栓塞达到了止水密封效果? 如未达到完全密封,仅少量外漏,此种情况下该如何取试验流量值? 如无法判断是否有外泄,该如何解决处理? 下面结合本项目的实际经验给出了答案。

3 止水判据分析研究

在本项目的实践过程中,探索形成了判断承压水影响的方法,主要从以下两个方面进行了分析研究。

3.1 水量方面

根据承压水水量的稳定程度差异分别采取不同的判据:

(1)稳定流量

承压水揭穿后,钻至一个试验段深度后停机,对承压水出水量进行观测,待流量稳定后再行开展压水试验工作,记录试验前的稳定承压水流量,试验过程中对孔口返水量进行监测,对比试验前、试验时返水量的相对变化来判断栓塞止水效果或绕渗问题。

如试验时孔口返水流量与试验前流量一致,则表明栓塞止水良好,可以正常开展压水试验。

如发现试验时流量较试验前稳定出水量变大,则表明止水栓塞没有密封好,或者存在栓塞绕渗问题。如外泄水量增加很小,试验压力可以达到要求,可以继续进行试验,同时量测试验进水量和孔口返水量,计算渗透性的水量 Q＝试验进水量－孔口返水量增加量。如外泄水量增加较大,试验压力达不到要求,则需要停止试验,重新调整止水栓塞位置,选择相对较好的岩段重新进行栓塞止水。

(2)非稳定流量

如经过较长时间观测承压水流量呈非稳定流变化,且存在变化规律,则可记录其变化规律,按前述稳定流方法判断栓塞止水效果。如流量呈不规律的变化,则不能通过流量变化对止水效果进行判断,此种情况下可采取水泥或混凝土封闭承压水出水带,彻底消除承压水对下部试验段压水试验的影响。

3.2 水质浊度方面

钻孔内地下水大致以承压水出露位置为界分为上层水和下层水,上层钻孔水在承压水的长时间作用下,一般水质清澈,基本上无浑浊现象;下层水受岩粉下沉影响,一般水质浑浊,存在大量岩粉。

利用上下两层地下水浊度方面的差异来判断栓塞止水效果。压水试验设备安装完成后,暂停适量时间,待上层水质充分清澈后再进行压水试验,试验开始后如发现孔口水质很快变浑浊,根据水质变浑浊的速度、严重程度的差异,来判断栓塞止水效果好坏和绕渗强弱。

比如试验一开始孔口就立即变得很浑浊，则表明栓塞止水完全失效，或者存在严重的栓塞绕渗问题，需要更换止水位置重新做；如试验开始较长时间后孔口才变浑浊，且浑浊度较轻，表明栓塞基本上达到了止水效果，或为试验段正常地下水外渗所致，可以继续试验。

4　结论

压水试验是获得工程岩体渗透性的一种重要手段，为了取得准确的计算流量，现场工程技术人员需要当场判定试验流量的可靠性、代表性，分析判断是否存在栓塞止水失效、绕渗等问题。本文总结了在孔内有承压水的复杂环境下进行压水试验的成功经验，希望能给类似情景下的工程压水试验提供借鉴。

参 考 文 献

[1]《工程地质手册》编委会.工程地质手册[M].4版.北京:中国建筑工业出版社,2007:979,1003-1010.

[2] 中华人民共和国水利部.水利水电工程钻孔压水试验规程:SL 31—2003[S].北京:中国水利水电出版社,2003.

水头激发方式对潜水含水层微水试验的影响分析研究

曾　峰　　万伟锋　　蔡金龙　　张海丰

黄河勘测规划设计有限公司,河南 郑州　450003

摘　要:在构建微水试验物理模型试验平台的基础上,针对潜水含水层介质,采用不同的水头激发方式进行了多组微水试验。通过试验结果对比,分析了不同水头激发方式对试验结果的影响,得出了微水试验水头激发方式的选择原则,即应尽量选择对水面干扰小、操作上能达到瞬时的方法,为实际勘察过程中微水试验方法的选择提供了参考。

关键词:微水试验　水头激发方式　物理模型试验

Study on Influence of Different Water Head Excitation Methods on Slug Test in Unconfined Aquifer

ZENG Feng　　WAN Weifeng　　CAI Jinlong　　ZHANG Haifeng

Yellow River Engineering Consulting Co. ,Ltd. ,Zhengzhou 450003,China

Abstract:On the basis of physical model platform for slug test,several groups of slug tests were carried out with different water head excitation methods in unconfined aquifer medium. By comparison of the test results,the influence of different methods on test results was analyzed,and conclusion was gave that,the slug teat should try to choose the water head excitation method of small disturbance to the surface and instantaneous operation. This can provide reference for the selection of slug test method in actual investigation.

Key words:slug test;water head excitation method;physical model test

0　引言

微水试验(slug test)是一种简便且相对快速测定水文地质参数的野外试验方法,其实质是通过一定的水头激发手段使得井孔内水位发生瞬时变化,通过观测和记录钻孔水位随时间的动态变化数据,并与相应的理论数学模型的标准曲线拟合,进而计算出试验孔附近的水文地质参数[1]。

目前,微水试验的水头激发方法主要包括瞬时抽水(提水)或注水、气压泵、振荡棒等,各种方法采用的水头激发原理不同,对含水介质的干扰程度和试验成果的影响因素也不尽相同。20 世纪 80 年代,国内最早研究微水试验的长春地质学院采用瞬时抽水法进行水文地质参数测定,但仅限于讨论两点法和最大降深法[2]。1983 年,宿青山、王占兴[3]又提出了用

作者简介:

曾峰,1982 年生,男,高级工程师,主要从事水利水电水文地质勘察与评价方面的研究。E-mail:zengfeng@yrec. cn。

圆柱形固体代替瞬时抽水的试验方法。随着计算机技术和自动监测技术的快速发展,水位头观测技术完全满足微水试验采样频率、数据精度以及采集自动化的要求,使得微水试验方法获得了广泛应用,先后出现了提水式、注水式、气压式等多种水头激发方式。2013 年,季纯波等[4]通过注水高度对潜水含水层厚度的影响,推导专门应用于潜水井裸井的微水试验数学模型。河海大学赵燕容[5]利用室内裂隙物理模型开展微水试验研究,对微水试验中注水式、抽水式、提水式和气压式不同激发方式在不同条件下的应用特性和规律进行了分析,但未涉及多孔介质含水层不同水头激发方式的影响。

为了分析不同水头激发方式对潜水多孔介质含水层微水试验成果的影响,根据地下水动力学中裘布衣圆岛理论以及微水试验的假设条件,建立了满足边界要求的微水试验物理模型试验平台,针对潜水多孔介质含水层,在其他试验条件保持不变的情况下,采用不同的水头激发方式进行多组微水试验,归纳和总结试验过程中遇到的问题与经验,并通过试验结果的对比,分析不同水头激发方式的可靠性与适用性,为实际勘察过程中微水试验方法的选择提供参考。

1 微水试验物理模型试验平台概况

微水试验物理模型孔隙含水层截面为直径 3.8 m 的圆形,厚度为 1.5 m,四周为水体,模型平面和剖面示意图见图 1 和图 2,模型基本满足地下水动力学的裘布衣圆岛理论以及微水试验理论的假设条件。

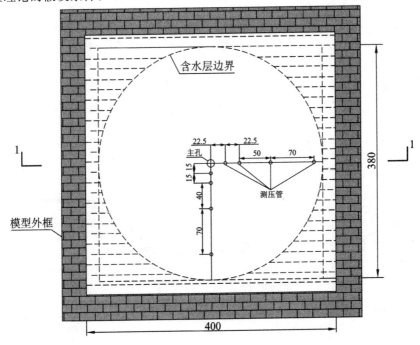

图 1　物理模型平面示意(cm)

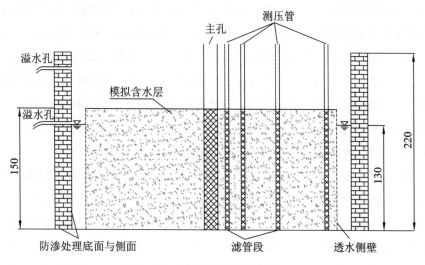

图 2　潜水含水层模型剖面示意（cm）

2　试验方法与试验过程

利用微水试验物理模型试验平台，针对 110 mm 孔径的潜水含水层模型，采用注水式、振荡棒式、提水式、瞬间抽水式和气压式 5 种水头激发方式进行微水试验，各种方法获取的水头随时间变化曲线如图 3 所示。

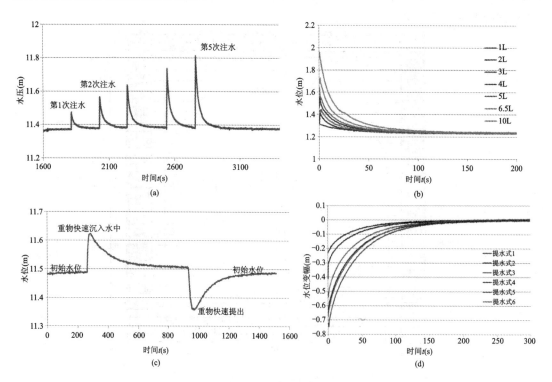

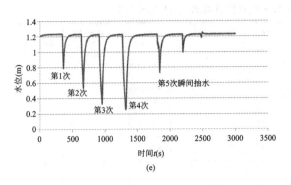

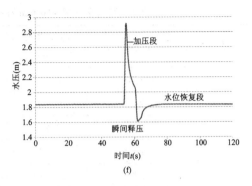

图 3　不同水头激发方式微水试验获取的水位变化过程曲线

（a）,（b）注水式微水试验过程曲线（多次）；（c）振荡棒式微水试验两个过程典型曲线（实测）；
（d）提水式微水试验水位变化过程曲线；（e）瞬间抽水式微水试验水位变化过程曲线；（f）气压式微水试验水位变化过程曲线

3　参数计算与成果分析

非承压含水层微水试验通常采用 Bouwer-Rice 几何模型进行计算（图 4），其适用条件是：非承压含水层；均质各向异性多孔介质；定水头有限直径圆岛形边界条件；忽略含水介质的弹性储水效应，即 $S_s = 0$。

以注水式微水试验为例：

注入钻孔的水量可由变形后的 Thiem 公式计算：

$$Q = 2\pi K L_k \frac{y}{\ln(R_e / r_w)} \tag{1}$$

水位上升或下降引起的水位变化率 $\mathrm{d}y/\mathrm{d}t$ 与 Q 的关系可由下式表示：

$$\mathrm{d}y/\mathrm{d}t = -Q/\pi r_c^2 \tag{2}$$

其中，πr_c^2 是水位上升时的横截面面积。式（2）中的负号表示 y 随时间增长而减小。

由式（1）、式（2）得到：

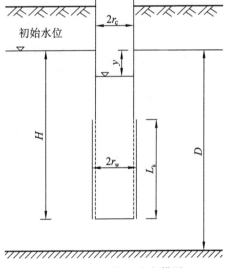

图 4　Bouwer-Rice 几何模型

$$\frac{1}{y}\mathrm{d}y = -\frac{2K L_k}{r_c^2 \ln(R_e / r_w)} \tag{3}$$

积分得：

$$\ln y = -\frac{2K L_k t}{r_c^2 \ln(R_e / r_w)} + \mathrm{constant} \tag{4}$$

将初始时刻 $t = 0$ 时 $y = y_0$，t 时刻 $y = y_t$ 代入式（4），得到 K 的表达式：

$$K = \frac{r_c^2 \ln(R_e / r_w)}{2L_k} \frac{1}{t} \ln \frac{y_0}{y_t} \tag{5}$$

将不同水头激发方式获取的微水试验成果代入式（5），得出潜水含水层的渗透系数，如表 1 所示。

表 1　潜水含水层 110 mm 孔径微水试验计算成果（负值表示下降）

激发方式	试验编号	激发水头（m）	激发水头/含水层厚度	K(m/d)	K平均值（m/d）	标准差
注水式	Z110-1	0.081	6.25%	9.82	8.18	1.44
	Z110-2	0.181	13.94%	6.5		
	Z110-3	0.208	15.98%	11.2		
	Z110-4	0.332	25.55%	7.85		
	Z110-5	0.333	25.60%	7.5		
	Z110-6	0.413	31.76%	7.74		
	Z110-7	0.492	37.83%	7.69		
	Z110-8	0.724	55.69%	7.16		
提水式	T110-1	−0.701	53.88%	8.62	7.95	0.52
	T110-2	−0.709	54.51%	8.41		
	T110-3	−0.749	57.59%	7.51		
	T110-4	−0.763	58.70%	7.64		
	T110-5	−0.775	59.61%	7.57		
瞬间抽水式	C110-1	−0.236	18.18%	7.36	7.47	0.7
	C110-2	−0.439	33.79%	8.2		
	C110-3	−0.497	38.20%	7.02		
	C110-4	−0.677	52.09%	8.52		
	C110-5	−0.894	68.76%	7.26		
	C110-6	−0.964	74.12%	6.45		
气压式	Q110-1	−0.15	11.54%	9.81	10	2.25
	Q110-2	−0.2	15.38%	15.2		
	Q110-3	−0.42	32.31%	9.74		
	Q110-4	−0.45	34.62%	13		
	Q110-5	−0.48	36.92%	7.77		
	Q110-6	−0.51	39.23%	11.7		
	Q110-7	−0.54	41.54%	8.03		
	Q110-8	−0.55	42.31%	8.89		
	Q110-9	−0.57	43.85%	8.93		
	Q110-10	−0.59	45.38%	9.11		
	Q110-11	−0.77	59.23%	7.86		

激发方式	试验编号	激发水头（m）	激发水头/含水层厚度	K(m/d)	K平均值（m/d）	标准差
振荡棒式	Chong1	0.367	28.25%	10.2	9.65	1.03
	Chong2	0.434	33.40%	9.54		
	Chong3	0.463	35.58%	10.6		
	Chong4	0.572	44.01%	7.71		
	Chong5	0.605	46.51%	10.2		
总平均值					8.81	

从表1中可以看出，提水式和瞬间抽水式获取的参数较为接近，重复性也较好，计算的渗透系数之间的离差较小。而注水式、振荡棒式和气压式获取的渗透系数相对较为离散。其主要原因是：

① 注水式微水试验在操作过程中，孔口注入会对水面产生一定的冲击和飞溅，无法满足瞬时注入的要求，可能造成激发水头 h_0 的数据不准确。

② 冲击式微水试验在瞬间的冲击力作用下，孔内水面的人为扰动较大，水位瞬间变化的惯性力强，往往水位变化的最大值可能不是真实的水位抬升值，而是叠加了冲击后产生溅起的惯性力。

③ 气压式产生离散的主要原因是在操作过程，由于气压式的微水试验要求密封性好，若有漏气现象，可能对试验产生一定的影响；另外，在加压过程中，一般要求达到压力相对稳定后再瞬间释放，但是若加压过程时间过长，不仅仅使孔内的水位发生变化，孔周边小范围内的地下水位也会发生一定程度的下降，这样就达不到微水试验瞬间变化的要求，从而造成对结果的影响。

提水式和瞬间抽水式总体上获取的参数的离散度相对较小，孔内监测的地下水位恢复曲线也较为光滑，效果最好的应该是提水式，可以做到瞬间引起水位变化，靠含水层的自然恢复能力将孔内地下水恢复到原始水位。瞬间抽水式和提水式原理一致，但需要在停止抽水的瞬间避免抽水管中的水回落到孔中。

4 不同激发方式的适用性分析

激发方式对试验的影响主要体现在两个方面：一是在激发过程中对水面的干扰方面；二是激发方式是否具有瞬时性。

根据前述的不同激发方式的计算成果与试验操作特点，对各种激发方式的优缺点及适用性进行分析，结果见表2。从表2中可以看出，微水试验应尽量选择对水面干扰小、操作上能达到瞬时的激发方法，在其他因素相同的条件下，一般优先选择提水式、振荡棒式的提出过程、注水式，其他方式根据实际情况和需要进行选择。

表 2　不同水头激发方式的优缺点及适用性分析成果

激发方式	优势	缺陷	适用性分析
注水式	最为便捷,一般不需要供电或连续供水,获取的水位恢复曲线较为光滑,成果较为可靠,适用性也较强	注入的瞬时可能会对水面造成冲击,产生一定的水面波动	建议采用
提水式	提水式微水试验相对便捷,一般不需要供电或连续供水,获取的水位恢复曲线光滑,干扰较小,成果较为可靠	需要有提水装备	推荐采用
瞬间抽水式	试验效果和提水式相似,但可以抽取更大的水量,获取较大的水头响应	需要抽水设备和电力供应,在抽水停止后应避免抽水管的水回落造成对试验的干扰	建议在电力供应和抽水设备完备的井孔中采用
气压式	不需要向天然水体里面注水和提、抽水,不会对水体产生污染,获取的数据较为真实可靠	激发的水头高度很有限,且对孔口密封性要求较高,同时需要对空气压缩机进行供电	建议在渗透系数较强的含水层中采用
振荡棒式	不需要向天然水体里面注水和提、抽水,不需要供电和供水	对水面冲击力较大,易引起水位上下波动,水位恢复过程中,可能会产生一定的停顿与震荡	建议采用

5　结论

(1) 微水试验可采用多种水头激发方式进行试验,且各种方式计算出的渗透系数值相差不大,但仍存在一定的差异。

(2) 不同激发方式对试验的影响主要体现在对水面的干扰和水头激发方式是否具有瞬时性这两个方面。

(3) 提水式和瞬间抽水式对试验水体影响较小,获取的参数较为接近,渗透系数之间的离差较小。注水式、振荡棒式和气压式对试验孔内水体影响相对较大,获取的渗透系数相对较为离散。

(4) 实际工程应用过程中,建议优先选择提水式、振荡棒式的提出过程、注水式微水试验,其他水头激发方式根据实际情况和需要进行选择。

参 考 文 献

[1] 万伟锋,李清波,曾峰,等. 微水试验研究进展[J/OL]. 人民黄河:1-7[2018-05-09]. http://kns. cnki. net/k cms/detail/41. 1128. TV. 20180504. 1106. 002. html.

[2] 宿青山,林绍志,郑义. 用瞬时抽水试验测定水文地质参数[J]. 长春地质学院学报,1979(4):51-52.

[3] 宿青山,王占兴. 用瞬时模拟抽水试验确定水文地质参数[J]. 长春地质学院学报,1983(12):61-71.

[4] 季纯波,陈亮,赵小龙,等. 关于一种潜水井裸井 Slug 数学模型的探讨及实证[J]. 水利与建筑工程学报,2013,11(2):67-70.

[5] 赵燕容. 振荡试验确定岩体渗透参数的理论与方法研究[D]. 南京:河海大学,2013.

小浪底水利枢纽小南庄断层(F$_{28}$)
三维动态变形监测分析研究

郭卫新　刘建周　李今朝

黄河勘测规划设计有限公司,河南 郑州　450003

摘　要:小浪底库区地质构造复杂。水库蓄水后,第四系活断层存在再次活动和诱发地震的可能。通过对小南庄断层(F$_{28}$)在 1999 年 9 月~2003 年 12 月间三维动态变形监测数据的处理结果,分析研究了该时段内断层的变形规律及活动趋势,得出小南庄断层(F28)目前处于微量变形阶段的结论。

关键词:活断层　诱发地震　三维动态　变形监测

Xiaolangdi Hydro-junction Xiaonanzhuang Fault(F$_{28}$)Three-dimensional Dynamic Distortion Monitor Result Analysis Research

GUO Weixin　LIU Jianzhou　LI Jinzhao

Yellow River Engineering Consulting Co. ,Ltd. ,Zhengzhou 450003,China

Abstract:The Xiaolangdi storehouse district geologic structure is complex. After the reservoir stores water,Fourth is the active fault existence moves and induces the earthquake once more the possibility. This article through to Xiaonanzhuang fault(F$_{28}$)in September,1999~2003 year in December between three dimensional dynamic distortion monitor data processing result,The analysis has studied in this time interval the fault distortionrule and the active tendency,obtains the Xiaonanzhuang fault(F$_{28}$)at present to be at the microdistortion stage the conclusion.

Key words:active fault;induces the earthquake;three-dimensional dynamic;distortion monitor

0　引言

　　小浪底水利枢纽库区范围大,地质构造复杂。规模不一、形态各异、多期活动的不同走向的断层发育。大坝建成蓄水后,随着库水位的上升、地下水位的抬高,库坝区断层带物质及其周围岩石的水理性质和物理力学性质必将发生变化,断层两盘受力状态也随之改变,原有的力学平衡状态可能会被打破,使得第四系活断层可能再次活动[1-3]。同时,专项研究表明,小浪底库区具有孕育中强地震的地质环境,有水库诱发地震的可能性。为预防断层活动可能引发的灾害,保护工程及周边人民生命财产安全,开展断层活动性监测是十分必要的。

　　小浪底库区存在较多的断层,本文以与枢纽联系最为密切的小南庄断层(F$_{28}$)为例,采用三维动态变形监测方法,根据监测结果对小南庄断层进行全面的分析和评价。

作者简介:

　　郭卫新,1972 年生,男,高级工程师,主要从事工程地质勘察方面的研究。E-mail:yrecgwx@163.com。

1 小南庄断层（F_{28}）基本特征

监测断层的选择遵循了以下原则：①规模大、活动性强、对人民生命财产安全影响大的断层；②靠近枢纽并直接受库水影响；③断层两盘岩性差异明显、蓄水前后水文地质条件变化较大；④诱发地震的可能性较大。

小南庄断层（F_{28}）经由老河沟，经大坝前、溢洪道进口穿越坝址区，至小南庄与 NW～NWW 向的断层（F_{461}）相交。在石门沟口与石井河断层（F_1）交汇。总体走向为 30°～60°，倾向 NW，倾角 70°～80°，延伸长度约 4.5 km，为右旋压扭性的正断层。最大断距约 300 m。

在小南庄附近，该断层出露为两条断层，两条断层面间的断层带宽度约 3 m，由断层角砾、泥组成。上盘岩性为三叠系下统和尚沟组（T_1^2）紫红色钙质细砂岩夹泥质粉砂岩和砂砾石层（Q_2）；下盘岩性为三叠系下统刘家沟组（T_1^6）肉红色泥质粉砂岩。主断层（接近上盘）有切割中更新统砂砾石层的迹象，详见图 1。

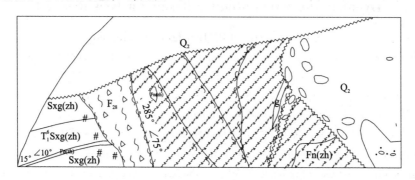

图 1　小南庄断层（F_{28}）地质素描

据测定，小南庄断层最近的活动年龄为 $37 \times 10^4 \sim 70 \times 10^4$ a。

前期抽、压水试验表明，该断层透水性很小，断层带物质具有良好的阻水作用。但由于该断层横穿坝前并通过溢洪道进口，且断层带物质为泥夹角砾，遇水极易软化。因此，水库蓄水后，由于水、孔隙水压力及水体重力的共同作用，从而改变断层带物质的水理性质，可能打破断层两盘的应力分布状态。

2 监测方法及仪器布设

本次断层监测采用的跨断层三维变形测量法是运用精密观测仪器，连续三维动态观测断层变形的新技术、新方法。观测系统采用太阳能智能供电系统，仪器是机电结合的新型、智能精密测量仪器，灵敏阀值可达到微米级；具有稳定可靠、抗震力强、无须值守、操作管理简便、智能判断特殊值并自动加密采集等特点；是一套集数字化、标准化、自动化于一体的新型变形观测系统。

在对小南庄断层（F_{28}）进行详细追踪、调查的基础上，选出了相对较优的 3 个点备选，最终选定的小南庄监测站点相比其他两处位置具有如下优点：①地形开阔、日照充足、工作量较少；②靠近枢纽并直接受库水影响；③临近两条断层（F$_{28}$与F$_{461}$）交汇部位，应力易集中；④交通管理方便等。

根据监测系统设计要求，断层监测站要布置两组跨断层水平变形观测仪（DSD），其中一组与断层走向正交，另一组与断层走向斜交（夹角为30°～50°）；其次，布置与断层正交的垂直变形测量仪（DFZ）一组、电子温度计一支，两块并联的太阳能电池板（36W）为免维护可充蓄电瓶充电并完成仪器供电。测站建设及仪器布设见图2、图3。

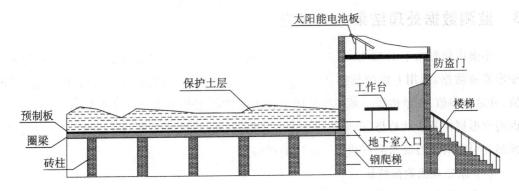

图2　小南庄监测站纵剖面图

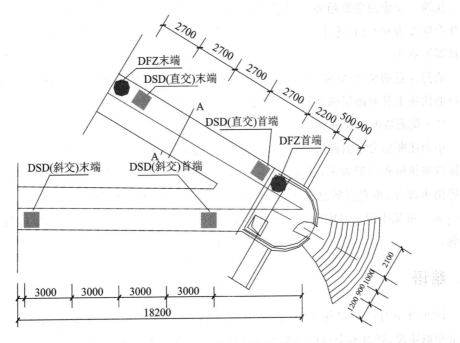

图3　小南庄监测站仪器布设示意

监测仪器现场安装完成后，经现场标定全部合格，仪器技术参数详见表1。

表 1 小南庄断层监测仪器参数

仪器类型	编号	布设方式	非线性	回程误差	重复性	改正值	分度值
DSD	01	斜交	0.26%	0.06%	0.06%	−11.8	1.18
DSD	02	直交	0.38%	0.15%	0.05%	−115.7	1.12
DFZ	03	垂直	−0.13%	−0.19%	−0.09%	−252.7	2.68

3 监测数据处理结果分析研究

小南庄监测站于 1999 年 10 月投入运行,截至 2003 年底,已连续取得了 4 年多的原始变形监测数据,运用专用的数据处理软件对其进行处理,可得到位移日均值、月均值、分量值、分量速率值、矢量值等一系列变形数据和曲线图,可分析研究小南庄断层(F_{28})在该时段内的变形规律及活动趋势,论证断层变形与气温、库水位、地震等辅助观测资料的相互关系,预测其可能对小浪底水利枢纽正常运用的影响。

(1)原始观测数据特征

小南庄断层变形原始观测值呈现出较明显的周期性变化(图 4)。正交、斜交水平位移测线(DSD01、DSD02)累计最大变幅均为 1300 μm 左右,运动形式大体一致,均表现为拉张~压缩~拉张的变形趋势;正交垂直位移测线(DFZ03)显示以上盘上升运动形式为主,最大变形幅度为 600 μm 左右。测站内气温变化幅度在 15 ℃ 以内(图 5),气温变幅不大,对观测仪器影响小。

值得注意的是 2003 年 9 月,断层变形出现较大转折,此段时间为库水位大幅上涨期,库水位的快速上升对断层的变形产生了较大的影响。

(2)观测数据处理分析

小南庄断层分量值曲线(图 6)与位移矢量曲线(图 7)显示,小南庄断层(F_{28})水平变形总体以顺扭拉张变形为主,最大变幅已达 2200 μm,2003 年反扭压缩变形有所增强,但总体趋势仍未改变;垂直变形总体表现为以上盘上升为主的窄幅周期性升降运动,最大变幅为 800 μm。可见小浪底水库库容及水位大幅波动,对小南庄断层(F_{28})变形位移趋势会产生影响。

4 结语

1999 年 9 月—2003 年 12 月期间,小南庄断层(F_{28})变形以拉张形式为主,变形量处于微量变形阶段,暂时不会对枢纽安全构成影响。但在库水位迅速上涨期,断层变形速率也较快;水平面内累计最大变幅已超过 2000 μm,应密切关注其后期发展变化趋势。

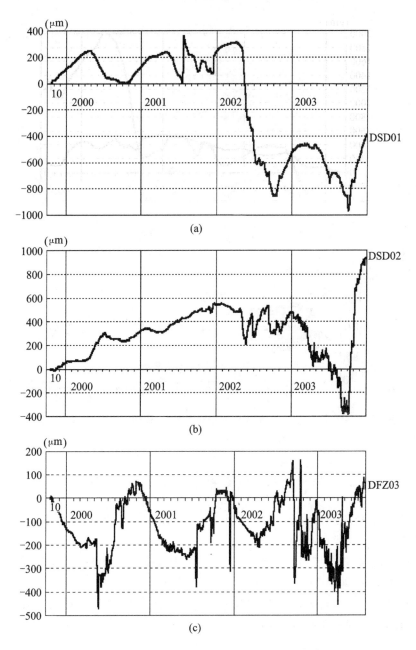

图 4　小南庄断层变形原始观测（日均值）曲线

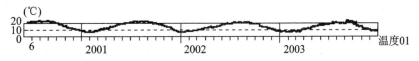

图 5　小南庄断层温度变化（日均值）曲线

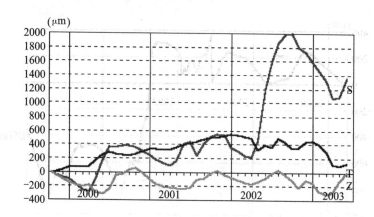

图 6 小南庄断层分量值（月均值）曲线

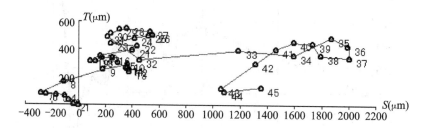

图 7 小南庄断层位移矢量（月均值）曲线

S—剪切分量，顺扭为正；T—法向分量，拉张为正

参 考 文 献

［1］黄河水利委员会勘测规划设计研究院.黄河小浪底水利枢纽库坝区断层监测建设报告［R］.郑州：黄河水利委员会勘测规划设计研究院，2000.

［2］黄河水利委员会勘测规划设计研究院.黄河小浪底水利枢纽断层监测简报（2003.1—2003.12）［R］.郑州：黄河水利委员会勘测设计研究院，2003.

［3］黄河水利委员会勘测规划设计研究院.黄河小浪底水利枢纽活断层及地形变监测设计报告［R］.郑州：黄河水利委员会勘测设计研究院，1997.

安全监测技术在南水北调叶县段的应用研究

崔学臣

中国电建集团北京勘测设计研究院有限公司,北京　100024

摘　要:安全监测技术作为工程施工质量和建筑物安全运行的技术手段,在南水北调工程叶县段得到全面应用并取得了良好效果。施工期,安全监测对施工质量能够进行有效监控,为设计修改方案提供参考依据;运行期,安全监测对工程运行具有健康监测和安全预警作用。本文基于南水北调工程叶县段安全监测项目,分析工程特点和主要工程问题,确定重点监测对象和监测项目,进行监测方案设计。收集、分析监测数据,提出安全监测意见,研究安全监测技术在工程项目全寿命周期中的应用价值。

关键词:安全监测　技术　南水北调　应用研究

Application and Research of Safety Monitoring Technology in South-to-North Water Diversion Project of Ye County

CUI Xuechen

Power China Beijing Engineering Corporation Limited,Beijing 100024,China

Abstract:As a technical means for the quality control of construction projects and safe operation of structures,the safety monitoring technology (SMT) has been fully applied to South-to-North Water Diversion project of Ye county and achieved favorable results. During construction period,safety monitoring could provide effective supervision for construction quality and reference for the modification of design scheme;during operation period,safety monitoring helps to health monitoring and security early-warning for the project operating. Based on the safety monitoring of South-to-North Water Diversion project of Ye county,this paper analyzes the characteristics and main problems of the project,determines the key monitoring objects and monitoring items,and designs the monitoring scheme. The collection and analysis of monitoring data,raise of safety monitoring opinions,and the study on the application value of SMT in the project life cycle are also given.

Key words:safety monitoring;technology;South-to-North Water Diversion;application and research

0　引言

近年来,随着国民经济和城镇化进程的加快,我国的基础建设进入飞速发展快车道,尤其是交通、水利水电等基础设施建设呈现出前所未有的发展势态。然而,工程项目管理相对薄弱,质量、安全意识相对滞后,工程事故时有发生。为保证工程质量和运行安全,将安全监测系统引入工程建设领域,其发挥了不可忽视的作用并逐渐被认识和认可。南水北调工程

作者简介:

崔学臣,1975 年生,男,高级工程师,主要从事工程安全监测、质量检测方面的研究。E-mail:xuechencui@163.com。

叶县段全面引进安全监测系统，施工期对质量控制表现出很好的指导作用，在充水运行期对建筑物运行和预警作用显著，为保障工程施工质量和运行起到了重要作用。

1　工程概况

南水北调工程是缓解我国黄淮海平原水资源严重短缺、优化配置水资源的重大战略性基础设施，是关系到受水区河南、河北、天津、北京等省市经济社会可持续发展和子孙后代福祉的百年大计，输水干线全长 1432 km[1]。叶县段是南水北调工程的一部分，全长 30.266 km，设计流量 320 m³/s，加大流量 380 m³/s，主要由明渠、交叉建筑物组成，其中明渠为主要建筑物，等级为 1 级，交叉建筑物为次要建筑物，等级为 3 级。工程建设重点关注问题有：

（1）工程地质问题

输水渠道边坡高度多在 15 m 以内，基础地层多属于中等膨胀土，稳定性较差。膨胀岩是最大的工程地质问题[2]，叶县段渠堤施工采用"金包银"施工工艺，坡面膨胀岩土采用水泥改性土换填。工程填方段填筑质量和沉降是质量控制重点，开挖段关注重点是边坡稳定性。

（2）渠道的渗漏问题

渗漏问题是工程的重点监测内容之一。南水北调中线工程的主要作用是把南方丹江口的水引到北方缺水的城市，并保证渠道水体不影响沿线地下水体。为最大限度地减少渗漏，叶县段全线采用混凝土衬砌，并在衬砌下方铺设土工膜和 30 cm 厚水泥改性土，设置集水管道。

（3）交叉建筑物的质量问题

南水北调工程是地面工程，沿线交叉建筑物众多，交叉建筑物的质量不仅关系到工程的安全，也影响周边居民的安全，因此，建筑物质量也是安全监测重点关注对象。

2　安全监测设计

2.1　设计原则

安全监测一般作为专项设计，设计依据主要有《土石坝安全监测技术规范》（SL 551—2012）、《混凝土坝安全监测技术规范》（DL/T 5178—2016）、《土石坝安全监测技术规范》（DL/T 5259—2010）等。本项目安全监测设计结合工程特点，遵循以下原则：

（1）监测目的明确，突出重点，兼顾全面。根据工程等级、规模、结构型式及其地形、地质条件合理设置监测项目，各相邻设施相互校验，临时监测设施与永久监测设施配合布置。

（2）监测仪器适用，技术上先进，经济上合理。监测仪器设备多为埋入式仪器，损坏后基本不可更换，监测仪器选择应兼顾其可靠性、耐用性、经济性和实用性，力求先进和便于自动化。

（3）便于施工，尽量减少对主体工程的影响。设计应考虑监测施工与其他工种的相互影响，宜减少对主体工程的施工影响。

（4）应保证在恶劣条件下，仍能进行必要项目的监测。

2.2 监测布置

安全监测布置按照典型监测断面、特殊部位布设,变形、渗流、压力(应力)等监测项目和测点结合布置,相互校验。典型监测断面一般选在建筑物最大断面处、地形突变处、地质条件复杂处、复杂构筑物处[3-5]。

(1)变形监测

本文变形监测主要研究填筑体沉降变形。沉降变形采用沉降仪监测,典型断面布置在最大高程处、合龙段、地质及地形复杂段、结构及施工薄弱部位,测点数量由渠坡填筑高度而定。

(2)渗流监测

渗流监测设置在标段合龙段、地形地质条件复杂部位、渗流异常部位,采用渗压计监测。根据高程、填筑材料、防渗结构、渗流特征和地下水情况布置测点,并考虑能通过流网分析确定浸润线位置。

根据上述原则,本项目共设置12个监测断面,布置沉降变形、渗流等监测项目,典型断面布置见图1。

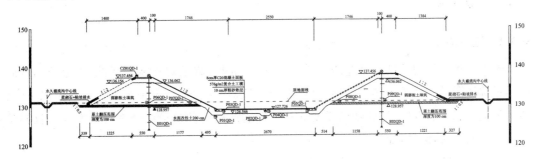

图 1 典型监测断面布置示意

叶县段工程沉降变形、渗流监测设施共设置渗压计73支,沉降管10套(150 m),统计见表1。

表 1 安全监测设施统计

序号	桩号(km+m)	仪器名称	单位	设计数量	完好率(%)
1	185+600	渗压计	支	9	100
		沉降管	套	2	100
2	187+800	渗压计	支	9	100
		沉降管	套	2	100
3	189+360	渗压计	支	9	100
		沉降管	套	2	50

续表1

序号	桩号(km+m)	仪器名称	单位	设计数量	完好率(%)
4	193+000	渗压计	支	5	100
5	194+600	渗压计	支	4	100
6	197+400	渗压计	支	8	100
		沉降管	套	2	100
7	199+800	渗压计	支	5	100
8	203+840	渗压计	支	3	100
9	206+140	渗压计	支	3	100
10	210+940	渗压计	支	8	100
11	214+200	渗压计	支	10	100
12	214+800	渗压计	支	10	100

2.3 仪器选型

2.3.1 选型原则

安装在建筑物内部的安全监测仪器,一旦安装完毕,将很难更换。因此,安全监测设施应尽量选择活动式或可更换式仪器,对于埋入式仪器,仪器选型至关重要。一般情况下,仪器选型应根据工程等级、建筑物的重要性和安全监测的时间效应综合考虑。本项目仪器选型从以下几个方面进行比选:

(1)外形尺寸与建筑物的结构关系

仪器设备的外形尺寸应满足建筑物结构要求,尽量减小对建筑物结构的影响。

(2)灵敏度和精度是否满足设计要求

仪器灵敏度和精度是选型考虑的主要方面,必须满足监测物理量的最低需要。

(3)稳定性

安全监测仪器大多埋入工程实体内,一旦损坏将无法更换。因此,仪器的稳定性是选型考虑的重要方面。

2.3.2 仪器比选

沉降监测采用沉降仪,属于活动式仪器,仪器选择考虑灵敏度和精度即可。埋入式仪器主要是渗压计,目前国内工程上常用钢弦式和差阻式两类,本项目渗压计从钢弦式和差阻式两种仪器中比选。

(1)外形尺寸

水利、水电工程上常用到的差阻式仪器和钢弦式仪器,其外形尺寸统计见表2。

表 2　差阻式仪器与钢弦式仪器外形尺寸统计

比较项目	差阻式	钢弦式
外径(mm)	62.58	11.10～38.10
长度(mm)	150	133.35

钢弦式传感器尺寸小于差阻式。钢弦式仪器尺寸小,对薄壁工程结构影响小,差阻式仪器尺寸较大,对薄壁工程结构影响较大。本项目边坡衬砌厚度较小,属于薄壁混凝土,从外形尺寸上看,钢弦式仪器更合适。

（2）灵敏度、精度

笔者收集了国内主要生产厂家的技术资料,仪器设备灵敏度和精度统计见表 3。

表 3　钢弦式仪器与差阻式仪器灵敏度、精度统计

比较项目	差阻式	国产钢弦式	进口钢弦式
灵敏度	≤0.1%FS	0.025%FS	0.025%FS
精度	≤0.1%～0.5%FS	≤0.1%～0.5%FS	±0.1%FS

从统计数据看,钢弦式仪器的灵敏度要远高于差阻式仪器。精度方面,国产钢弦式仪器与差阻式仪器相同,都低于进口钢弦式仪器。

（3）稳定性

① 仪器自身稳定性

差阻式仪器的工作原理是测量线圈的电阻,而电阻不会因为时间效应变化,因而差阻式仪器具有较高的稳定性。

钢弦式仪器的工作原理是测量张紧钢丝的振动频率,钢丝在持续外力的作用下会发生自振频率的衰减,虽然随着技术的进步仪器性能有所提高,但目前仍无法从根本上解决自振频率衰减问题。

② 接长电缆后仪器稳定性

差阻式仪器测量的输出信号是电阻,电缆的线阻是无法忽视的问题,虽然采用 5 芯电缆的测量方法能有效减少电缆电阻的影响,不过这对电缆的质量和接线质量提出了很高的要求,在实际工作中很难做到完美。

钢弦式仪器测量的输出信号是振动频率,基本不受电缆电阻的影响。钢弦式仪器所用电缆多为 4 芯屏蔽电缆,能有效阻止外来振动对信号的影响,增加了数据传输的稳定性,钢弦式仪器在长距离传输方面具有较大的优势。

3　监测成果分析

3.1　填筑工程质量监控

渠堤填筑采用横断面全宽纵向水平分段填筑压实的方法施工。渠堤填筑铺土平行于堤

轴线顺次进行,卸料采用自卸汽车进占法施工,每次虚铺土厚度不大于 40 cm,铺土后采用推土机分层推平,严格控制铺填厚度。土料碾压采用 22 t 振动碾,进退错距法碾压 6 遍,搭接不小于 20 cm,行走速度 2~4 km/h,控制指标压实度 0.98 以上。

填筑过程中,随填筑高度安装沉降管和沉降环,用以监测填筑体沉降变形。工程填方段共设置 4 个监测断面,安装 8 套沉降管。从首个沉降环安装就位开始对填筑体沉降进行连续观测,数据统计见表 4,典型成果曲线见图 2、图 3。

表 4　渠道沉降监测数据统计

序号	桩号(km+m)	仪器名称	最大测值(mm)	最大值日期	备注
1	185+600	ES01QD-1	135	2015-04-27	左岸
		ES02QD-1	106	2015-05-04	右岸
2	189+360	ES01QD-2	168	2013-08-14	损坏
		ES02QD-2	261	2015-05-11	右岸
3	187+800	ES01QD-3	427	2014-12-11	左岸
		ES02QD-3	172	2015-03-30	右岸
4	197+400	ES01QD-5	150	2015-05-25	左岸
		ES02QD-5	135	2015-05-25	右岸

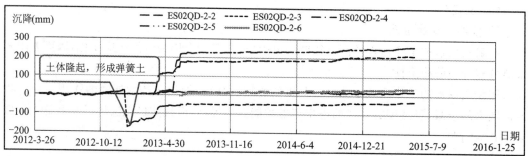

图 2　桩号 189+360 右岸沉降变形曲线

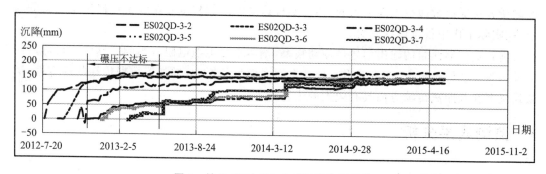

图 3　桩号 187+800 右岸沉降变形曲线

从沉降变形曲线看,沉降变形监测记录了渠堤填筑碾压、自然沉降的全过程,渠堤经过

4～6 个月沉降变形趋于稳定,符合填筑体沉降变形的基本规律。从统计数据看,各监测断面沉降量均大于 100 mm,分析认为测点的主要变形来自机械碾压。总体上看,桩号 187＋800 左岸渠堤沉降量最大,该段填筑体碾压质量逊于其他断面。

图 2 变形监测曲线反映出,2012 年 12 月 26 日之后,第三沉降测点隆起,碾压过程中没有及时采取措施,测点以上土体形成弹簧土。2013 年 3 月 25 日,土体填筑至第四测点高程时,对沉降管周边土体进行了人工换填夯实。2013 年 5 月 21 日至 6 月 23 日之间,第五测点沉降量剧增。经核实,土体填筑单层厚度超出标准要求的 40 cm。经过检测,压实度不达标,随即返工处理。

图 3 变形监测曲线显示,2012 年 10 月至 2013 年 5 月间,第四测点至第七测点沉降变形等量增加,这应与此时间段内碾压质量有关,施工记录显示没有按照规定要求进行碾压。对压实度进行检测,未达到 98％,也证实了该监测结果。在后续工作中,该标段推迟衬砌日期,延长自然沉降时间。

安全监测是施工质量的眼睛,沉降监测有效地监控了工程填筑和碾压质量,指导了工程施工工艺,为设计修改施工方案提供了可靠依据。

3.2 渗漏监测

为监控渠道渗漏及渠堤内浸润线情况,在混凝土面板、渠坡填筑体内安装钢弦式渗压计,渗压计选用 GK-4500s 型,共安装 83 支,按照完成后随即取得基准数据。主体工程完工后,2014 年 8 月渠道开始试通水,10 月水位逐渐升高到正常水位。对渠道渗流情况进行了连续监测,监测成果[6]统计见表 5,典型曲线见图 4～图 7。

表 5　渗压计特征值统计

序号	桩号(km＋m)	仪器名称	最大测值(kPa)	最大值日期	备注
1	185＋600	P02QD-1	80.95	2014-10-06	
2	187＋800	P03QD-3	65.21	2015-01-04	
3	189＋360	P03QD-2	60.13	2014-12-29	
4	193＋000	P01QD-4	64.86	2014-10-06	
5	194＋600	P01QD-10	68.28	2013-10-28	2014 年 8 月渠道试通水,10 月渠道水位达到加大水位
6	197＋400	P06QD-5	58.45	2014-10-23	
7	199＋800	P01QD-6	62.60	2014-10-06	
8	203＋840	P01QD-11	59.09	2014-10-04	
9	206＋140	P03QD-12	75.80	2014-10-05	
10	210＋940	P05QD-7	6.94	2015-02-03	
11	214＋200	P03QD-8	55.04	2014-10-08	
12	214＋800	P02QD-9	57.48	2014-10-06	

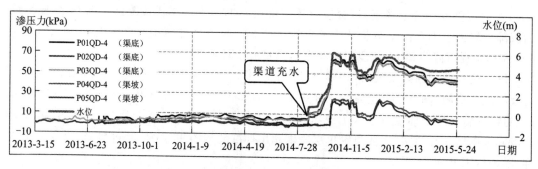

图 4　193＋000 断面渗压计监测成果曲线

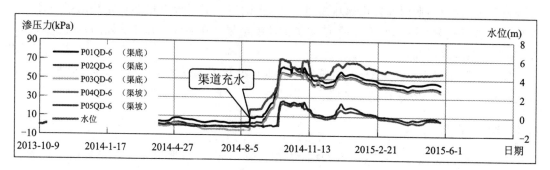

图 5　199＋800 断面渗压计监测成果曲线

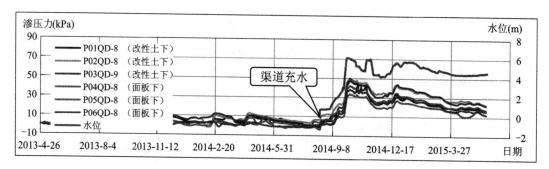

图 6　214＋200 断面渗压计监测成果曲线

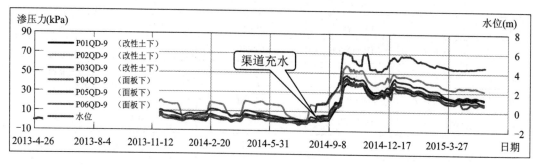

图 7　214＋800 断面渗压计监测成果曲线

从渗压计监测成果和成果曲线分析认为：

（1）渗压计测值与渠道内水位呈明显的相关性；渠道充水（2014 年 8 月）后，各监测断面渗压计水头明显升高，表明各监测断面均有不同程度的渗漏。

（2）各监测断面中测值最大点均位于渠道底板位置，渠坡部位的渗压计测值相对较小。现场巡视检查没有发现渠坡面板有明显异常，可以认为在渠底、渠坡面板渗透系数相同、质量缺陷随机的情况下，渠坡排水垫层能够运行正常，没有形成渗透压力集中现象。

（3）同断面改性土下的渗压计测值与改性土上的渗压计测值差别不大，测值变化与渠道水位变化规律一致，没有明显的滞后现象，表明改性土存在一定的渗透性。

（4）断面 185＋600、206＋140 渗压计最大测值明显大于其他断面，表明该断面渗漏量大于其他断面；相反，断面 210＋940 渗压计测值很小且稳定，表明该断面没有明显渗漏。

（5）渗压计测值一定程度上反映了混凝土面板的施工质量，渗压计测值小且稳定，与渠道水位没有明显相关性的断面施工质量较好；反之，施工质量较差。

4　总结

（1）南水北调叶县段沉降监测在施工期对施工质量起到了很好的监控作用，渗流监测设施在充水运行期能够较好地监控渠道运行安全和稳健，充分说明安全监测技术在工程建设与运行过程中具有重要的价值，并且效果显著。

（2）对于不同的建筑物，应根据工程特点和监测目的设置监测项目。临时监测设施和永久监测项目互为补充、合理布置。

（3）永久监测项目对于工程全寿命周期安全运行和监测具有重要意义，是安全监测设计不可或缺的一部分，仪器选型应综合考虑，谨慎选择。

（4）水利工程项目具有唯一性的特点，安全监测设计不尽相同，南水北调叶县段安全监测可以为同类工程提供一定的借鉴价值。

参 考 文 献

[1] 南水北调中线干线工程建设管理局. 南水北调中线一期工程简介[EB/OL]. http://www. nsbd. cn/zsk/gczs/2856. html.
[2] 高健,阳云华. 南水北调中线总干渠主要工程地质问题[J]. 人民长江,2007,38(9):5-7.
[3] 中华人民共和国水利部. 土石坝安全监测技术规范:SL 551—2012[S]. 北京:中国水利水电出版社,2012.
[4] 国家能源局. 土石坝安全监测技术规范:DL/T 5259—2010[S]. 北京:中国电力出版社,2011.
[5] 国家能源局. 混凝土坝安全监测技术规范:DL/T 5178—2016[S]. 北京:中国电力出版社,2016.
[6] 崔学臣,齐俊修. 南水北调中线叶县段膨胀土渠坡稳定性研究[C]. 成都:四川大学出版社,2016:156-164.

基于 TM 影像的拉萨河源念青唐古拉山段
近 30 年冰川面积监测研究

李晓雪　　高延鸿　　蓝志锋

西藏自治区水利电力规划勘测设计研究院,西藏 拉萨　850000

摘　要:冰川变化是气候变化的必然结果,其前进和退缩响应气温和降雨量的变化,冰川变化是高山气候变化的极好代用指标,研究冰川面积变化具有重要意义。本文在前人研究的基础上,以拉萨河源头的念青唐古拉山段冰川为研究对象,利用近30年的研究区TM影像,采用人工目视解译法,对研究区冰川面积进行监测,从而揭示研究区近30年来冰川面积变化特征,为青藏高原冰川对气候变化的响应等相关研究提供数据支撑和技术依据。研究结果表明:1987—2017年30年间,拉萨河源头念青唐古拉山段的冰川面积总体呈折线下降趋势,并非直线下降。2017年研究区冰川面积较1987年面积减小82.24%。冰川面积的变化与降水等气象因素有关。

关键词:TM影像　拉萨河源　念青唐古拉山　冰川面积监测

Monitoring Glacier Area Change of the Nyainqentanglha Mountains in the Source of Lhasa Rivers Based on TM in Recent 30 Years

LI Xiaoxue　　GAO Yanhong　　LAN Zhifeng

Tibet Autonomous Region Hydropower Planning and Design Institute,Lhasa 850000,China

Abstract:To monitor the glacier change of the Nyainqentanglha Mountains by TM remote sensing images,we use artificial visual interpretation to acquire the trends over the past 30 years. The results reveals that the glacier area of the Nyainqentanglha Mountains in the source of Lhasa Rivers presents a downward trend. Compared with 1987,the glacier area of the 2017 decreased by 82.24%. The changes in the area of the glacier are related to meteorological factors like precipitation.

Key words:TM remote sensing images; the source of Lhasa Rivers; Nyainqentanglha Mountains; monitoring glacier area

0　前言

冰川变化是气候变化的必然结果,其前进和退缩响应气温和降雨量的变化,冰川变化是高山气候变化的极好代用指标。通过研究冰川变化,可以了解冰川径流的变化,从而研究河川的径流变化;研究高山气候变化,了解未来气候变化及全球变化。因此,研究冰川变化有着非常重要的意义。

自 Landsat 卫星发射以来,各种提取冰川参数的方法相继诞生,主要有人工目视解译法

水利部技术示范项目:
数字图像处理技术用于西藏冰湖终碛垄颗分试验的示范(SF-201734)。
作者简介:
李晓雪,1987年生,女,工程师,主要从事遥感应用方面的研究。E-mail:490386925@qq.com。

和计算机自动分类法两种方法。其中,计算机自动分类法包括基于地物光谱特征的监督分类法和非监督分类法。这两种方法简单且分类精度较高,但仅限于少量冰川,对于大范围提取冰川参数的研究较少;基于谱间关系的比值阈值法和雪盖指数法,Paul 利用 Landsat 影像对比了非监督分类法、监督分类法、比值阈值法提取 Weissmies 区域冰川面积的效果,相对而言比值阈值法精度较高;其他如主成分分析法、模糊分类法、人工神经网络法等在冰川规模参数提取方面也得到了应用,但是精度问题还有待于进一步验证。

本文以拉萨河源头念青唐古拉山段为研究对象,在前人研究基础上,利用 Landsat MSS/TM/ETM+影像,并采用人工目视解译法,分析近 30 年来拉萨河源头念青唐古拉山段冰川变化特征。

1 研究区概况

研究区位于拉萨河源头念青唐古拉山段,经度位于 89°58′34″E~91°11′44″E,纬度位于 29°58′16″N~30°42′2″N。

拉萨河是雅鲁藏布江的主要支流之一,位于雅鲁藏布江中游的左岸,全长 495 km,海拔高度由源头 5500 m 到河口 3580 m,是世界上最高的河流之一。

念青唐古拉山脉现代冰川发育广泛,是地球上中低纬地区最强大的冰川作用中心之一。因其受到印度洋西南季风暖湿气流影响,成为典型的受全球气候变化影响区域。念青唐古拉山脉位于 90.56°E~90.70°E 和 30.42°N~30.60°N 之间的青藏高原中部,西段山脊作为青藏高原的重要地理界限,是高原上寒冷气候带与温暖气候带的界限。

青藏高原中部地区的念青唐古拉山有冰川 7080 条,冰川面积 10701 km²,冰储量 1002 km³,分别占青藏高原冰川总数的 19%,冰川总面积的 21.5%,冰川总储量的 22%,该区域冰川覆盖度达 9.68%,约是我国各山系冰川平均覆盖度 2.5%的 4 倍。

研究区位置与范围示意见图 1。

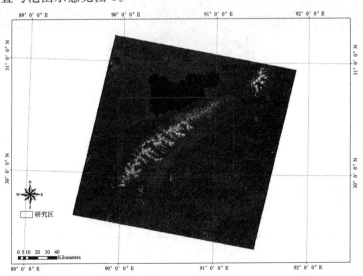

图 1 研究区位置与范围示意

2　数据源

TM 影像具有更新方便、获取容易的特点,利用 TM 影像提取冰川信息,能够快速、准确地获取研究区冰川信息,对冰川对气候变化的响应等研究具有重要意义。考虑到夏季影像多云并受降雨等气象条件的影响,对研究区冰川面积的解译存在干扰。因此,本次研究共采用 7 景冬季 TM 影像,从 1987 年开始,每 5 年解译一景。研究区完全落在条代号 138,列编号 39 的区域内。其中,2002 年 1 月 7 日获取的影像经纬度分别为 UL 纬度 31.25669,UL 经度 89.35025,UR 纬度 31.30351,UR 经度 91.85988,LL 纬度 29.30865,LL 经度 89.42174,LR 纬度 29.35196,LR 经度 91.88227,太阳方位角 151°,太阳高度角 31°,空间分辨率为 30 m,坐标系统为 WGS84。本文中的影像是从美国地质调查局网站 http://glovis. usgs.gov/下载的经 LEDAPS(The Landsat Ecosystem Disturbance Adaptive Precessing System)程序处理的地表反射率数据,在选择数据时应尽量选择降雨量、气温、月份相近,云量及阴影较少的影像。影像的 4、3、2 波段的假彩色组合如图 2 所示。

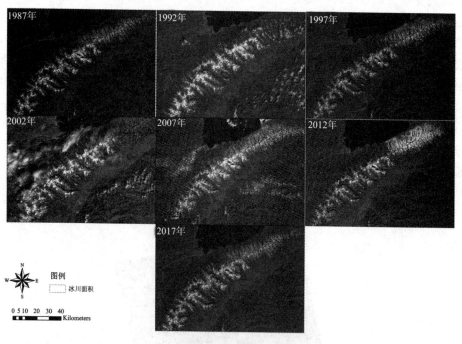

图 2　数据源示意

影像获取时间等详细信息如表 1 所示。

表 1　影像获取时间等详细信息

序号	获取年份	相应时间	传感器
1	1987 年	12 月 8 日	LANDSAT 5

续表 1

序号	获取年份	相应时间	传感器
2	1992 年	12 月 2 日	LANDSAT 5
3	1997 年	1 月 1 日	LANDSAT 5
4	2002 年	1 月 7 日	LANDSAT 7
5	2007 年	11 月 21 日	LANDSAT 7
6	2012 年	12 月 4 日	LANDSAT 7
7	2017 年	2 月 17 日	LANDSAT 7

3　研究方法

目前,国内外学者利用遥感方法提取冰川边界的方法虽然多,但并没有通用的、成熟的方法,且大多集中在传统方法的遥感解译上,方法的对比也局限于传统方法。例如,Paul 利用高分辨率 SPOT 影像验证了不同方法提取冰川边界,发现比值阈值法精度较高;Sidjak 等对加拿大 Illecillewaet 冰原冰川进行了冰川编目,运用监督分类的最大似然法提取冰川边界,并与雪盖指数法、波段比值法相比较,认为在 Illecillewaet 冰川区监督分类方法能准确区分冰川与非冰川区;张世强等运用多种传统分类方法,利用 TM 影像提取青藏高原喀喇昆仑山区现代冰川边界,认为比值阈值法提取出的冰川边界效果最佳。

本试验综合冰川解译的目视解译法,提取拉萨河源头念青唐古拉山段近 30 年冰川面积并进行分析讨论。

目视解译是利用冰川在遥感影像上的色彩、色调、纹理和阴影特征,同时结合解译者的先验知识,通过综合分析、判断从而获得较高精度的解译结果;缺点是受解译人员的主观性影响较大,效率低,而且在冰川目视解译过程中过度依赖冰川的遥感影像特征和解译标志。

通过人工目视解译获得的近 30 年来拉萨河源头念青唐古拉山段的冰川面积及较上年的面积变化比重如图 3 所示。

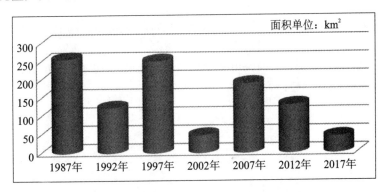

图 3　拉萨河源头念青唐古拉山段近 30 年冰川面积变化

从图 3 可以看出,从 1987 年至 2017 年近 30 年间,拉萨河源头念青唐古拉山段的冰川面积总体呈折线下降趋势,但并非直线下降。2017 年研究区冰川面积较 1987 年面积减小82.24％。具体来说,1992 年较 1987 年冰川面积显著减小,究其原因,1992 年西藏中部降雨量持续偏少,特别是沿雅鲁藏布江河谷盆地及昌都地区,6—7 月降雨量不到 120 mm,较常年偏少 5 成以上,出现了严重的干旱,冰川消融补给河流,故冰川面积显著减小。故冰川面积的变化与降水等气象因素有关。

4 结论与讨论

冰川是气候变化的敏感指示器,其前进和退缩响应气温和降水的变化,但冰川对气候变化响应有一定的滞后特征,其滞后时间与冰川的规模(长度、面积、厚度等)、运动速度、消融速率等有关。由于缺乏拉萨河源头念青唐古拉山段冰川厚度、面积、长度、消融速率等实测数据,无法估算其对气候的具体响应时间,所以今后还需要进一步收集实测数据,进而分析影响拉萨河源头念青唐古拉山段冰川面积变化的具体因素及其响应。

参 考 文 献

[1] 姚檀栋,王宁练.冰芯研究的过去、现在和未来[J].科学通报,1997,42(3):225-230.

[2] 刘时银,姚晓军,郭万钦,等.基于第二次冰川编目的中国冰川现状[J].地理学报,2015,70(1):3-16.

[3] 秦大河.中国气候与环境演变:2012 综合卷[M].北京:气象出版社,2012.

[4] COGLEY G. No ice lost in the Karakoram[J]. Nature Geoscience,2012,5:305-306.

[5] GARDELLE J,BERTHIER E,ARNAUD Y. Slight mass gain of Karakoram glaciers in the early twenty-first century[J]. Nature Geoscience,2012,5:322-325.

[6] DING Y J,LIU S Y,LI J,et al. The retreat of glaciers in response to recent cli mate war ming in western China[J]. Annals of Glaciology,2006,43:97-105.

[7] XIAO C D,LIU S Y,ZHAO L,et al. Observed changes of cryosphere in China over the second half of the 20th century:An overview[J]. Annals of Glaciology,2007,46(1):382-390.

[8] 姚檀栋,刘时银,蒲健辰,等.高亚洲冰川的近期退缩及其对西北水资源的影响[J].中国科学 D 辑:地球科学,2004,34(6):535-543.

[9] 张明军,王圣杰,李忠勤,等.近 50 年气候变化背景下中国冰川面积状况分析[J].地理学报,2011,66(9):1155-1165.

[10] 姚晓军,刘时银,郭万钦,等.近 50a 来中国阿尔泰山冰川变化——基于中国第二次冰川编目成果[J].自然资源学报,2012,27(10):1734-1745.

中水淮河规划设计研究有限公司简介

中水淮河规划设计研究有限公司成立于1955年,2003年4月整体转制成为股权多元化国有企业。公司业务范围包括水利水电工程规划、勘测、设计,工程咨询,水资源调查与评价,建设项目水资源论证、防洪影响评价、水土保持方案编制,蓄水安全鉴定,竣工验收技术鉴定,水利工程安全评估,工业与民用建筑设计,生态与景观工程设计,水利水电工程总承包,水利工程建设监理等。公司目前拥有9种甲级和2种乙级资质证书。

改革开放以来,中水淮河公司秉承老治淮人的传统,以治淮和南水北调为依托,先后完成淮河流域综合规划、水资源综合规划、防洪规划、引江济淮工程规划等流域综合与专业规划,完成世界最复杂的调水工程——南水北调东线工程规划及可行性研究,亚洲最大的水立交——淮河入海水道淮安枢纽工程,以及千里淮河第一大水库——临淮岗洪水控制工程等一系列勘测设计任务,先后获得全国优秀工程设计金、银奖与国家科学技术进步二等奖等多项奖励,为中国水利事业作出了重大贡献。

近年来,公司顺应时代的发展和要求,在流域综合治理、工程建设管理等领域不断探索,主持制订、修订了《河道整治设计规范》(中、英文版)、《治涝标准》、《水闸施工规范》等一系列重要和关键技术的国家与行业技术标准,编制了《南水北调工程验收工作导则》、《南水北调工程验收安全评估导则》等国家重点建设项目的管理规定。

中水淮河公司坚持"科学管理、优质高效、创新发展、绿色安全"的管理方针,围绕"服务、质量、进度、效益"开展工作,胸怀中国水利、立足淮河事业,愿为顾客开启成功之门、为股东开启财富之门、为员工开启幸福之门。

地址:安徽省合肥市云谷路2588号　　网址:http://www.cwhh.com.cn

电话:0551-65707505　65707515

安徽省水利水电勘测设计院简介

安徽省水利水电勘测设计院(以下简称 ASDI)成立于 1958 年,2001 年 12 月由事业单位改为国有企业。目前,ASDI 是以水利水电工程勘察、规划、设计和研究为主的国家甲级勘察设计单位和科技型企业。

ASDI 持有水利行业和水电工程规划设计、咨询,工程勘察、测绘,质量检测,地质灾害治理工程勘查、设计,水文水资源调查评价、水资源论证,水土保持方案编制、监测,土地规划,工程监理、招标代理等甲级资质证书,建筑、市政、公路、水运、农林、环境等工程设计乙级资质证书,对外承包工程经营资格证书。

ASDI 拥有一支高素质的专业人才队伍,现有从业人员 651 余人,专业技术人员约占 77%,高中级以上专业人员 390 人,其中安徽省学术和技术带头人 4 人,安徽省勘察设计大师 1 人,政府特殊津贴 3 人,各类注册人员约 127 人次。

ASDI 拥有现代化办公设施,技术装备精良,为工程建设全过程提供技术服务。

ASDI 重点业务包括流域和区域的综合、专业和专项水利规划;水库、水电站、泵站、水闸、船闸、灌区等枢纽工程,调水、供水工程,江河、湖泊综合治理工程,水资源配置、水环境治理和水生态修复等水工程的勘测设计和建设服务;建设工程立项的涉水专题论证;水工程技术开发和应用研究等。

ASDI 于 1997 年通过 ISO9001 质量管理体系认证,2012 年通过质量、环境和职业健康安全(QES)管理体系认证,2004 年获得"高新技术企业"认定,2006 年获中国勘察设计协会"优秀勘察设计企业",2008 年获中国水利勘察设计协会"企业信用等级 AAA 证书",2009 年获水利部"全国水利系统先进集体",2010 年获中国水利企业协会"全国优秀水利企业"等荣誉称号。

ASDI 牢记"治水兴业、同创共享"企业宗旨,弘扬"团结奋进、求实创新"企业精神和"爱岗敬业、感恩奉献"价值理念,围绕省委省政府重大战略决策和省水利厅工作部署,以服务全省水利发展大局为己任,以加快自身科学发展为核心,实施多元发展、人才优先、科技创新和企业文化战略,坚持"诚信为本、精心勘测设计,服务至上、持续改进创新"的质量方针,竭诚为水利事业和经济社会发展提供有力的技术支撑和服务保障。

地址:安徽省合肥市高新区海棠路 185 号　　网址:http://www.asdi.com.cn
电话:0551-65738008　63665041